Luthers Werke
in Auswahl

Siebenter Band

Luthers Werke

in Auswahl

Siebenter Band

Predigten

herausgegeben von

Emanuel Hirsch

Neudruck

Berlin
Verlag von Walter de Gruyter & Co.
1950

Archiv-Nr. 321 450
Druck: VEB Deutsche Graphische Werkstätten, Leipzig. M 401

Der Hochwürdigen
Evangelisch-Theologischen Fakultät der Rheinischen
Friedrich-Wilhelms-Universität zu Bonn
in dankbarem Gedenken
an die bei der Jahresfeier am 30. Juli 1921
feierlich vollzogene Promotion zum
Doktor der Theologie

Der Herausgeber

Vorrede.

Unsre Nachrichten über Luthers Predigttätigkeit von 1510 bis 1521 sind rein zufällig, und auch die nächsten Jahre nach 1521 liegen nicht völlig klar in allen Einzelheiten vor uns. Nicht alle Predigten ferner, von denen wir wissen, daß er sie gehalten hat, sind uns inhaltlich bekannt. Immerhin umfaßt das Verzeichnis Weimarer Ausgabe Bd. XXII S. XLI ff. über sämtliche Predigten Luthers, von denen uns Nachschrift oder Bearbeitung oder beides erhalten ist — man wird schätzen, daß das bei etwa zwei Dritteln der wirklich 1510—46 gehaltenen Predigten der Fall sein mag —, noch mehr als 2000 Predigten. Diese Auswahl hier bringt etwas mehr als ein halbes Hundert Predigten. Wer also dies und das besonders Wichtige und Schöne vermißt, mag sich damit trösten, daß es dem Herausgeber ebenso geht.

Der Band hat kein andres Ziel, als dem, der sich ein Bild von dem Prediger Luther, so wie er wirklich gewesen ist, vermitteln möchte, alles dazu Nötige in einem Bande vereinigt in die Hand zu geben. Sowohl das Selbststudium wie die homiletischen und reformationshistorischen Seminare haben bisher an dem Prediger Luther vorübergehn müssen. Kennenlernen konnte man ihn bisher nur, wenn man aus den ungezählten Nachschriftenbänden der Weimarer Ausgabe sich selbst eine charakteristische Auswahl zu machen und alle da und dort in ihr zerstreuten Nachrichten zur Überlieferungsgeschichte richtig zu brauchen wußte. Jeder Lutherforscher wird wissen, daß dazu eine Arbeit von Jahren gehört. Was aber als Ersatz des Predigers Luther unter uns umgeht, die Lektüre der alten Bearbeiter von Lutherpredigten, ist wohl geeignet, ein Bild von vor allem Cruciger und Veit Dietrich zu vermitteln, hat aber mit Luther formell gar nichts und inhaltlich nur zum Teil etwas zu tun.

Aus dieser Zielsetzung wird man leicht die Auswahl, die getroffen ist, begreifen. Der erste Teil, den man am besten zwischenhinein lesen und erst am Schluß systematisch durcharbeiten wird, enthält einige in Luthers Selbstzeugnis sich bietende Hilfen zur

Einordnung von Luthers Predigt in das Ganze seiner Theologie und seines persönlichen Lebens, sowie zur genauen Abgrenzung seiner Zielsetzung für die Predigt gegen andere Zielsetzungen. Der zweite dient dazu, das bisher in unserer Kirche wirksame falsche Bild vom Prediger Luther auf seine Richtigkeit hin selbst beurteilen zu lernen und sich in dem Wirrwarr der verschiednen Postillen zurechtzufinden. Der dritte bis fünfte Teil veranschaulichen den Prediger Luther nach den drei Hauptseiten hin, die man bei ihm unterscheiden kann. Überall ist auf möglichste historische Konkretion des Bildes der Hauptton gelegt. Es sind gerade keine sogenannten Perlen ausgewählt, sondern der Mann im Drange seiner harten Alltagsarbeit, die ebensogut müde wie große Stunden bringt, ist in den Mittelpunkt gestellt. Man muß ihn als den sehn lernen, der durch Beispiel und durch Schaffen von dauernden Einrichtungen den Weg zeigt, eine ganze Gemeinde im Christentum zu erziehen, sonst sieht man ihn nicht richtig. Nur die Katechismuspredigten sind ausgefallen. Der große Katechismus, als Bearbeitung eigner Katechismuspredigten, gibt von ihnen ein Bild, das deutlich genug ist. Wer ihn zur Ergänzung heranzieht, dem fehlt nichts, um die Wittenberger Predigteinrichtung bildhaft vor dem Auge zu haben.

Die von Luther selbst herausgegebnen Teile der Kirchenpostille — siehe über sie die Einleitung zum ersten Stück des zweiten Teils — sind aus dem Bande ausgeschlossen worden. Eine Auswahl aus ihnen ist sinnlos, und überdies sind sie keine wirklichen Predigten — wenigstens im Hauptbestande nicht —, sondern Auslegung und Anleitung zur selbständigen Predigt. Sie sollen, wenn die wirtschaftlichen Verhältnisse es gestatten, als neunter und zehnter Band später einmal diese Ausgabe der Werke Luthers vervollständigen.

Die eigne Arbeit des Herausgebers am Bande hält sich in bescheidnen Grenzen. Sein Abdruck der Nachschriften legt überall die Weimarer Ausgabe zu Grunde, und seine eigne Bemühung ist allein gewesen, diese Nachschriften leichter lesbar zu machen, zur Erkenntnis des hinter ihnen stehenden gesprochnen Worts hinzuleiten. Für den, der ohne Vorkenntnisse rein im Selbststudium an diesen Band herangeht, sei bemerkt, daß Luther seinen eignen Grundsatz, fremdsprachliche Ausdrücke auf der Kanzel zu meiden, streng befolgt hat. Die lateinischen Worte und Satzteile der Nachschriften erklären sich daraus, daß man infolge des im Mittelalter ausgebildeten reichen Abkürzungssystems und der Knappheit der lateinischen Sprache durch Zuhilfenahme des Lateinischen das gesprochne Wort besser auffangen konnte als wenn man rein deutsch nachgeschrieben hätte. So sagt Luther z. B. „der Glaub“ und „die Sund“, nachgeschrieben aber wird „der f(ides) und“ „die p(eccatum)“. Mitschreiben deutscher Wendungen mußte mit Überspringen erkauft werden. Wenn die Nachschriften gleichwohl Luthers Gedankengang und Ausdruck für den, der sich einliest, bis ins Kleinste erkennen lassen, so liegt das daran, daß Luther als Prediger ein „tardiloquus“ gewesen ist und überdies eine gewisse Breite der Ausführung für nötig gehalten hat.

Der Apparat mußte aus Raumgründen auf das äußerste beschränkt werden. Er weist darum lediglich die Bibelstellen vollständig nach und bietet im übrigen die nötigsten Lesehilfen, die der oft unverständliche Text der Nachschriften forderte. Reformations- und theologiegeschichtliche Nachweise sind nur da gegeben, wo sie als Lesehilfe dienen konnten.

HE. Privatdozent Lic. E. Vogelsang in Königsberg Pr. danke ich für Ratschläge bei der Korrektur.

E. Hirsch.

Inhaltsverzeichnis.

I. Selbstzeugnis.

Einleitung.

In diesem ersten Abschnitt werden zusammengestellt Äußerungen Luthers, aus denen sich seine homiletische Theorie erheben läßt, oder in denen seine eigenen Erfahrungen und Beobachtungen als Prediger und sein Urteil über sich als Prediger niedergelegt ist. Die für Luthers homiletische Theorie reichen Stoff bietende Kirchenpostille ist aus den im Vorwort genannten Rücksichten heraus auch hier ausgeschlossen worden. Die sachliche Vollständigkeit hat darunter nicht gelitten, da zahlreiche gleich charakteristische Äußerungen vorhanden sind. Zu den einzelnen Gruppen ist folgendes zu bemerken:

1. Die Operationes in psalmos. Nachdem Luther 1518 die Hebräerbriefvorlesung vollendet hat, hat er im Sommer 1518 mit einer neuen Psalmenvorlesung begonnen. Er hat, bis er nach Worms aufbrechen mußte, Psalm 1—21(22) erklären können. Mit der Vorlesung fast gleichzeitig ist die Drucklegung gewesen: 1519 sind Psalm 1—5 im Druck erschienen; 1520 Psalm 6—10 (11). Der Rest in drei Gruppen — Psalm 11(12)—17(18); 18(19)—20(21); 21(22) — ist dann bis 1521 nachgefolgt. Die wiedergegebenen Stücke sind hier nach dem Text der W. A. Bd. V gedruckt.

2. Die Epistel oder Unterricht von den Heiligen an die Kirche zu Erfurt 1522 ist ein von Luther seit dem 28. III. 1522 geplantes, am 10. VII. 1522 an Johann Lang abgesandtes Sendschreiben, welches von Joh. Lang mit Luthers Vollmacht in den Druck gegeben worden ist; vgl. W. A. Briefwechsel Clemen Bd. 2 Nr. 469, 473, 501, 511, 518. Luther hat mit diesem Briefe, der die Form der paulinischen Schreiben bis ins kleinste nachahmt, die in der Erfurter Gemeinde, ähnlich wie in Wittenberg selbst, ausgebrochenen Kämpfe um die Reformation in die rechte Bahn lenken wollen. Im Herbst hat sich doch seine persönliche Anwesenheit als notwendig erwiesen, am 21. und 22. Oktober 1522 hat er dreimal in Erfurt gepredigt, vgl. W. A. X/III 352 ff.; 361 ff. Das Sendschreiben ist gedruckt W. A. X/II 159 (164)—168. Es wird hier wiedergegeben nach dem Drucke

(W. A. a. O. S. 160) „C“ (Erffurdt, tzum Schwartzen Horn), welcher trotz W. A. X/II 160 ff. die Vermutung für sich hat, der Urdruck zu sein.

3. Für die Vorlesung über den Propheten Jesaja nennt man die Jahre 1527—1530; über die Schwierigkeit der Datierung siehe W. A. XXXI/II S. VII f. und, soweit dadurch nicht korrigiert, W. A. XXV 79 f. Wir kannten diese Vorlesung bis 1914 nur aus den 1532 und vermehrt 1534 gedruckten In Esaiam Prophetam Scholia ex D. Martini Lutheri praelectionibus collecta, W. A. XXV 79 (89)—401. Dann hat G. Buchwald 1914 in W. A. XXXI/II 1—585 das inzwischen gefundene Kollegheft des Anton Lauterbach gedruckt. Aus diesem Druck des Kollegheftes sind, unter Freiheit in Rechtschreibung und Zeichensetzung, die hier mitgeteilten Stellen entnommen.

4. Die Vorlesung über den 1. Timotheusbrief hat Luther vom 13. Januar 1528 bis 31. März 1528 zu Wittenberg während der Pestzeit gehalten; sie ist von Georg Rörer nachgeschrieben worden. Nach dieser Nachschrift ist sie 1909 von A. Freitag in W. A. XXVI 1(4)—120 zum ersten Male gedruckt. Der Druck läßt hinsichtlich der Konjekturen und Ergänzungen zu wünschen übrig, bedürfte auch an einigen schwierigen Stellen nochmaliger Kollation. An den unten mitgeteilten Stellen ist Freitag zugrunde gelegt, jedoch hie und da (mit entsprechendem Vermerk im Apparate) der Text etwas anders oder reichlicher ergänzt. Die Zeichensetzung ist der möglichst leichten Erfassung des Sinns dienstbar gemacht worden.

5. Die Hauspredigt am Pfingstmontag (20. Mai) 1532 ist hier nach der Gestalt, die Rörers Nachschrift in der schönen Ausgabe von G. Buchwald und O. Brenner W. A. XXXVI 180—184 empfangen hat, gedruckt. Der Erleichterung des Verständnisses kann es dienen, wenn man die Bearbeitung dieser Hauspredigt in Rörer-Poachs Hauspostille, E. A. 5^2, 212—222 (in W. A. nicht gedruckt), zum Einlesen benutzt. Alles Unentbehrliche aber ist in den Anmerkungen gesagt.

6. Die zweite Disputation wider die Antinomer hat am 12. I. 1538 stattgefunden. Luther ist in ihr Präses und einziger Respondent gewesen. In ihr hat eine formelle Aussöhnung Luthers mit Agricola stattgefunden. Die Nachschriften der Disputation sind zuerst gedruckt bei Drews, Disputationen Dr. Martin Luthers, Göttingen 1895 S. 334(340)—418, jetzt auch von H. Hermelink W. A. XXXIX/I 418(419)—485. Ich folge bei meiner Wiedergabe einzelner Stellen der Rezension A der W. A. in der von Hermelink gegebenen Redaktion.

7. Die mitgeteilten Stücke aus den Tischreden sind, wo nichts anderes vermerkt, nach der großen Ausgabe W. A. Tischreden I—VI gebracht. Für Überlieferungsgeschichte und Dubletten muß auf diese Ausgabe verwiesen werden; die Nummern sind stets die der W. A. Andere Tischreden über Prediger und Predigt findet der Leser in Bd. 8 dieser Auswahlausgabe (vgl. dort das Register s. v. Prediger). Keine der dort gedruckten Nummern ist hier wiederholt. — Im übrigen vgl. zum Selbstzeugnis Luthers noch S. 38 Schlußanmerkung.

1. Aus den Operationes in psalmos 1519—21.

[Aus der Vorrede an Kurfürst Friedrich den Weisen] .... W. A. V 20_{2}ff.: .... Quin postquam e sacris literis didici, quam sit res terrore et periculis plena, in ecclesia dei sonare et in eorum medio loqui, quos scias in novissimo iudicii die iudices tuos futuros (nam hos praesentes calumniatores non ita metuo) atque id praesente inspectore omnium deo spectantibus angelis, videntibus et audientibus cunctis creaturis et ad verbum dei aures arrigentibus (sic enim fas est credere, omnia revereri verbum dei, per quod facta sunt, praeter hominem et diabolum, qui per ingratitudinem obsurduerunt), Nihil profecto magis optarim quam silentium, tum omnibus, quae unquam effutivi, spongiam. Durum est et horrendum, deo reddere rationem de omni ocioso verbo. Neque enim me in officio verbi retinet, nisi alienae, immo divinae voluntatis obedientia, mea voluntate, sicut semper abhorrui, ita nunquam in hanc usque horam accessi ......

[Zu Psalm 17 (18), 45: In auditu auris obedivit mihi] ... W. A. V 537_{10}ff.: ... Alterum mysterium est, in Ecclesia non satis esse libros scribi et legi, sed necessarium esse dici et audiri. Ideo enim Christus nihil scripsit, sed omnia dixit, Apostoli pauca scripserunt, sed plurima dixerunt. Ita cum posset ps. 18 dicere: 'In omnem terram exivit' liber eorum, potius dixit: 'Exivit sonus eorum', idest viva vox, 'Et in fines orbis terrae' non scriptura, sed 'verba eorum'. Item 'Non sunt loquelae neque sermones, quorum non audiantur voces eorum'. Nota 'audiantur voces eorum', non ait: legantur libri eorum. Novi enim testamenti ministerium non in lapideis et mortuis tabulis est deformatum, sed in vivae vocis sonum positum. Inde et alibi dicit 'deus locutus est in sancto suo'. Nunc enim loquitur in

---

14 1. Kor. 6, 2. 22 Matth. 12, 36. 30 Ps. 19, 5. 33 Ps. 19, 4. 35 2. Kor. 3, 7. 37 Ps. 60, 8.

Ecclesia qui olim scripsit in synagoga, per scripturas sanctas promisit Euangelium, Ro. 1., Sed per verbum vivum perficit et implet Euangelium. Unde magis conandum, ut multi sint concionatores quam boni scriptores in Ecclesia. Quo sensu et Paulus ad Galatas scribit: 'Vellem modo praesens esse apud vos, ut mutarem vocem meam', quod multa possint et efficatius voce tractari, quae scriptis non possunt.

[zu Psalm 18(19), 2: Caeli enarrant gloriam Dei, et opera manuum eius annuntiat firmamentum] W. A. V 541_{6}ff.: Hunc psalmum esse de ministerio Euangelico intelligendum docet et cogit Paulus Ro. 10 ..... 541_{26}ff.: Coeli igitur sunt Apostoli et quotquot funguntur Apostolico ministerio, idest officio verbi. Atque hic egregia eloquentia videbimus nobis disseri, quid sit Euangelium, quid sit esse Apostolum seu Episcopum in Ecclesia, tum qualis esse debeat, qui Episcopum agere velit. Primum: Coeli esse debent et firmamentum. Obsecro, quid hic non virtutis in Ecclesiastico ministerio exigitur? Coeli sunt thronus et habitaculum dei, sicut Isaiae 66 dicit 'Coelum mihi sedes est'. Inhabitantem ergo deum habeat pontifex Ecclesiae dei, ut sit sine crimine et omnibus dotibus ornatus, quibus eum Paulus Tit. 1. et Timo. 3. describit, caelesti scilicet vita et deo digna conversatione degens in terris, Qua puritate mereatur erudiri desursum et docibilis dei esse, ut terrenis hominibus non sua, sed divina tradat. Deinde firmamentum sit medium aquarum, sic enim coelos appellare placuit Gen. 1. [542] propter futura mysteria, quia Episcopus et verbi minister firmus esse debet in fide, cum in medias persecutionum aquas propter verbum dei ponatur, ne vel superioribus vel inferioribus cedat, nec prosperis nec adversis commotus. Atque haec quidem personam absolvunt, quibus erit sanctus deo, firmus hominibus. Si enim mercennarius fuerit, fugiet et non firmamentum, sed nubes sine aqua aut vapor modicum parens erit.

Offitium vero est, 'enarrare gloriam dei et annuntiare opera manuum eius'. Id quod puris citra figuram verbis describitur, quo et cogimur coelos intelligere quosdam homines, cum enarrare et annuntiare coeli visibiles non possint, neque enim os, linguam aut vocem habent, nisi allegorisare vellemus. Quare vides, Apostolis apostolicisque viris non scripturas, sed voces vivas in Ecclesia sonandas mandari atque hac ratione Episcopos et sacerdotes non esse, qui hodie sic vocantur, etiam si una die omnes praeculas et omnes missas

---

2 Röm. 1, 1 f. 4 Gal. 4, 20. 11 Röm. 10, 18. 18 Jes. 66, 1. 20 Tit. 1, 7 ff; 1. Tim. 3, 12 ff. 24 Gen. 1, 6. 30 Joh. 10, 13.

absolverint. Non enim offitium eorum est legere horas canonicas, missas frequentare, in templis boare, organis musicis strepere et surdis ac mutis vocibus omnia implere, denique neque miracula facere aut optimis operibus, studiis, exercitiis vitam exornare exemploque bono aliis lucere satis fuerit, sed enarrare et annuntiare et aliis in verbo servire, quod qui faciunt ubi sunt? Nec satis est enarrare aut annuntiare quodvis, ne scilicet gloriam hominum aut opera manuum hominum annuntient, sed gloriam dei et opera manuum eius, hoc est non nisi Euangelium. Quid enim est Euangelium nisi annuntiatio gloriae dei et operum eius, id est Ihesus Christus filius dei? Quod videbimus, si quid gloria dei et opera manuum eius sunt, viderimus.

Paulus 1. Cor. 1 dicit 'Nos praedicamus Christum, Judaeis scandalum, gentibus stultitiam, ipsis vero vocatis sanctis dei virtutem et sapientiam'. Solius enim dei est iustitia, veritas, sapientia, virtus, sanctitas, salus et omne bonum. Nostra autem est iniquitas, insipientia, mendatium, infirmitas et omne malum ... [Folgen Psalm 116, 11; Hos. 13, 9; Röm. 3, 23; 1. Kor. 1, 30; Psalm 85, 10 f.; 1. Kor. 1, 31; 2. Kor. 1, 3; Eph. 1, 3]

W. A. V 542_{38} ff.: Quare gloria dei enarrari non potest, nisi simul ignominia hominum enarretur. Nec deus verax et iustus et misericors praedicatur, nisi nos mendaces et peccatores et miseri praedicemur. Quae si crediderimus utraque [543] salvi erimus, et misericordia dei in nobis regnabit in gloriam eius. Sic ps. 60. 'Tibi soli peccavi, ut iustificeris in sermonibus tuis'. Ita nihil in nobis est, unde gloriemur, sed omnia abundant, unde confundamur. Est autem in deo unde gloriemur, et nihil unde confundamur. Ex quibus colligitur, gloriam dei esse duplicem: eam, qua nos in ipso gloriamur, pura conscientia per misericordiam eius gratuitam donata, et eam, qua ipse in nobis et a nobis glorificatur. Et enarrari gloriam dei aliud non esse nisi praedicari id, in quo deus glorificatur et nos gloriamur, hoc est universa inaestimabilis misericordiae suae mirabilia et divitias gloriae miserationum suarum super nos effusas, quod est vere Jhesum Christum et Euangelium pure doceri.

Vide ergo, quam spiritus brevissimo verbo tantas res elocutus sit, nec solum brevissimo, sed aptissimo quoque. Nam non solum res, sed et usum rerum exprimit. Multi enim Christum praedicant, sed ita, ut usum et benefitium eius nunquam intelligant aut dicant, ut facit vulgus illud concionatorum, qui non nisi historias Christi

---

13 1. Kor. 1, 23 f. 24 Ps. 51, 6.

praedicant, dum optime praedicant. At non est christiana praedicatio, si historice Christum praedices, non hoc gloriam dei praedicare est, sed si docueris historiam Christi eo pertinere, ut nobis prosit credentibus ad iustitiam et salutem, ut non sibi, sed nobis omnia fecerit voluntate dei patris, et omnia, quae in Christo sunt, nostra esse sciamus. Haec fides et scientia domini facit nos amare, gloriari et glorificare. Hanc gloriam Moses et prophetae etsi cognoverunt, non tamen enarraverunt, sed enarrandam aliquando praedixerunt, cum doctrina legis potius gloriam hominum et ignominiam dei operaretur, dum per opera legis aut superbi praesumerent aut desperati deum odirent homines. Coelorum est haec enarratio. Unde et hic psalmus unus est locorum, in quibus Ro. 1. Apostolus dicit, Euangelium esse promissum in scripturis sanctis per prophetas . . ..

W. A. V 543_{35} ff. ‘Opera manuum eius’. . . . . In quo iterum virtus gratiae dei commendatur, et nostra confusio revelatur. Sunt enim opera manuum dei ipsae novae creaturae, ipsi fideles, de quibus Jacobus 1. ‘Voluntarie enim genuit nos verbo veritatis, ut essemus initium aliquod creaturae eius’. Et Paulus ad Galatas ‘In Christo enim JHESV neque circumcisio [544] neque praeputium aliquid valet, sed nova creatura’. Non enim verbum Euangelii actus agentis mutat nec respicit ad munera, sed ad offerentem, quia non opera gratum faciunt apud deum, sed gratus facit opera, nec stat gloria dei nisi in operantibus, nequaquam in operibus. Moses quidem per legem opera mutat, non operantes, ideo hypocritas facit et in speciem iustificat. Euangelium autem vivificat et veritatem facit in hominibus. Quod autem de operibus recreationis loquatur, non de creationis, ex eo capi potest, quod de Euangelio prophetat, in quo docetur, quid ex nobis fieri oporteat, quanquam revera nihil differat creatio et recreatio, cum utraque ex nihilo operetur, et omnis creatura sit opus manuum dei praeter impios, omnia enim alia non sibi serviunt, non agunt, sed aguntur et soli deo sunt ad gloriam, ad quorum imaginem et nos fieri oportet. Quid ergo est annuntiari opera manuum dei nisi docere, veterem hominem crucifigi et novum indui, mori Christo et resurgere cum Christo, et sic impleri in nobis gloriam dei?

Ubi iterum vides, quam brevi et apto verbo eloquatur spiritus non solum mysteria Crucis Christi, sed et usum et beneficium eius, ut et hic discas, meros esse fabulatores, qui Christi passionem praedicant historico more, nullum eius usum et fructum docentes, qui est, ut opera manuum dei efficiamur. Ubi ergo manebit liberum arbi-

---

12 Röm. 1, 2. 17 Jak. 1, 18. 18 Gal. 6, 15. 21 Gen. 4, 4.

trium, ubi facere quod in se? cum hic fieri nos doceamur, non facere, et non nos operemur, sed deus nos operetur, facturae non factores simus, funditus scilicet ruit omnis Theologia superborum. Atque haec est causa, quare Coelos et firmamenta esse oporteat eos, qui haec enarrant, cum sint adversaria toti mundo, maxime sapientibus sanctis et potentibus, quorum furiis et turbinibus ne cedant necessum est.

2. Epistel oder Unterricht von den Heiligen an die Kirche zu Erfurt 1522.

Jhesus X/II 164

Martinus Lutther Ecclesiastes zcu Wittemberg/allen Christen zu Erffurdt sampt den predigern vnd dynern/gnad vnd frydt ynñ Christo Jhesu vnßerm̄ hernñ.

Gott sey gelobt vnd gebenedeyet/der nach abgrundlichē reychtumb seyner barmhertzickeyt/tzu dießen tzeytten wider auffrichtet sein heyliges Euangelion von seynē ßon vnßerm hern Jhesu Christo/durch wilchen wyr zcum rechten erkentniß des vatters aller barmhertzickeyt komen/die er durch yhn auff vnß/die wir glewben/reychlich vberschůttet hat/ nach dem grewlichen finsterniß vnd yrthum des Endchrists/darynnen wyr alle ersoffen geweßen sind bißher/vnd dem got diser welt sawren vñ schweren dienst geleystet haben/mit sunden vnd allerley vngotlichem weßen. Darumb/so ich erfaren habe/das auch bey euch lieben brůdern/das thewre liecht der gnaden auffgangen ist/byn ich fro/vnd bitte den selben vater aller barmhertzickeytt/der solchs bey euch angefangen hatt/wolt euch weytter | sampt vnß begaben/mit allerley fulle der weyßheyt vnnd erkentniß/ das 165 yhr gewyß werdet ynn ewrenn hertzenn vnnd volliglich erkenneth/wye der selb geyst der vnnßern hernn aufferwecket hatt/auch mit gleycher macht vnd krafft ynn euch wircke an ewrem glawben/da durch auch wir von den todten auffer standē sind/nach seyner allmechtigen stercke/die ynn vnß wyrckt durch seyn heyliges wortt/vnd gebe euch die liebe gegen ander zcu dienen/vnd eyns synnes zcu seyn ynn Christo vnßerm hern/ vñ das yr euch nicht furcht fur dem widerwerttigen/fur dem grym des brandschwantzs/der noch ein wenig raucht/vñ nuh an seyn ende komen ist/dem wolt gott der vater werē/daß seyne lyst nicht stad fynde an ewrem reynen glawben/ßondernñ stercke euch zcu beyden seytten/das

13 Die vielen mittelbaren Anklänge aus den Paulinen sind nicht nachgewiesen. 30 Ephes. 1, 19. 32 Phil. 4, 2. 34 Jes. 7, 4.

ewer Creucze vnd leyden geradte zur seligen vñ festen hoffnung der zukunfft vnßers heylands Jhesu Christi/des wir teglich wartten. Amen.

Es ist auch fur mich komen lieben bruder/wie vnther euch zanck vñ zweytracht entsprungen sey / auß etlichen predigeten von vnnottigen sachen/nemlich von der heyligen dienst. Wie wol aber das wort der gnaden/durch czwytracht vnd allerley widerwertickeyt/alß das goltt durch das fewr muß versucht werden/das seyn glantz vnd krafft deste mehr frucht bring/vnd vielen nutz werde/zur stercke der schwachen/ vnd besserung der starcken/derhalben auch nicht zuforchtē ist/das sich d' schaum drober selb absondert/vnd mitt falschem gleysszen viel ergert vñ verfuret/So ist vns doch yhe mit aller sorge vñ vleyß/des wartzunehmen/das wyr alle zeyt mit eynerley mund vnd synn gott den vatter predigen vnd preyssen. Auff das vnser hertz gerůst vñ gewarnet sey/ ymer dem eynigen antzuhangenn das do nott ist/ wilchs Maria erwelet hatt/vnd vns von den mancherley fragen vnd bekůmerniß wenden/ die der Martha viel zu schaffen geben on nott.

Darumb bitt ich ynn Christo/ewer prediger/wolten sich der fragen von den heyligen ym hymel vñ von den todten entschlahen/vnd das volck danen wenden/angesehen/das des fragens keyn ende seyn wyrdt/ wo yhr eyne zulasszet. Als auch S. Paulus leret. 1. Timo. 1. vnnd doch widder nutz noch nott ist zur selickeyt. Datzu auch Gott vns nichst hatt wollen wissen lassen/wie ers mit den todten mache/deñ ehs thutt yhe der keyn sund/der keynen heyligen anrufft/Sondern nur fest/an dem eynigen mitteler Jhesu Christo hellt/Ja eyn solcher feret sicher vnnd ist gewiß. Warumb wollt yhr denn euch von dem sichern vnd gewissen wenden/vnnd bemuhen mit dem/das widder nott noch gepott ist? Meynet yhr/das yr zu wenig zu schaffen habt/wen yhr nur das eynigen warttet/das yhr Christum wol leret vnnd lernet? Hůttet euch/
166 Satanaß | hats ym synn/das er euch mitt dem vnnottigen auffhallte/
vnnd das nöttige/da mit hyndere/ vnd wenn er eyn handbreytt zu euch einbricht/wyll er darnach den gantzen cörper/mit secken vol vnnůtzer fragen eynfuren/wie er biß in den hohē schulen durch die philosophia than hatt. Darumb seytt fursichtig/das yhr bey d' eynfelltigen lere Christi/ am lauttern glawben/vnnd rechter liebe bleybt/das seyne lyste diße eynfelltickeyt ewrs synnes nicht verrucke/wie er Heua than hatt. Wo yhr aber an dißer eynfelltickeyt bleybt/vnnd euch bedinget/ das yhr vnnötiger sachen vnnd fragen nicht wollet gewartten/wirtt er von yhm selb ablassen/vnd des fragens můde werden. Contēptus franget eū. Obseruatio inflabit eū. yhr habt mehr denn vbrig zu viel

---

7 1. Petr. 1, 7. 12 Röm. 15, 6. 14 Luk. 10, 42. 20 1. Tim. 1, 4. 27f. lies: des eynigen. 39 vbrig] übermäßig.

gewonnen/wenn mann euch tzulassen muß/das keyn nott sey/heyligenn ehren/sundern vber reychlich gnug sey/das mann alleyn an Christo hange. Wer weytter vnnöttig schaffen wil/den lasset schaffen/er wirts wol müde werden/wen er syhet seyn ding nicht geacht werden.

Widderumb ist den andern/gnug/tzu gelassen/das man sie nicht verachtet ynn yhrer schwacheytt/laßt sye die namenn der heyligen anruffen/wen sie iah wollen/ßo fern das sye wissen/vñ sich hütten da für/das sie yhre tzuuersicht vnd vertrawen auff keynen heyligen stellen/denn alleyn auff Christum. Denn tzuuersicht ist die hohist ehre/dye gott alleyne geburtt/als dem/der die warheyt selbs ist. Wyr sind sicher/das die heyligenn alle ynn Christo sind/sie lebenn adder seyen todt. Es lebte fur yhm Abel sterker nach dem todt/denn ym leben/ drumb wie wol es an not ist/dye heyligen tzu ehrenn/acht ich doch den nicht tzuuerdamnen/der sye noch ehret/ßo er nicht seyn vertrawen auff sie setz/denn was er yhn thutt das thutt ehr Christo/vnnd muß auch Christum treffen/wenn er yhren namen trifft. Die weyl sie ynn Christo vnd Christus ynn yhnen/vnd yhr name ynn Christus name/vnnd Christus name ynn yhrem namen ist/wo sie auch sind. Darumb schonet der schwachen/vnnd füret sie seuberlich/das sie das vnnöttige lassenn/ vnnd den eynigen Christum/als nötig/ergreyffen/denn wir mussenn doch endlich die heyligenn vnd vns selb lassen/das wir võ nichts den von Christo wissen/vnd alles ander abfalle/Moses vnd Elias verschwinde/vnnd widder Abraham nach Israel vns mehr kenne. Also mein brueder/treybt auff Christum alleyne/vnd strafft den aberglawben/ vnd lasset das vnnöttige/vnnöttige bleyben/vñ verschonet der | schwachen. 167
Es wyrtt d' Satan hynfurt/noch viel der gleichen vnnöttige sachen/vnd fragen auffbringen/auff das er die eynige nöttige/eynfelltige erkentniß Christi verderbe/vñ es werden ym folgen/die leychtfertigen vnfursichtige geyster/vnnd viel secten anrichten/wye schon an allen orttern leyder der iamer angehet. Drumb seyt weyße/teylet die pfotten. Seytt eynfelltig ym guttẽ/klug ym bösen. Was nicht nott ist/das lasset farn/so werden die torichten fragen euch mit friden lassen.

Deñ was ists/das yhr euch begebt die halstarrigen Sophisten tzuschweygẽ adder vberwinden? kund doch Christus selbs mit allen Aposteln seyne Juden nicht vberreden. Thutt wie Paulus sagt. Eyn halstarrigẽ menschen meyde/weñ er eyns vñ abermal vermanet ist/vnnd wisse das er verkeret ist. Leret eynfeltiglich/vnd gebt antwort von ewrem glawben/senfftiglich. Wer nicht folget/den last nit folgen,

12 Hebr. 11, 4. 13 an not] ohne Not. 23 widder ... nach] weder ... noch. 30 Deut. 14, 6. 35 Tit. 3, 10. 37 1. Petr. 3, 15 f.

wer verfuret/der verfure/wer stinckt / d' stincke weytter /wer heyliget/ der heylige weytter/yhr seydt entschuldigt. Gott wirts wol richten. Man kan nyemandt on seyn danck geben.

Ich bit auch meyn lieben brůder/wolt daran sein/das keyn auffruhr durch vnnß erregt/noch vrsach datzu gebenn werde. Es sind viel leychfertige leutt/die meinen der sachen des Euangeli/mit dem schwerd vnnd der faust tzu helffen/vnnd wollens wol außgericht haben/wen sie pfaffen vnnd můnch schmehen adder beschedigen. Sye wissen aber nicht/ das vnßer streytt nicht widder fleysch vñ blutt ficht/ßondern widder die schalckheytt ynn den lufften. Satanas ist eyn geyst/der hatt widder fleysch noch beyne/drũb wyrt man yhm nichts mit eyßen/ader mit der faust thũ. Wyr můssen yhm die hertzẽ tzuuor abreyssen/durchs wortt der warheytt/das ist vnßer schwerdt vnd faust/der nyemãt widderstehẽ kan / damit tzuteylen / die freundt Christi den Behemoth / vnnd zuschneytten yhn. Sehet/wo mit ich/das Bapstum vnd geystlich regiment geschlagen hab / das vorhyn aller wellt schrecklich geweßen ist / da man yhm sang/Wer kan mit der bestien streytten/deñ sie hatte macht auch die heyligen zcubestreytten/vnnd vberwinden? Noch hab ich nye keyn fynger widder sie geregt/vnd Christus hatt sie mit dem schwert seyns munds todtet.

Es sind ettliche prediger/die meynen/sye můgen nicht prediger seyn/wo sie nicht ettwas mehr deñ Christum vnd vber vnßer prediget/ leren. Das sind die ehrgitzige sonderlinge/dye vnnßer eynfeltigckeyt lassen/ vnd faren daher ynn ßonderlicher weyßheyt. das man sie mitt augen werffen solle/vnd sagen/das yst eyn prediger. Solche sollt man gen Athen senden/da man alltag newe ding hören wolt/Sie suchen yre
163 ehre/vnnd nicht Christi. Drumb | wyrdt yhr ende auch mit schanden auß gehen. Hutt euch fur den selben/vnd bleybt mit Paulo/der nichts wissen wollt/denn Jhesum Christum den gecreutzigten/

Ich sorge auch/das vnßer schuldt viel tzu allem vbel helffe/ Das wyr viel predigen/wie onn gottis gnade wyr nichts thun mögen/vnd wir doch allerley selbs anfahen/vñ schaffen wollẽ/ehe wyr gott mit demůtigem gepett ersuchenn/das ers anfahe vnd schaffe/durch seynen geyst. Szo gehet es den/das wyr ynn Egypten faren/vnnd fahen das das wircken an durch eygen geyst/vnnd fragen seynen mund nicht tzuuor drumb. Darumb meyn liebstẽ/wie wyr leren/ßo last vns auch thun/ das wyr alles gott heymstellen/vnd on vnterlaß bitten/das her vns regiere/er vns radte vnd helffe/beyde ynn grossen vnd kleynen sachen/

---

1 Offbg. 22, 11. 9 Ephes. 6, 12. 14 Hiob 40; Matth. 24, 51. 17 Offbg. 13, 4 u. 7. 19 2 Thess. 2, 8. 24 f. bewundernd anstarren. 26 Act. 17, 21. 29 1 Kor. 2, 2. 34 Jer. 42, 14 ff.

vñ nicht gestatte/das wyr auß vnßerm guttdunckel/vnnd vernunfft etwas anfahenn. Denn das wyrtt keyn gluck habenn/noch gotte gefallenn mügen. Aber vnnßer herr Jhesus Christus sterck euch sampt vns/ynn aller fulle seyner selbs erkentniß zu ehren seynem vnnd vnßerm vater/der gebenedeyet sey ynn ewickeyt Amen.

Grüsset Johannem Lange/Georgium Vorcheim/Johannem Culßamer/Antonium Musam/Egidium Mechlerium/Petrū Bamberger/sampt allen ewernn. Er grusset euch Philippus/vnd Jonas/vñ alle die vnsern. Gottis gnade sey mit euch allen. Amen. Wittemberge am zehenden tag des Heumonts. 1522.

Gedruckt zu Erffurdt zum
Schwartzen Horn.

3. Aus der Vorlesung über Jesaja 1527 ff.

[Aus dem Prodmium] W. A. XXXI/II 1_{15} ff.: ... Argumentum summum et principale omnium prophetarum est, quod intendant populum suspendere in futurum Christum, ita et Moses, quanquam multa instituit facienda, semper tamen in locum illum Deute. 18. refert, ubi etiam suspendit populum in Christum magistrum, qui ea qua ipse praeditus sit autoritate, immo qui sit principalis magister et ordinator futurus. Itidem et nos nunc, quicquid docemus et constituimus in ecclesia, in hunc scopum facimus, ut populus expectet adventum salvatoris. Non est hic impie agendum, sed sobrie, iuste ac pie vivendum, non tamen quasi semper hic sit permanendum ('Non enim habemus hic permanentem civitatem', etc.), sed ut expectemus aliam post hanc futuram vitam per Christum. Quisquis hoc novit, non pudefiet in lectionibus et praedicatione, in quibus semper spectandae ac tractandae sunt historiae. Sic legendi [2] prophetae, ut paremus nos ad Christum venturum. Tametsi vero maior pars prophetarum loquitur de regno corporali, tamen etiam (licet brevissimis verbis) ad Christum ducunt. Magis igitur respicienda sunt consilia et studia prophetarum quam verba eorum ......

[Zu Jesaja 6,4: Et commota sunt superliminiaria eius] W. A. XXXI/II 49_{11} ff.: Indicat figuram verae religionis, quae est confessio, laus, praedicatio dei. Hac enim cognita terretur et humiliatur homo et relinquit omnia, quibus antea fisus gloriabatur. Praedicatio gratiae dei conturbat omnes praesumptiones.

---

6 Die Namen der sechs Erfurter evangelischen Prediger; nähere Nachrichten Enders Bd. 3 S. 431 f. 8 Lies: es grusset. 17 Deut. 18, 15. 22 Tit. 1, 8. 24 Hebr. 13, 14.

[Zu Jeſaja 6,8: Et audivi vocem domini dicentis. Quem mittam etc.] W. A. XXXI/II 51_{24} ff.: Multi certe officium docendi detrectarunt ut Moyses et Hieremias, Jonas et alii praesertim in populo Judaico obstinatissimo, blasphemante, contradicente, onerante invidia et doctorem et doctrinam. Hic animo opus est, et nunc quoque nomen nostrum male audit, omnia monstra in nos derivantur, accusamur seditionis, cuius alii fuerunt autores, quamlibet reddamus rationem, quamlibet mitigemus, nemo est, qui audiat. Vix igitur reperiendum putat dominus, qui damnet populum istum cum sua speciosa iustitia et doctrina non sana, non purificante corda, quod is mox foret occidendus ab isto populo, quin oportet deum ipsum impendere gloriam et maiestatem suam atque blasphemiae exponere nomen suum, si velit nos lucrari. Tanta est perversitas et corruptio naturae. At ecce paratus est Esaias, qui magno est animo, postquam a mortuis resurrexit, confortatus calculo et alius vir factus, ut audeat vitam suam exponere propter deum.

[Zu Jeſaja 40,3: Vox clamantis in deserto] W. A. XXXI/II 265_8 ff.: ... Summa: Esaias hac prophetia promittit novum genus docendi ultra illud, quod hactenus fuerat. Ita enim incipiunt Euangelistae. 'Vox clamantis', quasi dicat: Legis praedicatio murmur fuit et imperfecta et ingrata omnibus auribus, nihil nisi hypocritas faciens. Hic autem venit 'Vox' i. e. clara et perfecta et universalis praedicatio, quae integre et gaudenter et summo clamore finitam militiam et condonationem peccatorum. Haec recipiuntur a Voce, i. e. manifesta verbi praedicatione. Oportet haec audiri et recipi a voce vocali. Valeant nostri Rottenses, qui verbum spernunt sedentes in angulis, expectantes spiritus revelationem seclusa voce verbi. Man ſolde ſtylle ſiczen uff eynem wynckel et ita speculationibus evacuare, tunc replebit animam spiritus sanctus. Hoc tradiderunt etiam Sophistae. Incassum autem hoc nitimur duabus rationibus. Prima: quia non sumus potentes evacuare animam a speculationibus. Der tewffel wyrdt dyr vill gedancken brengen. Secunda: quia caro nondum est mortificata in te. Tu vero audito verbo strennue mortificaris et evacuas animam tuam, ſunſt geſchichts nymmer. Nemo efficietur spiritualis sine hac voce. Haec est huius vocis efficacia. Valeant omnes Schwermerii. Tu nota: Principium omnis spiritualis scientiae est illa vox clamantis, sicut et Paulus Ro. 10. 'Quomodo credent absque praedicante?'

---

3 Moses: Exod. 4, 10; Jeremia: Jer. 1, 6; Jonas: Jon. 1, 2 f. 10 Act. 15, 9. 14 Jes. 6, 6 f. 24 peccatorum: sc. + annuntiat. 30 Sophistae: bei Luther t. t. für die scholastischen Theologen. 37 Röm. 10, 21.

[Zu Jesaja 51,22: Haec dicit dominus dominator] W. A. XXXI/II 420_{13} ff.: Quasi dicat: 'Ego agam causam tuam, contendam cum contendentibus tecum', ne ipsi desperemus et spem victoriae futurae obtineamus. Nam si ego scissem, mundum tam perplexe malum esse, nunquam inchoassem praedicando scribendoque munus, tam totus mundus insanit. At laborandum est, et mundus pro nihilo cum suis seductoribus habendus est, quantumvis ferveat.

[Zu Jesaja 55,1: Venite] W. A. XXXI/II 454_{18}ff.: ... Sicut dixi hoc caput esse in genere exhortatorio, quod genus non minus est necesarium quam doctrinarum, et praesertim apud eos, qui longa consuetudine sunt educati contrarie sentientes. Ideo necesse est multa exhortatione, ut animi possint retineri. Id videmus nobiscum, qui sumus conversati in opinionibus operum et iustitiarum, quam difficile capiamus ratione non expulsa. . . .

[Zu Jesaja 57, 3: Filii auguratricis, semen adulteri] W. A. XXXI/II 468_{25} ff.: . . . Valeant, qui nos arguunt conviciatores, qui iuste impietatem arguimus. Non est convicium, sed convicium non fit, nisi fiat a persona non debita. Sicut occidere est peccatum personae privatae, sed deus et magistratus non sunt homicidae, Ita quoque maledicta et convicia non sunt convicia neque maledicta, quia ego non facio, sed ministerium verbi hoc facit, quia ad hoc est institutum verbum. . . . [469_1 ff.] Non igitur sunt convicia, quae fiunt in correptionem a ministris publicis, sed sunt reprehensiones divina autoritate mandatae. Si equalis equali, inferior inferiori faceret, esset malum. Hic autem non fit animo nocendi aut irato, sed corrigendi et paterno animo. Ut videmus in Paulo et hic in propheta.

4. Aus der Vorlesung über den ersten Timotheusbrief 1528.

[Zu 1. Tim. 3,2: 'doctorem'] W. A. XXVI 52_{15} ff.: . . . Non talis, qui semel in anno in universitate legat. Non est officium episcopi, ut doceat in pulpito, sed sic agat, ut discipulus erudiatur, wenn ers im inculciren: ut significet vox sedulitatem, diligentiam, ut auditores fiant meliores, non ut ipse videatur. In Tito illa vox non: doctor; wer fein, si non depravatur. 'Doctor' et 'locutor' differt: <doctor est> qui

2 vgl. Jes. 51, 22 u. 49, 25. 26 z. B. Gal. 5, 10 u. 12; Phil. 3, 2. 31 Luther denkt an einen Pfarrer mit Dr.-Rechten, der sein Vorlesungsrecht einmal jährlich wahrnimmt. 32 in pulpito: auf dem Katheder. 35 <doctor est> wie alles im Folgenden mit <> Eingeschlossene fehlt W. A. und ist von mir ergänzt.

docet, ut intelligatur res; alii loquuntur, sed non intelligitur. In ecclesia debent esse docere et erzihen. Erasmus non docet. Si etiam docet, er wirffts herumb. Sic Schwermeri non docent, quia non reddunt conscientias firmas. Sed docet, cum auditores quod dicit intelligant. Ad Titum: 'qui sit potens exhortari': ⟨i. e.⟩ qui tradit quod sciendum est et exhortatur simul in doctrina, deinde: 'contradicentes': ibi adversa pars est falsa. Vellem, quod translatio staret: 'doctor', sed migravit ⟨vox⟩ in abusum, quod promoti in universitatibus ⟨doctores vocantur⟩ ...

[Zu 1. Tim. 3,6: non neophytum] W. A. XXVI 55_{8} ff.: Novi illi sancti et docti suscitant sectas, ostentant suam doctrinam. Tales sunt ut equus iuvenculus, qui nescit modum suae fortitudinis, sic nec modum nec finem suae sapientiae ⟨scientes⟩ illi praedicant die gravissimos locos scripturae; wie es yhn schmeck und schmatzt, sic aliis ⟨saporem esse putant⟩. Das sind ferlich lerer et inutiles, quia non attemperant se auditoribus, non spectant quos sed quid doceant. Quales multos vidi, quosdam sapientia, alios eloquentia vidi peccare. Hoc est ostentare eloquentiam: non prodesse. Sed cum rudi vulgo loquendum simplicissima et certissima eloquentia, ut loquitur quis cum pueris in domibus. Ein neuer gelerten kan das nicht treffen. Ergo dicit Paulus esse ferlich predicanten qui novi sunt. Cum primum eram monachus, Ich het inn den himel gestürmen; ⟨nova⟩ vasa, sie ghen uber und schewmen; ergo eligendi, qui das gel von der nasen ⟨haben⟩: talis demittet se et docebit ea, quae putaverit salutaria hominibus, et ut possit capi. Sic Paulus et Christus simplicissima eloquentia loquitur, libenter parebo; Erasmus non ⟨docet⟩, ut capiat vulgus.

[Zu 1. Tim. 4,7: exerce autem teipsum ad pietatem] W. A. XXVI 76_{26} ff: Pietas i. e. cultus dei: 'exerce te ad colendum deum'. Primus gradus exercendae pietatis Est absque dubio: docere alios. Vita fabulas, potius exerce ⟨te⟩ docendo. Est maxima pars εὐσεβείας in docendo. Qui verbum dei recte proponit, ille exercet se ad pietatem. Non cum servo pigro in sudario sinit verbum, sed conservat in usu, das nicht verrost, faul ⟨werd⟩, sed proferat in diem. Joh. 15: 'purgabit'. Cui mandat deus opus, suscitat ei adversarios,

---

5 Tit. 1, 9. 6 Tit. 1, 9. 8 'doctor': verbessere doctorem? 15 lerer: W. A. liest leren; dagegen vgl. hier Zeile 21. 24 demittet se: »wird sich herunter lassen«, bei Luther fast t. t. für das Predigen. 31 Vita fabulas: 1. Tim. 4, 7. 32 Nachschrift hat Eusebiae. 32 proponit: W. A. hat proposuit, wohl verlesen aus propon⌋. 32 exercet: W. A. ergänzt exer⌋ der Nachschrift irrig zu exerce. 33 Luk. 19, 20. 35 Joh. 15, 2.

carnem suam, diabolum, dat ei multum populum, ne sit otiosa illa donatio spiritus, sed est in exercitio spiritus.... [77$_{28}$ff.:] Est satis egregium instrumentum oratio, sed ministerium verbi maius. Non sublimius opus quam docere...

5. Hauspredigt am Pfingstmontag (20. V.) 1532.

Die lunae in feriis Penthecostes In aedibus meis sub concione Pomerani. XXXVI 180

Man kan sonst nicht predigen quam de Iesu Christo et fide. Das ist generalis scopus. Macht ein scopum de Christiana libertate, so kompt yhr da von. Ipse abrogat omnia, legem, mortem, peccatum et iram dei et humanam fiduciam, iusticias et sapientiam. Er nimpt viel auff ein hauffen dominus, quando loquitur: 'vitam aeternam habebit et non peribit, si in filium crediderit,' tum Tod, Teufel, iustitia, lex, praemia sind hin weg. Ich kunde also nicht reden, wenn ich mich solt zureissen. Lex perdit nos, peccata perdunt nos, diabolus, ira dei devorat, deus 'ignis consumens'. Istum ignem et quem vidit Mose, rein ausgelesscht, eytel freyheit Christiana. 'Non perire' ist ein gros ding, sed 'habere vitam aeternam'. Cor humanum non potest comprehendere. Ego dedi Theologiam, det vestrum aliquis artificium rethoricum. Es sind recht grandia verba, tragica. Deus deberet irasci et perdere mundum tanquam inimicum atrocissimum, et tamen non hoher amator quam deus, und kein unwirdiger boswicht quam mundus. Die welt liebhaben und yhr etwas guts gunnen est super meam artem. Ich wundscht yhr hellisch fewr und sonderlich, qui deus dicitur, qui novit mundum, et tamen in locum irae dilectionem incomprehensibilem, et ut daret filium et summis modis. Ich kans nicht erreichen das artificium, Istas magnificas figuras, quod deus, et diliget 2c. Satis fuisset, quod mundo ein guten morgen gebotten. Insuper | diligit, Et mundum, das ist obiectum odibilissimum et in- 181
amabile. Das ists werlich. Mundus abutitur ingratissime omnibus creaturis et blasphemat deum und legt yhn alle plage an. Das ist dilectio incomprehensibilis et maior igni, quem vidit Mose, et infernali. Quis nunc vult desperare, si deus sic affectus? Ich kans so nicht amplificare, ut est in re, scilicet in mortem daret, donum inaesti-

3 instrumentum, sc. exercendi ad pietatem, oder auch exercendi contra tentationes. 5 Text der Predigt ist Joh. 3, 16—21. 6 meis: lies suis. 9 generalis scopus] des Textworts. 12 Joh. 3, 16. 14 ich mich] ergänze <gleich> 16 Hebr. 12, 29. 17 Exod. 3, 2; Joh. 3, 16. 18 sed] <res maior>. 19 Poach E. A. 5^{2}, 212 hat statt Theologiam gelesen: Dialecticam. 32 Exod. 3, 2.

mabile et modus donandi inestimabilis, Als grandia, da nimpt hin weg jungst gericht, kappen, platten, sive sit Carthusianus sive masculus, ibi omnis differentia personarum weg, hie her auff den Jesum Christum, quem unicum potest praedicare spiritus sanctus, der arm spiritus sanctus weis sonst nichts. Ridetur cytharedus. Sic spiritus sanctus, qui tantum auff einer seyten. Sed tales regiere sich selbs.

'Habeat.' Da ligts. Faciant alii, quicquid velint, so heists 'perire'. Mosen rein tod, tod geschlagen. Moses perdit et largitur mortem, non vitam, Es leit als auff dem Son, si essen ut deus, wolt ich mich auch breit machen mit dem Son, Er mus yhm wol gefallen, kurtz umb es sols der Son sein und sonst nichts, Es ist zu mal ein feiner text, Verba lauten so einfeltig et tamen so mechtig, maiora quam caelum et sol. Sic hauries uno verbo totum, quod non est deus, Et sol da liegen in charta und leufft druber hin, quasi lutum auff gassen. Es mag heissen aurum Christi in stercore, nobilissima margarita. 'Ut omnis', das heist *rc.* jemerlich plage, donum superat nostram capacitatem. Si esset furstenthumb, war disputirt man: Es wird erlogen sein, non dabit mihi regnum. Ergo deus non potest dare caelum, wir meinen, wir sind nicht mher werd quam XX gulden. Sed quid homo erga deum comparatus? Ibi vides deum ym synn haben, quod homines non velit erwurgen und schrecken und betruben, sed vult eis dare vitam et aeternam. Compara vitam cum aliis omnibus donis in
182 orbe terrarum, | quantum differat a reliquis rebus, quibus utitur vita, ob einer vitam daret pro regno Franciae? Non, nec pro toto mundo, donatur vita, quae est melior opibus mundi et datur a deo aeterna cum summa securitate. Das heissen dona. Wie heilose verzweifelte verrheter, qui docuimus hominibus per kappas et plattas donari vitam. Nec umb sonst acquirimus, oportet mereatur, sed non per nos. Quis hat patrem da zw vermocht, ut daret filium? Es heist: 'dilexit.' Es sind grandia, wens war were, dicit Doctor Iero, qui istum locum posset furen contra exempla irae.

Si vita aeterna, ergo mors eterna. Antithesis, quam ipse opponit: 'Qui non credit' *rc.* Ad iudicium non mittit filium, sed ad salvandum. Moses ist da bereyt. Et 'iam iudicatus', non quaeritur, quomodo in fontem fallest, sed ut erigaris *rc.* Ratio: 'quia non credit'.

---

1 Alles. 2 masculus: Gal. 3, 28. 5 cytharedus] sc. der nur eine Saite auf der Leier hat oder nur ein Liedchen kann; W. A. XVIII 529₄. 7 Joh. 3, 16. 8 largitur *; W. A. largitor. 9 als: alles. 13 uno verbo] mit dem Wort „Welt" Joh. 3, 16 als von Gott geliebt. 15 Joh. 3, 16. 17 war] später gestrichen. 29 Joh. 3, 16. 31 W. A. kein Absatz. 30 Hieronymus ⟨Schurf⟩. 32 Joh. 3, 18. 33 Joh. 3, 18.

Eitel donnerſchlage. Non credere thuts gar, sive sit Monachus, kartheuſer, parfuſſer, est iudicatus, 'quia non credit'. 'In nomen', das wil er haben, es iſt yhm umb den man zu thun, der heiſt fac totum. Ich hab den Text auſdermaſſen lieb. Nomen non videtur, sed auditur, tantum pertinet ad fidem, und das ſelbig wort ſols thun, contra Anabaptistas, et contemnunt verbum. Audito nomine Iesu Christi ſol erſchrecken, quicquid in celo et terra impium. Et ſol her fur ſpringen und hubffen. Quando Jeſus ſpricht, hat man die welt tod geſchlagen. Satan ſol 100 meil weg fliehen. Iam venit querela. 'Hoc iudicium.' Iſt aber das nicht eine plage? Non damnaretur propter peccata, mortem. Hoc solum damnatur, quod non vult amari. Ey dw verfluchte hur, non velle donari, gloriari, amari, non velle vitam, Das iſts iudicium. Moſes ſols ſonſt wol zu friden laſſen. Tales opes habemus et tamen ſollen ſo ſchendlich veracht<er> werden, et non solum, sed contrarium diligere. Si quis ex errore her gieng, | sed in despectu fidei, filii, patris, diligere errores, defendere, 183 omnia vertere pro tenebris, das iſt ſo viel geſagt: Es feilt an mir et patre nicht, sed an den leuten, qui nolunt suscipere. Mich wundert, quod non statim post resurrectionem drein geſchlagen ꝛc. Non, quod Mose praecepit, sed quod man den ſon nicht wil haben, imo persequuntur et simpliciter extinguere volunt. So muſt man den Juden die kappen lauſen. Sic nostri Schwermeri. Non est peccatum amplius quam incredulitas, alia sunt herr Simons peccata, ut quando mein henſichen ynn den winckel ſcheuſt, des lacht man. Fides facit, ut stercus non feteat. Summa Summarum: incredulitas peccatum solum in filium.

'Deus dilexit, misit lucem, dedit filium. Et ꝛc.' Istam altitudinem ꝛc. ſo von groſſen ſachen ſo reden. Credo iam Christum esse super Ciceronem et Virgilium, der kan reden. In singulis verbis tanta maiestas, simplicitas, perspicuitas, gravitas, utilitas, voluptas, quae possunt tradi in rethorica. Illum textum ego valde amo. Sic amplificandus, ut solus esset et praeterea nihil in mundo, etiam vita nostra nihil. Die Negativa iſt ſeer koſtlich gut. 'Non enim misit.'

---

2 Joh. 3, 18: in nomine. 7 Et ſol⌋ nämlich <wer glaubt>. 10 Joh. 3, 19. 14 W. A.: veracht. 15 her gieng⌋ ergänze: <so wär's begreiflich>. 16 sed⌋ ergänze: <unbegreiflich ist es>. 17 das iſt ſoviel geſagt⌋ von Christus Joh. 3, 19 (vgl. Joh. 3, 17). 23 herr Simons peccata⌋ vermutlich die des glaubenden Simon Petrus Luk. 5, 8. Andre vermuten ein unbekanntes Sprichwort. 25 peccatum solum: die einzige Sünde. 26 W. A. kein Absatz. 27 dilexit⌋ später ergänzt: mundum. 27 Et ꝛc.⌋ ergänze Joh. 3, 16 b. 28 altitudinem⌋ ergänze: <miror> (schon in Rörers Manuskript eingetragen). 33 Joh. 3, 17.

Das ist rethorica, das sich selbs exponirt. Amplificatio et Antithesis. Vitam eternam dat et non mortem. Ad maiorem confirmationem non solum affirmativam, sed etiam negativam ponit. Omnis homo currit. Universalem negativam wil ich simpliciter heissen Antithesin in oppositionibus. Quando facio praedicationem, accipio Antithesin, ut hic Christus facit. 'Vitam aeternam habet et non hel.' Quando docere sol, Mus man ein Thema nhemen sive affirmativum sive negativum. Er machts ausdermassen gut, Gott, qui sumus experterriti, deum timentes. Non misit, ut iudicet. Ideo ne terreamini, quia sols clava nicht ann kopff schlagen, sed ut salvificet. Erasmus: quare missus in terras etc. Cum antea fuerint tam bonae gentes etc.
184 | Qui 'diligunt tenebras', qui auff yhr iustitiam et sapientiam etc. die kunnen nicht leiden lucem. Es ist contra Sanctissimos etc. gesagt, die meretrices etc. thuns nicht. Aber wer weis, das er recht geleret und geprediget hat, der non 'odit lucem'.

Definitio nominis, wir wollen von Christo reden, scire certo, quid vox significet. Christus heist ein man ⟨etc.⟩. Quid rei, Usum vocarem, Aber ich darff nicht reden ⟨etc.⟩ 1. dicendum, quid nominis, das man die leute nicht yhrr mache, quid intelligi per verbum debeat, ⟨2. quid⟩ rei, ⟨i. e.⟩ ad quid valeat. Vinum, quod crescit, ⟨das ist⟩ Quid ⟨nominis, sed quid⟩ schads vel nutzts, das hiesse ich, quid rei.

Universalia gehoren ad finem dialectices. Elenchorum ad principia. Incipiendum ab Individuis, De fidei iusticia sic dicendum etc. Sic alia exempla tractanda. Crescat ab unitate numerus etc. Ipse econtra. Darumb wil ich arborem Porphirianam gar umb keren.

---

1 Poach E. A. 5^2, 221: „Denn das ist die Rethorica und Kunst zu reden, daß man sich selbs exponiere und erkläre per amplificationem et antithesin. Als: er gibt das ewige Leben: und nicht den ewigen Tod." 8 negativum] Poach a. O. fügt zu: „und das selb exponieren und erklären per antithesin." 10 Poach a. O.: „Davon versteht Erasmus gar nichts. Denn da er auf die Frage kömpt: Warumb Christus gesandt sei, sintemal ... man wohl bei den Heiden so feine, wo nicht bessere und vollkommnere Lehre findet, antwortet er: Christus sei darumb kommen, daß er besser und vollkommener halte, was er gelehrt hat, denn die andern gehalten haben. Von der Erlösung ... saget er gar nichts." 17 Quid rei] in W. A. gegen Einweisungszeichen der Hs. vor 'Christus'. — Alles in ⟨⟩ Stehende im Folgenden gegen W. A. frei zur Ausfüllung der abgerissenen Stichworte der Nachschrift ergänzt. — Luther will sagen: das quid rei erkläre ich durch den usus, aber Begriffszergliederungen und dergleichen mische ich nicht ein. 24 'Crescat ab unitate' usw.] Luther will sagen: Nach der gewöhnlichen Schullogik, die in der arbor Porphyriana dargestellt und in den gewöhnlichen Kompendien auch für die Predigt empfohlen wird, geht man von der abstrakten Einheit durch Divisionen und Subdivisionen ins Konkrete. Christus aber (vgl. die

6. Aus der zweiten Disputation wider die Antinomer 1538.

Aus Luthers Anwort auf das Secundum Argumentum.

[Vorbemerkung. Das secundum argumentum lautet in der von Luther selbst umgeformten klaren Gestalt (W. A. XXXIX/I 425_{13}ff.): Adigere ad desperationem est malum. Lex adigit at desperationem. Ergo lex est mala. Die grundsätzliche Anwort Luthers ist, daß istae pestilentissimae bestiae securitas ac praesumptio Gott „zwingen", das den Herzen eingeschriebene Gesetz durch einen Moses der uns erschüttert, uns eindringlich zu machen, und uns so zu lehren, an uns verzweifelt Hilfe bei ihm zu suchen. Auch dies, daß wir an sich der ewigen Verdammnis schuldig sind, ist göttlich Befehl zu lehren und zu glauben. Dann aber umgrenzt er scharf die hier dem Prediger erwachsende Aufgabe und ihre Gefahren:]

W. A. XXXIX/I 428_7ff.:

Id est, ex hac ratione docendae sunt ecclesiae, et ihr junge leuthe aliquando invenietis et experiemini in Ecclesia (non enim omnes pariter tentamur a sathana) esse, quos diabolus captivos tenet et ita exercet, ut aliquando durius de vita sua consulant. Hos autem videte, ut consolemini: Charissime frater, quod sic te exercet sathan, facit pro suo more, et sic oportet fieri, ut tandem eo gloriosius triumphes. At inquiunt: Deus odit me, oblitus est mei, non vult me. Imo vult te et praecipit tibi per os meum et sancti Pauli, ut speres in eum et credas Christum pro te mortuum et resuscitatum esse, huius morte placatam iram Dei patris et patrem tibi reconciliatum esse. Hic si dubitaveris ac desperaveris, peccas contra primum praeceptum, quod vult, ut credas eum esse Deum tuum, non hostem, non diabolum, non mortem, non peccatum. Hoc iam scire et urgere debetis et credere, quia et finalis prae-[429]sumptio et finalis dubitatio utraque est peccatum in Spiritum sanctum. Et haec etiam causa est, cur Deus instituerit ministerium praedicandi in Ecclesia, videlicet ut frater fratrem doceat ac ubicunque opus sit consoletur, ne statim a diabolo perterrefacti desperent. Humiliari vult nos, sed e contra etiam humiliatos consolari. At vero praefractos et feroces, seu, ut scriptura vocat, colles et rupes, et de viribus suis paesumentes

---

Gleichnisse) macht es umgekehrt, er fängt von dem Einzelnen an, und die Allgemeinbegriffe sind Ziel der dialektischen Bewegung. Man muß also die arbor Porphyriana in der Predigt umkehren. Nur daß man, ehe man beginnt, eine Nominaldefinition, eine allgemeine Erklärung über den Gegenstand abgibt. 20 eo Cod. Helmstedt 722 Rig 242; ei die übrigen 4 Hss. u. W. A. 21 Jesaja 49, 14. 22 Röm. 4, 25; 2. Kor. 5, 20 f. 29 Mark. 3, 29. 34 Jesaja 40, 4; Ezech. 6, 3.

vult Deus conteri et confundi malleo suo. Hoc enim genus hominum ita durum est, ut nulla lege, nullis minis, nullis etiam promissionibus, imo ne exemplis quidem diluvii, Sodomorum et multorum regnorum interitu, praesertim Judaeorum nihil terreantur, nec dicam, quod etiam cum videant praesentem ac iamiam imminentem mortem, nihil terreantur, neque se ipsos agnoscant, nedum revocari aut a proposito retrahi possint. Tanta enim est potentia diaboli, ut homines de suis viribus praesumentes ita possit indurare, ut si ante oculos viderent conflagrari Sodomam et submergi totum mundum diluvio, tamen non perterrefierent. E contra perterrefactos ita contristat, ita exercet, ut, si vel ipsum Deum de coelo sonantem audirent, tamen vix consolationem suscipere possent aut admittere, sed obstrepunt et contradicunt, quicquid in consolatione profertur, ipsi tamen evertunt. Est itaque admodum difficile agere pastorem et curam animarum. Et ego ingenue fateor, meipsum saepe hac in re destitui, laborare et deficere. Ich kans selber noch nicht, neque ita fortis sum, ut possim diabolo resistere. Est autem tutissimum media via incedere, neque nimium ad dextram neque ad sinistram declinare. Nam utrumque peri-[430]culosum est, atque hac de causa, ut iam dixi, institutum est ministerium verbi, ut utrumque, id est, legem et Evangelium doceamus. Alterum sine altero non potest commode doceri nec sine periculo tractari, ut medicus non debet tantum versari in inquirendis et ostendendis causis morborum, neque tantum in curaturis, sed utrumque providendum agat. Sic hic quoque bene dividendum est, ne una tantum pars tradatur in ecclesiis, vel pavor et dolor vel consolatio et gaudium, sed utrumque simul. Nam desperatio, si sola fuerit, mala est et ipsa mors. Sin autem accedat Evangelium, ibi fit evangelica desperatio, quae bona est. Nam ea ducit nos ad Christum, siquidem scriptum est: Pauperes evangelizantur, id est, perterriti et afflicti.

7. Aus den Tischreden.

a) Veit Dietrichs Nachschriften.

504. (Frühjahr 1533.) Autoritas Christi docentis non fuit tanta, quanta hodie nostra est. Sicut ipse dicit: Maiora his facietis. Ipse est granum synapis, nos autem sumus frondes. Dicit igitur: Me non voluerunt ferre in uno angulo docentem, vos autem cogentur ferre in toto mundo. Praedicare Christum est offendere carnem; praedicare carnem est offendere Christum.

---

24 vgl. Röm. 12, 3; 2. Tim. 2, 15. 29 Matth. 11, 5. 33 Joh. 14, 12. 34 Matth. 13, 31. 35 Matth. 10, 27.

505. (Frühjahr 1533.) De Bileam. Tempore Bileam fuere veri praedicatores et falsi. Quod igitur dicit textus eum primum abiisse et consuluisse Deum, sic intelligendum est, quod consuluerit veros praedicatores; die radten yhm, er solls nit thun. Deinde exponit se Moses et dicit: Er gieng nit mehr zu den rechten (non sicut antea), sed zum Zinglio etc. Porro illa phrasis, quod Deum dicunt consuli, est nobis argumento, das sie verbum Dei haben hoch gehalten, quod consideraverunt, non qui loquatur, sed quid loquatur. Sic de Rebecca dicitur; illa non Deum, sed Sem aut alium patriarcham consuluit. Deus enim semper habuit in mundo sunder person und stet. Misit Mosen, sed si musten sagen, cum aliquid diceret: Hoc non Mose, sed Deus dixit. Post Mosen misit Christum; da ist auch ein gewisse lahr und gewisse person, ut non fallamur, cum audimus aliquid ex eo, quod Deus id dixerit, sic enim de coelis dicit: Hic est Filius meus, hunc audite. Jam Christus quoque discedens ponit apostolos, ordinat sacramenta, baptismum et corpus suum; illa cum adsunt et accipiuntur, audiuntur, vere possumus dicere: Das sagt Gott. Sic saepe dixit mihi laboranti aliquid Pomeranus, Philippus, immo etiam Ketha mea; ibi acquievi et sensi: Hoc Deus dicit, quia dicit frater vel ex officio vel charitate. Deus enim dicit Christum audiendum, Christus autem audiendos apostolos. Hoc fallit etiam sacramentarios; die sagen nach yhren gedanken, sed nos dicimus, was Got sagt. Sic Deus dixit ante mundum: Sit mundus, et erat mundus. Ita hic dicit: Sit hoc corpus meum, et est. Nec impedit puerilis cavillatio Bullingeri, qui, quia corpus Christi non cernitur, non dicit adesse; ibi enim creavit visibilia hic invisibile, ea forma, qua ipse voluit.

b) Veit Dietrichs und Nikolaus Medlers Sammlung.

687. (Erste Hälfte der dreißiger Jahre.) Tempore apostolorum et nostro efficacius praedicatum et fusius sparsum est euangelium quam tempore Christi. Ideo dicit: Vos maiora facietis. Ego sum solum granum sinapis, vos eritis eius palmites et rami, in quibus aves nidulabuntur. Ego in angulo praedicavi, vos in tectis et plateis et per totum orbem terrarum praedicabitis et crescetis.

790. (Erste Hälfte der dreißiger Jahre.) Psalterium, euange-

---

1 Num. 23. 2 Num. 23, 3. 5 Num. 24, 1. Die Nachschrift der Tischrede hat den Sinn verdreht. Luther wird gesagt haben: 'et dicit: Er ging nicht mehr zu den Zauberern sicut antea (sc. zum Zinglio etc.), sondern zu den rechten.' 9 Gen. 25, 22. 11 vgl. Exod. 14, 31. 14 Mark. 9, 7. 23 Gen. 1, 6. 29 vgl. Nr. 504.

lium Johannis, Paulus sollen in der kirchen geprediget werden vnd bleiben pro pugnantibus, pro vulgo vero Matthaeus.

868. (Erste Hälfte der dreißiger Jahre.) Rogatus, quomodo quis eam praedicandi artem assequi posset, ut omnes pariter impios et pios, quae summa est in contionatore, afficere posset, respondit: Ex primo praecepto: Ego sum Dominus Deus tuus etc., fortis, zelotes erga impios, faciens misericordiam erga pios etc. Hoc enim vult Deus et iubet, das man den stoltzen das hellisch feur predige, den fromen das paradis, die bosen straffe, die fromen troste. Sed pauci norunt hoc artificium.

Dixit quidam: Ultra tres non audivi, scilicet Martinum Lutherum, Conradum Cordatum, Georgium Rorarium. Qui igitur fieret, ut alii non ita auditores moverent, cum tamen alii eadem praedicent, quae tres isti? Respondit in causa esse differentiam instrumentorum, quod alius alio plus afficiat, gleich wie ein messer besser schneit denn das ander.

Ad hoc idem: Ego libenter discerem hoc artificium, das ich den leuten ins hertz vnd conscientiam kunde reden, sed ego tam frigide contionor, ut descendens de suggestu maxime erubescam atque semper cogitem postea: Sic te hunc locum tractasse oportebat. Ad hoc ille: Non debes, inquit, in hoc te ipsum iudicare, sicut nec etiam potes, sed aliorum esto iudicium. Mihi ipsi saepe accidere solet, quod me puduerit praedicationis meae et putaverim me frigidissime locutum; contrarium postea audivi auditorum iudicium, qui vehementer eam commendabant. Sic enim fere semper fit, ut ea, quae nobis maxime placent, aliis summe displiceant et contra.

965. (Erste Hälfte der dreißiger Jahre.) Occasio facit praedicatorem, nam ex contionibus meis postillaribus ne unum quidem sermonem colligo, ut eodem modo praedicarem. Ich kan mich nicht mit worten binden lassen. In eandem tamen sententiam saepe praedico, aliis verbis. — Ad haec Doctor Jonas: Ego nullo modo vos imitari possum in contionando. — Ad quod ille: Ego me ipsum non possum assequi; quin potius una persona aut privata aliqua causa occasionem mihi praebet. Si iunior essem, multa resecarem in postilla, nam immodice fui copiosus. Eam copiam nemo assequi aut imitari potest, neque omnia sunt accommoda omnibus temporibus.

1002. (Erste Hälfte der dreißiger Jahre.) Catechismus perfectissima est doctrina ideoque tractanda perpetuo. Ego vellem eum quotidie praedicari aut etiam ex libro legi. Nostri praedicatores et

---

29 s. u. S. 70 Z. 5. 39 praedicari Obenander, precari Rörer, W. A.

auditores iam omnia perfecte norunt, ſchemen ſich dieſer geringen lere, werden irer uberdroſſen. Dicunt: Parochus noster semper eadem oberrat chorda, idem semper contionatur. Ita altiora meditantes, exigua ista, sed tamen maxime utilia posthabent pastores; item student subinde nova proponere, ut populus eos miretur.

c) Johannes Schlaginhaufens Nachschriften.

1312. (1. Januar bis 23. März 1532.) Artificium. Qui rem tenent, facile loqui possunt; rerum enim cognitionem sequitur artificium. Ideo falluntur, qui artificio student re nondum cognita. Ideo nullam contionem ex artificio facere possum.

1334. (1. Januar bis 23. März 1532.) Praedicatores non omnibus placent. Deinde locuti sunt de praedicatoribus: Magistrum Forstemium laudari a multis prae aliis, Philippo autem displicere. Respondit Lutherus: Differentia est auditorum et praedicatorum. Unus praedicator huic placet, alteri non placet. Vulgo nihil melius placet et prodest quam legis, exemplorum praedicatio. Gratiae et iustificationis articuli praedicatio in illius auribus friget. — Dixit Magister Eisleben: Der Teufl fur den wegk, ders beſſer macht, den ers kan.

1521. (7. und 13. Mai 1532.) Quidquid facimus sive praedicando sive patiendo, Deo in honorem et propter electorum fidem.

1586. (20. bis 27. Mai 1532.) Praedicamus Christum. Nos praedicamus Christum, crucem, patientiam. Venient, qui praedicabunt iustitiam politicam; dicentes: Ir leidet vnrecht, vnd du haſt nicht Macht, das du thuſt, quod laedis proximum. Vos potestis vos vindicare. Da wirds denn gehen, wie Chriſtus ſagt: Ego veni in nomine Patris mei, et non suscipitis me etc.

Judaei dixerunt ad Christum: Nos sumus populus Dei. Christus: Ego sum Filius Dei. Judaei: Nos sumus semen Abraham. Christus: Ego Filius Dei. Sic dicit iam papa: Nos sumus ecclesia. Nos dicimus, quod non mentiatur, quod sit ecclesia, sed Sathanae.

1590. (20. bis 27. Mai 1532.) De contionibus. Ad Anthonium Lauterbach dixit: Wen ir wolt predigen, ſo redet mit Gott vnd ſprecht: Lieber Herr Gott, ich will dir zu ehren predigen; ich will von dir reden, dich loben, dein nhamen preiſen. Ob ichs nicht wol vnd

---

2 f. Horaz Ars poet. 356. 13 Joh. Forster, damals Prediger in Wittenberg und Gehilfe Luthers bei der Bibelübersetzung. 24 Von dicentes bis proximum folge ich gegen W. A. der Fassung Rörers (Ihr = das Volk; du = der Fürst). 26 Joh. 5, 43. 28 Joh. 6, 31? 29 Joh. 8, 33.

gutt kan machen, mach du es gutt. Vnd seht weder Philippum, Pomeranum, mich vnd kein gelerten an vnd last euch duncken, ir seit der gelertest, wen ir redet auf der canntzl.

Item. Ich hab mich nie entsatzt, das ich nicht wol predigen kan, aber daruon hab ich mich oft entsetzt vnd geforcht, das ich vor Gottes angesicht also hab vnd soll mussen reden von der grossen majestet vnd von dem gottlichen wesen. Drumb seit nur starckh vnd bettet!

1650. (12. Juni bis 12. Juli 1532.) De contionibus. Ich fleis mich in meinen predigen, das ich ein spruch für mich neme und dabei bleib, vnd das ichs dem volckh also anzeig, das sie konnen sagen: Das ist die predig gewesen.

Idem. Christus mit seinem predigen ist flugs in parabel hinein gefallen vnd hatt von schaffen, hirten, wolfen, weinbergen, feigenbaumen gesagt, von samen, ackern, pflugen; das haben die armen laien konnen vernemen.

1685. (12. Juni bis 12. Juli 1532.) De forma contionum. Deinde Johannes Forstemius, vocatus ad contionatorem in arce, quaesivit, quid praedicare deberet? Psalmorum enim lectio esset ei ignota etc. — Respondit Doctor: Ebraeus Grecus es. De una voce Hebraica potes totam contionem facere, modo tenes summam et scopum materiae tractandae. Ut psalmus 31: 'In te, Domine, speravi etc.', docet de vero cultu Dei, de fide et spe, contra doctrinas operum hominum. In quo psalmo vide verba haec urgeri: fidere, sperare, credere, orare, invocare, lamentari, ex his praecipuis verbis status est sumendus. Psalmi sunt varii, sed ex talibus verbis consideranda summa.

Ludwig Rabes Sammlung.

1922. (Aus den dreißiger Jahren.) Mundus cum principibus et nobilibus putat se regnare, sed non regnat. Doctores theologiae non putant se regnare, sed regnant. Unam conscientiam erigere plus est quam centum regna habere.

Die Sammlung von Konrad Cordatus.

2113. (18. August bis 26. Dezember 1531.) Universa ratio praedicandi vel etiam rhetoricandi est bene dividere, definire, colligere sive concludere. Ut si es de fide praedicaturus, distinguendum est tibi de fide, quae inter homines est et quae a Deo est; deinde oportet,

---

12 flugs Rörer; W. A. fluchs. 16ff. Ich folge gegen W. A. der Fassung Rörers. 21 Psalm 31, 15.

ut fidem illam iustificantem definias; tertio necesse est colligere, quod sola fides in Christo iustificet.

2199a. (18. August bis 26. Dezember 1531.) Dialectica docet, rhetorica movet. Illa ad intellectum pertinet, haec ad voluntatem. Quas utrasque Paulus complexus est Rom. 12, quando dixit: Qui docet in doctrina, qui exhortatur in exhortando. Et haec duo conficiunt modum praedicandi, de quo olim multa, sed indoctissima. Accedit autem et tertium, illustrans praedicationem, quod et ipsum est rhetorum; fit autem hoc locis scripturae, exemplis, similibus et id genus aliis floribus orationis, quibus trahi possunt auditores ad credendum et oboediendum verbo tuo, quod praedicas. Est autem exhortatio, quando dicis: Ach, ich wolt gern, das yhr mir folgt vnd gleubt. Caput 4. ad Rom. est totum rhetoricum uno tantum excepto loco, ubi definit, quid sit fides et iustificatio.

2202 b. (18. August bis 26. Dezember 1531.) Optimus praedicator fuerit, quo audito possis dicere: Das hat er gesaget, etiamsi scriptura non adeo citata sit, si tamen sit verisimilis. Omnia enim fiant secundum analogiam fidei, si autem mendax, certe summum mendacium sit oportet. At 'sermo tuus est veritas'.

2287. (18. August bis 26. Dezember 1531.) Qui tantum unum verbum habet ex verbo Dei et non potest ex eo unam integram praedicationem facere, iste dignus non est, ut unquam praedicet.

Ego saepe apud me constitui decalogum diligenter meditari, et cum inciperem in istis verbis: Ego sum Dominus Deus tuus, plerunque constiti in dictione Ego, vnd kans noch nicht gnug verstehen. Quando igitur meditando percurram totum decalogum?

2320 a. (Weihnachtszeit 1531.) Mea praedicatio inanis est et similis cantanti in silva; canit enim arboribus, resonat tantum echo. Ita nos praedicamus ad gloriam Dei, etiamsi non sequatur fructus. Et cum multi blasphement, tamen bonum est propter paucos Christum praedicare.

2408 b. (10. bis 22. Januar 1532.) Facta est mentio de quibusdam facundis contionatoribus, qui Luthero quorundam iudicio sunt praelati. Respondit: Ego libenter illis tribuo hunc honorem nec invideo. Sed haec est causa iudicii vulgi: Quando illos audiunt praedicantes historias, exempla, tunc mirantur illos. Qualis fuit Dominus Nicolaus, qui Josua et Regum praedicavit, ubi verbis et

---

5 Röm. 12, 7 f. 14 Röm. 4, 5. 18 Röm. 12, 6. 19 Joh. 17, 17. 37 Der frühere Wittenbergische Vizepleban Nicolaus Fabri aus Grünberg; vgl. Nikolaus Müller, Wittenberger Bewegung 2. Aufl. S. 282 f. u. 316.

allegoriis lusit placens populo. Da wil ich auch maister sein. Sed in articulo iustificationis praedicando nemo videtur facundus iudicio populi; populus eum non libenter audit. Et habeto certum signum: Wenn man articulum iustificationis predigt, so schlefft das volck und hustet; si autem inceperis historiam aut exemplum, tum arrectis auribus cum summo silentio attendunt. Ego credo plures nobiscum tales esse rhetores, die mich untter die banck und wider herfur predigten.

2415. (10. bis 22. Januar 1532.) Qui rem tenent, facile loquentes sunt; rerum enim cognitionem sequitur artificium loquendi. Ideo falluntur, qui incognitis rebus student artificio excellere. Ego nullam contionem possum facere ex artificio.

2533 a. (März 1532.) Grammatica est, quid nominis. Quid rei, mus man erstlich lernen. Praedicaturus antea sciat rem et deinde significationem, scilicet quid res sit, de qua est locuturus. Grammatica tantum verba tradit, quae sunt signa rerum, ut: Iustus ex fide sua vivit; ibi grammatica dicit, quid sit fides, quid iustus, sed illa verba defendere adversus cavillatores, hoc est perfectae artis et non tantum pertinet ad grammaticam, quantum ad theologiam.

2606 a. (Frühjahr 1532.) Magistro Johanne Forster querente, al sein gedencken wurden yhm zu eng propter vocationem suam, se malle in professione sua manere, respondit: Ach, das der liebe Paulus et Petrus da were! Yhr solt sie wol schelten, den yhr bereit gern so geschickt sein wolt wie sie. Vultis habere decimas et non ante primitias. Est aliquid prodire tenus, si non potest ultra. Thut das ewr etc. Etsi non potestis totam horam, mediam praedicate vel quartale. Et nolite vos omnino aliorum mori (ut vocant modo) applicare. Ihr kund meine oder eins andern predigt nicht erlangen per singula verba. Sed statum simplicissime concipite und befhelchts Gott. Huius Dei gloriam simpliciter quaerite et non applausum hominum. Et orate, ut det sapientiam in os vestrum et auditoribus sincerum auditum. Tantum hoc mihi credite humanum opus non esse praedicationem, et ne audax sitis, sed Deum timens praedicator. Ego enim antiquus et exercitatus praedicator usque hodie timeo praedicaturus.

Et certissime experiemini haec tria: Primo, si optime statum et conceptum conceperitis, so sol es wol zu wasser werden. Econtra secundo, si omnino de conceptu desperaveritis, Deus dabit, ut optime praedicetis quae vulgo placeant; vobis autem nequaquam satis facietis. Tertio sine conceptu tam vobis quam auditoribus satis fiet. Ideo

---

8 vgl. Nr. 1312. 15 Röm. 1, 17. 34 In diesem Abschnitt (Et certissime bis fortfaren) ist die Fassung 2606 b eingesetzt, weil 2606 a hier Luthers Sinn gänzlich entstellt hat.

Deum orate vnd lasset es ihm befholen sein; lasset vns nur studiren vnd fortfaren.

Ich weis nicht wie es kumpt, das wir nicht ehe predigen wollen, den es gefall vns am ersten selbs; und ßo man vns nicht mit der vocatio zwunge, ßo theten wirs nicht. Philippus nunquam scripsisset apologiam, nisi fuisset coactus; er hetts ymer besser wollen machen.

2643 a. (10. bis 28. September 1532.) Invidiosa mihi res est longa praedicatio, nam spiritus desiderii ad audiendum extinguitur in auditoribus, et ipsi praedicatores sibi iniuriam faciunt. Ideo Doctor Pomer bene castigatur, et licet sponte et libenter diu praedicet, tamen ex errore hoc est.

2869 b. (2. Januar 1533.) Contio habita est a Doctore Martino Luthero 1. Timoth. 1. in Worlewitz coram principibus de Anhaldt et iuniore marchione et postea edita. De ea Magister Vitus interrogavit Lutherum, an illius contionis singula membra prius concepisset? Est enim in ea optima exhortatio ad summum cultum verbi Dei; qui hactenus missas audire potuissent, cur non in dies illo vero cultu utentes proficerent? Vide ibi praefationem. Respondit Lutherus se non singula membra concipere, sed tantum statum, scilicet exhortationem ad cultum Dei summum audiendi verbum Dei instituisse, inter loquendum autem talia illi incidere. Nam si ipse prius conciperet singula, de singulis quoque membris se contionem facturum. Er würde nicht so kurtz herdurch gehen.

Et deinde legens illam contionem mirabatur se ita locutum et Domini Caspari Crucigeri ingenium laudavit, qui illius verba et phrasin ita posset arripere, dicens: Ich halte, er hats besser gemacht, dan ichs gepredigет habe; do ich die predigt that, waren nicht zehen pauren in der kirchen ohne die drey fursten und hoffgesinde.

2911 b. (26. bis 29. Januar 1533.) Homicidae summi sunt praedicatores et iuristae. Praedicatores maximi sunt homicidae, quod exhortantur magistratum ad suum officium, ut puniant sontes. Ich, Martin Luther, hab im auffrur alle baurn er-

---

5 d. h. die Augsburgische Konfession. 12 Am 24. XI. 1532. Am 2. I. 1533 kam Crucigers Druckbearbeitung (W. A. XXXVI 352—75: Summa des christlichen Lebens aus S. Paulo 1. Timoth. 1 neulich gepredigt) frisch aus der Presse in Luthers und seiner Tischgenossen Hand. 23 Eine andre, sonst stark verkürzende Nachschrift (W. A. 2869 a) hat hier (nach „gehen") noch den Satz: »Deus ist die beste kindermeid«, d. h. Gott sorgt dadurch, daß er Luther auf der Kanzel das Verweilen bei Einem Gedanken mit vielen vorher nicht geplanten Worten gibt, dafür, daß Luther seine Predigerpflicht, Kindermädchen zu sein, erfüllt, sorgt besser dafür, als Luther selbst es könnte.

schlagen, dann ich hab sie heissen tod schlagen; all ir blut ist uf meinem hals. Aber ich weis es uf unsern Herrgott, der hatt mir das zureden befolhen. Diabolus et impii occidunt; die habens nicht recht. Ideo bene distinguendae sunt personae privatae et publicae, ut videamus magistratum iure posse damnare ac occidere ex officio. Sicut hodie Dei gratia optime didicerunt. Sed nunc abutuntur sua potestate contra euangelium. Das wird in nicht zum schmere gedeien!

3024. (13. bis 23. März 1533.) Weibisch vnd kindisch putabatur olim in ambone Christum nominare; Scotus, Bonaventura, Occam, Aristoteles Plato regnabant.

3025. (13. bis 23. März 1533.) Praedicationem legis mus man halten propter malos, et plerunque cadit super bonos; die nemen sich drumb an vnd offt zu vil. Est perinde, ac si pluat in mare et densas silvas, non super agros fertiles.

3032 b. (23. März 1533.) Thesis et status observandus. Feliciter docturus et consolaturus conscientias debet versari non circa hypotheses, sed circa theses, id est, debet consistere in statu. Exempli gratia praedicaturus euangelium dominicae Laetare de quinque panibus: Ibi homo mediocriter doctus versatur circa hypotheses, invehit in avaritiam et tentat aliquos locos minus principales; statum autem servans dicit: Primum quaerite regnum Dei, item: Pietas ad omnia utilis est; illis procurat Deus victum uberiorem. Qui hunc statum observat, quomodo Deus pro suis curat et illos defendere velit, hoc miraculum optime tractare potest. Ita euangelium Palmarum de regno Christi; indocti vero multa garriunt de cantu et processione et laudatione vulgi, posthabito statu loci prophetici. Ita consolaturus conscientias theses ad hypotheses referre debet, ut hodie monachi expectantes concilium et ambigentes in euangelio consolandi sunt, scilicet euangelium non accipere feudum ab hominibus, sed illi Dei autoritate haerere debent et relinquere impia vota; sollen nit harren, biß das euangelium spreche: Depone cucullum, tu minorita etc. Non debent expectare hypothesin, biß sie Gott mit dem namen nenne, sed thesin observare debent. Dei verbum est veritas, quod omnes ab impietate revocat, sive concilium dicat sive prohibeat; huic obsequendum est.

3143 a. (Mai 1532.) Cum ego ab eo interrogatus essem, quomodo se res haberet in conditione et praedicatione mea, et re-

---

18 Joh. 6, 1 ff. 19 f. abgeleitete Sätze. 21 vgl. Luthers Predigt Kirchenpostille W. A. XVII/II 222 ff. 24 Matth. 21, 1 ff. vgl. Kirchenpostille W. A. X/I 2, 21 ff. 35 huic, sc. verbo Dei. 36 ego: sc. A. Lauterbach, dessen Nachschrift Cordatus abschreibt.

spondissem meas molestias, infirmitatem etc. dixit: Es ist mir auch gewest. Ich habe mich wol so seer gefurcht furm predigstul als yhr, noch must ich fort. Primum horrebam praedicationem in refectorio coram fratribus. O, wie furcht ich mich! At tu vis statim esse magister? At forte laudem quaeris? Et ideo sic tentaris.

Deo praedicemus ad gloriam et non respiciamus iudicia hominum. Kans ymand besser, der mags besser! Tantum Christum praedicemus et catechismum; illa sapientia extollet nos, quia est verbum Dei. Loben vnd schelten nihil ad nos.

Ego plus quam 15 rationes allegabam Staupitio, cum repugnarem fieri doctor et praedicator, et cum tandem dixissem: Ihr bringt mich vmb mein leben; nicht ein viertel jar wird ich leben, ridebat me multis verbis.

Staupicius vir fuit prudentissimus, studiosorum magnus amator et promotor. Flectus primo triennio volebat hoc negotium fidei gar ausrichten consilio suo. Altero triennio volebat hoc negotium fidei gar ausrichten consilio patrum, rem tentare, sed non processit. Tertio rem totam Deo commisit; da gings viel weniger fort. Ideo dixit: Mitte vadere, sicut etc.; es kan wider ich noch die patres noch Gott schaffen, es mus ein ander triennium und vicariat komen. Da kam ich darein und habs anders angefangen.

3173 b. (Juni 1532.) Doctor Martinus: Brevitatem et perspicuitatem khan ich nit also zwsamen bringen sicut Philippus et Amsdorffius. Ich vleisse mich in meinen predigen, das ich einen spruch fur mich neme, vnd da bleib ich, vnd das ich den wol anzeige, das sie khunnen sagen: Das ist die predig gewesen, id est, in statu semper maneo. Christus mit seinen predigten ist fluchs mit parabeln herein gefallen, von schaffen, hirten, wolffen, weinbergen, feigenbeumen, samen, acker, pflug; das haben die armen leut khonnen vernemen.

3229 a. (9. Juni bis 12. Juli 1532.) Quod aliquis verum habeat sacramentum, item baptismum, item verum verbum, quod praedico, davor setze ich mein seel, da vor wil ich auch sterben. Hoc nihil efficit. Qui enim credit, salvatur etc. Ich verlaß mich auff keins andern glauben, sed super verbum. Huius rei exemplum: Si darem tibi florenos 100 et ponerem eos sub mensam, tu autem crederes plumbum esse aut stannum, so feylets an dir, nicht an mir, wie es dennoch gelt ist vnd gut gold, wen du es schon nicht dafur heltest. Sic Deus non mentitur, wen er das ewig leben zusagt; man sehe nur, das mans gleube vnd fur war halte.

---

33 Mark. 16, 16.

f) Tischreden aus den Handschriftsn Cord. B., Zwick. und Wolf. 3231.

3419. (Zeit unbestimmbar.) Dictum Lutheri: Lange predigen ist kein Kunst, aber recht vnd wol predigen, lheren, hoc opus, hic labor est.

3421. (Zeit unbestimmbar.) Praedicandum simplicibus. Illustrissimus princeps elector Vuitebergam venit, ubi Doctor Martinus aliquot excellentes habuit contiones in arce. Postea gravatus laboribus petiit a Domino Maiore, ut et ipse in contionibus procederet et pusillanimitatem deponeret nec respiceret doctores, sed observaret vulgus et illud erudiret: Man sol auff der cantzel die zitzen herauß ziehen vnd daß volck mit milch trencken, den eß wechst alle tage eine newe kirch auff, quae indiget primis principiis. Drumb sal man nur den catechismum vleisig treiben vnd die milch außteylen; dj hohen gedancken vnd stucken soll man fur dj kluglinge privatim behalten. Ich will Doctorem Pommeranum, Jonam, Philippum in meyner predigt nicht wissen, den sie wissens vorhin daß den ich. Ich predige ihnen auch nicht, sondern meinem Henslein vnd Elslein; illos observo. Es mußte ein toller gertner sein, qui in magno horto unum tantum florem observare velit ceteris omnibus neglectis. Ergo videte, ut pure et simpliciter doceatis et vulgus indoctum respiciatis; non uni aut alteri vos applicetis tantum.

g) A. Lauterbachs und H. Wellers Nachschriften.

3494. (27. Oktober bis 4. Dezember 1536.) Conceptus praedicandi est Dei donum. Vnser Hergoth wil alein prediger sein. Nam praedicatores saepe falluntur in suis conceptibus, ut persequi coeptum non possint. Es ist mir offt widerfaren, das mir mein bester concept zu ronnen ist; econtra cum minime eram instructus, fluebat sermo in contionibus. — Hoc et Amsdorf fatebatur sibi contigisse. — O nein, es ist nicht wie ein juristen sache! Sed multi sunt temerarii et securi, nihil curantes, quid et quomodo praedicant. Doctor Pomeranus satis abundans et densus est in suis contionibus, ego vero parcus et aridus; audiens Pomeranum dat mihi multos communes locos hinc inde expatiandi, ideo optimus est lector.

Martinus Lutherus dixit se saepius in somno vexatum esse, quasi praedicare debuisset et nullum habuisset conceptum.

h) Anton Lauterbachs Tagebuch.

4052. (11. Oktober 1538.) Christus ex libro praedicavit. Deinde dicebant Doctorem Jacobum Schenckium non prae-

37 Jakob Schenk, Hofprediger Herzog Heinrichs u. Reformator Freibergs.

dicare ex libro. Respondit: Ich thue es nicht vmb notthe willen, sed aliis in exemplum. Und darff sich des buchs auff der cantzel niemannd schemmen, weil Christus, der hohe meister, Lucae 4. vns das exempel aus dem buch zu predigen gelaßen hatt.

4426. (20. März 1539.) Cuiusdam diaconi Anthonii Ottoni Henichen scriptum offerebatur Doctori Martino Luthero in psalmum 95., ubi satis copiosis verbis abundabat. Respondit Doctor Martinus Lutherus: Redundantes et aestuantes verbis sunt periculosi et suspecti, nam omnes historiae testantur summos haereticos ortos, wan sie ihr geschwetz vnd meulich wol haben konnen brauchen vnd das volck an sich gebracht. Et ego olim Martinum Bucerum graviter corripiebam ambitiosum in verbis. Praedicator debet esse διδακτικος et dialecticus, qui ineruditos docere posset. Es ist gar viel mehr in doctrina quam exhortatione gelegen. Wir sollen nutrices vnd nicht caupones sein. Et maxime odio, qui se applicant in contionibus ad auditores sublimiores neglecto populo. Strepitus enim verborum plus offendit quam aedificat. Multa paucis dicere virtus est; magna stultitia est multa dicendo nihil dicere. Ideo Petrus optime dicit 1. Pet. 2.: Concupiscite lac rationabile sine dolo sicut infantes modo geniti, ut crescatis in salutem.

4512. (20. April 1539.) Advenerat Doctoris Pontani filius, adolescens ingenuus et verecundus et studiosus, neque ad alta se extolleret, sed humilibus contentus, primis fundamentis, institutionibus contentus. Respondit Doctor Martinus Lutherus: Consilio patris hoc facit. Nam qui est solidus in fundamentis et bonus textualis, ille non facile impingit. Et ego textu et fundamento scripturae confutavi omnes adversarios meos, quia ipsi tantum somnolenter incedunt. Sie schreiben außwendig et suspicantur scripturam esse facilem: 'Hoc fac et vives'. O, das ist balt geschehen, inquiunt, nihil interim intelligunt et errant in commentariis vacillantibus. Summa, wer im text wol gefasset ist, der ist ein Doctor.

4612. (18., 20. und 22. Mai 1539.) 20. Mai de dialectica fiebat mentio et eius usu. Respondit: Praecipuus fructus dialecticae est definitio, ut ita proprietate sermonis assuescamus, nam singulare Dei donum est, si quis sermonis proprietatem habeat. Quam multi scioli monstrosis suis allegoriis et obsoletis verbis studiose obscurare volunt. Ad definitionem maxime pertinent quinque praedicabilia aut universalia, quae non realia, sed imagines in mente conceptae,

---

5 D. h.: Antonius Otto, Diakonus in Gräfenhainichen. 12 1. Timoth. 3, 2. 18 1. Petr. 2, 2. 21 Über Herkunft des Vaters Brück s. W. A. zu Tischrede 4995 Anm. 7. 29 Luk. 10, 28.

quae sunt actus intelligendi. Nam mens est pictrix, quae concipit articulatim linguae vocem. Ideo universalia non definiuntur, quia non sunt realia; sola species et individuum definiuntur. Nihil enim existit nisi singulare, ut dicit Boetius: Omne, quod existit, eo, quia existit, singulare est. Ideo individuum et species definiuntur per praedicabilia. Differentia est constituens proprium, proprium sequitur constitutum.

4619. (22. und 23. Mai 1539.) Recitabant gestus et schemata praedicatorum varia, et dicebat in Italia esse schemata, qui currendo, declinando et variis mutationibus clamoribusque sese quasi fatuos exhiberent. Es wil die welt betrogen ſein, dartzu mus man geberde gebrauchen. Nam videtis, quomodo aula vexatur iam hunc iam illum eligens et mox reiciens. Aula est quasi meretrix, wirt eines balde ſat, gibt einen vmb den andern.

4657. (16., 18. und 19. Juni 1539.) Tardiloquentia est convenientissima homini praedicatori. Quae praemeditatius et accuratius proponere potest suas contiones. Et Seneca de Cicerone scribit, quod ipse fuerit tardiloquus et emphaticus, sicut in Doctore Pontano videmus.

4719. (23. Juli 1539.) Martini Lutheri iudicium de suis contionibus. Ich habe mich offte ſelbſt angeſpeiet, wan ich vom predigſtuel komen bin: Pfue dich an, wie haſtu gepredigt? Du haſts warlich wol ausgerichtet; nullum servasti conceptum! Vnd eben die ſelbige predigt haben die leute vfs hochſte gelobet, das ich in langer zeit nicht ſo eine ſchone predigt gethan hette. Wan ich hinunter vom predigſtuel geſtiegen bin, ſo habe ich mich beſonnen vnd befunden, das ich nichts oder gar wenig dauon gepprediget habe, das ich bey mir concipirt habe, das ichs gewißlich dafur halte: Es ſey viel ein ander ding predigen, dan wirs achten, dan vnſer Herre Gott einem offte eingibt. Es predigt einer viel anders, wan er hienauff kompt, dan wie ers hatt wollen thuen oder bey ſich bedacht. Es iſt gutt, das einer nur predige iuxta analogiam fidei. Ad simplicem modum contionandi se omnes contionatores debent assuefacere, vnd ſollen bey ſich beſchließen, das ſie predigen jungen, vnuorſtendigen leuten, pawern, die eben ſo wenig vorſtehen als die jungen vnder 12, 13, 14, 20 jaren, denen man allein predigt. Das iſt auch der groſſeſte hauffe. Das dieſelbige vorſtehen ader etwas daraus faſſen mugen vnd ihr leben beßern. Mir vnd Philippo darff keiner predigen, wiewol wir auch etwas lernen konten. Man mus nicht predigen, tapffer herfahren, mit großen worten, prechtig vnd

---

18f. s. o. S. 31 Z. 21. 32 Röm. 12, 6.

kunſtreich, das man ſehe, wie gelert man ſey, vnd ſeine ehre ſuchen. Non est locus ibi. Man ſol ſich aldohin accommodiren ad auditores, vnd das feilet gemeiniglich allen predigern, das ſie predigen, das das gemeine volck gar wenig daraus lerne. Wie Butzer und Zwingel thetten zw Marburgk in großer pracht daher vnd alles auffs kunſtreichſte, das ſie den lob dauon hetten, quasi dicerent: Siehe, Doctor Martinus vnd Philippus ſehen, wie ich ſo ein gelerter geſelle bin. Einfeldig zu predigen, iſt eine große kunſt. Chriſtus thuts ſelber; er redet allein vom ackerwerck, vom ſenffkorn, vnd brauchet eitel grobe, pewriſche similitudines. Wan einer zum erſten mal auff den predigſtuel kompt, es gleubet niemand, wie einem ſo bange dabey wirt! Er ſiehet ſouiel köpffe vnter ſich! Wan ich auff den predigſtuel ſteige, ſo ſehe ich keinen menſchen an, ſondern meine, es ſeind eitel klötzer, die do fur mir ſtehen, vnd rede meines Gottes wort dahin. — Haec dixit ad confirmandum pusillanimum et novum contionatorem etc.

i) Die Sammlung Khummer.

4759. (Aus den dreißiger Jahren.) Postea dixit Doctor Martinus de vocibus praedicatorum, quae multum adiuvarent auditores, et Philippus Melanchthon dixit vocem canoram, qualis esset pastoris in Jeſſen, multum conducere ad intelligendam materiam: Es ligt nicht an gewaltigen ſtimmen.

4765. (Aus den dreißiger Jahren.) Tria praedicanda. Primo est deicienda conscientia, secundo erigenda, tertio resolvenda seu evolvenda ex his, quae ei dubia sunt, primo per legem, secundo per euangelium, tertio per expositionem illorum, quae est sententia et quid continetur in toto verbo Dei, etiam in exemplis, similitudinibus, primum ex scriptura, alia duo ex rebus, quas ipsi vidimus aut experti sumus.

4812. (Juni 1542.) Verbum vocale. Infinita et ineffabilis verbi Dei maiestas est, pro qua nunquam satis gratias agere Deo possumus. Nam ratio humana sic cogitat: Ei, wenn ich den Hern, ſchopffer himels vnd der erden, horen ſolte, ich wolte an der welt ende lauffen! Audi, frater: Deus, creator coeli et terrae, tecum loquitur per praedicatores suos; baptizat, catechizat, absolvit te per sacramentorum suorum ministeria. Illa Dei verba non sunt Platonis, Aristotelis, sed Deus ipse loquitur. Et illi sunt aptissimi praedicatores, qui simplicissime et crassissime docent vulgus et iuventutem sine omni arrogantia et subtilitate, sicut Christus crassissimis parabolis

---

20 Wolfgang Brauer.

populum docuit. Et illi sunt optimi et aptissimi auditores, qui verbum audiunt et de doctrina non dubitant. Esto ipsi infirmi sint in fide, modo de doctrina non dubitent, ſo iſt ihnen zw raten vnd zw helffen, nam Deus potest ferre contraria, sed contradictoria ferre non potest.

k) Nachschriften von Johannes Mathesius 1540.

5006. (21. Mai bis 11. Juni 1540.) Mixtio linguarum. Greckiſch auff der cantzel. Doctor: Ach, wie bin ich den leuten ſo feindt, die ſo vill ſprachen einfuren wie Zwingel! Redet Greckiſch vnd Hebreiſch auff der cantzel zu Marpurg. — Dixit Seuerus: Hofmannus zu Jene thuts auch; et scripsit 8 libros, sed saltem unus prodiit. — Philippus obstitit illi, tum Doctor.

5047. (21. Mai bis 11. Juni 1540.) Praedicandi modus; de Osiandro, Wenceslao. Es werden noch vill ſecten komen, vnd Oſiander wirdt auch noch eine anrichten, denn illud ingenium nihil potest quam reprehendere alios. Nos vertimus biblia, et ille unum et alterum accipit vocabulum et oppugnat nos, vnd lege doch der chriſtenheit an eim ſolchen handell vnd uocabel nichts, vnd probirts dennoch nicht gar, et offendit ecclesiam. Poterat haec res privatim agi et disputari, sed non potest se et suam artem continere. Schmalkaldiae ego praedicavi locum ex epistolis Joannis: Christus habitat in nobis per fidem et gratiam et operatur in nobis et defendit et sublevat nos. Statim quam ego incidi in morbum, et palam, sed non nominatim me reprehendit coram omnibus eruditis: Christus, inquit, in nobis habitat essentialiter etc. Male habuit omnes ea res et maxime Brentium. Er hat ſein eloquentiam vnd diſponirts vnd rhetoricirts, et non docet vulgum. Doctor Linck et Magister Vitus docent tamen. Et mihi hodie bene placuit Magister Morel; docuit vulgum de officio uxoris, ancillae: Uxor cogitet se esse in sancto statu, virum esse donum Dei; sic ancilla cogitet suum statum esse sanctum, opera esse sancta. Das tragen die leutlein mit heim. Turgida, alta, abdita nemo intelligit.

De hac re locutus sum cum Bucero Gothae, ut is et Osiander abstinerent ab eruditione. Philippus non est docendus, nec ego propter illum doceo aut lego; propter simplices docemus publice.

---

11 Mag. Christoph Hofmann, Superintendent zu Jena, hatte Februar 1540 eine Schrift de poenitentia mit einer Einleitung Melanchthons erscheinen lassen. 21 W. A. XLV 11 ff. 27 Vitus = Veit Dietrich. 28 = Joachim Mörlin; wahrscheinliches Datum der Predigt wie der Tischrede nach W. A.: 6. VI. 1540.

Christus hett auch wol konnen hoch leren, sed voluit simplicissime sua tradere, ut vulgus intelligeret. Lieber Gott, veniunt in ecclesiam puellae 16 annorum, mulieres et senes et rustici; illi non intelligunt sublimia. Sed si quis aptas et notas similitudines potest proferre, ut eius rei magister est ipse Linck, id intelligit vulgus et retinet. Quare qui maxime simpliciter et pueriliter et populariter et trivialiter potest docere, is est optimus praedicator. Ich wolts gern gering vnd gſchlacht machen; wens aber diſputirens gildt, kum einer in der ſchul zu mir! Ich wils im ſcharff genug machen vnd im antworten, er machs, wie krauß er will. Ich muß noch ein mal ein buch wider die klugen prediger ſchreiben.

5099. (19. Juni 1540.) Euangelium multo simplicius quam prophetae. Chriſtus hat am aller einfeltigſten geredt vnd war doch eloquentia ſelbſt. Die propheten machens auch nicht hoch, ſindt doch vill ſchwerer. Drumb iſts am beſten vnd die hochſte eloquentia simpliciter dicere.

5171 b. (7. bis 24. August 1540.) Modus contionandi. Conradus Cordatus ad Doctorem Martinum Lutherum: Reverendissime Domine pater, lheret mich eine kurtze weiſe zu predigen. — Respondit Lutherus brevibus: Erſtlich muſſet ihr lernen auffſteigen zur cantzel; zum andern, daß ihr auch wiſſet ein zeitlang darauff zuuerharren; zum dritten, lheret auch wieder herunter ſteigen. Nullum ad haec verbum amplius addidit, daß auch Cordatus ſchir erzurnet, doch zum letzten gedacht er, er wurde es warlich gtroffen haben. Et qui servat hunc ordinem, bonus erit praedicator: Erſtlich daß er lerne hinauff ſteigen, id est, ut habeat iustam et divinam vocationem. Zum andern, daß er lerne ein zeitlang darauff zubleiben, id est, ut habeat puram et sinceram doctrinam. Zum drietten, vnd lerne auch wider herab ſteigen, id est, ut non ultra horam praedicet, das auch <am> Pomerano vbel gfelt.

l) Nachschriften von Johannes Mathesius 1540.

5198. (2. bis 17. September 1540.) De gestibus. Cum multa de gestibus dixisset et pronuntiatione Italorum et Calixti non sine risu omnium, tandem inquit: Et ego plures habeo, quam par est, nec probo etiam in hac re Osiandrum. Mediocritas est optima.

5199. (2. bis 17. September 1540.) De volubilitate linguae. Wen Morl vnd Medler mit Magiſter Jacob predigen, ſo iſts gleich, als wen man eim vollen faß den zapfen auszeicht; da gehets,

9 in der ſchul: d. h. Universität. 29 am: Konjektur der W. A. 33 Pfr. Calixt, Pollersdorf. 37 Morl: Joachim Mörlin.

weil drinnen iſt. Sed illa volubilitas linguae nec afficit auditores, etiamsi aliquos delectat, nec docet etiam. Melius igitur est distincte dicere. Sic potest res capi.

5293. (3. bis 19. Oktober 1540.) .... Drumb ſoll ein prediger nicht kun ſein vnd ettwas newes ſich vnterwinden. Gros iſts esse ministrum verbi, sed id ministerium cum reverentia tractandum est. Niemandt ſoll ſein eigen tandt herfurbringen, den Gott will ſein ampt vnuerruckt haben. ....

m) Kaspar Heydenreichs Nachschriften.

5388. (April 1542.) Quid requiratur ad praedicatorem mundo carum? Sechs ſtuck gehörn zu einem prediger, wie in die welt haben will: 1. Das er ein fein ausreden hab; 2. das er gelert ſei; 3. das er berehtt ſei; 4. das er ein ſchon perſon ſei, den die meidlein vnd freulen lieb kunnen haben. 5. das er kein gelt neme, ſondern gelt zu gebe; 6. das er rede, was man gern höret.

5489. (Sommer und Herbst 1542.) Contionatori persistendum in propositione. Cum Ketha diceret se melius potuisse Polnerum, ministrum suum, intelligere contionantem quam Doctorem Pomeranum, quod is nimium discederet a propositione, respondit Doctor: Polner predigt, wie ir weiber pfleget zu reden; denn was in mitt einfelt, das ſagen ſie auch. Doctor Jonas pfleget zu ſagen: Man ſoll die kriegs knecht nicht alle anſprechen, die einem begegnen! Vnd iſt war, Doctor Pommer nimbt biſweilen ettliche mitt, ſo im begegnen. Aber das iſt ein nerriſcher menſch, der do meinet, er will alles ſagen, was im einfelt. Einer ſeh zu, das er bei der propositio bleibe vnd vorrichte das, das er vor im hat, das man daſſelbige wol vorſthe. Vnd gemanet mich der ſelbigen prediger, die alles wöllen ſagen, was in einfelt, gleich wie der megde, die zu marckt ſollen gehn: Wan in ein ander magt begegnet, ſo halten ſie ein ſtenderling; begegnet in die ander, halten ſie mitt der auch ein ſprach, alſo mitt der dritten vnd vierten, vnd komen ſo langkſam zu marckt. So thun die prediger auch, qui nimis procul recedunt a proposito; meinen, ſie wollens alles gern vff ein mal ſagen, aber es thuts nit.

n) Hieronymus Besolds Nachschriften.

5673. (Aus dem Jahre 1544.) Contra illos, qui clamant vitia hominum non ita aperte reprehendenda esse. Man

---

13 Aussprache. 19 Hans Polner, Luthers Schwester Sohn, 1529—1542 in Wittenberg, von Luther wegen Trunkenheit zurechtgewiesen Mai/Juni 1540, siehe Tischrede Nr. 5050.

ſoll in gemein ſtraffen, ſoll nicht die leut ſo ſchelten! ſagen ſie. Respondit: Eia, ich kenn die wort wol! Sie ſein mir vor mer vorkomen. Man ſoll ſagen: Den ehebruch wirt vnſer Herrgott ſtraffen, aber den ehebrechern wirdt er nichts thun. So ſoll man ſagen! Chriſtus, der ſagt traun: Ir othergezicht! Ir ſeit verdambt! Der Teuffel wirt euch holen. Vnd ir ſchrifftgelerten, phariſeher etc. ſeit die othergezicht! Wenn ſie ſich vor vnſers Hergotts wort nicht ſcheuen, was darff mans in denn predigen? Aber ſie werden innen werden: Amen, amen, ſagt Chriſtus, tolerabilius erit Sodomae et Gomorrae in diebus illis. Nun, ſie thun kein gutt, denn ſie kriegen wider pfarrer vnd prediger, die inen zu den weibern vnd töchtern gehn. Die waren vor zeiten wolgehalten, ſchulmeiſter, locaten vnd alle, die ſchliffen den burgern bei den weibern etc. So luden ſie den die weiber heim vnd ſetztens oben an, waren guter ding mit den mennern, das ſie ſelbs ein ſprichwort machten:

Wer will haben rein ſein haus,
Der bhalt pfaffen vnd mönchen draus.

Aber die da caste leben, reiner lere ſein, die kunnen ſie nicht leiden. Das euangelium hat dennoch gros puritatem bracht; es ſein wol 2000 menſchen mer ehelich worden, die ſonſt nicht ehelich weren worden. Es iſt nicht das ſchelten! Ipsi metuunt verbum. Sie haben ſorg, es kum ein mal an tag, das ſie adulteri ſein vnd scortatores; dauor furchten ſie ſich. Wir haben ein ſchwer ambt, wir prediger. Wir ſollen rationem reddirn pro animabus vnd ſollen iren cupiditatibus cedirn. Thun wirs, ſo machen wir vns participes peccati; thun wirs nicht vnd ſtraffen, ſo mus es ſchenden vnd leſtern heiſſen. Wolan etc.

o) Tischreden aus Georg Rörers Handschriftenbänden.

5947. (Aus verschiedenen Jahren.) Officium boni contionantoris:

En ego campana, nunquam denuntio vana,
Laudo Deum verum, plebem voco, congrego clerum.

p) Tischreden aus Antons Lauterbachs Sammlung B.

6287. (Sammlung vieler sprichwortartiger Sätze Luthers; daraus betreffen Predigt und Prediger:)

W. Ti. V 574_{19} Seelwertter ſinndt aller ehren werdt.

576_{31} Der glaube ſiehet auff das wordt, nicht auff die prediger.

576_{32} Der ſprecher vnd das wordt ſindt zwo perſonen.

---

5 Matth. 12, 34. 8 f. Matth. 10, 15.

576_{37} Falsche prediger sint erger denn jungfrawen schender.
577_{20} Das euangelium kan nicht ohne rumor geprediget werden.
577_{38} Ein pfarrer ist wie ein spittelmeister.

q) Tischreden aus Johannes Aurifabers Sammlung

6793. (Zeit unbestimmbar.) Eigenschaften und Tugende eines guten Predigers. „Ein guter Prediger soll diese Eigenschaften und Tugende haben. Zum Ersten, daß er ein fein richtig und ordentlich lehren könne. Zum Andern soll er einen feinen Kopf haben. Zum Dritten wol beredt sein. Zum Vierten soll er eine gute Stimme haben. Zum Fünften ein gut Gedächtniß. Zum Sechsten soll wissen aufzuhören. Zum Siebenten soll seins Dings gewiß und fleißig sein. Zum Achten soll Leib und Leben, Gut und Ehre dran setzen. Zum Neunten soll sich von jdermann lassen vexiren und geheien."

---

14 **geheien:** schinden. 14 Vgl. zum Selbstzeugnis Luthers noch folgende Stellen dieses Bandes (Seite und Zeile): 43_{10}. 47_{6}. 59_{11}. 87_{6}. 90_{7}. 91_{3}. 101 f. 107_{8}. 133_{14}. 135_{17}. 142_{35}. $143_{13.31}$. 147_{10}. 148_{21}. 152_{28}. 158_{27}. 159_{31}. 162_{30}. 173 ff. 199_{35}. 201 ff. 210_{16}. 214_{2}. 220_{15}. 223_{13}. 240_{34}. 242_{15}. 247_{21}. 249_{7}. 264_{27}. 268_{17}. 269_{10}. 279_{35}. 280_{16}. 281_{9}. 285_{10}. 286_{25}. 290_{14}. 300_{22}. 320_{34}. 327_{3}. 342_{4}. 348_{24}. 349_{33}. 353_{1}. 368_{7}. 369_{25}. 380_{11}. 393_{3}. 397_{25}. 402_{34}. 411_{22}. 414_{15}.

II. Zur Geschichte der Postillen.

1. Stephan Roth's Postillen.

Einleitung. Luther hat von seiner Kirchenpostille bekanntlich nur den „Winterteil", d. h. die Advents-, Weihnachts- und Fastenpostille, selber zu gestalten die Zeit gefunden (W. A. X/I 2 S. 1—208; X/I 1 S. 18—728; XVII/II S. 5—245). Von Ostern bis zum letzten Sonntag nach Trinitatis blieb eine Lücke. Diese Lücke auszufüllen durch Bearbeitung nachgeschriebner Lutherpredigten für den Druck ist der Gedanke Stephan Roth's gewesen. Luther „ließ sich" seine Arbeit „gefallen" (W. A. X/I 2, 211), d. h. er hat sie nicht angeregt. Etwa Ende August 1526 ist die „Auslegung der Euangelienn, von Ostern biß auffs Aduent, gepredigt durch Mart. Luther zu Wittemberg" erschienen, heut kurz Roth's Sommerpostille genannt (W. A. X/I 2 S. 211—441). Der große Erfolg, den sie hatte, hat nun Roth bewogen, seine Sammelarbeit fortzusetzen. 1527 erschien seine „Außlegung der Euangelienn, an den fürnemsten Festen im gantzen jahre, gepredigет durch Mart. Luther zu Wittenberg", kurz Roth's Festpostille genannt (W. A. XVII/II 251—516); sie bietet Predigten zu den kleinen Festtagen oder zu Nebengottesdiensten der großen Festtage, allerdings auch eine zur hohen Christmesse. Einmal an der Arbeit, hat er dann nicht aufhören mögen und dem von Luther selbst gemachten Winterteil der Kirchenpostille eine Dublette zur Seite gestellt: „Auslegung der Euangelien vom Aduent bis auff Ostern, sampt viel andern Predigten. Martin. Luther.", kurz Roth's Winterpostille genannt, 1528 erschienen (W. A. XXI 1—193). Daß er überhaupt diese Arbeit unternommen, wo doch die eigne Kirchenpostille Luthers vorhanden war, hat Luthers Zorn erregt, und nur mit Mühe hat er sich bewegen lassen, auch zu ihr ein Vorwort zu schreiben.

Eine ausführliche Einleitung zu Roth's Postillen, mit einer (schärfer als bei den übrigen Postillenbearbeitern zugreifenden) Analyse von Roth's Arbeit, gibt G. Buchwald W. A. XXI S. IX—XXV; tabellarische Zusammenstellungen W. A. XXII S. XXXIV und S. XXXVI—XXXVIII. Roth's Arbeit ist zum großen Teil durch hastiges

Zusammenraffen alles Erreichbaren gekennzeichnet. Dabei hat er früher erschienene Einzeldrucke von Predigten Luthers, wenig oder gar nicht verändert, wiederholt und gelegentlich, wenn er durchaus kein Material sonst hatte, über Luther hinausgegriffen; es findet sich bei ihm ein Stück von Bugenhagen und eins von Melanchthon. Das hat seine Postillen heut völlig in Verruf gebracht. Daß er aber als Bearbeiter nachgeschriebener Predigten von den anderen Postillenbearbeitern sich durch besondere Willkür unterscheide, kann man nicht sagen: er ist (was freilich wenig sagt) zum mindesten nicht schlechter als sie. Die hier mitgeteilte Probe ist ein typisches Beispiel für sein Verfahren. Man vergesse bei der Beurteilung nicht, daß er hier zwar nach Rörers Nachschrift gearbeitet hat, aber vielleicht manches auch im Ohre behalten hat (die Ausarbeitung hat wohl bald nach dem Hören stattgefunden). Man wird feststellen können: a) er gießt entsetzlich viel Wasser in Luthers Wein, walzt jede Andeutung breit aus, aber b) er folgt dem Gedankengange Luthers, läßt nichts weg und setzt nur Worte, nicht neue Gedanken hinzu.

Ich teile mit Luthers Predigt am 19. November 1525, einmal (R) nach Rörers Nachschrift W. A. XVII/I 469—474, dann (RP) nach Roth's Sommerpostille W. A. X/I 2 S. 429—441. ¶ bedeutet in Hs. fehlender Absatz. Die Unterscheidung von u und ů ist bei der Wiedergabe preisgegeben. Text ist Matth. 9, 18—26.

R XVII/I 469

Dominica post Briccij In arce praesente duce Melchelburgensi.

Mat. 9. Nostis, optimi amici, quod Euangelium sit praedicatio de unica persona, Christo scilicet, ita quod multi libri sint et praedicationes de variis hominibus, gentilibus et Christianis, ut libri de Beata Virgine, Petro, angelis. Sed hi non sunt Euangelia, sed hoc solum Euangelium, quando proponit Christum et docet, quomodo solln uns gegen sich halten. In Euangelio scriptum de Johanne,

---

RP X/I 2 429

Lyeben freunde, jr wisset, das das Euangelion nichs anderst ist denn ein predige von der einigen person, die da Christus heißt, Und wiewol sunst vil bücher hin und wider geschriben und vil predigen geschehen sind von mancherlay leutten, beyde von Heiden unnd Christen, ja auch von der mutter Gottes, von Sant Peter, von den Engeln unnd von vil andern heiligen, Aber das sind nichtt Euangelia, sondern das ist allain das rechte Euangelion, wenn es uns den Cristum fürhölt, und das da leret, was wir uns guts zu ym versehen sollen.

---

23 Briccij ep.: 13. XI. (1525 ein Montag); der 19. XI. war 1525 der 23. nach Trin. Das Evangelium Matth. 9, 18—26 aber gilt bei Luther für den 24. n. Trin.; für den 23. n. Trin. gilt bei ihm Matth. 22, 15—22.

R

Maria, non est proprie Euangelium, sed ideo scribitur, ut perfecte videatur, unde veniat Christus, et officium illius. Ideo Lucas describit matrem, Alius Johannem, id quod non scriptum, ſo es der perſon nur allein gilt. In Pauli Epistolis nihil scriptum de Sanctis nisi de Christo, et Euangelistae describunt, quid miraculorum fecerit Christus, nihil operum scribunt, quae Johannes, Maria fecit, nisi quomodo iuvit homines, et ſich an in gehengt haben. Ita enim deus conclusit, quod omnes homines vult an den menſchen hengen und in eim hauffen faſſen, ut Paulus, ut nihil sciamus quam Christum. Ille hesit in Maria etc. et variae sectae et nihil habebamus de Christo nisi nomen. Multos intercessores habebamus, omnes debuissemus omittere, ut in Christo adhesissemus, et Rho. 1. dicit Paulus: Promisit Euangelium 'de filio', ſo ſpant ers ſo hart, ut non gelt nisi in illa persona. Qui hoc novit, gratias agat deo, ut sciat, | wo er ſich hin ſtellen ſoll, Omnes praedicationes diversas abiiciat. ¶ In isto Euangelio depingitur,

XVII/I 470

RP

Es wirt wol auch zu zeitten in dem Euangelio von Johanne dem Teuffer, von Marien und von den Apoſteln geſchriben, aber das iſt eigentlich nicht das Euangelion, Sondern darumb wirt jr gedacht, auff das deſter volkommlicher angezeiget wurd, von wanne doch Chriſtus käme, und was ſein ampt were. Alſo beſchreibt Lucas die Hiſtorien von Johanne dem Teuffer von anfang an, wie es mit ſeinem empfengknis und gepurt zugangen iſt, Item von der Jungfrawen Maria, Welichs alles nit umb jrent willen, ſonder allein umb der einigen perſon Criſtus willen geſchriben iſt, ſo das es alles, was in dem Euangelio ſtet, nur diſer perſon gelte. Inn Sant Pauls Epiſteln ſtehet nichts von den heiligen geſchryben, nur alles iſt es vonn Chriſto, Dye Euangeliſten beſchreiben, was Chriſtus für Mirakel und wunderzeichen thon hat, aber von keinem wercke ſchreiben ſye, das Johannes oder Maria thon haben, ſondern nur, was Chriſtus außgericht hat, wie er den leuten geholffen habe an leib und ſeel, und wie ſich die leutte an in gehengt haben.

X/I 2 430

Denn Gott hats alſo beſchloſſen, das er wil, das alle menſchen an dem einigen menſchen Chriſto hangen ſollen, auff den hoffen und den faſſen, wöllen ſie anders ſelig werden, ſo das ſie von keinem andern wiſſen ſollen denn von dem Chriſto, der allayne iſt uns zu eym gnadenſtul von Gott fürgeſtelt, wie Sant Paulus ſaget. Bis hieher hat einer an diſem heyligen, der andere an yenem gehangen, der hat Mariam gehabt, ein anderer Sannt Barbaren, und ſind mancherley Sectten und Orden geweſen, aber von Chriſto hat man nichts gehaltten, allein der name iſt bliben. Wir haben vil fürbitter gehabt, weliche alle wir hetten ſollen faren laſſen und an Chriſto allein hangen. Darumb ſaget Sant Paul, das das Euangelion verheyſſen ſey von Gotte durch ſeine Propheten von ſeinem ſune. So hart und enge ſpannet ers, das inn dem Euangelio nichts geldte denn diſe eynige perſon Jheſus Chriſtus. Wer das

---

9 1. Kor. 2, 2. 12 Röm. 1, 2 f. 15 Matth. 9, 18 ff. 35 Röm. 3, 25.

R quod sit immixtus hominibus, ut eos an ſich zihe, ut corde hereant in eo, quo fidant eius bonis spiritualibus et corporalibus perpetuo. Non vides, quod aliquid accipit ab illis, quibus benefacit, nisi quod irrideatur, ut vides: egreditur ab eo beneficium et ignominia redit. Hoc praedicatur toti mundo, ut agnoscat hunc virum, quomodo fiamus Christiani, non probi. Doctrinae extra Euangelium urgent, ut homines fiant probi, ut philosophorum, legum libri et legendae Sanctorum, ut huc veniant, quo ipsi fuerunt. From leut machen non est Euangelium. Multo plus est Euangelicum esse quam probum. Ad hoc propositus Christus ut inexhausibilis fons, qui semper exundat bonitate, gratia et nihil accipit, nisi quod probi. Qui agnoscunt, gratias agunt et diligunt, alii irrident. Christianus ergo non vocatur, quod multa faciat, est quid sublimius, sed ideo, quod a Christo accipit, haurit et sinit sibi dari. Quando non accipit,

---

RP weis, der mag wol Got dancken drumb, das er wiſſe, wo er ſeinen troſt, hülff und zuverſicht hin ſtellen ſol, Der ſelbige wirt denn alle andere frembde predigen verachten und von ſich werffen.

Derhalben wirt uns der Herr in dem heutigen Euangelio alſo abgemalet, das er mitten under das volck gemänget ſey und alle welt zu ſich ziehe mit ſeiner freuntlichait unnd ſüſſen leere, auff das ſie auch mit dem hertzen an im hangen möchtten und ſich verlaſſen künden auff ſeine güttigkait und hoffen von im beyde, geiſtliche und leibliche gütter zubekommen. Du ſiheſt auch hie nicht, das er etwas näme von denen, den er wol thut, ja ehr erlanget von jnen nichts denn hon und ſpodt, wie wir hie hören, Von im gehet wolthat aus, aber ſpot und hon nimpt er wider an.

Das wirt der gantzen welt gepredigt und für getragen, auff das man ye lerne diſen man recht erkennen, und das wir wiſſen, wie wir Chriſten werden, nicht wie wir fromm werden ſollen. Andere leren, auſſerhalb dem Euangelio, dringen dahin, das dye leutte ſollen fromm dadurch werden, als die bücher der Heidnyſchen Meiſter und des weltlichen geſetzes, Item die Legenden der heiligen, welche ſonderlich dahin dringen, das die leute auch möchten ſo leben, wie die heiligen gelebt haben. Fromme leut machen gehört dem Euangelio nicht zu, ſonder es macht nur Cryſten, Es iſt vil mer ein Chriſt ſein denn fromm ſein, Es kan einer wol fromm ſein, aber nicht ein Chriſt, Ein Chriſt weißt von ſeyner frommkeit nichts zuſagen, ehr findet in im nichts gutts noch frommes, ſol er fromm ſein, ſo mus er ſich nach einer anndern und frembde frommkeit umbſehen.

Dartzu iſt uns nu Chriſtus fürgeſtelt als ein unausſchepflicher brunn, der da altzeit überfleußt mit eytel güt und gnade, und für ſolche güte und wolthat nimpt er nichts, denn das die frommen, die ſolliche gütte unnd gnade erkennen, ihm dafür dancken, yhn loben unnd lieben, X/I² 431 die andern aber ſeiner | dartzu ſpotten, das bringt er darvon. Darumb ſo heißt einer nicht ein Chriſt daher, das er vil thu, es iſt etwas höhers da, ſonndern darumb, das er von Chriſto was näme, ſchöpffe, unnd laß

non est amplius Christianus, ut maneat nomen Christi in accipiendo, R
et a nullo nisi Christo, quanquam vides: quod facis, non habet nomen Christianum, facienda bona opera, verum et dandum aliis, sed ab hoc nemo Christianus dicitur nec est. Cognoscendus ergo Christianus secundum naturam nominis, ut accipiat a Christo et habeat in se, et hoc ostendit dictio. Sapiens etc, dicitur a sapientia, niger a nigritia, magnus, sic Christianus a Christo. Si a Christo dicitur, non a suis operibus. ¶ Sequitur statim, quod nullus Christianus fiat per opera et omnes ordines non pertinere ad nomen Christianum nec facere Christianos. Qui ergo praedicant, quod volunt docere ecclesiam und ghen mit praeceptis, operibus umb, sunt seductores, sie thuns nicht, quia proponunt sibi nomen Christianum et volunt nos begnaden suis praeceptis et operibus, quae proponunt. Possum vocari ieiunator, orator, sed non Christianus. Si omnia opera tua in lucem, tamen non haberes Christum. Christus est aliud quam legis liber, praecepta sophistarum. Christus est filius dei, a quo si accipio, habeo eum.

---

im nur geben. Wenn einer nicht mer nimptt von Christo, so ist er kain RP
Christ mehr, so das des Christens namen nur im nemen bleibe und nit im geben oder thun, und das er von niemands nichts näme denn von Christo. Wenn du darauff sihest, was du thust, so hast du schon den Christlichen namen verloren. Es ist wol war, das man gutte werck thun sol, andern helffen, radten unnd geben, aber davon wirt kainer ein Christ genantt, unnd er ist auch darumb kain Christ.

Derhalben so mus man ein Christen (wenn man das wortt wil recht ansehen) darbey erkennen, das er nun von Christo näme und Christum in im habe, und das bringt das wort eygentlich mit sich, gleich wie einer weiß heißt von der weyße, die ahn im ist, schwartz von der schwertze, gros vonn der grösse, so auch Christen von Christo, den er in im hatt, und von dem er guttes empfahet. So nu einer ein Christ genant wirt vonn Christo, so wirt er ye von seinen wercken nicht ein Christ genant, So folget auch bald daraus, das keiner kain Crist werde durch die wercke. Ist das war, wie es denn war und gewis ist, so mus folgen, das Orden und Secten zum Christlichen namen nicht gehören und machen auch kaine Christen.

Darumb, die da predigen oder in der gemeyne leren und geen mit gepoten umb, mit wercken und statuten, das sind verfürer, die thuns nicht, wiewol sie den Christlichen namen fürwenden, so wöllen sie uns doch under disem namen mit jren gepoten und wercken, die sie für geben, beladen und beschweren. Ich kan wol von den wercken ein faster, ein beter, ein walfarter genanndt werden, aber kain Christ, Wenn du gleich alle deine werck zusame flechtest, ja nemest aller anderer wercke auch datzu, dennoch hast du nicht Christum unnd wirst auch kain Christ davon genent. Christus ist ein ander ding unnd etwas höhers denn gesetz unnd menschen gepott, Er ist Gottes sun, der allain zugeben unnd nicht zu nemen bereytt ist, wenn ich so geschicktt bin, das ich von yhm neme, so hab ich in, hab ich denn in, so wird ich byllich ein Christ

R Discrimen scito, quid Christianus sit et Christus. Hoc Euangelium docet, quod sit gratiosa persona donata mundo, non, ut terreat, sed effundat bona omnia terrestria et celestia, ut omnes homines fidant eo et sinant sibi dari haec dona ab eo. Si peccatum, XVII/I 47[1] |conscientia terret et veniunt doctores, quo iuver? quicquid faciunt, nihil possunt. Chriſtus khan das. Petrus et Maria non potest, hic a deo ordinatus, ut liſs auſs ghen peccata mea mihi remissa gratis. Si accipio, habeo consolationem, quod remissionem peccatorum habeam coram deo et hominibus. Si accipio corde, sum Christianus et hinc gratias ago deo per Christum, qui dat semper spiritum sanctum et gratiam, ne peccatum mihi obsit nec hic nec in extremo iudicio, Si timeo mortem et non libenter morior. Alius leufft in die wuſten et cilitium et vult deum cogere, ne secum irascatur: wirt nichts drauſs. Christus est fons effusus gratiae, dat vitam eternam et corporalem. Aperi cor et habe eum pro illo, tum accipis, er quilt und fleuſt aus, non potest aliter facere, modo tu credere potes, tum vocaris Christi-

---

RP genennet. Alſo habt jr ein unnderſcheid, was ein Chriſt iſt, und was Chriſtus iſt.

Nu dis Euangelion leret uns, das Chriſtus die gröſte unnd höchſte perſon ſey, in der gantzen welt erhaben, nicht, das er dye leutt ſchrecke, ſondern das er alle yrdiſche und himmliſche gütter außgieſſe, ſo das alle menſchen ſich auff in verlaſſen, im trawen unnd nur ymmerdar von im nemen ſollen. Wenn mich yrgendt ein ſünde im gewiſſen ſchrecket, und die geſetz prediger kommen her, unnd wöllen mir helffen mit wercken, ſo richten ſie nichtts bey mir aus, Chriſtus kan da allain helffen, ſunſt niemants, ja die andern machens nur erger. es ſey gleich Sant Peter X/I 2 43[2] oder Paul, auch Maria die | mutter Gots ſelbs, der Chriſtus thuts allein, der von Gott dartzu verordnet iſt, das er lieſſe ein predig außgen, die da verkündigte, wie mir meine ſünde umbſunſt ſolten vergeben ſein on alle werck und verdienſt, nur lauter aus gnad, durch den glauben an diſen Chriſtum, Näme ich nu die predig ahn, ſo hab ich ein troſt, das mir meine ſünde vergeben ſind, vor Gott und vor der welt, näme ichs mit hertzen an, ſo bin ich ein Chriſt und dancke derhalben Gott durch Chriſtum, der mir altzeit den heiligen geiſt gibt und gnad, das mir die ſünnde nicht ſchadet, weder hie noch dort am jungſten gerichte.

Fürchte ich den tod und ſtirbe nicht gern, ſo finde ich hie bey diſem Chriſto troſt und ertzney, das ich den tod nicht acht. Erſchrecke ich vor dem zorn Gottes, ſo hab ich hie ein mitler, Mancher laufft in die wüſten oder zeuhet ein hären kleid an, und meynet, er wölle Gott zwingen, das er nichtt mitt im zürne, aber es wirt nichts daraus, wer diſen Chriſtum nicht hat, über dem beleibt der zorn Gottes ewig, alſo iſts beſchloſſen.

Darumb wer da wil ein frölich gewiſſen haben, das ſich nicht fürcht vor ſünde, tod, helle, noch vor dem zorn Gotes, der mus diſen mitler Criſtum nit aus dem weg ſtoſſen, Denn er iſt der brunn, der von gnaden überfleußt, der das zeitlich und ewig leben gibt, thu du nu das

R

anus, ut maneat Christianus in accipiendo. Si non, non est Christianus. Hoc est dives verbum, quod laudat et non satis laudare potest Paulus, quod deus tam gratiose unter uns menget filium, ut effundat gratiam omnibus accipientibus. ¶ Sequitur quoque weyter, quando Christianus facit bona opera et charitatem, quod non fit per hoc Christianus und from, sed prius est Christianus und from. Facit bona opera, sed non faciunt etc. Arbor facit fructus, non econtra. Sic hic per opus non fit Christianus, sed per Christum fiunt. Iam intelligis, qualis populus sit Christianus et regnum eorum, quod sit concio, quae heret in Christo, quod eundem spiritum et dona habent, quae ipse. Per hoc sunt omnes Christiani. Petrus non maior quam latro, Maria non maior Magdalena: discrimen est in externo offitio. Maria habuit maius opus Magdalena, Petrus maius quam latro, nach dem werck zu rechnen, da von sich nicht Christen sind. Maria non est Christiana ex maximo opere, quod gestavit etc. Christus: 'beati, qui audiunt', et illos extollit supra matrem, scilicet credentes. Christi-

---

RP

hertz auff und halt in dafür, so wirstus als haben, er quilt und fleußt aus und kan nichts anders denn nur geben, fliessen und quellen, wenn du es nur kanst glauben, denn so hastu recht den namen, das man dich ein Christen heisse, so doch, das du ein christ seiest mit nemen, wo nicht, sonder du wild im vil geben, so bistu kein christ.

Das ist das reiche thewre wort, welchs Sant Paul hoch lobet und nymmer mer gnugsam loben kan, das Gott so gnedigklich under uns seinen sun mänget, auff das er seine gnade auß giesse über alle, die sie annemen wöllen.

Aus disem folget nun weitter, wenn ein Christ gutte wercke thut und ertzeiget dem nechsten liebe, das er dadurch nicht ein Christ noch fromm werde, sondern er mus zuvor ein Christ unnd fromm sein, Er thut wol gutte werck, aber die gutte werck machen in kein Christen, Der baum bringt oder macht gute früchte, die frücht machen nicht den baum, also auch hie wirt keiner ein Christ durch wercke, sondern durch Christum.

Hieraus verstehet jr nu, was die Christen für ein volcke seyn, und was jr reich ist, nemlich, das es sey ein hauffen, der da yhn Christo hange und einen geist und gaben mit im habe.

Und dadurch sind alle Christen gleich, und hat einer nychtt mer von dem Christo denn der andere, Sant Peter ist nit mehr denn der Schecher am creutze, Maria die Mutter Gottes nit mer denn die sünderynne Maria Magdalene. | X/I ² 433 In eusserlichem thun und wercken ist wol under jnen ein underscheit, als Maria die Jungkfraw hat ein grösser werck gehabt denn Maria Magdalena, Sant Peter ein grössers denn der Schecher, ja nach dem werck zu rechnen, aber davon sind sie nicht Christen. Maria die Jungkfraw ist nit ein Christin von wegen jres grossen wercks, das sie Cristum ein solchen köstlichen unaussprechlichen schatz in jrem leib getragen hat, wie Cristus selbs sagt zu

---

15 Luk. 11, 28.

R ani enim dicuntur, quod credunt. Virgo et mater ſein fein zwen namen, sed nihil ad nomen verum, qui credunt. Paulus adeo ſtoltz ad Galatas, audet ministerium magnorum Apostolorum appellare ein euſerlich anſehen, da got nicht vil dran glegen iſt, nisi quod utatur ad utilitatem aliorum. Similes ergo omnes in Christo per fidem. Si Petrus firmiorem habet fidem, tamen eadem fides in Christum. Idem Christus a deo iacitur in rapus. Mulier haec laborans begreifft eque Christum ut Maria. Eundem ergo habent spiritum Christiani, einer ſo hoch geporn als der ander, Et Petrus cogitur me fratrem appellare, ja XVII/I 472 Chriſtus, | nimbt ſich unſer an und helt uns fur ſein bruder. Paulus 1. Cor. 8. 'pro quibus Christus mortuus', et 'peccas in Christum'. Vide:

RP dem weib, das da ſchrey under dem volck zu dem Herrn: „Selig iſt der leib, der dich getragen hat, und die brüſte, die du geſogen haſt", „Ja", ſprach er, „Selig ſind, die das wort Gottes hören und bewaren". Da ſiheſtu, das er die glaubigen über ſeine mutter erhöbt. Denn Chriſten werden darumb Chriſten genant, das ſie in Chriſtum glauben, Jungkfraw unnd mutter ſind feyner zwen namen, aber es iſt nichts gegen dem waren namen der glaubigen. Item S. Paul iſt ſo ſtoltz, das er in der Epiſtel an die Gallater das ampt der groſſen hohen Appoſteln darff ein euſſerlich anſehen nennen, da Got nit vil dran gelegen iſt, denn das ers zu der andern nutz und frommen gepraucht.

Derhalben ſo ſind wir alle gleich in Chriſto durch den glauben, Ob gleich Sant Peter ein ſtercken glauben hat denn ich, ſo iſt es doch gleich der ſelbige glaub in Chriſtum, denn der ſelbyge Chriſtus wirt von got ſeinem vatter under alle in die rapus geworffen, wer in überkompt, der hat in gantz, er überkomm yhn ſtarck oder ſchwach, da leyt nichts dran. Das weyb hie im Euangelio, das ſo lang kranck gelegen was, begreifft Criſtum gleich ſo wol als Maria die Jungkfraw, ſeine mutter, Drumb ſo haben die Chriſten einen gleichen geiſt, einer iſt ſo hoch geporen als der ander, Sannt Peter mus mich ſein bruder heiſſen, unnd ich darff ihn auch widerumb meinen bruder hayſſen, Ja Chriſtus nimpt ſich unſer ſelber an und hölt uns für ſein brüder, wie er ſaget nach ſeiner aufferſtehung zu Maria Magdalene: „Gehe hin tzu meinen brüdern und ſage yhn: Ich fare auff zu meinem vatter, und zu eurem vater, zu meinem Gott und ewren Got", Und S. Paul heißt Chriſtum den erſtgepornen under vilen brudern, davon ſagt er gar fein in der Epiſtel an die Corinther, da ehr von den ſchwachen brüdern redet, unnd ſpricht alſo:

„Sehet zu, das diſe ewer freyheit nicht geradte zu einem annſtos der ſchwachen. Denn ſo dich (der du das erkentnis haſt) yemand ſehe zu tiſch ſitzen im götzen haus, wirt nit ſein gewyſſen, dieweil es ſchwach iſt, verurſacht das götzen opffer zu eſſen? und wirt alſo über deinem erkentnis der ſchwachen brüder umbkommen, umb welchs willen Chriſtus

---

3 Gal. 2, 6. 7 in den rapus werfen: hinopfern. 11 1. Kor. 8, 11 f. 33 Joh. 20, 17. 39 f. 1. Kor. 8, 9—12.

quando Christianus offenditur, Christus offenditur. ¶ Haec est Summa R Euangelii, ut sic discatur Christus agnosci nec sinatur nudum nomen, ut sciamus, quam eximia ab illo habeamus. Si Christiani sumus, habemus omnia: deus pater, domini omnium. Haec non affert ullum opus. Vides, quam longe absint a Christiano nomine, qui sub Papa sunt. Euangelium debet nihil praedicare quam Christi personam, nec Mariam nec Papam, sed solum Christum, qui datus in den rapus, ut ab eo accipiamus. Si praedicatur, quod sit Judex tuus, ut erit, et ut fatias bona opera, quae tibi solvat, tum non est salvator, sed iudex. Et ita propositus nobis, ut mater ostenderit illi ubera: sic diabolum praedicarunt, non Christum, qui dat. Dum sequuntur bona opera, id quod videtis in hoc Euangelio.

Hic vides praedicare Christum Euangelium populo. Non est vile opus praedicare. Quod id beneficium praestat, quod noster doctor sit, ut veniamus ad cognitionem eius. Est suae magnae gratiae

---

gestorben ist. Wenn jr aber also sündiget an den brůdern und schlahet RP jr schwachs gewissen, so sündigt jr an Christon."

Hie sihestu, das, wenn ein Christ geergert oder beleydigt wirt, das es alles Christo selbs widerfare.

So ist nu dis die Summa des gantzen Euangelions, das wyr X/I 2 434 also Christum lernen recht erkennen, und das nicht allayne der blosse namen da bleibe, sonder das wir wissen, das wir alles unser wesen von im haben, Seind wir Christen, so haben wir alles, und Gott ist unser vatter, unnd sind Herren über alle ding jhm himel und der erden, Das bringt uns kain wercke, es sey so grossß und köstlich, als es ymmer meher wöll. Nu sihest du, wie fern die von einem Christlichen namen sind, die under des Bapsts reich leben. Das Euangelion sol nichts anders predigen noch verkündigen denn allain die einige person Christum, auch Mariam nicht, schweig denn den Bapst oder yrgend ein werck, es sey so köstlich, als es ymmer mer wöll. Christum allein und sunst keynen sol es fürtragen, den hat uns Got der vatter inn die rapus geworffen, nur das wir im nemen sollen und seyner gnad unnd gütte wartten.

Wenn man dir in nu predigt als ein Richter (wie er denn zu künfftig sein wirt am jungsten tag) unnd wie du solt vil gutter werck thun, das er sie dir belone, und du nimpst es also ahn, so wirt er dir gewis ein Richter sein unnd nichtt ein heyland, Und wenn man in dir so fürhelt, wie man pflegtt zu malen, das yhm die mutter jre brüste weißt, das ist eygentlich den Teuffel predigen und nicht Christum, der allain gibt und nicht nimptt. Das ist wol war, wenn du nu von im genommen hast, denn so folgen gute werck von sich selbs ungetzwungen und ungefodert, welchs jr hie in disem heutigen Euangelio feyn sehet abgemalet.

Hie sihestu, das Christus dem volck das Euangelion predyget. Nu, predigen ist nicht ein gering werck, denn da thutt ehr uns ein grosse wolthat, das er unser lerer wirt und underrichtt uns, wie wir zu seinem erkenttnis kommen mügen, Das ist eyn stuck seiner grossen gnade unnd

R ein ſtuck: donec in terris sumus, non cessat a doctrina, ut eum accipiamus pro salvatore etc. Deinde sequitur operibus. Non vides hominem in Euangelio, cui sit verſagt, qui aliquid petierit: quotquot ad eum venerant, ceci etc. omnes acceperunt. Lucas: ‘a quo exibat virtus’. 6. Sic facit huic mulieri. Audit eum praedicare et videt beneficere hominibus et heret in eo, leſt all apoſtel faren et fiduciam cordis habet: „Si tantum tetigero.“ Vide, quale cor habeat haec. Maxima est fiducia, non aliter cogitavit: certissime me iuvabit, si tantum tunicam, taceo manum. Et non adeo audax, ut in fatiem illi accedat. Putat se indignam et scit nihil mereri, et nihil fecerat illi, eytel ungeſchicklichkeyt iſt da. Quis meruerat, ut praedicaret Euangelium? Ibi nullum proprium opus, tamen adest, habet fluxum XII, ad quod digna? ut accipiat, nihil dare potest. Et haec est vera praepa-

---

RP güttigkait, weil er hie auff erden iſt, höret er nichtt auff zu leeren, auff das wir in ye für eynen Heiland und ſeligmacher auffnemen, darnach ſo folget er mit ſeinen wercken, die er überal, wo es von nötten, yedermann beweyſet. Du findeſt keinen menſchen im Euangelio, dem hilffe verſagt ſey, der ye etwas von dem Herrn gepeten het, und wer im nit gegeben, wie vil jr zu im kommen, blind, taub, lamen, gichtprichyge, waſſerſichtig, die hat er alle angenommen und hatt inen nach jrem begird geholffen und ſie von allerley kranckeiten geſund gemacht, wie Lucas ſagt: „Alles volk ſucht den Herrn, das ſie in anrüren möchtten, denn es gienge krafft von yhm, unnd haylett ſie alle.“

Alſo thut er auch hie diſem weib, Daz weib höret in predigen unnd ſihett, das er ein güttig, glimpflich man iſt, der ſich gegen aller welt freuntlich ſtölt, da begynet ſie auch an im zu hangen und ein hertz zu gewinnen, dieweil er niemant von ſich ſchlahe, ſie werde auch ſeiner X/I 2 435 freintligkait, und | gütte genieſſen, Drumb laſt ſie alle Apoſtel faren und wirfft jres hertzen vertrauen und zuverſicht allein auff den Herren und ſprichtt bey jr ſelbs:

„Möcht ich nur ſein klaid anrüren, ſo wurd ich geſund.“

Sihe nur, was das weib für ein hertz gehabt hat, das iſt ein trefflicher groſſer glaub und vertrawen, Sie hat nichtt anders gedacht in jrem hertzen, er wirt mir gewis helffen, wenn ich im auch nur mit meiner hand ſein kleid anrür, Und iſt doch nicht ſo kün, das ſie im under das angeſicht darr gehen, Sie hölt ſich für unwirdig, das ſie mit im reden ſolt oder in anſehen, denn ſie weyßt, das ſie nichts verdienet hatt und dem Herrn nie nichts guttes gethon, darumb ſtölledt ſie ſich auch alſo, geet von hinden tzu, fölt zu den füſſen und rüret nur den ſaum ſeines kleids an, Summa, es iſt eytel ungeſchickligkeit und unverdienſt da, Wer hats verdienet, das der Herr da dem volck das Euangelion predigte? Da iſt kein beraytung, da iſt kain werck, noch iſt das arm weib da und verſihet ſich eins groſſen zu dem Herrn, er werde ſie von jrer kranckheit erlöſen, Sie hat den blutganng wol zwelff jhar nach einander gehabt, was kunde ſie damit verdienen? wie ſolt ſie davon zu etwas wirdig ſein?

---

4 Luk. 8, 46 vgl. 6, 19. 7 Matth. 9, 21.

ratio, ut indigeam et tum, ut ps. dicit, ‘requirit’ ſichs fein, con- R veniunt duo, Christus et pauper, et maxima scientia, ut homini persuaderetur se indigere, sed hoc non fit nec sinit diabolus, sed trahit in opera. Textus dicit ‘XII’ et omnia dilapidasse et quanto plus insumpserit. Lucas et Marcus ʒihens hoch an, multum, quod semper peius habuit. 1. pecunia abiit, quid habet da von? ſchaden. Quid dat Christo? | nihil, accipit. ¶ Haec est significatio, ut XVII/I 473 semper tractetur verbum. Sic fit omnibus praedicantibus, qui Christum non praedicant Mulier sunt omnes homines, qui habent fluxum i. e. sentiunt peccata. Quando hoc, tum volunt iuvari. Sic fecimus. Hinc venerunt ordines, geſtifft, opera, quae fuit occasio? conscientia peccatorum, ut Animae nostrae et omnium

---

Ja freilich was ſie wirdig, aber nur ʒů empfahen unnd nicht ʒu geben, RP denn ſie kunde daʒumal nichts geben.

Und das iſt die rechtſchaffne bereytung ʒu der gnade und gůttigkait Chriſti, das ich der ſelbigen bedarff, Und denn reymett es ſich fein, das jr ʒwen ʒuſame kommen, der reich und der arm, Chriſtus und ſein ſünder.

Aber es iſt ein groſſe kunſt, das man den leutten das eynrede, das ſie arm ſind und der gnade bedürffen, Es geſchicht ſchwerlich, auch ſo leidet es der Teuffel nicht, ſondern er ʒeuhet die leute ymmerdar auff werck, das ſie ja nicht dahyn kommen, als bedörfften ſie der gnade und barmmhertʒigkait Chriſti.

Der Text ſagt, das das arme weib habe den blutgang ʒwelff jar gehabt und all jr gut mitt den ärʒten drüber verʒeret, und ye mehr ſie darʒu thon hat, ye erger es mit jr worden iſt. Lucas und Marcus ʒiehen das hoch an und ʒeygen damit an, das, yhe mer man das geſetʒ und von den wercken predigt, ye erger es mit uns wirt, und haben nichts davon denn ymmer ein ſchaden über den andern, es kan unſer gewiſſen nicht geſtildt werden mit den wercken, wenn gleich ein ſünde aus dem gewiſſen komptt, ſo iſt bald ein andre da, ja die ärʒney und das werck macht uns offt ſünde, da auch ſunſt kaine iſt, bis ſo lang daʒ wir ʒu Chriſto kommen, wie hie diſes weib, das ſo lang kranck gelegen wahr, und wer jr nimmer mer geholffen worden, wo ſie nicht ʒu Chryſto kommen were, bey dem ſie on alle werck geſuntheit erlanget, gibt im nichts, ſonder nimpt nur von im und laßt jr geben.

Alſo gedts mit allen predigen, die Chriſtum nichtt predygen, Und wirt hiemit auch angeʒeigt, das man ſtedts das wort handlen ſol und ymmerdar on underlas treiben, denn diſer menſchen findet X/I 2 436 man noch altʒeit, die ſolche geengſte und bekůmmertte gewiſſen haben. Denn dis weib bedeut alle mennſchen, die haben den blutgang, das iſt: ſie empfinden jre ſünden, und der bluttgang fleuſſet ymmerfort, kan nicht ſtill ſtehen, denn blut und fleiſch thut nicht anders, denn was es geluſtet, Wenn nu daʒ empfinden überhand nimpt, ſo fallen die armen leut ʒu und wöllen in ſelbs helffen, da thut einer dis,

---

1 Ps. 27, 7f. 5 Luk. 8, 43; Mark. 5, 26. 8 sic: vgl. Z. 4ff.

R liberarentur, so ist Christus nymmer da, quia non accipit, sed dat. Haec mulier peius habuit, audis etc. Medici sunt praedicatores, regentes Christianorum, ut liberentur a peccatis, quid dant remedii? per quod peius fit. Et hoc vidimus, quod operibus homines volunt fromm werden, quod non sit verzagter volck quam spirituales, clerici. Quando ulcus venit, so muss die apotecken et timent maxime futurum iuditium et quanto plus operantur, tanto magis diffidunt. Ideo fit illis ut mulieri. Pulcherrima similitudo illius mulieris: wir haben nicht allein zeitlich gut hin an gewand, sed etiam corpus. Quidam sind wansinnig worden et defecerunt viribus, tandem etiam animam perdiderunt, et ego talis fui et profundius fui in hoc opere. Non potui dahin khomen statim, ut omitterem Papae legem. Oportet ergo

---

RP der ander yenes, unnd richten doch nichts aus. Da sind sovil Orden und stifft herkommen, Da hat man sovil und sovil werck erdacht, das man sie schier nichtt alle zelen kan, Wer ist des alles ein ursach gewesen? Niemands denn das gewissen über die sünden, das hat uns so getryben und geengstiget, haben gemaynet, wir woltten unsere seelen darmit erlösen unnd aller sünden los werden, Aber darbey ist Christus nicht gewesen, denn wir haben nur geben unnd nicht nemen wöllen. Darumb ist es auch ymmerdar erger mit unns worden, wie mit disem weibe, die alle ärtzte versuchtte, ob sie jr helffenn künden, unnd doch nye kainen fande, Also haben wir auch allen ärtzten geglaubt, wenn einer kommen ist mitt einem wercklyn, den haben wir angenommen, Lieber Gott, wir weren geren gesund gewesen, hetten gern ein frölich gewissen gehabt und weren der sünde gern los worden.

Die ärtzte sind die gesetzprediger und Regenten der Chrysten. Wenn nu einer gerne were von sünden erredtet gewesen, was theten sie im? sie gaben ärtzney, davon einer nur schwecher und krencker ward, Das haben wir gesehen unnd zum tail vil gefülett, zwar mit unserm grossen mercklichenn schaden, wie die leut haben wöllen mit wercken fromm werden und sich damit von sünden erlösen, Aber es hatt nicht geholffen, wir sind ye lenger yhe vertzagter worden wider die sünde unnd wider den tod, so das man auch kein vertzagter volck auff erden findet denn eben Pfaffen, Münche, Nonnen und die mit den wercken umbgen, wenn sie ein schweren haben, so mus die Apoteken herhaltten, da ist solch ertzneyen, solch rennen und lauffen, als wolt in yetz die seele außgeen, also fürchten sie sich und so vertzagt sinnd sie, Und sonderlich fürcht sich niemand so sehr vor dem jungsten gericht als eben das selbige geistliche volck, Das zeigen sie denn auch fein an, wenn sie mit den wercken also handelen, das sie ymmer eyn werck über das ander thun und auff keinem wercke bestendyg verharren, und ye mer sie tun, ye erger es mit in wirt, ye verzagter und zweyfelhafftiger sie werden, Und geschihet ihn gleych wie hie disem weibe.

Es ist gar ein schön gleichnis und reymet sich recht wol auf uns, wir haben auch, nicht allain das zeitlich gut hinan gewent, sondern auch den leib dran gestreckt mit fasten, mitt kasteyen und mit andern schweren untreglichen burden, das auch etlych offt wonsinnig darüber worden

adsit firmum fundamentum fidei, ut negligamus praecepta papae. R Sic mulier insumpsit omnia. Sic nos quoque, all unser opera, timor, obedientia huc iuvit et trepidavimus ad praecepta Papae, Episcoporum etc. obedientia data homini quae dicis, quid habuimus inde? quod haec mulier. ¶ Ubi vero videt virum, unde? non per medicos. Si praedicarent doctores nostri de Christo, tum omnia iacerent. Audit per alium sonum, non per doctores, sed quod ille advenerit, ut velit omnibus esse expeditus. Ubi hoc scivit, deseruit medicos et currit ad Christum. Sic hic. Non praedicant Christum, sed tamen exit ad homines, quis Christus sit, et cum homines hoc au-

---

und von allen krefften kommen sind, ja haben zuletst auch die seele RP dartzu verlorn, Ich bin auch ein solcher gewesen und bin tieffer in der X/I 2 Apoteken gesteckt denn wol auch mancher. Ich künde nicht dahin 437 kommen, das ich so bald des Bapsts gesetz hette nachgelassen, Es kam mich sawr und hart an, das ich am Freitag fleisch asse, und das des Bapst gesetz und ordnungen nichts solten gelten, hilf Got, wie schwer ward mirs, ehe ichs wagen dorffte. Darumb, sol einer des dinges aus dem gewissen los werden und des Bapsts satzunngen verachtten, so mus er warlich einen starcken festen grunnd des glaubens haben, hat er den nicht, so wirt er sich einmal oder etlichs vor umbsehen, ehe ers darff wagen.

Alda gehets denn zu wie mit disem weibichen, das all jr güt under den ärtzten hat umbgepracht, und ward davon dennocht nicht gesund, ja es ward nur erger mit jr. Also ists auch mit uns, da sind alle unsere werck, mühe und arbait verloren, da földt all unser menschlicher gehorsam und der gantze Orden dahin, und ist gar vergebens gewesen, was wir dran gewändt haben. Da sehen wir denn, das des Bapsts unnd der Bischoffe Statuten und satzungen nichts sind, dagegen wir vor zitterten und bydmeten. Das alles hat unns gleich sovil geholffen als das arme weib, das all jr gut und habe, ja den leib dartzu dran gesetzt hat. O was wirt das weib ertzney und getrenck haben müssen gebrauchen? wie matt, schwach und kranck wirt sie offt davon worden sein? Ja, wenn sie hette künden gesund werden, sie het die gantz Apoteken gefressen? Es halff nichts, sie müste sich mit der kranckheit wol zwelff jar schleppen.

Wie wirt denn dem armen weibichen zu letst geholffen? Da sie den man, der da Christus heißt, ankame, jr hofnung und trost zu ihm satzte, da ward sie gesundt. Wer weyssete sie aber zu dem manne? freylich die ärtzte nicht, Denn wenn unsere prediger von Christo predigten, so lege des Bapsts kram und all seine satzungen gar darnider. Wer sagt jrs denn? Sie hort es yrgendt vonn einem, der auch gesund war worden, und nicht von den ärtzten, der hat jr on zweyfel gesaget, wie einer da und da sey, der heyßße Jesus, der sey ein freuntlich, güttig man, helffe yederman und lasse niemant von sich ungeholffen, unnd sey eben darumb von Gott gesandt, das er yederman helffe, unnd wirt jr manichen menschen ertzöledt haben, denen er geholffen hatt, so das er sie auch zu im brechte. Da das weib das hörete, ließ sie die ärtzte faren und lieff zu Christo.

R diunt, valedicimus medicis et nihil curamus eorum praecepta et toto desyderio currimus ad illum virum et dicimus: Si accipiendum absque merito ab illo, quid stultus feci, das ich so viel hab dran gewaget? Valete, mei Episcopi. Oportet fiam Christianus non ex decretalibus, sed ex misericordia Christi. Hic est vacuum vas, quod indiget impletione, infirmus sum in fide, charitate, diffido. 'Effundite coram eo corda vestra.' In te conclusus thesaurus omnium divitiarum. Iam venimus ut miserrimi pauperes. Hic est fluxus, peccatum. In te omnis abundantia. Si hoc disces semel, non capieris legibus Papae. Ex eius legibus nihil accipio, sed insumo omnem substantiam

---

RP Also gehts auch yetz, man predigt nicht Christum, sonder nu eyttel werck, thu dis, thu das, dennocht kompt es under das volk, was Christus sey, was wir von im zugewarten haben, und das ers allain thun mus, on unsere werck und verdienst. Wenn wir das geschrey haben, so folgen wir im nach und hören disem worte zu und lassen sie ärtzte ymmer hinfaren, keren uns denn an die gesetzprediger und werckprediger nicht mer X/I 2 438 unnd fragen auch | nach jren gepotten und satzungen nichtts, sondern lauffen von gantzem begird des hertzens zu disem manne, der Cristus heißt, und sagen denn: Ja wol, mus man es von dem mann nemen on alle verdienst, ey wie nerrisch hab ich gethon, das ich sovil habe daran gewaget, Gesegne dich Got, lieber Bapst, gesegne euch Gott, lieben Bischoffe, ich darff ewr ärtzney, ewr werck und verdienst, ewr gepot und satzungen nimmer, jr habt mich lange gar satt damit gemartert, ich hab einen bekommen, der gibt mirs umb sunst, was ich vor mit grossem gelt hab müssen von euch kauffen, er gibt mirs one werck und verdienst, da ich vor hab meinen leib, sterck und gesund müssen dran setzen, Ade zu gutter nacht, ich komm nicht wider zu euch.

Also wirt nu einer ein Christ, nicht aus des Bapsts Decretalen oder von wercken und menschliche satzungen, sondern aus der gnade und gütigkait Christi. Wer nu ein bekümmert, beschwert gewissen hat, fürcht sich vor der sünde, erschrickt vor dem tode oder hat sunst nichts güts in im, der komme hieheer tzu dem manne und bekenne, was im gebreche, rüffe in an, er wirt dir gewis helffen, „Schütte dein hertz vor im aus", wie der Psalm spricht, und sage also zu im: Sihe, hie ist ein lär vas, das bedarff wol, das man es fülle, mein Herr, fülle es, ich bin schwach im glauben, stercke mich, ich bin kaldt in der liebe, werme mich unnd mache mich hitzig, das meine liebe heraußer fliesse auff meinen nechsten, ich hab nicht ein festen, starcken glauben, ich zweyfel zu zeyten unnd kan Gott nicht gentzlich vertrawen, Ach Herre, hilff mir, mere mir meinen glauben und vertrawen, In dich hab ich den schatz aller meiner gütter verschlossen, ich bin arm, du bist reich und bist kommen sich der armen zu erbarmen, ich bin eyn sünder und du bist gerecht, Hie bey mir ist der flus der sünde, yn dir aber ist alle fülle und gerechtigkait.

Wenn du das einmal lernest, so werdenn dich die gesetz des Bapst nicht fahen, aus welchs gesetzen und gepoten du nichs nimpst, sondern vertzerest mit disem weibe alles, was du hast, dein leib und gutt, ja zu

---

6 Ps. 62, 9.

cum muliere. Huc volo, ubi accipio. ¶ Ubi sana facta fuit, scribunt R alii Jesum dixisse: 'quis me tetigit?' discipuli coartant etc. scio aliquam virtutem, scio aliquem aliquid a me accepisse, ideo fecit, mulier ſchempt ſich et placuit fiducia, quam palam facere voluit, nihil melius habet quam ut ei fidatur. Mulier ut hoc ani|madvertit, XVII/I 474 Marcus dicit, quod obsessa sit. 'Iam absolvit fides tua.' An non amicabilia verba? quod gaudium habeat in hoc, quando sinunt alii sibi benefacere. Iam sequuntur opera, dedi tibi potentiam, die muſs her fur, ideo fatetur coram omnibus und ſchempt ſich der predigt nicht, quod accepit ab eo, nihil dederit. Haec vera opera. Hanc gratiam vult habere a nobis, ut etiam alii accedant et sinant

---

letſt die ſeele dartzu, Unnd denn wirſtu ſprechen: den wil ich haben, von RP welchem ich nemen kan, nicht dem ich geben darff.

Die andern Euangeliſten ſchreiben alſo von diſem weibe, da ſie ſey geſund worden, hab Jeſus gefület, das eine krafft von im außgangen ſey, und ſich under dem volck umbgewändt und gefraget: Wer hat meine klaider angerürt? und wie im die junger geantwurt haben, das volck dringe und drucke in ſo hart, Aber der Herre habe ſich daran nicht laſſen genügen, ſonder geantwurt: Es hat mich yemant angerürt, denn ich füle, das ein kraft von mir gangen iſt, ich weys, das yemands etwas von mir empfangen hat. Das alles hat der Herr darumb than, das jhm des weibs glauben wol gefiele, den wolt er da bekandt machen vor allem volck, Denn er hat nichts lyebers denn das man yhm vertrawe und X/I 2 glaube, Auch um des öberſten willen, des ſelbygen glauben | mit diſem 439 Mirakel und geſchycht zu beſtettigen, Darumb ſo ſchreybet Marcus, wie das weib, da ſie merckett, das es der Herr wüßte, ſich geforcht habe und getzitert, und ſey kommen, dem Herren für die füſſe gefallen und im dye gantze warheit geſagt, wie jr von im geſchehen were. Da feret auch der Herr zu und abſolviert ſie und ſpricht zu jr: „Mein tochter, ſey getröſt, dein glaub hat dich geſund gemacht, Gehe hin mit friden und ſey geſund von deiner plage."

Sind das nicht freuntliche wort? Was wirt das weib hie für ein freud gehabt haben, in dem das ſie jr einen andern laßt wolthat ertzeigen? Dyße freud und frid überkommen alle, die ſych guts zu dem mann verſehen. Wo nun diſe freud iſt, da müſſen als bald die wercke folgen, welche diße freude beweyßen, Alſo müſte diſer frid unnd freud in dem weibe auch herfür. Denn ſo balde ſie die wolthat von dem Herren empfing, bekante ſie es vor allem volck und ſchemet ſich der predig nicht, das ſie von im ettwas empfangen hette und doch nichts darumb gegeben. Diße werck aber und das danckſagen wil Got von uns haben, nemlich, das wir ſolche ſeine gütte, gnad und wolthat für yederman bekennen und außſchreyen, auff das auch andere hertzu kommen und laſſen inen auch wolthun, wie es hie geſchehen iſt.

Alſo zwingett mich denn mein Chriſtlich leben, das ich andern auch wolthů, wie mir von Gott durch Cryſtum wol gethon iſt, auff das nur diſer Chriſtus erkandt werde, Aber dadurch wird ich kein Chriſt, Gleich

---

2 Luk. 8, 46. 6 Mark. 5, 33. 6 Matth. 9, 22.

R sibi benefacere, ut mihi factum. Tum vita Christiana mea cogit, ut benefatiam aliis, ut agnoscant Christum, sed per hoc non fio Christianus, sicut ex confessione illa mulier non sana facta, quia prius ante opus confessionis sana fuit. Post hanc sanationem fatetur Christum et laudat zur besserung aliorum. Iam it in operibus Christianis. Ideo vivimus, ut alter alteri inserviat, ut fiat Christianus. Sicut illa mulier sane facta ante opus, sic tu debes Christianus fieri ante opera. ¶ Depictum in hac muliere, quid sit Euangelium, sic in puella. Inter Iudaeos ridetur Christus. Sicut iam pulsatur, sic tum herner geblassen. Sic fuit praeceptum per Mosen, ut populus convocaretur.

RP wie hie dis weib von dem bekentnis nichtt gesund wirt, denn sie was zuvor, vor allem werck und bekentnus gesund, aber darnach, da sie nu gesund ward, bekennet sie Christum und lobet in, nur zur besserung der andern, unnd gedt also in guten wercken daher und thut ymmer ein gut werck über das andere, Derhalben leben wir auch, wenn wir nu Christen sind, auff das einer dem andern diene, wamit er ymmermer künde. Darumb wie nu dis weib gesunnd worden ist vor allem nerck, also sollen wir auch Christen werden, ehe wir yrgend ein werck thun.

Wie nu in disem weibe das Euangelion abgemaledt ist, also vird es uns auch in dem töchterlein des öbersten hie abgemalet. Diser öberster der schule, den Marcus Jairus nennet, hatt eyn starcken glauben und vertrawen gehabt zu dem Herren, er wurde im sein gestorbne tohter widerumb lebendig machen, dann wenn er das hertz zu im nicht gehabt hette, wer er nicht zu im kommen und ein solch ding, der natur unmüglich, von im gebeten, Darumb zeiget er mit diser bitt an senen glauben. Da der Herr dißen glauben an im merckete, kunde ers nicht lassen, ehr must im zu willen sein, der halben stund er bald auf und gieng mit im. Under dißem gehen geschyhet diße Historien von dem weibichen, die zwelff jar kranck gelegen was, wie wir yetz gehört haben.

X/I 2 440 Da nu der Herr in des öbersten haus kam unnd sahe die pfeyffer unnd das gethümele des volcks, welche alda nach dem gesetz Mose wiren unnd blyesen mit hörnern unnd thrummeten, wie man hie zu lande mit glocken leuttet, das volck zusamen zu rüffen, Hyes er das volck und die pfeiffer außweychen und sprach: „Das meidlin ist nicht tod, sondern es schlafft." Da verlachten sie in unnd spotteten seiner.

Das ist das, wenn dise predig außgehet, und das man also predigt, Christus sey der man, der da helffe, unser werck thuns nit, so kans die welt nicht lassen, sie mus lachen, sie mus spoten, sie mus sich dran ergern, Denn es geht jr nit ein, das Christus helffen solt, wie hie das volck thut, das sonder zweyfel gesagt hatt: Ey ein feyner Meister oder artzt ist das, was soltte ehr helffen? weyßt er doch nicht, was schlaffen oder gestorben heißt. Den Titel mus das Euangelion in der welt haben, daz es eine nerrische predig ist, veracht und verspotet, Denn der Teufel kans nichtt leiden, das dise predig solt ehr in der welt haben, denn sie bringt seinem reich klainen frommen, das empfindet er wol, Darumb greyfft ers auch an mit allen listen, auff das ers ye hindere und unwerd mache bey den seinen, welcher hertzen er gantz verplendet und eingenommen hat, das ynen nicht scheyne die erleuchtung des Euangelions von

Erat magni viri fiducia. Christus dicit: 'non est mortua', ridetur R i. e. quando haec praedicatio exit, ita praedicat, ut mundus rideat, es ghet nicht ein, quod Christus uns helffe. Et cum illi videant, mocht der sache helffen. Hoc vides in mundo. Hunc titulum habet Euangelium. Satan non potest pati. Bene huic, qui hanc doctrinam capere potest et non subvertitur. Mundus depingit deum, qui accipiat bona nostra, missas, si aliter praedicatur, dicitur: tu vis regere totum mundum et hoc sancti homines praedicarunt, tum dicitur haeresis. Tu vide textum Euangelii, quod omnia consistant in Christo. Discite bene, non frustra loquor, quod Christianus dicitur, qui a Christo accipit, ich weiss, was es kost, ut servetur.

---

der klarheit Christi, wie Sant Paul sagt zu den Corinthern. Denn es RP ist unmüglich, das diße predig von Christo nicht solt frucht bringen, sie wirt nichtt vergebens gepredigt, ob jr gleich wenig sind, die sie anhnemen, da leyt nychts ahn.

Dieweil es nu der Sathan empfindet, das yhm was entgeet, ja das dise predig nur eben wider sein reich auffgerichttet sey, so hat er kain ruge, er verfolgts, er verachts und greiffts an allen seyten an, wie er auch yetz in der gantzen welt tobet und wüttet. Denn die predig vonn Christo stößt zu boden alles, was nun der welt unnd dem Teuffel wolgefelt, auch was die welt für das aller heiligste und köstlichste ansihet, Denn sie malet jr ein solichen Got für, der da anneme unsere gutte wercke, lasse im gefallen Messen, Vigilien stifften, rosenkrentze, kappen, blatten, henffene strick, und was des narrenwercks mer, damit der bapst umbgeet. Wenn nu einer kompt, bringt das Euangelion und predigt wider das narrenwerck des Bapsts, wie er denn tun mus, und sagt, es sey nichs, es sey verfürung, es sey wider Christum und wider die schrifft, der mus herhalten, man schilt in ein ketzer und buben, jha ein verfürer des volcks, Und sagen denn gar herlich: wiltu die gantz welt regieren, maynestu, das du der klügste seyst, unnsere vorfarer sind auch nicht narren geweßtt? Es haben vil heilyger frommer leutte diße wercke gethon und davon predigt, soltest du erst herkommen und es zu nicht machen, das müste nit sein? Da hebt sichs denn an mit toben und wüten, mit verfol|gunng und tödtung, unnd wil der Teuffel recht haben, X/I 2 441 es gehe zu, wye es wölle.

Das sey gnug von disem Euangelio auff dismal, unnd habt ye wol acht drauff, das jr aus den Euangelien leernet, wye alle ding stehen in der einigen person, die da Christus heysse, und merckett das fast wol, das ein Christ den namen von Christo hatt, Ich rede es nicht umb sunnst, denn ich weys, was es kostet, das man es in der anfechtung der widerwertigkait also behaltte. Wöllen Gott umb gnade anrüffen, das wirs uns der mal eyns ein ernst sein lassen und mit hertzen fassen. Amen.

---

1 Matth. 9, 24. 12 2. Kor. 4, 6.

2. Crucigers Sommerpostille.

Crucigers Sommerpostille (W. A. XXI 195—551; XXII 1—424) ist im Auftrage Luthers selbst, der Roths Postille ersetzt zu sehen wünschte, von Caspar Cruciger hergestellt worden unter Bearbeitung gedruckten Materials wie handschriftlicher Predigten. Die jahrelang sich hinziehende Arbeit erschien 1544 unter dem Titel: „Auslegung der Episteln und Euangelien, von Ostern bis auff das Aduent. D. Mar. Lut. auffs new zugericht." Obwohl von Luther veranlaßt und von ihm mit einer Vorrede empfohlen, ist, wie die Einleitung zu ihr, W. A. XXII S. XI ff., durch Analyse festgestellt hat, Crucigers Postille freier Luther gegenüber und darum noch weniger Luthers Eigentum als die Postillen Roths. Dafür entschädigt sein männlicher geraffter Stil und eine beträchtliche innere Nähe zu Luthers Theologie. Dies beides an einem Beispiel zu veranschaulichen ist doppelt wichtig, weil Cruciger vor der Postille eine große Reihe von anderen Lutherpredigten, Einzelpredigten wie Reihen, veröffentlicht hat, bei denen uns z. T. Kontrollmöglichkeiten fehlen.

Ich wähle — da Crucigers Verhalten zu historischen Elementen in Luthers Predigt besonders charakteristisch ist — als solches Beispiel eine Predigt mit stark autobiographischem Einschlag, die vom 15. Oktober 1536 über das Evangelium des Sonntags, des 18. nach Trin., 1. Kor. 1, 4—9, und gebe a) die Nachschrift Rörers (R), W. A. XLI 696—700; b) die Bearbeitung in Crucigers Postille (CP), W. A. XXII 302—311. Bei dem freien Verhältnis ist Paralleldruck sinnlos; als Ersatz sind Rückverweisungen auf die Nachschrift eingetreten.

a) Rörers Nachschrift.

R XLI 696_{18} 1. Cor. 1. Hanc Epistolam incipit, quam postea scharff, quia stund zu Corinth nicht schon, quia pseudapostolus post eum venerat et sectas angericht, ut multi nihil de resurrectione mortuorum et vita aeterna. Et alii lere einfurten etc. quisque volebat facere, quod ei placebat, man, weib, prediger und leien. Ideo necessaria Epistola pro corrigendis, ut diabolus semper non aussen bleibt, quando vere praedicatur verbum, semper meustreck unter pfeffer. Sic semper vult impedire etc. Ista Epistola wird scharff und inen wol zwagen, hebt seuberlich an et monet, ut cognoscant, quae acquisierint per Euangelium, ut grati deo und gott zu lob friedlich halten und sich huten vor rotten, quae offenduntur gratia, ne credant.

---

27 1. Kor. 1, 4—9. Eingangsworte und Textverlesung sind von R weggelassen. incipit <suaviter>. 30 alii: verbessere aliam? 37 Alle Absätze der Predigt sind von mir eingesetzt.

Das ist das 1. quod dicit: 'Gratias ago pro gratia data.' R Hoc inculcat et pungit. Cognoscite, quaeso, quid acceperitis, videte, quae data, non per opera, Circumcisionem, sed in Christo. Ubi audistis Euangelium de Christo, omnia dona data, ut divites etc. ut nihil ante sit, quam ut expectetis jungsten tag et adventum Christi, durch und durch reich. Hoc cogitate et grati estis et christlich halten. Et ponit se exemplum. 'Gratias ago' non solum pro me, sed vobis, quod ditati et 'vocati ad consortium filii dei'. | Eitel XLI 697 gute wort, quibus vult gratos facere, ut intelligant, quae acceperint et quid prius gemangelt. Si ipse optimus apostolus und hochst lerer heidenschaft ista vidit et coactus wheren etc. quid nunc, ubi non tantus praedicator ut Paulus et tam boni Christiani ut ipsi? Iam vide, quales Rottae, wust wesen et quam grati nos. Obliti aller scheden, quae passi sub papatu, et quidam adhortantur. Ibi umb gelt und seel verfurt. Si ista sumus obliti, non venit ehr et gratitudo pro verbo dei, quia cogitatur, ehr hab allzeit gestanden ut nunc. Non sic. Sed dicit: accepistis donum i. e. alle stuck, quae pertinent ad jhenes leben, quia non missum Euangelium pro hac vita. Sed in principio mundi. In hoc regno dedit zeitliche, leibliche guter. Sed quicquid pertinet ad futuram vitam, habetis diviter, nullus defectus doni, quod necessarium ad jhenen leben, et nihil opus, nisi ut dominus ipse veniat et expectemus adventum. Das mangelt uns, alioqui nihil. Et sic Christiani affecti, in omnibus ditati et reichlich habere omnia, quae ad vitam eternam, ut nihil expectemus quam ut etc. ut dominus veniat et liberet vom sundigen leib, ut uns erloset von tod und Teufel. Non veniet hoher ler, gab quam nos. Christianus novit, quod per baptismum condonantur omnia peccata, et lavatur a peccatis und gerechnet pro filio dei et hebe all da an sein ewig leben. Si cadit, data gratia, schatz, habet proximum, qui erigere potest, und holen absolutionem, habet Sacramentum, et praedicatur diviter remissio peccatorum, praedicatio. Omnes audire possunt cuiusque status homines. Quid amplius habet opus? Si scit se per baptismum et reichlich pro se verbum et habet proximum, qui potest richten, straffen, trosten, leren et confirmare cor. Si iterum Teufel ubereilt, iterum verbum da.

Meinstu, quod das gering schatz, quod scio certo deum loqui mecum? Nos et alii in papatu non potuimus honorem illum habere verbo Scripturae. Consilium boni viri, vernunfftig, quicquid ille con-

---

1 ff. 1. Kor. 1, 4 ff. 8 1. Kor. 1, 9. 26 hoher ler, gab quam nos: höhere Lehre oder Gabe, als wir empfangen. 31 praedicatio. Omnes: lies praedicationem omnes? 32 scit se: ergänze <filium dei>.

R suluerit, sol man thun. Sed nemo potest dicere: Non est consilium viri, sed dei verbum, des soltu dich trosten. Illo tempore pro inenarrabili dono gehabt. Quis potest compensare et perpendere hoc donum habere certe verbum? Sed itum Romam, Hierusalem, S. Jacobum, qui nos consolari, furten uns in abgrund der hel. Invocatio Sanctorum et stifften kloster, quia volebant quaerere consolationem, liessen mess halten und stifften, nihil quam angst, not, jamer, et nihil halff, kein herz, zittert, sed fur Christo mher furchten quam Teufel. Ego fiduciam habui in Mariam, Hannam, Martham. Ibi cor non potuit pacatum. Ibi nemo potuit dicere: Hoc verbum dei, huic honorem habe. Iam habemus hoc: 'tibi remissa'. Das wort hett ich genomen illo tempore et omnibus regibus er, khron gelassen, si tausent, quod deus misericors et Christus fidelis servator. Das sol man gedenken und Got danken et non oblivisci des trefflichen reichtumb.

Deinde supra verbum, orationem, quando et quibus verbis utendum. Ego doctor non intellexi in pater noster, quod iam puer, quid 'sanctificetur nomen dei' etc. Ego orabam ut Nonnae, quae
XLI 698 latine legunt | psalterium, sicut gens haberstro. Iam non solum intelligo pater nos⟨ter⟩, psalterium, sed etiam intelligo exaudiri orationes meas. Quando accessi ad altare ut diffidens et abii talis, non potui dicere Amen. Sed Missavi, si placet, nescio. Melius, ut non oratum et laboratum in agro vel domo. Et diximus Civibus et rusticis, quod pro ipsis oremus, et accepimus eorum korn. Wer wol recht, si bene orares. Illi vendiderunt pro certa merce aliis, et tamen ipsi incerti. Iam qui vult, potest recte orare, et quibus verbis et quomodo, et certe dicere Amen, certe sanctificabis nomen tuum. Prius non cogitabamus exaudiri orationem, nisi essem penitus sanctus et sine peccatis. Ibi impossibile, ut certus me exaudiri. Ideo quisque cognoscat, quales thesauros acceperimus, quid baptismus, verbum dei, Symbolum, oratio.

3. Item quomodo vivere debemus et quae bona opera. Et certo iudicare, quae coram deo bona opera: Ista vita placet deo, illa non. Prius non scivimus, quid docuimus, oravimus, lebten und thetten et Sacramentis non recte usi. Nisi quod ad baptismum an irtung. Postea adulti tantum rew und reinickeit, non absolutionem inspeximus. Si ista wol gestanden, ist Absolutio gut, econtra tantum

---

17 quod iam puer: ergänze: ⟨nunc intelligit⟩. 20 W. A. bloß: pater nos. 21 W. A. meas, quando. 22 „Besser wäre gewesen, nicht zu beten, und an dessen Statt zu arbeiten" usw. 32 3.: das „1" s. o. 57₁; statt „2" das deinde s. o. 58₁₆. 35 an: ohne.

fuit obedientia papae. Mera cecitas, error, jamer, hertzleid. Iam R vide, quid habuerimus, obs nicht ein drecks werd sey, Sed doctrinam, quomodo orandum, usum Sacramentorum. Si quid desit, adest parochus, frater, ut non traurig seiest. Ita semper versorgst mit verbo et Sacramento. Et scis te esse in statu, in quo bona opera. Si maritus, melius facis quam si 100 ad S. Jacobum. Hoc prius nescivi. Item quando excolo agrum, artificium, besser quam all bullen, brieff, siegel, quia deus me fecit maritum etc. modo non raube, stele etc. Ista omnia non fuerunt. Sed picta navis, in qua eitel Mönche, pfaffen, in mari. Laico strick umb den leib et suis meritis et orationibus ziehen sie er aus. Quicquid aliorum statuum, war nicht, sed weltlich. Sic omnia weltlich stand, predigampt, quia ghet mit zug zu. Sic baptismus, gehort wasser zu. Ad Cenam brot und wein. Quia ista tenet, ist reich gemacht in allen stucken. 1. Cor. 12. de donis, de linguis loqui. Ibi verbum, oratio, Sacramentum et miserorum consolatio. Si verbum amittimus, non recte oramus et Sacramenta amittimus, sumus Turcae. Ideo so gros schetz, ut nemo possit considerare, ideo qui intelligit, oportet sit gratus. Si unus potuisset 1 psalmum vel versum 7 petitionum etc. Thet mir sanfft, quando titulum intelligerem, 1 titulum.

Sed werdens machen sicut Corinthii, qui abutebantur. Ideo warff unser Herr Gott pestilentiam, fieber unter sie etc. Er drawet iam deus, Er schlecht den bracken, sihe dich fur, du rute. Tandem Turca abstulit Civitati Corinthiorum. Sic nobiscum accidet. Tantum ungelerte Esel, qui meras fabulas und alte weiber teiding. Haec | audietur et credetur, ut de Sancto Georgio, Christophoro. Ideo XLI 699 dicit: 'gratias agite' et cogitate, quid fueritis, in quanta cecitate et irtung, nescitis, quomodo verbum intelligendum, Sacramentum, Tauff. Pueri sind selig worden sub Papatu, adulti assenserunt papae mendaciis. Ideo paucissimi salvi in istis tenebris.

Ideo audiendum verbum et orandum, ut perseveremus. In istis hat quisque verbum, Sacramentum, orationem, praecepta dei de vita externa. Hic habet verbum et praeceptum et vivimus in pace in Christiana vita. Et nihil iam opus habemus, nisi ut dominus veniat et manifestet hoc, quod iam in fide habemus. Quando habemus remissionem peccatorum per baptismum et quotidianam meditationem per pastorem, qui remittit peccata an Gottes stats, Item orationem pro me, aliis, quid amplius? Si remissionem peccatorum et donum

---

6 „als wenn du 100 Meilen weit zum heiligen Jacob von Kompostella gingest". 11 war nicht ⟨geistlich⟩. 11 „So aber ist alles weltlich, auch das Predigtamt, denn man braucht den natürlichen Atem dazu." 20 1. Kor. 11, 30. 26 1. Kor. 1, 4 ff.

R spiritus sancti, qui excitat a mortuis et promittit vitam eternam, nihil deest, nisi ut Christus veniat etc.

Multi libri prius scripti, quomodo ad mortem praeparare debeamus: merus error et homines bedrubter worden. Iam Christianus in quolibet vitae genere sic cogitat: Ego facio, quod mihi auffgelegt, ego baptizatus, oro vespere, mane. Si pecco, eo ad Sacramentum et sumo absolutionem et oro, ut 'sanctificetur'. Illi nihil deest, mors quacunque via venit, sive dormiat, vigilet, invenitur paratus. Sic Euangelio praeparatur et gratia, ut aller dinge fertig, peccatum, quod restat, ist geschenckt. Ideo kom tod, quando velit, quia non acquiram melius baptismum, doctrinam, fidem, mag wol zunhemen, sed non melius Sacramentum, doctrinam. Ideo veniat mors, quando velit, bin ich doch drumb hie, sum baptizatus, oro et in vocatione mea vivo et invoco et commendo Christo deo meam animam. Sed quando volunt homines keck machen zum tod, armut, kranckheit, totseuch in corpore humano. Iam uxor moritur, non parat ad mortem. Multi libentius frantzosen, aussetzig 20 jar quam mori. Sed Euangelium: baptizare et crede in Jesum Christum, ora. Si beist mors, tum zeen, das macht bereit ad mortem, sive dormiat. An die gnad sollen wir denken, et non meruimus, sed ex mera gratia, quam respexit. In worten i. e. verstendig, versthet alls et habetis in der predig et nihil, nisi ut expectetis, quando dominus veniat.

Sic magnificat in principio Epistolae dona, ut excitet ad gratitudinem et ut se Christlich halten, ut des wusten wesens abghen, das sie trieben. Qui enim agnoscit ista dona, oportet mus got lieb haben und dancken et cum proximo bene vivet, non rotten anrichten. Si quis non facit, non agnoscit, quae gratia data, quia si agnosceret, non sic faceret, sed deo gratus et proximo hertzlich gern weichen et faceret, quod Christianam vitam zieret. Quomodo hoc? quod nullo dono careat.

Et tamen dicit, quod aliqui non crediderunt Sacramentum verum corpus etc. Alii in nomine Petri, ex baptismo 4plex baptisma. Item resurrectio mortuorum. Alii novercam et quando hurerey trieben, namen sichs nicht an. Sind das nicht grosse knoten? quomodo ergo audis, quod divites uberschwenglich etiam in ullo dono? Num contra XLI 700 seipsum? Hoc est, quod sepe dicimus: Christiana | Ecclesia nunquam erit, quod non boses unkraut, tresten, raten, hedderich auch

17 frantzosen: Lues. 18 zeen: wohl verdorben aus „zu ihm" (Christus). 19 sive dormiat: Luther hat gesagt: „gleich als wär er (der Tod) ein Schlaf". 21 nihil: ergänze <restat>. 31 1. Kor. 11, 29. 32 1. Kor. 1, 12. 33 1. Kor. 15, 12. 33 1. Kor. 5, 1.

R

wol unterm korn. Qui inspicit Ecclesiam, quod gebrechlich und Rottengeister et putat non adesse Christianos, wird Euangelii Christi feilen. Ideo nobis in consolationem etc. quando adest gratia dei et thesaurus, ut Paulus loquitur. Tamen daneben homines viel, qui non credunt resurrectionem mortuorum. Schadet Tauff nicht, sed ipsis. Manet Euangelium, pater noster, recht baptismus. Ideo ubi pure verbum praedicatur, so kans tauffwein erhalten, absolutio, zehen gebot, pater noster, bona opera. Ideo manent maximi thesauri in Ecclesia, quando verbum purum, ut hic habemus verbum pure. Ideo plures, qui recte audiunt et docent agnoscere baptismum. Cum omnia adsint pure, concludimus: Si non hic Ecclesia Christiana, nullum horum hic. Oportet sint quidam, qui sint Ecclesia Christiana, quanquam civitas plena wucher, hoffart tamen etc. per haec baptismus non inquinatur, thesaurus manet et Ecclesia. Si deus dat gratiam, kan der schwelger, potest adulter etc. besser werden et accedere ad Ecclesiam et apprehendere thesaurum. Paulus non inspicit Epicuraeos, qui erant Corinthi, qui non credebant resurrectionem mortuorum, non hurentreiber, vollen bruder, sed dicit 'uberschut'. Si tantum etiam 2 domus, et tamen sunt vera Ecclesia, habent rein tauff, verbum, orationem, adest inenarrabile donum, quanquam pauci homines: quid ad thesaurum, si multi bos? Es ist so wol recht et vol thesaurus in paucis. Euangelium non ideo heresis, ob viel ehebrecher, hurer etc. hie. Si accedunt, bene, si uti nolunt, invenient suum iudicem. Et pro istis paucis gratias agamus et dicit habere inenarrabilia dona. Qui carent, est culpa maliciae eorum, qui respuunt, quae deus illis offert, non est culpa Ecclesiae, doctrinae sed ipsorum. Quando venit is dies, ut nos inveniat 'inculpatos' i. e. quod dei verbum in honore habeo, oro, las mich absolviren et commendo tags, und abend vitam, vivo in conditione mea et bonis operibus. 'Vocati in consortium.' Das ist ein kostlich wort, das wol ein sonderlich predigt bedurfft.

b) Crucigers Bearbeitung. CP

XXII 302

DJS ist der anfang der Epistel an die Corinther, welche S. Paulus daher ist verursacht zu schreiben, weil es nach seinem abschied nicht so gar köstlich stund, da etliche schon hatten Secten angerichtet und alles wüst ineinander geworffen, beide, in der Lere und mit dem leben, das er solche laster und gebrechen straffet und besserte, Dazu sie denn noch heutiges tages not und nütz ist zu lesen und zu treiben,

5 Tauff: ist Dativ. 6f. recht baptismus: W. A. hat ein sinnstörendes Komma vor baptismus. 18 1. Kor. 1, 5. 27 1. Kor. 1, 8. 30 1. Kor. 1, 9. 33 s. o. S. 56 27.

CP weil auch der Teufel nimer feiret, wo das Euangelium rein gepredigt wird, sich unter Gottes Kinder zu mengen und seinen Samen auch zu seen.

Nu wil es S. Paulus etwas hart machen und sie wol zwagen mit scharffer laugen, Er fehet aber seuberlich an, zeiget jnen, was sie durch das Euangelium empfangen haben, sie damit zu erinnern, das sie sollen Gotte dafur danckbar sein und jm zu ehren und lob eintrechtiglich leren und leben und sich hüten fur Secten und anderm ergernis. Darumb fehet er also an: „Ich danke meinem Gott allzeit ewert halben fur die gnade Gottes, die euch gegeben ist in Christo Jhesu“ etc.

ALS wolt er sagen: Lieben Brüder, dencket doch, was euch fur grosse gnade und gaben von Gott gegeben sind, nicht von wegen des Gesetzes oder ewer gerechtigkeit, verdienst und werck, damit jr ja keine ursach habt, euch selbs zu rhümen, einer für den andern, oder Secten und trennung zu machen, Sondern allein in Christo und umb seinen willen solchs alles euch geschenckt ist durch die Predigt des Euangelij,
XXII 303 Das ist solche gnade, welche | euch mit bringet und gibt allerley gaben, das jr auch seid reich worden in allen stücken, so gar, das euch nichts mangelt an allem, was jr bedürffet, von Gott euch zu geben, allein, das jr noch zu warten habt des seligen tages, wenn sich Christus selbs mit allen himmlischen gütern, so jr jtzt im Glauben habt, sichtbarlich euch wird offenbaren etc.

Hiemit preiset er jnen die Predigt des Euangelij (wie er sonst an vielen orten thut), das sie dieselbige ja tewr und werd achten sollen, Und thut das durch sein eigen Exempel, das er selbs fur seine person jrer halben Gott dancket, sie deste mehr zur danckbarkeit zu reitzen, das sie doch zurück sollen dencken, was sie zuvor gewest und nu durch das Euangelium empfangen haben, Und sich hüten, das sie nicht aus vergessen jres vorigen jamers und jtzt empfangender gnade wider von der selben in vorige blindheit fallen, Wie es bereit durch jre Rotten unter jnen anfieng, die des Euangelij uberdrossen und der grossen gnade nicht mehr achten, fiengen an anders zu suchen und welen.

Hie sihe, ist das dem hohen Apostel und höhesten Lerer unter den Heiden zu seiner zeit widerfaren, das er hat müssen in seinem eigen Kirchspiel sehen und hören die Rotten und Secten, so aus sicherheit und undanckbarkeit des Euangelij sich erregt bey seinem leben, Was ists wunder, ob jtzt der gleichen geschicht, da nicht solche treffliche Prediger und so frome Christen sind, als dort gewesen? Wir sehen, was fur grosse gaben auch uns gegeben sind, Aber daneben sehen und fülen wir auch, was der Teufel fur rotterey und ergernis anrichtet, Welches ist auch unser undanckbarkeit schuld, das wir so bald vergessen haben aller scheden, so wir gelidden unter der vorigen blindheit des Bapstumbs, wie jemerlich wir verfüret und dazu geplagt sind worden, Wie denn geschehen mus, wo man solches wil aus der acht lassen oder in wind schlahen, so kan da nicht folgen danckbarkeit und ehre gegen Gottes Wort, Denn solche satsame, vergessene Christen gehen hin und dencken, es sey allzeit also gestanden und werde jmer also stehen als jtzt.

Darumb mus man die Leute auffwecken und erinnern, das sie dencken, was sie zuvor nicht gehabt, ja in was jamer sie gesteckt sind, welches S. Paulus hernach auch seinen Corinthern deutlich und klar

---

3 s. o. S. 56_{34}. 10 s. o. S. 57_{2}. 24 s. o. S. 57_{7}. 32 s. o. S. 57_{10}.

furbildet (wie wir droben in etlichen stücken dieser Epistel gehöret haben), CP Aber hie im anfang mit höflichen, freundlichen worten zuverstehen gibt, das sie an dem, so sie jtzt durchs Euangelium erlanget, betrachten sollen, wes sie zuvor gemangelt haben und noch wider möchten beraubt werden.

Darumb spricht er: Ir habt nu die gnade empfangen, das jr in allen stücken seid Reich worden (der jr zuvor keines gehabt und | noch nicht hettet, wo euch nicht das Euangelium gepredigt), nemlich XXII 304 in allem, was da gehöret zu jenem leben. Denn das Euangelium ist nicht darumb da, das es reiche Leute mache hie auff Erden, Das jr nu keinen mangel habt einiger gaben und nichts mehr bedürffet denn das einige, das er, der Herr, selbs kome. Das ists, das jr noch haben sollet, Und in wartung der zukunfft des selben also hie lebet der gnaden und gaben, daran jr aller dinge reich worden seid, bis jr endlich erlöset werdet von diesem sündlichem bösem leben der Welt und alle seiner plage. Das solt jr wissen und dafur Gott dancken, das jr nicht dürffet nach andern, bessern oder höhern gaben oder beruff trachten, als hettet jr noch nicht alles, was jr haben soltet, wie auch die Rotten furgeben.

Denn rechne du selbs, was man könne bessers haben oder begeren, denn ein Christen in seinem Euangelio und Glauben hat, dadurch er gewis ist, das jm in der Tauffe die Sünd vergeben und rein gewasschen ist, fur Gott gerecht und heilig gesprochen und also schon Gottes Kind und Erbe des ewigen Lebens, Darnach, ob er noch schwacheit und sünde hat und fület (ja ob er auch ubereilet und gefallen were), so kan er sich lassen wider auffrichten, absolvieren, trösten, stercken von seinem Nehesten durch Gottes Wort und dienst der Sacrament, Hat teglich die Predigt, wie er gleuben und leben sol in allerley stenden. Item, er kan in nöten anruffen und beten und hat die gewisse zusage, das jn Gott erhören und helffen wil.

Was wil aber ein Mensch mehr begeren oder was bedarff er auch mehr, denn so er weis, das er Gottes Kind ist durch die Tauffe und Gottes Wort bey jm hat zu trost und stercke wider schwacheit und sünde? Meinestu, es sey ein geringer reichtumb und schatz, solches wissen und haben, das Gott selbs mit dir rede und durch das eusserlich Ampt in dir wircket, leret, vermanet, tröstet, auffhilffet, ja sieg und uberwindung gibt wider des Teufels, Tods und alle gewalt auff Erden?

Was hetten wir zuvor gerne darumb gethan und gegeben, das wir der eines hetten mögen haben in nöten und anfechtungen des gewissens? Wol sagte man, Wo einer traurig were oder eine anligende not hette, der solte rat suchen bey einem vernünfftigen, verstendigen Manne, und was jm der selbe riete, dem solt er folgen, Aber da war solcher verstendiger Mann nirgend zu finden, der da hiezu etwas sagen oder raten kunde. Denn hie thut nichts eines vernunfftigen Menschen rat, sondern allein Gottes Wort, des du dich kanst trösten und solt dich darauff verlassen und trawen, als so dir Gott selbs sich von Himel offenbaret.

Das ist (sagt hie S. Paulus) der grosse reichtumb und tewrer schatz, Gottes Wort gewis haben und nicht daran zweiveln, es sey Gottes Wort, | Das thuts, das kan ein hertz trösten und erhalten. XXII 305

---

5 s. o. S. 57_{17}. 19 s. o. S. 57_{26}. 30 s. o. S. 57_{32}. 37 s. o. S. 57_{36}.

CP Solchs haben wir zuvor ja keines gehabt unter des Bapsts zwang und finsternis. Da liessen wir uns füren und treiben mit vergeblichen Menschen tand seiner gebot, Bullen und lügen, Heiligen anruffen, Ablas, Messen, Möncherey, Und theten alles, was uns nur unter der Kirchen namen furgegeben ward, allein darumb, das es solte trost und hülffe geben, das wir nicht verzweivelten an Gottes gnade, Aber dafur, das sie uns solten trösten, füreten sie uns zum Teufel, und stecketen nur mehr in angst und schrecken, Denn es war doch nichts, das uns kunde gewis machen (Wie sie auch selbs musten von jrer eigen lere bekennen), das ein Mensch nicht kunde noch solte gewis sein, ob er in gnaden Gottes were.

Ja, sie trieben die armen blöden, angefochten hertzen dahin, das sie sich fur Christo mehr fürchten und zitterten denn fur dem Teufel selbs, wie ich das wol an mir selbs habe erfaren, Und da fur meine zuflucht zu den todten, S. Barbara, Anna und andere todte Heiligen gestellet als Mittler gegen Christi zorn, Und doch damit nichts schaffete noch von dem furchtsamen flüchtigem gewissen kund erlöset werden. Da war keiner unter uns allen, die wir die hoch gelerten Doctor der heiligen Schrifft gerhümet waren, der da hette aus Gottes Wort einen rechten trost können geben und sagen: Das ist Gottes Wort, Das wil Gott von dir haben, das du jm die ehre thuest und lassest dich trösten, gleubest und wissest, das er dir deine sünde vergibt und wil nicht mit dir zürnen, Und so jemand gewest were, da ich solches hette können hören, da hette ich darumb gegeben alles, was ich habe, Ja, solch Wort hette ich genomen und da fur allen Königen jre ehre und krone gelassen, Denn es hette mein hertz, ja mein leib und leben erfrischet und erhalten.

Das solt man doch gedencken und nicht vergessen, das man Gott dafur danckete, Und daher zelen und rechnen, was man mehr zelen kan der trefflichen grossen güter, so wir in allen stücken reich worden sind, Denn uber das Wort haben wir auch das Gebet und Vater unser, das wir wissen, was und wie man beten sol, welches jtzund, Gott sey lob, schier ein jglichs Kind weis, Da wir zuvor alle, sonderlich wir Mönche uns mit vielem langem lesen und singen zumartert und doch nichts gebetet, denn wie die Nonnen den Psalter oder die Gens das haberstroh hinweg schnattern.

Ich habe auch wollen ein heiliger fromer Mönch sein und mit grosser andacht mich zur Messe und zum gebet bereitet, Aber wenn ich am andechtigsten war, so gieng ich ein zweiveler zum Altar, ein zweiveler gieng ich wider davon, Hatte ich meine Busse gesprochen, so zweivelt ich doch, XXII 306 | hatte ich sie nicht gebetet, so verzweivelt ich aber, Denn wir waren schlecht in dem wahn, wir kündten nicht beten und würden nicht erhöret, wir weren denn gantz rein und on sünde wie die Heiligen im Himel, Das es viel besser were, das gebet gar nach lassen und etwas anders thun, denn also vergeblich mit Gottes namen handlen. Noch haben wir Mönche (ja alles, was Geistlich geheissen hat) die Leute also bethöret und jnen unser gebet verheissen umb jr gelt und gut und verkeufft, das wir selbs nicht gewust, ob es recht gebetet oder Gott angeneme were. Dafur wir jtzt, Gott sey lob, wissen und verstehen, nicht allein, was und wie wir beten und anruffen sollen, das wir nicht zweiveln,

12 s. o. S. 58_{8}. 27 s. o. S. 58_{14}. 37 s. o. S. 58_{21}.

sondern ein starck Amen dazu setzen und schliessen, das er uns nach seiner CP zusagung gewislich erhöret.

Das ist je auch ein unaussprechlicher schatz einem Christen, das er erstlich Gottes Wort, Welches ist das Wort der ewigen gnaden und trosts, Tauffe, Sacrament, Verstand der Zehen Gebot und des Glaubens alles gewis hat, Dazu auch die gewisse zuflucht und versicherung, das er uns in nöten, so wir jn anruffen, erhören wil, Und also beide jm gegeben, wie Gott im Propheten Zacharia verheisset den Geist der Gnaden und des Gebets.

Darüber hat er auch den verstand, das er gewis kan urteilen, was rechte gute Werck und stende sind, die Gotte gefallen, Item, da gegen auch die andern unnütze, nichtige werck und falsche Gottesdienst kan richten und verdamnen, Welches wir zuvor auch keines gehabt, da wir gar nicht wusten, weder, was wir gleubten, beteten oder lebeten, Allein unser eigen ertichten tand in unser gemachten busse, beicht und gnugthuung durch eigen werck der möncherey und gehorsam des Bapsts gebot unser heil und trost gesucht und gemeinet, es were damit ausgerichtet, und hielten das allein fur heilige werck und leben, Dagegen der gemeinen Christen weltliche, fehrliche Stende weren.

Wie man auch öffentlich den Leuten furgemalet (und der Bapst solches bestetigt hat) ein gros Schiff im wilden weiten Meer, darinne nichts denn eitel heilige Mönche waren neben den uberheiligen Bepsten, Cardinelen, Bisschoven etc. welche den andern, so im wasser schwummen und not lidden, jre verdienst zuworffen oder die hand reicheten, jre stricke oder stolen umb den leib bunden und also eraus zu sich ins Schiff zogen etc.

Hie gegen sihe und rechne, ob das nicht ein grosser reichtumb und werd ist, hoch und herrlich zu halten? das du nu wissest, was sich dein hertz trösten sol und in nöten hülffe suchen, und wie du in deinem stande leben sollest, Und damit also allenthalben versorget, Ob du es nicht gnug durch | dich selbs allzeit kanst fassen, das du dennoch jmerdar XXII 307 kanst dazu komen und dich dazu halten durch den gemeinen dienst und Ampt der Kirchen bey deinem nehesten Christen. Item, das du in den gemeinen wercken der stende, so Gott geordnet, recht lebest, Und weissest, das du daran besser thust und Gott gefelliger, denn so du aller Mönche und Einsidler werck und verdienst jnen abkeuffst.

Das heisst S. Paulus reich sein, Erstlich an aller lere oder weisheit, welches ist der hohe geistliche verstand des Worts, so das ewige Leben belanget, das ist, den trost des Glaubens in Christo, Item des anruffens und betens. Und in aller Erkentnis, das ist, rechter verstand und unterschied des gantzen eusserlichen leiblichen lebens und wesens auff Erden. Denn in diesen zweien stücken ist begriffen alles, was ein Christen wissen und haben sol. Das sind so grosse schetze und güter, die niemand aussprechen kan, Und wer sie gegen dem mangel oder schaden, so wir zuvor gehabt, kan ansehen und achten, der kans nicht lassen, er mus des frölich und danckbar sein. Ich dencke selbs der zeit, da ich mit allem vleis in der heiligen Schrifft studiret, was ich gerne darumb gegeben hette, das mir jemand einen Psalmen recht ausgelegt hette, und wenn ich etwo einen vers begunde zu verstehen, meinete, ich were new geboren.

---

3 s. o. S. 58_{30}. 9 s. o. S. 58_{32}. 19 s. o. S. 59_{9}. 25 s. o. S. 59_{16}. 45 s. o. S. 59_{18}.

CP Darumb sollen wir billich jtzt Gotte zum höhesten dancken fur die grosse gnade und gaben, das wir widerumb das Liecht haben, beide des rechten verstands der Schrifft und des erkentnis in allen sachen, Aber es gehet auch und wird leider also gehen, eben wie bey den Corinthern, welche hattens von S. Paulo uber die mass reichlich, aber dagegen redlich misbrauchten und schendlich undanckbar worden, Darumb sie auch hernach gestrafft sind, erstlich durch falsche lere und verfürung, bis endlich die schöne Kirche mit Land und Leuten gantz verwüstet und zustöret worden.

Dergleichen straffe wird viel mehr uns gedrawet, und schon fur der thür ist und anklopfft, auffs aller schrecklichst, durch Türcken und ander jamer und plage, Das wir auch wol mögen mit danckbaren hertzen und rechtem ernst beten, wie hie S. Paulus fur seine Corinther dancket und betet, das uns Gott wolle bey dem, das er uns gegeben, fest behalten und unstrefflich auff den tag unsers HErrn Jhesu Christi etc.

Darumb vermanet er, das wir in solchem erkentnis und danckbarkeit der gnaden und gaben Gottes bleiben, Und weil wir damit so reich und geseligt sind, das wir nichts weiter bedürffen, das wir nur hinfurt des gewarten, das der HErr uns solches, so uns verheissen und schon im Glauben geschenckt ist, offenbarlich fur augen darstelle durch seine zukunfft. Man hat bisher viel geschrieben und grosse kunst furgegeben, wie man sich solle | zum tode bereiten und des Jüngsten tags gewarten, Aber damit die blöden gewissen viel betrübter gemacht, Denn sie haben nichts können zeigen von dem trost des grossen reichtumbs der gnade und seligkeit in Christo, sondern die Leute nur gewiesen durch eigen werck und gutes leben wider den Tod und Gottes gericht zu stehen.

XXII 368

Dafur jtzt auch gesehen wird die tewre gnade, das, wer das Wort des Euangelij hat, gehet hin und thut sein befolhen Ampt und werck, er sey, wes stands er wolle, tröstet sich des, das er durch die Tauffe Christo eingeleibt, empfehet die Absolution und zu sterckung seines Glaubens brauchet des Sacraments, Christo befilhet sein leib und seele, Was wil sich solcher Mensch fürchten fur dem tode? Er kome, welche stunde er wolle, durch Pestilenz oder ander plötzlich unfall, schlaffend oder wachend, so ist er allzeit bereit und wol geschickt, denn er wird allzeit in Christo erfunden.

Dafur mag auch ein Christen wol frölich Gott dancken und loben, Denn er selbs sihet, das er ja nichts mehr bedarff, und wird nichts bessers erlangen, weder er allbereit hat durch vergebung der sünden und des heiligen Geists gabe und gehorsam seines beruffs, On, das er teglich zuneme und beharre in solchem Glauben und anruffen seines HErrn, Aber kein besser noch ander Lere, Glauben, Geist, Gebet, Sacrament, seligkeit etc. kan er haben weder alle Heiligen, S. Johannes Teufer, Petrus, Paulus und ein jeder jtzt getauffter Christen hat, Darumb darff ich nicht mit andern narrenwerck umbgehen, damit man wil die Leut bereit und keck machen zum tod mit erinnerung und erzelung so viel teglichs unfals, ubels und fahr dieses lebens. Es thuts nicht, der Tod lesst sich damit nicht abschrecken, und gehet die furcht davon nicht weg.

---

4 s. o. S. 59_{20}. 9 s. o. S. 59_{23}. 15 s. o. S. 59_{30}. 20 s. o. S. 60_{3}. 36 s. o. S. 59_{33}.

Aber das Euangelium leret also: Gleube an Christum, Und dar- CP
neben bete und lebe nach Gottes Wort, Und so dich in dem der Tod angreiffet und ubereilet, so weistu, das du bist des HErrn Christi, Wie S. Paulus Roma. xiiij. sagt: ‘Wir leben oder sterben, so sind wir des HErrn.’ Denn wir je darumb Christen sind und auff Erden leben, das wir wider Sünde, Tode und Helle gewissen trost, rettung und sieg haben können.

Solchs erinnert hie S. Paulus und streichets hernach reichlich aus in dieser Epistel, auff das wir fur solche grosse gnade danckbar seien und unternander Christlich und brüderlich uns halten in der lere und leben, Des wüsten und unordigen wesens, so die Rottischen oder andere wilde köpffe anrichten, abgehen und meiden, Denn wer solche gnade und gabe recht erkennet, der mus auch widerumb Gott lieb haben und dancken und auch gegen dem Nehesten recht leben, Und so jm daran etwas mangelt, wird er es auch durch Gottes Wort und vermanung endern
und bessern, Widerumb, | wer nicht also gesinnet ist, der hat gewislich XXII
Gottes gnade nicht erkennet noch gefasset, sonst würde er sich ja auch 309
derselben bessern und anders leben.

HJE möchtestu fragen, Warumb S. Paulus so herrlich rhümet von den Corinthern, wie sie so reich seien in allen stücken, das sie nicht einigen mangel haben etc. So er doch hernach selbs bekennet, das sie unter jnen Rotten und Secten gehabt, etliche uber der Tauffe, etliche im Sacrament, etliche im Glauben der aufferstehung von den todten, etliche im misbrauch der freiheit, Item, das etliche lebten sonst, wie sie wolten etc. Heisst das nicht mangel und gebrechen haben? Wie darff er denn sagen, das sie in allen geistlichen gütern alles uberreichlich haben, das es auch nicht feilet an einem stück?

Wolan, hie mus man wissen, das ich offt gesagt habe, Die Christenheit kan nirgend so rein sein, das nicht auch etlich falsche und böse darunter weren, Gleich wie allzeit das unkraut, threspen, raden, hedderich wil unter dem reinen korn sein. Darumb wer die Kirche wil darnach ansehen, das noch etwas gebrechlichs oder auch unreines unter dem hauffen, die da Christen heissen, gefunden wird, der wird der Kirchen, ja des Euangelij und Christi feilen und nimer keine Kirche finden noch treffen.

Darumb wird uns dieses zum trost gesagt, So wir das Euangelium lauter haben, so haben wir den schatz, den Gott seiner Kirchen gibt, das uns nichts feilen noch mangeln kan, Aber es gehet noch nicht so starck und volkomen, das, die es hören, gantz und gar solches gefasset haben oder rein sind im Glauben und im leben, Sondern allzeit etliche sind, die da nicht gleuben, etliche auch noch schwach und unvolkommen, Aber doch ist gewislich der schatz und reichtumb der lere und des erkentnis da, und mangelt nichts daran, wircket auch viel krafft und frucht. Das aber etliche nicht gleuben, das schadet nicht der Tauffe oder dem Euangelio noch der Kirchen, sondern jnen selbs.

Summa, wo das Wort bleibt, da bleibt gewislich auch die Kirche, Denn wo die lere rein ist, da kan man die Tauffe, Sacrament, Absolutio, Zehen Gebot, Vater unser, gute werck, alle stende und alles rein erhalten, Und wo etwas mangelt oder nicht rechtschaffen ist, durch Wort gestrafft, gebessert und zu recht bracht werden.

1 s. o. S. 60_{17}. 4 Röm. 14, 8. 19 s. o. S 60_{31}. 28 s. o. S. 60_{36}. 35 s. o. S. 61_{3}. 45 s. o. S. 61_{6}.

CP Denn es müssen ja etliche sein, die das Wort und Sacrament recht und rein haben und gleuben, recht beten, Gottes Gebot halten etc. wie, Gott lob, wir bey uns haben, Das man kan gewislich schliessen, Wo nicht die rechte Kirche hie were, so were der keines nicht hie, Darumb müssen auch unter uns warhafftige glieder der Kirchen und Heiligen sein, XXII 310 | Ob nu auch darneben unterlauffen der Welt Kinder (wie allenthalben und allzeit geschicht), die da weder gleuben noch Christlich leben, damit wird der Glaube noch die Tauffe noch die lere nicht unrecht, noch die Kirche darumb untergehet, sondern der schatz bleibt gleichwol da, gantz und ungeschwecht, Und Gott kan gnade geben, das etliche von jrem unglauben und bösem leben abstehen und auch erzukomen und sich bessern.

Widerumb, bey welchen dieser schatz, nemlich das Wort oder die Lere und Erkentnis nicht ist, die können auch nicht sein die Christliche Kirche noch der selben glieder, Darumb können sie auch nicht recht gleuben noch beten noch gute werck thun, die Gott gefallen. Und also alle jr leben fur Gott verloren und verdampt ist, ob sie gleich viel von Gott und der Kirchen rhümen und fur der Welt viel grössern schein und rhum eines sondern heiligen lebens oder grosser tugent und ehre haben weder auch die rechtschaffene Christen, Denn es ist beschlossen, das ausser der Kirchen Christi kein Gott, kein Gnade noch seligkeit ist, Wie S. Paulus in der nehesten Epistel gesagt hat: „Ein HErr, ein Tauffe, ein Glaube, ein Gott" etc. Item Act. iiij. „Es ist kein ander namen den Menschen gegeben, darinne wir selig werden."

Darumb sihet hiemit S. Paulus, so er die Corinther preiset, nicht auff die Rottengeister, Epicurer oder die andern, so öffentlich ergernis unter jnen anrichteten, als der da seine Stieffmutter genomen hatte, Sondern darauff sihet er, das dennoch da ist das heufflin, so da hat das rein Gottes Wort, Glauben, Tauffe, Sacrament, (ob gleich etliche falsche und böse unter jnen sind), umb der selben willen (wie wenig jr auch sind) ist da der unaussprechliche reichtumb, davon er gesagt hat, Eben so wol in dreien oder vieren (wenn jr nicht mehr weren) als in hunderten oder tausenten. Denn das es viel nicht haben, das ist nicht des Euangelij noch der Prediger oder der Kirchen schuld, sondern jr selbs, die jre ohren und hertz dafur zustopffen.

Sihe, also hat S. Paulus herrlich gerhümet und beschrieben die Christliche Kirche, wo sie ist auff Erden, und was sie fur unaussprechliche güter und gaben hat von Christo, Dafur sie jm billich dancken und loben sol, beide, mit jrer bekentnis und jrem leben. Solches beschleusst er nu und spricht:

„Denn Gott ist trew, durch welchen jr beruffen seid zur gemeinschaft seines Sons Jhesu Christi unsers HErrn."

DAS Christus in euch angefangen und bereit gegeben hat, dabey wird er euch gewislich bis ans ende und ewiglich wol erhalten, so jr nur selbs durch unglauben nicht davon wollet fallen oder von euch werffen, Denn sein Wort oder Verheissung euch gegeben und sein werck, so er XXII 311 in | euch wirket, ist nicht wandelbar, wie Menschen wort und werck, sondern feste, gewisse und Göttliche unbewegliche warheit. Weil jr denn solchen Göttlichen beruff habt, solt jr euch des trösten und festiglich darauff verlassen.

---

1 s. o. S. 61_{10}. 21 Eph. 4, 5; Act. 4, 12. 24 s. o. S. 61_{16}. 40 s. o. S. 61_{30}.

3. Veit Dietrichs Hauspostille.

Einleitung. Veit Dietrichs Hauspostille (W. A. LII), zuerst Nürnberg 1544 erschienen, schon 1544/45 achtmal nachgedruckt sowie ins Niederdeutsche und Lateinische übertragen, ist dann diejenige Postille gewesen, an der sich ganze Generationen lutherischer Prediger über Luthers Lehre und Predigt unterrichtet haben. Sie enthält freie Bearbeitungen von Predigten, die Luther in den Jahren 1531 bis 1535 gehalten hat, der Mehrzahl nach von Hauspredigten der Jahre 1532—1534, in denen Luther krankheitshalber nur selten im öffentlichen Gottesdienst zu predigen vermochte. Dabei hat Dietrich in vielen Fällen seine Bearbeitungen aus verschiednen Predigten zusammengefügt, nicht selten auch *ganze Partien* aus Eigenem beigegeben, immer aber das von Luther Benutzte frei durchformt. Das Beispiel hier ist kein extremer Fall: er kann gelegentlich treuer sein, ist aber nicht selten noch willkürlicher (W. LII S. XI).

Es folgen hier nacheinander: a) Luthers Hauspredigt vom 20. Juli (6. nach Trin.) 1533 in Rörers Nachschrift, nach W. A. XXXVII 111_{7}—115_{11}. Veit Dietrich hat aus ihr das Stück unten S. 70_{8}—71_{10} am Anfang übergangen, das Übrige aber im Herzstück seiner Predigt unten S. 77_{23}—83_{14} frei benutzt und dabei auch aus der übergangnen Einleitung dies und das nachgebracht. — b) Luthers Hauspredigt vom 12. Juli (6. nach Trin.) 1534 in Rörers Nachschrift, nach W. A. XXXVII 480_{28}—483_{30}. Aus ihr hat Veit Dietrich einmal den Anfang unten S. 74_{4}—74_{13} als Ersatz für den aus der ersten Predigt gestrichnen Anfang genommen und in der Einleitung seiner Predigt unten S. 77_{8}—77_{22} ziemlich treu wiedergegeben und *sodann* ein Stück aus der zweiten Hälfte unten S. 76_{8}—76_{34} dem Schlußteil seiner Bearbeitung mit zugrunde gelegt (unten S. 83_{15}—84_{6}). *Außerdem* aber findet sich noch eine Reihe von Beziehungen innerhalb des ungefähr dem Gedankengang der Predigt von 1533 folgenden Herzstückes; diese Verflechtungen machen einen Paralleldruck völlig unmöglich; vgl. für sie den Apparat. — c) Die Hauspredigt in Veit Dietrichs Postille selbst zum 6. Sonntag nach Trin., W. A. LII 404_{28}—412_{14}. Die deutlicheren Berührungen mit den beiden Predigten Luthers sind im Apparate, möglichst je zur ersten Zeile des Absatzes, zur Ergänzung dieser Übersicht verzeichnet.

Allein eine vollständige Aufnahme jeder Predigt für sich vermittelt einen Eindruck vom Tatbestande. Erst nachdem man jede Predigt so für sich erfaßt, lese man Veit Dietrich noch einmal mit Einzelvergleich von Bearbeitung und Quelle. Dabei stelle man auch grundsätzliche Fragen, wie die nach der Gestalt der Rechtfertigungslehre hier und dort, nach den von Dietrich unterdrückten Gedanken und Beispielen, nach dem selbständig Zugefügten u. dgl.

Text aller drei Predigten ist das Evangelium des Sonntags, Matth. 5, 20—26. Ein Vergleich der beiden ersten Predigten untereinander kann zugleich das Verhältnis verschiedner Lutherpredigten über den gleichen Text (vgl. oben S. 22 Z. 29) zueinander beleuchten.

a) Predigt am 20. Juli (6. nach Trin.) 1533 (im Hause).

XXXVII 111, Das man unserm herr Gott seinen dienst und ehr auch thue, wollen wir horen das Euangelion: "Nisi abundaverit". Jnn diesem Euangelion wil Christus leren die Christlich lieb, die wir unter ein ander sollen haben, und zeigt an das widderspiel oder die hindernis, so solch lieb pflegt zu hindern, et vult docere, das wir uns nicht duncken lassen, wir haben die liebe, so wir jnn diesen stucken sind, die er hie erzelet, quia qui odium habet, non potest amare.

Semper autem sic fuit, quod isti, qui irascuntur et sunt neidisch, hessig, wollen nicht tales gescholten sein, sed dicunt se hoc facere propter iusticiam. Ey, dicunt, die leute sind bose, der lebt so, jhener etc. Sic irascuntur unter dem hutlin und deckel, der heisst zelus iusticiae, das die schulde allweg des sey, uber den sie zornig sind, das selbige hutlin wil unser herr Gott hie abziehen und uns anzeigen und weisen, das wir jnn der haud schelk sind, Quia cogitamus, cum irascimur etc: Jch thue nicht unrecht, quod huic odi, sicque obliviscimur, quod proximum debemus amare, meynen also, wir seien es unserm Nehesten nicht schuldig, dicentes: sol ich yms umb sonst geben? Jch habs müssen mit muhe und erbeit erwerben, er erwerbs im auch. Aus solchen werden endlich leute, die niemand nutz seien, Gerad als hette unser herr Gott alle ding jnen lassen wachssen und gegeben umb ihr allein willen, das sie niemand sollen guts thun oder etwas davon geben, und gehen noch uber das dahin, machen sie from, scharren und kratzen, geben und helffen keinem Menschen, dicentes tamen Id se non odio hominis sed maliciae facere, deusschen also unsern herr Gott, den unverstendigen Man.

Contra hoc vitium Christus hic concionatur, estque vulgatissimum in terris, das ausdermassen viel leute beschmeisst, scilicet der schrifftgelerten und phariseer heiligkeit. Es ist ein heiligkeit und gerechtig-
XXXVII 112 keit, verum, und die hochsten, hochgelarten, | die etwas sonderlichs wollen sein, und grosse leute fur der welt sind, furen sie. Aber

---

9 Matth. 5, 20—26. 14 Die Einteilung in Absätze in dieser und der folgenden Predigt ist Zutat dieser Ausgabe zur Nachschrift.

hutte dich fur dieſem laſter, quia hoc wirſtu bey ihn finden. Obnoxii illo vitio ziehen grawe röcke an, betten viel, und die welt ſiehet ſie an und verwundert ſich ihrer et dicit: Ey, das ſind leute, Aber wenn du ſie bey dem liecht anſiheſt, ſo ſinds heſſig, eigennutzig leute und ſchmucken ſich allein mit dem ſchönen deckel, quod sind Pharisaei. Sic autem docebant: Ne occidas. Hoc praeceptum servabant manu, quia Moses prohibuerat. Das war ir heiligkeit, da muſten die leute ſagen: Isti sunt Sancti homines, servant praeceptum hoc. Sed interea war eitel beiſſen, neiden, haſſen, murren unternander. Imo ipsum deum filium prae nimia sanctitate nolebant occidere, sed tradebant eum Pilato.

Ideo dicit Christus: Wolt ir gen himel, ſo muſt ir fromer ſein. Putant ipsi, das ſie from ſeien, machen ihn kein gewiſſen, Aber man findet nicht bey ihnen ein einige freundliche rede, ein heller geben ſie nicht eim armen aus freundlicher lieb, geben ſie aber etwas, ſo wollen ſie rhum davon haben und dort den himel. Ja, dicit dominus, Ich wils in beſtellen, wolt ir aber gen himel, ſo ſehet zu, das ir recht from ſeiet. Quomodo? Pharisaei sic se putant servare hoc praeceptum, si manu non occidant. Sic Papa wils vergeben, sed non vergeſſen, Item dicit rancorem ponendum, sed non signa rancoris, Id est, das es nicht von noten ſey, wenn ich einem feind geweſen bin, das ich hin zu ihm gehe und rede mit ihm, helffe und leihe ihm, das heiſſen signa rancoris, die möge man wol halten. Auff dieſer lere ſtehen alle klöſter und ſtifft im Babſthum, Christus autem dicit: ‘Nisi abundaverit’ etc. Sie ſtellen ſich wol freundlich, sed alunt odium in corde. Wenn aber einer von hertzen vergeben hat, ſo kans nicht anders ſein, es mus einer des zorns vergeſſen. Sic ego saepe redii in amiciciam, als hette ich nie mit meinen feinden gezurnet. Ideo ſol ſich die liebe ſtellen widder post reconciliacionem wie vor ante laesionem, Heiden dicunt: Male sarta gratia nequicquam coit, So ſol man ſich auch gegen der welt halten, Ab amico reconciliato hutte dich, Ja secundum mundum, denn fleiſſch und blut leſſt den grollen nicht aus dem hertzen, ſucht raum und ſthet ſich zu rechen, Die lere gehort jnn die welt, das man dencke: Er hat mirs vergeben, sed quis scit, ob ers auch vergeſſen hat? Vos, mei discipuli, non sic. Vos | patrem offendistis, sed ita condonavit, ut dicat: XXXVII 113 Iniquitatem eorum nunquam recordabor, und er thut uns ſo gutlich, das man mus ſagen, Er habs vergeſſen. Sic vos muſt euch nicht furchten fur verſönetem freunde, Econtra tu quoque non, Es ſol alles rein ſein, Das meinet Christus hie, Die heuchliſſche heiligkeit iſt ein gemeine plage, das ſich einer ſtellet als ein freunde.

---

11 Matth. 5, 20. 14 f. Matth. 6, 1. 19 W. A. I 479,25 ff.; IX 93,9. 26 ego: Christus, vgl. Zeile 33 und W. A. XXXII 361,35 ff.

Sed nisi Spiritus sanctus adsit und mache das hertz so, das es verachte offensiones et dicat: was schadet das? Si hoc condono, deus plus condonavit, das ist ein Christlich hertz und sonst thuts niemand.

Dicit igitur Christus: Sic vos facite, Es ist ein gemein plage et peccatum in omni genere hominum, Christus aber gibt ihnen einen rechten text. Ir durfft euch des nicht trosten, quod Sancti sitis, quia non todschlaget, sondern ir must noch so er aus fahren, das ir euch nicht allein versonet und versonen lasset, sondern das ir euch auch mit den wercken erzeiget, das kein trug da sey, Audistis quidem legem, sed non intelligitis. Ir deutets also: Man sol mit der hand nicht todten, non gladio aut alia vi, Sed lex dicit: 'Tu non occides', das heisst nicht das schwerd vel allein das schwerd, sed quicquid du bist mit leib und seel. Ir macht aus dem Du ein hand, Item aus dem todten, das ein ass draus wird, so mus man den text nicht spannen. Es heisst Du, das ist: dein hertz, munde, funffe synn, faust und alles, was du heisst, als gellt, gut etc. Du solt nicht allein den leichnam <nicht> todschlagen, sed all ding lassen anstehen, was zum tod dienet, ut non subvenire, non dare panem, das, wenn es an dir lege, er sterben musst. Ideo Ambrosius dicit: Si non pavisti, occidisti eum, als viel an dir ligt. Dives non dicit se occidisse Lazarum, sed deus dicit sic: Manus tua non occidit eum, sed deinet halben stirbt er da, Das heisst du, mit hertz, mund, hand etc., noch nam er sich der sunde nicht an. Sic hodie etc. Ideo dicit: du seel, hertz, munde, augen, feusste, fusse, beutel, gelt, solt nicht todten, sed helffen zum leben.

'Ego dico: qui irascitur.' Er greifft ja hie ynn das hertz hin ein. Tödten heisst nicht allein manu occidere, sed einen grollen tragen. Hoc non videtur. Sic dives hat das hertz voll grollens, er lesst den armen Lazarum fur der thur liegen. Ibi dives potest dicere: Ich zurne nicht, Awe ja, Er lesst in aber in gleichwol da
XXXVII 114 liegen, Si amaret eum, daret panem und herbergst | in, das heisst nicht gezurnet. Mercks, Christus bleset es hoch auff, Er nennet uns alle bruder, drumb ists ein schendlich laster occidere i. e. non iuvare fratrem egentem. Amor fratrum est naturalis und Christus nennet all, die not leiden, unser brüder, das er die sunde auffblase und die nott: Occidisti fratrem, Idque dicet in novissimo die: du reicher Man, du hast so viel bruder erwurget, du hettest es wol vermocht, quod illi et alteri dedisses, sed non fecisti, ideo factus es homicida in isto etc. Sic wird er dem reichen 20. 30 bruder bringen, die er erwürget hat etc.

---

6 Das Folgende Paraphrase von Matth. 5, 21 f. 9 Matth. 5, 21. 16 <nicht> fehlt W. A. 18 nach Biel, in sent. III d. 30 q. un. c. 5. 20 Luk. 16, 19 ff. 25 Matth. 5, 22. Dieser Absatz auch in Nachschrift.

Das macht Chriſtus hie ſo ſcharff, drumb ſihe dich fur, Non satis est manu non occidere, quia potes etiam corde occidere, wenn du ihn mit ernſt nicht meineſt. ‘Judicii reus’ i. e. er hat das urteil verdienet, ‘Racha’ significat ſawer anſehen. Jhener hat ſein urteil da hin, das er ein mörder iſt, Der verdienet noch ein hohers urteil, das man nicht weis, wie man ihn doch ſtraffen ſol. 3. iſt noch erger.

Sic wil der Herr keinen heuchler jnn ſeinem Reich haben, sed wil der recht lieb haben, Die leute ſtecken tieff ynn dem laſter. Alle handwercker ſind eitel morder und dieb, Item furſten und Adel, bauren und wir geiſtlichen auch, das eitel verlaſſung des bruders iſt, Wir künden wol helffen zu zeiten, sed contrarium fit, Nur geſcharret und geſamlet und niemand kein heller gegeben, et tamen volunt esse Christiani. Christus igitur docet, das wir unſer leben anſehen und grundlich Chriſten ſeien und hertzlich unternander lieb haben, Inn der welt gehets es secundum adagium: Ab amico reconciliato etc. Sed nos ſollen uns miteinander verſünen. Hoc fit, cum dico: Si me offendit, seipsum laedit, ſchelten und ſtraffen mag ich ihn wol, sed ich ſolt im nicht feind ſein. Dico: du biſt ein Narr, das iſt kein zorn, ſondern ein freundliche lieb, quia ſonſt ſchwig ich wol ſtille. Es iſt auch ein zorn nicht unterweiſen, ſtraffen, Sed quem amo, corripio. So ſol unſer hertz ſein, das wir dencken: Quid potest mihi nocere, wenn er mir gleich feind iſt? Erzürnet er mich, iſt gut, beſſert er ſich nicht, wil ich gleich wol ruge und friede haben und jm guts thun, das thut allein Christianus und ſonſt niemand. Gentes die rechen ſich, quia vindicta est nobis innata et redit vindicta, quando est occasio. Multos vidi, et sunt, die vergeben wol, sed wenn ſie ſollen dem dienen, cui remiserunt, ſo ſind es eitel wacken, die liegen, das ſie niemand heben kan.

Das iſt die ſchalkeit, da Chriſtus von ſaget, Sed er ſagt ein ſtücklin
dazu | und ſteckt den Riegel fur die thuer, quod tales ‘non intrabunt in XXXVII 115
regnum caelorum’. Quia non amare fratrem est signum, quod neque Christum nec deum diligamus.

Das iſt kurtz beſchloſſen, Oberkeit und was zu regieren hat, ſol ſtraffen. Inde dicitur principes esse iram dei, quia ſie ſtraffen irs ampts halben, non personae etc. Sed non debent transferre in personam und ſich ſchmücken: Ich habs ampts halben gethan, und alſo decken den perſonlichen zorn, eigen zorn mit des ampts zorn etc. sed videbunt, wen ſie deuſſchen. Ergo ligts alls am freundlichen hertzen, ſonſt ſchmücket es ſich und wil unſern herr Gott deuſſchen. Itaque ſey jederman rechtſchaffen ynn der liebe, oder zurnet er, das er ampts

---

3 Matth. 5, 22. 15 vgl. o. S. 71_{30}. 29 f. Matth. 5, 20.

halben zurne, Naturlich zorn gehet den holtz wege, nisi spiritus sanctus mutet corda, sic aliae omnes affectiones.

b) Predigt am 12. Juli (6. nach Trin.) 1534 (im Hause).

XXXVII 480 Ex hoc Euangelio discendum, das Chriſtus ſeine Chriſten wil ſo leren, quando credunt et sunt baptisati, und haben den namen und herrligkeit, das ſie ſeine Chriſten heiſſen und alle guter und gaben empfangen, das ſie dencken und recht leben und nicht falſch, denn er hat uns nicht falſch gnad gegeben nec picta peccata sunt, quae nobis
XXXVII 481 condonavit, sed liberavit a veris peccatis, | morte. Summa: es iſt eitel ernſt, warheit und rechtſchaffen ding, Ideo cogitandum est nobis, das wir nicht felſchlich gegen unſerm neheſten handlen, sed trewlich und warhafftig wie Gott gegen uns etc.

Ponit ergo exemplum, da man ſich fur hutten ſol, Pharisaei erant hoch heilige leute und hatten groſſe gnad vor Gott, Terram Canaan et promissionem de Christo, das war eitel ernſt, Da ſollten ſie auch from ſein, sed ſie thun ſo, faren hin und leben nicht allein contra 10 praecepta dei, sed leren ſie auch falſch, das es eitel heuchley iſt mit yhrem leren und leben, Uberreden die leute, si sacrificarent, ſo hetten ſie einen gnedigen Gott, der ir opfer anneme und vergebe jnen ire ſunde etc. und hieltens ſo fur die hochſte ſeligkeit. Ideo ſticht ers hie ſo hart an dicens: Ir richtet heuchelev an mit ewren opfern, Deus enim non praecepit sacrificia ad vitam aeternam promerendam, sed zu einem zeichen der danckberkeit pro illo beneficio, quod eduxit vos ex Aegypto, erzeigt euch alles guts und gab jn etc. Da fur ſollten ſie ihm mit iren opffern dancken, jm den zehenden und zinſe davon geben als zum zeichen gratitudinis, ſchaff etc. opffern, sed non faciebant, imo pervertebant sacrificium in opus, quod eis faceret propricium deum, Das war felſchlich gelebt und ein heuchliſcher Gotsdienſt, Sic erant heuchler gegen den neheſten, bliebe eitel mordlich has und neid. Sicut Christus queritur in ps. Item occidebant sanctos et post sacrificabant, mactabant hostia. Solche ſchendliche heiligen waren es, die vol mord, has, neid ſtacken, und gaben fur, ſie weren fur Gott from per sacrificia et coram proximo. Sed er ſchleuſt, das ſie des Teufels heiligen ſind und furen dennoch den Namen und rhumen: wir leben nach dem geſetz, Das mus man ihnen gonnen.

Sed Christus dicit: Ir muſſt ein unterſcheiden machen, Auff erden lauffen durch ein ander falſch und recht heiligen, Ich aber bin ein recht-

---

18 Matth. 5, 23. 29 Psalm 22, 13 f., 17. 29 vgl. Matth. 23, 29—35. 36 Matth. 5, 20.

ſchaffen Gott, der da rechtſchaffen hilfft, si vos non fueritis rechtſchaffen, ſolt ir mein volck nicht ſein nec ego deus vester, Denn ir wolt mit heucheley gut thun. Unusquisque igitur primum discat credere in Christum, gratias ei agat et laudet et confiteatur fidem coram mundo, da hat er gnug an, darff nichts mher ſeint halben, sed das andere auch dazu komen. 2. quando hoc facitis und woltet mir viel dienen und gros opffer thun, ſo dencket, das ir nicht todtet, ſondern habt ein freundlich hertz, Et non solum manu ne laedatis, sed etiam lingua, signo, corde, Das ir rechtſchaffen heiligen ſeiet und nicht heuchler, Non enim satis est dicere: Ego manu neminem occidi, Hoc fecerunt etiam Judaei, interim tamen tradebant Christum Pilato. Item die zunge hat das hertzleid, das ſich der groll nicht kan bergen, kan das wort Narr nicht im hertzen | behalten, Das heiſſt den fur unſerm herr Gott den XXXVII 482 neheſten todſchlagen, quia unſer herr Gott zeuchts ins 5. gepot. Drumb hat ers ſo ſcharff verboten, das er uns rechtſchaffen heilig machen, Itaque non solum homicida est, qui manu occidit, sed qui odit, quia si non manu, tamen corde occido et lingua fluch im, Das, wenns jn ſol ankomen, das ich im fluch, ſo ſturbe er bald, Ergo quadruplex caedes est. Prima mit der fauſt, 2. lingua, 3. zeichen, das man einem die augen nicht gonnet, nicht leihet, nicht ſein unſchuld errettet, nicht fur ſchaden behuttet. 4. cordis, das ich proximo abgonſtig bin, und iſt mir eine freude, wens jm ubel ghet, et tamen eo et dico: nescio. Nos iam damus almoſen, sicut quidam hodie faciunt, post faren ſie zu und meinen darnach, ſie wollen unſers herr Gott lachen wie die Jüden, die meineten, ſie wolten unſerm herr Gott einn rauch machen fur die augen, das er nicht ſehen ſolt ir latens odium in corde contra fratrem, Das ich wil geben 10 fl ei, cui faveo, und wil proximum todſchlagen, Da gib ich dem 1 heller und jhenem nehme ich 100000 fl. Solche heiligen wil unſer herr Gott nicht.

Quare ſihe drauff, was du fur ein hertz habſt, was du fur wort fureſt hinter ruck et coram, ob du nicht ſchaden thuſt, quia du biſt mit vier ſtucken im 5. praecepto gefaſt i. e. beide mit leib und ſeele. Hinc sequitur. das man ſol und muſſe guts reden und horen de proximo, non econtra. Qui se ſchuldig weis, der halte ſich nicht zu heilig, sed bette et agnoscat suum peccatum, ne simus similes nostris, qui nicht wollen ir leben beſſern, Er wil, das wir uns mit trewen an ein ander meinen. Wer nu ſundiget hier jnn, der vertheidige es nicht, sed dicat: Lieber HErr Gott, ich bin zornig geweſt, iſt mir leid, hülff, das ich ander menſch werde, Das man nicht einen deckel draus mache: tantum dedi. etc.

---

2 vgl. Hos. 2, 3. 6 2. (secundo); vgl. Zeile 3: primum. 11 ff. Matth. 5, 22. 19 Zeichen: signis oder signi; vgl. hier S. 71 19.

Das iſt gered fur einen iglichen Chriſten, das er ſage zu Gott: Ach Gott, da haſtu mein hertz aufgeſchut, iſt veritas et misericordia tua, wol an, lieber herr Gott, ich wil proximo meo helffen, wenn wir ſo erfunden werden, ſo haben wir einen gnedigen vater, der findet uns als dann danckbar, Gott hat uns zuſamen geworffen, das wir an einander ſollen beyſtehen, nicht ſchaden thun weder mit fauſt noch mit zungen.

Et tamen hie ſol man aus nhemen, die jnn emptern ſind, denn das ſelbig hat ſeinen gang, da mus man den zorn laſſen ghen und ſolche ſol man laſſen verfluchen, Als ein Richter leſſt zetter ſchreien uber 1 morder etc. Iſt ein greulicher fluch und groſſe ſchande, das gehet dis gebot nicht an, Chriſtus ſaget, wie wir Chriſten unter uns ſollen leben, non, wie man in mundo lebe. Judex ſo er ein freundlich hertz wil
XXXVII 483 | haben gegen einen offentlichen morder, taug nicht, sed er ſol ſolche ſtraffen und ſchelten, das es ſey unrecht, Mir aber, der ich im ampt nicht bin, iſts verboten, Iſts offentlich, ſo mag davon reden, Sic vater, mater ſollen nicht, quando filius peccat, quia habent mandatum: du ſolt zornen, ſtraffen, Es iſt mir aber an mein ehr gered, Non, unſer herr Gott hatt gewalt druber, quando dicit: Du biſt ein morder, geſchicht dir nicht unrecht, Und er befilhet vater und muter die ruten, quia melius est flere filium quam parentes. Sic praeceptor ſol zurnen et dicere: du bub, und ſol discipulo getroſt an ſein ohr greiffen, gilt hie nicht hoc praeceptum, si peccasti etc. Sic ſol man unterſcheiden das weltlich regiment und 5. gepot.

Der furſt et parentes haben ein zorn und zungen, die laſſe man gehen jnn irhem werck, ſonſt, die nicht jm ampt ſind, da ſols ſo heiſſen: da hab kein gifftig hertz aut bitte umb gnade, quia 'werdet ir nicht heiliger ſein etc. ſo kompt ir nicht jnn das himelreich'. Thut ir nicht recht, ſo habt ir mich nicht recht erkennet, ſondern ſeid noch wie vor ungleubig, non amatis fratres, ſeid des Teufels, wie ir ghet und ſthet, Was ligt mir an ewrem opffer, quando vultis hominem occidere, was frag ich dar nach, wie viel du ochſen opfferſt oder umb Gottes willen gebſt. Quia ſo viel leuten du feind biſt, ſo viel erſchlegſtu, wenn du nu alle ochſen opferſte, was wers denn? Mir iſt ein menſch lieber quam omnes boves. Hutet euch, multi sunt, die ſich ſo betriegen jnn ir eigen andacht, das es ſol da mit zugedeckt ſein, sed quanto illum amas et das eleemosynas, das reucht wol, non propter opus, sed umb deinet willen, das du ein rechtſchaffener menſch biſt, Wir haben kein falſch vergebung der ſunden, glauben wirs, ſo werden wir gegen unſerm nechſten auch nicht falſch ſein, sed es wird ein freundlich hertz und zunge folgen, oder wo es feilet, wird es im leide ſein, Es kann nicht ſo rein zugehen. Ideo

26 Matth. 5, 20. 29 f. Matth. 5, 23 f.

si versihet, agnosce peccatum etc. Gott behut uns fur der Sunde, die sich noch verteydingt, als die Phariseer haben.

Vult ergo nos esse rechtschaffene etc. Pharisaei, Monachi, sacerdotes sind auch heilig, sed coram deo sunt homicidae. Da behut uns Gott fur et det, das wir rechtschaffen heilig werden, Amen.

c) Predigt aus V. Dietrichs Hauspostille, 6. nach Trin.

In disem Euangelio sehen wir, das unser lieber Herr Christus LII seine Christen also wil leren, Wenn sie glauben und getauffet sind 404 und haben nun den namen und die herrlichkeit, das sie Christen heyssen und allerley geistliche güter und gaben empfangen haben, das sie dencken und auch ein rechtschaffenes leben untereinander füren, das nicht falsch noch heuchlisch sey, Denn er hat uns auch nicht ein falsche gnad widerfaren lassen, die nur nur den schein hette, Sonder gleich wie unsere sünden nicht gemalete, sonder rechte, schedlich todt sünde sind, Also ist es auch mit seiner gnad eytel ernst und ein rechtschaffen, warhafftig ding. | Darumb sollen wir dencken, das wir nit felschlich gegen LII unserm nechsten handlen, sonder trewlich und warhafftig, wie Gott mit 405 uns unser sünden halb gehandlet hat.

Umb diser ursach willen nimbt der Herr im heutigen Euangelio das fünffte gebot für sich und stellet uns ein Exempel für, da man sich für hüten soll, und spricht: 'Es sey denn ewer gerechtigkeit besser denn der Phariseer, so werd jr nicht in das hymelreich kummen.' Das ist ein kurtzer sententz: Wer in hymel wil, der muß ein bessere frömkeyt haben denn die Phariseer. Was ist nun der Phariseer fromkeit? Das ist nicht unrecht, das sie sich in eim feinen, züchtigen, unergerlichem leben und wandel hielten. Denn solches wil Got in alle weg von uns haben, wie sein wort da steht: Du solt nicht tödten, Du solt nicht Eebrechen, nicht stelen, nit liegen. Wer in solchem gehorsam sich helt, der thut recht. Aber das war unrecht an den Phariseern, das sie sich umb solcher werck willen für from hielten, Als hette das gesetz kein anklag weiter wider sie, und sie hetten es vollkummen erfüllet. Vor solcher meynung will der Herr uns warnen, Ob wir gleich mit dem werck niemandt ergern und für yederman unstrefflich sind, das wir doch darumb uns nit lassen from duncken, als hetten wir Got seinen gehorsam volkommenlich geleystet. Denn, spricht Christus hie, Wer mit der hand nicht todtschlegt, der kan dennoch ein Mörder und verbrecher dises Gebots für Got sein, Ursach: Gott will auch den zorn im hertzen, ein böses, zorniges wort, einen zornigen anblick in disem Gebot verbotten haben.

Das also die Phariseische gerechtigkeit heist, eusserlich from sein, nicht tödten, nit Ehebrechen, nit stelen und gedencken, solcher werck halb sey man gar fromm und heylig, Das gesetz habe keinen zuspruch mer zu uns, wir haben es volligklich erfüllet und dörffen nit, das uns Got gnedig sey, ob gleich das hertz inwendig vol sünd und böser lüst ist. Dise gerechtigkeit, spricht Christus, gehört nit in hymel, sonder in die Hell. Denn Gottes Gebot lassen sich mit den blossen wercken nicht erfüllen,

---

7 hier S. 74_{4}. 19 hier S. 74_{13}. 22 hier S. 71_{11}.

Es muß das hertz rein sein von allem zorn, haß und neyd und unzucht und allerley lüsten. Wer es dahin kan bringen, der mag sagen, er sey from. Weyl aber im hertzen die sünde und bösen lüste noch nicht alle tod sein, Sonder regen sich, ob sie gleich wol nicht allweg inn das werck kommen, so hüte dich, das du dich für from haltest oder in den himel gedenckest, Es gehört ein höhere und bessere gerechtigkeit dazu, spricht Christus, Mit der Schrifftgelerten unnd Phariseer gerechtigkeyt kombt jr nicht in hymel.

Was ist nun die besser gerechtigkeit? Dise, da werck und hertz zu gleich from und nach Gottes wort gerichtet ist, Das nicht allein die hand nit mörde, Sonder das hertz gantz on allen zorn sey, Das nicht allein du mit dem werck nicht ein Ehebrecher werdest, Sonder dein hertz gantz reyn sey, on alle böse lust und begird, Also fort an in andern Gebotten allen. Denn solches fodert das gesetz, es will nit allein das werck haben, sonder ein reynes hertz, das durch auß mit dem wort Gottes und gesetz sich vergleiche.

LII 406 | Ja, sprichst du, wo findet man ein solches hertz? Ich find es in mir nicht, du in dir auch nit, Denn es ist uber die massen bald geschehen, das eim die gall uberlaufft, und er zu zorn bewegt wirdt. Also lest sich die böse lust im hertzen seer bald erregen, auch wider unsern danck und willen, da wirs gern geraten wolten und uns drüber feind werden. Wie sollen wir im denn thun? Solche hohe gerechtigkeit (das ist ein reines hertz) haben wir nicht und hören doch hie das urteyl, Mit der Phariseischen gerechtigkeit komme man nicht gehn hymel. Also sollen wir im thun, Wir sollen den Schrifftgelerten und Phariseern nicht gleich werden, das wir uns unser werck halb liessen from gedunncken, Sonder neben allem guten, das wir thun und können, sollen wir uns für Got demütigen und sprechen: Lieber Herr, ich bin ein armer Sünder, sey du mir gnedig und richte mich nicht nach meinen wercken, sonder nach deiner gnad und barmhertzigkeit, die du in Christo uns verheyssen und geleystet hast.

Also geht dise leer fürnemlich dahin, das der Herr uns für der Geystlichen hoffart warnen und zu erkentnuß unsers unreynen, bösen hertzen und sündthafften natur bringen und also zur hoffnung seiner gnad uns leyten will. Das ist als denn die rechte gerechtigkeit, die in hymel gehört, Die steht, nit in unsern wercken, ob sie wol sollen heylig und unergerlich sein, Sonder sie stehet in vergebung der sünden und auff der gnade Gottes. Denn ob wir es schon so weyt bringen, das wir eusserlich niemandt ergern und uns in Gottes wort unnd willen fleyssig uben, So ist noch der gröste mangel dran, das das hertz noch vol böser lust und sünden ist. Wer nun das hat, das solche sünde jm vergeben sind, der ist gerecht, nit seinthalb, Denn sünde hat er, Sonder der gnade halb, das solche sünd durch den glauben an Christum vergeben sind. Darumb spricht Petrus in den Geschichten, Der glaub sey es, der die hertzen reiniget. Solches reinigen geht nicht also zu, das man kein böse gedancken noch lust mehr im hertzen füle. Solches wirdt nicht geschehen, biß wir verscharret und zu einem andern leben aufferstehen werden, Da wirdt Das hertz inn der that warhafftig gereyniget werden. Aber hie geht solchs nur im wort und glauben, das

6 hier S. 71_{15}. 9 hier S. 71_{24}. 44 Act $15_{,9}$.

Got die sünde umb Christus willen nicht zu rechnen noch straffen, sonder vergeben unnd nachlassen wil, Und volget dennoch auch dises, das wir alßdenn durch hilff des heyligen Geystes anfahen frumm zu sein und Got seinen gehorsam leysten, Aber, wie gemeldet, es ist ein unvolkummener gehorsam, darumb muß vergebung der sünde da bey sein.

Das ist die rechte meynung diser Predigt, da der Herr spricht: 'Es sey denn, das ewer gerechtigkeyt besser sey denn der Phariseer und Schrifftgelerten, so werdet jr nicht in das hymelreich kummen.' Solche wort sind nicht dahyn zu deuten, als weren der Phariseer werck an jnen selb böß, Denn das der Phariseer Luce. 18. rhümet, Er sey kein ungerechter, kein Rauber, kein Ehebrecher, Er faste zwir in der wochen und gebe den Zehenden von allem, das | er hab, Solches war LII
nicht unrecht gelebt, und wer zu wünschen, das alle menschen des eusser- 407
lichen wandels halben sich also hielten, so wurde weltliche Oberkeit, der Hencker, Vater und Muter, Herr und Fraw im hause nicht so vil zu schaffen haben. Aber an dem ist der mangel, das diser Phariseer solches lebens halb sich für gerecht hielt und gedacht nit, das er dörffte, das jm Gott gnedig wer und seine sünde vergäbe. Da wil der Herr für warnen, das wir bey solcher gerechtigkeit nit bleyben, Sonder nach einer bessern trachten sollen, so wir anders in hymel wöllen, Und stellet uns ein Exempel für des fünfften Gebottes, das wir daran sollen lernen, was die Phariseisch gerechtigkeyt sey, und uns dafür hüten.

Das fünffte gebot, wie jr wisset, heißt also: 'Du solt nicht Tödten.' Da liessen sich sich die Phariseer duncken, Wenn sie jnen nur so vil köndten abbrechen, das sie mit der hand nit tödten, so het es ferner kein not, disem Gebot hetten sie gnug gethun, Niemand köndte sie höher treyben. Aber Christus spannet sie höher und spricht: Nein, gesell, es hat ein andere meynung, Wenn das fünffte Gebot also hiesse: Dein hand soll nicht tödten, Alßdenn hette dem Gebot gnug thun, wer mit der handt nit tödtet. Aber es heißt anders, nemlich: Du solt nicht tödten. Das ist: dein hertz, dein mund, deine fünff synn und alles, was du hast, mit eingeschlossen, das du nicht allein den Leychnam nit todschlagen, sonder auch alles das lassen solt, was zum tod dienet. Denn das wörtlein tödten wil der Herr auch nicht so eng spannen, das es allein heisse ein aß machen oder das leben nemen, Sonder es heißt auch anders thun, da deinthalb der tod auß volgen müste. Als wenn du einem feind bist und gönnest jm nicht ein bissen Brots, wie der reiche Man dem armen Lazaro, Da müste ein solcher mensch deinthalb sterben und verderben, wie denn Ambrosius sagt: Si non pavisti, occidisti. Gibstu deinem bruder nicht zu essen, so hast du jn gewürget. Und der heylige Johannes 1. Johan. 3.: 'Wer seinen bruder hasset, der ist ein todtschleger, und jr wißt, das ein todtschleger hat nicht das ewige leben bei jm bleybendt.'

Darumb wer diß gebot halten wil, der muß nicht allein die handt an sich halten, sonder das hertz muß on allen zorn sein, das man nit ein sauren blick, nit ein hartes wort faren lasse, auch gegen die, da alle Welt sagen muß, sie haben alles unglück umb uns verdienet. Denn

---

10 Luk. 18, 11. 23 hier S. 72₆.₁₀. 38 hier S. 72₁₉. 39 hier S. 72₁₈. 41 1. Joh. 3, 15. 44 hier S. 72₂₆; vgl. auch S. 75₁₅.

der Herr zeygt klerlich an, das man auff vierley weyse diß gebot verbreche. Zum ersten mit dem hertzen, wenn das selb sich zu zorn und abgunst wider den nechsten bewegen leßt. Zum andern, wenn solches zorniges hertz herauß bricht und sich im geberde sehen leßt, Als, das man für den leuten ubergehen, sie nit ansehen, mit jnen nit dancken oder anders wil, Denn das wörtlein Racha, das der Herr hie brauchet, LII 408 |zeuhet sich fürnemlich auff ein saures, unfreundtliches geberd, das man einem den zorn an augen oder im angesicht ansihet oder an der red anhöret.

Zum dritten, wenn der zorn auß dem hertzen in den mund kummet, das man fluchet, die leut ubel außrichtet oder sonst nichts gutes nach saget. Das vierde ist das gröbst und ergst, wenn es alles zusamen kumbt, ein zorniges hertz, ein unfreundtliches geberd, ein zornige zung unnd zornige hand, das man drein schlecht und würget oder begert zu würgen.

Wiewol nun ymmer eins schwerer ist denn das ander (denn der Herr selb teylets und macht ein unterschid der straffen halb), so sind es doch alles (das geringste eben so wol als das meyste) sünde wider diß gebot, und wer im wenigsten da wider thut, heißt und ist für Gott auch ein todtschläger, Da bedencke du dich nur wol, ob du solches gebot so reyn dein leben lang gehalten habest oder noch halten könnest, da wirst befinden, das es dir unmüglich ist, Wie solt du jm nun thun? Denn wie Gott die ubertrettung seines Worts wölle straffen, wissen wir alle, 'Verflucht', spricht Moses, 'sey, wer nicht alle wort diß Gesetzes erfüllet, das er darnach thut.'

Also solt du jm thun, wie hie Christus dich leret, das du dich ja hütest und kein Schrifftgelerter noch Phariseer werdest, das du dich drumb woltest für frumm halten, ob du schon mit der hand nicht gewürget hast. Sonder hab achtung auff dein hertz, auff deinen mundt und deine geberd, und wo du befindest, das der zorn dich ergriffen hat, da kere flugs dich zu Got, Sprich: Herr, ich armer sünder hab hie wider das Fünffte Gebot thun, Ich hab mich lassen erzürnen, hab mich unfreundtlich mit worten unnd geberden gegen meinem nechsten gehalten, vergib mirs, es ist ein grosse sündt, und gib mir dein gnad, das ichs ein ander mal nicht mer thu, Das ist ein stuck, das du thun solt, das die Phariseer nicht thun.

Darnach sol auch das volgen, das du dich mit eim ernst angreiffest, dem zorn den zaum nicht zu lang lassest, sonder, ob du jn schon auß dem hertzen so bald nicht kanst lassen, das du doch solche sünde erstlich beichtest und umb vergebung bittest und darnach dich so fern wehrest, das solcher groll, der noch im hertzen bleibt, nicht in die augen, ins angesicht und auff die zungen und vil weniger in die feuste kumnn, das du zum wenigsten den zorn bergest, freundtlich mit deinem nechsten redest, Da findet denn ein gutes wort ein gute stat, und wirdst fein befinden, das, wo du also dich heltst, der zorn von tag zu tag auß dem hertzen weichen und gleich wie ein rauch verriechen wirdt.

Solches thetten die Phariseer nit, Den zorn im hertzen, das unfreundtlich geberd, ja auch wol die bösen wort hielten sie für kein sündt, Denn sonderlich dises laster, der zorn, hat die unart, das er sich fein

1 hier S. 75_{18}. 6 hier S. 73_{4}. 29 hier S. 75_{30}. 37 hier S. 75_{34}.

ſchmucken kan, Denn da machen wir uns ſolliche gedancken: Der hat mir das und jhenes thun, ſolte ich nicht ſaur ſehen noch darumb zürnen, ſo wer es unrecht, Ich wurde jm urſach geben mehr | unrecht zu thun, LII Man muß den Buben ein wenig laſſen mürb werden, er wurde ſonſt 409 ſein lebtag kein gut thun etc. Da geht es denn, wenn das hertz vor zum zorn geneygt iſt und yetzt noch auch in den wohn kumbt, als thu es recht unnd wol daran, das der Teufel ſein ſpil hat unnd der groll von tag zu tag, ye lenger ye gröſſer, unnd die hertzen ye lenger ye bitterer gegen einander werden.

Da warnet der Herr für, das wir uns der Phariſeer gedancken nit verfüren laſſen, ſonder rechtgeſchaffene Chriſten ſollen ſein, die wir eint-weder recht thun oder doch das unrecht bekennen und Got umb gnade bitten, das er vergeben und uns reynere hertzen geben wölle. Wer ſich nun alſo in den Zehen Gebotten übete, mayneſt du nicht, er wurde alle ſtundt urſach haben zu Beichten, Betten und ſich im glauben und wort zu üben? Denn das Beichten muß ſein, wenn der zorn oder andere luſt uns uber eylet haben, das wirs nicht laugnen noch entſchuldigen, ſonder Got bekennen und beichten: wir haben unrecht thun. Da muß darnach das betten auch volgen, das Got ſolches vergeben und uns frömmer wölle machen. Auff ſolchs gebet ſol der glaube volgen, das wir nicht zweyffeln, durch Chriſtum ſol ſolches und anders vergeben ſein.

Das heißt ſich recht üben im Geſetz oder den Zehen geboten, unnd iſt on not ſich nach andern guten wercken oder Gottes dienſt umbſehen, wie der Bapſt unnd ſein hauffe thut, der ſteckt biß uber die ohren in der Phariſeiſchen gerechtigkeyt, wie dann eben diß gebots halben der ſpruch zeuget: Rancorem ponere necesse est, sed signa rancoris non. Den grollen, ſagen die Papiſten, ſol man fallen laſſen, Aber die geberd des grollens darff man nit fallen laſſen, Das iſt: Wenn dir yemandt laid hat thun, da hüte dich, das du jm darumb feind wolteſt ſein. Das du aber mit jm nit redeſt, kein gemeinſchafft mit jm mer haſt, da ligt nichts an, das iſt kein ſünde. Darumb haben ſie die Zehen gebot für ein ſchlecht ding gehalten, da weltliche leut mit ſollen umb gehen, Sie aber haben jnen eygne und höhere Gottes dienſt und werck erfunden. Aber wer mit den Zehen gebotten wolte umb gehn, wie ich yetzt von dem fünfften allein geſagt habe, ich maine, der ſolte zu ſchaffen gnug gewinnen und dörffte ſich nach anderer übung oder Gottes dienſten nicht umb ſehen.

Nun macht es aber der Herr uber die maſſen hefftig und wil, ſo wir anders wöllen Chriſten ſein, das wir ſtets in ſolcher übung diſes und anderer gebott ſollen her gehen. Denn ein harter ſpruch iſt es, das er am erſten ſagt: 'Es ſey den ewer gerechtigkeyt beſſer denn der Phariſeer und Schrifftgelerten, ſo werd jr nicht in den hymel kummen', Alſo beſchleuſt er am ende auch und macht zwo parthey. Denn allweg wo zorn und uneynigkeyt iſt, da ſind zwo parthey. Die eine, die unrecht thun hat und den andern theyl belaydiget, Und die ander, die belaydigt

---

1 hier S. 70_{18}. 26 hier S. 71_{19}. 38 hier S. 72_{25}. 43 Die „zwei Parteien" hat Luther in seinen 19 erhaltenen Predigten über diesen Text öfter zu Matth. 5, 25 unterschieden; eine besondre Berührung mit einer dieser Fassungen und damit eine ernsthafte dritte Quelle Dietrichs hab ich nicht gefunden.

ist worden. Dem nun, der zum zorn ursach geben und andere belaydigt hat, sagt der Herr hie ein kurtzen Sententz, das er gedencke und sey mit
LII 410 Got | und dem Gottes dienste unverworren, so lang, biß er sich zuvor hab versönet mit seinem gegentheyl. Wenn du wilt opfern dein gab, spricht er, und wirdst alda für dem Altar eingedenck, das dein Bruder ein sach zu dir hat, so laß dein gab da und versöne dich vor mit deinem Bruder, Denn geschicht solches nicht, so wirdt es doch vergebens sein, Got wirdt kein gefallen an deinem opffer haben.

Mit disen worten trifft der Herr der Phariseer gedancken seer fein, die maynten, sie wolten Got einen rauch für die augen machen, das er jren neyd und haß im hertzen wider den nechsten nicht sehen solt, und andere leut solten sie auch für fromm halten. Nun spricht er: du deuschest dich selb, Gott wirdt zum aller ersten auff dein hertz sehen, wie es gegen deinem nechsten stehet. Findet ers in haß und neyd, so dencke nit, das er ein gefallen an deim Opffer oder Gottes dienst habe. Denn weyl er gebotten hat: Liebe dein nechsten wie dich selb, so wil Got vor allen dingen den selben gehorsam von dir haben oder wil dich gar nicht haben. Denn was solt doch das für ein handel sein, du wöltest unserm Herren Got einen Ochsen, der zehen Gulden werdt ist, schencken und woltest daneben deinen Bruder todt schlagen? Das hiesse, da ein Heller geben und an einem andern ort hundert tausent gulden stelen. Nun sol es nicht sein, Wiltu Got dienen, so diene jm mit eim solchen hertzen, das deinem nechsten nicht feindt sey, oder wisse, das Got nit werdest dienen.

Daher kumbt es, das vil, wenn sie in uneynigkeyt mit jrem nechsten stehn, sich vom Sacrament enthalten und kein Vater unser betten wöllen. Dann es stost sie das wort für die stirn, das sie sprechen: 'Vergibe uns unser schulde, wie wir unsern schuldigern auch vergeben.' Besorgen, weyl sie nicht vergeben, so sprechen sie das urteyl wider sich selbs, das Got jnen auch nicht vergeben soll. Und ist war, Da darff niemand anders gedencken, Wiltu nicht vergeben, so wird dir Got auch nicht vergeben, da wird nymmer mer anders auß. Darumb bedencke nur wol, was du dir selb für ein bad zu richtest, wenn du den zorn behalten und nicht faren wilt lassen. Mit dem wirst du es nicht besser machen, das du nicht betten und zum Sacrament nicht gehn wilt, sonder dein sach wirdt nur erger mit. Dann findet dich Got also, so wirdt er dich richten, wie er dich findet. Darumb were es das beste, sich mit Gott am ersten vertragen, das heyßt, sich mit dem nechsten vertragen und den zorn fallen lassen. Dann sonst hörest hie, das du mit Got solt unverworren sein, und das er jm nichts wil gefallen lassen. Darumb spricht Christus: Laß dein gabe für dem Altar, du richtest doch bey Gott nichts auß. Das ist der eine theyl, der zum zorn ursach gibt, der sol nicht allein für Gott sich demütigen und bekennen, er habe unrecht thun, sonder auch für seinem nechsten, und soll umb vergebung bitten und darnach auch vergebung bey Gott gewarten.

Der ander theyl nun, der belaydigt ist und maint, er hab gute ursach, das er zürnen solle, den warnet der Herr auch, das er gern
LII 411 vergeben und sich nicht lang | sol feyren lassen. Denn da, sagt der Herr, sey ein grosse fahr. Wo du dich lang bitten und zur süne

9 hier S. 75_{25}. 15 hier S. 76_{30}.

nicht gütig woltest finden lassen, so würdt dein gegentheyl die sache dem Richter, Got im himel, befelhen und sagen: Herr, ich hab thun, was ich sol, bey dir finde ich gnad, aber bey den leuten nicht, Wolan, ich wil dirs befelhen. Wo nun dich Gott also ubereylet, was maynest, das das urteyl werde sein? Nemen wirdt er dich, der du nit vergeben unnd nicht vergessen wilt, und wirdt dich dem Diener uberantworten und in den kercker lassen werffen, da wirst nicht herauß kommen, denn du habest bezalet biß auff den letzten Heller, Das ist: da sol kein gnad sein, wie er Luce 6. sagt: 'Mit der maß jr messet, damit wirdt euch wider gemessen werden.' Also will es der Herr zu beden teylen haben, das man barmhertzig sein, den zorn fallen lassen und yederman freundtlich sol sein. Sonst ist das fünffte gebot da und verklagt uns, das wir todschleger sind für Got, Und wirdt derhalb die straffe auch nicht aussen bleyben.

Solche lehr und leben sol unter den Christen bleyben unnd fleyssig geübet werden, Denn sonst geschicht Got ein ungefall. Und wir thun uns selbs schaden, nicht allein am leyb und dem gut, sonder auch an der seel, wie der Herr droet. Wo man aber ausser der Christenheyt in weltliche empter und stende kombt, da hat das fünffte gebot nit mer seinen gang noch krafft. Denn da selb ist ein sonder befelch, dem man volgen und nach kommen sol, Denn wer im weltlichen Regiment ist, der hat befelch, das er zürnen sol und straffen, wo etwas unbillichs von den unterthanen begangen ist. Also Vater und Muter im hauß, die haben einen sondern befelch uber kinder und gesind, das sie nicht dazu lachen sollen, wenn kinder oder gesind sich vergriffen haben, Sonder sie sollen schelten und getrost straffen, Das heißt sie Got, und wo sie es nicht thun, so sind sie ungehorsam und thun wider jr Ampt und befelch. Denn es hat die maynung nit, das ein Dieb zum Richter sagen wolt: Henckt mich nit, denn im fünfften gebot steht geschriben: Du solt nicht tödten. Solchs mag er zu seines gleichen sagen, der nicht im ampt ist. Aber die Oberkeyt hat den befelch, sie sol das Schwerdt brauchen, das dem ubel gewehret werde.

Also würde es sich nit reimen, das ein magd im hauß, wenn sie etwas verwarloset oder unterlassen und verfaulet het, zur Frawen sagen wolt: Liebe Fraw, jr seyt ein Christin, gedenckt an das fünffte gebot und zürnet nit, Dann es ist verbotten: 'Wer mit seinem nechsten zürnet (sagt Christus), der ist des Gerichts schuldig.' Neyn, Magd, Gott hat hie ein andere ordnung gemacht, Du bist Magd und solt deins ampts, und was man dir befilcht, mit fleyß warten. Thustu es nit, so sol man dir nit gute wort zu lohn geben, sonder dich darumb straffen, das hat Gott deiner Herrschafft auffgelegt. Die macht solcher zorn eben so wenig zu unchristen als das Ampt unnd der beruff, den sie haben. Das aber würde sie zu unchristen machen, wenn sie jhren beruff verlassen und die haußzucht | wolten fallen lassen mit unfleyssigem zusehen, das sie kind und LII 412
gesind wolten lassen haußhalten jres gefallens.

Also muß man es unterschiden, Im Reich Christi soll kein zorn gehen, sonder eytel freundtligkeyt und lieb, das das hertz gegen niemandt bitter sey, unnd weder mund noch hand yemand betrübe. Aber in der Welt reich, im Weltlichen und hauß Regiment, da soll mund und

9 Luk. 6, 38. 18 hier S. 767.

hand nach eines yeden Stand und Ambt leydes thun und schaden allen, die sich ubel halten und nit thun, was jnen befolhen ist, Dann es gilt da nicht schonen oder barmhertzig sein, sonder straffen. Wer aber die straff wolt lassen anstehn, der verursacht den höchsten Richter, Gott selber, das er kummen und das ubel straffen muß. Da hat man wenig vorteyls an, Dann wenn Gott kombt, so kombt er wol und helt an.

Das ist die lehr des heutigen Euangelij, umser lieber Herr Gott helffe uns mit seinem heyligen Geyst, das wir als Christen uns gegen einander halten, und ein yeder in seinem Ambt und standt fleyssig sey, Amen.

4. Rörers und Poachs Hauspostille.

Einleitung. Die Hauspostille (Rörers und) Poachs ist erwachsen aus dem Anstoße, den man in gnesiolutherischen Kreisen an Veit Dietrichs Willkür genommen hat. Man hat sowohl die Zutaten Veit Dietrichs wie seine Zusammenschmelzung mehrerer Predigten Luthers zu einer neuen beanstandet; vgl. Amsdorfs Vorrede und Poachs Nachwort zur Hauspostille Rörers und Poachs, W. A. LII S. VII—IX. So hat man in Jena Rörers Nachschriften der Lutherpredigten durch die jungen Herzöge zu Sachsen erwerben lassen. Aus ihnen hat dann Andreas Poach Jena 1559 die „Hauspostille ... von Dr. Martino Luthero seligen gepredigt, aus M. Georgen Rörers seligen geschriebenen Büchern ... Trewlich on alle Enderung, Abbruch, oder Zusatz, auffs new zugericht . ." in den Druck gegeben. Ganz hat Poach sein Wort nicht eingelöst. Er hat, z. T. durch Lücken seines Materials gezwungen, Veit Dietrich in dessen Zusätzen gelegentlich noch mehr Glauben entgegengebracht, als er verdient, hier und da auch einmal selbst einen Sprung getan. Im ganzen kann man ihm das Zeugnis nicht versagen, daß er der getreueste und gewissenhafteste aller Bearbeiter von Lutherpostillen gewesen ist.

Als Beispiel wähle ich die Predigt über Luk. 14, 1—11 vom 5. Oktober (17. nach Trin.) 1533, W. A. XXXVII 168—171 in Rörers Nachschrift (R), und E. A. Deutsche Schriften 6[2], 72—80 in Poachs Bearbeitung (P) gedruckt.

Die Hauspostille Rörer-Poachs hat sich damals nicht durchsetzen können: Dietrich galt den Epigonen als der echtere. Von den Ausgaben der Sämtlichen Werke bieten sie nur die Leipziger (Bd. 16), Walch (in Bd. 13) und die Erlanger (Deutsche Schriften [2]Bd. 4—6). Die W. A. hat sie mit Rücksicht darauf, daß sie Rörers Nachschriften gegenüber nichts Neues bietet, gegen ihre sonst Doppeldruck nicht scheuende Gewohnheit weggelassen, jedoch W. A. LII S. XIII ff. eine Übersicht über ihren Inhalt gegeben.

Auff das wir auch unserm herr Gott sein wort ehren und seinen heiligen tag feyren, volumus audire Euangelium. Euangelium 1. continet den hadder de Sabbato, 2. wie sie sich dringen umb das oben ansitzen. Sabbatum war von Jüden hochgehalten, als der in 1. tabula gepoten ist. Drumb hielten sie so hart druber, das sie auch dran nicht kocheten. Sicut et adhuc hodie pecuniam non attingunt, als brechen sie den Sabbat da durch, wens einem einen heller geben. So grob narren wurden sie, das sie auch murreten, quando Christus infirmum reddebat sanum. Ideo inquit: o ir Narren, seid ir nicht unbehauen grob hempel? Ir helfft den ochssen etc. und brecht den sabbat nicht, quanto melior autem bove est homo? Es ist ja der schade am ochsen nicht geschehen, der an einem kranken menschen geschicht, Bleibt ir denn heilig, wenn ir einem Esel helfft etc. cur me accusatis, quod sanavi hominem? Solt das nicht mher sein einem menschen helffen denn einem Esel? etc. Solche narrn seid ir, was ir thut, das sol heilig sein, econtra etc. R XXXVII 168

P E 6², 72

Dieß Evangelium hat zwei Stück; das erste ist der Hader vom Sabbath; das ander ist, daß sich die Pharisäer dringen umb das Obenansitzen, und derhalb vom Herrn Christo gestrafet werden.

Das erste Stück ist vom Sabbath. Der ward von den Jüden hoch gehalten, als der in der ersten Tafel der zehen Gebot von Gott geboten ist. Darumb hielten sie so hart drüber, daß sie gar kein Aerbeit dran thäten, auch am Sabbath nicht kocheten. Gleichwie heutigs Tags noch die Jüden am Sabbath kein Geld anrühren, eben als brächen und unheiligten sie den Sabbath dadurch, wenn sie mit der Hand in den Beutel griffen und einem dürftigen Menschen einen Heller gäben. Also waren diese Schriftgelehrten und Pharisäer, von welchen das heutige Evangelium meldet, auch so grobe Narren, daß sie darüber murreten, daß Christus einen kranken Menschen am Sabbath gesund machet.

Denselben antwortet hie der Herr, und spricht: ‘Welcher ist unter euch, dem sein Ochse oder Esel in den Brunn fället, und er nicht alsbald ihn heraus zeucht am Sabbathtage?’ Als wollt er sagen: O ihr Narren und unverständigen Schriftgelehrten und Pharisäer, seid ihr nicht unbehauene Klötze und grobe Hempel? Ihr helft den Ochsen und Eseln am Sabbath, und brechet doch den Sabbath nicht. Wie viel besser aber ist ein Mensch, denn ein Ochs oder Esel? Es ist ja der Schade am Ochsen und Esel, wenn man sie verderben läßt, nicht so groß, als am Menschen, wenn ihm nicht geholfen wird. Bleibet ihr nu heilig, und brechet den Sabbath nicht, wenn ihr einem Ochsen oder Esel am Sabbath helfet: warumb strafet ihr denn mich, daß ich einem Menschen helfe? Sollte es nicht mehr sein, einem Menschen helfen, denn einem Ochsen und Esel? Solche Narren seid ihr! Was ihr thut, das muß heilig und recht gethan sein; was aber ich thue, und wenn es schon eben

---

2f. Luk. 14, 1—6; 7—11. 9ff. Luk. 14, 5. 10 hempel: Dölmer.

R Et ista est natura omnium iusticiariorum, und konnen auch sonst nichts anders denn andere taddeln, den splitter aus des andern auge ziehen und den balcken jnn irem behalten, Solchen ist der Herr feind, Und ist auch ein feindselig volck, das sein ding kostlich macht, et econtra. Es ist hanswurst, nemo placet nisi solus ipse. Das ist die straff der Judischen narrn.

Es ist aber dis angezeigt, das, so man den sabbat heiligen wil, sol man es thun verbo dei et operibus divinis, Ut, wenn man am sabbat zur kirch gehet, et auditur verbum, discitur und danckt got, lobt ihn und bettet, davon wird der tag heilig, Quia das gotlich wort ist heiligthum et sanctificat omnia. Sic sanctificatur sabbatum per orationem et fidem. So hats Gott geordnet, sie musten sich neeren die 6 tag uber jnn der wochen, 7. bestimpt er jn, das sie ihn solten heiligen, et vocatur ruge tag, musten menschen und vihe rugen, et praeter hoc musten sie ihn heiligen mit Gottes wort, das sie also Gott lerneten er-

---

Fol. 73 P das ist, das | ihr thut, oder ein bessers, denn ihr thut, das muß unheilig und unrecht gethan sein.

Und das ist die Natur und Art aller Werkheiligen und Heuchler, die können nichts anders, denn andere Leute meistern und tadeln. Ihre beste Kunst ist, den Splitter aus eines Andern Auge ziehen, und des Balken in ihrem Auge nicht gewahr werden. Solchen Splitterrichtern und Balkenträgern ist der Herr feind. Es ist auch zumal ein verdrießlich und feindselig Volk, welchs allein sein Thun köstlich achtet und hoch hält; aber was andere Leute thun, muß alles stinken. Summa, es ist der Hanswurst, wie es die Deutschen nenne, dem nichts gefällt, denn er ihm selbs alleine. Das ist der Hader uber dem Sabbath, und die Strafe, damit der Herr Christus den jüdischen Narren, den Schriftgelehrten und Pharisäern, das Maul verstopfet.

Damit ist angezeigt, daß wer den Sabbath heiligen wölle, der müsse solchs thun mit Ubung des Worts Gottes, und mit heiligen, göttlichen Werken, als, wenn man am Sabbath zur Kirchen gehet, Gottes Wort höret und lernet, Gott danket, lobet und betet, und heilige Werk thut. Davon wird der Sabbath heilig, denn Gottes Wort ist das rechte Heiligthum, welches alles, was es rühret, heilig machet, wie St. Paulus lehret, 1. Timoth. 4 und spricht (V. 5): Alles wird geheiliget durch das Wort Gottes und Gebet. Darumb wird der Sabbath geheiliget durch Gottes Wort, durchs Gebet, durch den Glauben etc.

Also hat es Gott geordnet. Sechs Tage hat er bestimmet zur Aerbeit, daß das Volk dieselben sechs Tage uber in der Wochen mit der Aerbeit sein Nahrung suchen sollte. Aber den siebenten Tag bestimmet er, daß sie ihn sollten heiligen; und heißt ihn Sabbathtag, das ist, Feiertag oder Rugetag, da beide, Menschen und Viehe, von der Aerbeit still halten und rugen mußten. Uber das Feiren aber oder Rugen hat er geboten, daß sie den Sabbath oder Rugetag heiligen sollen mit Gottes Wort, daß sie Gott erkennen lernen, und das Gesetz hören etc.

[R] kennen und sein gesetz. Nu waren sie so nerrisch, das sie nicht allein die werck nidder legten, das sie rugeten, sed heissen auch ein werck einen krancken gesund machen, Eim armen helffen und dienen, gelt [XXXVII 169] aus|geben, Sie sind schendlicher narrn gewesen denn die Parfusser Munch, Sed unser herr Gott nennet mit expressis verbis dicens: Man sol am sabbat tag predigen, predigt horen, Gott dancken, loben und beten, Sed quando veniebat ein zufellig werck faciendum in sabbato, das hies den sabbat nicht gebrochen, quia non fiebat die narung zu suchen, sed fuit ein zu fellig werck, deinde dicebant: helffen einem armen sabbato jnn seinen noten esse violare sabbatum. Und gleich solche werck solt man am sabbat sonderlich treiben, scilicet, das man sol helffen, und feyren von unser narung. Sed Judaeus het einen ehe lassen hungers sterben, ehe er im etc. und helfft doch seinem eigen Esel. Dis ist zeichen, wie gelert leute werden, quando non curant verbum. Disce ergo sabbatum sanctificare esse verbum dei audire et iuvare

---

[P] Daraus siehet man, wie närrisch und tölpisch diese Schriftgelehrten und Pharisäer sind, daß sie am Sabbath nicht allein die äußerliche Werck und Handärbeit niederlegen und rugen, sondern auch [E 6², 74] dieß ein Werk heißen, dadurch der Sabbath gebrochen würde, wenn man einen Kranken gesund machet, einem Armen hilft und dienet, Geld ausgibt dem Dürftigen etc. Sie sind schändlicher Heiligen gewesen, denn die Barfüßermünche, die kein Geld angriffen. Unser Herr Gott spricht deutlich, man solle den Sabbath heiligen, das ist, man solle am Sabbath predigen, Predigt hören, Gott loben, danken, beten und heilige Werk thun. Wenn aber ein zufällig Werk fürfiel am Sabbath auszurichten, das hieß den Sabbath nicht gebrochen; denn es geschach nicht, die Nahrung zu suchen, auch verhindert es des Sabbaths Heiligung nicht, sondern war ein zufällig Werk. Aber diese Schriftgelehrten und Pharisäer sind so grob, daß sie sprechen: Wenn man am Sabbath einem armen Menschen hilft in seinen Nöthen, das sei den Sabbath geunheiliget und gebrochen. Man sollte solche Werk sonderlich am Sabbath treiben, nämlich von der Nahrung feiren, und den armen, dürftigen Leuten helfen und dienen; so hätten die närrischen Jüden einen armen Menschen ehe Hungers sterben lassen, ehe sie ihm am Sabbath geholfen hätten; und hulfen doch ihrem Ochsen und Esel am Sabbath, wenn es die Noth erfoderte. Solchs ist ein Anzeigung, dabei wir merken sollen, wie gelehrte, geschickte und verständige Leute werden, wenn man dahin geräth, daß man Gottes Wort nicht achtet.

So lerne nu ein jeder, was da heiße, den Sabbath heiligen, nämlich, Gottes Wort hören und lernen, und dem Nähesten helfen, wo er unser Hülfe bedarf. Die Jüden ließen den Nähesten am Sabbath liegen, und Noth leiden; aber nichts deste weniger pflegten sie ihrer selbs am Sabbath. Nu aber hätten sie sollen gedenken, daß, wie sie ihren eigen Leib am Sabbath nicht ließen Noth leiden, sondern aßen, trunken und warteten ihres Leibes; also sollten sie auch ihres Bruders Leib am Sabbath nicht haben Noth leiden lassen. Darumb heißt den

R proximum, si opus habet. So iſt denn der tag geheiliget mit worten und wercken. Das iſt 1. doctrina.

Die ander, das man nicht ſol hochfaren. Auff erden mus es ſo ſein, das einer groſſer ſey denn der ander, pater super liberos, princeps super subditos, parochus etc. Das kan man nicht umbgehen, die Stende ſind ungleich, man mus ſie haben, Ergo disce, was ſey ſich ſelbs erhohen, Er verbeut nicht das oben anſitzen, Es mus es ja jemand thun, Neque prohibet, das einer furſt, prediger etc. wird, sed das verderbts, ſich ſelbs dazu dringen, das jm einer nicht gnugen leſt, quod est in vocatione, sed wil der hochſt ſein, oben aus etc. Das der Edelman brangt wie ein furſt etc. das der keyſer mus zu letzt gehen wie ein burger, das er den luxum nicht erreichen kan, Das heiſſt ſich ſelbs erhohen, non exaltari per ordinationem dei et vocationem hominum. Sed ſein unrurigs hertz iſt da, das nicht rugen kan, wil oben an ſitzen. Sie

---

P Sabbath heiligen, heilige Werk treiben am Sabbath, als Gottes Wort hören, und dem Näheſten dienen. Wenn man das thut, ſo wird der Sabbath geheiliget mit Worten und mit Werken. Das iſt die erſte Lehre aus dem heutigen Evangelio.

E. 6a, 75 | Die ander Lehre iſt, daß man nicht ſoll hochfahren, noch ſich ſelbs erhöhen. Nu verdamnet Chriſtus hie nicht die Stände und Aempter, daß einer höher iſt, denn der ander; denn auf Erden muß ſolche Unterſcheid ſein und bleiben, daß einer größer und höher iſt, denn der ander: Vater und Mutter uber die Kinder, der Fürſt uber die Unterthanen, der Pfarrherr uber die Zuhörer und Pfarrkinder, was das Ampt und Wort antrifft. Solche Unterſcheid kann man in dieſer Welt nicht umbgehen; denn die Stände und Aempter ſind ungleich. Darumb muß man ſolche Unterſcheid und Ungleicheit haben.

Was heißt denn, ſich ſelbs erhöhen? Chriſtus, wie geſagt, verbeut nicht das Obenanſitzen; denn es müſſen ja etliche ſein, die da oben an ſitzen, ſintemal ſie nicht alle unten an ſitzen können, in dieſer Ungleicheit der Ständ und Aempter auf Erden. So verbeut er auch nicht, daß jemand erhöhet iſt, daß einer ein Fürſt, ein ander ein Prediger iſt; ſolchs iſt ihnen wohl gegönnet. Aber das verderbets, wenn man ſich ſelbs dazu dringet, und ihm niemand an ſeinem Stande und Beruf genügen läßt. Das Erhöhen iſt nicht unrecht, wo es geſchicht durch Gottes Ordnung, und durch ordenlichen Beruf und Wahl der Menſchen. Aber ſich ſelbs erhöhen, das iſt unrecht; denn einer ſich ſelbs oben an ſetzet, und der Höchſte ſein will, will oben aus, und nirgend an; wie man itzt ſiehet, daß der Bürger will ſein uber den Edelmann, der Edelmann pranget wie ein Fürſt, der Fürſt wie der Kaiſer, und fähret jedermann ſo hoch, daß zuletzt der Kaiſer gehen muß wie ein Bürger. Denn die Pracht und Ubermaaß wird ſo groß, daß ſie der Kaiſer nicht mehr erreichen kann.

Das heißt ſich ſelbs erhöhen, nämlich empor kommen, nicht durch Gottes Ordnung und Beruf der Menſchen, ſondern ohn göttliche Ordnung und menſchlichen Beruf.

Denn ſein unrugig Herz iſt da, das kann nicht rugen, noch zusteigen drumb empor, das sie grossen nutz schaffen, ubi hoc assecuti, R thun sie nicht mher, denn das sie iren eigen nutz schaffen, suchen gut tag, ehr etc. Sed man legt die Empter nicht auff, das man allein ehr davon hab, sed das man arbeit. Der heubtman hie zu Wittemberg ist nicht darumb auffgestellt, das er sol allein ein Jungker sein (sic neque H . . . . . G . . . . .), sed das er sol nutz sein dem fursten, der stad und dem lande und suche seinen eigen mutwillen nicht, sed econtra, so findet sichs, was das fur ein lere ist, denn der arbeit wird so viel, das man denckt: hat mich denn der Teufel ynn das ampt bracht? Sicut ego: warumb hat unser herr Gott nicht einen andern an mein stad zu eim prediger der deudschen erweckt? Quia der unlust ist zu gros und viel. Sic puella non videt molestias in coniugio, weil sie noch | nicht fraw ist, ideo XXXVII 170 non est quieta, donec acquirat maritum. Sic vir non potest quiescere, nisi habeat uxorem. Sic civis: Ey das ich solt burger-

---

frieden sein, sondern will oben an sitzen. Solche Leute gebens gut für, P und wollen den Namen haben, als steigen sie darumb empor, daß sie großen, trefflichen Nutz schaffen wollen. Aber wenn sie das erlanget haben, und empor kommen sind, thun sie nichts mehr, denn | daß sie ihren E 6², 76 eigen Nutz schaffen, gute Tage, Ehre und Wollust suchen.

Nu aber leget man die Aempter niemand auf, daß er allein seinen Genieß, Ehre und Wollust davon haben solle, sondern daß er arbeite, und andern Leuten nütze sei. Der Häuptmann hie zu Wittemberg ist nicht darumb aufgestellet, daß er allein ein Junker sein soll, sondern daß er soll dem Fürsten, der Stadt und dem Lande nütze sein. Er soll nicht seinen eigen Muthwillen in seinem Ampt suchen, sondern darnach trachten, was des Fürsten, der Stadt und des Landes Nutz ist.

Es gehet also, wie man täglich fur Augen siehet. Ehe man hinauf kompt, ist jedermann lüstern, oben an zu sitzen; wenn man aber hinauf kommen ist, und ein Ampt hat, und soll thun, was recht ist, so findet sichs denn, was da sei ein Ampt haben, und oben an sitzen. Denn wer da gedenkt zu thun, was recht ist, und in seinem Ampt andern nütze zu sein, der wird der Aerbeit soviel finden, daß er bald uberdrüßig und müde werden wird, und zum wenigsten im Herzen denken, wo ers mit dem Munde nicht spricht: Ei, hat mich denn der Teufel in dieß Ampt gebracht? Wie ich selbs bekennen muß, wenn ich anders recht beichten und die Wahrheit sagen will, daß mir oft solche Gedanken eingefallen sind: Ei, warumb hat denn unser Herr Gott nicht jemand anders an mein Statt zu der Deutschen Prediger erweckt? Denn die Unlust ist zu groß, der Aerbeit zu viel, und der Leute Bosheit und Undankbarkeit ist zu ubermacht, daß es Fleisch und Blut nicht lassen kann, es wird verdrossen und ungedüldig, und wäre deß lieber entbrochen.

Ein Jungfrau siehet nicht die Unlust im Ehestand, weil sie noch nicht Frau ist; darumb wird sie nicht zufrieden, sie komme denn in den Ehestand, und habe einen Mann. Desgleichen ein junger Gesell wird nicht zufrieden, er habe denn ein Weib. Wenn sie nu in den Ehestand

---

5 f. H. G.: W. A. löst auf: „Herzog Georg"; ⟨unser⟩ Herr Gott ⟨sibi deus⟩?

R meister werden. Wenn ers ist: Gott gebe dem ampt das hellisch feuer. Ja das heisst Empter haben. Oben an sitzen ist nicht ein freudenspil und tantz, sed bringt so viel erbeit und unlust, das, wer vernunfftig ist, nicht seer darnach trachtet. Sic Paulus : 'qui episcopatum desiderat, bonum opus' etc. nimpt ein gut werck fur, non dicit: Ein guts leben, sed bonum opus, das zu loben ist, das man den leuten dienen wil, als prediger, schulmeister sind. Es ist recht, inquit Paulus, wenn du begerest nutz zu sein. Wiltu aber allein auff das oben sitzen sehen, tum quaeris tantum tua und bleibst fauler schelm, qui nemini prodest, sed tantum opes, honores et voluptatem quaerit. Ey, lieber, wer mocht das nicht? Sed quando vocatur, dicis: Ich wil vleis thun, wil nicht feyren, sed diligenter facere officium meum, das wer recht. Sed mundus wil empor, das sie Jungker sey et Ehr habe, zu Hofe erbeiten kaum 3 oder 4, alii tantum bibunt, ibi nihil quam fressen und etc. Die sind rauppen jm kol und fliegen jnn der suppen, Sic in aliis statibus

---

P kommen sind, und jene einen Mann, und dieser ein Weib hat, so wären sie lieber heraus und wieder frei. Also auch ein gemeiner Bürger läßt ihm an seinem Beruf nicht genügen, sondern denket: Ei, daß ich E 6[2], 77 auch sollt ein Bürgermeister werden! Wenns aber | dazu kommen ist, daß er ist Bürgermeister worden, und Unlust, Mühe und Aerbeit haben soll, so spricht er: Gott gebe dem Ampt das höllische Feuer, wäre ich des Ampts wieder los. Das heißt Aempter haben. Denn Obenansitzen ist nicht ein Freudenspiel und Tanz, sondern bringt so viel Aerbeit und Unlust, daß wer vernünftig ist, nicht sehr darnach trachtet.

Also sagt St. Paulus 1. Timoth. 3: 'So jemand ein Bischofsampt begehret, der begehret ein köstlich Werk.' Er spricht nicht: der begehrt gute Tage oder ein köstlich Leben, sondern, ein gut, köstlich Werk. Denn es ist gut, köstlich und lobenswerth, wenn man den Leuten dienen will, als Bischof, Prediger, Schulmeister thun müssen, wollen sie anders ihrem Ampt gnug thun. Es ist recht, spricht St. Paulus, so jemand begehret den Leuten nütze zu sein. Willtu allein auf das Obenansitzen sehen, so suchestu allein das Deine, und bleibest ein fauler Schelm, der niemand nütze ist, sondern allein nach Gut, Ehre und Wollust trachtet. Ei, Lieber, wer möchte das nicht, wenns recht wäre? So du aber zu einem Ampt gezogen wirst, und sprichst: Wohlan, soll ich das Ampt haben, so geschehe Gottes Wille, ich will meinen müglichen Fleiß thun, will nicht feiren, sondern des Ampts und Berufs treulich warten, und thusts auch, das ist recht.

Aber die Welt bedenket das nicht, sondern jedermann will empor, daß er Junker sei und Ehre habe. Aber ärbeiten und dem Ampt recht fürstehen, mag niemand. Zu Fürsten und Herrn Hofe gehets also zu; sie sitzen empor, aber kaum drei oder vier ärbeiten, die andern allesampt thun nichts, denn daß sie fressen, saufen, schwelgen etc. Dieselbigen sind Raupen im Kohl, und Fliegen in der Suppen, ein sehr nütz, lieblich Viehe. Desgleichen geschicht in andern Ständen auch.

---

4 1. Tim. 3, 1.

R etc. Ergo deus amat, qui manet in suo statu et faciunt officium suum. Adolescens studeat, bis unser herr Gott kome und ziehe in er aus: hast lang gnug studirt, werde nu ein schulmeister ein weil, post ein prediger, sic bleibts, ut dicat: Non opto honorem, sed wil mich unser herr Gott brauchen, wil thun, was ich kan unserm herr Gott zu ehren, Das theten die Pharisaei hic nicht, sie wolten oben ansitzen, das sihet er, drumb schweiget er nicht, sondern strafft dicens: O wie seid ir mir gesellen, setzt euch unden an, als ich thue. Unser herr Gott strafft das oben an sitzen nicht, das ist nicht unrecht. Sed der erst hats nicht recht, der sich selbs hin auff setzt, der ander hats recht, den man heisst hin auffsitzen, Es feylet dar an, ob ichs erwele, das ich im ehren wil sein, oder ob man mirs anbeut. 'Qui se exaltat.' Vidi quosdam, die hernider sind geborzelt, die vor hin auff sind geklettert, quia Euangelium non mentitur, wer sich selb wil hoch machen und sein lust davon suchen, dem sol es nicht gelingen, wer aber dazu gefoddert wird und lest sich brauchen,

---

P Darumb soll ein jeder an seinem Stande und Ampt ihm gnügen lassen, und Fleiß ankehren, daß er darinne den Leuten nütze sei. Denn Gott hat Lust und Gefallen an denen, die in ihrem Stande bleiben, und ihr Ampt treulich ausrichten. Ein junger Geselle sei fleißig und studiere, bis unser Herr Gott komme, ihn empor ziehe, und zu ihm sage: Du hast lang gnug | E 6², 78 studieret, werde nu ein Schulmeister, darnach ein Prediger. Wenn solchs von uns geschähe, so bliebe es wohl dabei, daß ein jeder sagen würde: Ich begehre kein Ehre; will mich aber unser Herr Gott brauchen, so will ich gern folgen, und thun, was ich kann, Gott zu Ehren und meinem Nähesten zu Nutz.

Solchs thäten die Pharisäer hie nicht, sondern wollten oben an sitzen und Ehre haben. Das siehet der Herr an ihnen, darumb kann er nicht schweigen, sondern strafet sie. Als wollt er sagen: O wie seid ihr mir Gesellen, wie gern habt ihr Ehre! Aber ich sage euch: Setzet euch unten an, als ich thue, und seid gern der Andern Knechte. Damit strafet Christus nicht, wie gesagt, das Obenansitzen, sondern daß man erwählet, oben an zu sitzen. Das Obenansitzen ist nicht böse noch unrecht; sondern das ist unrecht, wenn man sich selbs oben an setzet. Christus redet deutlich von zweien, die da oben an sitzen. Der erste setzet sich selbs oben an; derselbe hats nicht Recht, daß er oben sitzet. Der ander setzet sich unten an, und wirds geheißen, daß er hinauf rücken solle; der hats Recht, daß er oben sitzet. Darumb liegts daran, ob jemand selbs erwählet, oben an zu sitzen. Denn ein anders ists, wenn ich selbs nach Ehre trachte; ein anders ists, wenn man mir Ehre anbeut.

Der Herr fället ein Urtheil uber die, so sich selbs erhöhen, und tröstet die, so sich selbs erniedrigen, und spricht: 'Wer sich selbs erhöhet, der soll erniedriget werden; und wer sich selbs erniedriget, der soll erhöhet werden.' Das darf nicht viel Beweisung; die offentliche Erfahrung bezeugets gnug. Ich hab selbs oft gesehen, daß die schändlich herunter geporzelt sind, die zuvor hinauf ge-

---

12 Luk. 14, 11.

R dem sol es wol geraten. Quando dicit Princeps ad me: sis consiliarius meus, sol ichs thun, sed meipsum eligere et obtrudere, das ich empor kom, das wil er nicht haben. Ehr und gewalt mus man haben in mundo, wir konnen nicht all gleich sein. Quanquam saepe fit, das ein person steigt durch alle stende bis oben hin auff, doch
XXXVII 171 gleichwol bleiben die stende ungleich. Oben | ansitzen ist nicht bose, Doktor sein ist nicht bose, sed sich selbs eindringen ist bose, nicht Gott und das werck drinn suchen, sed ehr und nutz, das es mir und meinem schendlichen hertzen sol dienen, Ein prediger, princeps sol nicht allein ehr haben, sed etiam schutzen, friede halten, zwitracht auffheben, Allein aber furst und nur schlemmen, das heisst nicht wol regirt, Ein solcher ist ein boser amptmann jnn einem guten ampt, Empter sol man nicht verwerffen, sed man sol nicht eigen ehr drinn suchen. Sonst sturtzt unser herr Gott solche er ab, sicut fecit multis regibus, principibus. Sic praecipitavit Judeos, die sitzen itzt unden an, konnen zu keinem regiment komen. Sie sind die hochsten

---

P klettert waren. Denn dieß Evangelium leuget nicht. Wer sich selbs will hoch machen, und seine Lust darin suchen, dem soll es nicht gelingen. Wer aber dazu berufen und gefodert wird, und sich brauchen läßt, dem soll es wohl gerathen. Wenn ein Fürst zu einem sagt: Sei du mein Rath; so sol ers thun, wenn er geschickt dazu ist. Aber solchs erwählen, und sich selbs eindringen, das will Gott nicht haben.

E 6[2], 79 | Ehre und Gewalt muß man haben in der Welt, und da können wir nicht alle gleich sein; wiewohl es oft geschicht, daß ein einige Person durch alle Stände steiget, von unten an bis oben hinauf; doch gleichwohl bleiben die Stände ungleich. Darumb oben an sitzen, Ehre oder Gewalt haben, Doctor oder Fürst sein, ist nicht böse; aber sich selbs eindringen ist böse, wenn man nicht Gott und das Werk, sondern sein eigen Ehre und Nutz darinne suchet, daß es allein meinem schändlichen Herzen dienen soll. Ein Prediger soll nicht allein Ehre haben, sondern auch ärbeiten, und die Ehre verdienen, wie Petrus, Paulus und andere gethan haben; sonst ist kein Glück bei der Ehre. Ein Fürst soll nicht allein oben an sitzen, sondern auch seine Unterthanen schützen, Friede erhalten im Lande, Zwietracht aufheben etc. Wenn er aber nur panketieren und schlemmen will, das heißt nicht wohl regieret. Ein solcher Regent ist wie ein böser Amptmann in einem guten Ampt.

In Summa, Aempter soll man nicht verwerfen, sondern man soll nicht eigen Ehre darin suchen. Die aber sich selbs empor heben, auf daß sie Ehre haben, dieselbigen stürzt unser Herr Gott herab; wie er vielen Königen und Fürsten gethan hat. Die Jüden hat Gott gestürzt, daß sie nu unten an sitzen, und zu keinem Regiment auf Erden kommen können. Sie waren die Höchsten auf Erden, saßen oben an, uber unsers Herr Gotts Tische, hatten Gottes Wort, waren Gottes auserwähletes Volk; aber itzt sitzen sie unten an. Denn Gott kann Hoffart nicht leiden; er hat die Stolzen von Anbeginn gestürzet, und hat die Hoffart auch oben im Himmel nicht leiden wollen; wie Lucifers Exempel zeuget.

auff erden gewesen, sassen oben an auff unsers herr Gotts tissch, habe- R
bant verbum, erant populus electus, quia Gott kan hoffart nicht leiden, von anbegin hat er die stoltzen gesturtzt. Er hets auch im himel nicht leiden wollen. Ergo hoch sitzen ist nicht bose, sed das selbige begern, Als so einer nicht tauge zu einem schulmeister und wil doch ein doctor sein, oder sonst ein schelm, der zu nichte tauge, wil hoch ein fahren, suchet nicht das ampt, sondern allein die ehr und nutz, drumb sol und mus er erunter. Velle hoch sein und eigen nutz und ehr suchen ist bose etc. unser herr Gott helffe et det, ut faciamus, quod rectum est.

Darumb hoch sitzen ist nicht böse; aber erwählen hoch zu sitzen, das P
ist böse. Als, wenn einer nicht taug zu einem Schulmeister, Prediger, und will dennoch ein Doctor und Lehrer sein; oder sonst ein Schelm, der zu nichts taug, will hoch herfahren, und suchet nicht das Ampt, sondern allein die Ehre und den Nutz, der soll und muß herunter. Das sollen wir recht unterscheiden. Hoch sein ist nicht böse; aber wollen hoch
sein, und sein eigen Ehre und Nutz darin suchen, das | ist böse. Unser 6², 80
lieber Herr Gott gebe uns seine Gnad, und helfe uns, daß wir solchs behalten und thun mögen, was recht ist, Amen.

---

3 Luk. 1, 51 f.

III. Wittenberger Festpredigten 1529/30.

Einleitung. Die Festpredigten Luthers vor der Wittenberger Gemeinde 1529/30 haben wir im allgemeinen in zwiefacher Überlieferung. Einmal, in Rörers Nachschriften, Hs. Bos. q. 24° und Bos. q. 24ⁱ Univ. Bibl. Jena (R). Für den Zustand dieser Nachschriften sowie für die auf ihnen fußenden Abschriften sei auf den ausführlichen Bericht von P. Pietsch, W. A. XXIX S. IX ff. verwiesen. Sodann eine auf selbständiger Nachschrift beruhende Reinschrift Cod. Solger 13, Stadtbibl. Nürnberg (N); am Schlusse der Reihe vermerkt der Schreiber, Anton Lauterbach. (W. A. XXXVI 175₈): Haec transcripsi ex M. Georgio Smaleing. Zur Charakteristik dieser Handschrift vgl. vor allem W. A. XXVII, S. XVII f. u. XXI f., auch Georg Buchwald, Predigten Martin Luthers, Bd. I (11. IV. 1528—3. IV. 1530), Gütersloh 1925, S. 6 ff. Eine dritte, die Kopenhagener Handschrift (K), wieder Reinschrift einer selbständigen Nachschrift, kommt nur für wenige der hier mitgeteilten Predigten in Frage; über sie siehe vor allem W. A. XXVII S. XVIII f. und Buchwald a. O. S. 7.

Die Wiedergabe hier muß sich aus Raumgründen in der Regel auf die beste und ausführlichste Nachschrift, R, beschränken. Doch ist die erste Osterpredigt in allen drei Fassungen mitgeteilt, die vom 1. I. 1530 aus sachlichen Gründen in der Fassung R und N, außerdem sonst im Apparat aus den andern Nachschriften einiges für das Verständnis Wichtige angemerkt. Die Wiedergabe beruht durchweg auf der Arbeit der W. A., verzichtet aber auf deren in die Handschriften genaue Einblicke gestattenden Apparat. Band und Seitenzahlen stehen jeweils am Rande. Die Überschriften der einzelnen Predigten sind hier vereinfacht, gleichmäßig gestellt, und die Texte in Klammern hinzugefügt. Abweichungen vom Text der W. A. sind kenntlich gemacht.

Von Palmsonntag (21. III.) bis Ostermittwoch (31. III.) 1529 hat Luther 18 Predigten in Wittenberg gehalten. Am Palmsonntag Morgen ist er nach einer kurzen Erläuterung des Evangeliums zur Erörterung der Beichte übergegangen. Daran haben sich dann Predigten über das Abendmahl geschlossen. Diese (textlosen) Predigten de sacramento haben bis zum Gründonnerstag Vormittag gedauert. Vom Gründonnerstag Nachmittag bis Karsamstag Nachmittag hat er dann in fünf Predigten die Leidensgeschichte nach den vier Evangelien ausgelegt, ebenso von Ostersonntag vormittag bis Osterdienstag nachmittag in sechs Predigten die Ostergeschichte; am Ostermittwoch vormittag hat er mit einer Predigt über 1. Kor. 15, 1 ff. den Kurs geschlossen. Ähnlich ist in Wittenberg stets die Predigt in der österlichen Zeit gehalten worden. Daß Luther 1529 die ganze Arbeit des Stadtpfarrers in diesen Tagen auf sich genommen, erklärt sich aus Bugenhagen's Abwesenheit in Hamburg, sowie daraus, daß wir in den Jahren der Visitation und des Katechismus stehen. Die hier ausgewählte Reihe gibt die elf Predigten vom Gründonnerstag nachmittag bis Osterdienstag nachmittag vollständig.

Pfingsten 1529 hat Luther acht Predigten gehalten, die erste am Pfingstsonntag einleitend, die zweite und die beiden am Pfingstmontag über Joh. 14, 23 ff., zweie am Pfingstdienstag über Apostelgesch. und je eine am Pfingstmittwoch und Pfingstsamstag über Apostelgesch. 2, 12 ff. Die Auswahl hier beschränkt sich auf die ersten sechs Predigten, von denen uns die beiden letzten allein aus N bekannt sind.

Weihnachten 1529 (25.—27. XII) hat Luther über Luk. 2, 1 ff. fünf Predigten gehalten, die hier sämtlich wiedergegeben werden.

Den Festpredigten schließe ich an die Predigt vom 1. I. 1530, in der Luther den Wittenbergern wegen ihrer Undankbarkeit aufsagt, sowie die Predigt vom 23. I. 1530, die er auf Bitten des Kurfürsten im Brief vom 18. I. 1530 (Enders Bd. 7 S. 221 ff.) sich abgerungen hat. Er hat gleichwohl vor der Rückkehr von der Koburg nur ausnahmsweise den Wittenbergern gepredigt (30. I., 20. III., 3. IV.).

Alle hier mitgeteilten Predigten findet man, ins moderne Deutsch übertragen, auch bei Buchwald a. O. Als Hilfe zum Einlesen in die Nachschriften mit ihrem Mischtexte mag Buchwald's Bearbeitung dem Leser nützlich sein. Die Absatzeinteilung ist nur z. T. der Nachschrift entnommen, sondern häufig Hinzufügung dieser Ausgabe (wobei Buchwald zu Rate gezogen worden ist), natürlich fehlt dann nicht ein Hinweis im Apparat.

Die Festpredigten Luthers unterscheiden sich von seinen gewöhnlichen Sonntagsvormittagspredigten höchstens durch besondre Einfalt und durch die losere Beziehung auf einen bestimmten Text.

XXIX 219

Gründonnerstag nachmittags (25. März) 1529.

(Passionsgeschichte: Abendmahl; Fußwaschung.)

Wir haben fur uns genomen dieſe .3. tage passionem Christi zu predigen, non ut olim .8. horas. Sed wollen yhn teilen in die .5. horas, Et ideo ut historia bey dem leien mocht bleiben bekand. Simpliciter legam textum ex .4. Euangelistis zu ſamen gezogen, quia per totum annum habetis .4. feria et Sabbato duos Euangelistas ubi mit guter muſſen ista omnia explicantur. Ideo ſol das ein einfeltige predig ſein den text zu leſen.

Hodie monui, ut ne contemnamus sacramentum propter praeceptum, promissionem et necessitatem, et non solum vos adultos moneo, sed etiam adolescentes, ut sic 10 praecepta, Simbolum, pater noster faſſet. Es iſt mit uns alten nu geſchehen, oportet instituantur pueri et recitent coram diaconis, quid domi didicerint, et illi adiungendi ad hoc. 'Hoc facite' ꝛc. et ut sint etiam participes et orent nobiscum.

'Feſt der geſeuerten'. In veteri testamento totos hos dies non habuerunt fermentatum panem, sed oblat. Dreyerley rotten zeigen die Euangeliſten an, die Chriſtum haben angriffen. Pharisaei. Non erat geerdter ſtand im gſetz, sed eingemengt ynn die hohenprieſter und ſchrifftgelerten. Elteſten fuerunt consulares civitatis Hierosolymitanae, iſt gar ein herlicher ding umb ſie geweſt. In Petro vocantur die elteſten radherren,
XXIX 220 regenten. | Triplex potestas: Romana, uber das hetten ſie eigen ſtadtrecht quod divisum in duas partes, in regimen corporale et spirituale. Et scribae erant ut nostro tempore praedicatores, die ab und auffzuſetzen haben potestatem. Die ſinds, scilicet optimi. Ein radher zu Hieruſalem hat wol ſo viel golten ut nobiscum ein kleiner furſt, fuit ein groſs macht und herlickeit, magnum populum habuerunt qui subditus fuit eis. Illi conveniunt, quomodo Iesum griffen, non vi, sed dolo. Si dolo und behendikeit, caveamus in festo, sed ipso transito ꝛc. Ipsorum consilium, ut tantum occidant non cogitantes causam. Sed non in die festo, quia mher denn. 2. hundert meil wegs conveniebant gantz von Rom erbei, ynn die dreiſſig mal hundert tauſent man sine

---

4 horas[2]: Predigten; Luther hat immer etwa eine Stunde lang langsam sprechend, gepredigt. Er stellt diese seine fünf „Passionshoren gegen die acht üblichen Passionshoren. 6 Luther hat in Vertretung Bugenhagens auch die Wochenpredigten 1528/29 gehalten und Mittwochs aus dem Matthäus, Samstags aus dem Johannes gepredigt; vgl. W. A. XXVIII 1 ff. 31 ff. 10 Die Vormittagspredigt W. A. XXIX 204 ff. 16 Luk. 22, 1. 17 Dreierlei Rotten: Luk. 22, 1 + Matth. 26, 3. 18 Pharisaei ⟨non commemorantur hic in Euangelio⟩. 21 1 Petr. 5, 1 f. 22 N: Nam Hierusalem tres habebat regimenta: Romanum, Urbanum, Leviticum. 28 Matth. 26, 3 f.

uxoribus et filiis, nescio an in tota Germania tanta multitudo sit. Cogitate: totus populus gafft auf yhn. Ideo dicunt: liſt muſſen wir brauchen et uti tempore, alioqui dolus non procederet. Den impiis felts nymmer an dem willen.

'Nardi pisticae'. Der herr ghet mit eitel ſterb dancken umb. Es iſts oſterfeſt, da es mir mein hals gilt, 'post biduum'. Hic ubi Maria ungentum ſchut, deut ers aber auff den tod. Ideo ut me sepeliret. Alia corpora unguntur post mortem. Ego ungor etiam ante mortem in vita. Er macht ſo | ein koſtlich werck ex isto quod Maria fecit. Summa XXIX 221
Summarum: qui bona est arbor, die ſalben iſt geweſt ein waſſer, non ein ſchmier, ut der balbirer, und paderſalb, sed koſtlich, ſubtil waſſer, ut est der balſam, quo usi, quando regem vel sacerdotem unxerunt, non fuderunt super illos unguentum nostrum, sed ein koſtlich unguentum, das ein koſtlichen geruch gehabt ꝛc. ein fein ſus waſſer, das man hat uber einen konnen her ſprengen ut nobiscum roſen, Endivien waſſer, Narden, ſpiken, lavendel, ein koſtlich ſpiken vel lavendel waſſer. Non ut nobiscum, quia bey uns iſts nichts gegen dem in istis regionibus calidis. Ipsi vocant ſalben, sive vitrum fuerit sive lapis. Es hat wol gerochen ut Ioh. Si ein bader ſalben, ſo hets den kopff und kleider unluſtig gemacht, iij hundert ₰ geſtanden, ein gld. odder 6. werd. Hoc factum vesperi.

'Satan war gefaren in Judam.' Ibi iterum pontifices principes indicantur ad quos iverat Iudas et quod diu coxit in corde, das richt er da an und beut Chriſtum feil. Non leſt ſich bitten, ſuchen. Ibi etiam multa praedicanda. Der Judas ghet noch ynn der welt und richts hertzenleid an.

'Ubi vis paremus tibi pascha?' Hunc textum haben wir gehandelt. Lucas cum maxima diligentia describit, quod Christus bis dederit calicem, zum letzſten gibt er ein letz trunck et fuit calix de mero vino, ein letze trunck, das er nicht hat mher wollen trincken auff erden et sic urlaub geben dem alten paſcha et suae vitae veteri. Hoc notandum contra Schwermer quod non dicat ibi, da er die letz gibt, 'Hic sanguis meus', sed est ein letz truncke | geweſen, da er ſagt 'Ich ſage' ꝛc. Ibi XXIX 222
Christus testatur, das ſol ſein letz trunck ſein, et hoc scribit solus Lucas, ut videamus duplicem calicem et vocat genimen. Si Christi verbum verum, ſo wirt der .2. calix non genimen vitis. Si hoc verum, ut verum,

5 Mark. 14, 3. 6f. Matth. 26, 5 u. 12. 10 arbor, ⟨facit bona⟩, Matth. 7, 17. 16 spiken: Lavendel. 19 Joh. 12, 3. 21 Luk. 22, 3. — pontifices, principes: Luk. 22, 4. 26 Luk. 22, 9; Matth. 26, 17. — hunc textum usw.: geht auf die Sacramentspredigten. 27 Luk. 22, 17 u. 20. 31 Matth. 26, 28 (Luk. 22, 20). 32 Luk. 22, 18. 35 γένημα Luk. 22, 18; genimen nicht dort in Vulg., nicht bei Luk., aber Mark. 14, 25 Vulg.

so mus der ander trunck nicht ein gewechs sein. Lucas magna diligentia diviter haec verba addit i. e. 'non volo mher trincken vom wein'. Non solum non dicit de vino, sed vom gewechs i. e. quicquid potest de vite fieri, oportet ex necessitate, quod .2. calix etwas anders sein, denn wein gewachsen in vite, scilicet Christi sanguis. Ideo potenter discretus .1. calix a secundo. In altero regno wollen wir auch trincken.

Lotio pedum. Legit totum caput. Addidit et textum Lucae. 22. de contentione apostolorum 'Quis maior' ꝛc. 'Nunc clarificatus est' ꝛc. 'et conversus aliquando, confirma', 'Ego paratus tecum'. 'Quoties vos misi sine sacculo' ꝛc. 'Non turbetur' Ioh. 14. Videtis dominum loqui als einen der sich scheiden wil und befilht yhn mit wort und wercken die lieb und unter einander dienen. Nam haec natura charitatis, ut diligat. Ideo dicit 'Dar an wird' ꝛc. et einer dem andern dienen. Das ist sein letze gewest. Et sic est. Si quis quid diligit, servit ei, ut ipse fecit, ut avarus auri servus fit, parens erga liberos exhibet eitel dienst. Sic omnia praecepta hat er hingeworffen et solam charitatem zur letz gegeben, ut non opus habeamus multis laboribus. Sic diligite mutuo
XXIX 223 ut ego ꝛc. Ego vester servus, 'exemplum' hoc, deinde lavat. | Das sol das new gepot, fuit ante etiam. Sed wil amovere alia et illud amplecti, ehe ich ein muter lere, quid filio faciat, hat sies schon gethan, cor eius plus novit quam omnes libri scribere et praedicare possint. Sic maternus amor. Sic vult Christus, das wir dienen. Et sonderlich dixit Apostolis und hat den grewlichen fall Judae da zu gesetzt, ut in recenti memoria maneat praedicatorum und pfarrher. Est exemplum eius hic, quod se ipsos humilient, der casus Iudae. .1. quod dicit 'surgit und gurtet circum se linteum und geust' ꝛc. Vides, qualis vir, wird ein solch freundlich leben gewest sein, ut non possimus cogitare. Hoc, inquit, fecit in exemplum, ut dicit. 'Vos vocatis me magistrum'. 'Si ego dominus.' Hoc exemplum scriptum Christianis neben der lere, ut diligant et serviant, quia futurum sol sein, ut Apostoli et praedicatores sollen und musten hoch sein, quia Euangelium wird sie zu lerern machen et eorum sapientia sol gelten coram piis et credentibus, quamquam mundus econtra. Cum ergo non sit magis periculosa res quam superbire in geistlichen gutern, exhibet exemplum Christus sua humilitate et indicat horrendum casum Iudae, et tamen nihil iuvit.

---

7 ff. Luther scheint gelesen zu haben nacheinander Joh. 13, 4—30; Luk. 22, 24—30; Joh. 13, 31—38; Luk. 22, 31—38; Joh. 14, 1—27. 13 Joh. 13, 35. 18 Joh. 13, 34 u. 15. 22 maternus Rörer; W. A.: meretricius. 22 f. Joh. 13, 18 f. 24 f. N: Secundo propono vobis casum Iudae. Primum exemplum: Christus surgit, infundit aquam, lavat. 26 Joh. 13, 4 f. 28 Joh. 13, 13 f.

Non convenit Christum lavare pedes et osculari papae pedes, Et rei essemus quidem, ut mutuo oscularemur pedes, sed quod mihi soli osculentur et aliis ego non und wolſt fur ein recht haben. Christus vidit, was ſolt werden, vidit successores apostolorum tales fieri, quibus solum serviretur, non ipsi servirent. Nobis certe dictum omnibus Christianis, praesertim qui in Aposto|lorum successores, ut mutuo XXIX 224
serviant. Es iſt nicht umb fus waſſchen zu thun, et tamen placet et velim servaretur praesertim advenientibus hospitibus, qui mos servatur in cenobiis und ſtifft kirchen. Sed ich wolt, das das fus waſſchen ein guts jar hette, est mera superbia, ego putabam, cum facerem, me beatum. Si fieret ynn rechter weis, ut Christus fecit, non esset electio lavandorum ut in cenobiis, ubi Monachus Monacho lavat. Si vis exemplum Christi implere: Si venit pauper ad te, dem thus et da cibum, lectum und wartte ſein. Ja, die unſers dings ſein. Sic Satan semper richt heuchlerey et invertit Christi opera. Velim itaque sic esse, cum venirent hospites, ut pedes illis ꝛc. praesertim si peregrinati fuissent. Si hoc non, tamen debemus ex hoc exemplo servire aliis. 'Si ego' inquit et dat rationem: 'Servus non maior' ꝛc. Si ego dominus et mitto vos, ſolt yhr nicht maiores me esse. Si ego fudi aquam ꝛc. Lieber ſchembt euchs auch nicht. Haec est summa: ubi Christiani ſein, ita ſolls ſein, das einer dem andern bereit ſey zu dienen. Haec est Christiana regula, mundanum est aliud, ut Christianum proximum pro domino meo halt. Verum est, es wurde groſſe buberey drunter gſchehen. Ideo dixi, das ichs nicht kan anrichten. Non potest fieri, ut tum fiebat, quando quis ex illis ex alia Civitate venit, habuit literas testimoniales. Si hic wolt anheben vel pastor, ey wie wir buben haben, da gebe man eim zu eſſen und legte yhm ꝛc. Sic pessimi nebulones uterentur ꝛc. Quid fit ynn den reichen ſpitalen am Rein? fundatores optima intentione, pessimi nebulones 1 diem in hoc. Vos hospites non curatis, quos hospites habeatis | qui nos faceremus? Romani habuerunt ein regiment, XXIX 225
das ſich nicht ein maus kunde ruren. Iam iſts land vol buben, nemo ſihet drauff, was er fur geſt hat. Ideo draw ich mirs nicht anzurichten, modo velim inter cives nostros anrichten qui noti nobis sunt. Certe hic dixit 'Mutuo', non cuilibet advenienti, ſunſt dicit: quilibet sit alterius servus. Vide, wie freundlich dominus locket ad Christianum statum, das wir gern ſolln Chriſten ſein, vidit quando das Euangelion ſollen predigen, ſo wirts koſten, das du ynn die farh ſetzſt omnia mala, weil denn das Euangelion ſo viel geſthehet, ut non aliquis possit securus esse sui corporis ꝛc. ſo iſts ſchwer ein Chriſt zu ſein, ſo wil ich euch un-

9 f. N: Valeat superba locio quasi in spectaculum facta. 17 f. Joh. 13, 14. 16. 24 lies: ausrichten? 34 Joh. 13, 14.

getroſt nicht laſſen. Non deseram vos. Deinde pro una domo dabo omnes domos omnium Christianorum, pro servis tam multos Christianos. Wenn mans alſo hielt, wers nicht ein feins leben? Du muſt aber nicht ein ſolcher bub ſein ꝛc. Si vero mihi notus, si etiam sit ein wenig ſeltzam, tamen non ꝛc. modo helts mit uns. Quilibet Christianus est dominus omnium Christianorum et econtra servus omnium. Das heiſt 100 domos fur eins geben, ut dicit Euangelion 'Centuplum' ꝛc. Si Christianus sum, Christus pro me solicitus, deinde si est aliquis Christianus, non me deserit. Sic ego affectus esse debeo, ut cuilibet serviam, modo sit notus mihi. Das exempel iſt ſo not der Chriſtenheit hinder ſich zu laſſen und mit eim ſolchen ſchein eben zu letz, das ſol uns mher bewegen quam all ander wort. Horrenda res, quando, ein pfaff ſtoltz wird. Euangelium quod facit humilia corda, iam superba, ut
XXIX 226 velint regere super reges ut rustici. Hoc est abuti | Euangelio. Hoc vidit Christus futurum. Ideo hoc exemplum addidit et horrendum Iudae casum. Ille boſwicht leſt yhm dienen und nimpt alles an. Hunc voluit Christus etiam in sua coena habere, ut sciant horrendum fal quae uber ſie ghen wird. Tales sunt in turba ut Iudas inter apostolos.

Karfreitag vormittags (26. März) 1529.

(Passionsgeschichte: Vorhersage des Abfalls der Jünger; Gethsemane; Gefangennahme; Verleugnung des Petrus).

Heri audistis de cena et lotione pedum domini. Hodie ſol wir horen eius passionem. Ut vero digne bedencken, wollen wir ein vermanung vor her laſſen ghen antequam ꝛc.

In passione Christi iſt alle kunſt und trefliche ſtücke geſchrieben zu unſer lere quae non tractata, quando passio praedicata est. Sed hoc egerunt, ut moverent anus ad lachrymas. Inde ad indignationem propter malitiam Iudeorum, quamquam hoc verum, quod videmus, das uns nicht wol beſſer ghet quam capiti nostro. Sed hoc non est das heubtſtücke. Sed ut prophetiae sanctorum prophetarum inspexerunt, praesertim Esaiae, quod passio Christi sit ein ſtraff pro peccatis nostris. Et hoc continuo agendum, tractandum. Nam audistis, quod

---

1 f. N: Ideo nos iterum solatur et iuvat opere charitatis in proximo. Nam si expulsi fuerimus a nostris possessionibus, ßo ſollen uns alle hewſer dargegen uffſtehen unßer bruder hundert leybe vor eynen leyb gegeben. 7 Mark. 10, 30. 25 Absatz nicht in Hs. 26 quae <sc. sub papatu> non tractata <est> quando usw. 28 hoc, nämlich die malitia Iudaeorum. N hat hier noch: Verum in illis <sc. Iudaeis> mundi perversitatem considerare debemus. 31 W. A.: Jesaiam] Jes. 53; N zitiert Jes. 53, 4.

quilibet homo inclinatus edificare auff sua opera und sich from zu machen, und das mundus so tieff | drinn stecket, ut mundus persequatur XXIX 227 Euangelion et qui multa patitur, putat se multa mereri. Hinc ordines instituti et multi docuerunt vom leiden und gedult et hoc praedicatum fur ein rechtschaffen wesen per quod man sol from werden. Huc torserunt: virga aspera und rut macht from kinder. Da ist man zu plumpt und seer tieff eingewurtzelt in cordibus hominum. Wenn man sich martert, quod peccatum deleatur, ille cucurrit ad S. Iacobum, cilicium, donec etiam huc ventum, ut sacerdotes fures et nocentes docerent, ut fiderent sua morte. Das sol man gepredigt haben in Christianitate esse unrecht. Sed contrarium praedicatum, nempe quod multa praedicarunt de passione Christi et erexerunt proprias passiones. Fac ergo discrimen inter passiones, sicut inter opera quae servire debent, das sie nidder bleiben. Sed from zu werden thut sola fides. Per hoc omnia cenobia destructa quae dederunt operibus quod sola fide. Sic fac discrimen inter passionem ⟨Christi⟩ et hominum, es ⟨sei⟩ wie gros es wolle, Sive sit furis passio sive pestilentici ꝛc. Setzt als auff ein hauffen omnium hominum et dic: Omnes illae passiones non vermugen ein tegliche sund zu pussen, statim dicitur, Sed nihil magis praedicatum quam leiden und gedult, dixerunt: si pateris, patiens eris, habebis remissionem peccatorum, Non inspicientes, quod sint opera nostra. Deinde respondendum ad locos Sol. 'die ruten macht' ꝛc. und wen einer wol gemartert wird, so mus er from. Ja yhm haus und yn der stad, hic in terris leiplich und euserlich, ut quando puer castigatur externe. Sic omnes locos zihe erunter, non hin auff, quod coram deo from machen. Ideo omnes | Monachi cum suis ciliciis ꝛc. sol ich nicht XXIX 228 hoher steigen quam puer castigatus, servus in domo. Si straff und leiden from machte, tum satan diu from et pessimi nebulones. Quid si tales patiuntur und gern et propter deum? Ideo passionem libuit praedicare, ut utilis. Nemo credit quam nobis ingenitum, ut nostras passiones efferamus. Deinde sind zu geschlagen die gifftigen prediger. Deinde cum audiant passionem nihil iuvare, nihil volunt pati et operari. Oportet faciamus opera bona et patiamur. Non ut peccata deleas droben, sed ut caro et sanguis nicht wil from sein, sed oportet gezuchtiget, man mus ym ein knutel an den hals binden, das nicht zu geil werde. Si hoc monachi audirent et crederent, dicerent: quid facio in cenobio? Scriptura dicit de externa fromkeit er nidder, nicht die sunde abzulegen, sed ut zuchtig, erbar leben furen im fleisch. Omnes passiones quae patimur, non satis sunt, ut solvant unum peccatum veniale und

---

6 Sprüche 22, 15. 23, 13 f. 16 ⟨Christi⟩ u. ⟨sei⟩ Konjektur der W. A. 22 s. Z. 6; auch Sprüche 6, 17; 13, 18.

ſihe dich fur, quando legis exempla Sanctorum et audis praedicari patientiam, ne seducaris, et non menge ynneinander tuam passionem et Christi. Tuam sinito terrestrem esse, Christi celestem. Qui ideo fit monachus et induit cilicium und martert ſich, ideo facit, quod Christi passionem damnat und halt nichts da von, quia quaerit per passionem suam quidem ꝛc. Non scriptum, quod tua peccata ferre debes. Sed 'Hic agnus'. Das iſt ſo hoch ein geriſſen, quod opus forti admonitione. Passio hat groſſen ſchein, mher preis. Ibi dic: leid hin, leid her. Est scriptum 'Ecce agnus dei', da ligt peccatum mundi. Ubi gilt ſund
XXIX 229 ablegen und bezalen, contemne tuam pas|sionem. Loci sic zu furen, ne Christi passioni ſchaden thue, ut 'Agnus' et Esa. 'disciplina' et 'dominus super'.

Ideo passio praedicanda, ut quisque cogitet, das uns gilt, quando vides in cruce pendere Christum et habere vulnera, ut cogites: haec mea peccata sunt, et non cogites de tua passione. Non magna jamer, quod in toto mundo den Chriſtum zupleut multas horas et habent in ore verba quae praedicamus et tamen nemo praedicat nec intelligit, nicht achtung drauff geben, quid velit? alioqui non contra nos essent et nos persequerentur. Ibi canunt, scribunt, praedicant, orgeln haec verba et nemo intelligit. Sed haec eorum opinio: Christus suum fecit, oportet nostrum. Sic vis Christi passioni adimitur et nostrae datur. Ideo est diabolus et nemo credit, quam periculosa res nostras passiones praedicare mit dem anhang, quod deleant peccata. Econtra maxima res, quando praedicatur passio Christi, das man drauff ſtehe. Ipsi scripserunt passionalia et dixerunt die heiloſen leute: si tantum uberlieff, sic opus fecerunt, das ich mit umbgehe, bedencke: das thuts. Ideo discite bene passionem et discernite bene passionem passionis et patientiae, las Paulum ut Col. Hic zu beſſern auff erden, ut Euangelium mher und mher zu nhem et postea hanc passionem Christi suscipe et impone ei omnia peccata. Haec praedicata ab initio mundi. Adam, Abel hats muſſen leiden Gen. 3. Sic lieben patres von anfang mundi habens erſtritten, quod passio quae a peccatis redimat, nulli detur quam isti viro. Dic: libenter quidem patiar, patiens ero, sed non veniale peccatum ꝛc. Sed scriptum, quod Christi passio ferat

---

3 N: Deyn leyden iſt eyn yrdiſch leyden, Castigacionis opus, Chriſti leyden iſt eyn hymliſch leyden, Iustificacionis opus. 7 Joh. 1, 29. 11 f. Joh. 1, 29; Jes. 53, 4. 5. 13 Hs. kein Absatz. 16 „zerbläut", ergänze „man". 19 f. haec verba: Joh. 1, 29. 21 Oportet nostrum: sc. faciamus. 22 ⟨nostra⟩ est. 25 f. N: Das man uff das Paſſionsbuchel geſchrieben hat: Quicunque semel passionem contemplatus fuerit, meretur remissionem peccatorum, ita non passioni Christi, sed suo operi tribuerunt. 28 Kol. 1, 24. 31 Gen. 3, 17.

peccata. Christi est passio, est vere voratrix peccati, mortis. Is honor dandus ei. Nostrae passioni hengt sich kein glaub. Si vero est idolatrica, oportet hanc | fide arripias. Summa Summarum: ne misceas XXIX 230 tuam passionem passioni Christi, sed discernas ut coelum et terram, aurum et lutum. Si ipsi hoc hielten, non essent nostri adversarii. Christus in toto anno non sic gemartert ut hic, schendlicher zu speiet und zulestert quam in cruce. Est doctrina quae satis non potest inculcari, quia Satan hat das hertz leid et caro vult semper erigere nobis fiduciam in nostram passionem. Haec sint vice monitionis. Die spruch last euch gwis sein 'Ecce agnus'. Et Esa.

'Et cum hymnum cecinissent'. Ibi videtis discipulos nobis zum exempel da sthen, etiam in suis operibus sind gestanden und an Christo sich geergert. Ubi Christus infirmus wird, putant se posse iuvare. Hoc ghet in toto mundo, quisque fidit sua passione. Hic vult commori cum eo, ire in carcerem i. e. wir wolten gern unser ding was sein. Maximus articulus qui potest credere, quod peccata sua nemo sol portare nec potest, sed Christus. Sed natura dicit: Si peccasti, bus, fac hoc, et tamen non sol sein, non aliam pus wissen quam Christi passionem, non acquiro per cilicium, Sed per verbum 'Ecce agnus'. So fallen die junger hin et est speculum, quod in mundo sol ghen Cytel verleucken in mundo et nulla alia praedicatio quam ut Christus negetur. Nam sic praedicare, ut per propria opera mundus peccatis, est abnegatio Christi. Das halten die lieben Junger fur spielen, ut Christus solus maneret. Wir mussen allein an Christus leib bleiben, quod pro nobis datum, nos libenter daremus nostrum corpus pro nobis.

'Gethsemani'. Monet discipulos et nos omnes, ut oremus, ne cadamus in tentationem. Ja freilich. Hoc sepe dixi vobis et adhuc, ut grati sitis, | quod Euangelium vobis datum, et curare, ut da bey XXIX 231 bleibet. Videtis horrendissimos casus. Schwermer die sind da von qui nihil iactant quam spiritum, quia habent hanc praedicationem solum in ore et non intelligunt, quisque arripit opus. Anabaptistae vendunt sua bona und in griseis Tunicis. Wer ein Christ wil sein, darff sich nicht verstellen, er darffs nicht da zu, quisque maneat in sua veste, sauer sehen und graw rock non facit Christianum, ceciderunt

---

4f. Text nach Poach und W. A. XXIX 698 gegen W. A. hier. 10 Joh. 1, 29; Jes. 53, 4. 11 ff. Vgl. Mark. 14, 26 ff.; Matth. 26, 30 ff.; N zitiert die Matthäusform (et dicto hymno). 13 W. A.: putant se non posse iuvare. Lies eum st. non? N: sie wolden den schwachen herren helffen und beystehen et tamen mox scandalizantur. Haec praesumpcio naturaliter nobis innata est. 26 ff. Matth. 26, 36 ff.; Mark. 14, 32 ff. 32 Tunicis: sc. ambulant (wie Carlstadt in Orlamünde). 33 darffs: bedarfs.

ab Euangelio, quia non oraverunt. 'Orate.' Satan non quiescit, sed circumit, ut dispergat, und wolt uns auch gern rutteln ut discipulos. Wenn man ſicht, ghet das ſibe erumb, das kein korn bleibt, da es iſt. Sic Christianos ut perdant Euangelium nescientes, quid credant, ut Petro factum. Accipiamus Apostolorum exemplum et diligentes simus et oremus. Timeo post in tempora werden komen die euch wol beſſer plagen werden quam nos. Iam persecutionem patimur, quod Christum praedicamus.

'Vigilate'. 'Caro infirma.' Die lieben Junger ſind tristes da von, quod vult abire und laſſen ungern von yhm ſcheiden et illa tristitia facit, ut las und verſchlafen werden ad orationem. Christus dicit 'Vigilate'. 'Spiritus' ꝛc. Ob das ſey de Christo an apostolis dictum, contendebat. Ego puto: de utrisque dicit, quamquam Christi spiritus, tamen caro. Sed nostra caro est ſundlich. Est communis sermo apud Christum. Paulus Gal. 'caro'. Ich wolt gern from, caro wil nicht hernach. Sed tamen spiritus ꝛc. 'Qui tradet'. Ista infirmitas est in Christi carne nobis in exemplum consolationis, ob wir auch infirmi, ut non zagen
XXIX 232 et alios non verwerffen. Propter nos est | infirmus, nostra peccata ligen yhm auff ſeim hals, non sua. Wen ſie da ligen, ſo ligen ſi unrecht, in carne ſollen liegen, sed non in conscientia i. e. ut carnem zuchtigen und halten ym zaum. Sed in conscientia ſol homo frey ſein nec de peccato sollicitus nec fur haben delere. Ob er wol ſchwach iſt, tamen spiritus promptus et peccatum absorbebit, ubi Christum videris pati, flere, klagen, cogita tuum peccatum esse. Sed hoc difficillimum, es wil nicht ein, ratio quomodo potest credere? Es iſt zu gring nicht ein har breit zu thun pro peccatis.

Cohortem, Herodis diener et sacerdotum. 'Quemcunque osculatus'. 'Malchus'. Ibi videtis, quod Ihesus mus zu ſeim leiden komen per suum proditorem discipulum qui eum prodit osculo et dat signum q. d. es wird finſter in horto ſein, et ubi audierint nos venire, da wirt einer da hin ꝛc. et sic sollicitus, ne Christus entleufft, oblitus miraculorum Christi. Ideo videte auff mich und leuchtet mir, et ibi multa geſchicht quae hic begriffen, ut Christo ghet in mundo et Euangelio, maxima passio, quod sui discipuli zerſtreut et Iudas prodit et in psalmo klagt 'Qui edit panem meum' ꝛc. Es ſcheint itzt nicht, quod doluerit Christo, sed experientia nostra sentimus, qui nobiscum sunt in Euangelio, illi sunt proditores und thun. Si Muntzer et alii diaboli weren

---

1 u. 9 Matth. 26, 41; Mark. 14, 38. 15 Gal. 5, 17. 16 Matth. 26, 46; Mark. 14, 42. 27 Hs. kein Absatz. — Joh. 18, 3 ff. (Matth. 26, 47 ff.; Mark. 14, 43 ff.). 28 Joh. 18, 10. 33 hic: N. hodie. 35 Ps. 41, 10 vgl. Joh. 13, 18.

nicht hin ein gefallen cum seditione et sacramento, wer das pabſtumb mat ut fliegen. et habet spetiem, quod osculetur wie ein ſchalck. Sic cogitavit: Si venero und biet yhm den kus an, non wird ſich verſehen, quod velim prodere, sed freundſchaft an bieten, tum hinder yhm her, illi capient. Magna malicia et diabolica, quod osculo | prodit et tamen XXIX 233
non vult den namen haben, quia ein freundlich signum mit bringt, accipit ut amicum et verum simpliciter intelligit: Tu es mein freund, si velles. Vides morem fuisse ut qui exceperunt se mutuo, osculati sint. Mos istius regionis et Christus sic discipulos suos excepit. Es iſt ein gezogen volck geweſt. Sed yhe feiner geberd, yhe gyfftiger leut. 'Steck das ſchwert', 'reliquerunt discipuli et fugerunt', intellige illos, 'Percussit', Sic respondes. Hoc ein ſtuck der paſſion. In horto hebt ſich ſein leiden. Quia in horto cepimus peccare, et passio cepit.

1. ductus ad Hannam. Caiphas habebat eius filiam. Sie haben dem alten hohenprieſter wollen hofieren, ut den Boſwicht quem ceperant, uberantworten als dem eltiſten. post cucurrit Hannas in Caiphae domum et convenerunt illic omnes sacerdotes et illic Petrus .3. negavit Christum et nisi Christus pro eo oravisset. Nota hic laqueos, Christi vulnera nostra peccata, quasi scriptum sit in laqueos 'mein ſund', ut caveremus nostram passionem, quia maxima virtus quae iactari potest, demut und gedult quae operetur remissionem peccatorum. Sed omnia scripta in des mans leiden, gedult, demut. Das ſol man wol lernen, quia natura aliter affecta et commendationes et praedicationes papae et patrum aliud docent.

| Karfreitag nachmittags (26. März) 1529. XXIX 234

(Passionsgeschichte: Verhör; Judas; vor Pilatus; Verspottung; Kreuzigung; Fürbitte am Kreuze)

Ubi Petrus exivit et amare flevit, quod dominum negasset, quod pontifices et senatus quaesierunt falsum testimonium contra dominum, ut morti, nullum tamen inveniebant ꝛc. Quaerunt, inquit, testimonium et falsum. Es koſtet hundert mal mher ein luge zu beſtetigen quam veritatem: Hic potentissimi domini et sapientissimi et tamen non possunt 1 falsum testimonium, ut videatur, quam machtlos ſey mendatium contra veritatem, quod Satan cum omnibus suis membris non potest ein ſchein, ein har breit, das da mag ein ſchein haben. Ein

---

11 Joh. 18, 11 (Matth. 26, 52). 11 Matth. 26, 56; Mark. 14, 52. 12 Percussit: Joh. 18, 10; (Luk. 22, 50). 14 Hs. kein Absatz. 14 Joh. 18, 13 ff. 16 Matth. 26, 57 ff.; Mark. 14, 53 ff. 17 f. Joh. 18, 15 ff. (Matth. 26, 69 ff. u. Parall.). 18 Luk. 22, 32. 28 ff. Matth. 26, 59 ff.

guter troẞ Satan gepoten ꝛc. Es kamen wol viel falsa ꝛc. i. e. alius hats alſo gehort, alius anders. ‘Zuletſter 2 falsi’. Et illud non ſtimpt. Einer ſagt ſonſt, der ander ſo. ‘Destruam’. Non autem dixit: manibus, alius ‘vos destruite’. Da nun die zeugen nicht wolten gelten et tamen libenter habuissent. ‘Nihil respondes’, dicit i. e. ein offene luge iſt keiner antwort werd, ſonder verantwort ſich ſelbs. Ideo dominus tacet. Novit, quod ipsi mercken, das nichts iſt. ‘Filius benedicti’ ꝛc. Heiloſe leut vocant dominum hoch gnug. Sic adhuc hodie Iudaei faciunt: quando Iudaei volunt aliquid indicare in scriptura, Non dicunt: ſo
XXIX 235 ſpricht got, Chriſtus, | sed viel hoher und heiliger: Haec dicit sanctus et benedictus, das man ſol meynen, ſie eheren ſerer denn omnes in terris. Sic nostri heuchler: Salvator noster. Turcae quando in pugnam ziehen, omnes clamant: Got, Got, Got. Alſo ſtellen ſich all verzweifelte verreter und boſwichte ut sanctiores aliis, et tamen pessimi. Sic Caiphas. Iesus ‘Tu dixisti’. Ibi warens der ſach gewis, ubi dixit se filium dei et sessurum ad dexteram maiestatis et venturum. Da haben ſie yhn gewis, quod deum blasphemarit et quod reus mortis. Et ideo dicunt pontifices alii ‘reus mortis’. ‘Schlugen’, ‘prophetiza’. Multi scripserunt passionalia, quod hac in nocte multae ignominiae ſey yhm widderfaren, verum, et quod non fiat manifestum ante diem extremum. Das las ich ghen. Illam devotionem non verwerff. Sed vellem, das mans hin zihe, ubi trahendum. Tu crede factum in conspectu pontificum et ubi servi vident dominos suos eum condemnasse ut maximum blasphemum qui dixit ‘Videbitis’, statim dicit ratio: Pfu das man den boſwicht ſol leiden. Deinde servi ſind zugefaren et dominis voluerunt servire: ille crinibus traxit, alius sputo ꝛc. Sic adhuc hodie ghets dem Euangelio.

‘Mane autem facto’. Obs zwey mal vel uno modo factum sit, quod sic interrogatus et responderit, incertum. Quidam dicunt in nocte in domo Caiphae, deinde erſt zu morgen venerunt alii und von newen quaesitus, an confiteatur, quod sic Christus bis confessus. Es ſey 1. mal vel .2. non pugno. Da leyt mir am meiſten an, ut domini
XXIX 236 ſpeichell inspiciamus, quod | pro nobis ista patiatur, Da von man wenig predigt et minus cogitatur. Ideo das reuffen, ſpeichel ꝛc. ſind alls unſer ſund et quilibet Christianus inspiciat hoc, quasi scriptum esset: Mea peccata. Nam hac die praedicari debebat, quod nostra peccata domino, liegen ym auff dem hals, ut sciamus, ubi peccatum nostrum iaceat et ubi iacere debet. Ubi eum verhort und haben die ſache gefaſt ‘Deum

7 Matth. 26, 63. 15 Matth. 26, 64. 18 Matth. 26, 66 ff. 24 Matth. 26, 64. 28 ff. Matth. 27, 1 f. 38 f. Matth. 26, 65.

blasphemavit', cogitaverunt certissime se habere causam mortis. Non cogitantes, quod nihil valiturum coram Pilato, ut aliud dicerent. 'Si hunc dimittis, non' ꝛc.

Zu solchem beicht kind gehort ein solcher beichtvater. Confitetur quidem peccata sua, sed non habenti befelh, venit ad eos qui peccatum maius faciunt. Si venisset ad rectum confessorem. Quare hoc non perpendit prius? Ich hab verraten, ubi dominum osculatus, quando das horula und rewlin kompt et tum non adest praedicator et confessor, actum. Et hoc exemplum quisque obduratus zu hertzen nhemen, ut videat, qui Satan suis servis lonet. Ille tradidit pro 30. Ubi servivit, dat ei mercedem. Iudas omnium eorum est exemplum und bild qui Satanae serviunt, quem so verzagt macht, ut abiiciat pecuniam et seipsum ignominia coram omnibus Iudaeis et seipsum suspendat. 'Quid ad nos?' Nemo dicit: Tu non male fecisti, sed serviisti pontificibus et obedivisti magistratui, sed 'quid' ꝛc. Qui solus manet et non potest acquirere consolantem: 'Vae soli, cum ceciderit'. Monachus qui solitarie vivit, der allein wont von leuten. Monasterium est proprium diaboli hospitium. | Deus non creavit, ut homines soli sint, XXIX 237 sed instituit magistratum, ut homo homini serviat; et Iudas fuit Monachus; si adfuisset ei homo ꝛc. Dixerunt ipsi: homo qui libenter solitarius, aut deus aut bestia, aut diabolus aut angelus, quia est animal civile homo, ut aliis serviat et diligat. Si hoc, oportet cum eo sit. Noch hat Satan das leben so herrlich gemacht solitariam vitam: Seid gern allein, so bleiben ewer hertzen rein. Iudas est pater Monachorum, hat sich gehenckt an ein baum und der bauch zerborst, der teuffel hat sein eigen lust mit yhm gehabt. 'Es taug nicht'. Die heiligen leut, sie habens troffen. Hoc fecerunt post ascensionem domini. Das sind, wurgen dominum et tamen so from, quod non volunt 30 ₰ angreiffen, nisi zum trefflichen werck et per hoc haben sie sich geschmückt. Sic Papa. Mundus seducitur per tales schendlich Sanctos.

Pilatus, Herodes mus auch noch zum spiel komen, ut Christus ab allerley stend veracht werd. Et Euangelistae am allermeisten treiben, das Christus veracht wird, ut supra in nocte, quod verspeiet, et Lucas hat viel ander lesterwort, das haben Euangelistae hoch angezogen et hic in alba veste verspottet. Hinc venit: In istis enim regionibus ist die

---

2 Joh. 18, 38. 3 Joh. 19, 12. 4 Hs kein Absatz. 4 ff. N: Vadens Iudas contristatus est (Matth. 27, 3—10). Zw eynem solchem beychtkynde gehoret ein solcher beychtvater. Judas wher wol selig worden, wen er eynen beychtvater het gehabt, Euangelicum scilicet. 14 Matth. 27, 5. 16 Pred. 4, 10. 25 Act. 1, 18. 26 Matth. 27, 6. 31 Hs. kein Absatz. 31 ff. gehört zu Luk. 23, 6—12. 32 Matth. 26, 67. 33 Luk. 22, 63—65. 34 f. Luk. 23, 11.

hochste tracht weisse kleid. Maximi reges usi, Romani rodt, Papa et sui in maximis festis weisse kasel, korkappe. Sic adhuc soltani et Turcae
XXIX 238 adhuc. Sic riserunt dominum et induerunt vestem albam q. d. | vis rex esse? induemus eum veste regia. Et tandem milites Pilati coronant, quasi voluerit esse Cesar. Das treiben Euangelistae hoch, quod sic gschmecht und gelestert, ut hodie dem Euangelio thut man nicht weher quam schmecht und lestert. Das ist tolerabilis schmach, lesterung vel schimpff, quando Rubenloffel ꝛc. caro et sanguis intelligit carnem et sanguinem. Sed hoc indicat textus, quando ornatur dominus, induitur veste alba et coronatur corona et arundine ꝛc. Sic quando Christus abnegatur et tamen induitur veste, coronatur ꝛc. Das sind die grossen heilige, halten Christum fur den der sie solt from machen per propriam passionem und gedult, vocant deum, dominum, salvatorem, sed non est serium eorum. Hoc indicant per hoc Euangelistae. Herodes vult Christum et vult dominum Christum fur ein herrn halten et tamen facto negat, nach dem ansehen halten pro domino et tamen in der warheit est erlogen. Carthusiani, Minoritae sunt Herodis gesind qui dicunt Christum salvatorem et tamen ipsi stehen auff yhrem ding, illis Christus est stultus. Ista ignominia est per totum mundum. Olim nemo amicus alteri, iam omnes amicissimi. Si non venisset Euangelion, hetten sie die parfusser selbs invicem gefressen ꝛc.

Pilatus fuit sapiens vir, er nimbt eben Barrabas. Den er wust, das sie yhn musten pro morder halten, et cogitavit: Ehe sie Barraban los begern, citius tres Iesus et utitur rationali sapientia, ideo proponit
XXIX 239 Iesum et Barrabam, Pilatus | lesst ein urteil ghen, wil yhn geisseln und zur stauppen schlahen und lassen gehen. Sic cogitavit: ich wil yhn zur stad sic hin aus weissen. Omnes mussen zu hauff komen et tandem etiam milites, qui plus faciunt quam Pilatus eis commisit, coronant, da mit ghen die Euangelisten aber mit umb, wo es zum spot, multis verbis utuntur, brevissime dicunt: Crucifixerunt, multum inspexerunt ignominiam, wie sie we thut.

Myrrham, essig, gallen unternander, ist ein schon tranck gewest eim verschmachten menschen. Da ist nu Christus gecreutziget und hengt an

---

3 q. d.: quasi dicat ⟨Herodes⟩: 4 Matth. 27, 27—31. 22 Hs. kein Absatz. 21 sie: sich. 22 ff. gehört zu Matth. 27, 15—26. 32 Hs. kein Absatz. 32 ff. gehört zu Matth. 27, 33—37 + Luk. 23, 33 f. Vor 32 ff. hat N noch folgenden Passus, der die kurze Behandlung des Gangs zum Kreuze und der Kreuzigung rechtfertigt: Haec omnia audita sunt die Saturni, ubi exposuimus [in den Wochenpredigten über Johannes]. Wyr wolten wol drey, vier v jar darvon predigen, si deberemus singula explicare. Mulieres flentes arguit. Duo latrones. Myrr, essig, gal. [Dann weiter wie oben.]

dem stam, da er ein priester. Et quisque hie acht hab auff das verbum 'pater, remitte' ꝛc. Christum, so er am Creutz hengt, debet quisque inspicere ut verum pontificem et papam. Nam hoc gehort dem pontifici secundum vetus testamentum, das er sich ziere und schmucke cum pulchris vestibus et sacrificet. Sic hic Christus ubt sein priesterlich ampt, quomodo? Er helt sein beste kleider et ornatum an, quae? gedult und gehorsam patris. Maiorem charitatem, demut, sanffmut non vidisti, quicquid est virtutum, ist da auff eim hauffen. Ynn dem schmuck opfert er non vitulorum sanguinem, sed proprium ꝛc. Et hoc pro nobis et orat 'pater, remitte'. Das ist der Text qui committit, ut agnoscamus Christum ut nostrum verum pontificem. Da wer viel zu predigen und zu treiben. Ipse orat pro crucifixoribus et praesertim qui
ignorant. Quidam | discernunt, quod oret pro non scientibus, pro XXIX 240
scientibus non, ut de peccato in spiritum sanctum. De hoc iam non. Si haec oratio uber uns nicht ghet, tum capen und platten nostrae nihil hilfft. Oportet istius pontificis oratio helff.

Sonnabend vor Ostern, vormittags (27. März) 1529.

(Passionsgeschichte: Fürbitte am Kreuze; die Soldaten, Maria, der Schächer.)

'Pater': Audistis heri de oratione quam dominus dixit in cruce pontifex. De hac multa dicenda, sed mussen da von komen. Illa oratio bene notanda, den es ghet uns an. Es ist in eam gefast omnis vita, oratio nostra, beyde gut und bos. Et haec oratio quam Eb. describit quod 'in diebus carnis suae obtulit' ꝛc. 'et exauditus'. Et haec oratio abstulit diabolo potestatem et celum aperuit et omnem gratiam. Dixi heri, ut da bey bleibt, ut discrimen faciatis inter Christum et omnes Sanctos, ne inveniamur inter hypocritas qui et operibus et orationibus suis ꝛc. ut et Turca putat nullo mediatore opus. Sed ut inveniamur in illa turba: 'Vergib'. Discerne orationem ut opera et
passiones. Nostra oratio nihil est, non auditur nisi prius | particeps XXIX 241
huius orationis und sey geschreiben unter dem wortlein 'Vergib' ꝛc. ut me censeam unter die zal der sunder pro quibus hic oratur. Tu: quicquid ego oravero, das ist auch wol gethan. Ista frustra non dico, quia Satan non quiescit. Homines monendi, ut bona faciant. Sed decies magis opus haec doctrina., wie man das heubtstuck Christlicher lere erhalten wurde. Si hoc in schwangk, sequuntur certo opera. Ideo nostrum solatium, quod huius participes orationis et quod Christus

---

9 Hebr. 9, 19. 10 u. 20 ff. Luk. 23, 34. 24 Hebr. 5, 7 ff.
28 suis etc., ergänze: ⟨salvari putant⟩.

pro. Duplices sunt peccatores .1. sunt die bosen qui non credunt und die hoffertigen heiligen. ⟨2.⟩ Nos sumus peccatores, sed sub umbra meriti et orationis Christi quam fecit ut pontifex. betracht das wort wol, non percurrendum, nempe quod oratio uber dich gesprochen wird mit threnen ut a fideli pontifice et exauditur. Ideo nemo excluditur ex hac oratione nisi qui non credunt aut superbi Sancti. Alii machen nur ein exempel draus, ut in passione alii alios amplectuntur.

'Iesus Nazarenus'. Multa scripta de hoc Titulo, ut mane sich da mit zeichen. Verba sunt bona, sed nolo idolum fieri ex eis, oportet credantur. Christo sinds zu schmach ans creutz geschlagen, ut videatur seditiosus. Sed iam venit ad tantum honorem, ut nihil Sanctius, unschuldiger quam ille titulus, Et qui non est sub eo, est verdampt. Est Iudeorum rex. Innocenter est gescholten, quod corporalis rex. Sed die schuld, lügen est mutatus in unschuld, warheit et quicquid illi riserunt, machen wir ein ernst draus. Sic in omnibus quod Euangelium betrifft, Sed nobis peccatoribus est gerucht des leben. Hodie
XXIX 242 adhuc Christus est seditiosus. Sed apud nos est, | est rex gloriae, ut apud Papam est venenum, mendacium nostrum Euangelium, apud nos lux. Sic sol sich quisque Christianus gern unter den Titel geben, quod sit seditiosus. Sed 'Iudeus' ein bekenner, dancksager, lober qui confitetur, quid boni acceperit. Si Christum laudamus, eius opera, iusticiam, fortitudinem, et nos zu nicht, Sind wir die rechten Jüden, super illos est rex qui non se iustificant suis operibus propriis.

'Milites.' Das het sunst auch zu predigen gehabt in Iohanne. Ibi macht Johannes ein vleissigen text de kleider, quod zutrent und verspilt, cum tamen appareat post mortem factum. Iohannes indicat ein geistlich deutung. Ideo scriptum secundum historiam, ut videamus, quam bestendig und fest die leut faren qui Christum crucifigunt. Nam sic faren cum suis vestibus, als sey es ein schalck. Nostro tempore ists ausdermassen schwer, quod Rottenses so trotzlich reden und gwis, ut schweren und trotz bieten iudicio extremo. Christianus ist voller furcht, zappelns, non pervenient ad securitatem. Illi ut ein demant, non sorg, obs ymand rechen wolt, schlecht, als vergessen were. Hoc secundum historiam. Sic nos credimus in Iesum Christum, sed ipse lest uns, ac nullus deus esset qui sich unser annheme et apparet sic nos desertos,

---

2 ⟨2.⟩ fehlt W. A. 5 Hebr. 5, 7. 8 Joh. 19, 19. 9 N: Hunc titulum super nos cruce ponimus. Ego permitto, nisi [so lies statt in] idolatria oriatur ut operi et non verbo adhereatis. 16 2. Kor. 2, 16. 20 Die bekannte Etymologie. 24 Hs. kein Absatz. 24 ff. Joh. 19, 23 u. 24. 24 geht auf die Wochenpredigten über Johannes, in deren Reihe Luther diese Stelle übergeht, W. A. XXVIII 396.

das sie gspot und spiel draus treiben. Hoc thut Christiano weh, ut in se videat solches zappeln, furcht, qui in altera parte fortitudinem. All zeit ein ding ein wort. Illi milites patres omnium securorum ꝛc.

'Accepit'. Er wil die welt | perfecte segen und von yhr scheiden, XXIX 243 nihil habet nec vestes nec, ubi caput, nec vestigium terrae, ubi moretur, nec in assere iaceat, sed in aere. Ibi habet adhuc matrem et discipulum: da gibt er auch die muter weck und seinen liebsten Junger quem diligit. Magnus dolor, quando einer da hin scheid, et non viel sich annhemen wil matris et discipuli. Er mus nichts gut de mundo halten. Ex hoc textu Maria facta idolum. Gleich im leyden ubi Christus praedicatus et passio, hat man die muter gepredigt et quod data sit nobis mater. Nos in omni honore habebimus quo digna, sed similem filio non faciemus. Non mortua pro nobis nec oravit. Ehr wie du sie wilt: eo honore non honoranda quo Christus. Ideo thuts sie der herr auch hin weck und wil allein sein, ut illi adhereamus ꝛc. So thun wir contrarium et reiicimus filium et matrem ꝛc. Ipse deserit terram, ut nos adiuvare possit. Si ipse hin weck gibt, non vult cum ea in terris nec an yhr hengt. Suscepit in suam scilicet matrem, sua in sein haus curavit und gewartet, ut esset, ubi maneret, ut vidua privata filio. Merito est mater nostra, sed auff sie zu bauen. Christo auffertur passio, honor, officium.

'Die fur uber: Pfu.' Das ist nu ein exempel odder werck. Die lieben heiligen Evangelisten zihen hoch an das spotten und machen ein grosser leiden quam corporalis marter. Hic omnium schmach zihen sie er ein, Pontificum ꝛc. etiam latro. Qui habet damnum, der darff fur den spot nicht sorgen. Non | est satis, quod sit exutus. Der schecher XXIX 244 spottet niemand. Illis dederunt bonum vinum. Der unter den schecher mus her halten. Es kan auff erden nicht so bos werden als Christus, der mus der ergst. In cruce non videtur latro, quando ille, alle augen, gifftige pfeil ghen auff den. Satan obliviscitur omnium, so girig und hefftig sind auff Christum. Ideo factum, das sie Satan so solt an yhm rechen ꝛc. nimpt tandem vestes und verspielt, ehr ist hin weck auff als allerschendlichst, vitam, tandem vestes, postea mater, quicquid potuit facere, nihil omisit. Taceo der marter animae Christi, die wir nicht wissen nec unquam experiemur, non solum in corpore, sed anima et corde. Das Satan hat sich gekult: all sein grim, bosheit ausgeschut qui in Christum fidunt, bey den ist der Satan mat, ut unico verbo stost, ubi audit 'Ihesus Christus' mit rechten glauben. 'Iesus Naza-

---

4 Hs. k. Abs. 4 ff. Joh. 19, 25—27. 5 Matth. 8, 20. 22 Hs. k. Abs. 22 ff. Matth. 27, 39—43. 30 f. N: Alßo gifftig ist der tewffel wider dießen Christum, das er sich an yhme gar verlauffen.

renus', wie ein donner fellt, er hat ſich brant, all ſein gifft hat er auſſgoſſen, ut gar krafftlos worden, sed credentibus. Aliis est princeps mundi, quicquid fecit Iesus, iſt hie da hin, ſtirbt ynn der groſſen marter, pein, ſchmach, armut.

Sequitur ein exempel, doctrinam beſtetiget er hie: 'Pater remitte', nobis zum exempel, in latrone qui ſtrafft suum fratrem 'non times', facis ut ander hauff biſtu toll und toricht, et vides te mori, quando alii cessant, tu in media morte thuſt boſheit. Ein feine ſcharffe ſtraff ex medio spiritu procedens: sicut egimus, ſo thun. Das iſt ein fein ꝛc. Ibi
XXIX 245 vide, quid Euangelium | faciat, quando illi tacent, lapides oportet sint qui Christum fateantur, es muſt ehe latro in cruce. Non est consolationis plenius exemplum in bibliis ut hoc. Hic pendet ynn ſchmertz, ubi desperare debebat, et tamen ibi fit praedicator et praedicat suo fratri totum Mosen et aperit os contra sacerdotes ꝛc. qui ſperren das maul et pro nihilo habent, et hic tam cor forte habet, ut inspiciat <agonem> pro nihilo. Das heiſt ein glaub. Magna species est, quando omnes culpant, hic solus contra omnes concludit, Das mag ein urteil ſein latronis et audet omnes redemptos weſen verdammen et solum Christum fateri. 'Nihil mali.' Pilatus et omnes ei faciunt iniuriam. Simplicia verba, sed cor latronis maius coelo et terra, Quod in medio ergerlich weſen, ſol Christianam fidem bekenen. Nonne scandalum, quod Christus moritur et illi omnes ſpotten et Christus non descendit, quod debebat facere propter ſchmach? Hoc scandalum non inspicit latro, sed inspicit et invocat, der hat die oculos geleutert. Quicquid est infirmum est in Christo, non videt et videt quod non apparet, nempe quod rex sit et regnum habeat in quo vivatur. Hic 1. fructus huius orationis quam dixit. Das gepet betrifft ſeinen bruder qui cum eo crucifixus. Lucas dicit ambos latrones. Aliqui per Sinechdochen exponunt. Utcunque sit, certe non agnovit eum pro Christo antea, sed ubi oravit, agnovit, ſpurt eytel has, neid et non inveniunt causam. Et tandem venit lux und bricht. Utinam ego essem, ubi tu, et tum venit
XXIX 246 das erkentnis, quod Rex. Christus respondet 'Amen'. Forte ver|bum. Ibi laſt uns den latronem wol feyren et sinatis eius legendam 1. esse in Christianitate et optimam. Ibi habes, qui fit, ut Christianus fias.

---

5 Hs. kein Absatz. 5 ff. gehört zu Luk. 23, 39—43. 9 so thun: sc. sie uns. 15 hic: W. A. hoc; <agonem> fehlt W. A. (Beide Verbesserungen nach N). 18 redemptos: so W. A. Sachlich nach N falsch, das etwa adversarios redemptoris erwarten ließe. 18 f. Luk. 23, 41. 23 f. N: Der mus gelewterte ougen haben gehat. In oracione crucifixi [= Luk. 23, 34] adeptum esse cognicionem fidei credo. 32 Luk. 23, 43.

Monachi ſchemen ſich, ut similis sint huic latroni. Sed ſcheme dich nicht, ut secundum exemplum latronis fias Christianus. Sed: non sum homicida. Es, quia sub Satana, qui est homicida. Is latro est 1. sanctus in novo testamento factus per passionem pro quo oravit in cruce. Sic omnes fimus Christiani ut is. Et utinam ut sciremus. Non est exemplum tam facile zu thun ut ſichs leſt anſehen. Er iſt ein abt der mher gilt quam Bernardus et Benedictus, nemo fecit quod is nec ullus faciet cum omnibus monachis. Quid monachatus cum illo 1.? 'sumus peccatores', fellet das urteil uber ſich, quod ipse sit peccator. Hoc faciunt monachi nunquam. Qui enim vult venire ad Christum, oportet agnoscat sua peccata et sentiat vel credat. Uber das iſt ein kunſt uber alls, quam artem nescio, da yhm die marter mit der ſunde betrifft, das er wiſſe, wie er thun ſol: quando dico me peccatorem absque periculo, facillimum, Sed quando venit peccatum und ſtraff der ſund, das wiſſen und ja darzu ſprechen, est ars, nemo clericorum novit. Die ſtraff, quam sentit, nimpt er an und ſagt ja dazu et voluntarie et sponte tregt, ut quis dicat: Ja mir geſchicht recht und wils gern leiden: qui hoc potest, vicit, qui non, ſthet in groſſer ferlickeit. Ideo ars est omnium Christianorum, ut discant, quod sciant se peccatores habentes carnem plenam peccatis. Item si venit zorn, ſchrecken vorm thot, Item quod iacian|tur in carcerem, ut dicant: das iſt recht. Quando hoc non fit, XXIX *47
non est hilff, ut behalten werden. Latro: peccator sum, billich iſts, das ich geſtrafft werde. Sed quid? vertit se ad Christum. Qui vivunt in sua sancta vita, non huc veniunt, ut dicant sua opera peccata. In alio ordine sunt quam in quo latro est, sed volunt, das yhr ding recht ſey, non discunt artem quam latro, viel weniger konen ſie das ander, ut veniente persecutione dicant: Iustus es, domine. Sed dicunt: est persecutio cleri. Das iſt 1. werck Chriſten zu werden, scire peccatorem esse et quicquid accidit, recte accidere. Deinde nihil facit quam quod credit et invocat. Ibi non ieiunium, peregrinatio, wirfft die oculos zu dem 'Domine, memento'. Sunt fidei verba, fatetur eum regem et habere regnum, und rufft er aus 'Her, gedencke mein'. Haec sunt omnia: 1. ſich ſelbs verklagen und 2. niemand laſſen from ſein et converti ad Christum. Et hoc in Euangelio, quod Christianus non fit per sua opera, sed per Christum. Das iſt ſo ein feiner glaube, das luſt iſt, ſo ſicher er, quod ne latum digitum wanckt, er iſt zum exempel geſetzt. Iam dicent: es iſt ein ſonderlichs geweſt cum latrone, es widderfert nicht yderman. Aut hac regula incedas oportet aut nulla, oportet

---

3 N: Der iſt der erſte heylige ym newen teſtament worden per passionem Christi, huius exemplo omnes salvamur. Omnes enim latrones sumus in Christo etc. 9 „1.": primo ⟨sancto⟩; W. A.: illo ? .1.

ut praecedat Christi oratio et te agnoscas peccatorem et quicquid leids geschehe, billich geschehe, Et ut in eum oculos coniicias. Tum sequetur 5. 'Hodie mecum'. Ibi statim habet promissionem sine pusse, meritis et ei datur paradisus, quod 'Iudeus' est i. e. fatetur. Ibi statim ghet der Titel 'Rex Iudeorum'. Illud exemplum pone contra omnes praesumptiones et desperationes et tene eum pro XXIX 248 exemplo, | non pro miraculo, quamquam est. Sic ipse in Christo hengt blos mit allen sunden frey bekennen et sola gratia adherere. Hoc difficile naturae. Hanc confessionem fecit latro toti mundo in consolationis plenum exemplum.

Sonnabend vor Ostern nachmittags (27. März) 1529.

(Passionsgeschichte: Klage am Kreuze; Finsternis; Durst; die beiden Sterbegebete; der Tod).

Wir wollen den text follend hin aus lesen und passionem beschliessen. 'Eli', vix 8 verba prima legit 2c. Da sthen der wort .4. quae Christus locutus in cruce, olim dicta 7 verba. Es ist ein finsternis, inquit, worden uber das gantz land usque ad 9. horam. Das ist ein gros zeichen gewesen et non mirum, ut omnes weren verzweivelt auff ein hauffen et talis obscuratio a 6. usque ad 9. horam. Astronomi wissen wol, was das fur ein finsternis ist. 6. est secundum ebraicam zal, 12, das mit der deutschen, sind umb gangen von 6. usque ad 10. Unus Euangelista dicit 3. alius 6. Ipsi haben gezelt den tag ynn vier teil, von 6 an usque 9 ist er gericht, a 9 usque ad 12 ist er gecreutzigt. Magna finsternis gewest uber das gantz land, es ist ein gros wunderzeichen gewest. So gibts die kunst, quando plenilunium, so impossibile, quod XXIX 249 sit obscuratio, Et fit im mittag vel statim post meridiem et | quando plenilunium. Wen die son den schein verlieren sol, sol im newen mond. Ipsi coacti servare festum, wenn der mond vol war. Ideo vocatur Neomeniae. Sic expiationis festum servabant. Ideo hoc fuit signum, quod iam nicht leiden konden.

Umb die selb 9. stunde i. e. 3. hora clamavit 'Eli'. Hunc versum

---

3 „5.": 1. = Z. 1 f. praecedat usw., 2. = Z. 1 et te usw., 3. = Z. 1 et quicquid usw., 4. = Z. 2 Et ut in eum usw. 3 Luk. 23, 43. 10 N schließt: Do ist Christus eyn konig der juden [d. h. derer, die sich bekennen] worden. Ipse rex factus, Latro autem pars regni illius. 15 Matth. 27, 46. R notiert, daß Luther gegen seine Ankündigung die (bei Matth. 27, 45 begonnene) Lektion gleich beim Eli Eli unterbrochen hat. 15 f. Hebräisch sind es 4 Wörter, latein. (utquid 1 Wort) 7. 16 Matth. 27, 45. 19 wissen wol: ironisch gemeint. 20 N: Sexta hora apud Hebreos erat hora 12. nobiscum.

omnes Euangelistae Ebraice scripserunt. Ideo ut indicarent hunc psalmum loqui de Christo. Quid est, quod multum litigatur de isto versu? Wir verſtehens doch nicht, quod is qui noster salvator esse debet, clamat se derelictum. Da ſthet widder her, quod nostra peccata fert et haec faciunt peccata quod nos ſcheiden a deo, iusticia et omni bono. Das muſt er da ſchmecken, ut videatur Christi passionem seiungendam ab omnibus passionibus. Hoc optimum, quod non diffidit, sed invocat. Quid sit derelictum esse, non possum eloqui, si etiam, tamen vos non omnes intelligeritis. Abstulerunt ei leib und leben und haben yhn zu ſchanden gemacht, ut nemo sit qui fateatur, nisi latro. Et ultima verba quae loquitur in sua ſterben, muſſen auch noch herhalten. Kein gifftiger has und neid iſt gehort quam quae exhibita Christo in cruce, konnen yhm das wort nicht zu gut halten. 'Eliam'. Sie mugens verſtanden haben et ex mera malicia yhm verkert haben. Aliqui dicunt, quod Milites sic gehonet sua verba, qui non intellexerunt. Sed verisimile est Iudaeos sic auffs aller ſpotteſt verhonet, ac si puer clamaret:
muter, muter et aliquis nequam diceret: Ja putter, putter. Sic Satan XXIX 250
facit, in sua maxima klag verkert er yhm ſein wort. Ibi multa praedicanda. Sic Satan potest hoc efficere, ut homini ſein gepet zu ſpot macht und treibt ꝛc. Die ſchreiber qui contra nos scribunt, wolten auch gerne, sed ſind zu grob. Sed Satan in corde optime novit, quando homo vult serio invocare, dreibt ers gehey draus et non sat, quod eum rident verbis, sed re: aceto potant.

'Vas aceto'. Das haben ſie von ſeint wegen hin aus getragen, quia alios potaverunt vino. Ja es dürſt yhn, gebt yhm zu trincken. Es iſt eitel tauſent Teuffel has und neid, quando aperit os, iſts geſpot, quando vult bibere, aceto ꝛc. Das thut man keim verzweiffelten, verreteriſchen boſwicht, si etiam yhn man ſol vierteiln, allein illi qui iniuste iudicatus, dant acetum. So ſols ſein: all unbarmhertzickeit ſol uber Chriſtum ghen et eius Euangelium, auff das der Satan all bosheit auffs nichte ausſchuchte und machtlos werde nobis in consolationem.

'Pater'. Ibi privata contio facienda, wie man ſterben. 'Omnia consummata'. Scriptura est impleta, scripta, quod agnus dei pro nobis, noster pontifex Aaron. Denn da gibt er gar da hin ſein leben et offert. Ergo iſt ſchon volbracht. Non quis disputet: multa adhuc hinder. Haec est passio, quid koſtet hab nostra redemptio. Ibi opus admonitione, ne tam facile obliviscamur passionis, ne ita ingrati, quia

---

2 Psalm 22, 1. 13 Matth. 27, 47. 24 ff. Joh. 19, 28 ff.
27 N: Si lectum optasset, hetten ſie yhm ſpieße und negel eyngeſchlagen.
31 ganz ausschütte. 33 ff. Luk. 23, 46; Joh. 19, 28 u. 30.

XXIX 251 indicat passio, quam | grewlich ding es ist umb boses leben. Nos Christiani esse volumus et tamen ghen stets im saus hin, ac Christus frustra passus vel non pro peccatis. Certe cum propter peccata moritur, vult peccata mortificari, das wir uns, qui Christiani volumus esse, huten unser leben lang fur peccatis, cum so viel gekostet hatt solutio peccati und so viel domino zuschaffen geben. Aber quia non memoratur pro nobis facta passio, ideo non multum curamus peccata. Sed, ut dixi, haec passio ist zusondern ab omnium Sanctorum passionibus. Keine sol so gar in cordibus nostris sein, ut haec, quia scire debemus peccata nostra in ea ligen. Nostra peccata haben Christum erseufft et Satan pedibus conculcavit et moritur pro nobis. Iam regnat Satan et peccatum ligt ob et Iudei sind frolich, singen, springen. Ibi succumbit penitus. All sein wunderzeichen, leren ist da hin, da kein Christus ist nicht mher da.

'Velum templi'. Da hebts sich bald, ubi passus et consummata passio, verkerts sichs bald, der tod mus bald ein Valete haben, quod mors victa sol sein. Mortui surgunt et tamen ipse in morte, interim dum volunt sepelire, alii surgunt, all creatur regen sich, ubi consummata passio, ac si dicerent: es mus ein anders werden. Das mussen eisere hertzen sein, quae vident solem perdere splendorem, petras scindi, motum terrae, quae horrenda res, et monumenta mortuorum aperiri und verstorbene heiligen venire qui neulich verstorben fuerunt. Credo Simeonem unum fuisse. Et velum templi scissum von oben. Das XXIX 252 kund ja nicht sein ein zufelliger fal. Sed er auffs | fest und schonst gemacht von rodter seyden. Quid hoc significat? quod omnia manifesta per Christum und der tod her fur mus i. e. indicavit, antequam surgeret, quod possit mortuos excitare, cum ipse adhuc ligt in sepulchro. Ipse noluit solus surgere, sed voluit habere socios qui surgerent, ex terra er fur krochen.

Haubtman hebt auch an, est gentilis, schilt Herodem und hohenpriester et dicit: yhr habt auff mein seel huic ungerecht gethan. Si iam aliquis suspenderetur et quidam dicunt ei iniuriam factam, Et insuper dicit filium dei et hoc ex miraculis quae facta, et ille fatetur incredulus gentilis Christum quem sua gens negat et ille audebat os aperire et quamquam unus qui ordinatus, ut videret, das der leib verwart, Et alii qui non so audaces percusserunt pectora, dixerunt: unrecht ist im geschehen. Er ist aber da hin, kompt nicht widder. Gentilis vero is fert getrost er aus. Das waren sein gute frundin, ex hoffnung secum

---

15 ff. Matth. 27, 51—53. 16 N: Da mus sich der todt baldt drollen, cum Christus moritur. 30 ff. Matth. 27, 54. 38 ff. gehört zu Matth. 27, 55; 'sein gute frundin' ist Mehrzahl.

iverant ex Galilea, sua vendiderant et ei serviebant, hofften eum fore regem et diligebant ex corde: ubi spes maxima, hengt er am galgen et nihil aliud cogitant quam eum fuisse probum virum, sed iam actum esse. Hoc scribunt Euangelistae, wie kleglich es gestanden ist, ubi Christus mortuus, qui dispersae eius oves und haben die schmach mussen horen.

Iudei ⟨dicunt⟩ Pilato, Ut Ossa ei rumpat. Ioseph. Signum de aqua et sanguine quae ex latere, gehort auch sonderlich ꝛc. Utcunque Christus deseratur, oportet sit, qui eum in honore habeat. Non solum latro, sed sein | verwandter, nempe Ioseph, fuit ein grosser, reicher burger XXIX 253 gewest et tamen semper tam probus, quod in eorum consilium noluit consentire, hat nicht wollen da bey sein, quando Christum iudicarunt. Das rhumbt hie der text et dicit eum occultum discipulum ut Nicodemum usque ad hanc horam, prius non confessus, iam autem ꝛc. Sed cogitant Iudei: Iam magister eius mortuus, sinite eum sepelire. Nonne mirum, quod unus ex senatoribus eum sepelit? quem totus senatus et Pilatus condemnavit? quamquam ibi cogitabant: Er ist da hin, tamen ists ein grosse turst gewest, quod ipse in propria persona hin ghet mit eim leinbad und nimpt sich des toden an. Sed weil der herr tod ist, lest man yhn ghen. Iam sepultus et adhibiti custodes et sigillum. Ibi peccatum, mors, Satan domini super Christum, das die peccatum mus yhn haben erschreckt, hat nichts gespart, sed reichlich an yhm ausgericht, mundus, caro eius infirma, deinde Satan, die sund hat iusticiam niddergeschlagen et versenckt spiritum, Diabolus ex sede deum gestossen. Deus ist teuffel worden, econtra inferi coelum. Das wird aber sie kosten ein dienst der nymer wird auff horen, quod viderunt peccatum per Christum nichtig gemacht, ut nihil obsit. Satan qui eum truckt, caro quae eum vicit, peccatum et mors quae absorpsit, das ist mein, dein sunde, tod, teuffel, quicquid ei fit, das sol man uns gethan haben. Sumus sub peccato, mundo, carne und fleucht drunter et pro nobis. Cras audiemus, qui Satanam conculcet, mundum, wie Paulus da von redet.

---

7 Hs. kein Absatz. — Iudei bis rumpat *; W. A. (sicher Lesefehler): Iudei laetati, Ut Ossa eorum. Aber dies und das Folgende gehört zur Lektion von Joh. 19, 31—42. 18 turst: Kühnheit. 19 Leinwand. 31 audiemus st. W. A. audietis nach N. 31 Nach mundum drei unverständliche Worte der Hs. gegen W. A. gestrichen. 32 W. A. S. 700 schlägt 2 Kor. 5, 21 vor; wahrscheinlicher 1 Kor. 15, 55 ff.

XXIX 254

Ostersonntag vormittag (28. März) 1529.

(Ostergeschichte: Die Frauen und Jünger am Grabe und die Auferstehung).

R Cum fur uns haben ein herlich fest et de quo multa praedicanda, non semel omnia tractabimus, sed 1. propter simplices qui non norunt, legam historiam quae hodie facta, ut sciant, wie sie ergangen. Nam ante fidem oportet cognitio historiae adsit. Sic scribunt Euangelistae. 'Da der sabbat vergangen war.' Die guten weiber fuerunt tristes et dilexerunt dominum. Ideo schicken sie sich et emunt, ut mortuum in sepulchro ungant. Hic mos fuit Iudeorum, quod sic mortui uncti, ut Iacob unctus in Aegypto. Et etlich konig mher, das mans hat herlich gehalten apud Iudeos. Et ist ein loblich gewonheit et ex grund
XXIX 255 der schrifft komen quam patres habebant, quod | resurrecturi essent mortui et alia vita post hanc. Ideo ista externa re voluerunt indicare resurrectionem. Multa verba scribunt Euangelistae, ut certo indicent

---

N Weyl wyr haben eyn ehrliches fest und grosse historien, Ideo pro simplicibus historiam Euangelii de resurreccione explicabimus, Deinde ordine singulis diebus explicabimus. 'Do der Sabath voruber war.' Probae illae mulieres voluerunt Christum ungere. Nam mos fuerat Iudeorum mortuos ungere, ut habes in Mose. Es ist eyn lobliche
XXIX 255 gewonheyt auß eynem gutten | ursprung herkummen des glawbens, ubi in signum futurae resurreccionis ungebantur. 'Et mane una

---

K Quandoquidem nunc solemne sacrosanctum paschatis festum peragamus atque insigne illud et praeclarum resurrectionis opus celebremus, Itaque et nos de eo agemus, quo cognitum habeamus, quae sit resurrectio Christi domini nostri, Quis item eius fructus et quid inde nobis decerpendum expectandumque. Primum vero obiter historiam hodiernae diei et gesta perstringamus. 'Vespere autem sabbati quae lucescit in primam sabbati, venit' ꝛc. Magna et mira fuit harum muliercularum pietas et probitas nec non singulari amore
XXIX 255 dominum Christum prosequebantur. Quapropter summo | paschatis die peracto quo nihil operis facere Iudeis prohibitum erat, cogitant de instituendo unguento, ut unctum eant corpus domini. Usitatus enim et familiaris ungendi mortua corpora mos erat Iudeis Et fuit haec consuetudo non illaudabilis et laudabili origine profecta utpote

---

8 Mark. 16, 1. (Sich in mehreren der Paralleltexte wiederholende Schriftstellen sind nur bei ihrer Erwähnung im oberen Texte nachgewiesen.) 11 Gen. 50, 2 f. 22 Mark. 16, 2. 28 Matth. 28, 1.

diem et horam qua resurrexit Christus. Matthaeus dicit ꝛc. Marcus R
Es ist zu rechen, das sie fur der sonen auffgang ad sepulchrum venerint
ein virtl stund. Matth. dicit in vespera factum, der da anbricht frue ꝛc.
Das redt er propter Iudeos qui vocant abent die gantze nacht, donec
non videtur sol, est abent. Ideo dicit in vespera factum, in dem quando
anbrach. Et dicit primum fuisse inter sabbata. Iudei vocabant omnes
dies quae sequebantur sabbatum 'sabbata', verum sabbatum hielten
sie bester herlicher, quod cadebat in pascha, ut nos dicimus 'der erst
ostertag', ut hodie ꝛc. Hoc ideo i. e. factum da der herlich sabbat
hin weg war und | brach an der ander i. e. Christus resurrexit auff den XXIX 256
heutigen sontag. Nam der freitag ist gewest der recht ostertag quem
inceperunt am dornstag. Post pascha venit sabbatum quod feriatus
et in sepulchro iacuit, und den andern, ut hodie, resurrexit.

---

sabbathorum'. Enixe laborant Euangelistae, ut tempus et horam N
resurreccionis Christi describeret, ideo unus dicit 'in diluculo', alter
'orto sole': Es ist die frue stunde. Matheus 'vesperi' dicit, quia Iudei
totam noctem appellant vesperem usque ad ortum solis. Es ist am
fruen abent geschehen. 'Una sabbathorum'. A primo Pasce sabbatho
omnes sequentes feriae sabbatha dicebantur. Das ist geschehen, do
der grosse herliche | sabath weg war, und ist an dem ersten sabbath noch XXIX 256
dem großen sabbath, als hewt ufferstanden, quia Phase 14. die Marcii
celebrabatur. Das ist von der weybern geschicht gesagt.

---

quae ex promissione et verbo divino profluxerat. Iudei enim certo K
habebant e scriptura mortuos olim ad vitam redituros Aliamque
post hanc fore vitam quae perpetuo duratura nesciret finem. Atque
in huius rei memoriam inungebant mortuorum cadavera. Parato
itaque unguento pergunt sub auroram ad monumentum mulieres.
Porro euangelistae admodum diligentes sunt in describendo tempore resurrectionis domini, quo quam propriissime et certo indicent
horam qua dominus resurrexit. Alius ait 'valde mane vixdum exorto
sole', Alius 'profundo diluculo', Rursum alius 'Cum adhuc tenebrae
essent'. Matheus dicit factum esse 'vespere sabbati quae lucescit in
prima sabbati'. Et scribit Matheus hic hebreo more, quo commodius
haec caperent et intelligerent Iudei, qui diem vespere exordiebantur
et vespere sequentis diei finiebant | eratque illius diei mane finis vesperae XXIX 256
quae ordiebatur diem. Et surrexit Christus prima sabbatorum die
quae prima sequebatur summum festi diem. Nam supputandi et

---

1 Matth. 28, 1; Mark. 16, 1. 15 f. Luk. 24, 1. 16 Matth. 28, 1. 31 Luk. 24, 1. 31 Joh. 20, 1.

R Interim dum eunt, parantes se mulieres ad sepulchrum, fit hoc quod sequitur. 'Magnus terraemotus'. Da ſtehts geſchicht, quomodo dominus surrexerit. Custodes illic iacuerunt et magnus erat lapis et sigillatus, ut nemo posset devolvere. Si etiam quis venisset ex discipulis et amicis domini, custodes aderant et accurrisset tota civitas et Pilatus. Quo tempore venit angelus de coelo, iſt der herr ſchon weck, quia in magno terraemotu ascendit, ut textus ꝛc. Ubi dominus cor- XXIX 257 pore suo clarificato her durch | per lapidem, da iſt der engel erſt er ab. Audierunt quidem custodes terraemotum, sed bene experti. Sed ubi angelus in vestibus lucidis, hoc ferre non possunt, sed ꝛc. Oportet

---

N Weyl ſie alßo fortgehen, 'Ecce terraemotus magnus'. Hic videtis, quomodo Christus surrexerit. Lapis enim ille magnus erat et obsignatus, quem si discipuli voluissent devolvere, non passi essent XXIX 257 custodes. Adveniente | angelo sepulchrum iam vacuum erat, quia Christus in terraemotu surrexit, tunc adveniens angelus semovit lapidem, sedit super illum choruscans. Es muſſen ſtarcke lewthe ſyndt

---

K appellandi sabbati ratio apud Iudeos haec erat, ut integros sex dies sequentes summum paschae diem sabbati nomine appellarint. Veluti si apud nos secundam paschae feriam secundam paschatis, terciam terciam paschatis diem et sic deinceps appelles. Ceperunt autem numerare a proximo post summum sabbatum die, quam primam sabbatorum, tertium festum diem secundum sabbatorum et sic deinceps appellabant. Ceterum scripta sunt haec eoque pertinent, ut certificetur et confirmetur fides nostra de domini resurrectione.

Mulieribus autem institutum iter prosequentibus factus est terraemotus. Angelus enim domini descenderat de celo et lapidem ab ostio monumenti abegerat. Observa autem hoc loco, quanto dilectionis affectu hae mulieres erga Christum rapiantur, adeo ut etiam omnium rerum obliviscentes ad Christum anhelent et miro desiderio properent ad sepulchrum, ut Christi corpus ungant. Non meminerunt ingens saxum ad monumenti ianuam volutum et obsignatum esse sepulchrum adeoque custodes esse adhibitos, qui accessum prohibeant. Horum omnium illis inciderat oblivio et solum XXIX 257 quo | ardens Christi amor ducit, eunt. Venientes itaque ad sepulchrum vident amotum lapidem. Christus enim angelo descendente iam e monumento abierat. In ipso enim terraemotu surrexerat et corpore glorificato clauso monumento exierat. Atque hoc ferre potuerunt

---

2 Matth. 28, 2. 16 Matth. 28, 2.

verstockt leut sind, qui ein solch buff kunnen aufssthen et postea negare, R accipere pecuniam. Das ist resurrectio quae facta in terraemotu et cum terrore Iudeorum custodum. Et paucissimis verbis utuntur Euangelistae in hac describenda, solum Angeli annunciant. Quando terra sol etwas gros gepern und etwas verhanden ist, so hebt sich ein erdboden ut in psalmo. 'Terra tremuit et quievit' ꝛc. Vide illic. Sic legis, ubi quando aliquid magni fuit, tum praecessit terraemotus qui ghet uns nicht an qui credimus, es schad dem herrn nicht ꝛc. Sed custodibus qui iacent ut mortui. Sic quando venit, signum est, quod dominus vult etwas guts schaffen, sed sehen sie fur qui eum persecuti. Pii sollen sich trosten, 'quia appropinquat redemptio'. Iam etiam auditur de terraemotu, | videbitis, quid secuturum. Hoc opus quod secutum XXIX 258 terraemotum, movit totam terram, quia homines moventur und wollen aus der haud faren. Tum dicitur, quod Euangelium richt unglück und

---

geweßen, quod iis miraculis non sunt moti. Euangelistae praetereunt, N figuram Christi resurreccionis nobis obscuram relinquunt, nihil nisi terraemotum indicant. Quia omnis terraemotus factus insignis dei operibus. Hic terraemotus non nobis, sed terrori impiis custodibus esse debuit, nobis consolacioni. Ita hodie videmus euangelii terraemotum | ubique sediciones, commociones populi. Erdbeben ist erd- XXIX 258 beben, es ist do nicht ruhe zw suchen. Ita calumniantes nostrum Euan-

---

custodes citra terrorem. Verum ubi vident advenire angelos et se- K pulchro insidere, hic vehementer terrentur et exanimes redduntur. In ipsa igitur terrae concussione resurrexit Christus atque in hunc modum facere consuevit Christus, cum aliquod insigne et praeclarum facinus exhibere et praestare intendit. Sic ps. 17. 'Commota est et tremuit terra'. Item 67. 'Terra mota est et celi destillaverunt a facie dei Synai.' Et in ipso mortis articulo concussa est terra, Et fere ubique egregium et memorabile factum aut praecessisse aut consecutum esse terraemotum legimus. Est praeterea hoc terrae motu haud obscure declaratum totum orbem ad euangelii praedicationem commotum ac concussum iri et ut ob oculos videmus, quam insaniat, quam tumultuetur, quamque seviat mundus, ubi syncere annuntiatur euangelium et veritas libere proclamatur. | Et hoc nobis solatio esse XXIX 258 debet, cum sciamus rem aliter fieri non posse, quin ubi praedicetur euangelium omnia tumultu et seditionibus ardeant et corroborandum est pectus quo huiusmodi insultibus et insaniis non statim frangatur,

---

5 f. Erdboden: verbessere Erdbeben. 6 Psalm 76, 9. 11 Luk. 21, 28. 26 Psalm 18, 8. 27 Psalm 68, 9.

R unfrid an, zerſtort charitatem. Certe quando terraemotus venit, non est frid, sed fallen ſthet und ſchloſſer an, ibi non manent homines, si modo fugiunt Sic quando Euangelium venit, non cogitandum de pace. Es richt das Euangelium rhumor an in mundo, non quod sit culpa Euangelii, sed impiorum hominum. Si norunt ipsi eum crucifigere, verdammen, pater celestis kan yhn widderauffwecken in terraemotu, ut terreantur ꝛc. Sic fiet, quando veniet extremus dies, ut spero, non abfuturus diu, das die ſtet et ſchloſſer, das brauſen ſol.

'Quis revolvet?' Angelus qui in lapide sederat und verjegt custodes, evanuit. Et mulieres ſind gute alber dolen, cogitant 'quis revolvet', quid faciemus? sollicitae, putantes se frustra isse. Tamen
XXIX 259 magna charitas | urget eas ad sepulchrum und werden gewar, quod Custodes hin weck et revolutum ꝛc. Da wird yhn nichts guts eingefallen. Iudei timuerunt, quod occisum eum aufferremus, ideo abstulerunt ipsi eum, und ghen in gravibus cogitationibus. 'Ac in vesti-

---

N gelion sediciosum illum terraemotum non impiis adscribunt. Konnen ſie Chriſtum verfolgen und todten, Szo kan er von den todten myt dem erdbeben ſie zuerſchrecken uffſtehen.

'Quis nobis evolvat?' Es ſyndt gutte albere tolen, iam progressae cogitant de magno lapide, quod ipsae non potuerunt. Sed tamen
XXIX 259 sincerus | amor illas compulit. Viderunt lapidem revolutum. Haud

---

K defitiatur. Neque dico: resiliendum est a cognita veritate, si non parum multos adversus eam reluctari et reniti cernamus, Et si ipsi Christum neci tradere et sepulchro includere non verentur, potens est deus eum revivificare et de sepulchri carcere reducere. Neque nobis aut admittendum aut ferendum est, quo pacto ut Christus ab impiis hipocritis et phariseis in sepulchrum coniectus, sepultus retineatur et abditus maneat.

'Quis revolvet nobis lapidem ab ostio monumenti?' Quamvis mulierculae de revolutione lapidis propter eius molem et magnitudinem desperabant, nihilominus tamen a cepto non desistunt, sed magno domini ardore flagrantes recto ad monumentum pergunt Et
XXIX 259 cum recto accessissent, vident sub|latum saxum ab ore sepulchri et aditum monumenti patere. Ingressae itaque monumentum nec invenientes corpus Christi a Iudeis ablatum suspicantur. Dum itaque anxiae et sollicitae sunt de corpore ablato, astant eis duo angeli specie iuvenculi, veste fulguris in morem relucente atque hi mulieres

---

9 Mark. 16, 3. 15 f. Luk. 24, 4.

bus fulgureis.' Non ausae respicere angelos, quia prius territae. R
'Quid quaeritis viventem.' 1. mulieres accesserunt sine viris et vide-
runt angelum et abierunt iterum cum timore zu der ſtad zu, viderunt
quidem angelum, sed non audierunt, quia, quando quis in periculo
mortis ſtickt, difficile est audire verba mortis. Chari apostoli et alii
audierunt haec verba a mulieribus, quod sepulchrum apertum et angeli
visi. 1. quidem credere potuissent, sed quod vivat, est eis ein merlin,
puto vos stultas, yhr dolen. Quando quis submersus in gravi cogi-
tatione, non potest videre veritatem. Apostoli non possunt Christum
anſehen viventem, quia zu feſt eingebild, quod mortuus et sepultus.
Sic est cum omnibus tentationibus, quando aliquid aliud dicit, habet
pro fabula.

| Maria ad Petrum et ad alium 'Tulerunt'. Ubi mulieres omnes hoc XXIX
dixerunt, discipuli ipsi non credunt, lieſſen die weiber auch ab et pu- 260
tant ipsae esse fabulam et putant se deceptas. Ideo Magdalena quae-

---

dubie territae Christum a Iudeis sublatum. 'Quem quaeritis?' 'Iesum'. N
Surrexit'' ꝛc. 'Annunciate'. Mariae illae duae solae sepulchrum
adierunt, audiunt angelum, sed tamen citissime accurrunt annunciantes
apostolis quod ab apostolis non credebatur. Es war yn eyn merleyn,
ut Lucas scribit. Ita apostoli merore et crucifixi Christi opinionibus
immersi non possunt audire neque videre. Ita omnis tentacio | reddit XXIX
nos cecos et surdos in operibus et verbis dei. Do die junger das vor 260
eyn merleyn hylten, laſſen ſie ouch abe, eunt conquerentes. 'Tulerunt
dominum meum'. Do ſyndt der engel worth umbſunſt geweſen.

---

tali sermone conpellant: 'Quid queritis viventem cum mortuis'? K
Redeat in memoriam, quid adhuc vivus sepenumero dixerit vobis.
His itaque gestis mulieres ad discipulos properant et undecim apostolos
eisque nuntiant, quae vidissent quaeque audissent ab angelis. Ceterum
apostoli et discipuli mulierum sermonibus nihil adhibent fidei. Itaque
quod illae narrabant de sublato saxo ab ore sepulchri, de conspectis
sibi angelis deque vacuo sepulchro apostolis atque discipulis visum
est muliebre deliramentum. Ita usu venire solet, ut corde mesticia
oppleto et quasi sepulto luctu nihil aliud quam quod cor sentit nobis
persuadere possimus, ut etiam res quantum vis vera, si a cordis | sensu XXIX
diversa sit et aliena, nullum apud nos sortiatur nec inveniet sedem. 260
Quemadmodum prementibus et peccatis urgentibus nihil aliud
praeterquam mortem et infernum nobis pollicemur et expectamus,

---

1 f. Luk. 24, 5. 5 Luk. 24, 11. 13 Joh. 20, 2.
16 Matth. 28, 6 f. 10. 20 Luk. 24, 11. 23 Joh. 20, 2.

R ritur 'tulerunt' und bleibt auff dem wan. Tunc exit Petrus et Ioannes. Haec verba posuit Iohannes et Iohannes dedit honorem Petro, wie sichs gepurt, ut zuvor, quamquam ⟨Papistae⟩ hoc draus nemen, quod Petrus supra Iohannem. Das bestetigt yhren falschen wahn et infidelitatem, quod Magdalena dicit 'tulerunt'. Certe cogitavit Petrus: das die tucher so gelegt, Christus non fecit, sed Iudei. Ubi vidit alterum linteum, credidit ablatum. Sic komen weiter hin hinder in infidelitatem, ubi. Ratio: quia non potuerunt scripturae credere de eius resurrectione, quia nescierunt eam. 'Giengen.' Das ist die ander reis gewest. Nam werden die weiber widder gelauffen sein cum Petro et
XXIX 261 Iohanne et fuit | sermo et dubium, an Iudei an Pilatus abstulerint. Ibi nulla cogitatio de vita Christi, ne har breit. Magdalena manet in horto illis abeuntibus ut die weiber hitziger, aliae sind anderswo hin

---

N Currerunt autem duo, Petrus et Ioannes. Ioannes als eyn junger gibt Petro die ehre. Invenientes linteola convoluta confirmaciones sunt illorum incredulitatis. Do sie die tucher zw sammen fanden gelegt, dachten sie: er hats nicht gethan, ßonder die Juden werdens gethan
XXIX 261 haben qui eum ab|stulerunt. Non crediderunt resurrexisse Christum et vivere, quia nondum noverunt scripturam, quod oportuisset eum a mortuis resurgere. Do syndt keyne gedancken des ufferstehens. 'Maria autem stabat ad monumentum foris plorans'. Mulieres semper

---

K etiam si quam diligentissime auribus nostris instilletur per Christum peccata esse sublata et remissa omnibus qui se fide in ipsum reiecerint. Non potest enim non iudicare cor iuxta id quod sentit. Apostolis itaque et discipulis fidem non habentibus verbis mulierum neque credentibus Christum resurrexisse neque ipsae mulieres illorum exemplo motae crediderunt nec aliud in animum inducunt quam corpus a Iudaeis alio esse asportatum.

Currebant autem duo pariter, Iohannes, ut inferior cedat superiori Petro, utpote seniori et cui propter etatem reverentia et honos debebatur. Confirmat vero illorum incredulitatem et suspitionem de sublato corpore quod seiecta et seiuncta vident lintheamina. 'Quia',
XXIX 261 inquit Iohannes, 'Non|dum noverunt srcipturas'. Quas si novissent, non uterque adeo difficiles et tardi ad credendum domini resurrectionem fuissent. Et haec est secunda ad sepulchrum profectio habita

---

1 Joh. 20, 2. 1 Joh. 20, 3. 3 'ut zuvor': = als dem älteren, der früher geboren ist — ⟨Papistae⟩ fehlt W. A. 6 Joh. 20, 5. 8 f. Joh. 20, 9 f. 12 ff. Joh. 20, 11—18. 13 hitziger: eifriger (N: diligentiores). 14 'als eyn junger': iunior aetate.

gangen, illa manet cum sepulchro, exit, intrat, kuck et sic vidit duos R
angelos. 'Ascendit'. Das ist ein stuck, quod dominus 1. apparet Mariae
Magdalenae. Ibi non adfuerunt aliae, fit in horto apud sepulchrum.
Et iam mulieres ghen widder in civitatem. Da apparet illis omnibus.
Ibant, ut annunciarent discipulis, quia tremor. 'Ite, discipulis'.
Das sind ij erscheinung Magdalenae et aliis mulieribus. 'Quidam
ex custodibus in Civitatem'.

Haec est historia huius diei. Multa praedicanda de hac historia
et digna ut von stuck 1. quod sequi debet cognitionem historiae est,
ut resurrectionem Christi recht christlich verstihe | und ansehe, quia maior XXIX 262
pars audit resurrectionem Christi ut aliam historiam de Turca et
sinunt eam esse ut pictam historiam in pariete. Es mus etwas bessers
sein, ut canimus in cantico 'Des solln', ut inspiciatur, quod nostra

---

sunt diligenciores. Maria Magdalena in horto in sepulchro eum N
quaesierat, invenit duos adolescentes in sepulchro et tandem invenit
Iesum incognitum 2c. Das ist eyn stuck, do der herr am allerersten
erscheynet Mariae Magdalenae quae sola fuit. In secundo itinere
mulierum euncium ad discipulos annunciare, secundo apparuit illis
Iesus omnibus dicens 'Pax vobis', 'ite et annunciate fratribus'. Custo-
des autem noverunt et indicaverunt miracula.

Cognita historia secundum literam oportet nos illam fide suscipere,
ne illam frigide consideremus, sicut aliam historiam inefficacem, Sed
illius | historiae usum nobis esse factum credamus, ut indicat Cantilena XXIX 262

---

inter mulieres et apostolos. Prior inter solas mulieres extitit. Ab K
omnibus autem apostolis et discipulis nihil minus quam ad vitam
dominum rediisse credentibus, mulieres sunt viris ardentiores: per-
manserunt ad sepulchrum inquirentes in horto corpus Christi, sicubi
in horto a Iudeis forte esset sepositum. Et hic demum Christus
mulieribus apparet et videndum exhibet. Haec veluti in transcursu
de historia dominicae resurrectionis dicta voluimus. Nunc de eius
fructu et commodo porro dicemus.

Proximum quod cognitam historiam recte sequi debet, est, ut
ad eam probe et utiliter inspitiendum Christianos oculos adferamus.
Nos enim | eo sumus ingenio, ut facta Christi non alio vultu intueamur XXIX 262
quam historiam de Caio, Cesare aut aliam de quopiam homine eximio
et insigni, Et rem recte curatam existimamus, si eam noscamus. Sed
certe non satis est nosse Christum a patre celesti ad vitam revocatum,

---

4 Math. 28, 9 f. 6 f. Matth. 28, 10. 8 Hs. kein Absatz.
13 N: ut indicat Cantilena: Crist ist erstanden.

R sit, das sie mich an ghe et te, ut non solum videamus, quomodo resurrectio, sed ut agnoscas tibi fieri, ut in verbis suis dicit 'Vade dic fratribus' ꝛc. Illic audimus, quid velit sua resurrectione. Vera doctrina est, ut quisque sich der resurrectio annheme ut suo bono. Magnum discrimen: Christus est salvator, rex, et 'meus', hoc difficile. Et hoc indicatur in discipulis qui difficulter credunt resurrexisse Christum, taceo: ipsis. Die hellosen leut qui nos rident, quando praedicamus fidem, nesciunt, quid sit et faciat. Caeci sunt stulti et inspiciunt resurrectionem ut vacca portam. Si vero fidei fursetzt seine werck, Est talis man, gygas, helt, fides, qui contra se habet portas inferorum, Satanas omnes cum suis list, mortem cum suis omnibus XXIX 263 viribus. Si hoc viderent, non sic riderent. Certe experientia | discere debemus neminem posse in terris resistere morti nec Caesarem, et tamen Christianus potest. Ergo aliis oculis inspicienda resurrectio quam corporalibus, quod non habet solatium ex ea. Ibi aperiendi oculi

---

N 'Crist ist erstanden'. Quilibet igitur fructum resurrectionis suum thesaurum esse firmiter credat. Longe aliter quam Christus resurrexit: Christus nobis resurrexit. Ardua res est fides omnia Christi nobis ascribere, Das alles unßer ist. Hoc Papistae nescientes nostram adsiduam fidei praedicacionem contemnunt. Sie wißßen nicht was XXIX 263 glawb ist. Non enim nisi carnaliter et historialiter | fidem suam contemplantur. Considerate Christi passionem et mortem iam praedi-

---

K ni id nostri causa factum putemus et vero verius habeamus. Eo enim nobis est perveniendum, ut fide statuamus Christum propter iustificationem nostri resurrexisse, ut ita resurrectio Christi non alia sententia a fideli quopiam homine inspitiatur atque ut opus nostrum sit, quod nos pertingit et in commodum et utilitatem nostram cedat. Atque hoc demum recte est accepisse domini resurrectionem et verum eius usum et fructum percepisse Et ut multum interim scire, quod Christus sit tuus servator. Ita plurimum differunt nosse Christum a mortuis suscitatum et tenere, quod tui causa sit exuscitatus. Hoc omnium difficillimum est creditu. Quamvis interim et suam habeat difficultatem firmiter credere Christum resurrexisse. Quam rem XXIX 263 haud obscurum | est videre in huiusmodi mulieribus et discipulis adeo egre dominum surrexisse animum inducentibus. Adeo non levis operae nec momenti res est fides. Hinc virtutem et vim adeoque opus dei ignorant qui nobis exprobant et vitio dant, quod tam seduli

---

2 Joh. 20, 17. 24 f. Röm. 4, 25.

cordis. Audistis in passione, quod Christus ſich laſſen creutzigen und begraben et peccatum, mors eum conculcarunt pedibus. Satan ligt auff yhm et peccatum mundi ligt auff yhm im grab, peccatum, mors, Satan est dominus suus. Sic tu debes inspicere in sepulchrum, quod peccatum, mors mea eum reis und trucke. Sed fit Satan, putat se securum, pontifices rhumen et gaudent: der iſt da hin, non redit. In eo articulo, quando putant expugnatum, in hoc leo reuſt ex peccato, morte, inferis, diaboli rachen und zerreiſt yhm die zhen. Das iſt unſer troſt, quod Chriſtus erfur ghe, quod mors, peccatum, Satan eum non potest halten, totius peccatum mundi iſt da krafftlos, quando apparet Magdalenae, non videtur in eo mors, peccatum, tristitia, sed mera vita et gaudium. Ibi respicio, quod dominus meus sit und trit auff den Teuffel, tum invenio mein ſund, marter, teuffel recht. Ibi | tum (XXIX 264) est semen mulieris qui calcavit. Et dicit: mors, du ſolt ſterben, hell, unterligen. Hie iſt der Sigman. Haec est scientia Christiana, quando R

---

catam, qui subiectus erat morti, sathanae, peccato, das druckt yhn darnider umb unßert wyllen. Secura morte, sathana, peccato, letis adversariis omnibus Procedit fortissime Christus ex sepulchro und wyrfft ſie alle under ſeyne fuſſe, Szunde, todt, Tewffel werden krafftlos. Iam apparet iucunda et | viventis (XXIX 264) facies in Christo qui omnes hostes prostravit. Ibi est semen mulieris conterens caput serpentis. Der N

---

et diligentes nimium simus in iteranda et inculcanda fide dictitantes non Christianis, sed gentilibus incredulis fidem praedicari et praeponi debere. Ceterum si qui haec effutiunt, propius intuiti et contemplati fuerint germanam fidei naturam, quam res sit ardua et difficultatis plena recte credere, non diffido, quin aliter et sentirent et de fide loquerentur. Aperiendi cordis et mentis oculi et introspitiendum tamquam nostrum bonum. Accepimus autem in supplitio Christi, quomodo peccatum, mors et sathan cum Christo se gesserunt, quantam sevitiam in eum exercuerunt omnesque suas vires executi sunt, peccatum suppressit et succumbere fecit. Mors praevaluit Ita ut undequaque omni praesidio et auxilio destitutus, a peccato et morte suppressus et in sepulchrum coniectus sit. Porro haec tua peccata, tuam iniquitatem, tuam mortem fecisse nullum sit dubium. Verum quid fit, ubi peccatum et mors securissime sunt victoriae | triumphantes (XXIX 264) et ovantes? E sepulchro erumpit Christus profligato peccato, devicta morte, demolito inferno, et omnem illis potestatem ac tyrannidem K

---

13 recht: am rechten Orte, vgl. u. S. 128 Z 13. 14 Gen. 3, 15.

R homo sic potest inspicere dominum Iesum, quod zu schaffen hab mit unser sunden. Quando venit praedicatio quae sic sonat: Sic peccasti. Hoc et illud tibi faciendum et oppone te peccatis, propriis operibus. Sic opponunt nobis mortem, peccatum und heissen uns pugnare cum nostris operibus. Vide qui docent inspicere mortem, nempe quod sunt am sterckſten und regiern in mea conscientia. Da furen sich mich elenden menschen contra satanam. Also jemerlich einsam. An non praedicatio Satanae et dei et Christi blasphemia? Si mea opera facerent, non indigerem Christo qui mortuus et resurrexit. Sed si adest Satan, peccatum et sic inspicis, es perditus. Sed si sentis peccata, mortem, pestem, tentationem Satanae, non potest tibi auxilium dari, nisi exeas ex eo quod conscientia tua dicit et ad Christum converteris, oportet dicas: Caro et Satan legt mir die sund nicht an das recht ort, ibi ist
XXIX 265 mir zu starck. Sed Christus non resurrexit pro se, sed pro me | Et scriptura dicit omnium hominum peccata in ipsum posita. 'Ipse

---

N stehet dem tewffel, todt und ßunde uff dem halß. Summa: victoria eius ibi apparet nobis comparata. Ex hac victoria illos hostes vincemus. Considera tu, quomodo iusticiarii tradiderunt nos nostris operibus illos vincere. Die stellen mich armen elenden menschen wider die sterckſten
XXIX 265 feynde yn unsern gewissen. Nonne blasphemi sunt illi resur|reccionis

---

K eripuit. Et haec omnia nostri causa sunt facta et nobis in bonum cedunt. Nam nostra peccata Christus profligavit. Nostram mortem superavit, ut illius victoria nostra sit. Cum itaque obtutus in Christum deflexero, reperio omnia mea scelera, peccata, mortem et diabolum in nihilum redacta. Atque in hunc modum Christum intueri non mediocris est artifitii et artis perquam rarae et singularis. Carthusiani et iusticiae propriae fidentes peccata sibi ob oculos ponunt mortemque intuentur. Verum peccata propriis opusculis eluere, mortem propria sanctitate et iusticia convincere praestituunt ac nihil minus quam hoc praestant. Et quia hoc praestare nequeant, constituunt homines miseri nihil esse, quod peccata tollere, mortem abolere possit. O praestigias et imposturam sathanae sic illudentis homines et a fiducia in supplitium Christi avocantis. Quod si nostris viribus operibusque peccata auferri, mors superari poterat, quorsum attinebat aut opus fuerat filium dei tam dira subire et perferre supplitia. Si itaque
XXIX 265 peccatis te premi sentis et in morte | ac desperatione constitutum consistere non poteris nec quicquam te iuvare potest, nisi oculos a pec-

---

5/6 'quod sunt': sc. mors et peccatum. 15 f. Joh. 1, 29.

agnus.' Da liegen sie, et sinito peccata iacere, ubi scriptura legt, ubi R peccatum, mors ligt, sinito ligen. Si Satan aliud inculcat, gedenck an die predigt ꝛc. Si peccata liegen in Christo, video, quid faciant ei in sepulchro et morte mundus, Satan, peccata hangen an yhm und trucken yhn unter, adeo fortia et vorant eum. Sed quia exit hodie ex sepulchro et manet in ehr, herligkeit et quicquid operatus est Satan, peccatum, mors ist zerstoben. Ista verbis dicuntur quidem, sed non scitur. Est difficilis articulus creditu, ut certo auff dem, quod dicam, quicquid peccatorum sentio, non sunt mea, cogitatio, schrecken vom tod non est mea. Hoc est geredt contra omnem rationem. Certe scriptura non mentitur quae dicit, quod peccata mea in eo iaceant. Si hoc verum, oportet non in me iaceant. Ergo oportet his locis folg thun et dicam: Ich weis de nullo peccato, morte, Satana, quia inspicio Christum. Si hunc non wurgen, oportet mortua sint peccata. Nam si peccatum, mors aliquid possent, so wolts | ichs an Christo wol XXIX 266 spuren. Sed ipsi nihil faciunt, ipse vivit, non video ein warzeichen an

---

et meriti Christi? Tu autem ab illis hostibus pressus ad Christum N confuge und lege die feynde an den orth, do sie Christus hat gelegt, scilicet in collo agni dei. Las dyr die ßunde nicht uff deyne gewissen beschweren, ßonder las sie uff Christo am krewcze und yhm grabe, ubi Christum prostraverunt, tu quoque credas te prosternendum, si Christum prosternunt, ita desperes in te. Deinde in virtute resurreccionis consoleris. Igitur omnes tentaciones peccatorum non sunt nostra, sie seyndt Christi, uff dem sie ligen, | tu dic: Ich weys von keyner XXIX 266 ßunde, tode, tewffel. Ich sehe Christum an, uff dem sie ligen. Weyl

---

catis tuis aversos in Christum qui haec abstulit, coniitias illique fide K adhereas, certus quod scelera tua atque delicta in cinerem redegerit Et quae necessitas incumbebat Christo aut quid eum horsum adegit, ut peccata patiendo in cruce mortemque aboleverit. Nam non fuit, quod sui causa id faceret, cum ipse ab omni peccatorum scelerumque labe immunis esset. Consectaneum igitur est ob nostra peccata abolenda et mortem extinguendam Christum tam diris supplitiis se exposuisse. Habeamus igitur fide ratum nostra peccata, nostram mortem illius humeris impositam atque illum haec devicisse et in universum abstulisse. Quemadmodum baptista ait 'Ecce agnus dei qui tollit peccata mundi'. Quapropter vide ne alio ponas peccata quam quo a scriptura ea sunt seposita, nec mortem alio ponas loco quam quo scriptura posuit. Ex qua re fiet, ut nihil in te possit neque peccatum neque mors neque sathan. Ceterum nihil difficilius est atque

R yhm. Ergo oportet ut dispersa ut a vento pulvis. Sic Christianus de peccato, morte nihil sentire debet, sed inspicere Christum. Qui hunc articulum novit, est Christianus. Sed da wert Satan, ne hoc veniat in cor nostrum, quia hats nicht gern, ut credatur eius vis nihil esse et potestas, et tamen est, quod homo nulla peccata habet et est dominus per peccatum. Si ergo eius vis, arma zerstoben wirt, ut nihil habeat, meinstu, das yhm wol thut? ut audiat: Du hast yhn gemartert und getodt, ideo hastu dein schnappen widder rc. Ideo opponit se Satan, quando praedicatur. Da mussen principes, reges gladii et omnes papistae doctissimi, sapientissimi esse heretici et Rottae, quia novit: quando Christianus novit non respiciendum morti, peccato in se, sed in Christo, illud non potest ferre, non potest eum dempffen, sed Christus eius dominus, et ipse sub eius pedibus iacet. Deinde hat er noch mher zu schaffen, quando videt eos qui credunt et ubi ignis vult exoriri, omnibus momentis eum vexat, etiam omnia bona opera facit peccata et semper helt hominem ynn seins selbs anblicht. Nonne magna res sic Satan weren, ne praedicetur? Deinde in corda descendit und wut, ne credatur. Nam qui credit, der schlegt ym ein klippchen.
XXIX 267 Das thut yhm we, quod homo qui caro et sanguis, sol. Sed | nostri Rottenses et Papistae nesciunt, quid fides, non habent tentationes, er kutzelt sie, ut putent se sanctos. Si autem contra se haberent mundum

---

N sie aber Christo nichts thuen, uff dem sie ligen, der hat nhue keyne wunde noch narben mher. Ergo conculcata sunt omnia adversarii mei. Hic est summus fidei articulus in Christi resurreccione qua insultamus sathanae et peccato, qui non requiescit, non vult prosterni. Darumb leget er sich wider dise lehr myt schwerth und Rotten. Novit enim hac doctrina fidei in Christo considerare peccata et non in nobis, non potest ferre, quia Christo nihil potest facere, darumb wyl er uns dies worth und glawben nicht leyden. Innumeras machinas habet sathan, das er weret, das das worth nicht geprediget werde aut si
XXIX 267 praedicatum fuerit, ne corde credatur. | Novit enim optime sathan, quantum roboris in verbo et fide sit, das yhnen eyn klipchen schlecht. Ideo vides in omnibus impiis illius studia opprimentis verbum et

---

XXIX 266 K | credere tua peccata non esse tua, mortem tuam non esse tuam, sed Christi, qui haec a te super se tulit, et in cruce abolevit. Verumtamen si nostrae saluti prospectum et nobis consultum volumus, oportet ut indubitata fide sentiamus constituamusque nostra peccata non esse nostra, verum Christi in quem translata sunt. Nequeunt vero commodum in illo permanere, sed
XXIX 267 | evanescere prorsus. Estque eo nobis

cum sua sapientia et Satanam ut nos. Quanto plus respicit se, tanto R
infirmior. Econtra: Apostoli dixerunt scientiam esse, daran man zu
lernen hat usque ad sepulchrum, ut indies in Christum fidamus. Ubi
Christianus est, non feilt, quod semper adsint tentationes ut Paulus:
'semper morior'. Ut dicam: ich weis von keiner ſund, durt iſt Chriſtus,
huic ſind die ſund gehengt an den halſs, quod tu mirs in hertz legſt,
non bene facis, quia deus et scriptura ea ligavit in Christum quem
inspicio ut non habentem peccatum et tamen habet mea peccata.
Das iſt unſer hochſter artikel quem semper tractamus, qui discendus.
Et expertus non solum in me, sed aliis, quod agat ut hoc bild nobis
ex oculis reys. Turcae plus apparent sanctiores nobis, quia charitatem
exhibent. Hoc kan er wol leiden, dat eis hubſche meſſikeit, ut etiam cum
clericis nostris fecit. Das iſt alles unſer, quando hoc erhelt, ſo vicit,
quia das recht bild iſt hin weck: Christus qui krencht per mortem ꝛc. Das
bild. Ideo leſt er wol from leut ſein, sed Christianos non potest pati,
nempe ut te avertas et a bono et malo et adhereas Christo. Sic dicit:
dominus dabit mercedem pro hoc bono opere, damnabit pro malo.
Christianus quando incidit mala conscientia, terror, incipit dicere:
es ghet | mich nicht an das, quia non habeo peccatum, Christus habet, XXIX 268
durt ſol ichs ſehen, er hats auff ſich genommen in cruce und begraben.

---

fidem. Ideo diligenter studeas. Ihe meher dw ßunde yn dyr anſiheſt, N
yhe ſchwecher iſt Chriſtus. Ihe weniger ſie yn dyr anſiheſt, alleyne
yn Chriſto ſiheſt, ihe ſtercker er iſt. Las ſie dyr nicht yn deyn hercz legen,
ßunder las ſie uff Chriſto ligen, do ſchaw, wie er myt yhnen handelt
und wie ſie wollen myt yhm gehandelt haben. Do wyl ich meyne ßunde
ſehen. Hoc sathan non potest ferre, interim omnes hipocrises splen-
didissimas permittit. Er kan ewſſerliche frumkeyt auſdermoſſen wol
leyden, aber den rechten glawben leydet er nicht. Hic experiencia vi-
demus. Tu autem agitatus | peccatis, Schlahe yhm eyn klipchen, ſpreche: XXIX 268
Ich habe keyne ßunde, dort ſehe ich ſie uff Chriſto am krewcz, ym grabe.

---

perveniendum, ut magna cum fidutia dicamus: Ego quidem nullum K
plane scio peccatum, nescio mortem. Nescio sathanam. Et si qua sunt
peccata, Christo sunt imposita, quem si premunt et damnant, et me
prement et damnabunt. At hoc ne credamus, omnibus viribus et
omni conatu sathan impedire nititur. Novit enim, quantum dispendii
haec res firmiter credita suo regno adferat, seque omni vi despoliari
et omnes suas vires exhauriri, quod admodum egre fert, quare etiam
tanto|pere reluctatur et toto capite sese opponit huic praedicationi. XXIX 268

---

2 ff. 2. Kor. 4, 6 ff. 5 2. Kor. 4, 10 f.; 1. Kor. 15, 31.

R Sed vivit et resurrexit. Quando nostris operibus docent iustificari, auferunt hanc imaginem et blasphemant Christum. Et tamen verum est, quod peccator sum et non. Ipsi vero: volo mera bona opera, habeo. Si non faterer me peccatorem, non haberem Christum nec indigerem. Ideo si non volo esse peccator. Econtra si peccator sum in me perditus. Si vero exeo me et in Christum ꝛc. Christianus sua person halben est Iudas, Caiphas, Pilatus et invenit se damnatum. Aber da ist ein ander person quae suscepit peccata mea in se. Am stillen freytag legen sich all an sein halls. Am ostertag sehe ich yhn auch an, tum nullum habet. Ille praecepit, ut mea peccata non in me, sed in Christo respiciam. Qui hoc potest, der ist genesen von der schlangen, und recht in angesehen, quia ubi non peccatum, ibi iustitia, vita. Sic rein ist peccatum hin weck per hoc quod resurrexit. Hoc hodie discendum, ut quisque suis cogitationibus von sich ghe et non iudicet super sę, quemadmodum sentit. Nam hoc contra Christum et Euangelium quod dicit Christum abstulisse peccata ex nostro corde et conscientia et Christo imposuit. Si fallens ein, sinito fallen. Sed hoc difficile, quia semper nobis nos ipsos ostendit. Ideo apostoli rhumen assidue hanc resurrectionem, opus, et nos debeamus, quia caro ist zu bos, Satan zu mechtig et conscientia zu blod, ut disca|mus nos intueri Christum et non nos. Hoc satis sit auffn diesen morgen von dem stuck. Invocabimus dominum.

XXIX 269

N Der kumpt wider erfur. Leg sie myr nicht yns hercz. Ich hab wol sunde und gutte werck. Ich sehe sie aber nicht an. Ich sehe alleyne Christum an. Hoc non faciunt iusticiarii, considerant peccatum in se et opera et merita in se. Pius autem suam personam considerans videt se impiissimum Caipham et Iudam, sed in Christo mortuo et eius resurreccione solatur se liberum. Hic est aspectus serpentis enei peccata ꝛc. profligantis. Cave igitur, ne tua peccata (als dw sie fulest) consideres, sed in Christi morte et resurreccione speculeris. Das heyst recht die hewtige historia angesehen. Brevis est haec regula Christianorum, sed | arduum opus illam exercere. Non enim fert hoc Satan qui tali aspectu et fide prosternitur et vilipenditur.

XXIX 269

K Adversus hanc exuscitat reges, principes, sectas et pseudodoctores, per quos extingere hanc doctrinam molitur. Neque enim nescius est hac doctrina regnum suum devastari seque pedibus conculcari, dum hac arrepta homines plena fidutia | in Christum se reiitiunt. Porro hanc fidei virtutem qui nesciunt, illis res inanis et vana adeoque nullius frugis est fides.

XXIX 269

---

3 habeo mit Hs. und W. A. 700 gegen W. A. hier eingesetzt: „Ich will eitel gute Werk, also hab ich sie". 11 Num. 21, 8 f.

Ostersonntag nachmittags (28. März) 1529.

(Ostergeschichte: Die Frauen und Jünger am Grabe, Anwendung [Nutz]).

Hodie audistis historiam quae hodie facta, quod dominus e mortuis resurrexit et qui non sat sit, ut audiatur et sciatur et videatur ut historia: si tantum manet opus fur sich da hin gethan, nemini utile. Sed oportet praedicetur, agnoscatur ut thesaurus et donum des sich yderman annheme sibi factum. Ut cum sis periclitatus, respondere possis, quid | Christus hodie egerit, oportet aliquid plus respondeas: XXIX 270
'Christus hodie resurrexit' et sic Satan novit et impii papistae hoc ubique praedicant. Christianus oportet plus dicat, nempe: aliud fecit, quando resurrexit a mortuis. Quid? Sua resurrectione hoc effecit: den teufel zustieben et peccatum, ut nullibi sit, et quicquid malum, et nullibi possit manere et ipse solus sit. Hoc sepe inculco: est nostra ars, est. Si ego Christus essem, omnibus apostolis et praedicatoribus committerem, ut hoc diligentissime praedicarent, quia multi sunt qui norunt, et propter hos velim praedicari, sciunt, quantum ad verba. Nostra praedicatio non est iuridica, medica, sed thesaurus. Qui eum non sic agnovit, nihil novit, effecit per resurrectionem suam salutem, remissionem peccatorum. Id quod canitur: Christus sol unser trost. Non est, nisi sciatur, quid efficiat sua resurrectione. Id quod ignorat mundus. | Si sols michs so seer frewen ut ipse, das ist ein ander lere. XXXI 271
Eque prodest quod dicitur eum resurrexisse, ac si audio de divite principe ɀc. quid mihi utile? Ubi legis: ipse surrexit, setz hin: Ich mit yhm, du mit yhm, ut resurrectio ista in nos trahatur et nos in eam. Qui hoc non discit, nihil discit. Ideo Euangelii doctrina alia est quam Mose et omnium doctorum qui docent, qui vivendum, non de hoc quod donatur. Ideo auditis, qui Satan se opponat, omnia ferre potest praeter hoc quod suscipit hoc donum. Sed Christianus scit se habere quicquid Christus habet et Paulus optime novit loqui de hac re, quasi Christus non fecisset, sed nos nisi quod ei relinquit honorem, quod ipse sit caput qui pro nobis fecit: Eph. 2. et Col. Haec hodie praedicanda.

Iam indicat Euangelium von stuck et quam difficile sit creditu. Ibi | indicantur zeit, person, stet et tamen ɀc. qui credit verum, is rex XXIX 272
dicitur, imo deus. Si credere possem me iam resurrexisse a mortuis et esse dominum. Qui credunt, die habens auch bewisen, sie haben

---

19 f. K: Et quisquis non accipit Christi opera ut dona sibi impetrata, is prorsus nescit Christum. 20 s. o. S. 125 Z. 13 mit Anm. 32 f. Ephes. 1, 22; Col. 2, 10. 35 N: Ich [M. Luther] kan nicht glewben, das ich gereydt [= schon] vom toden ufferstanden sey, wie es den eyn glewbig gwiß helt.

rumort cum Satana und mit den krancken. Iam videtis, qui schwelch-
lichs zu ghet, deinde heraus nemen consequencias et sequamur,
wollen auch ein mal folgern ut papa. Hoc opus resurrectionis domini
adeo occultum manet, ut nemo erfert. Oportet angeli e coelo. Et mani-
festatur infirmissimis hominibus in terris ut est weibsbild. Da ist das
stuck de quo sepe locuti, quod Euangelium ist der wagen vel medium
per quod talis cognitio venit. Multa dicenda de externo verbo essent,
verum oportet adsit spiritus sanctus. Non konnen zu ruck gedencken,
quod etiam per verbum habent, quod Christus passus, resurrexit nisi
XXIX 273 ex|terne audissent et in scriptura legissent, quando ipsi pertransiverunt
pontem, volunt deiicere. Vide hic: Christus quando surrexit, po-
tuisset mulieribus dare spiritum sanctum sine praedicatione oris.
Opus war da et mulieres veniunt illuc, ingrediuntur et inveniunt
sepulchrum vacuum et verum, quod Christus resurrexit. Opus cer-
tissime verum, quod Christus resurrexit. Ipsi autem sic deuten
secundum rationem: ablatus est, discipuli et mulieres. Vide, quid ratio
faciat, si etiam opus ob oculos, si verbum non accedit, certe vacuum
sepulchrum. Iudaei non abstulerunt et Christus certe resurrexit et
vivit. Da felt kein mangel am werck, nisi wenn verbum zu hilff kompt,
non solum cogitant ablatum, sed gestolen. Dicant ipsi, unde habeant
cognitionem scripturae. Was mangelt den fromen weibern quae sunt
piissimae? non falsa cognitio in eorum cordibus et discipulorum,
XXIX 274 nempe weil wort nicht gesagt ist, non possunt intelligere opus. | Deus
fecit nobis hanc gratiam, quod sua opera et thesaurum quod diaboli
domini sumus, hoc hat er uns gefast ins wort hin ein. Qui aliter quaeret
sine verbo, idem inveniet quod mulieres et discipuli, vacuum sepul-
chrum, adhuc mortuus esset et ablatus et ineternum non inveniemus,
non videbimus ineternum. Ideo honora scripturam sacram. Christus
resurgens nemini voluit apparere, ante omnia must her ghen die sprach
des mundlichen worts und ehe es on wort geschehen, ehe musten die
angeli e coelo komen. Nemo praesumat Christum intelligere nisi per
verbum. Papistae et Rottenses sunt contra. Ibi nihil scitur de resur-
rectione Christi. Angelus .1. est qui dicit und mus das mundlich wort
vor hin ghen. Das felt yhn, quod non cogitant, ubi didicerint, et se-
quuntur cogitationes suas, quod spiritus sanctus dicat sine verbo.
Ja der leidig Satan. Summa Summarum: wir werden nicht erfarn
quid Christus, suus thesaurus, nisi praedicatur, ut in praedicatione
in sabbatho ac in consolatione domi.

---

1 Nach W. A. S. 701 = wie schwelchlich [von schwelk = welk] es zugeht. 4 Anspielung auf Matth. 28, 5 ff. u. Parallelen; also: oportet, angeli e coelo ⟨annuntient mulieribus⟩. 22 non = nonne.

Ideo laut das wort angeli sic 'Quid queritis viventem' ꝛc. Haec Euangelica praedicatio quam angeli mirifice inceperunt: Noli quaerere Christum apud mor|tuos. Surrexit, non est. Super mortuis. Er ist XXIX 275 ein wenig hoher worden quam hic. Mortui sunt qui sub lege, suis operibus, hic non quaerendus Christus. Nostra ratio hat lust, ut Christum quaerat cum suis operibus, sicut Gregorius glossam fecit: Mulieres mit guten salben gesucht, sic oportet nos bonis operibus quaeramus. Sed angelus dicit: Non sic invenietis. Strafft yhr suchen. Qui venit mit sein eigen wercken, habet Christum pro mortuo, non ei resurrexit, sed ei mortuus, putat se quid boni facturum, non vult eum habere zum helffen. Ideo strafft angelus. Qui autem? Annuncio quod resurrexit. Verbum indicat eis, quod non est cum mortuis, sed resurrexit. Haec est praedicatio Euangelii, quod Christus non invenitur operibus, sed per verbum horen, mit nachdencken non, sed per praedicationem. Opera sunt quidem bona mulierum, sed est verlorn. Quando Christianum wil from machen per sua opera, fit deterius. Sed praedicatio: 'Hic non est'. Ille articulus non est pro vulgo, sed praedicatio pro Christianis, und hochgelerten in scholis et reges non intelligunt. Christianus intelligit, den ghets auch an. Illis etiam volo praedicare. Et eae sunt mulieres. Vide, das must ja geschehen, ut praedicaretur resurrectio Christi ab angelo et mulieribus, ut viri ja nicht 1 ersten. Der prediger ist| kostlich, est illic, ubi nulla mangel. Non est XXIX 276 apostolus, sed angelus e coelo. Est kein feil an yhm, sic an der predig auch. Sic nostra doctrina im ampt ists nicht schwach. Angelus habet potestatis et sapientiae satis. Das hat mussen sein, ut des worts gwis wurd. Sed scholares sunt weiber et tristes et simplices, halbe dolen, adeo oblitae sunt, ut non cogitent de lapide, vadunt empturae unguentum ac iturae in domum, ubi omnes ianuae apertae. Maria dicit: quid faciemus? nihil efficiemus. Custodes ꝛc. Scriptura dicit man stercker muts und leibs halben quam mulier, dem schwechsten gefes manifestatur die herlichst praedicatio angeli. Hoc est quod dicimus das Sanctum Euangelium, si etiam iis non praedicatur, die es horen sollen, sind so alber leut ut ꝛc. Ein trefflich starck gewis predig quae non felt i. e. am meister und ler feilts nicht in Christianitate, sed discipuli sunt miseri homines. Est ein hochs ding, quod homo ducatur ex sua vita etiam optima, ut sich allein halt an eum qui resurrexit e mortuis. Verbum est mechtig, gwis und sicher, quia angelus locutus. Sed Magdalena est Magdalena, Iohanna, Salome. Ja kinder sind wir, arm schwach schuler qui non capimus illam doctrinam ut digna quae digna, ut

1 Hs. kein Absatz. 1 Luk. 24, 5. 17 Luk. 24, 6. 26 halbe: Hörfehler für alber, s. o. S. 122 Z. 10. 28f. Vgl. Mark. 16, 3.

XXIX 277 habeat meros | angelos auditores. Sed schwach, tol, nerrisch stel wir uns darzu. Magna trost, quod das weiber volck ein pild ist eorum qui Euangelium audiunt et quibus praedicatur, et tamen illis praedicatur et post praedicationem dominus met apparet eis. Vides in illis mulieribus ein gros trefflich unuberwindlich sterck quam habent ex verbo quod stat contra omnes insultus diaboli. Deinde ex se sunt mulieres et toll nerricht. Sic convenit und in einander gepacken schwachheit, potentia, divitiae, armut, quia qui Euangelium suscipiunt, sunt Magdalena, schwach et tamen verbum quod audiunt, reist durch tod, peccatum. Hoc voluit Euangelista indicare, quod Euangelium, hunc immensum thesaurum nobis adfert etiam infirmis, modo non pugnetur contra. Maria heist ein 'stella maris'. Magdalena ein gutes festes starckes schlos. Ideo Iohannes vocat eam solam propter nomen. Non est gelten vol wassers, sed ein tropflin i. e. nihil est et tamen Magdalena i. e. habet ein turrim, unde kan so starck sein ut Salomo. 'Turris fortissima.' Ipsa furet den namen 'Magdalena': ein schlos thut so fest ding quam nemo potest gewingen, et tamen stella maris. Secundum nos sumus ein arm tropflin. Satan hat ein hauffen zungen und suffe wol die halbe
XXIX 278 elb aus et tamen | so kranck, ut non possit, quia inveniet schlos, quia das wort quod angelus furt, ist die krafft. Ideo videndum, ut cum verbo bleiben, wir sein so schwach ꝛc. 'Altera Iacobi', 'ein untertretterin'. Non frustra adductae per spiritum sanctum, quod sint scholasticae infirmissimae et tamen multo fortissimae. Christianus ergo sciat, quid haec resurrectio faciat etiam apud infirmos. Sic oportet Euangelium hat mussen auff ghen bey den weiber et deinde ad apostolos und spert sich, quia so hoch und herlich, ut ratio non possit capere. Si vero diceretur: ieiuna Sanctae Barbarae, hoc bene intelligeretur. Sed si dicitur: quicquid facis, est mera stultitia, quicquid mulierum opus: quae ungere et non inveniebant. Sed hoc mundus non potest ferre, quod nostrum unguentum, quod paravimus tanta opera, debeat nihil esse. Ideo dicit angelus 'Quid'? Sed das ists: Resurexit. Da halt euch dran. Ego annunciavi.

Ex hoc sequitur, quia et inimici nostri praedicant resurrexisse a mortuis et 'propter nostra' et 'iustificationem' Paulus. Ich hoff sie werdens thun. Sed has sequelas subvertent. Si hoc verum, quod Christus sua resurrectione nos liberavit a morte, peccato, Satana, so kan ichs nicht thun. Ergo non opus ut sacerdos legat missam pro

13 gelten: Kübel. 15 Sprüche 18, 10. 17 gewingen: quingen = zwingen. 21 'Altera' bis 'untertreterin': gegen W. A. nach N korrigiert. N fügt zu: 'Salome': 'eyn fridsame'; Vgl. Mark. 16, 1. 29 W. A.: inveniebat. 31 f. Luk. 24, 5 f. 34 Röm. 4, 25.

animabus et meipsum innumeris propitiem ope|ribus. Hoc ipsi non ferunt. Sed wollen utrumque simul erhalten. Oportet tuum etiam facias. Paulus leret dich folg quae vocatur Christiana libertas. Cum credam Christum mea peccata in se sumpsisse, so kan ichs auff mich nicht nhemen. Si in me, tum Christus non habet. Si Christus, Christus non est talis salvator qui indigeat meo auxilio. Si hoc, est ein armer gesel et alium volumus Christum habere. Iam illam folge non patiuntur quam Paulus indicat. Oportet sequatur: Si Christus auffert peccata, quare in cenobium curro, fio Carthusianus? fundavi missam, hoc et hoc opus feci, sol das nichts sein? Da konnen nicht er auskomen et tamen oportet. Das ist signum, quod solum verba loquuntur de Christo et eius resurrectione et canticum canunt. Sed oportet hoc serves. Si non ecclesiae praeceptum de ieiunio, feriando, una spetie, manendo in cenobio, es damnatus, et simul resurrectio Christi. Quomodo hoc convenit? Ego dico: Si etiam praecepta sunt quae deus praecepit: 'Non occides' rc. noch wen ich sie halt, tamen non salvor, quare tu doces me salvari, si unam speciem rc. Ergo non prodest nisi Christus. Non enim indigeo, si obediens sum ecclesiae, so wil ich dem Christo urlaub geben. Das wil man nicht leiden und horen. Docemus externam vitam honestam debere esse, sed per hoc non iustificari. Si vis monachus fieri, nemo impedit, sed quod vis peccata solvere per cilicium, was hat den der gethan quod canis, praedicas, quod Christus mortuus Ro. 4. Die folg leidens nicht. Ideo dicit Paulus: qui non Chris|tum resurrexisse a mortuis, adhuc in pec- XXIX 280
catis steck. Ergo vos in peccatis, sive obeditis parentibus aus sunden zu komen, das wils nicht thun quam resurrectio Christi. Si dicis: vixit ut bonus civis, veniet ad coelum, ja in der jaudler himel. Iste articulus stost zu boden quicquid praedicatur de geistlichen, heiligen stenden, bruderschaften, walfarten et omnibus operibus quae homo facit, et omnia opera sind so gerechnet, wen wol als ein gut nerricht Maria Magdalena habens alabastrum plenum unguenti et audit ab angelo tamen: es stulta, quod quaeris dominum cum mortuis, cum deberes quaerere inter vivos, et nescis, quo is. Sic sol man rhumen der lieben Sanctarum mulierum opera. Nerrisch thuns fur got et mundo et coram se et coram angelis. Es ist depictum in his mulieribus: bona est intentio, opus, et tamen non gilt, donec veniant ad Euangelii auditum und wird yhn da zu sauer, ehe sichs annhemen. Tum vergessen der buxen und salben, ghen aus yhn selbs et fiunt fortes. Velim ut

XXIX 279 [margin, beside the first line]

---

13 si non: ergänze servas. 17 f. Vgl. Gal. 5, 2. 17 W. A. hat servor und servari (Korrektur nach N). 23 f. Rom. 4, 25; 1. Kor. 15, 14.

omnes praedicatores hunc articulum bene tractarent, maior pars quae astat, nescit quid. Ich kan noch aus der heiloſen ſalben nicht komen. Sed vult ſo esse, predig iſt gewis, sed infirmi discipuli. Das mag uns XXIX 281 ein troſt ſein, ne diffidamus, si non | intelligimus ꝛc. Certe debuissent dicere mulieres: Ey ſey got lob, sed capita inclinant cogitantes, an verum sit nec ne.

Ostermontag vormittag (29. März) 1529.

(Ostergeschichte: Der Stein vor des Grabes Tür und andre signa.)

Heri audistis .1. historiam, unter wilche gehort auch dis ſtucke, quia heri facta. Deinde audistis, was man ſol bey der resurrectio domini lernen et credere, quod sit commodum und ſchatz qui uns zu gut kom. Deinde quam difficile sit creditu non des operis halben an yhm ſelbs, XXIX 282 quia est cer|tum et annunciatur. Sed nemo vidit et antequam videtur, wirds auſgericht et tantum per verbum, quod difficile creditu in causa der perſonen halben quae tam infirmae, et sol nondum ortus i. e. erat ein tunckel erkentnis i. e. ein merlin, et maior pars adhuc pro fabula habet, quamquam canunt et fatentur cum reliquis, tamen bleibts wol, ut sit fabula. Da zu hilfft Satan und widderſtand mundi, quod Satan et mundus und hoheprieſter dawidderſetzen und weren mit henden und fuſſen, ne verum sit hoc opus resurrectionis, dant militibus pecuniam.

Marcus deinde dicit ‘Valde magnus’, hoc etiam impedit, ille lapis est signum des unglaubens in corde nostro, quod credatur: Christus resurrexit et germanice dicitur: Es druck mir mein hertz, ac si lapis positus esset i. e. si hanc gravedinem non haberem, ut possem credere. Deinde custodes et sigillum, das niemand den ſtein durfft anrhuren. Den arm weiblin iſt er nicht gar tod, quamquam nesciunt, tamen Iudeis omnino mortuus. Huter sunt levitae, sacerdotes i. e. haben das legem gepredigt et sic Christum occiderunt. Nam Iudaeorum fides et Turcae, quod non indigeant Christi opera, ut ipsi dicunt dominum nondum resurrexisse, sed venisse discipulos. Ipsi habent ergo vacuum sepulchrum i. e. scripturam vacuam, gaffen ymer et XXIX 283 tamen nolunt eum | fateri, qui iacuit drinnen, quem occiderant. Sic bleibt der groſſe ſtein auff yhrem hertz. Sed Christianis aperitur, sigilla lacerata, der groſſe ſtein iſt ab et iam testificata est scriptura nobis de eo qui iſt da hin, et omnes carceres quibus conscientias captivarunt et Christum ligaverunt, ſind zu brochen, quia lex non potest Christianos capere. Christianus super legem et opera, habet donum

21 Math. 28, 12. 23 Hs. kein Absatz. 23 Mark. 16, 4.

resurrectionis Christi quae non unter gſetz, sed weit hinuber, quia Christus non est reus legis, sed dominus super eam. Si Christiani sumus, dicit Paulus, surreximus cum Christo, was ſollen wir uns den laſſen gefangen mit gſetzen. Hodie adhuc pugnamus contra papam, das wir kein legem laſſen uns auffs conscientiam machen. Papa cum suis est ut Iudaei, ut Christus iſt gelegt tod propter opera quae inculcata hominibus. Iam cum praedicatur: Christus resurrexit, apud ipsos manet mortuus. Christiano ſol kein lex auffgelegt werden in sua conscientia. Non dico secundum carnem et sanguinem. Impii enim intelligunt ex illa praedicatione, quod nihil durffen thun. Sed in carne debet omnibus legibus subditus esse, parentibus, magistratui Christiano, et tamen secundum conscientiam nulli legi, sed ſol hoch ſchweben secundum conscientiam uber all gepot, alioqui non intelligit resurrectionem Christi, quia lapis est ablatus et | apertum sepulchrum XXIX 284 et sigilla. Christus non est gefangen unter dem 'quippe', sic Christiani non, Christianus videat, ut nunquam las uber ſein cor illum lapidem. Man mus Chriſtum nicht ein Doctor in iure machen, ut papa fecit. Hoc laut auſdermaſſen wunderlich in auribus qui non intelligunt fidem, quia Christianus ſol gleuben, quod peccatum in Christo sit erſeufft und er ſey er aus komen Chriſtus et peccatum zuſtoben. Si vero sub lege manet, manet sub peccato, morte. Ergo oportet alles mit einander auffgehoben werd. Ubi lex hoc facit, statim adest conscientia. Ideo Paulus weis dich ſach auszuſtreichen fur die Chriſten et ego loquor pro piis. Velim omnes praedicatores hunc | articulum magna dili- XXIX 285 gentia trieben ut Paulus, quod conscientia ſol an morte, peccato, Satan ſein in regno celorum, ut ad latronem 'Hodie mecum'. Ubi peccatum non ablatum, nec mors. Ibi autem peccatum ablatum per Christum, si peccatum, ergo et lex, quia lex facit peccatum, donec sensus peccati manet in homine, regit lex in corde hominis. Wenn der 'quippe' nicht vom grab iſt. Oportet Christiano ſey lex weckgenommen i. e. non mus fulen in conscientia, wie yns gſetz mach ſchamrod. Sed lex gehort da hin: Du Eſel, das ſoltu nicht. Sed in conscientia Christus resur|rexit a peccato, morte, lege et a 'quippe'. Si hoc, ergo XXIX 286 est super illa omnia et quae possunt humanam conscientiam gravare.

---

3 Röm. 6, 3. 11 debet <sc. Christianus>; W. A.: debeo. 15 quippe: Marc. 16, 4 vom Stein: Erat quippe valde magnus. 18 Hoc laut, nämlich der S. 139 Z. 3 zitierte Spruch Röm. 6, 3 f. Vielleicht hat Luther ihn hier weiter vorgelesen (Vers 4). 23 dich = die. 25 an = ohne. 26 Luk. 22, 43. 32 Der Esel ist nach Gen. 22, 5 nicht selten bei Luther Gleichnis des dienstbaren Leibes oder Fleisches, wie Isaak nach dem gleichen Vers Gleichnis der in Christus freien Seele oder des dem Glauben gegebnen neuen Gewissens.

So viel ein conscientia fult stachel et gravedines, so viel feilts yhm am gleuben. Christo resurgente tamen manet lapis legis, donec veniat angelus et per praedicationem indicet ablatum und setzt sich droben drauff. Secundum carnem es servus omnium legum, etiam iniquarum ut Matth. 5. 'Si quis pallium'. Secundum veterem Adam ghet die predig nicht, Rottensis nimpts an, ac gings an libertatem carnis. Sed in conscientia sols sein, ut Christiani resurrectionem Christi sic agnoscant, quod Christus super omnia est, et discant per resurrectionem, ne gravatam conscientiam habeant; si sentit, quod sciat, das nicht recht ist et esse contra Christum, quia lapis ist hin weck, non credis Christo,
XXIX 287 | sed lapis etc. angeli vox sonat aliter: 'Quid quaeris viventem'? tu sentis eum adhuc mortuum i. e. quare credis te adhuc peccatorem, sub lege esse, non aliter facis, ac si Christus adhuc esset in sepulchro. Sed 'cum Christo' Col. 2. ut nemo super conscientiam. Si Papa dicit: Ede in ieiunio pisces, non carnes bey gehorsam und ban. Ja possum hoc facere, das ichs uber meinen alten Adam nhem. Sed ut super conscientiam, non. Da sol mein conscientia frey bleiben, ibi alius vir qui mihi hilfft. Si tua praecepta servo, non ideo melior etecontra. Dir zu willen wils ich thun. Sic quando Mose dicit: Obedi parentibus. Ja, ich wils thun, wils gern auff mein alten Adam nheme. Sed si wolst mir yn meam conscientiam, da las ich dich nicht ein, den 'quippe' las ich mir auffs hertz rc. Sed si in obedientia parentum, non ideo melior. Item quando non sub potestate amplius, non deterior. 'Unum est necessarium.' Unus est qui conscientiam gefreyet. Sic de omnibus aliis legibus. Si est opus, ich wils thun, so fern, ne conscientia mihi urgeatur vel reiß sigel entzwei und sturtz den stein. Nolo
XXIX 288 | pati, ut iterum ponatur lapis in sepulchro qui est devolutus. Nam per hoc quod cogitare debeo: si feceris, salvaberis, volunt me a Christo avertere, ut eum negem. Volo potius negare Papam. Si parentes mihi imponerent obedientiam propter conscientiam, ideo non obediam, quia du zihest obedientiam hin ein in conscientiam Christiani. Summa Summarum: non sol ein ander trost, sicherheit quam ut canitis 'Christ wil unser trost'. Ergo non kan leiden, ut neben Christo aliud in conscientia steck. Multis inculco hoc: est Christianorum doctrina, ut sciant discernere inter manum et cor. Manum non liberamus, sed imponimus multas leges. Sed cor nescit de ullo praecepto quod ist rein abstorben his omnibus. Libenter velim videre aliquem qui dicere posset ad Christum: Christe, der vel der sund bistu schuldig,

---

5 Matth. 5, 40. 11 etc. *; W. A.: et. 11 Luk. 24, 5. 14 Röm. 6, 4; Kol. 2, 12; 20 ff. 22 'hertz etc.': ergänze: nicht legen. 24 Luk. 10, 42. 32 f. s. S. 125 Z. 13 u. Anm.

der ein gſetz uber yhn bringen, ſtraff auff yhn werffen. Ergo nec Christianum, quia Christi resurrectio est nostra. Es leit alls dran, ut discamus, quod Christi resurrectio mea sit. Tum colligitur: ſo wenig Chriſto kan etwas widderfaren, ſo wenig ꝛc. Sed es mangelt an dem glauben. Ideo sunt infirmae mulieres, apostoli et sol nondum ortus. Summa Summarum: Christianus ſol ſthets frolich ſein ut Paulus.
Alii quamquam | Christus surrexit, tamen illis est mortuus: quia non XXIX 289
vident Christi resurrectionem nostram, non possunt intelligere nec curant. Ideo manent hypocritae et operarii. Sic Turca habet pulchram vitam excepta fornicatione. Sed mit deiner heilickeit herunder ut latro. Sed yns himelreich gehort der Schecher per hoc verbum 'Hodie mecum', per hoc venit in paradisum. 'Memento'. Er lies ſeinen leib und gerechtigkeit am Creutz hengen. Sic est in paradiso cum Christo per eius resurrectionem. Latro ille fert uber die gerechtigkeit hin uber quae est in terris, alioqui et alter salvatus, et adheret ei qui sub nulla lege est. Terrena iustitia hort auff, helt nicht den ſtich. Durt mus eine ſein quae sit ewig super mortem, Satanam. Ideo Paulus non vult pati, ut Christiani non verwirret werden in conscientia. Est maxima scientia: Christiano mus man weren, ne legem ſchlag auff conscientiam et cor.
Hanc artem debes habere, ut credas in Christum ꝛc. | Das iſt uber XXIX 290
all gſetz. Si hundert tauſent ſund heut auff dich fielen, tamen deberes dicere te nullum scire, quia Christus resurrexit a mortuis, qui nulli peccato, morti est unterthan. Si tantum ratio posset pro vero habere, ideo mus ſie ſich ſpiegeln an Christo, non an ſich et dicere: Si Christus meus non habet peccatum, ſtraff, mortem, ergo nec ego. In corpore est ſtraff, sed statim ratio vult hinauff. Wer da ein firmament kund machen inter aquas supernas et infernas, ut conscientia dicat: non possum peccare ut Iohannes: Christianum esse et peccare est impossibile. Ratio: Christus non potest peccare et Christi resurrectio est eius. Si vero sentit se peccare, tum Christus ei mortuus. Das iſt von dem 'quippe' geſagt i. e. conscientia nostra quae sic nos drugt, et deinde helff mundus, ut pontifices. Et sic Papa qui etiam addit suum sigillum ut in Apocalypsi und helt Christum pro mortuo, quia quanquam non libenter, ut angelus, Iudei non possunt negare corpus ablatum, sed tamen dant culpam discipulis. Sic nostri Papistae faciunt ein naſen et nos muſſen yhre dieb ſein, qui Christum ſtelen und ver-

---

6 Phil. 4, 4. 11 Luk. 23, 43. 12 Luk. 23, 42. 12 f. N: Ita latro in cruce sua sanctitate et pena satisfecit vor der welt, diſe gerechtickeyt bleybet alhier am krewcz, sed per fidem conscienciae in Christum ascendit cum Christo in paradisum. 17 Kol. 2, 16 ff. 28 1. Joh. 3, 9; 5, 18. 33 Apoc. 16, 5.

XXIX 291 | blumen die schrifft. Et iam dant pecuniam militibus satis copiosam: Qui volunt contra nos scribere, quod falso scripturam interpretemur, statim divites fiunt. Sic manet usque in hanc diem, quod ablatus. Sic illi vident papistae ablatum, sed nos dicunt facere nasum. Nos non acquirimus pecuniam, sed die Rubenlöffels et scribunt, ut libenter auditur, et nos mussen falsificatores scripturae sein, et illis manet mortuus, illis vivus. Et ut Paulus: 'legi mortuus sum, mundo' i. e. ich ken kein sund, gsetz, ut Christus non curat papam, Cesarem, sed dominus omnium. Sic ego secundum conscientiam et cor, et non secundum corpus. Est sermo pro consolatione conscientiarum, das man Christum nicht las yhm grab untern stein.

Ostermontag nachmittags (29. März) 1529.

XXIX 292 | (Ostergeschichte: Maria Magdalena, Joh. 20, 11—18.)

Hodie Euangelium habemus. Tractandum hoc esset, sed praecedentes historias prius tractabimus. Iohannes scribit de Magdalena, qui manserit cum sepulchro et dominum viderit et putarit hortulanum, donec dominus siverit audiri vocem suam et nominarit Maria. Tum agnoscit, tum procidit coram eo et voluit tangere pedes, ut solitae erant. Tamen 'Noli me tangere' ꝛc. De hoc iam habemus praedicare.

Audistis heri et hodie, quod historia resurrectionis Christi non manifestata sit nisi per verbum. Angeli manifestarunt mulieribus, quae apostolis, et tamen praedicatur frustra hoc verbum sine fide: si etiam mulieres crederent, tamen apostoli dicerent fabulam. Sic manet hodie fabula, nisi sequatur hoc quod ipse se exhibeat et sinat audire. Noch hilffts, was kan. Apparet Magdalenae, mulieribus, Petro et

XXIX 293 tamen manet ꝛc. Ut Thomas: | 'nisi viderim'. So gar wil der artikel nicht ein ghen et Euangelium wil nicht hafften, omnes doctrinas admittere possumus. Non solum dicitur haec doctrina, sed sequitur et apparet, et tamen nihil nisi apud suos Christianos i. e. Euangelium praedicatur et aliis multis creditur und erscheint darzu et cum apostolis, noch hats mangel i. e. Euangelium habet suam anfechtung, tamen ist der trost da bey ut hic in textu, ubi praedicatur ab angelis et mulieribus, tum bleibts nicht aussen. Dominus sequitur et apparet i. e. spiritus ipse, auffm fus. Et haec nostra est gloriatio contra Schwermeros, qui dicunt Euangelium literam und mundlich wort. Verum verbum quod loquitur angelus et mulieres, est mundlich, sed sequitur, quod dominus apparet Magdalenae, discipulis, Petro, mulieribus. Certe

---

1 Math. 28, 12. 7 Gal. 2, 19. 14 Evangelium des Ostermontags: Luk. 24, 13—35. 19 Joh. 20, 17. 26 Joh. 20, 25.

ubi praedicatur, non bleibt aussen. Ut et in hodierno: ubi loqui ce-
perunt, | non est procul i. e. hoc verbum ghet on frucht nicht abe, es XXIX 294
sper und wher sich. Ideo libenter quisque debet Euangelium audire,
quia es bleibt nicht aus, Magdalena habet verbum et mulieres et
discipuli et illi habent verbum et tamen dubitant, noch kompt er
zu yn. Modo non simus custodes et Rottae qui nobis auferunt ver-
bum. Es bleib nur beym geschwetz, so wirts an frucht nicht abghen,
tandem futurum, ut appareat Magdalenae. Si vero perdiderimus
verbum. Tum non sunt infirmi, sed all zu starck. Hoc vult historia,
quod Magdalena audivit quidem et tamen infirma aderat, tamen
verbum, ideo apparet dominus.

Audiamus verum praedicatorem: 'Noli me tangere'. Qui vult
audire praedicationem, audiat illam. Ego non possum eam assequi
'Quia nondum'. Diese auslegung, quare non voluit tangi, quia nondum
credidit. Christus ideo ne tangitur, quia putavit eum in das leben
geraden, in qua prius et iam sol bey yhn bleiben. Christus: Es gilt
nicht mher so anrurens ut amici. Non indigeo tuo unguento. Sic
valedicit his verbis omnibus rebus in terris, es ghet da hin, quod hic
Christus sey hinweck ut Esaias: 'Abscissus'. Est discrimen factum
inter Christum | et hunc mundum. Wir sind geschieden. Hic textus est XXIX 295
necessarius da hin, ut hodie dixi. Tu es noch da niden sub lege, peccato,
mag dein nicht, leid dich nicht. Est alta praedicatio. Discrimen est
maximum inter Christum et mundanum hominem, es rurt sich, reimt sich
nicht, es gehoret sich nicht zu samen. Postea ubi aliae veniunt mulieres, lest
er sich anruren. Christiana vita non consistit in hoc, qui obediatur
parentibus, es gehort auff erden, es rurt nicht den hymel, sed bleibt.
Sed man sols thun et praecipit. Ideo dicit: ghet auch nicht an, ich hab
grossers auszurichten. Ratio: 'Nondum ascendi' ꝛc. Hoc Iohannes
addidit, ut non multae quaererentur glossae, quare non tangi pate-
retur. Pro sua persona war gereit hin, sed deiner person halben nondum.
Non possum praedicare, ut vellem, quod non satis potest in uns bilden
resurrectionis Christi opus et omnia tamen ista verba loquitur nobis
zugut. Alioqui posset dicere 'Noli me tangere', quia tibi non. Sed
'ego' et dat Magdalenae, ut Christianus semper 3. et .1. personam
sinat unam esse und zu sam setz, ut Christus nicht gerechnet werde pro

---

1 hodierno: sc. Euangelio, s. S. 142 Z. 14. 9 starck in Hs. aus schwach korrigiert. 12 Hs. kein Absatz. 12 Joh. 20, 17. 19 Jes. 53, 8. 24 Matth. 28, 9. 28 Joh. 20, 17. 30 f. N: Christus quidem pro se ad patrem ivit, sed pro nobis nondum ivit ad patrem. S. 144 Z. 1 f.: N: quando dicit [Christus Joh. 20, 17] Ich, facit personam publicam non privatam. Wyr synds die das betriff.

sua persona, sed sit agnus dei. Metaphorice philosophus. Non facit
XXIX 296 ex persona | ista publicam, sed privatam, tum Christus ist nicht so viel werd. Ideo quando Christus dicit 'Ego', cogitemus nos sic loqui et nos betreffen, das an ghet. Sic in hoc textu ist hic urlaub geben Magdalenae et omnibus qui in carne sunt et tamen ist nicht verworffen, sol gleichwol ghorsam sein, quia ipsa ghet auff erden et est in opere, ipse ist hoher, ut sequens textus indicat.

'Dic fratribus'. Jhens ists Valete gewesen. Valete, ibi dur abgesagt, quod nihil vult mit uns zuthun haben et hic vult omnia expedire. 'Vade'. Haec contraria omnino sunt. Non vult se mittere tangere et hic vult frater esse. Si fratres, oportet non solum tangamus nos, sed amplectamur. Mira praedicatio. Magdalena, heb dich, mag dein nicht, et postea dicit sororem dilectam. Das war sein geredt. Ideo setzt den text mit grossen buchstaben, quia in eo Euangelium est. Non possum praedicare, ut dignus esset. 'Vade dic.' Attende was da gesagt ist: Christus mortuus, sepultus, iam resurrexit a morte, gesondert a vita hac, non habens fratres et sorores, imo neminem
XXIX 297 vult agnoscere. Das ist ja offentlich klar | gescheiden: Ego neminem habeo in terris, et tamen fratres. Ergo mus da beysamen sein ein weltlich und hymlisch wesen. Qui vult Christianus esse, discat haec verba: Sie sind mein brüder. Scribite maximis literis, ut sciatis. Was heist ein 'bruder'? In mundo ghets so zu, quando multi fratres in domo, erschrecken etliche nicht seer, si quis occiditur. Ibi quaeritur fraternitas. Ibi ubi omnes fugiunt ab eo et non cogitare possunt, quod digni ad servos, o wie fro, so viel haben sie nicht durffen begeren an yhn. Et ipse incipit et dicit 'Vade, dic.' Das wort sol wol 3 hundert tausent toden excitare sub terra, si modo credere possent. Die wort sind da, modo crederetur. Qui? Petrus qui abnegavit etc. quo meruerunt? mit verleugnen und abfallen. Setz nur das wort gegen ein knecht, turhutter, quid? tamen hoc: Si fratres, sunt in eadem sede, macht, recht, nisi quod primogenitus in multis fratribus per quem omnes alii fiunt.
XXIX 298 Sind des erbs i. e. guts | halben sind gleich, das bringt der bruder mit: non est servus, inimicus. Qui potest potentior locus in scriptura inveniri quam is? qui dicit 'Vade'. Si Rex Franciae, Angliae sic diceret: veni, tu solt mein bruder, et serio loqueretur, cogitaret: qui regis fratri facit, mihi facit: ubi ipse sedit, edit, quiescit, possum et ego. Es mangelt, quod nemo cogitet, quis sit, qui hoc verbum loquitur, tum wird ein solcher herr ex fratre, ut nemo comprehendat. Quid est Christus? Da find sichs. Maxima herrlickeit in hoc verbo

---

8 Hs. kein Absatz. 8 u. 15 Joh. 20, 17. 30 hoc ⟨meruerunt⟩. 31 Röm. 8, 23.

'fratribus meis', sicut et Epistola ad Eb. 2. Si Christi fratres sumus, tum sumus in hac erb, gut, recht, in quo ipso excepto, quod eius persona non sumus, non sumus Christus met, tamen sedemus in bonis und recht, in quo ipse. Ideo dicitur 'primogenitus inter multos', die ander alzumal hernach, tamen in iisdem bonis, doch nicht yn dem weſen. Non | sumus naturalis dei filius, nos liberati a XXIX 299 peccatis. Sed quicquid est extra eius weſen, das iſt unſer, vel iste textus wirt falſch ſein. In weltlichen laufften dicit quisque: Utinam is non esset meus frater. Oportet ex corde, freyen, fromen hertzen veniat, ut partem quis det hereditatis non fratribus, immo inimicis. Imo contrarium cupit mundus, ut fratres moriantur. Maxima probitas coram deo, quod favet illis vitam. Si vero quis habet hereditatem in manu sua et dicit: Vos habebo tanquam fratres, ſeid wie ich bin, Sic facit Christus: 'Vade'. Ego sum abgeſondert a vobis in terris, sum alius, non ſterblich, sed dominus super mortem, super omnem potestatem mortis. 'Vade, dic'. In den worten leit das i. e. quicquid ego habeo, da zu ich recht hab, et illi, exceptae die perſon und weſen. Qui hoc credere posset, crederet se dominum uber omne peccatum, mortem, diabolum. Si illos pro fratribus accipit, qui suscipiunt verbum, quibus mittitur per Magdalenam, si credunt. was Chriſtus fur recht hat super legem, mortem ꝛc., Das | hat Chriſtianus auch, urſach XXIX 300 'Mein bruder'. Si hoc verum, tum et. Est ein trotziger keiſer uber peccatum. Das gibt das wort. Das rhumbt die Epiſtel ad Ebraeos auffs hochſt. 'Non erubescit'. Er hats ſo fein angeſehen, das er auff das wort ſo gefuſt hat.

Nota, quod Christus ſcheidet: 'Noli', 'Nondum ascendi'. Summa, Summarum: Magdalena, bey dir gilt ich noch nicht, was ich gelten ſol. Du habes me pro eo qui legem dat. Sed 'Ich far', ut discernatis leiplich weſen in terris cum omnibus suis iustitiis a sua. Ich nhem ein ander weſen an et ascendo ad patrem meum. Ibi describit, qualia bona, erb, recht hab, scilicet 'Ich far' i. e. sum dominus super omnia. Nemo patrem sub legem, peccatum, mortem, Satanam wird werffen, mich auch nicht, quia ad eum vado. Qui patrem potest zwingen, et Christum et fratres suos, da mach ſich der teuffel an. Si ipse ad patrem | fert, da wird ex patre, Christo et fratribus ein kuch. Ein treff- XXIX 301 licher ſpruch, ut sciamus etwas hoher ſein umb ein Chriſten menſchen quam sapere terrenum. Cum dicit se ad patrem ire et ad fratrum suorum, oportet ergo sint in regno celesti, quia sunt fratres. Qui

---

1 Hebr. 2, 11. 3 met: ipse met. 4 Röm. 8, 29. 14 Joh. 20, 17. 21 Christianus nach NK; W. A. Christus. 23 f. Hebr. 2, 11. 26 Hs. kein Absatz. 26 Joh. 20, 17. 37 et ad ⟨patrem⟩.

hoc credere potest, est Christianus. Si possemus hoc credere, quod hoc verum, quod Christi fratres, modo non tangeremus eum: ewers dings mag ich nicht, nempt aber mein ding, vos non facitis me zu fratrem, sed ego, vos nihil dabitis, sed econtra: Sic oportet Christianus secundum cor sit super mundum, legem, teuffel und tod, das mus yhn nicht anruren. Si tangit, non est. Sed 'zum vater', dominus super omnia, das yhn nichts ſol zwingen und darnach ſol er bruder. Attende, quis sit qui hoc dicat, deinde qualia bona habeat. Ergo quicquid est in terris bonorum operum, meritorum, mus Chriſtum unverborren laſſen vel perdis Christum fratrem. Oportet hoc nuncium
XXIX 302 arripias und ſeins | guts, rechts dich annempts. Da iſt ein Meiſter Paulus, qui haec verba potest eloqui ut Col. 2. et tamen feilt yhm an wort. Cogita, was das wort mit ſich bringt 'bruder' et tamen is beut an iis qui non sunt fratres. Christianus si credit, oportet ex hoc textu sit securus et gaudens. An den worten mangelt nicht. Ipse loquitur und befilhſt, Sed an unſerm glauben.

Osterdienstag vormittags (30. März) 1529.

Ostergeschichte: Sendung der Jünger, Joh. 20, 19—23.)

Audistis istis 2 diebus, qui historia et opus resurrectionis ſol yn uns gezogen werden, das wirs uns ſein annhemen. Das thut hie diſs Euangelium auch. Ibi befilht Chriſtus discipulis, ut ſind getroſt, quod sit 2c. postea dat eis spiritum sanctum. 'Quorum remiseritis'. De illo textu loquemur paululum.

XXIX 303 Sic dicit: 'Ego mitto vos' et dat eis spiritum sanctum. | Bey dem Pabſt iſt gepredigt, quod se unterſthanden der gwalt remittendi peccata et retinendi, et tamen non praedicarunt Euangelium. Quaestio oritur, an illi potestatem habeant remittendi peccata, qui spiritum sanctum non habent, cum hic scriptum 'Accipite spiritum sanctum'? quod hoc opus Christus nicht wil auffgericht haben sine spiritu sancto. Quid faciemus cum illis qui non habent? Et hodie magna quaestio und ſtoſſen ſich viel dran et dicunt nebulones non posse praedicare Euangelium. Hinc olim venerunt Donatistae et iam Anabaptistae, quod ynn dem wahn geſteckt: Si sacerdos impius, non posset praedicare Euangelium, dare sacramenta, quia dixerunt:

---

6 Joh. 20, 7. 12 Kol. 2, 2 f.? 2, 12 f.? N sagt: Ephes. 2 (Ephes. 2, 5). 17 In deutscher Bearbeitung Poachs W. A. XXVIII 464—479. 21 ut ſind getroſt: meint das Pax vobiscum Joh. 20, 19. 22 Joh. 20, 23 f. 24 Hs. kein Absatz. 24 Joh. 20, 21. 28 f. Joh. 20, 22.

qui immundus, non mundos faciet, qui habet immundas manus, non mundum lavabit. Responde sic: Quod certissime verum sit, quod remittendi peccata officium nulli gehort den spiritui sancto zu, Et ſo weid der spiritus sanctus da iſt, ſo weit ghet das sanguis et sacramentum. Sed Euangelium semper mansit etiam apud adversarios. Papistae tamen praedicant textum, quamquam contra pugnant et faciunt glossas secundum caput et tamen sic mansit textus baptismi, sacramenti, predigampt et ordinatio spiritus sancti. So fern die iſt, ſo fern folgt remissio peccatorum et quicquid Christus dat. Ergo ſo ſihe drauff: So ferne der heilig geiſt da iſt et non da iſt. Si Euangelium praedicatur, adest, si etiam azinus praedicat, ut audistis de Baalam, wie ſteyff das Euangelium et verbum dei praedicarit et tamen impius. Sic Iohannes de Caipha, et Saul propheta. Non ſo ſer achtung zu haben auff die perſon ut auff das ampt. Nam das officium manet, si etiam abutuntur his personae impiae. Ideo geburt dir, | ſo weit er XXIX 304 handelt mit dem wort et ordinatione sua, ſo weit iſt spiritus sanctus et remissio peccatorum. Si fundatum super nostram iustitiam, tum nunquam gewar wurden donorum.

2ter potest haberi spiritus sanctus. 1. fur die perſon, ut eam iustificet, si etiam ea persona non habeat officium und zuregiern ut filia. Das iſt wol die beſt weis spiritus sancti. Deinde, quando quis habet spiritum sanctum non pro se, sed pro officio. Sic boſe pfarrherr, Rotten, ketzer habent spiritum sanctum non pro se, sed officio quod non impiorum est, sed Christi qui imposuit 'Quorum remiseritis'. Non dicit: Accipite spiritum sanctum, ſo werd yr from ſeyn. Non deut spiritum sanctum auff die perſon, sed auffs ampt. 'Quorum'. 2 ley weis spiritum sanctum habere: fur die perſon und ampt. Pro illo more semper est nobiscum. Simile: Princeps si etiam impius, tamen habet maiestatem. Sic filii haeredes, quamquam impii. Sic parentes quando mecum agunt secundum officium, debeo eis obedire, si vero secundum personam, ut et magistratus, ut me cogat ad impietatem, abutitur officio secundum mutwillen suam. Sic pastor ſo fern er handelt, ſo weit ordinatio Christi rc. Si vero contra agit, dico: das las ich gſchehen, wen du kanſt, non multum curo, quia ſuchen yhren mutwillen et pro sua persona usi. Sed si facis, ſo weit dirs ampt befolhen, ut huic remittas peccata, huic solvas, ibi rc. Ibi quisque videat, an suus pastor yhn regir nach ſeinem officium vel mutwillen. Oportet hic facias discrimen inter rottas et veros praedicatores. Urteil mus bey dir ſthen. Oportet non dubites, quando sit in suo officio,

---

11 Num. 22, 28 ff. 13 Joh. 11, 50 f. 13 1. Sam. 10, 11.
19 2ter = dupliciter. 24 Joh. 20, 23.

XXIX 305 quando er aus schreit. Habes | Euangelium: si secundum illud prae-
dicet, bene. Officium eius est praedicare Euangelium. Si facit eigen
glauben, ler, stuck, dico: das ist nicht deines ampts, sed mutwill und
person. Sic potestis aliquo modo drein schicken, quod hoc verum,
quod a nullo remittatur peccatum, nisi habeat spiritum sanctum.
Quia officium non est nostrum, non personae, sed spiritus sancti
et Christi, und so weit das ghet, so weit ist spiritus sanctus bey dem
selben menschen. Potest fieri, ut so viel yn betrifft, non habeat, tamen
ampts halben. Ergo dedit spiritum sanctum Christianitati et cuilibet
praedicatori und pfarhern, ut doceant, trosten, leren. Si hoc non
esset, omnia incertissima: oporteret cras rebaptizarer, quia nescirem
an baptizator fidelis. Ideo claudendi oculi et cuilibet committere
suae conscientiae, an sit from vel non, habeat spiritum sanctum nec
non. Sed certo scito, quod habet potestatem baptizandi, praedicandi,
absolvendi. Das ist nicht sein, sed Christi qui dedit. Si alium bap-
tismum docuerit, dederit, dic: Vos tret aus euerm ampt und tret in
ewer person, es gilt. Das ist das stuck.

'Sicut pater me misit'. Es sol euch ghen sicut mihi. Non solum
dat eis eandem potestatem quam ipse habet, sed da mit trost ers, ut
non terreantur, non curent, quid mundus faciat, quia habent Christum
exemplum, et certi sitis, quod a me missi. Das ist der trotz quem
oportet praedicator in spirituali regimine habeat, ubi praedicandum
Euangelium et remittenda peccata. Ibi oportet, ut illi certi sint qui
a nobis empfangen sollen et nos. Et oportet in seculari statu sciat se
XXIX 306 habere bonum statum ut princeps. | Sic hic multo plus, quod sit
missus. Ibi textus contra pseudapostolos qui se intrudunt, die mundum
zu bessern et hominibus zu helffen. Da widder ist textus 'Ego mitto''.
Ipsi pseudapostoli per hoc agnoscuntur, quod komen getrolt, non
missi, non commissum, non iactant nisi .1. spiritum sanctum, deinde
volunt hominibus helfen ex errore und uber sie erbarmen uber yhr
seel quae in errore, spiritus sanctus eos urgeat. Ibi audis discipulos
non praedicare nisi ursos, missos et vocatos. Ideo so einer noch so
heilig geists vol, glert, tamen non ghet hin an, nisi vocetur, ut sciat:
'Sic positus, ut cogar facere'. Das ist subditis zur warnung gesagt,
ut non ordinati ad praedicandum non admittantur. Imo a principe
commissum, ne tales winckelprediger audiat, quia tales .1. an sich
hengen duos cives, deinde decem, postea totum hauffen. Certe dolet
Satan, quod sic verbum pure praedicatur. Ideo warne ich euch: si

---

18 Joh. 20, 21. 32 ursos: von Gott gestoßene, gezwungene.
33/34 sciat bis facere: Zeichensetzung gegen W. A. geändert; zu positus ergänze: <sum>.

veniunt et volunt praedicare et si papa hic esset praedicator et veniret Gabriel, non admittendus. 1. hebens an, quod ex errore velint homines, tales heis schweigen. Si vult praedicare und sein geist recht ist, so thue ers, alls gepurt, nempe ut auff tret. Sehe hin und beweis quod tibi befolhen sey zu predigen, Ne dicat: non vis me audire. Fieri potest, ut doctior sis nostro praedicatore, sed non placet, quod non uteris der weis da zu. Sic ego possem plectere furem et suspendere in domo mea. Das ist, Das sind die rechten gifftigen wurm quos Satan mittit. Si veri, irent ad consules, praetorem, pfarher et dicerent: Vos sic praedicatis, certe puto, es sey nicht recht. Ideo quando tales veniunt, qui nostram doctrinam reiiciunt et suam commendant, ut timeo plures, dic: | potest fieri, Aber brauche die weis: Christus suos misit XXIX 307 frey ynn die welt cum miraculis. Si vero vult praedicare, exige miracula ab eo et oppone ei hunc textum 'Ego mitto'. Dic: und wen du das Euangelium so rein predigst alls Gabriel, tamen non debes praedicare, sed prodi in publicum, ut et alii audiant. Non est ein neidisch predig Euangelium, sed communis pro omnibus. Sed non admittor. Ghe hin, redt cum pastore. Sed non admitteret, vult solus sapere: si quis aliud dicit, non auditur. So wil ich dich nicht horen. Ego moneo vos: Es ist nicht zu schertzen. Es folget gemeiniglich seditio, quando sic unordentlicher weis. Si vero non admitteris, exi civitatem, excute pulverem ut apostoli et sinito nos peccatum portare. Wir sey, so bos wir wollen. Christus sthet fur Pilato und bricht yhm nicht sein regiment et Caiphas et Hannas in suo. Satan non quiescit. Es sind yr schon etlich hie et olim ante 6. Satan hat mir viel talium praedicatorum unter die oculos geschickt, sed confusi: libenter, quando veniunt auff das holtzlein, libenter audiemus eorum artem. Si non, tamen faciunt ut in Euangelio. Si spiritus sanctus me sic urgeret, ut irem Lipsiam et praedicarem illic, Non irem in domum, sed dicerem ad consulem vel pastorem: vultis mihi gstaten? Sed per gratiam dei non urget me spiritus sanctus nec tanta scientia apud me ut viderem eorum errorem. Si permitterent, facerem. Si non, non irem in angulum. Isti angulares praedicatores sunt ex diabolo. Nemo tam frey surrexit ut nos per gratiam dei. Hic omnes sectae sic erectae durch solch schlangen schleichen et sic vulgus moverunt. Nos vero stetimus hic in contione und unser ampt, missi fuimus, sind fur | gericht gestanden. Non ein XXIX 308 winckel ding, sed offentlich et spiritus sanctus me et fratres meos non ursit. Sed hic habuimus: 'gesend'. Si illo utimur recte, adest spiritus

---

2 ex errore: ergänze servare. 4 auff tret: N: procede in publicum et fac, ut voceris, deinde praedica. 14 Joh. 20, 21. 21 f. Matth. 10, 14. 25 ante 6: sc. annos. Luther denkt an 1522.

sanctus. Hoc dictum von den schmeissern, ne illis aurem praebeat. Si vis Christianus bonus esse, dic: entweder tace vel si habes spiritum sanctum, las dich senden und kompt ordentlicher weis ad hoc officium quo vis me docere. si es vocatus, so thust vel tace, quia non habes hic officium praedicandi, baptizandi, Sed nostri pastores. Si illi non admittunt te, so trol, quia spiritus sanctus non predigt in angulo, sed manifeste.

'Sicut ego' i. e. equali potestate, deinde all ungluck ut ipse. 'Sicut'. Certi simus de vocatione. Das ist das aller herrlichst, hernoch quod non solum certa potestas und recht ordentlich weis das predigampt zufuren, sed etiam was ich auffs richt, hoc etiam 'vos': Quod dominus resurrectionis suae opus dat in os et manus omnium praedicatorum. Christus est missus, ut adiuvet perditas animas. Sic apostoli. De quo Paulus gloriatur, 'potestatem aedificationis' ꝛc. Si hoc Episcopi crederent nostri. Certe sunt missi, sitzen yhm ampt. Das negare non possumus. Aber ut faciant ut Christus et officium suum foddert, deberent eitel helffer, heiland, Christus sein, qui venit animas salvare, non econtra. Vide quid episcopi sint, qui regant Christianitatem legibus meris. Si ipsa non aliter regitur quam quod novas leges facere de esu, votis, vestibus. Christianitatis officium ut praedicet remissionem peccatorum, ut indicet mundo, quod per Christum et a peccatis veniant et liberentur ab omnibus legibus. Euangelium liberat a legibus. Ipsi nihil aliud faciunt quam quod ligant propriis legibus und stricken. Sicut Papa nihil. Sic facit Papa:
XXIX 309 remittit peccata his qui trans|grediuntur leges suas. Ibi fit Antichristus, richt new gsetz et novam remissionem peccatorum an an stat der Euangelischen vergebung, in qua discimus, quod ab omnibus legibus liberi und hat uns strick gemacht und bunden und soll uns los machen. Das heist praedicare lupum in ovili. Heri audistis uber all gsetz esse Christianum, ibi gravant Christianitatem tot laqueis. Est diabolicum regimen papae, das so verstrickt, insuper ubers conscientiam. Cesar legts eim an die hend und fus, hengen eius laquei am leib und gut et quicquid habetur, das ghet externe recht zu. Is vero facit leges et laqueos auffs conscientiam. Das heist nicht gesand ut Christus. Sunt vocati et missi a deo, sed non ut Christus qui missus, ut esset redemptor, ut homines in conscientiis faceret securos, nulla lege verstrick ꝛc. ad hoc missus. Ibi econtra: ut homines gravet, verwirret, schrecken, ut olim omnes reges territi ad mandatum papae, quia suum officium war eitel sein

---

7 Hs. kein Absatz. 8 'Sicut ego' und 9 'Sicut': gemeint beidemal Joh. 20, 21: Sicut misit me pater, et ego mitto vos. 13 Luk. 9, 56. 14 2. Kor. 13, 10. 29 Matth. 7, 15.

mutwil. Sic usus papa officio spiritussancti pro sua persona, cum sit institutum zu brauchen pro aliis, eis remittendi peccata et retinendi, ut consoletur adflictos et obduratos, si etiam zu tod fasteten. Sic Christianum officium est officium quod remittuntur peccata. Si vellent inspicere, certe agnoscerent, quod positi simus ad hoc officium, ut homines from machen per Euangelium et remissionem peccatorum. Sic habes ex hoc textu, quod non iustificeris ex tuis operibus et vita bona. Sed per os tui pastoris, der sol dir sprechen ein wort, ut tua sanctitas grund sich auffs wort, quod Christus commisit suis apostolis, tum erit securus, non morietur. Sic hat er iusticiam et sanctitatem omnium statuum hin weck gerissen et hoc textu indicavit
homini remissionem peccatorum, indicavit rein ab allen | orden et XXIX 310
Monasteriis. Si enim per suum statum non habet remissionem peccatorum, so bleib der Satan drin. Hic aber ists abgehauen. Sed hic commendat: sprich ym ein freundlich wort zu, das sol mher gelten quam omnes ordines et hoc vult textus 'sicut misit', nempe ut homines from zu machen. Quomodo? per Euangelium, non per leges, sed per hoc werden from. Sprich ein wort uber sie durch deinen mund, solt du sie from machen ut dicas: remissa sunt tibi peccata. Illa potestas venit non ex potestate papae, sed ex verbo Christi quod Christus posuit in os cuiuslibet praedicatoris. Sic ille textus ist herlich zu halten, das er ghe uber all ler cum suis operibus, ut sit Cesariana ala drunter.

Osterdienstag nachmittags (30. März) 1529.

| Ostergeschichte: Sendung der Jünger, Luk. 24, 36—49.) XXIX 311

Hodie audivimus, qui Christus mittit suos discipulos in mundum et imponit eis officium, ut sint vergeber und behalter peccatorum et sic facit ex praedicationis officio, das drinn sthet unser leben et quicquid sumus. Denn da sthets, quod suo ore verbum, quod verbum bringet mortem et vitam annunciat. Nam ista verba mus man nicht so gering halten. Das wort remissio peccatorum Paulus preiset in omnibus Epistolis: predigampt und Euangelium, das ist solch kostlich ding bey yhm, ut wunder, et vocat officium versunung, quod Christus commiserit illis officium, das tod, sund weck nheme et omnia richte. Das weis der Satan wol, ideo hat er so viel zuschaffen, ne hoc officium rein bleib, ut Rottenses aliquid fur nhemen, quando versunung et
remissio peccatorum, nempe leges, ut Papae | et Episcoporum regi- XXIX 312
mentum est externum, quasi leg dar an gros, daran sind die clerici komen et fecerunt suas leges de suis votis. Sed ipse non curat nach

---

16 Joh. 20, 21. 32 2. Kor. 5, 18.

diesen, sive hoc sive aliud edatis, si non cappam, aliam vestem induitis, darumb ists nicht zu thun. Sed seid mittler und hendler et remissores peccatorum, ut homines ex peccatis eximatis, ut destruatis mortem, peccatum. Das ist mein befelh, ut homines per nostrum officium der sund frey werden. Es ist yhm ꝛc. Sed dispergit inter nos.

Sequitur Da ers noch klerlicher aus druckt. 'In nomine eius praedicari'. In hoc textu iterum habetis, ut hisce diebus praedicavi. 'Also must'. Des und kein anders, das man viel ander lere und wesen will anrichten. Sic scriptum das nicht so odder sunst, das nicht ich vel alius moriatur, sed oportuit Christum, et in ipsius nomine praedicetur remissio peccatorum. Sed 'poenitentia et remissio peccatorum', solts komen, so musts allso sein, ut ego morerer et resurgerem. Hic certe potens
XXIX 313 textus quicquid hodiernus. | Certe claris verbis da hin zeucht suam passionem, ideo ferimus et finem et fructum eius, ut praedicetur poenitentia, quasi dicere velit: An das, wo ich nicht gestorben wer vel resurrexissem, quod esset poenitentia vel remissio peccatorum. Iudas, Cain habet etiam poenitentiam. Sed wie gings hin aus? sic: 'Maior iniquitas'. Iudas: 'peccavi', quia erat poenitentia quae erwuchß ex eigner andacht, an das Euangelio mortis et resurrectionis domini, quod annunciat tibi tam magna esse peccata tua, ut opus fuerit Christum pro eis mori. Ibi ergo galgen rew, desperatio, non poenitentia, sed Iudae, quia non est daran gehenckt pus et remissio peccatorum. Extra Euangelium gilt kein pus, deinde nur zum schaden. Si ablas briff krig et absolutionem ex sua potestate et non indicat mihi Euangelium, est nihil, quia sthet an glaub, non audio verbum dei. Sic Papa scripsit in suis literis: 'Ego auctoritate Apostolica'. Omnia in
XXIX 314 suam potestatem traxit. Potius orationem draus | gemacht quam urteil: 'Deus misereatur tui'. Oportet hic praedicator schlies et dicat: Das sagt dir Christus, got, in hoc veritas, hoc confide. Nihil est autoritas apostolica, Episcopalis. Sed recta absolutio fiat in Christi nomine, si etiam minimus praedicator ut Papa. Videte verba. 'Es muste' sein, modo sol scriptura impleri, quod remissio peccatorum et poenitentia non esset extra Christum. Qui in scriptura student, intelligunt hoc. Gene. 3. 'ponam'. Ibi Adam in nomine Christi poenitentiam et remissionem peccatorum accepit. Ipse cum peccato, morte, diabolo sol fechten, qui aliter praedicat, thut unrecht. Er must leiden, war eins, sed ne in morte maneret, ideo sequitur: Mit der passio hatt ers auff sich genomen et deinde vicit resurrectione. Et haec passio et resur-

6 Hs. kein Absatz. 6 Luk. 24, 47. 7 Luk. 24, 46. 11 Luk. 24, 47. 15 An: = ohne (ebenso Z. 19 u. 25) 18 Gen 4, 13; Matth. 27, 4. 31 Luk. 24, 46. 34 Gen. 3, 15.

rectio must gefast werden yns predigampt, alioqui nemo comperiet, experietur. Externum aperit verbum ꝛc. Sic sol leiden ꝛc. sed non sic manebit, sed man sol da von predigen et hominibus ansagen. Ideo sein vocabulum 'praedicari in nomine'. Ne | praedicetur pusse in nomine XXIX 315 Iudas, Cain, Carthusianorum, Augustini, Bernhardi, Francisci, hin weck mit yhn. Tua poenitentia, vita mus nicht ein namen haben quod tu thust, vel est Cains poenitentia. Ratio: quia si poenitentia praedicatur extra Christi nomen, praedicatur in nomine nostro et ille penitet in nomine Carthusianorum, cogitat: illo opere wiltu die sund bussen, et hoc est in nomine Carthusianorum gebüsset, quia ipsi habent nomen, opus. Sic quilibet opifex habet nomen ab opere. Illam poenitentiam habet Satan lieb. Scit enim, ad quid serviat, nempe quod homo desperet tandem. Oportet sit altior poenitentia, nempe in nomine eius, quae est, quando non fit per opus, per rew operum propriorum. Ut Iudas inspicit opus quod fecit et vult poenitere. Sed est rew und busse in nomine Iesu, quae gehet uber alle gut und bose werck. Illa poenitentia aeque Sancto maximo ut maximo peccatori. Quicquid facimus, ist eitel verdampt wesen ynn yens leben. Sed illam nolunt | intelligere. XXIX 316 Illam poenitentiam Christus vult, ut cogamur omnes dicere: Ego sum peccator. Ibi Caiphas et Annas cum suis sanctis: Ego ieiuno bis, non sum adulter, ut Phariseus. Sed Christus vult poenitentiam machen quae ghet uber alle diese, si extra me, sunt damnati et qui non fatetur se talem, est perditus. Si vero dixeris: si omnia fecero, tamen inutilis servus, nihil mereor, quia centuplum bin ichs schuldig. Supra omnia, si servaris 10 praecepta, nihil mereris celum. Quid dedisti domino, quod corpus et animam dederit et membra? Si tecum rechnet, so bistu zehen mal mehr schuldig fur das quod dedit. Ergo gegen dem hymel hastu noch nichts. Si solts etwas mher haben, oportet aliquid hohers kom. Ergo agnosce omnia esse peccata et te reum damnationis. Illam poenitentiam meint er, der wird nicht leichtlich ynn Judas busse fallen, quia ist ein seliglich busse quae flust her a Christo. Impii fallen auff ein sund et si possent pro illo satisfacere, putant satis, ideo ein stucklich busse. Sed Christiana busse est, quod homo | credat omnia esse peccata. XXIX 317

Ex hoc sequitur, quod nulla est satisfactio. Bus est secundum scripturam quae est, ubi nulla satisfactio. .1. oportet agnoscam meum errorem et peccatum und sey mir feind drumb, sed quod non satisfacere possim. Cum enim omnia peccata sint, ergo etiam opera

---

4 Luk. 24, 46. 14 quando *; W. A.: quae. 20f. Luk. 18, 11 f. 23 Luk. 17, 10. 34 Hs. kein Absatz.

sunt peccata per quae volo satisfacere. Sic hoc verbum 'busse', quando praedicatur in nomine Christi, hebt auff illam busse quae in decretis papae est constituta, quia coram deo opera bona sunt peccata. Summa Summarum: oportet dicere: mea opera non faciunt. Hoc est .1. quod praedicatur mundo, quod nihil possit: quando hoc fatetur, est in hac poenitentia. Qui non, est in Iudae poenitentia, non volens integram poenitentiam amplecti, sed stücklich. Non est praedicatio pro her omnes.
XXIX 318 Sed quia tempus dat, oportet | loquamur de his rebus christianissimis, ut discrimen habeant Christiani inter fidem et opera. 'Busse' ein runde busse an wercke i. e. quod credo, quod Ihesus Christus dicat me peccatorem et omnia damnata et fateor. Illa non potest fieri sine fide. Ratio non credit, quia putat aliquid nobiscum boni. Haec poenitentia incipit in fide in nomine domini. Ibi non desperatur, quia non Iudae poenitentia, sed quae fleust ex verbo, quod dicit omnia esse peccata. Drumb helts fest und bleibet sthen et habet ein forteil, quia sequitur remissio peccatorum. Si more papae, sic dixisset: poenitentiam et satisfactionem pro peccatis. Sed 'busse' i. e. ut agnoscatur peccatum et remittatur. Mundus haec duo ignorat. Papistae non docent pecatum agnoscere.
XXIX 319 Sed discere agnoscere vere peccatum und weisen ad Christum, | sic ziehe es zu samen ut Christus: Oportet Christum mori &c. zihe sie zu samen, tum sunt mera tonitrua poenitentia et remissio peccatorum, non fuit nota mundo. Busse hat man wol gehabt in regno corporali et in papatu. Sed illa praedicatur in nomine domini qui a mortuis resurrexit et passus, quod sua mors et passio, resurrectio sol geben das, das man peccata erkenne et remissionem eorundem. Si non mortuus, non sciretur haec poenitentia et remissio peccatorum. Omnes iusticiarii praedicant in suo nomine et desperant. Ergo dicit hoc opus ideo factum, ut nobis praedicaretur, ut veniremus ad cognitionem peccatorum, tum statim ist vergebung auffm fus er nach. Sic in Christianitate non est busse et satisfactio pro peccatis. Sed mera agnitio peccati und gwisse zusag, quod remittantur peccata.

Extra Christum nec est agnitio peccatorum, taceo, quod remissio, quia non credunt Christum pro se mortuum, quia dicunt: Hunc ordinem
XXIX 320 suscepi, ut non | indigeat Christo. Nescio de peccato. Si quid facio peccati, solvere possum operibus meis. Ergo otiosus Christus. Sed qui audiunt verbum praedicatum in nomine eius, quod dicit omnes peccatores, etiam quando sunt sanctissimi. Si credunt, sunt remissa, si non, non. Qui non vult esse peccator, der schart und kratz das wortlein aus 'Busse' et 'remissio peccatorum' et non audiat hanc praedicationem. Illa verba

---

1 f. Luk. 24, 47. 31 Hs. kein Absatz.

sind so trefflich gesetzt. His verbis schwebt Christus uber all gsetz heillickeit. 'Omnibus'. Nemine excluso bessert euch; mundus: quid si non sentio peccatum, non credo his verbis? Si te non mordent peccata, mordeat te verbum. Dic: quis novit peccatum? Ego credo tuo verbo, quod sim peccator. Si hoc, tum remissa, modo serio agnoscas te peccatorem.

Quid secum afferat remissio peccatorum, sepe audistis, quod est mera gratia, donum est, non est meritum: si condonatum, si non meritum, non per omnia bona et merita wirts erlangt. Tamen adiuncta simul contrariissima Busse und vergebung quomodo conveniunt? In papatu non, quia dicit 'Busse' satisfactio pro peccatis, quod non quadrat cum remissione. Drumb leiden sie sich nicht miteinander. Sic autem fecerunt, quod ipsi Busse genomen ex weltlichem regiment in quo fit, ut judex strafft ein dieb, ut luat poenam. Haec non est | Busse in Euangelio, quando homo satisfacit pro peccatis suis. XXIX 321
Sed hie unden auff erden. Sed busse in Euangelio: agnoscere et credere, quod peccatores sumus, qui nunquam penitere possumus. Est confessio et agnitio peccati, ut Paulus: Lex est agnitio, ꝛc. ut quando dicit vos omnes peccatores: Domine, ich gleube, et si non sentiam. Das erkentnis peccatorum ex verbo dei quod dicit nos omnes peccatores, est busse. Die busse non ficht contra remissionem peccatorum, quia est agnitum peccatum.

'Tibi soli peccavi', 'et vincas'. Hic verus intellectus horum verborum, quando scio busse esse agnitionem et confessionem, omnia perdita esse et non aliud medium, radt quam hoc: vergebung. Tum so kompt ein Christ fein dazu. Ibi oportet discamus aliter loqui illa verba quam Papa et mundus qui etiam loquuntur de iusticia, veritate. Si velim in scriptura sic: iusticia est, quando do alicui quod suum. Ja, vade, da domino quod suum. Scriptura heisst iusticiam: credere in Christum. Ratio non dicit, sed verbum. Ratio: Bus: Si peccasti, mustu auch büssen durch ein schilling. Tum papa: ex quo in mundo, ergo in Euangelio. Sed haec est poenitentia, quod agnosco omnia mea peccata esse, sed non ex ratione agnoscis. Sed Christus iubet praedicari in nomine, 'ut ipse iustificeris et vincas', hoc est: sicut tu dicis. Das heist bus, sic statim habes | remissionem XXIX 322
peccatorum, quod peccatum agnoscis et verus es Iudeus et confiteris omnia peccata lauts suorum verborum, non rationis quae dicit: si facio iusticiam externam, non est peccatum. Est quidem iusticia

---

2 Luk. 24, 47: in omnes gentes. 7 Hs. kein Absatz. 18 Röm. 3, 15. 23 Hs. kein Absatz. 23 u. 34 Röm. 3, 4; Psalm 51, 6.

mundana, sed coram deo non gilt, quia hic praedicatur in nomine eius Bus et remissio peccatorum. So thut der hencker nicht, lest die sund so nicht bussen: quando confessus peccata, halt den kopff her. Sed hic quando confessus peccatum, ut nescias aliam satisfactionem quam remissionem. Nihil aliud satisfactio Christiana quam remissio peccatorum, qui est Christus, et eius resurrectio et passio hats gethan, dir wirds propter se vergeben. Sed ecclesia Romana schilts, die est mundana satisfactio, die gilt nicht in Euangelio. Sed in Euangelio est satisfactio mere remissio peccatorum, ut Christianus discat: satisfactio remissio peccatorum. Sed quando peccatum sentit, ists uns eingetriben per virgam a parentibus, schulmeister, das straff da ghet und Christlich kirch und regiment. Ibi mera fülen et experientia, ut, ubi peccatum, ibi sol gnugthun sein. Ideo hoc opus, labor, ut quis XXIX 323 | fateatur peccatorem se. Sed hic seuberlich zu thun, ne admittam mundanam pus, vel Christum abnego. Sed si sentis peccatum, es in dem stuck, quod Christus vocat praedicari in nomine suo poenitentiam. Si hoc credis, omnia scilicet esse peccata, crede etiam hoc: remissionem peccatorum. Nam volunt ambae ungescheiden sein. Utrunque condonatur tibi: agnitio peccatorum et remissio peccati. Also ist magna Epitasis in remissione peccatorum per passionem et resurrectionem. Oportet ergo opera mea non nisi Christum velim negare, tum non indiges remissione peccatorum, habes quid melius quam Christus habet, et Christo et deo, so helff dir den der Teuffel. Judas hat mit seiner pus umbgangen secundum rationem, non apprehendit locum, quod 'in Christi nomine'. Nostri adversarii non patiuntur hanc doctrinam, sed dicunt: etlichs ist sund, etzlich nichts. Quod peccatum est, pro hoc possumus satisfacere, qui per hoc abrogant simul et passionem Christi et resurrectionem, die straff und pus mus ins Euangelium nicht komen. Hoc, inquit, debet praedicari per totum orbem. Nunc locuti de resurrectione Christi, ad quid utilis.

XXIX 345

Pfingstsonntag vormittag (16. Mai) 1529.

(Erklärung des Pfingstfestes und Verlesung der Pfingstgeschichte Act. 2, 1—41.)

Multa praedicanda de isto festo und ist alles vol und reich. Debemus hodie praedicare .3. stuck in symbolo. Et Euangelium in se dives et postea historia festi. Sed ut maneat apud vulgus memoria huius festi, unde veniat et quare feriemur, .1. historiam dicemus und da von handeln, so viel Gott gibt.

---

6 qui: verstehe quae. 25 Luk. 24, 47.

Got hat die welt angriffen zu regirn duplici lege vel sapientia. .1. sapientia legis und ist da mit ynn die welt gefarn unter den bösen hauffen, die mus man zwingenn und auff die kopff schlahen, quia mundus est sub Satana und verhertet, quia nec minas nec promissiones suscipiat. Ideo hat er stockmeister gestifft et dedit eis clavam in manus. Diese henckers kunst heist lex, das man nicht allein drawet, sed mit der faust nach truckt. Ad hoc serviunt omnes carnifices, magistratus et haec scientia docet discere patibula, rotas. Es ghet mit den gesetzen zu ut mit den furiosis menschen, die man mit keten fahen mus. Sic deus dat leges ꝛc. quae non sufficerent, nisi ipse adesset. Nam vulgus magistratus superat. Ideo mit donner und plitzen, wasser, feuer schmeist er drein. Haec una est sapientia per quam regit mundum, die hat er auff ein sonderlich weis angefangen apud Iudaeos in monte Syna quae duravit ad Christum. Sed mansit et manebit propter malos ut Petrus: propter illum bösen tollen hauffen. Pii | etiam coguntur obedire XXIX 346 legibus. Hinc Iudaei hunc diem feriati, ut huius legis memores et agerent gratias, quod regimen sic bestetigt bliebe ynn teglicher ubung. Hinc praeceptum in lege veteri, ut a festo paschae numerarentur .50. dies, quo hunc diem celebrarent, ut gratias agerent et meminissent beneficii quod eis data lex, ut malefici plecterentur. Sic et hodie orare debemus pro bono weltlich regiment in terris, ut principes concordes et sapientes regentes sint in terra. Das ist das alte pfingsten fest, das durffen wir auch.

Das ander, da uns am meisten anligt: da Gott die knutel unter die hunde geworffen i. e. dedit das scharffe gsetz, sind sichs drunter, quod verzagte, blode, erschrocken hertzen sind qui nimium timent fur solchem strengen regiment, Den hat er ein newe pfingsten imposuit. Et haec est sapientia vel scientia, quae dicitur Euangelii, quae erigere debet eos qui sentiunt dei iram, et non sind der gros hauffen, da der hencker mus maister sein. His gehort hoc Euangelium et doctrina quae corda eorum zu frid stellt. Magna res est in mundo habere pacem. Maius, si boni doctores qui spiritualem pacem seminant. Ibi nocentiores adversarii ut peccatum, conscientia quam carnifices. Ibi multomagis necessarium, ut oremus pro Euangelio, ut divulgetur, ut habeamus pacem et letam conscientiam.

Sic posset festum | hoc dici festum dar ynn man feyrt umb welt- XXIX 347
lich und geistlich regiment, ampt, wort und werck das sie furen, ut det deus zeitlich klug herrn, fursten et sapientes doctores, ut executio se-

---

1 Hs. kein Absatz. 10 N (nach adesset): Oportet . . . dominum eciam custodire [= beschützen] carnifices et leges. 15 1. Petr. 2, 12. 24 u. 36 Hs. kein Absatz.

queretur. Deinde sein bonos praedicatores, ut das auch das verbum von staten ging, den nachtruck gewinne per spiritum sanctum et efficax esset. Omnia gefast in hoc festum, quaecunque Christianus habet. Inn osterfest ausgericht, iam in hoc festo dividit, dividit iudices per mundanum regnum, dedit sapientes homines et sivit sapientiam describere. Hodie ausgeteilt das regiment, das man predigen soll pacem et consolari moestos. Sic hodie recolimus omnia bona quae hodie accepimus. Quando induis tunicam, ist des pfingstags schuld, coronam floream 2c. disce gratias agere pro beneficiis amborum regnorum et ora, ut deus nos da bey erhalt. Nam Satan non quiescit. Vide quot rottas in spirituali regimine anricht, ut verbum verker vel penitus auferat. Ideo orandum, ut verbum maneat, tamdiu ipse wuttet. Ideo necesse ut Penthecosten wol beghen. Ita non pati potest, ut weltlich princeps mit fride sitz, nisi ei se subdat. Si vero vult Euangelium amplecti et suum officium exequi, non patitur hoc. Wie viel wird er mher nostro principi zu setzen qui in manifesta confessione veritatis sedet? ubi alios uno Satana impetit, nostrum decem. Ideo gratias aganus pro pace et agnoscamus donum magnum et sciamus nos non sedere in
XXIX 348 Rosario. Sed in circuitu | nostro sunt multi Satanae et oporet sint boni homines inter nos qui nos retten. Satan in comitiis gieng schwanger. Deus effecit, ne fructus illi abging, ut voluit, non versehen uns zu yhm eins frids, gnade. Ideo gratias agamus deo pro duplici regimine et curemus, ut servemur in Euangelio et det iis qui non habent. Das ist die ankunfft huius festi. Wir mochten heissen 'findstag' vel dies Euangelii vel weltlichs frids und regiments. Orandum igitur pro omnibus qui sunt in weltlicher oberkeit, ut from und klug mache, deinde ut bene regant, deinde pro omnibus pastoribus et praedicatoribus et auditoribus, ut bene praedicetur. Das heist pfingsten.

Legamus historiam Lucae qui descripsit, qui die new pfingsten sind angangen, die alten sind herlich beschrieben in libris Mose. Luc. 2. 'c. i. e. 50 dies.' '.3. mille 2c.' Ibi ein stuck, wie ist angangen das geistlich regiment oder das Euangelium. Hie sthets, quod Euangelium sic inceperit mit solchen grossen wunderzeichen quae sequuntur in hoc libro. Nam totum librum potes huc referre. .1. discipuli simul consederunt propter metum et non habuerunt gaudium. Iudei hodie leti saltarunt et quicunque erat primogenitus filius, must zu Hierusalem sein ut hc dicit 'Ex omni natione quae sub coelo est'. Ii omnes leti an der kleit hauff,

---

24 N: Eyn findestag, in quo omnia invenimus, scilicet dio regimenta usw. 30 c. i. e. = cum impleti essent (Act. 2, 1). Nacl N hat Luther Act. 2, 1—41 im Zusammenhange verlesen. Aus der Zeit die das kostet, erklärt sich die Kürze der Predigt. 37 Act. 2, 5.

.120. illi clausi und betrubt, kunden nicht frolich sein et tum venit spiri-
tus plotzlich und saust ut textus et sedit super ꝛc. et linguae igneae
divisae, und leuchten da her ac | igneae. Hoc .1. erat miraculum, quod XXIX 349
linguae Apostolorum videbantur ac essent multae linguae et igneae,
fuerunt viel und fein new, depingendae linguae, ut viderentur an
beatis in ore, zerteilt und viel. Das ander zeichen quod maius, giengen
her aus unters volck, qui prius in angulum serpserunt et timuerunt
Iudaeos, iam adeo keck, ut irent in forum et inciperent libere loqui et
praedicare, et quisque potuit loqui mit der zung da er hin kam. Multi
dixerunt eos loqui Ebraice et tamen sonitus sonuit latine, ut erat
auditor ꝛc. Sed ut iam sunt latini, germani, greci, Sic apostoli locuti
mit einer iglichen sprach cuiuslibet populi. Quare non timuerunt
senatum Hierosolymitanum, taceo totum mundum. Hoc tam magnum
signum ut mortuum exuscitare. Certe quando homo habens cor
verzagt. und wird zu friden, maxima potentia et maior quam mors,
peccatum, mundus, diabolus. Ita regimen Euangelii ist angangen
cum isto miraculo, das die bloden sind kune worden, die leyen sind auff
ein momentum die glarsten worden, die auff erden sind komen, hut dich
fur den blöden, die kun sind worden, ut scripturam intellexerint et
omnibus linguis redten. Sic etiam audivimus ferri legem talibus
miraculis, sed horrendis. Ideo non potuerunt audire Iudei, terre-
bantur, quia mundanum regimen ist zornig, mus plitzen, wettern et
| homines zemen mit morden. Sed novum regimen nimpt kein wetter, XXIX 350
sed die zungen, et igneae, quae hoc efficiunt, quod nec gladius. Non
est mollius membrum in homine nec ein liplicher opus in homine
quam sprach. Hinc gentiles dicunt homines segregatos lingua a bestiis.
So ghet dis regiment so liblich, freundlich als jens schrecklich. Sed illos
betriffts qui sunt verzweifelt und blode. Alii si audiunt, dicunt ut illi
'pleni musto'. Sicut dem Euangelio ghet, wens kompt fur die weltweisen,
illi contemnunt. Transeamus ad communes errores hominum, dicunt
Itali audituri sermonem. Euangelium non vult praedicari et libertas
Euangelica ghet nicht an nisi die schwachen, verzagten hertzen. Alios
werff wir a libertate christiana unter den hencker. Non enim praedi-
camus capitibus duris. Euangelium gilt denen die da sitzen et sunt
captivi ut Apostoli. Darnach das volck ist, dar|nach solln sich die pfingsten XXIX 351
haben. Episcopi arma sunt ignea lingua et divisa, carnificis gladius.

---

18 gelehrtesten. 20 Exd. 19, 16ff. 29 Act. 2, 12. 36 N: Exhortacio. Commendacio fisci publici, ut illum suis benevolis sustentent eleemosinis. Nam cum prius Sathanae impulsu ingencia dederint, cur non eadem euangelii caussa facere velint, onerati omnibus iniuriis eciam ministros suos ecclesiae non alent, sed priorum eleemosinis alentur

Pfingstsonntag nachmittags (16. Mai) 1529.

(Joh. 14, 23—31: a) Vers 23.)

Hodie audivistis textum historiae de festo et quid sit. Iam multa dicenda de hac historia, sed non omittendum Euangelium, et historiam wollen wir ſparen in alios dies. 'Qui diligit me, sermones' ꝛc. Haec verba respondit Christus auff des guten fromen Judas frage, qui interrogat dominum in coena, quid hoc quod Christus se manifestare vellet discipulis et non mundo. Non intelligebat, quid esset. Ad hoc respondet Christus 'Qui diligit' ꝛc. Ibi sententia lata: non
XXIX 352ª est possibile, ut verba domini quis servet, | es ſey denn ſach, er hab luſt und lieb dazu. His verbis iſt abgeſondert, was Christianus heis und iſt, et econtra qui non servat, potest de eis loqui, scribere, si non diligit, adeo multa sunt quae a domino trahunt, das er des worts nicht kan achten. Iam multi sunt qui volunt docere und Euangeliſch ſein und bringens doch nicht weiter quam quod loquuntur, haben widder lieb odder luſt zu Chriſto. Sed Christus dicit: man mus zu mir lieb haben vel iſt ungehalten. Christus non est aurum, honor, potestas in mundo, alias multos haberet amatores. Summa Summarum: nihil est Christus eorum quae diliguntur in mundo. Ideo magnum verbum lieben vel luſt haben zu Chriſto, quia aliis omnibus essemus mortui. Sequitur ex hoc: qui Mammon diligit ꝛc. potest audire Euangelium, se iactare Euangelicum, audit hic non posse se 'servare'. Sic qui quaerit gwalt und ehr auff erden, luſt und freude et quicquid ſanfft thut in hac vita, non habet Chriſtum lib. Alſo bleibt zuletzt ſo ein greulich blick, ut totus mundus abominetur. Sic dominus respondit Iudae, quare se mundo non manifestaturus esset ꝛc. Quia est excecatus und ſtickt in lieb und luſt Mammon, zur freuden, wolluſt et quicquid est in terris, quando non videt aurum, luſt, ehr, nihil videt, das macht, das ich fur yhr verborgen bleibe, wird nicht anders draus.

---

gravisque obiurgacio impiorum, qui detestentur haec tempora priora desiderancia illisque eorum interitu id accidere. — Preterea acerrimam παρακλεσην ad oracionem fecit pro Euangelii cursu eiusque ministris, Pro Cesare Principumque concordia, maxime autem pro Saxoniae piissimo duce, qui confessionis Euangelii caussa totum mundum adversarium sibi nactus est: pro illo spiritualiter et debemus et obligamur orare deum illumque sustentare ut in pace reget. Crede mihi: sua pax gildt dyr deynen rothen rock, omnem substanciam, leyb und leben. Ergo orate. [Ausführung des Befehls des Kurfürsten vom 13. V. 1529, vgl. Enders Bd. VII S. 99, hinsichtlich der Protestation zu Speyer.]
4 Evangelium des Pfingstsonntags: Joh. 14, 23—31. 5 u. 9 Joh. 14, 23. 10 ſach: hier = so (Luther hat den Endvokal mit stark exspiratorischem Verschlußlaut gesprochen; sich = sie usw.). 26 Joh. 14, 22.

Sed vos qui me suscipitis, audietis me praedicantem, quod nihil curanda crux, illi poterunt servare verbum meum und setzen ynn die fahr omnia et verbum solum servare. Et quid posset eis aufferri, cum Satan, mundus, caro non habet raum bey yhn? Si nihil horum curo, so wird mich die anfechtung auch zufried lassen. Sic ehr, gwalt, freud XXIX 353
non curo. Sic possum cum verbo manere. Quare enim cadunt homines a verbo? quod divitias non volunt deserere, honorem. Sic manet occultum verbum. Tum est haec tentatio altior, wens kompt ynn die grosse sapientia, religione, grosse kunst. Das ist der recht Gott qui non ablest, ut nostra sapientia confundatur. Gentiles olim multi aurum contempserunt et seiunxerunt se ab Imperiis et corporibus suis whe gethan laboribus. Sed nemo repertus nec potest qui non quaerat lob und ehr, quod tam from, weise, klug sey, heiligkeit und weisheit lest sich mit keiner ratio verwerffen. Illi lieben erst recht aliud quam Christum. Christus: Qui vult me habere, non debet suam sapientiam ꝛc. Ibi durr sagt ab All mein ehr, gwalt, heiligkeit. Ja Satan diligat eum, fides, Euangelium, spiritus non manet vel non servatur, nisi man hab lust zum herrn. Ideo hoc verbum 'mich lieben' ligt in Emphasi. Lieben est commune verbum. Sed 'mich' ein seltzam kraut, quia Christus stelt sich zu greulich. Christus anblick ist zu unfreundlich, Mundi anblick iucundissimus ꝛc. quia Satan. Ideo dicit Iudae: quod non manifesto me mundo, causa est, quia non potest me audire et videre. Christiana scientia est haec quae non crescit in carne et corde.

'Meum verbum', per hoc quod dicit, thut er aber mal so viel, ut dicit 'Mich'. Sicut se separat verbo 'Mich' ab omni eo quod non est Christus, sic 'verbum meum' separat omnia verba, doctrinas quae non sunt | Christi. Omnes doctrinae et verba sind leichtlicher zu fassen XXIX 354
quam Christi. Vides quam multos omnes doctrinae habeant auditores. Nemo adeo stultus olim in papatu qui non ꝛc. Ideo sthets aber auff dem pronomine 'Mein'. Es gilt kein wort denn quod ex ore eius prodit. Et sic hoc verbo hengt er uns an seinen mund. Man hat wol gefurt id quod sequitur 'Paracletus docebit vos omnia'. Ibi fundarunt se: Christus non omnia docuit, sed spiritui sancto hats fur behalten, quod apostoli multa ordinaturi essent quae Christus non dixisset. Sed hic 'Meum verbum'. Sed est et Christi verbum quod apostoli dixerunt. Sed est venenata glossa. Si audio: Christus non omnia dixit et Apostoli non omnia docuerunt, tum maul auffgesperren et cogitare: Ergo oportet sit residuum, statim gaff nach dem quod nondum

16 N: Tunc respondet Caro: habe dich der Tewffel lib. 18 Joh. 14, 23. 24 Hs. kein Absatz. 24 Joh. 14, 23. 32 Joh. 14, 26.

adest. Quid? Lege decretum, decretales, tum sequitur der unradt, ut id quod Christus et Apostoli dixerunt, nicht gros achten und geschicht Christi verbo et Apostolis ein abbruch. Das wil der teuffel haben. Contra hoc te arma talibus verbis, quicquid Christus dixit et Apostoli, da bey bleibe und bey leib. Christus setzt sua verba gegen Mosi verba als qui aliquid altius praedicare velit quam Mose. 'Meum', non Mosi nec prophetarum, sed er wils hoher machen. Quid omnes Papae, Episcopi possunt ordinare quod Mosi aquam ministraret? Si Apostolicum concilium et omnia in Christianitate, vide, an aliquid tam boni posuerint ut Mose, item Ceremoniae, an non viel tausenterley schöner praecepta moralia, 10 praecepta, diligendum esse proximum ut teipsum. Quis
XXIX 355 unquam tam excellentia prae|cepta posuit? Ipsi: Cardinalis debet talem vestem, Carthusianus, Franciscanus ꝛc. Christus voluit aliquid altius loqui quam Mose, dem du mit allen deinen conciliis nicht die schuch etc. Non ergo oportet sit aliquid pretiosius ꝛc. quod homines possunt setzen, das darff der spiritus sanctus nicht geben, es ist schon eingeben, quicquid deus debet conservare. Gen. 'Dominamini piscibus'. In hoc 'dominamini' et 'subiicite' da sthets all kunst, quam Juristen, medici haben. Ratio. est creata, ut quae imperet super istas res, parentes habent rationem, qui regant puerum, et magistratus ꝛc. Ibi in dominatu dedit rationem, ut possimus regere. Ideo non indigeo spiritu sancto, ut dicam: Episcopus Moguntinus sol hoher sitzen quam Brandenbergensis. Spiritus sanctus confirmat wol quod iam ordinatum et positum. Sic kirchen zu regieren et pueros in scholis, sic canere ist eitel ratio. Gentiles ipsi haben beyde gewust yhr kinder zu educare et scholas. Vide ergo 'Mein' et deinde 'quae dixi vobis'. Ibi ligat spiritum sanctum an sein wort und mund: quod ex ore meo prodit, sol er euch auch sagen. Sic nos ex Apostolorum ore accipimus ut ipsi ex Christi ore, ut sic semper Christi maneat verbum. Christi verbum ist weit uber Moysi wort et prophetarum. Dicebant: 'veniet tempus quod praedicabitur. Nos non audemus praedicare.' Wie heists? Lege hodiernum sermonem. 'Nu wisse tota
XXIX 356 | domus Israel'. Hoc ubique Christus praedicavit. Mose: dilige deum, non habebis deos, non furaberis. Wo nhemen? Hie sthet, wo mans nehmen sol, quia haec praedicatio est remissio peccatorum. 'Impossibile ut.' Ibi alia. Quod non potestis, dabo vobis und sol vergeben sein, sic tamen ut in Christum credas. Hoc heist verbum gratiae. Jens legis. Bene separanda contra illos qui ex verbo gratiae et spiritus sancti

---

17 Gen. 1, 28. 26 f. Joh. 14, 26. 32 f. Act. 2, 36.
33 f. Deut. 6, 5; Exod. 20. 35 f. Ebr. 10, 9.

volunt facere legem. Si non vis alium honorem dare spiritui sancto quam quod sedeat in concilio et statuat qui ieiunandum, qui obediendum parentibus sit ꝛc. hoc diu scriptum in libris et mundus habet ex ratione, ut Cesares qui ex ratione habebant, scripserunt in libros, ut vulgus haberet. Ideo pulchre factum, ut iura conscripta a Cesaribus, non Christianis, quia habuerunt ſein rationem. Certe omnes Episcopi et Papae non possent hoc ſtellen quod in weltlichen rechten. Ideo ſol man dem spiritui sancto nicht zuſchreiben, quod illa externa ordinet. Sic spiritus sanctus non efficit, quod puer videt, olfacit. Prius habet, sed ut in his conservetur. Quando ergo Christus dicit 'Mein', est hoc verbum quod servit ad Christianum weſen quod consistit in conscientiae pace, quod Mose et prophetae non docent.

'Servat'. Das trifft cor et fidem. Si servat, tum sequitur, ut Mose praecepta serventur. Sed praecedere debet, quod sit homo scriptus in numerum misericordiae, tum sequitur, ut faciat proximo quod debet. So heiſt nun halten feſtiglich | gleuben ꝛc. Hoc nemo facit, nisi XXIX 357
habeat lieb und luſt zu mir. Multis verbum feret auff der zungen her, quia non indigent eo, quia habet Mammon, principes propicios, sanum corpus, iusticiam, sapientiam. Qui vero indiget ut consternati Apostoli qui clausi propter metum ꝛc. illi indigent hac consolatione, hi tandem dicent: potius perdam aurum et omnia quam ꝛc. Die halten denn feſt, kleben dran, libenter loquuntur de eo et audiunt, iſt yhrs hertzens luſt, ut audiant. Da bleibts feſt. Sic dominus vult respondisse discipulo: quare me non manifestem ꝛc. causa est: mundus non potest me diligere nec meum servare verbum. Es mangelt an mir nicht, sinam me crucifigi, aperiam certe me mundo. Sed non suscipiet. Ideo vobis aperiam i. e. qui omnia sinitis faren citius quam meum verbum. In extremo videtur, ad quid valeat Christus: Utinam ꝛc.

Sequitur der widderſpruch 'Qui me' i. e. qui ſein luſt anderſwo hinhengt, da bleib ich verporgen, dem kan ich mich nicht offenbaren.

Weiter. 'Veniemus'. Ego zu gering ad haec verba. Da leſt ers nicht auff yhm rugen, quia conscientia dicit: quid tum quod me diligis? qui autem deus mecum est affectus? Satan semper inculcat pessima quaeque. Hoc optime novit Christus. Ideo Christus in Iohanne sic praedicat, quod ad patrem statim dirigat sermonem und bringt Chriſtum et | patrem zu ſamen. Wo das nicht iſt, Satan est talis magister, XXIX 358
ut fecit Christo Matth. 4. quod facit tremendam maiestatem. Da

---

13 Hs. kein Absatz. 13 Joh. 14, 23. 29 Hs. kein Absatz. 29 Joh. 14, 24. 31 Hs. kein Absatz. 31 Joh. 14, 23. 37 Matth. 4, 8 f.? Luther hat geglaubt, der Teufel sei Christus in himmlischer Gestalt genaht. Vgl. auch unten S. 166₂₅ f.

dint die kunst zu. 'Philippe, qui videt me, videt patrem'. Ideo dicit hic 'pater meus'. Non dicit 'Ego' i. e. qui meum sermonem servat, der darff kein sorg haben, nihil impediet eum. Si abominatur sheist mundi et diligit den schendlichen Christum et formis crucis plenum, habebit das dar gegen, quod 'pater', non dicit: dabit ei regnum, Sed 'diliget', non ibi erit ira, da gehort zu gleuben ꝛc. Sic infra 'verba non mea, sed patris', nihil mus da sein in celo et terra, nulla creatura quae irascatur. Si meum sermonem servabis, sinito omnes irasci. Hic stat 'pater diliget'. Heng sich der teufel an den quem pater diligit. Mundus non videt hoc. Es heist geoffenbart non mundo qui adheret divitiis. 'Mansionem'. Er wil auch ein suffraganeus werden und ein kirchen bauen.

Pfingstmontag vormittags (17. Mai) 1529.

XXIX 359 | (Joh. 14, 23—31: b) Vers 23 z. t.; 24—27.)

Sicut heri incepimus Euangelium, pergemus. Sic audistis Christum dicere 'Qui sermonem eius servat, diligit eum' ꝛc. Hoc Euangelium Iohannis sepe praedicatur et per totum annum et tamen lest sich noch wol .1. mal odder zwir predigen, praesertim qui noverunt. Qui omnino noverunt, non opus habent nostra instructione, illis praedicet diabolus. Nos vero qui kaum ein stuck da von konnen ut Paulus qui dicit se nosse ein stuck. Pro his. 'Wonung'. Das mag ein trostlich wort sein ut qui Christi verbum servet, non solum experietur paternam charitatem, sed non solum sol sein remissio peccatorum, sed adsit ein tapffer wesen und werck, das sich ynn eim Christen ꝛc. Duo sunt in Christiano: gratia quae remittit peccata, donum. Haec duo rurt Johannes da. Das ist wol ein ander weihbischoff qui hoc promittit, die kirch weihung ghet nicht zu mit dem thuribulo, kertzen, sed mit uberschwenglichen unaussprechlichen gaben, ut homo fiat divinus et mansio dei sancta ut Paulus dicit Cor. 3. Hi sunt miri sermones et non habet schein, das war sey. Templum est spiritus sancti quod ꝛc. Sic fit, quod homo alium synn krigt, gewaltig sit yhm mut. Externe freundlich, gedultig, plenus sapientia ad iudicandum omnes causas
XXIX 360 in terra. Nam eius verbum | non est suum, sed dei. Hoc novit. Sic paterfamilias regit familiam secundum voluntatem, syn und wort patrisfamilias. Et si quandoque servus est negligens, tamen manet

---

1 Joh. 14, 9. 2 Joh. 14, 23 6f. Joh. 14, 24. 9 u. 11 Joh. 14, 23. 16 Joh. 14, 21. 23. 19 N: Suntque multi scioli qui sibi multum videntur: illis praecipue opus esset, si suscipere vellent. Sed illis non praedico. 21 1. Kor. 13, 9. 21 Joh. 14, 23. 29 1. Kor. 3, 16.

regimen domini secundum eius verbum. Sic nobiscum fieri potest, quod membra nostra ſind ſchalcksknecht, tamen manet ibi mansio dei, quia ordinavit deus hic in terris, quod suum thesaurum in infirmitate verbi proponere velit et in vasis testaceis, ut nemo animadvertat. Ut cernere est hodie, qui optimos quosque occidunt. Magna res et inexpressibilis, quod homo sit capel, kirch et mansio huius qui hic loquitur. Ratione non possumus hic begreiffen, man mus yns wort faſſen. Ideo Christianus iſt der edlſt ſchatz und kleinot in terris, sed dun gſeet. Ubi est, est salus terrae et lux, potest discernere inter spiritus erroris, cui omnis potestas satanae et mundi, ut non solum pro se sit dei domus, sed per opera sua consulere possit mundo, qui tamen adeo ingratus esse debet, ut persequatur, non possit pati. Ista capella non wird gericht, nisi habito verbo quod est gratiae, in quo praedicatur remissio peccatorum. Difficillimum creditu. Qui credit, habet lieb vom vater et eius mansionem, tum nihil potest ei widderſthen.

Sequitur 'Et sermo quem'. Iohanneus mos, sicut solet Euangelium praedicare et scribere, prius dixit 'Meus sermo'. Iam | 'non XXIX 361
meus' et alibi 'Non mea est doctrina'. Sapientia mundi non sic loquitur: pecunia mea non est mea. Ideo facit, ut durch ſich hin auff zihe ad patrem. Item 'Philippe, qui videt me'. Fit propter hanc tentationem periculosam, da der Teufel ein meiſter ynn iſt, das einer von einander ſcheidet Got und Chriſtum non metaphysice, Sed quando conscientia ſol ſich hengen an Gott auſerhalb Chriſto. Illam tentationem treibt ſatan am meiſten et pauci experiuntur. Potest pati, ut Christo adhereat, sed non weiter fert, auditur, loquitur. Sed wenns zum treffen kompt, feylet es eim. Schwermer plus noverunt loqui quam nos, sed quod Christi verbum sit dei verbum, non persuasum habent. Iohannes hoc videt, verbinds ynn einander, quod suum verbum sit dei verbum. Die kunſt gehort an die qui adhuc discunt Euangelium, nicht an meiſter klugling. Nempe ut adhereat soli verbo, non vult sentire, ubi deus sit, sed in verbo manet quod adfert Christum et deum patrem. Sic respondit quaestioni Iudae: quid est? ꝛc. Hoc est, ut vos gewar werdet, was Ich bin, ut certi sitis vos habere verbum quod est verbum gratiae et dilectionis. Cor et conscientia talem lucem acquirit, ut non sciat de ira et nihil noscat et sentiat quam Christum et per eum patrem misericordiae. Qui hoc novit, habet manifestationem et agnoscit patrem et tamen in fide. Sic natura affecti, ut libenter innitere|mur operibus nostris et religioni nostrae. Est peccatum, quo XXIX 362

---

10 mundi ⟨subiecta⟩. 16 Hs. kein Absatz. 16 Joh. 14, 24. 17 f. vgl. Joh. 7, 16. 20 Joh. 14, 9. 32 Joh. 14, 22.

Satan tentavit Adam 'Eritis dii': deitatem voluimus. Manifestatio fit in fide per Euangelium.

'Pacem relinquo'. Er gibt yns valete. Das wils ſein, ſolt yhr mein wort halten, mein wonung ſein, mich erkennen et aliis praedicare, non habebitis pacem. Ideo dicitur Euangelium verbum gratiae et crucis et irae: gratiae erga deum, irae erga mundum, quia sicut illic gratiam anrichtet, sic coram mundo iram, ut Paulo gaben ſchulde. Sed non culpa verbi, sed mundi, qui non vult suscipere gratiam Christi, sed wils auſrichten per propria opera. Das heiſt 'pacem relinquo'. 'Et meam'. Pax mundi est, wens kind ſein willen hat, ſo weints nicht, quando adorare sinitur Mammon et non damnatur eius iusticia, illam pacem vult habere. Illam pacem non poteritis habere, sed pacem gratiae. Coram mundo estis in ira, quaeremini ad mortem. Coram me in pace, gratia. Illam pacem do vobis. Nam illa pax etiam difficile sentitur ut verbum. Nam Satan impedit. Ideo addit dominus 'Ne turbetur' q. d. es wird gewiſlich komen, si etiam dedero pacem meam, tamen satan veniet et externam auferet et internam volet auferre. Sed nolite terreri, si vero terremini, ne putetis a me, sed a Satana. Nam veni, ut conscientias pacatas reddam, non territem. Satan in angeli specie lucis venit et terret conscientias. Vide Rottenses qui eius membra sunt. Si per hos non efficit, in conscientia facit, ut homo velit verzweifeln und zagen. Hic audi Christum. Non dicit suum
XXIX 363 opus, sed diaboli. Talis | magister diabolus: quando invenit hominem solum, tum putat homo Christum loqui, ut hodie Papistae et Rottenses. Sic loquitur in conscientia cum hominibus. Satan non venit ut Satan, alioqui hets nicht not. Sed dicit se Christum et spiritum sanctum, et si hic non possum discernere, vincor. Interna pax, das man ſich lib und barmhertzigkeit zu Gott verſehe. Si aliter, est Satanae opus.

'Doch ich rede es itzt mit worten. Sed Spiritus sanctus cum venerit uber die verba quae mundlich rede, veniet etiam consolaturus et in cor trucken und wirds follent auſrichten.' Ibi vides quod officium spiritus sancti, sicut .3. articulus dicit in Symbolo 'Credo in spiritum sanctum'. Haec eius sunt opera. Hoc symbolum ſollen die Episcopi und pfaffen geleret haben, ut scirent, qualis esset Magister spiritus sanctus. Ibi haben ein ſtockmeiſter draus gemacht et ipsi symbolum non intellexerunt, non omnes Rottae. Verba quidem murmurant, sed quid sit? ſo viel ut klotz. Sed opus spiritus sancti est facere ecclesiam

---

1 Gen. 3, 5. 3 Hs. kein Absatz. 3 Joh. 14, 27. 10 'Et meam' sc. pacem do, Joh. 14, 27 h. 16 Joh. 14, 27 c. 20 2. Kor. 11, 14. 22 Joh. 14, 30 als Erklärung zu Joh. 14, 27 c. 29 Hs. kein Absatz. 29 f. Joh. 14, 25 f.

Christianam, remissionem peccatorum, resuscitare carnem a mortuis et dare vitam aeternam. Was heiſt ein heilig Chriſtlich kirche? i. e. machen ein hauffen ſolcher leut qui sunt sancti, remissionem peccatorum habent, carnis resurrectionem, verbum et vitam aeternam. Unde fit sanctus ille hauffen? Non von langen Rocken, kappen. Sic ſpot Satan des spiritus sancti et vocat illos sanctos. Quilibet nebulo hoc etiam potest. Es mus etwas hohers ſein. Sanctus populus qui peccatum non habet, est eytel, reliquiae et si quid unheiligs, mus geſchetzt werden, ac si sanus homo haberet ein platter. Illa Sanctitas non venit ex cappa. Sed ut homo fiat novus, alium intellectum | habeat, novos mores. XXIX 364 Video spiritum sanctum non verum qui cum legibus umbghehe, sed sanctificat hominem, ut iuvet a morte, peccato, ab omnibus malis. Dominus annunciat per Euangelium eitel freundlich ding. Das treibt der spiritus sanctus mit der that und treibt nach. Quaero, an Christus doceat, qui vestiendum? Sed credentibus promittit peccatorum remissionem et vitam aeternam. Ideo est verbum gratiae. Sic opus spiritus sancti est opus gratiae, eitel gut koſtlich ding, gibt inn non laqueos conscientiarum. Ex hoc fundamento videtis, qualia fuerint concilia et futura. .1. erat fein, vide qui concluserint: Nempe legem abrogandam et non imponendam. Das war das erſt concilium. Alia omnia non habuerunt hunc intellectum nec usi et postea yhe lenger yhe erger. Ordinandum hoc decreverunt ipsi, ut illa ecclesia sic ornetur, sic vestiat sacerdos. Ideo omnia concilia erga primum comparantur invicem ut ignis et aqua, deus et diabolus. Primum abrogat legem et fidem statuit et econtra. Concilia dei vocata quae diaboli. Opus spiritus sancti sanctificare homines non fit per legem, sed spiritus sanctus datur eis cum suis donis, ut hoc faſſen. Discrimen inter Christum et spiritum sanctum. Christus redts mundlich durch wort der gnaden. Ipse mit der that scribit in cor. Quicunque hoc verbum gratiae habent, sunt communio Sanctorum et habent omnia ꝛc. Ibi Rottenses non habent locum, externum verbum nihil esse, | sed XXIX 365 spiritum ꝛc. Ibi audis 'Docebit vos quae dixi'. Summa Summarum: In hoc consistit salus nostra, ut verbum Christi audiamus, tum fit communio Sancta. Si hoc, tum non potest mors dominari, sed vita donatur, si hoc, vita aeterna. Das iſt lieblich gepredigt de spiritu sancto. Ideo dominus vocat eum consolatorem, spiritum veritatis. Quibus negocium est cum legibus, iis non dicitur consolator. Leges non faciunt laetos, quando alicui datur quid. Es leit alls am verſtand. Satan hoc unice agit, ne Christum et eius verbum intelligamus. Er

19 f. Act. 15, 28. 23 f. omnia, also auch Nicaea. 32 u. 36 Joh. 14, 26.

hat unſer rationem, prudentiam zufor, deinde se transfert in formam Christi. Et hoc praecipue notandum. Haec diu apud vos. Das iſt keinem wort zugeeigenet in tota scriptura quam verbo gratiae, quod Christi verbum sequi debet spiritus sanctus. Doctrina Christi wenn ſie ghet, ſols an frucht nicht abghen. Sed spiritus sanctus veniet. Das ſol ein vermanung ſein, ut libenter audiremus, legeremus in testamento, Epistolas Pauli, Iohannis, Euangelium. Verbum, inquit, dixi, ubi abiero, ſol hernach komen spiritus sanctus. Es iſt das ſchuld, quod nostra sapientia lieber, ideo kan verbum dei nicht raum haben. Ideo ſol mans gedencken in mensa, lecto. Dicitur Consolator spiritus sanctus ut Christus, quia dicit: Dabit pater alium consolatorem qui cum eo. Christus est consolator cum verbo, spiritus sanctus mit dem verſtand, erleuchtet mit der that. Verbum damnatur et abit, spiritus sanctus loquitur eitel flamen in corda nostra, illa manebit.

XXIX 366

Pfingstmontag nachmittags (17. Mai) 1529.

(Joh. 14, 23—31: c) Vers 28—31.)

Deducemus Euangelium ad finem. Spiritus sanctus consolabitur vos, omnia docebit und erinnern. Audistis, quid spiritus sancti officium sit. Magna praedicatio, da von man wol ij vel 3 iar. Macht ecclesiam Christianam, remissionem peccatorum, aufferſteung carnis. Nam tantum indicamus quam brevissime, ut sciatur, discatur, quid officium sit spiritus sancti, quod non ghe mit nerriſchen ding umb ut legibus, sed mit ſund, tod, teuffel. Addit 'Quem pater mittet', 'sed in nomine meo'. Ne quis cogitet spiritum sanctum venire ex humana praesumptione, ut Schwermeri putant se tam multa auſrichten, ut illis detur spiritus sanctus in nomine ipsorum. Nihil boni quod ad fidem pertinet, in tuo nomine oportet sit 2c. Ubi Christi nomen non est, non fit opus spiritus sancti, nempe ecclesia Christiana. Hoc per totum annum auditis.

Sequitur nunc 'Dixi, quod abeo und kom widder. Si me diligeretis'. Iohannes est Euangelista ad quem exponendum pertinet alius quam ego. Ipse met deberet praedicare. Sed quia oportet 2c. 'Dixi, quod
XXIX 367 ad patrem eo und das ſolt euch | billich erfreuen.' Ratio: 'quia pater maior'. Rationi sunt occulta verba et tamen maxime simplicia. Es ghet alls dahin quod Iohannes qui vult diviter troſten und ſterken, quod ſo gethan iſt, ut qui Christum volunt diligere et verbum servare, muſſen kein frid und gemach haben. Certe erit durum, quod abeat et desereret.

---

17 f. Paraphrase von Joh. 14, 26. 23 f. Joh. 14, 26. 30 Hs. kein Absatz. 30 f. Joh. 14, 28. 32 ff. Joh. 14, 28.

Hoc certe sentiebant, quod abiret. Sed quod redeo, non sentiunt. Non erat consolationis plena praedicatio: Discedo a vobis, quia ipsi dispergebantur et scandalizabantur. Sed hoc debet vos solari, quod dico me ire ad patrem. Qui hoc fit? Supra dixit 'Vos diligitis me et sermonem meum servatis'. Hic 'Si me diligeretis'. Ergo non diligunt et diligunt, lieben yhn zum ſtuck, zum ſtuck nicht. Sicut illis gangen iſt, sic omnibus Christianis dicitur: Ich gehe hin et venio iterum. Das weck ghen thut we, econtra. Sed ille abitus ſol euch billich troſten, quia abitio geredt zum beſten. Qui hoc credere potest, Omnis spes collocata in eo. Iam abeunte eo sunt in jamer, ſund und tod. Non simplex abitus, quando talis abit i. e. apostoli tum deseruntur in omnibus. Sed quia hoc scio, das ſo ghen ſol, das yhr meint, es ſey gar aus, non a deo consolationis causa me rediturum. Si tantum abiret et non rediret, nemo ſol an yhn gleuben. Sicut tum contigit, ut abierit a discipulis, sic semper a nobis und der ſelbig weckgang thut den Apoſteln whe. Sic rc. Tamen autem discedit, tum non videmus eum, leſt uns ſtecken in groſſer fahr, conscientiae furcht et in omni, contra quod Christus praedicat et relinquitur hic jamer und not quam ipsi senserunt et omnes Martyres, sic omnes pii, ut sic gewar werden, adeo dispersi, ut non elender volck in terris. Sed sicut | vere dicit 'Abeo', quod sentiunt, Sic alterum XXIX 368
verum quod non sentiunt. Si bey liecht anſehet, ſolt yhr euch billich frewen et debetis accipere pro occasione gaudii, da demonstrandum wer, an felts an Chriſtum lieben, quod est 'Si quis'. Das einer kan hin an ſetzen und wagen leib und gut, das er Chriſtus ſo zu groſſer herlichkeit kompt. Paulus: in tribulatione patientes et spe gaudentes. Ibi non humana sapientia, fortitudo et tamen hic docet sic. Non est talis, inquit, afflictio in qua manere debetis. Sed redibo et eo ad patrem. Vestra tristicia in qua ſteck, dint da zu, das trefflich ding werd, quia eo. Hoc est, quod it und nimpt das konig reich an, ut scriptura impleatur quae dicit Christum ſol resurgere a mortuis et dominus fieri omnium, ut qui credit, servetur, ut potestatem accipiat in coelo et terra ut in ps. 'Sede a dextera'. Das er das reich annimpt potenter in coelo et terra, ut regat ut pater. Das ſolt frolich machen et libenter videre, weil der gang da hin iſt gericht. Ideo ſol man not und elend leiden, man ſol aber nicht trawren. Ubi disco hanc scienciam? Ibi, quod abeo fit

---

4 f. Joh. 14, 23 nach Luthers Auslegung. 5 Joh. 14, 28. W. A. hat statt diligeretis fälschlich diligitis. 12 non a deo *; W. A.: non adeo. 13 rediturum, ⟨consolor vos: 'redibo'⟩. N: sed tamen eos consolatur: Abibo, sed revertar, das geſchicht noch teglich, ideo consolemur nos. 23 Joh. 14, 23. 25 patientes: W. A. gaudentes (Schreibfehler). — Röm. 12, 12. 32 Psalm 110, 1.

tibi zu gut, ut eam ad patrem, ne aliquis nocere possit vel ne digitum latum weiter ghe quam ego volo.

'Quia pater' i. e. si vobiscum maneo, maneo in forma servi, nondum data mihi potestas, nondum suscepi, sed das konig reich droben ist viel grosser quam iam sum. Ergo oportet et ego maior fiam non propter personam halben, sed regiments halben. Ibi concluserunt deum non esse Christum, quod ipse met confiteatur, et hoc loco haben viel zuschaffen geben patribus. Augustinus zihet yhn ad humilitatem, Hilarius auctoritatem. Christus hic loquitur von diesem und jenem
XXIX 369 regiment. 'Quia | dixi, ut vadam'. Ille transitus erit, ut declararetur, quis esset, non futurum erat iam, qui erat, sed nondum manifestatum. Quamquam dominus erat virginis filius, deus et homo, sed nemo sciebat, ideo must offenbart werden, ut sciret hoc totus mundus. 'Maior' i. e. eius regnum. Non de actu .1. sed 2. loquitur i. e. pater est maior in suo regno und wesen quam Christus tum erat. Nam erat in forma <servi> Philip. 2. serviebat toti mundo sua passione et corporaliter discipulis. Das sol auffhoren, ut non amplius serviret, sed ut ei serviretur. Ideo libenter deberetis cupere, ut ex servili in divinitatem veniret. Si mihi guts gunt et honorem, tum wurd yhr gern horn, ut hin ging. Si maneo in hoc statu servili, non possum an nhemen den koniglichen stand, tum possum mher thun quam nunc et tunc videbo, wer euch thun sol. Cum sum vobiscum et ego et vos patimini, yderman wischt die fuss an uns, habent potestatem uber mein ehr, gut, Das ist ein dinstlich gstalt. Tum super eos ero, Das heist zum vater gangen. Si diligeretis me und gunt mir ehr, so wurd yhr fro et non solum meus honor und nutz, sed vester. 'Maior': sein regnum ist ja grosser denn mein. Haec simplex sententia, quia loquitur non de wesen, sed de opere und ampt. Multo aliter loquor de officio quam persona. Officium: quod est servus, non quaero, an de virgine natus vel non, sed man redet, quod ille facit qui virginis filius sit, dint hominibus, praedicat. Sua causa non indiget, ut eat ad patrem, sed des ampt halben, propter nos. Sic Arriani konnen nicht viel haben an dem spruch. Hic loquitur de paterno officio. Das ghen trifft ein verwandelung an eim andern werck und ampts 2c.

XXIX 370 Sicut apostoli, quando | Christus discedit a nobis und lest uns Sa-

---

3 Hs. kein Absatz. 3 'quia pater': sc. maior me est, Joh. 14, 28. 10 Statt regiment. 'Quia bis vadam' [Joh. 14, 28] hat W. A. nach Hs.: regiment, quia, dicit 'Ut vadam'. Das ist unverständlich und erzwingt Conjectur. 16 <servi> fehlt W. A. 16 Phil. 2, 7. 18 ff. Paraphrase v. Joh. 14, 28 b. 35 Hs. kein Absatz. 35 f. Ergänze im Anschluß an N: Sicut apostoli, <ita nobis hodie accidit>: quando Christus usw.

tanae, carni et mundo in manibus, tum abiit. Ibi nemo potest letari, conscientia non potest sufferre. Dicit: wir sollen uns des frewen. Quis potest? Paulus gloriatur se posse: Glorior quod multa patior et infirmus sum. Sed da bey 'rogavi ter'. Ibi fatetur etiam, quamquam frolich in passione, tamen caro murmurat. Sic wirds bey uns auch bleiben. Wir soltens wol thun, ut in afflictione dicam: Nun wils gut sein. Sed video, quod peccatum truckt mich et Rottenses uberhand nemen. Vellem me ista non sentire i. e. Christum non abesse. Qui Euangelium una lectione capiunt, istam lectionem discant. S. Paulo hats gefelt et Christo in horto, potuisset mit eitel frolickeit und lachen aufrichten, sed nobis in exemplum et consolationem. In fide est gaudium in tribulatione. Nobis dictum, qui sentimus pericula, jamer. Christus ist weck gegangen, quid mihi desperandum? Non, sed wird mir gut und dint ad hoc, ut ad patris regnum veniam. Sic Christus in sua persona non potuit erfarn. Wenn der wagen schon in aqua schwimt, tum egredietur.

'Non loquar vobiscum'. Sunt verba qui valete ultimum dicit i. e. ich het wol viel mit euch zu reden. Sed non kans gewarten. Nam 'princeps mundi der ghet da her'. Sic fiet, quando vos desero, princeps mundi veniet et regnabit super vos. Venit et super me. Vide, quid dominus dicat et tribuat Satanae, dicit 'princeps mundi'. Das ist zu viel. Discamus domino confidere et sub eo fugere, cum dicat hic mundum sub Satana esse ut ¦ civitas vel regio sub principe. Qui non est Christi- XXIX 371
anus, est sub eo. Quid est Cesar, Papa, Turca ad diabolum? tantum, ut servus in domo. Quare tantum potestatis permiserit, iam non dicemus, darff wol, nimpt all pericula zu hilff, noch bleiben wir und singen yhm den haber sack. 'Venit'. Occidet me, das ich mus von euch. Sed sihet mit dem aug schel er umb und gibt yhm ein stich. 'Nihil': trotz, adest in foribus, si sciret, sineret me in pace. Diligenter nach yhm geschlossen et doluit, quod unum momentum vixit, donec etc. Sed des stucks versahe er sich nichts, quod non ius, da trotz Christus auff sein unrecht und gros gericht quod. Hactenus vult dicere: sic occidit, das er an allen hat recht gehabt, imo omnes peccatores et rei mortis. Ideo hat er durch gerissen ut humel durch etc. Sed nihil an mir. Ego solus sum, qui innocens et tamen. 'Nihil'. Das wird yhm den hals brechen, quod non habet causam adversus me, das wird yhn verdammen. Sicut Cain damnavit sanguis Abel et fuit tantum praeludium. Ego autem

---

3 ff. 2. Kor. 11, 23 ff. 17 Hs. kein Absatz. 17 Joh. 14, 30. 21 Joh. 14, 30. 27 u. 28 Joh. 14, 30. 34 nämlich: wie die Hummel durchs Spinnennetz (geht Christus durch Tod und Hölle). 34 an: W. A. a. 35 Joh. 14, 30.

will yhm die welt nheme, suum principatum et ego will furst sein et ipse contra sub pedibus. Sic Christus pucht in sua passione contra Satanam. Cum mihi fecerit iniuriam, sol er den kopff verlieren und sein regnum untergen et meum regnum praedicabitur, ut qui sich an mich helt, sol
XXIX 372 Satanae dominus sein | et si quis manet sub eo, est culpa ipsius, non mea. Iam potestatem habemus, ut an Christus nos hengen und Satan mus uns sub pedes. Das gilt das wort 'Nihil' q. d. ich mein, er sol anlauffen. Si quis ita posset trotzen: Sund hin, her, reib dich her, ich mein, du solt ram fahen. Qui credit in Christum, in eum non habet potestatem Satan.

Quare facio hoc? cum nihil potestatis habeat in me et ego possem eum fugere, ut ne pilum krumpt. Sed 'ut cognoscamus', wie fein simpliciter kan der man reden. Ich durffts nicht leiden et pro persona mea man gnug sein. Sed ideo facio ut agnoscat mundus, quod. Es felt ergent ein wort oder zwei ex brunstig corde, ita sol sein. Als vellet dominus zuthun, das die welt vor dem vater nicht furcht. Hoc facit Iohannes, ut Christum in den vater flicht et econtra .I. Ich thu es darumb, ut mundus sciat ex patris voluntate praeceptum, ut discat mundus et credat ex voluntate ordinatum. Hoc Paulus dicit aliis verbis Christum certum mediatorem inter deum et nos. Si, vult dicere, tantum mundus agnosceret, quod hoc opus quod facio, non faciam propter meam necessitatem et honorem, sed quod deo placeat, Tum statim colligerent: Oportet mera misericordia patris sit qui imponit hoc filio, ut faciat. Sic ista verba schneiten rein aus den gotlichen zorn. Qui enim potest esse ira, cum paterna misericordia praecipit filio, ut sub Satana sit propter mundum et ut hoc agnoscat mundus? Ex paterna voluntate et mea obedientia. Si hoc credit, est salvus mundus et princeps
XXIX 373 mundi iudicatus, ut non | amplius possit dominari, quia hic adest, qui patri est obediens. Sic praedicat Iohannes semper suum euangelium, ut ein sonderlich art hat quam Paulus et alii: .I. furt er uns an Christum menschen und sein mundlich wort, deinde a Christo ad spiritum et patrem. Hoc sit dictum de hoc Euangelio.

---

6 an Christus: W. A. a Christo. 9 ram: Ruß (d. h. weil ich in Christus bin, soll meine Sünde dich, Teufel, beflecken; der Sünder ist als Herdkessel gedacht). 11 Hs. kein Absatz. 11 ff. gehört zu Joh. 14, 31. 11 facio: Conjectur für W. A.: facit. (So oder so auf Christus zu beziehen; zur Verlesung von Joh. 14, 31 überleitende Frage). 12 Joh. 14, 31. 20 1. Tim. 2, 5.

Pfingstdienstag vormittags (18. Mai) 1529.

(Pfingstgeschichte: Act. 2, 12 ff.)

Satis superque de Euangelio pentecostes loquuti sumus, praecipue cum Ioannis euangelion gehoret vor die die rechte Christen seyn. Sed nunc de festo aliis historiis tractabimus quae rudioribus apciora sunt. Satis audistis ex Actibus apostolorum signa et doctrinam apostolorum per spiritum sanctum. Qui spiritussancti opus sincere intelligere voluerint, frequenter legent Acta Apostolorum. Nam sicut Euangelistae Christi doctrinam et opus descripserunt, ita Acta apostolorum spiritus sancti doctrinam et opera describunt. Ich wolde es nicht Geschicht der apostelN, Szonder des heyligen geysts ge|schicht XXIX 374
nennen. Ibi videtis miram vehemenciam apostolorum, qui non vocati a populo fallen myt gewaldt wider die hohen priester und predigen offentlich. Ita nos nequaquam concedemus den umbstreychern qui in angulis privatis docere volunt. Si docere voluerint, suscipiant hoc onus nostrum. Si hatten eynen andern bephel eynes grossern mannes, habebant spiritum. Spiritus appellacio eyn Geyst, eyn herczhafftiger muth, estque mesum vocabulum, in bonam et malam partem sumuntur. Wen eynem eyn dyng ernst ist, ym muth ist, der muth heyst Geyst. Wen man eyn dynck myt ernst thut, hat eynen muth und ym syn, tunc procedit, sicut in apostolis videmus, quia omnia spernentes spiritu ferventissimo agressi sunt. Ita varii sunt spiritus.

Ille autem spiritus est spiritus sanctus qui nos solatur, confirmat, freymutig und freydig macht yn dem das da heylig macht, das do heylig ist, non est autor idolatriae, sicut scilicet Papistarum ceremoniae. Hoc non est sanctum illud spiritus officium, sed animus fervens doctrinae et confessionis Christi, sicut in apostolis videmus in Actibus. Hoc est sanctum illius spiritus opus. Sich Petro und den andern apostelN yns maul, so fyndestw nichts anders den eyn eynmutliche lere in Christo, restauracionem ecclesiae. Wen wyr alleyne das buch hetten gelesen, facile intellexissemus huius spiritus opus. Summa illius libri: Spiritus sanctus suo opere et doctrina apostolorum congregat ecclesiam illamque unanimem construit et custodit in fide Iesu Christi. Precipue per os Petri efficaciter praestitit. Also gehet der heylige geyst umb nicht myt sichtlichen ewsserlichen dyngen, Esca, vestitu ꝛc. Neyn, er hat myt disem leyblichen leben nichts zuschicken, alii sunt illius rectores. Seyn regiment gehet yn eyn ander leben, sci-

---

1 Die beiden Pfingstdienstagpredigten allein in N erhalten und danach W. A. und hier wiedergegeben. Die Kürze ist im Charakter der Nachschrift begründet. 18 μεσον. 28 Sich: sieh.

licet congregare ecclesiam verbo, Remittere peccata ꝛc. Ergo nos conabimur aliqua exempla apostolorum doctrinae ex Actibus explicare.

'Es wharen aber zw Hieruſalem gotisforchtige'. 'Gotsforchtige', ego libenter illos Geyſtliche nominassem, nam hoc est altum nomen 'Pius'. Erant Iudei qui videbantur sibi pii, illi stupebant magnalia dei in apostolis. Vides hic testimonium illorum Iudeorum, ſie zceugen nicht von menſchlichen wercken, ßunder von wunderthaten gotes. Hoc est: nos praedicamus non nostrum, sed dei miracula, ita ut omnes fere senciant hoc opus esse dei. 'Petrus trat auff myt den eylffen.' XXIX 375 Forsitan annunciatum est ei illectacio populi | dicentis eos ebrios. Hic ferventissime Petrus sine commissione Caiphae ostendit et dicit: Es iſt nicht der ſuſſe weyn, sicut vos dicitis, sed contingit nobis secundum propheciam Ioel annunciantis et promittentis spiritum. Wer hat S. Petro bephohlen die ſchrifft außculegen? 'Er wyl den geyſt außgießen uber al fleyſch.' Hie hewt er dem Moſe den kop abe. Non est in lege Mosi: dividetur spiritus, sed effunditur in omnem carnem. Ille spiritus non fert distinccionem, sicut Papa condiciones proprias discrevit. Hie ſpricht er: uber knecht, magdt, Man, fraw, Jung und alt. Ibi delirant nostri Papistae hunc locum omnino dilacerantes, hoc spiritussancti opus suis operibus et condicionibus tribuerunt discrecionibus. Coram mundo oportet esse discrimen personarum: Servus alius est quam dominus. Nach den emptern gehet es ouch unterſcheydlich: alius est parriochus quam capellanus. Alius est rector obedienti. Sed spiritus hoc discrimen non habet, do gibt er geyſtlich allen ſtenden ſeyne gaben on unterſcheyde. Valeant discretores, Condiciones: Geyſtlich, weltlich. Nequis dubitet, quid sit 'Omnis caro', quia exponit 'Filii et filiae, servi et ancillae' ꝛc. i. e. alle lewthe, die der heylige geyſt all uff eynmal zum vater furet. Ita vides patremfamilias in sua domo episcopum, papam ꝛc. esse. 'Iuvenes': Die junge, ſtarcke manſchafft ad opus et miliciam apti, die ſollen ouch den geyſt haben. Procedit ultra: Meyn knecht und megde ouch. Hic vides spiritum sanctum suo opere alles gleych auſteylen et tamen externe non confundit condiciones. Da leſt er den knecht knecht bleyben, magdt eyne magdt. Non ut Munczerus qui externas condiciones confundere voluerat. Euſſerlich iſt der her uber den knecht, Man ubers weyb, Praeceptor ultra discipulum, sed in spiritu et vita spirituali omnes equales, nullus alteri praeficitur. Das iſt beſchloſſen, das der heylige geyſt alles uff erden uffhebet vor yhm, non coram mundo. Prosternitque Mosen. Nam tam gentibus im-

4 Act. 2, 5. 10 Act. 2, 14. 13 Act. 2, 15. 14f. Act. 2, 16ff. 19 u. 27f. Act. 2, 17.

meritis quam Iudeis dedit suum opus. Hic nullum meritum, nulla oracio Papistica valet. Hie gebt ers <non> unterſcheydlich. Jener hats nicht myt verloren, das er ſich nicht geubt hat. Der hat aus ſeyner ubung nichts gewonnen. Eynem alßo wol als dem andern. Sicut hodie videmus.

'Jungling ſollen gſicht ſagen.' Tria sunt vocabula Weyſſagen, Geſicht ſehen, Trewmen. Accepit ex Numeri c. 12. Triplicia | sunt dona XXIX 376
und weyßen. Prima prophecia quae per scripturam sine visione contigit, sicut David et prophetis contigit ex leccione Mose. Secunda est visio quae accidit Mosi figura, quomodo tabernaculum faceret. Ita accidit Daniel qui ex visionibus prophetavit, cum videret bestiam forma arietis et hirci. Es waren geſichte, illorum exposicio est prophecia. Hanc Anabaptistae maxime gloriantur. Tercia est die Trewme, da hebt ſich der tewffel. Primam defedat Sathan per scripturae falsificatores. Illis non omnibus credendum. Es gilt nicht allen geſichten trawen und trewmen glewben, sicut eciam non omnibus scripturae prophetis. Felets yhnen, den erſten die ſchrifft haben, und plures falluntur, multo plus fallentur secundi et tercii. Wie ſol mans aber wiſſen, das es recht ſey? Hic respondet 'Dabo spiritum meum'. Hic omnia regit analogia fidei, wen ſichs zum worth und glawben reymen. Nam sathan eciam potest scripturas, visiones et somnia erigere, sed non sunt secundum 'analogiam fidei'. Summa: Alle prophecey, geſicht und trewme die dyr vorkummen et non sunt secundum analogiam fidei, sperne. Econtra ꝛc. Ita vide prophecias Anabaptistarum et Sacramentariorum. Anabaptistae dicunt: baptismus est signum imitacionis Christi. Sacramentarii dicunt: Sacramentum est signum recordacionis domini myt ganczer herczlicher libe. Ita nos a fide ad opera nostra ducunt. Ergo illorum cave tam prophecias quam visiones et somnia. Responde illis: Trewme ſyndt lugen, wer yns betthe thut, ßol drynne ligen. Nam sathan non potest optime speciosissima illa omnia facere. Tu permane secundum fidei analogiam, ut omnia iudices, non audies illorum calumnias qui nostra opera fragilia calumniantur. Bleyb bey dem wort, die wergk werden wol folgen. Haec ideo copiosus de his tribus dixi, ut caveatis vos ab imposturis Sathanae qui vos illis seducere conatur.

Pfingstdienstag nachmittags (18. Mai) 1529.

(Pfingstgeschichte: Act. 2, 12 ff.)

Hodie audivimus praedicacionem Petri propheciam Ioel citantis de effusione spiritus sancti super omnem carnem, ubi audistis de pro-

---

2 <non> fehlt W. A.   6 Hs. k. Abs.   6 Act. 2, 17.   7 Num. 12, 6.

pheciis, visionibus et somniis quae omnia, si fidei analogiae conformes
XXIX 377 fuerint, reci|piendae ut Paulus Ro. 12. 1. Chor. 12. loquitur. Ideo diligenter nobis studendum, ut spiritus et prophetas ꝛc. iudicemus. Nam sathan eciam vestit se scriptura et praetextu donorum dei, sicut hodie satis videmus.

Fuerunt autem in veteri testamento multi prophetae externas res prophetantes, Wie es dem ond dem lande solde ergehen. Sed quia in novo testamento rari sunt, illos non multum curamus, quia habemus Christum regem et prophetam. Wie wols nicht zu vorachten, ßonder es ist eyn gotes geschenck eciam per impios personas. Sicut per Balaam impium lucebat prophecia, Ita hodie multos videmus impios linguis eruditissimos, Optimos rectores esse thirannos. Donum est dei non spernendum. Ich schede alleyne die weyssagungen yn der heyligen kyrche und die weyssagung von den weltlichen dingen. Sed haec prophecia de qua Petrus et Ioel loquitur, est summa et divina, quam sathan non potest. In externis propheciis Sathan, impii et Astrologi imitantur locos. Er kan sich seyne doreyn schicken und kan nahe darczw schissen und treffen, wie es dem gehen sol, sed illa vaticinia Sathanae sunt flexiloqua et ambigua. Propheciae autem apostolorum sunt planae et aptae solum Christum et fidem docentes. Do gehoeret der heylige geyst zw, hunc spiritum omnes pii Christiani habent qui hanc propheciam scripturae complectantur. Paulus omnia vaticinia de posterioribus temporibus, de extremo iudicio ex spiritu locutus, nos credentes illis eundem spiritum habemus. Ita Christus gloriatur se nobis omnia revelasse quae ipse sciat. Id fit per funccionem et praedicacionem apostolorum. Per illorum os experimur deum eiusque voluntatem et misericordiam et salutem nostram. Hoc nos spernimus dicentes: Was ist das? das habe ich vor gehort. Ja, ich habs ouch vor gehort und gelesen, noch kan ichs nicht. Haec sunt verae propheciae de Christo praedicaciones, valeant impii qui aliam propheciam a nobis expectant futurarum rerum, de Turca et aliis rebus contingentibus. Nos propheciam habemus unicam de Christo et verbo eius. Es ist nicht new, darumb ist nicht ein prophecey? Respondeo: sequeretur Esaiam non fuisse prophetam qui verba Mosis prophetavit, Ioannes non fuit propheta qui Esaiae verba introduxit. Es ist kunst Mosen und Esaiam vorstehen et profecto prophecia. Summa: nostrae propheciae non pertinent ad res temporales, sed spirituales. Non enim audis verbum, ut discas regere domum, gubernare rem-

---

2 Röm. 12, 7; 1. Kor. 12, 4 ff. 6 Hs. kein Absatz. 11 Num. 23. 13 scheide. 25 vgl. Marc. 13, 32. 34 Deut. 18, 15; Jes. 11, 1 f. 35 Jes. 40, 3; Joh. 1, 23.

publicam: das lerne yn andern buchern, nos conscienciam contra | Sathanam armamus fide stabilius. Non docemus sacramenti sump- XXIX 378
cionem, ut corpus tuum sagines, sed ut conscienciam confirmes. Ergo si propheciam externam habere volueris, ab aliis expecta. Den Petrus und Johel wollen disen spruch von geystlichem weyssagen verstanden haben. Si quid aliud est, propheciae hae plus pertinent ad scolas et disputatores quam in ecclesiam pro vulgo. Das ist das.

Deinde discrete ponit ‘Filii et filiae prophetabunt, Iuvenes visiones videbunt, senes somniabunt’. Spiritus sanctus recte respexit, quia filii et filiae sub potestate parentum sunt, ideo hoc illis decet. Tercio somnia dat senibus, non iuvenibus, quia somnia sunt dura, indigent expertis hominibus, scilicet senibus. Iuvenes vero qui propheciae sunt experti, facile possunt visionibus sese applicare, alioquin luduntur ut Munczerus, et iam in meis discipulis experior qui adhuc nondum sunt in prophecia, iam visionibus student, si haben kaum das new testament angerochen, ßo wollen sie meyster werden. Sed hic textus indicat profectum sempiternum, wyr mussen alle tage zunhemen: Primo in prophecia, ex illa in visiones, ex illis in somnia. Lerne vor die weyssagung myt den sonen und tochtern und las die gesicht.

‘Et dabo prodigia de celo superne’ etc. Hic Petrus eque est propheta ut Ioel, quia unum spiritum et sentenciam habuerunt. Multi antea hunc legerunt locum non intelligentes ‘Antequam veniat dies ille’. Loquitur de signis quae sequi debent post propheciam, visiones et somnia, quae signa debent contingere in ecclesia dei ante diem extremum et non ante diem Pascae de illis signis. De sole et luna hic textus non loquitur, sed illa signa quae eciam facta sunt et fient omnia ante extremum iudicium. Ursach: die prophecey ist noch nicht auß neque visiones neque somnia sunt consummata, sed indies fiunt. War ists, das meher teyl ists geschehen, praecipue in 20 annis, sed illa omnia signa non sentimus et tamen indies procedunt, instat dies extremus. Das vorstehen die gotloßen nicht, illa apertissima signa, eciam si viderent suscitacionem mortuorum. Ehe den der grosse tag kumpt: das ist: weyl die weyssagen gehen, so sollen die zceychen ouch myt gehen et praecipue de signis terrentibus impios.

Nunc concludit propheta ‘Et fiet: Quicunque nomen domini invocaverit, salvus erit’. Scopus est hic brevissimis verbis tocius propheciae, indigeret multis explicacionibus, das weyssagen wyr, das haben sie vor uns | geweyssaget und werdens noch uns thuen. Omnes XXIX 379
Christum redemptorem, salvatorem praedicarunt: ‘quicunque igitur

8 Act. 2, 17. 20 Act. 2, 19 f. 22 u. 35 Act. 2, 20 f. 29 <primis> 20.

nomen illius invocaverit salvus' erit. Wer hats dem propheten gesagt, quod omnia merita tam Iudaica quam papistica nihil esse? Fulmen est contra omnem iusticiam. Hic habes novam et sinceram et brevissimam regulam: 'Invocare nomen domini.' Das heyst myt eynem kurczen urteyl nider schlagen omnem humanam superbiam et merita q. d. kanstu got vertrewen, den anruffen, ßo bistw selig. Tu considera, an hoc non possint servi et ancillae aeque efficere ac domini, Mulieres aeque et viri, Laici aeque ac Carthusiani. Diser orden heyst anruffen. Indigeretque hic locus copiosa explicacione. Wyr wollens yczunder da bey lassen bleyben.

1. Weihnachtstag vormittags (25. Dezember) 1529.

XXIX 642 (Weihnachtsgeschichte; Luk. 2, 1—12.)

Peragitur hodie hic articulus fidei nostrae: Credo in Christum Iesum natum ex Virgine Maria. Iste articulus wol zufassen et ut fest drin werden, pflegt man hodie historiam zusagen und lesen, ut quisque volens Christianus esse ut indicet rationem und grund huius articuli. Historia facilis est, Et omnes fere scitis und so sein, tamen sine fide: statim discitur, dicitur, sed ut cor hoc credat, wil nicht hernach, quando ad fidem perventum, so ghets uns alls eim vollen Baurn qui sedet in mensa repleta, cum fistulatur, respicit modicum, postea iterum inclinat caput. Sic fit nobis: frustra audimus und wird nur ein gethön
XXIX 643 in auribus et statim obliviscimur. Es were werd, ut loqueremur de hac re, wies es billich were. Sed caro verschlemmet unser hertz, ut non freundlich meditemur in hac historia. Est jamer, quod homo sit tam excecatus, quod non movemur isto gaudio. Certe es sol uns nichts frolich sein in terris praeter hoc quod Christus natus ex Maria: quid aliud gaudii est in comparatione huius? Aurum non potest homines erfrewen, sic non amici, non potentia ꝛc. Sed cor kans nicht erdencken und da von reden. Sic mihi est. Es mus ein gros ernst sein et deus oportet humanam naturam mus seer hertzlich lieben, quia tale opus audis, quod deus non solum me amat, sed thut sich nahe zu mir, ut mecum fiat homo, Er trit ynn die natur et fit, quod ego sum. Da fur sollen alle hertzen zerschmeltzen ꝛc. Es were ein freudenreich spil,
XXIX 644 Si princeps lies sich herunter et cohabitaret cum rustico. Ibi tota cognatio gauderet, quod haberent principem in domo qui omnia posset. Ibi vero nulla similitudo. Christus non fit noster schwager,

---

1 Act. 2, 21. 13 In deutscher Bearbeitung des Joh. Melch. Krafft 1730 gedruckt: E. A. deutsche Schriften Bd. 17² S. 458 ff. und W. A. unter dem Texte der Nachschrift Rörers.

bruder, sed wird quod sumus, er wird unser natur, teil et maior pro-
pinquitas quam mariti et uxoris, quamquam proxima sit. Ideo non
potest erdencken cor. Et offert suam misericordiam, quam rusticus
in principe requirit, centuplum maiorem. Ipse enim dives et potens
et faciet nos potentes, cogita de principe: Si tam gratiosus ꝛc. Et
Christus non venit, ut divites nos faciat, et nobis offert ꝛc. Qui recte
consideraret hoc et opponeret hoc freudenspil und bild, quod deus
nobis exhibuit, oblivisceretur omnium malorum, a Satana geplagt
omnibus generibus malorum, si posses inculcare cordi, tum diceres:
nihil curo, quicquid | fit mihi zu schand und leid a Satana, cum habeam XXIX 645
tantam gratiam und ehr, ut nihil ꝛc. Quis comprehendere potest,
quod non gesel, freund, sed er ists selber. Tam sublimis res, ut Summa
Summarum ꝛc. Econtra qui ingratus et oblicviscitur, non mirum,
ut Turcae, Papistae, gentiles veniant et divexent, imo ist zu wenig,
ut ista mala omnia veniant, quia wir thun den freundlichen liplichen
freuden blick ex oculis, removemus et putamus ein faul geschwetz, cum
ergo non velimus, gratiam det, verhengt nobis Satanam doctorem.
Sed fit in mundo sic. Ille amat gulden, alius amicas, alius honorem,
wo haut und har ꝛc. Ideo percurremus historiam propter adoles-
centes, ut illam gratiam agnoscant und mit freuden sich drin weiden, et
manebimus bey der milch speis relinquentes doctis, was scharff und hoch
ding ist.

Euangelista cum omni diligentia scripsit historiam et divisit in
| duas partes. .1. de elend jemerlich bethel, quam patitur mater et filius. XXIX 646
.2. indicat die freude in celo, die mit worten wird herlich aufsgeschmuckt.
Ideo simpliciter intueamur, ut debeant simplices et adolescentes
discere.

'Exiit edictum'. Das ist aufffatz gewest ut in nostris regionibus,
quando dat stewer, quisque dedit .1. ort fl vel ¦ fl de quolibet capite.
'Et quilibet ex sua tribu in suam civitatem'. Lucas diligenter scribit
und ghet so elend zu, das eim die augen ꝛc. Est ein elend armes weiblein,
virgo, sed incessit more muliebri. Inexperta nescivit tam prope
nativitatem ꝛc. Aut certe deus sic disposuit. Et apparet propter
maximam paupertatem secessisse cum marito, alioqui quid opus,
cum vir hoc potuisset praestare? Ideo | apparet, quod valde fuerit XXIX 647
pauper. Est iuvencula et in media hyeme aufffbracht und yr haus lest

---

6 Krafft: ist nicht kommen, daß er uns reich und mechtig mache wie ein irdischer Fürst, sondern daß er uns zum ewigen Reichthum und Herrligkeit brechte ... 23 Hs. kein Absatz. 24 Luk. 2, 1—7. 25 Luk. 2, 8—14. 28 Luk. 2, 1. 30 Luk. 2, 3 ff. Luther hat wohl gleich bis Vers 7 gelesen. 32 vgl. Luk. 2, 5.

sthen et praegnans, Et longum iter a Nazareth usque Bethlehem, bey
30 deudsch meyl, 8 dierum diaetae, und wuste herberg in via, Et in
hospitio. Ibi eitel teppich propter foetum quem fert in utero, et honorem quem in coelo habet, et tamen incedit miserrima tam longum
iter tam vicina partui. Quae iam faceret ex vobis? Et multae fuerunt
in Bethlehem mit seyden, sammat ꝛc. Si adfuissemus, si tantum
potuissemus inspicere, libenter azinum hetten geleittet ꝛc. Cum venit
ghen Bethlehem, ghet yr viel erger, da sind al herberg vol. Omnes
kunden herberg kriegen, Illi non, quia ziehen her wie arm bettler, al
gemach sind vol gewesen et habuerunt esum et potum. Ipsi yn stal,
XXIX 648 das ist ein schendlich | herberg. Ita mundus indignus, ut creatorem ꝛc.
Das arm par volcklein in stall. Ibi non est murmur, impatientia.
Villeicht sind sichs wol gewont gewest, das mag ein herlicher stall sein
und kostlich esel. O das ich auch mocht ynn dem stall sein, ubi dominus
meus fuit hospes. Das mogen edlen thier sein qui tantum hospitem
habuerunt, homines fuerunt indigni. Schlegt zu, ut tempus adsit,
forte non putavit se tam statim parituram, der fal zu et necessitas adest:
ipsa sola, Ibi non lux, forte non Ioseph gestatt, ut candela, vel <non>
habuit. Oportet sit ibi maxima paupertas, ibi solitaria in aliena terra in
stabulo. Ibi Ioseph: utinam domi essemus ꝛc. Das ist das elendest,
quod in tali paupertate parit, ut non raum hab, quo puellum legte,
XXIX 649 das ist ein verdampt ding, quod supremus | puer in terris et mater
nicht so viel solt haben, ut suo corpore sedere posset et collocare puerum.
Et in mundo tantum pallatiorum ꝛc. Et illa mendicat a bestiis locum.
Si quis recte hoc consideraret, quod non habuerit vestigium loci,
Certe er speyet an arces et omnia aedificia in terris in quibus omnibus
non potest invenire tantum spatii. Wer sol nicht feind, quidquid est
in terris, si respiceret hanc nativitatem? Et aliquis cogitare deberet,
si in arce habitaret, in inferis se esse, propter illum puellum desertum,
die thierlein mus man von der krippen treiben, ut habeat raum. Hoc
nobis proponitur magna diligentia, ut die elend arm gepurt in terris in
cor inculcetur, ut si per se non lebe in corde, tamen propter hoc, das
so jemerlich zu gehet cum matre, Ioseph ꝛc. Das sol uns bewegen, ut
prae illo gaudio ex hac nativitate concepto omnia nobis sorderent.
Sed tamen maximus honor, ut non comprehendi, ideo contemnimus.
XXIX 650 Gelt, golt, silber | mit dem fullen wir uns, das ist eitel dreck in comparatione huius nativitatis. Es ist ein feindselig ding umb homines qui hoc
corde non arripiunt, Apud quos gilt ein gulden mher quam filius dei

---

2 = wüste. 8 vgl. Luk. 2, 7. 13 sichs = sie es. 16 Schlegt zu: ereignet sich (Luk. 2, 6 Anfang). 18 <non> fehlt W. A.

propter nos natus. Cum ergo illam gratiam ſo gering halten, ſo ſind indigni huius honoris, sed ſollen bey der ſchand bleiben, quam nobis anthun. Sed dem jungen volck commendatur das freudenſpiel, Ut hanc bild fur ein freundlich bild anſehen, nec est amabilius. Si recte inspexeris, dabit gaudium, historiam scimus usque ad fidem. Si non intelligis tua caussa fieri, est frustra cognitio historiae. Ergo inculcare volumus das lieblich bild et articulum: Ex Maria.

Olim maxime urserunt, quod laudata Mariae virginitas, iſt nicht ubel gethan, sed zu viel gethan, denn man ſol viel mher handeln, quod natus est quam quod ex matre Virgine, da ligt uns an, nicht das ſie Jungkfraw iſt, | sed maxime, quod ipse natus et quod is filius virginis XXIX 651
sit meins weſens und natur worden, cum tamen sit deus, und iſt mir ſo nahet worden, ut sit hoc et assumpserit quod sum, non modo meus affinis, duxit sororem meam, sed ut Ebrae. 'Non angelos suscepit', Non factus angelus, ſo die Engel doch viel herlicher ſind quam peccatores homines, Sed Abrahae semen i. e. carnem et sanguinem, humanam naturam, das iſt unſer herlichkeit et hoc ſol uns frolich machen et quod prae superbia mocht unſer hertz prae gaudio zuſpringen. Non ex semine angelorum, sed Abrahae, Ex Maria virgine voluit nasci, ut sine peccato, sed quod natus, gilt uns.

2. iſt die predigt von dieſer gepurt. Ubi meidlein peperit filium, nemo | achts, nemo novit. Certe es wird yhr an yhr mutter hertz XXIX 652
gangen haben, quod nihil fuit ꝛc. Et nisi historia et opus dei quis deute und anlege, nihil prodesset. Ideo adest praedicatio und kompt angelus de coelo et praedicat. Ille thut die finſternis hin et manifestat opus i. e. er thut das wort da zu. Cives in Bethlehem, pastores, hospes nihil novit de hac re, tantum Ioseph et Maria. Venit angelus et 'circumfulsit' pastores, et 'territi', nihil cogitarunt tale futurum. 'Nolite timere'. Postea ſingen angeli, das himel und erden erſchallen. Das iſt das gulden ſtuck in Euangelio, nempe verba angeli quae arripienda et discenda, quia ista verba dant zu eigen istam nativitatem de qua audis eam tibi factam. Si tantum fuisset natus et nihil de hac praedicatum, nihil ego et tu scissemus eum suscipiendum, quamquam lieblich est historia an yhr ſelbs. Si etiam nihil | da von hetten, quam XXIX 653
quod sic gesta esset, tamen maximus thesaurus und freud, nempe quod esset homo ꝛc. qui neher quam pater et mater. Sed bleibt nicht da bey. Quod factus homo, iſt hohe, sed hoc noch groſſer et dicit 'vobis', facit praedicationem quae nunquam audita est. 'Ecce annuncio'.

---

7 Apostolicum: natus ex Maria virgine. 14 Hebr. 2, 16.
21 Luk. 2, 8ff., s. S. 179_{25}. 29 Luk. 2, 10. 37 Luk. 2, 10—12.

Illa verba kan nymer mher kener auſdeutten. Est celestis praedicatio,
mogen dran ſaugen, non perdiscemus. Hoc, inquit, ſol ewer freude
ſein. Omne gaudium in terris quid esset? fraw unluſt, quia finis
omnis gaudii, ſo iſts mit eim ende verſigelt: unluſt, quando laute
vixisti, quis finis? Unluſt, das iſt ſiegel an der weltlichen freude, quando
diu gebult, finis unluſt. Quando diu gaudium habes von gulden,
venit unluſt, wie du behalten. 'Risus dolore'. Das ende von aller
XXIX 654 freude auff erden iſt unluſt. | Ideo dicit angelus 'Ego annuncio gaudium',
und das iſt ein rechte groſſe freude, utinam lieſſen ſo gern einghen ac
tam libenter dicit angelus. Wie heiſt denn die freude, da mit ſol ein
Chriſten umbghen? 'Euch Heiland', wie kunde er frölicher reden? vult
dicere: ſingt, ſpringt, laſſt all freud faren et arripite hoc gaudium.
Iam finem habet omnis timor, hertzenleid, Iam enim Heiland natus,
non solum, quod natus aequalis vobis, Sed quod datus vobis, quod
sua nativitas et quicquid habet, est vestrum. Iam wie hoch geadelt
natura humana, quod ſie zu ſolchen ehren komen iſt, der madenſack iſt
ſo herrlich gezirt ꝛc. quia filius iste hats ſelber an yhn genomen,
XXIX 655 quid iam kan unfletig ſein in homine? quid nicht | verſchwinden propter
istum honorem? Quia adest salvator qui est etiam caro et sanguis,
quis vult ergo carnem et sanguinem verachten? cum illi· placeat et
omnibus angelis et libenter dicerent hominibus: quicquid est ignominiosum,
ungluck, habet finem, quia 'Ewch der heiland', scribe magnis
literis, sic angeli loquuntur cum hominibus: Nos non indigemus
Salvatore, quia iam in sanctitate, Iam venietis ad nos, Iam non eritis
sub diabolo, Sed iſt zu euch komen. .1. habemus Christum, quod caro
et sanguis noster factus, Deinde noster est cum leib und ſeel et quicquid
hat, ut habeam den trotz, quod Chriſtus meyn ſey, frater, meus ſchatz
und mher meyn quam maritus uxoris, puer patris. 'Ego et pueri' ꝛc.
Sic Maria aeque est ac omnium nostrum esset mater et sederemus
ei im ſchos, quis non libenter haberet tam ein freundlich junges meidlein
in matrem? Et ſol das ſein kindlein ſein auff dem ſchos. Si noster est,
XXIX 656 ergo ſol an ſeiner ſtad ſein, ubi est, | ibi nos, et quidquid habet, nostrum
et econtra, et sua mater nostra est. De hoc dicemus, quid 'Salvator'.
Nota .1. articulum de Virgine Maria, deinde den ſpruch und predigt
lernen, quia est prima et optima praedicatio, quia prima, quae facta
in novo Testamento, et ex qua ſind die, die andern alle geſponnen
in toto novo Testamento.

---

7 Sprüche 14, 13. 22 Hs.: E heil; W. A. ergänzt falsch: Ewr heiland. Vgl. Luk. 2, 11. 28 Jes. 8, 18; Hebr. 2, 13.

1. Weihnachtstag nachmittags (25. Dezember) 1529.

(Weihnachtsgeschichte: Luk. 2, 10 f.). XXIX 657

Hodie audistis, quod furgenomen hab historiam simpliciter tractare, quia propter hanc hoc fest institutum, ut de ea fiat sermo, und so es da zu keme, das man vergessen sol illam historiam, so were der grund hin. Oportet isti articuli in Symbolo sciantur: si quid obscuri, hoc alias tractetur. Nam videtis, quid factum sit, da man ab historia gangen ist et sublimia praedicata, nihil omnino de hac praedicatum, Sed de Barbara, Christophoro. Ideo istae historiae non satis praedicari possunt quam simplicissime. Olim wolt ich auch her faren, sed stultus fui.

1. Audistis, quod nativitas gangen sey in jamer, armut und elend, et postea 2. quomodo praedicata vom himel erab a multis milibus angelorum, die alle frolich gewesen: quamquam unus angelus attulit XXIX 658 hoc nuntium, tamen plures affuerunt angeli quam homines in terris iam. Et quamquam in terris, tamen plenissimum gaudium ꝛc. Es kunds keiner trefflicher beschreiben quam Lucas, modo kunden im nachdencken. Si tantum unum angelum audirem ego, contemnerem Turcam et Cesarem. Quid factum, quod tot milia angelorum? In praedicatione audimus 1. 'Annuncio vobis', 'quia vobis natus' etc. Sic dixi hodie, das ir die verba scribatis in corda vestra aureis et flammeis literis, Et quicquid est in scriptura et mundo, comprehendit angelus in hanc praedicationem, quia angelis Sanctis fuit ein ernst et pleni gaudio. Ideo kundens auch wol predigen und singen: Seid ir frolich, quam beati estis, vestrum elend habet finem, quia 'salvator | vester' XXIX 659 ꝛc. fatetur hoc verbo, quod nobiscum fuerit verterben, not, elend, jamer. Nam ubi opus salvatore, oportet das da ubel sey ꝛc. Sic sind wir gesteckt et adhuc in peccatis et morte quotidie et sub potestate diaboli et adhuc, quia adhuc Adam vetus so halstarrig dhene, ut non possimus herauskomen. Ideo dicit: hactenus fuistis sub morte, peccato, diabolo, Sed alium blick proponam ob oculos, ut illorum omnium obliviscamini, si ista habetis contra vos. Huc aures, oculos, corda vertite, adest salvator, Et est natus hodie. Ideo potestis gaudere ut illi qui libenter ab istis liberi essent.

Istis verbis indicat quibus hoc gaudium widderfare. Non qui lust haben ad peccata, diabolum, mortem, qui superbiunt, scharren, geitzen, Illis non praedicatur haec praedicatio. Ideo non annuntiarunt Herodi,

---

7 In der Bearbeitung Kraffts E. A. 17^2, 163 ff. und W. A. unter Rörers Nachschrift. 20 Luk. 2, 10 f. 35 indicat: Mit Krafft gegen W. A. iudicat.

XXIX 660 pontifici|bus, Bethlehemitis senatoribus, sed manserunt extra urbem bey den armen hyrten. Non erant tam mali nebulones, Tum erant ynn zaum gefast, Si non bene volebant agere, war der knutel da. 3. ad tales pertinent. Ad armen elenden dürfftigen ivit angelus, non ad saturos, fidentes sua iustitia. Ideo ista praedicatio nemini tröstlich, nemo freuet sich, nisi indigeat salvatore. Ideo ghe in cor et vide, an ista verba sapiant, an exultet cor, quando dicit angelus 'Gaudium magnum vobis', si sind zuckersus, bene, si non, scito, quod ista praedicatio dich nicht anghe. Et erschricke druber Et ora, ut tibi sapiat. 'Salvator' indicat maximum solatium, quod qui libenter liberi a morte, peccato, diabolo, veteri Adam sit, maximum serium est, quando dicit 'Salvator', ne dubites ergo. Ergo miseri nihil dulcius audire XXIX 661 possunt | quam hanc praedicationem. Sehe ein itzlich drauff, an liber esse cupiat a tribus istis. Certe quidem dicit, sed non est serium, donec adest periculum mortis. Tunc inveniet, quando minime credit his verbis, wen der streckenbein kompt et nosset istam scientiam, der bstunde. 'Qui est Christus dominus'. Ibi angelus discernit inter salvatorem et salvatorem. Est varius salvator, quia germani vocamus heiland qui iuvat einem land. Ut olim vocati principes ut Karolus Magnus et similes, die eim land zw hilff komen konen und retten. Angelus dicit 'annuntio vobis gaudium' de salvatore qui est vester. Et non vulgaris salvator, sed indicabo: Is est de quo tota scriptura loquitur et lex, prophetae. Nam Iudei in omnibus lectionibus, praedicationibus dicebant de Christo. Ideo angelus hoc verbo nimpt die gantz XXIX 662 schrifft et omnes Iudeorum praedicationes et furets | mit dem wort auff den Christum et dicit adesse. Quando Iudaei audiunt Messiae, norunt, quid significet, quia sciebant, das alles geordnet und gestelt, ut expectaret hunc Christum. Ideo furt angelus communissima verba in omnium ore qui dixerunt: Christus veniet. Ut Samaritana: 'quando Christus veniet, omnia docebit'. Hoc verbum fuit in ore omnium. Ideo nimpts der Engel auch et dicit: de quo legitis et auditis, ist geborn.

Sed ista verba tam incomprehensibilia et incredibilia fuerunt pastoribus, ut dici non possit, quia non parata pompa, drangen wer. Hierosolymis nemo viderat und yhm gantzen land. Ja solt Christus geborn sein et Hierosolymis solls den hochgelarten pharisеern, Sadduceern nicht offenbar werden? Et nos qui postremi sumus, sollens erfaren? Ego ipse dixissem: est impossibile. Sollen istae promissiones impleri et non revelari maximae parti in populo qui habent regimen,

---

7 f. Luk. 2, 10. 17 Luk. 2, 11. 29 Joh. 4, 25. 36 nos, qui postremi sumus: aus der Seele der Hirten gesagt (postremi = die geringsten). N's freie Wiedergabe: vos rustici (ihr Bauernrüpel).

et minimis in populo? ꝛc. | Ideo fuit incredibile eis. Sed haec omnia XXIX 663
fiunt, ut nobis proponatur nativitas lieblich, ut quodcunque cor alli-
ciatur, ut habeat dilectionem erga Christum. Si se gehalten gegen
groſſen hanſen, sapientes, reichtumb, ſo wers ſchrecklich, quia fur der
gwalt furcht man ſich, weiſheit ſchewet man ſich. Si in cunis aureis und
buſaun, ſo wers ein trefflich ding geweſen, sed were mir nicht troſtlich,
Sed er ſol ſich eim armen meidlein inn die ſchos legen und gering geacht
coram mundo. Da kan ich zu yhm komen. Sic minimis .1. se apparuit,
ut videretur non venire potentia, pompa, sapientia, hohem weſen,
Sed cum venerit in illo die, wirds anders werden, quando veniet
contra groſſe hanſen. Iam venit ad miseros qui indigent salvatore.
Iudex contra eos qui eum persequuntur. Sic angelus illo verbo zeugt
cogitationes Iudaeorum da hin, quod der der man ſey, dictu mirum,
quod is qui | Megdlin in sinu iacet, der ſol Gotts ſone ſein. Quale cor XXIX 664
oportuit habere pastores? oportet fuerint ebrii spiritu sancto, ut
crediderint, alioqui risissent.

Iam las ich anſthen, quid significet 'Christus', grece 'ein geſalbter'
i. e. Rex et sacerdos, Et illorum verborum non oblivisci debetis. Nos
germani cum audimus hoc verbum, venimus zu der ſchmier ſalben
ynn Apoteck und zum balbirer. Sed mos erat, quando Rex vel pontifex
unctus, nam man balſam und die pretiosissimas ſpecerey und war
kein edler waſſer quam haec, das ſelbig gos man yhm auff ſein angeſicht,
das er wol rieche ꝛc. Ut nostri etiam faciunt, das iſt ein ſeer gemeiner
brauch geweſen. Es heiſt geſtrichen mit koſtlichem waſſer. Non loquor
von der ſchmerſalben, Sed de preciosissi|mis aquis, die koſtlich zugericht XXIX 665
waren, wen man einen Regem ſol weihen vel Pontificem, muſt mans
ſalben. Non fuit oleum simile nostro quo nostri utuntur ꝛc. Christus
ergo iste est qui pretiosissima aqua geſalbt in Regem et sacerdotem,
ir heubter, angeſicht und kleider beſprengt, ubi incedebant iſt ein le-
bendiger ruch geweſen. Ergo Christus est ein geweiheter Rex und
prieſter ad regnum et sacerdotium i. e. hic Salvator est vobis natus
quem scriptura adeo laudat, ut supra omnes, nempe Christus est
Rex qui potest regere in suo regno et redimere a peccatis, morte.
Sacerdos qui intercedit pro nobis gegen Gott et facit suum officium
sacerdotale. Sic describit eum scriptura 'Ecce agnus', ad hoc ordi-
natus und beſprengt optima aqua i. e. spritu sancto met. 'Christus'
dictio est graecum verbum, in quo praedicarunt Apostoli, Ebraice:
'Messiah'. Non est illa crassa ſchmer, Sed ideo dicitur Christus, quod

---

12 zeugt: trahit (nicht testatur). 13 Iudaeorum: von Rörer selbst kommentiert mit pastorum. 17 Luk. 2, 11. 34 Röm. 8, 34. 35 Joh. 1, 29.

XXIX 666 olim sacerdotibus, Regibus oben auff den kopff gegoſſen die beſten ſalben, balſam, waſſer. Iam utuntur ther, quibus inungunt Episcopis manus, ad currus. Ab hoc vocamur Christiani, cum ab eo uncti i. e. eandem acquirimus gratiam quam ipse habet.

'Dominus'. Das mag auch geredt ſein, propter superbiam locutus sic Angelus, ut nemo videat et intelligat nisi miseri peccatores. Soll einem das nicht das hertz grim machen, quod dicit 'dominus'? Certe neminem vocant dominum nisi maiorem se, Et is iacet in praesepi nihil habens, et de hoc dicit Angelus 'dominus', quis potest assequi ista verba, quod innumerabiles angeli tretten her und knien nidder fur dem armen meidlein nidder .15. annorum et illae maiestates dicunt 'Dominus' et vocant dominum suum, nostrum et salvatorem nostrum? Das mag ein predigt ſein quam angelus facit. Si magni und prieſter in
XXIX 667 terris, Sed quod angeli, nobiles spiritus, die hohen creaturen et dicunt eum non solum suum dominum et omnium dominum. Si Christiani essemus, quid inauditius audire possemus, quam quod hic puellus, qui der arm muter auff der ſchos ligt, nihil habet nisi ein bruſt vol milch et tamen est dominus? Das ghet nicht ein, ſollen das die hyrten gleuben? Quod in stabulo zu bethlehem ſol der herr ligen de quo angeli sic canunt et praedicant. Angelis tale gaudium quale nullum aliud unquam habuerunt quam ut illum puellum vocent dominum. Hoc ideo fit, ut das freudenſpil mit ehren an ſehen. Certe utitur angelus sua arte et Lucas, ut delectemur.

'Salvatorem' habes qui non venit ad te maiestate, sapientia et tamen dominus omnium. Is qui non habet proprium praesepe, est dominus omnium, Iſt das nicht contra einander, nescio. Ideo facit deus, ut nemo habeat excusationem. Certe non timemus nos fur einer Jungfrawen quae 15 annos habet, Et praeterea si puerpera et nihil novit quam lactare puellum. Iſt ja ein freundlich bild. Certe extra hanc bild ſoltu kein gott wiſſen, sed hunc esse salvatorem et dominum qui habet potestatem super mortem, peccatum. Es kan ſich kaum regen et vix erigit digitulos und ſol neminem wiſſen in coelo et terra, ders thun ſol quam is puellus. Et ideo quia tam absurda res et occulta, Ideo oportet veniat angelus et praedicet, das mans doch mit dem
XXIX 668 wort faſſe, si aliter non potest capi. Dicunt ergo angeli hunc puellum destructurum mortem, peccatum, inferos et omnia. Certe istis verbis indicat ein brunſt. Ey von einem Engel iſts auſdermaſſen ſeer viel.

---

3 N: melius esset currus illo linere.. 5 Hs. kein Absatz. 5 Luk. 2, 11. 11 annorum Ergänzung Rörers nach Hs. gegen W. A. eingefügt: Luther denkt sich Maria 15 Jahre alt. 15 et: ⟨sondern⟩ auch. 29 Luk. 2, 11. 36 istis verbis: s. S. 187 Zeile 2.

Certe ein elender heiland qui seipsum non potest iuvare et indiget matre, et tamen est salvator et non alius. .4. verba statim audiuntur, dicuntur. Sed quando indigemus iis verbis, videbis, quam ardua scientia. Ego certe das a. b. c. kan ich nicht de istis verbis. Ich kan da von wol plaudern et sapienter, Ut quisque dicere posset me posse sapienter loqui. Si hieltens da fur, quod verum, essemus frolicher, demutiger, freundlicher. Die lieb und freude quam afferret istud gaudium, non esset ſo faul. Cum ergo angeli nidder knien fur das kindlin et nullam habent occasionem quam quod nos huc dirigant, Angeli non rhumen, quod ipsorum salvator, sed dominus. Si deus noster fieret angelus, tamen deberemus cum summa gratiarum actione annhemen, et tamen fit homo et angeli ipsi annunciant nobis et tamen frigidi. Hic puellus qui in sinu iacet matris et mendicat locum, den ſelbigen homuncionem laſſens deinen herrn ſein. Non ſehen an angeli, quod mater den brey ein ſtreicht, die naſen wiſſchet, Sed adsunt magno gaudio, quia est dominus eorum et omnium. Si hoc, oportet sit verus naturalis deus, quia tum hoc verbum 'dominus' klinget ex angelorum ore qui supremae creaturae. Quia peccaret angelus contra deum, si aliquem dominum vocaret, si non esset eius dominus. Nam ipsi domini super | omnes creaturas. Cum ergo XXIX 669 ipsi vocent hunc puellum dominum, oportet maior sit ipsis, et tamen nemo supra angelos, quam deus. Ergo est deus, et ideo libenter vellent eum ita anſehen, das bild ſo lieplich cupiunt et a nobis inspici. 'In Civitate David'. Ibi prophetae werden eingefurt. Q. d. Est Christus, ne dubitetis, Non Christus ut prius mher, quia omnes Reges et pontifices dicebantur Christi, quia sic geweihet. Sed istum Christum auſſondert angelus et dicit eum dominum et nostrum. Non est David, Salomon nec ullus rex, quia est dominus, ergo supra angelos, ergo alius, quia. Et ibi der qui nasci debet in Bethlehem iuxta promissionem q. d. iam ſeid frolich und laſt euer hoffnung auf ſein, quia quod expectatis, iam adest, das laſſt euer freud ſein. Iſt ein frolich predigt und werd, ut cum gaudio da vonn predigen, ut angeli da von gepredigt haben.

2. Weihnachtstag vormittags (26. Dezember) 1529.

(Weihnachtsgeschichte: Luk. 2, 12—14, vor allem das Gloria.)

Heri audistis historiam, wies zugangen iſt das unſer herr geboren iſt, postea praedicationem des lieben heiligen Engels, Et hodie

---

2 Die vier Worte sind: vobis salvator Christus dominus. Diese Predigt will lediglich Erläuterung dieser vier Worte sein. 23 Luk. 2 11.

deberemus praedicare de S. Stephano et Iohanne, sed quia adhuc multa de hac historia, wollen wir da bey bleiben et da von reden.

XXIX 670 'In civitate'. Das | mag wol ein engelische predigt heissen, quia est brevis und gut und gefast quicquid in scriptura et replet celum et terram. 'Et hoc habebitis signum.' Ad bonam praedicationem semper additur signum, Ut cum Euangelio habetis signum 'Qui crediderit', et sacramentum in altari. Sic semper ubi facta praedicatio, ist ein zeichen dar bey gesetzt. Sic Maria cum audit nuncium se matrem fore, signum 'Ecce Elizabeth'. Haec autem fiunt, ut nostra fides deste fester sey. Sic hic bey der himelischen predigt datur signum, sed gar gering. Si rationi proponitur hoc signum, offendit eam, Quia verba ipsa sunt incomprehensibilia rationi humanae et signum, lauten viel leppischer bey solchem grossem ding, wird gesetzt aqua in baptismo. Sic der angelus hat herlich her gepredigt. Hic salvator rc. ut quis putet eum venire cum hundert tausent kronen, et postea verderbt ers gar: habete signum, in praesepi rc. das sol das gros trefflich zeichen seyn, da bey sie mercken sollen natum salvatorem. Sol kein andere zeichen sein bey dem Rege. Quando natus novus Rex, ghen all campanae, rosen streuhen, et hic? Hie solt einer aber sagen ad Sammat, gulden: du verfluchte ding, ubi fuisti, da er in praesepi lag? Sed tantum abest, ut nos schemen, ut etiam superbiamus pecunia nostra. Certe ista paupertate hat er ein stos geben omni pompae, ut credas tantum esse narrenwerck omnes divitias et potentiam, sed oportet utamur hoc

XXIX 671 seculo, sed zum hochmut, trotz stincks alles. Hoc | signum factum ideo tam humile ut nihili, nempe in praesepio, ut exuat nos den hochsten schmuck nostrae klugheit et eruat oculos qui nur nach hohen dingen trachten, ut iusticiarii et gentiles quaerunt in maiestate, Et ut laeto corde ad eum veniamus. Si venisset cum sua maiestate, quis ad eum veniret? sed omnino ablata maiestas, das sie nicht mher wegk kund sein, quia non tantum loci habet, in frembd herberg ut cum thierlein, das heist maiestatem gar rein auszogen, ut nemo excusari, quod non acceperit eum propter terrorem, Certe non timebis a puella 14 annorum et puerpera, Et nulla adest potestas rc. sed eitels quod nos alliciunt, Oportet fuerint immites homines, quod miseram mulierculam peregrinam lassen ligen sic in stall, Si etiam non esset tanta Regina et nativitas, tamen cuilibet matri sic faciendum, fuerunt stein, holtzer und klötze, non homines. Es solt aber sein inen zur grossen schad

---

2 Hs. kein Absatz; W. A. hinter reden Doppelpunkt. 3 Luk. 2, 11 gegen Ende: Luther hat von „in der Stadt Davids" bis „in einer Krippe liegen" Vers 12 vorgelesen. 5 Luk. 2, 12. 6 signum <baptismi> Mark. 16, 16. 9 Luk. 1, 36.

et nobis schande, das wir uns nicht sollen fur yhm furchten. Pastores territi maxime, si dedisset grossere zeichen, plus territi. Ideo trost er sie und thut das schrecken weck et dicit, ut adeant sine omni terrore.

Illi sunt die rechten articuli qui cor confirmant. Ego praecipue dico praedicatoribus, ut sic handeln cum Euangelio et Christo et incipiant bey | der krippen, ubi angelus, Et sinite speculationes, da mit XXIX 672 man klettert hin auff unter die Engel und wil yhm nach gehen in sua maiestate. Haec sunt periculosissima studia. Hac in re doctores facti. Quando diu studuisti deum esse unbegreifflicher weisheit, cor desperatum. Ex talibus hominibus fiunt gemsen steiger die den hals sturtzen. Doctores scripturae non sunt qui in himel anheben und das tach erst bauen und machen. Schwermeri nostri, quasi puellus nihil sit. 'Caro non prodest'. Du sey unverborren cum divinitate, maiestate et sapientia dei, scheme dich der windel und krippen nicht, da dich die angeli hin weisen, non stulti fuerunt, noverunt, quo te ducerent. Qui graves tentationes habent, hinc habent, quod klettern hin. auff, quod deus tam mirabiliter regit mundum, tot gentes infideles quod bonis male est 2c.

Ibi eitel lestern, schrecken et insuper blasphemiae. Sic legitur in vitis patrum de patre, da sie die jungen Mönche zogen 2c. quando vides iuvenem hominem, quod das er ghen himel wil steigen, etiam alterum pedem in coelum gesetzt, detrahe. Hi sunt sapientes qui suis speculationibus omissis, fure sie in die krippen, Mariae ynn die schos, qui recumbat in praesepi, det lac. Et dic: nescio de sapientia, sed scio: puella .14. annorum habuit puellum in praesepi iacentem et nihil habuit, da haben mich die engel hin geweist qui sapientiores doctoribus, wo er leit ynn der krippe, illic manebo. Si voluisset in maiestate revelari, non recumbi voluisset in praesepi. Sic | hoc praedicatum contra Rot- XXIX 673 tenses qui externum verbum contemnunt, Vides quod cor nostrum mus herunter faren und nicht ghen himel gaffen, und halten ans euserlich wort angeli. Est externum mundlich wort, dem ghen sie nach, non fragen, qui deus mundum gubernet, sed nach der krippen, ut Euangelium sonat. Est signum, quod freilich in tota Civitate nullus iacuerit in praesepi. Ergo omnes puelli habent wieg vel mulden, sed Christus non. Sic christlich regiment ghet mit verachtlichen zeichen. Verba sublimissima, christiana ecclesia ist hoch gerumbt, quando inspexeris, ists ergerlich, elend. Ideo si adfuissem, non credidissem ut pastores esse illum salvatorem, das ist dis letzt stuck praedicationis.

Iam Lucas describit ein hubschs gepet und lobsang angelorum.

---

13 Joh. 6, 63. 39 ff. Luk. 2, 13 u. 14; nach N scheint Luther beide Verse verlesen zu haben; vgl. das etc. S. 190_{2}.

Post finem praedicationis und das zeichen gegeben, venit ad hunc angelum 'exercitus 2c'. 'Gloria'. Ich bleib aber mal bey der einfeltigen historie und text. Heri 'Natus est', ut caperetis ista verba und wust, was sie heissen. Sic manebo cum cantico, das wir in auch lernen, et bene. Suum canticum diviserunt in .3. leise, kurtz und gut. 'Ehr Got', 'frid in terris', 'hominibus'. Hoc est canticum angelorum: qui intelligeret ista verba, in his inveniret magnam sapientiam. Certe plus sthet drinne quam in omnium gentilium libris et Thomae de substantia angelorum .1. das got sein ehre habe. Sic angeli affecti boni, ut deo optent suum honorem. Adam wil⟨in⟩ des Teufels namen got werden, so gings yhm auch darnach. Impugnabatur a Satana: 'Eritis ut dii' 2c. Der hat nach der Gotheit griffen et habere volebat dei honorem. Die ver-
XXIX 674 flucht geraubt gotheit quam furatus instinctu | diaboli, stickt in omnium hominum cordibus, etiam piorum, alii sind gar drinne ersoffen, das ist der Rat Adam und Eva. Illa tentatio tam magna, ut non possit ergrunden. Gotlich ehr erat, das sie wolten weis, heilig i. e. appropriare ea opera quae deo pertinent, gewalt, misericordia, sapientia. Wenn einer bucht auff weisheit, heilligkeit, weisheit, est deus. Et kans keiner umb ghen qui in ratione stickt, pii vix qui habent ista, stelt er sich mit, ac si ipse esset magister, die plag steck sic in hin, das mans auch nicht aus in predigen kunne, Ideo praedicamus hoc tantum his, qui der ehr gern loss wern, quicquid das geschmeis Adam und Eva bleibt an in hangen, tantum orant, ut non vincantur. Sic canunt angeli, quod honor per parentes .1. raptus und gestolen iterum ad deum redeat, quia per Christum intelligunt omnem honorem deo deberi. Si rex inspicit praesepe, so mus im corona, gulden stuck stincken: o das ich mocht die krippen sehen. Sic deiicitur animus. Sic istud principium totum ornatum redigit in nihilum. Sic si quis sapiens, iustus: hic iacet sapientissimus et doctissimus, sanctissimus, ibi cogitur dicere: ich thet ynn meine. Sic wird einer fro, ut sua sapientia, gewalt et quicquid inflat, los werde und das yhm der helland zu teil werd. Sic nihil habet quo trotzt. Sic Reges fiunt pauperes, sapientes stulti, iusti peccatores. Sic kompt Gott zu seiner ehr et tum non trotzen super ista omnia, quia huc honor dei receptus, quod confiteantur, quod ipse debeat ista
XXIX 675 omnia mihi dare, quod non crescant in hortis nostris, sed | veniat e celo per hunc puellum. Da bin ich widder in die rechten orden komen relinquens deo suum honorem. Das sehen die lieben engel gern, ut deus suum honorem widder et nos in nostrum stand. Et tum iste honor

---

5 „leise": N: membra. 10 ⟨in⟩ fehlt W. A. 11 Gen. 3, 5. 20 hin: ihnen. 35 N: das solch krawth yn unserm gartten nicht wachse.

redditus abrogat inimicitiam inter nos et deum. Deus apud nos suum honorem invenit ut fures und scheld i. e. ut credamus in Christum: quando credo, quod Christus sol mein helland sein, certe non iuvabit me mea iustitia, sapientia quam invenio apud solum, Sed credo an den infirmum et qui minimus est, quando nihil credo, ergo non hereo meae sapientiae, tum habet deus suum honorem, tum fit, quod deus det et servet mihi, et ego accipiam, et sic non rapitur deo honor. Ideo haben zulernen an dem engelisch cantico, donec videamus. Certe verbis discimus, mundus nunquam, quia die gifft divinitatis adeo insitus, ut spiritus sanctus difficulter ex piis, redditur deo honor, quando uns eussern nostrae sapientiae, iustitiae et heremus dei misericordiae per Christum, quod omnia det et faciat per puellum. Vocant angeli puellum dominum et qui widderbring honorem deo et homines reducat in eum statum in quo creati a deo.

Die ander leise 'Et in terra pax'. Fructus fidei est pax, ut cum deo et hominibus pacem habeamus, quod Christus reducit homines ad deum et reducit nos in rectum statum, venit pax, Ro. 5. sed per Christum, per aliud medium non. Si solt frid haben, oportet per puellum: si credis, das das arm kindlein helffen solt, hat deus sein ehr et dominus dabit tibi pacem, ut non sit conscientia inquieta. XXIX 676
Ideo optant angeli, das unser hertzen zw frieden sey, ne adesset peccatum, sed pax cum deo et hominibus, Quando Christianus certe richt nicht unfried an, sed helts da fur, quod nihil habeat et possit habere nisi per puellum, all sein trost, ita thesaurus iste puellus. Ideo non superbit de sua sapientia, si alius non vult, nihil curat, quia quidquid habet, non habet, das er sol drauff stoltziern, sed super Christum. Sic Christiani sunt gleich gesinnet. Sic non begert sein sapientia nicht, ut incommodem mea potestate. Sic quando deus habet honorem suum, cum deo et hominibus pacem habemus, so viel an uns ist. Sed qui deitatem nicht lassen faren et volunt honorem habere, illi non possunt habere pacem. Hinc papa, principes grassantur. Nos praedicamus, ut eorum regimen sit in pace, Sed volunt honorem habere dei, tum oportet habeant unfrid. Angeli cecinerunt, das ir solt die ehr nicht haben. Christus ideo venit et iacuit in praesepi, ut exuat vobis divinitatem et honorem. Non est dicendum: Ich wil mit meim gelt, gwalt brauchen, sicut volo, non. Dicunt: keiser, stend bonum, sed das ers utatur pro sua voluntate. Sic si sancti essent et facerent opera bona, pateremur. Sed setzen die kron der majestat dran et dicunt debere nos fidere his operibus, ideo machen sie unfried. Inter superbos

---

17 Röm. 5, 1.

semper est iurgium. Ratio: Got kan sein ehr andern nicht lassen. Et ipsi nolunt dare Et ipsi inter se will einer dem andern buchen. Summa Summarum: es ist umb die ehr zuthun. Sitis contenti, inquit deus, quod sitis sapientes, iusti ꝛc. sed honorem last mir. Sed non. Ideo
XXIX 677 fructus sit furtivi honoris, das ir im blut schwimbt. Sed qui relinquit deo honorem, habebit pacem et sufficientiam omnium. Ideo 2. optant angeli fructum fidei pacem, ut bona conscientia erga deum et fein leben fridlich erga deum, hunc fructum ostendimus. Vellemus, quod omnes in pace regerent. Certe pax ist bey uns et nos sie erhalten bey ir maiestat et tamen non pacifici esse queunt. Tantum dicimus, ut honorem deo reddant canentes hoc canticum cum angelis. Si hoc, so wolt wirs machen, ut vellent. Es mangelt bey uns, habent sapientiam, iustitiam, sie wollen die ehr auch da zu haben. Certe papae contigit, donec sie der ehr unterwunden, so lang haben sie frid nicht gehabt et Episcopi. Certe si deo relinquimus honorem, dat omnia abunde, omnia, inquam. Vide .1. articuli Symboli expositionem. Impii non contenti, quod det mundum plenum bonis, quin habeant similem honorem. Quicquid habeas, gedenck, ut deus habeat honorem, ut scias nulla re fidendum quam puello iacenti in cunis. Utar re mea, sapientia, sed sol mein ehr nicht sein. Certe statim dictum, sed ut praestemus, quod possumus, docemus hoc. Nos certe per gratiam dei in corde habemus pacem erga deum et hominibus frid lassen.

.3. 'hominibus'. Hoc optant etiam dilecti angeli, ut post honorem i. e. quando deus habet honorem suum et nos pacem, tum sequatur, das wir nicht fried haben kunen. Wir halten wol pacem, Sed sapientes qui fidunt iustitia sua, wollen honorem servare, habent neminem, contra quos pugnant quam nos, qui Euangelii doctrina eis auferimus honorem und faust, qui aufert honorem und gut. Nos lassen das gut, haus, hoff liegen et benedicimus, sinimus eis unser leben, leib, Sed da mit
XXIX 678 verdienen undanck. Bucht | nicht auff guter, sapientiam, potentiam. Do Cesari imperium. Episcopo dico: si non habes sat am bistumb, dominus plus dabit. Sed bucht nicht drauff. Das mus heresis sein. Ideo inquietudo et peccatum maximum nostrum, die sund kunnen wir nicht umbghen, da mussen wir sunder werden et deterrimi filii diaboli, quando dicimus omnia eos debere habere quae habent et vident, modo non honorem. Non aliud indicamus, quam ut capiant quod deus daret et sinerent deo quod suum, machen pessimum nostrum peccatum. Ideo venit persecutio, crux. Das ist das dritte leis, ut quisque homo discat ein wolgefallen haben, ein hertz contentum an allem dem quod

---

16 Beziehung auf den kleinen Katechismus.

ei contigit. Ego habeo pacem cum deo, cum hominibus. Wil mir yemand das nemen, ut ein wolgefallen dran haben, das ist so wol ein kunst ut priora duo, ut quis possit canere 'wolgefallen' in allen stucken. Regnum Christi non in esu, potu, sed Gerechtigkeit quae est quod credo in Christum et do deo honorem. Paulus 'spiritu sancto'. Das wolgefallen etiam in tristitia, las mir doch wolgefallen, quod secundum rationem non potest. Vides, qualis ars istae 3 leise, discat qui velit hoc canticum canere, statim canimus, statim dicimus, Sed quando zur rem ventum, ut deo relinquam 2c. Satan efficit, ut veniamus ex istis .3. discite etiam Got ehr geben, ut credatur in Christum et non stoltz sey, 'in hominibus beneplacitum', wolgefallen, das sich einer troste und las ims wolgefallen, wie ubel es im gehet.

| 2. Weihnachtstag nachmittags (26. Dezember) 1529. XXIX 679

(Weihnachtsgeschichte: von den Engeln.)

Audistis hodie celestem et angelicum lobgesang, qui cantatus brevibus verbis et tamen multa comprehendit, nempe al from, qui fit per Christi nativitatem. In quibus comprehenditur totum regnum Christi. Est historia dives de qua multa praedicanda, adhuc tractavimus nihil nisi quod ad fidem, Tum exempla in matre, Ioseph, pastoribus, puello in quibus allerley tugent, armut, gedult, sanfftmut quae omnia wollen lassen stehen. Latius loquemur de lieben angelis, ut profundius uns eingehe.

Multi docti qui ghen himel gefaren, haben sie unterstanden de angelis loqui et voluerunt mundum sapientem facere, ut sciret, quid angelus faceret. Si omnia scires quae scripserunt, nihil scires. Sed vide hic eos descriptos, si vis intelligere, quales sint. Audis, quid canant: 'gloria deo', 'pax'. Ex his verbis intelligis non, an habeant carnem vel bein, rock vel non, Non intelliges, quis angelus, nemo adhuc in terris fuit qui potuisset intelligere, quid corpus et anima eius, quare oculi videant et aures audiant, es heist: narraverunt. Hic intelligis, qui cor eorum affectum, et hoc nobis utile et consolatione plenum .1. ardent timore et cor eorum plenum erga deum demut, non beschmeist mit der gestolen Gotheit in quam induxit Satan parentes nostros. Sicut ipse voluit esse deus, Sic nos. De hoc vitio | puri XXIX 680 Sunt pleni sapientia, potentia, omni bono, gerechtigkeit, sanctitate und uberschwenglich, nam unus angelus fortior omnibus Regibus terrae et in uno momento deleret, ut praestiterunt Angeli in mari rubro et in exercitu Assyriorum. Nihil est cum humana potentia, sapientia,

---

4 f. Röm. 14, 17 (aus N erkennbar.) 23 Hs. k. Abs. 23 sie: sich.

sanctitate gegen den angelis. Et tamen nullus eorum his utitur in honorem ꝛc. .1. qui fecit, fuit Lucifer ꝛc. ideo tam humiles erga deum et agnoscunt ista omnia a deo se habere, non a seipso. Ideo dant deo honorem, laudant, gratias agunt deo ex toto corde, viribus, Ein armer ſtock qui vix a b c novit, weis nicht, wie er ſol geberden cum sua maxima klugheit, et ibi tot milia angelorum quorum nullus non est, qui non sit humilior tali, quae est sapientia Salomonis, prophetarum, Apostolorum erga angelorum? Et nos cum plenum cochlear sapientia habemus, richten wir rotten an et volumus docere et non videmus tot milia angelorum. Ideo proponitur hoc nobis, ut eitel ehr, sapientiam ausrotten. Si multum scias et potens sis utcunque, quid es in comparatione angelorum und der bruſtet ſich keiner, sed humiles. Ego vero weis fur groſſer weiſheit nicht bleiben. Ideo discamus exemplum humilitatis in angelis et cognitionem multo maiorem homine et tamen relinquit deo honorem, quid ego? Vides, quod nullus homo in terris qui ita demutig ut angelus, Sed econtra: yhe groſſer sapientia, iustitia, potentia, je groſſer hochmut, non oportet adsit Satan qui der ehr were et in piis. Conclude ex isto textu, quod nullus angelus tam ſtoltz ſey, qui minimum hominem in terra despiciat, und ſchemen ſich <nicht> der unfletigen adhuc natur zu dienen. Es darff ſich einer bruſten umb einer armen haut willen, quod horam ſchon iſt in facie, das ſind wol
XXIX 681 ander ſchene geiſter | et serviunt pessimis nebulonibus custodientes a periculo aquae, ignis, Et keiner iſt, dens verdreuſt, ut talibus serviat, sed libentissime faciunt, eque quod bonis et malis serviant. Quando dominus heiſts ein ſtrohalm auffheben, faciunt ex corde. Hoc certe non facimus. Ideo angelorum humilitas erga humanam. Ideo ex corde diligere debemus angelos, ut non fur yn entſetzen, sed certi simus eos esse umb uns et servire cum omni gaudio. Sic non fit mundo ja inter Sanctos .1. puri sunt a vana gloria et tamen pleni omnibus donis quae inflare possent, ſo trefflich gewaltig ſein et tamen servum esse, ſo heilig et tamen non curare. Si mihi serviret Turca vel Rex Franciae, maxima humilitas esset, mundus iactaret tibiis, sed quid erga angelum, qui custodit me dies noctes, nimpt kein ſolt drumb, non saluto, non gratias ago. Quis dringt in dazu? Illa humilitas. Si meminit hoc canticum, novit omnia. Sed quia nos ignoramus, ideo nec ꝛc.

.2. disce angelos hinc quod canunt 'pax in terris', quod angelis nicht wol iſt, quando homines gravati in conscientia aut externe bellum, unfrid, rauben, mord. Et cor eorum, ut tantum sit pax. Sic Christus 'gaudium est angelis', satis scriptum. Ibi non videmus iterum, qualia

---

20 <nicht> fehlt W. A. 21 schön. 38 f. Luk. 15, 7 u. 10.

ossa et vestes habeant, sed quid cogitent, quid in corde habeant, profunda angeli videmus i. e. optimum in angelis i. e. cor eorum video, nempe quod gaudium, luſt, begir in eo sit, quod non sit conscientia turbata peccatis et ut invicem pacem habeamus et in terris nullum mord, has, zanck ꝛc. Ad hoc etiam serviunt, helffen und ſind da bey, ut corda ad talem pacem veniant et non sint bella in mundo, Wen die engel theten und non hulffen den leuten | und wereten den gifftigen XXIX
pfeilen Satanae, has, neid, blutvergieſſen, nemo ex domo in ecclesiam 682
posset ire, wird als ſchwimen vol blut, haſs, neid. Nam Satan nihil agit semper quam unfrid anricht, ut mundum repleat peste, ſchweis ſucht, krig, Zauberei, ſecten. Si non servirent angeli et non haberent saltem pro se pacem, sed semper cogitant, ut hanc nobiscum ſchaffen, scilicet cor quietum ad deum et invicem pacem. Quidquid pacis est, hoc ſchafft unſer herr Got per angelos etiam apud impios. Et hoc indicavit, quod sivit apparere magnam multitudinem celestium apud illam nativitatem, ut Christianus qui coram mundo deseritur a potentibus, an die ſelbig ſtat aliam trotz habeat meliorem. Cum hospes ſich nicht annimpt Christi, quid fit? non unus, non mille, sed unzelig tauſent engel adsunt und warten auff dinſt et canunt und laſſens ein groſſe gnad ſein, quod servire debeant. Non fit propter Christum tantum, sed propter nos quibus natus puer. Si huic credimus, videmus, quales amici angelorum maximus exercitus qui letantur, canunt und ſpringen.

.3. sic canunt 'Hominibus'. Ex corde optant, das wir wolten gedenken, es hab kein not i. e. serviunt, ut nos getroſtet ſein, nicht verzagen, verzweifeln, nicht laſſen nicht ubel gefallen quicquid contigerit nobis. Qui potest Christianus talia eloqui, comprehendere, quod sit homo miser et derelictus in mundo, maledictus in carne, non datur ei panis et est ut dominus suus, non habens, ubi caput, et tamen ſo gros, das ſich himel und terra umb ſeind willen ſich regen, der himel mus ler werden umb ſeint willen, cum unus angelus wer mir lieber quam 100 Tauſend Turckiſch | keiſer, Reges von frankreich. An non ex animo XXIX
debemus diligere Christum, deum et angelos? Sed cor nostrum ver- 683
ſchlemmet, Drumb ſol wir billich uns laſſen wolgefallen haben in illo momentaneo 2. Cor. 4. ut sint participes huius societatis, qui serviunt. Ideo si bene vis pingere angelum, male dir in auffs allerfreundlichſte, ut est homo qui fuit clementissimus, proclivissimus ad serviendum, qui tamen vix est umbra erga angeli ministerium. Sic habet Christianus trotz der nicht auſzureden iſt. Et mox muſt tag werden und finſternis weichen, ut pastores lucem habeant. Praesepe non ornatur auro, perlin,

---

28 Luk. 9, 58. 34 2 Kor. 4, 17.

sed ſchwebt unter eitel tauſent tauſent engel, ut omnis pompa, quam omnes Reges habent in terris, eitel treck iſt. Angeli ultra faſſen puellum ins hertz et canunt canticum. Quid si comburor et cogito: mecum angelus, Ille aderit et videt auff die aſch? Si modo apprehendo puellum et placet ut pastoribus, tum trotz ad angelum, quod mors uns lachen, quod nostri servi, ipsi domini ipsorum, das Gabriel und Michael ſolten mirs pet machen, et tamen faciunt. Ideo dicit hic 'militia celestis', vocat 'herſchar' et pingit angelos, quasi sint ein feltlager. Es mag ſein, das die engel an unterlas zu felt liegen, quia Satan noster adversarius potentissimus et semper ligt im felt et posset nos uno momento perdere. Sic vides multos perdere in peste et seductione, Sed econtra vide, quot maneant sani, quod aliquando ubt ſein mutwillen an einem, ut lupus ove. Omnes quot deo serviunt, heiſſe Ritter, Ideo angeli etiam, Et Paulus sepe. Ergo dicit scriptura angelos esse im ſteten dinſt und ritterſchafft. In quo serviunt deo? non eget eorum ministerio, sed
XXIX 684 ut nos custodiant. | Si cum solo Satana zu felt ſind, ſind wir weit verloren, ad Petrum: 'Expetivit'. Wen ergo potestas tam magna contra nos, indigemus angelorum ministerio, qui optant uns als gluck und heil und thun re dazu. Sic disce angelos agnoscere, quod angeli ſolchen befelh habent pro nobis. Ubi aliquid boni promovet tibi in corpore, rebus, fama, ascribe deo qui per custodiam angelorum sic servavit, custodivit tuam domum, viehes. Ideo dicuntur ritter, quod mundum sic ſchutzen und bewaren: quamquam aliquot hin ghen, tamen maior pars manet. Nos impii non agnoscimus hoc beneficium, non videmus, unde veniat, sed quasi nobis habeamus, et ultra hoc abutimur et ad hoc fidentes nostris und helffen dem teuffel. Angeli nostra nosque conservant et nos abutimur. Ideo non ſolten da mit ſtoltziern, sed da mit got zu ehren erogare. Ergo sunt freundlich, misericordes angeli, praesertim illis qui credunt huic puello. Aliis etiam benefaciunt, sed propter puellum descendunt de coelo. Ideo las dein augen nicht anderſwo hin ſehen quam auff dieſen puellum. Tum gaudebunt tecum angeli et creaturae, die nacht wird zu liecht et pastoribus praedicat, praesepe fit paradisus et coelum, Et stabulum ſtinck nicht, sed optime reucht et locus angelorum ꝛc.

Tag Johannes des Evangelisten (27. Dezember) 1529.

XXIX 685 | (Weihnachtsgeschichte: Die Hirten [Luk. 2, 7 f.; 15—20.])

Audistis historiam docentem die hohen heiligen lere quae proponitur nobis in nativitate Christi et per angelum annunciatur et

14 Ephes. 6, 11 u. ö. 14 z. B. Hebr. 1, 14. 17 Luk. 22, 31.

praecipue, ut credamus his verbis, quod sit noster salvator dominus et etiam discamus canere canticum, ut deo relinquamus honorem und frid in terris halten und lassen uns wolgefallen. Si hoc didicerimus, tum vult omnia dare, coelum et terram, Er gunt uns von hertzen gern, modo habeat suum honorem. Tractabimus hoc stück quod scribit Euangelista de pastoribus qui illo tempore erant in campo observantes 2c.

De angelis audivistis, quod dederint praedicationem hanc et monstrarint nos ad salvatorem und vermanen, ut credamus, Gott dancken und loben. Et nihil omiserunt quod praestandum deo in honorem und zu dancken pro nativitate. Iam bringt ers unter die leut Et Lucas indicat fructus fidei in pastoribus qui sequendi. .1. notandum, quod Lucas lest im so viel dran gelegen, ut adeo diligenter describat, quod pastores nocturno tempore 2c. feret also da her et laudat pastores non a pretioso opere, sed a simplicissimo, quod nemo acht und ansihet: quid enim hoc, quod pastor cum vihe et noctu? Ratio dicit ein elend opus et maledictum dicit hominem obnoxium huic operi. Sed Euangelista sic commendat, quod placeat angelis et nullis voluerunt offenbaren Christum natum nisi pastoribus vigilantibus und warten. Haec est doctrina quae post fidem maxima est, Et nechst dem glauben kan man kein feiner exempel finden quam hoc. Fides macht einen Christen, postea non edler mensch in terris quam is qui laudatur in his operibus in quibus pastores. Ideo iactat eos Euangelista ante apparitionem angeli, quod | hutteten et postea quam redierunt. Ubi vident Christum, XXIX 680 redeunt ad oves, non cucurrerunt in cenobia, deserta, sed ad sua. Et hoc laudat Euangelista et angeli mit der that, das sie sich zusamen gesellen und predigen auffs freundlichste. Hoc exemplum occultum toti mundo, Ideo sequitur, quod isti pastores mussen grecht, heilig leute gewesen et crediderint, Ut Cornelius, quales sunt Sancti ante Christi nativitatem. Cum ergo sint fideles und leben darnach, Ideo digni ut primi sint, quibus reveletur. Qui ergo fidem didicit a Christo, discat exemplum a lieben pastoribus. Hoc non discit quisque, ubi praedicationem et canticum angelorum novit. Pastores vigilantes 2c. i. e. erant pastores, quid faciebant? was den hirten zu sthet: blieben in eorum statu et opus suae conditionis exercent et simplici corde et fide, Ergo puri et Sancti in corde secundum fidem et externe secundum obedientiam und lassen inen gefallen suum opus, non solliciti, qui fierent cives, nobiles, non infensi aliis maioribus. Post fidem est maxima scientia illa contentum esse sua sorte. Certe non scio, ut

---

8 Hs. kein Absatz. 29 Act. 10, 2. 39 vgl. Luk. 3, 14.

quisque contentus eo ad quod vocatus und las yms angelegen sein, Is vivus Sanctus et incedit in celesti wesen, quamquam coram mundo non apparet. Ut tota Bethlehem non vidit et ipsi pastores, Sic mundus non videt ob oculos apparens, Sed videt monachum incedere, das XXIX 687 fult die | augen. Sed was still ghet in suo ordine, non agnoscit mundus, sed fit in nocte, Sed angeli vident et laudant: quis putasset hoc opus, pascere oves, irrationales bestias, sic laudare? Et Lucas describit, ut totus mundus da von singe und sage. Certe non est Episcopus, papa qui his pastoribus kunde das wasser reichen. Non audimus .i. loben, preisen ab angelis ir wesen, ut pastorum, qui nihil operis fecerunt quam yr eigen kunst, et ii optimi homines in terris qui sic diligenter faciunt. Contra hoc est die leidige plag, quod nemo potest sequi hos pastores. Hic Satan hat zw thun, quisque sic affectus in terris quod sua sorte non contentus. Da unum, qui non sollicitatur, ut wolgefallen hab an dem quod ei dominus commisit und mit vleis wart. Wir werden die hirten lassen heilig pleiben prae omnibus. Ego sol ein prediger und leser sein. Si bey mir stünd, libenter lies es anstehen. Alius Schwermerus, die sollen schweigen, non docere, die kunnen nicht schweigen. Item orare debeo, scribere: tardius ad haec. Si es consul, iudex, er sols gern thun. Si maritus, rex, dominus, diligenter debet procurare, vellet esse absque uxore, utinam essem princeps, nobilis, nur: were ich. Sed cogitandum: In hoc statu sum, placet deo, angelis, optimus est, et non melior, So du eraus schreist sive opere sive corde rc. So ghets in der welt zu zoten, ut quisque sui uberdrussig et aliorum status placet rc. Quisque sehe auff sein ampt, darin er sthe, et diligenter et simpliciter wart, quia contrarium fit in mundo, quia XXIX 688 omnes vergessen suorum | officiorum und gafft auff ein andern. Non est aliquid mit dem pastor, schuster, knecht rc. Das ist ein stuck von der Gotheit. Sic Adam voluit Got meistern et dicit: das ist besser. Ein fein gesel, weis wol, quis bonus status, Sed audiamus Euangelium: optimus status quem potes habere, est is in quo iam es. Si maritus, non potes meliorem et superiorem habere. Si servus et te verdingst domino, scito te esse in optimo statu, donec es famulus. Et thue diligenter et simpliciter quod tui officii und gedenck, quod non maior Sanctus in terris, Et verum. Si servus facit quod dominus iubet et habet fidem, est externa sua conversatione ein lebendiger heilig und eitel optima de quibus angeli canent, si etiam ollas, mensas laves. Sed das ghet nicht ein. Utinam essem domina, were ich, wer des

24 „zu zoten ghen" = sich breit machen. 38 ff. N: Ne dicas: Wher ich, Wher ich, Sed dic: Jch byn, Jch byn ... Hutte dich vor: Wher ich.

Teufels namen. Si sic faceres et maneres simplex et non diceres: were ich, sed: Ich bin, et simpliciter servires in hoc statu, Et liests Gott befolhen sein, quomodo faceret te dominam et in alium statum transferret. Cum ergo ordinaverit deus, ut huic serviam domino, libenter et fideliter faciam. Tunc wurde er dich heben und dir zuschicken, ut esses reich und selig, Sed famula sol so thun, cum servit uni dominae, et cogitat: were ich durt, und gedencket ex ea domo in qua est, und machen der frawen whe: illa erit meretrix vel nebulonem maritum acquiret. Noluit esse Sancta: fiet diabolica. Inspice exemplum pastorum. Sie warten yrer herd, non frustra laudat hoc, manserunt in statu suo, und traw sein et simpliciter manere in eo quod sumus. Quid fit, cum ista servant? angeli veniunt et praedicant eis et | Aposto- XXIX 689
los et prophetas et dei filios faciunt. Caiphas, Herodes et pontifices non digni. Nunquam in cor acceperunt pastores: utinam tam dignus ut audiam vocem angeli, ut mecum loqueretur. Non dicebant: were ich, Sed: wir sind. Sic tibi dominus faceret. Sic filius, filia: noli sorgen, ubi bona opera. Si obedis patri, bistu der hochste mensch in terris, quia Euangelium depingit altissimum hominem qui sihet auff sein beruff, da er durch Gottes wort da zu gebunden und gefast ist. Si servus, serva: Servite dominis umb des worts, es sanctus, si helts an dem wort. Sic econtra es in statu diabolico. Si soltu eraus komen, es kan wol geschehen per medium quod deus disponit. Sic loquor de consulibus, principibus. Si faciunt, sted bene. Sic ubi sunt Episcopi qui faciunt opus Episcoporum? illi non digni, ut nominentur. Iam in quocunque statu es, las dir den gefallen et diligenter expedi, tum beatus et scito te beatiorem Papa, Cesare, qui non satisfaciunt suo officio, nec sciunt. Ego libentius vellem esse pastor ex illis quam si faceret me Papa Sanctum et Turca daret suam coronam. Si sic viveremus, wurden leut aus uns. Si puer discens obedit praeceptori, patri, ist ein Sanctus vivus, tu modo vive trewlich in tuo statu, tum eris ein selig gesegnet kind: si non videtur coram mundo, deus videt. Sed servus, serva non vident, quam Sanctus status, ideo quaerunt mutationem. Sic qui artifices, Rusticus, aliud quaerunt, non est felicior status. Sed rusticus soll sich stellen wie ein nobilis, non rusticus, drumb sol er vermaledeiet sein und meister lantzknecht 2c. Es feilt mir auch, ich wolt aber gern talis sein, qui diligenter doceret, praedicaret, legeret, oraret, priora facio, sed cor ist | nicht so hart in his ut debet i. e. non XXIX 690
sum so lustig, vleissig, were lieber da von, das ist nicht gut. Sic alii

---

9 fiet: W. A. liest fiat. 35 f. N: In illo malo ego M. L. eciam sum qui quamvis satis praedico, praelego pro meis viribus, non tamen libenter facio ex corde.

faciunt, qui sunt in suis officiis, weren gern er auſ. Sed scito, quod status tuus placet angelis, quem loben und preiſen. Vide, qualem du hurten haſt und ſchaff. Sed dicis: ego sum ein lediger geſel, non habeo statum, vocationem. Non est homo qui non habeat statum. Certe non inter lupos vivis, sed inter homines: Thu vleis et servi proximo, ne beleidige an gut, ehr. Nemo novit tam bene artem suam ut puelli: 1. eſſen, trincken, ſchlaffen, thun der matri in ſchos et faciunt suum officium. Non faciunt aliud officium quod nesciunt, die ſind unſer ſpiegel, sic nobis faciendum. Nostri officii exemplum. Es iſt ein jemerlich plag, quod ista ars non scitur. Petrus hic erravit, ut legitur hodie in Euangelio. Christus iubet eum sequi, sed Petrus kert ſich umb: 'Quid hic?' Et sollicitus est Petrus Iohannis statum meliorem suo. Christus: 'was ghets dich an?' Las die andern suos status furen, ungerichtet las ſein und ungetadelt. 'Si eum'. Sic dat responsum Christus omnibus qui nach eim andern ſtand gaffen. Quid ad me? Hab ich dirs beffolhen, ut sic faceres? Ideo Petrus hat er an der ſtund muſſen ſtudiern. Hoc tuum, ut me audias et me sequaris. Utinam tantum possemus inveniri in hac scientia ut pueri elementarii: qui exciderit ex hac scientia, fiunt monachi. Anabaptistae die ſind vivi diaboli, damnati, sicut eunt et stant. Ideo quisque in sua vocatione videat. Si vis Sanctus maritus, uxor, servus, consul esse, crede in Iesum Christum et postea fac tuum officium. Sed es iſt ein gering XXIX 60,1 ding umb ein | maritata: 'Si essem abbatissa'. Ja werlich tu maritata treib dein handwerck und regir domum. Si famula, sis libenter et ex animo servito et simpliciter. Si feceris, facis quae omnia sancta sunt opera et vivus Sanctus, Natus et creatus da zu, habes sanum corpus, daſtus thun kanſt, non tamen voluerunt facere, sed aliud requirere. Quisque behalt das ſtuck ex Euangelio. Lucas post fidem laudat pastores, quod ierunt ad oves. Sic quando credidisti, wart, was du auſzurichten, zu thun haſt, tum placet deo tua vita et hominibus utilis es. Si mundo non places, nihil refert, audi: status tuus placet angelis et deo :c.

---

12 Joh. 21, 21. 14 Joh. 21, 22. 19 hac *; W. A. hanc.

| Tag der Beschneidung Christi (1. Januar) 1530. XXXII 1

(Luk. 2, 21.)

In hoc Euangelio habt ir angezeigt Circumcisionem domini R nostri et quod nomen inditum Iesus, quia Circumcisio iam mortua und nicht mher quam ut quaeratur spiritualis auslegung, quid significet. Hoc videmus, cum Christus innocens sine omni necessitate se thet sub legem, quia Circumcisio data Iudaeis zum signo, quod omnes in peccatis concepti et nati. Quia per Satanam sic vergifft in paradiso et carne Adam, ut simus gar vergifft und bosheit eingewachßen durch fleisch, blut. Ut ergo naturam widder zu recht brecht, hoc signo indicavit, das er uns wolt widder reinigen. Circumcisio hat kein recht uber in. Denn wer des gesetz nicht schuldig ist, non est subditus illi, dicit: non sum ligatus legi uni nisi sponte. Sic absque causa et necessitate se Christus. Sic est heubtstuck nostrae praedicationis quam on unterlas praedicamus. Nam ad hoc venit in mundum, ut a lege liberaret, morte, peccato. Ideo hat er sich unter die iij geworffen. Lex est iuditium mortis, tod est ein reich und furstenthumb diaboli. Qui ergo sub lege, est sub urteil des tods und reich Satanae. Sic a puerili iuventute indicavit se velle sub lege esse, ergo etiam peccatis, quia sub lege esse, quod legis reus et in verdampt, denn ergo sub lege et Satana, das must | wir sein, Er nicht, quia unschuldig XXXII on alle sund, nullum horum 3 habuit potestatem in eum et tamen gibt sich sub legem et was ex lege folget i. e. sund, tod, teuffel, iacet sub his et nihil est reus, sub peccato, et est iustitia, sub morte et tamen vita.

Das ist unser heubtartikel, quod scimus Christum, quod liberavit

---

In hoc festo Circumcisio Christi celebratur. Non multa de Cir- N XXXII 1 cumcisione dicamus, saltem misterium quid significet, exponemus. Attende Christum insontem se legi subiecisse. Nam circumcisio Iudeis erat imposita ad Confitendum deum. Quia in Adam omnes sumus corrupti, deus autem illam naturam renovaturus incepit populum lege et signis confirmare. Ideo Christus sese subiecit legi, quamvis nulla necessitas illi fuerat, propter nos, inquam, hoc fecit. Nam mox incepit operari opera indicans, cur venerit in hunc mundum. Primo cum omnes simus sub lege, dem wyr schuldig seyn. Qui legi schuldig ist, ille sub potestate Sathanae, peccati et mortis est. Ideo Christus suum officium, suam virtutem indicat nos ab illis liberaturus. Nam | contra hos hostes nos nihil potuimus peccatores. Christus XXXII 2 autem innocens fit nocens, Captivus lege, cum sit liber, subiectus

---

7 f. vgl. Col. 2, 11 f.; Röm. 2, 28 f. 25 Hs. kein Absatz.

R a lege et quod legem sequitur, per se, non per opera, merita, vires nostras. Hic est altissimus articulus, den nu yderman kan. Utinam persuadere eis possem non scire eos et ut crederent. Sed didicerunt et non credunt. Paulus scribit: ‘Obedite praepositis vestris, denn sie mussen wachen ꝛc. Denn das ist euch’. Das ist ja war. Er wer gut, ut hic predigampt gehorcht, praesertim praesente verbo. Es wird hernach folgen finsternis und unlust, ut libenter unum sermonem audiretis, ubi iam mille. Opcrtet nos praedicare et pro animabus. Si non recte praedico, hab ich mein seel ꝛc. et deinde vigilandum et contra nos habemus Satanam, mundum. Si a nostris habemus unlust quibus predigen. Ich kans nicht hinbringen, das ich nur kund burgerliche zucht anrichten, taceo ꝛc. Vos fideliter audistis et auditis. Et multae Civitates et regna libenter in genua prociderent et non possunt habere. Sed si, Euangelium faceret vos divites.

Sic auditis, quod opera und heilig werck und stend, quod omnes damnatae weg et non possunt nos salvare. Wol wers fein, das man in kloster fein leute auff zihe, unde Consules, praedicatores et ut illa abstinentia quae in cenobiis ging allein auff den leib. Sed quando
XXXII 3 aliquid facimus, kumpt der | schmeis dazu, quod gloriari volumus .1.

N illi, cum dominus illius sit. Non quod facere oportuit, sed nostri caussa fecit.

Ergo Christus est dominus omnium illorum et impletor, non ergo nostra opera et vires faciunt. Exhortor igitur vos, ut huic praedicacioni obsequamini. Nam ut ad Hebraeos dicit: Obedite vestris pastoribus qui curam animarum vestrarum gerunt, Ideo cum suspiriis verbum illud suscipite. Veniet tempus, cum unam concionem desiderabitis prae omni thesauro. Sed tanta est nostra impudencia, ut quottidie praedicatum verbum omnino vilipendatis, ut tedeat me amplius praedicare aut cum suspiriis praedicare. Ich wolde liber den tollen hunden predigen, Quia sine vestro fructu et cum tedio meo fiet. Ideo relinquam praedicacionem parriocho et Capellanis lecturus in Collegio.

Summa: hoc Euangelion fulminat contra omnem humanam iusticiam, contra Monachatum et religiones eorum, quia solus Christus est legis impletor. Facile concederem Monasteria esse scolas et pe-
XXXII 3 dagogia, sed illis constringi | et iusticiam ascribere idolum est. Tu

---

4 Hebr. 13, 17. 12 Vos fideliter audistis et auditis verkürzt für: Vos euangelium fideliter praedicatum audistis et auditis. 14 Komma hinter si hier hinzugefügt. Ergänze etwa: sed si <fide acciperetis>. 14 Hs. kein Absatz. 22 Hs. kein Absatz. –

unser opera helffen nicht, ut iustificemur, Sed ut quisque credat et certissimo corde, quod all sein gerechtickeit sey Christus qui coelum aperuit ꝛc. et ex mera gratia donarit omnia quae habuit. Ergo quisque per opera sua non superbiat, sed fidat Christo, post hoc sequantur bona opera, ut quisque alteri serviat mit leib, gut, ut non obliviscamur beneficiorum et dicamus: tot fecisti mihi beneficia, ideo rursum. Sed hoc nihil, quia liberati a Papa, ut non dandum ad vigilias, Missas. Iam lernet man geitzen ꝛc. ich hab lang gedrawet, es ist nach umb ij jar zuthun. Die rustici in Austria sind so sicher gewest ut vos et tam mali ꝛc. Sed hilfft nicht, sed dicitur: het wir gelt zu zelen interim. Vos nihil datis communi arcae. Wir sollen fur euch sorgen, Mit freud und nicht mit seuffțzen. Quando servisti proximo, ut paratus sis pati allerley leiden, schmach, verfolgung Tum sequitur certa species, siegel und brieff, quod coelum aperit. Qui enim credit in Christum et benefacit proximo und wird drumb geschend et persequitur, habet spem. Ro. 5. Hoc caput Christianae vitae. De potestate audistis, ut princeps et Consul wart seins ampts. Si princeps et Consul sein burger, edelleut ansehe, non posset frolich sein, quia si praecipiunt, subditi, si placet, thun sie es, si placet. Et tamen quod potestas praecipit, deus praecipit. Et iam Adagium: Es ist der Herrn gepot. Civis sol hertzlich, treulich, vleissig, from sein et sic consuli obedire. Sed qui | ers halt, greifft Euangelion in bosem, in R XXXII 4

---

autem scitote: All deynen trost, leben, gerechtickeyt, frewde sey alleyne Christus qui peccatum, mortem, Sathanam devicit. Hoc crede firmiter. Sequuntur deinde bona opera spontanea, graciarum accio et laus dei deinde proximo omni nostra substancia inservire. Ideo non sunt pii qui non largiuntur, sed omnia corradunt ad se venum impercientes, qui olim impertiti sunt templis, altaribus. Es ist nichts den scharren und kraczen. Sed ultra biennium non durabit, deus finem faciet Turca, noli tam securus esse. Nam et Austriae accolae eciam securi fuerunt super quos repentinus Turcae exercitus venit. Vos pii autem verbum suscipite, confidite deo, benefacite proximo, condicionibus vestris indulgete. Nam Consul officium suum faciens non multum gaudii habuerit, si perpenderit inobedienciam subditorum, nihilominus tamen procedat, quia scit dei esse ordinacionem. Ita Maritus, Uxor, ancilla, servus ꝛc. quilibet suum officium faciat. Si haec fieret, administracio magistratuum et Praedicatorum suavior et iucundior incedet. Sin minus, ßol jha hart gegen harth stehen, ßo last uns myt eynander storczen, last sehen, was draus werden. N

---

11 Hebr. 13, 17. 15 Röm. 5, 4 f.

R foro. Ideo Turca mus komen. Sepe gewetzt die spruch de potestate, quod qui civis et rusticus non incedit in obedientia, der ists teuffel. Deinde quisque auff sein statum videat, ut quisque suum officium thet mit vleis, vir, maritus, uxor, filius, filia. Tum wurden alle leut freud haben uber dem andern, princeps uber subditos, pater uber filium et dominus daret abunde omnia et pacem. Sed quisque agit, ut inquietet fratrem, proximum. Et ideo deus immittit errores, pestes, famem. Deinde ne admittatis pseudodoctrinas, quia satis vobis inculcata vera doctrina de Christo, scripta, cantata ꝛc.

XXXII 4 N Exhortacio contra impudentes vindicatores suae iniuriae, qui armis et gladiis noctu plateas occupant. Wilstu nicht fride halten, so mustu es thun. Non decet tibi gladium gerere in Plateis, sed duci nostro Ioanni et eius praefectis. Den die gasse ist seyn, nicht deyn. Cave ne incidas in vindictam dei. Ich wyl dich gewarnet haben. Frevel hat keynen gutten außgang noch ende.

Hic D. D. Lutherus suspendit organa suarum concionum propter populi ingratitudinem et inobedienciam. Sed tamen Tercia dominica post Epiphaniae absente et Visitante D. Pomerano praedicavit satis acerbe populum arguens Euangelionque exponens.

XXXII 4

3. Sonntag nach Epiphanias (23. Januar) 1530.

(Matth. 8, 1—13.)

In hoc Euangelio habetis ein liplich exempel Christianae fidei et charitatis, quamquam das selbig stuck diviter praedicatum, et queror multos zu frue kumen. Tractabimus tamen propter eos qui nondum.

.1. exemplum est in leproso. Ibi auditis incedere in forti, vera fide Et docet, quid vera fides sit. Nam Christiana fides est ein gutes hertz vel cordis zuversicht gegen der person quae Christus heist, ut fides nuda sit et separata ab omnibus operibus et meritis und allein gericht auff die barmhertzigkeit und gute des mans. Hoc caput nostrae doctrinae statim dictum, sed qui novit, unus sum. Nam ut homo solum fidat hac persona et nihil aliud respiciat, est ein mechtig große kunst. Natura sic affecta est, ut nude non fidat Christo, sed libenter aliquid
XXXII 5 adduceret, quod Christus respi|ceret, et sic ein treudler ex eo, quia natura difficillima, quando sentit se peccasse et incurrere mortem,

---

24 zu frue kommen: vorzeitig ohne heilsame Erschütterung durch das Gesetz, zur Predigt des Evangeliums gelangt. 25 Matth. 8, 2—4.

ut ista omnia ex oculis removeat et cogitet suam bonitatem maiorem omnibus peccatis. Das ist die kunst, da die Apostel und propheten dran lernen, On das quod sic affecti, ut quisque libenter habere merita fur Christo, Satan zeucht nider et facit indignitatem grosser et peccata maiora, das sie der mensch ja nicht erwegen mag auff die gnade Christi. Vides in leproso depictam fidem in Christum, Indignitatem eius perpende: est leprosus, immeritus, ne verbum bonum dedit Christo, Taceo dedisse manibus vel boni quippiam, non servivit ei. Certe hoc het yhn zu ruck stossen: Ei du unflatiger, quaereres cum eo gnad, nihil fecisti ei unquam boni. Insuper es magnus peccator. Non es talis qui expectet gratis sine omni merito mundationem et in tanta indignitate. Certe wird der teuffel da gewest sein, Et tandem Mose et omnes prophetae weren yhm, ne eat ad Christum, quia lex prohibuit, ne iret, ut iam. Certe debuisset obedire Mosi. Nam quando quis vult anheben zu gleuben, je mher er hin an wil, econtra plus obstat caro, natura. Ibi non solum indignitatem, demeritum, sed maxime peccatum obstitisset, nisi fuisset fidelis, quia Moses prohibet. Certe is est exemplum nobis tempore necessitatis. Er dringt hin durch, als sey er blind, nec Mosen cupit videre vel aliud, sed hoc saltem scire vult, es Moses vel propheta, peccator vel indignus, hindurch, sua bonitas est maior et plus ei fidam quam quod me terreat Moses peccatum. Der thut ei durch riss, ut fides sua so keck macht, ut per has tentationes rumpat, quasi non videat. Wens zum treffen kompt, vide, ut tale exemplum arripias, sed cogitas: Si leprosus ad Christum currit et contra legem cum peccato et cogitat nihil adesse neque inobedientiam nec peccatum, sed solum Christum, so seys gewacht. Je mher ursach da ist impediendi, eo plus accede. Ratio humana non docet haec quae statim zu ruck geschlagen, ubi audit Mosen praecepisse et kans nicht aliter schliessen, sed gedenckt servandum. Si ergo es in peste et periculo mortis et vis quaerere legem, quid faciendum? tum actum est de salute tua, quando in lecto moriturus cogitas: haec debui facere, est verloren, quia steckt im hadder cum ratione, quae non potest superare montem qui dicitur lex. Non potest ꝛc. Ideo est scientia supra rationem quam paucissimi noverunt. Sed Christiana fides et cor in necessitatibus removeat ex oculis omnes indignitates suas nec disputet secum, an from vel malus sey, nec disputet, quid legi debeas vel non, tum non tempus mit gsetz und recht umb ghen. Sed dum est in hac vita, ubi mundus im zaum halten et caro et sanguis zwingt, dum incolumes sunt, faciant et Rangen et sew Hanc unvernufft. In zugen sol man das alles lassen faren et faciendum ut is leprosus: prius in domo leprosorum cogitavit sic: video ¦ leprosum et volo sic manere. XXXII 6

Tum obediens manebam Mosi. Sec hic videt ein ander blick. Christum videt et het gern contra grind et leprositatem. Ibi non videndum, qui Moses mich ins haus zwing leprosorum. Moses regirt im Siechaus, ich wil bey Christo sein. Sic quando indiges Christo, ut iuvet, so cogita te non timere, non es in hoc statu, ubi lex regit ut in hac vita, Sed in alio statu, in quo libenter velles mundus, selig sein. Non disputat, qui obediendum magistratui. Ibi hoher bist komen. Ibi agendum cum deo, non hominibus. Ideo ziehe ab den alten sack et dic: nescio nec de bonis operibus, meritis, peccatis, sed Christi gratia sthet da, quae datur bonis et malis, dignis et indignis. Ideo bene discite discernere Christianum statum et alios qui ideo dicitur himelisch stand und himelreich, quia hoch schwebt super omnes status. Certe omnes status sind fein et quisque solt sich drinnen halten. Sed quando vis loqui de Christiano, non est parens, servus, sed cor, zuversicht auff Christi gnad, quae facit sola Christianum et alias nihil. Sic legis figuram de Abraham, cum immolaret Isaac, ferebat secum ligna et Abraham gladium. Cum vellet ascendere montem, dicebat: Ibi azinum debemus, der esel und servus mus nidden bleiben i. e. tales ordines und stend die hie mit operibus umb ghen, omnium statuum, omnes sunt statuum operum. Leprosus habet suum opus im siechaus, donec est in lepra ꝛc. Das heist den Esel et servos hernidden gelassen i. e. talibus statibus non pervenitur ad coelum. Das ist kunst, ut haec nidden lassen, libenter acciperemus nobiscum. Sic ille leprosus lest den Mosen durt im spital, Et ghet da her nec iure, dignitate, sed nihil cernens in eo quod sich zu Christo reimet nisi ein hertzlich zuversicht auff sein gut et nulla re assequitur gratiam quam illa re, quod fidit. Dicit Euangelium: 'si velis' ꝛc. statim respondet Ja, alioqui secundum rationem sic dixisset Christus: tamen facis contra Mosen, debebas im haus blieben sein. Quid fecisti mihi, ut dem tibi mundationem ꝛc. Es leit an deinem gnedigen willigen, illam solam respicio. Es ist deutlich gnug geredt. Utinam scirem istam artem quam leprosus, tum depingit simul ob oculos voluntatem ꝛc. Est quasi contra nostram praedicationem, admonemus homines ad bona opera, et cum fit, putant homines se kunnen hin an komen. Si omittimus opera, non bene facimus, quia deus vult. Si econtra, so felts uns an seinem guten willen, quia non fidimus. Sic noster status contra nos pugnat, quia volunt semper nobiscum ut azinus im grund et servus. Es wil gnad und kunst haben, quod quis sciret se Christianum sine omnibus ope-

---

15 ff. Gen. 22, 3. 6. 27 Matth. 8, 2 (Euangelium verkürzt für leprosus in Euangelio). 29 dem tibi *; W. A.: det.

ribus et tamen bonum coram mundo esse plenum operibus. Si ego non bonum opus habeo, habeo omnia: Chriſtus. Das were fein abſondert Christianum statum ab omnibus operibus. | Tum ghen die XXXII 7 werck her mit hauffen, mit allem vermugen, cuilibet in opere suo. Non indigemus tritico, pomo ad aliam vitam et tamen oportet habeam ad hanc praesentem. Sic non opus bonis operibus ad hanc futuram vitam, sed tantum ꝛc. Vides igitur solam fidem salvare, sed quanta res sit, disce in leproso. Alioqui et Papistae laudant gratiam dei et dicunt iuvare, sed addunt: Aber bona opera facienda. Ja, sed ad hoc non thue. Sic volunt misericordiam dei habere ſo fern, ut nostrum accedat bonum opus. Dicimus nos debere bona opera ghen, sed das ſie untern bleiben cum azino et servo et solus Abraham cum Isaac ascendat in montem et offerat cor. Ideo in vetere testamento iſt auch ſchwer geweſt. Elias 'quare claudicatis'? sic faciebant: ſie gingen durt hin zum Baal. Das hieſſen ſie ein abtgot. Non quod lapidem adorarent, sed putabant se operibus quae faciebant, deum propitium habere. Sic dei gratiam ex oculis removebant et sua opera. Das hies mit einem bein durt hin gehuncken. Et sic ad deum uno genu, ad neutram partem ibant utrisque genibus. Das heiſt in 2 partes claudicare. Non invenies deum in operibus nec cum azino et servo, sed in monte qui dicitur 'Moria': 'Dominus apparet', da man Got allein ſihet et hodie sic dicitur 'Gott erſcheinet' i. e. das eim fur die oculos geſtelt ſey nihil aliud quam deus, denn wirts ein berg Moria draus. Si addis opera, tum adest deus non solum, sed tua opera, oportet sola misericordia et bona voluntas dei adsit, alioqui non salvaberis. Sic ille leprosus non bildet ob oculos sibi ſund vel indignitatem, sed wird ein mons Moria ꝛc.

Alterum exemplum est ſchier noch feiner: quem Christus tam praeclare laudat, et tamen gentilis, et hoc ipse: 'Non sum dignus, ut ad me venias.' Ego sum gentilis, tu optimus, ideo gehorn nicht zuſamen, ut supra Moses. Sed reiſt frey hin durch hin et 'Dic tantum verbo'. Nihil respicit quam gratiam et barmherzigkeit, quicquid ſonſt mocht ſein, est tantum hindernis. Illa doctrina est semper exercenda, Christiani ſollen ſein from, unſtrefflich leut, sed tamen in periculis de hoc nihil sciant quam solum deum et eius bonam voluntatem, ut homo ſol certus bleiben vor ſund, tod, teufel. Augustinus scribit de

---

14 1 Kön. 18, 21. 28 Matth. 8, 5—13. 31 f. Matth. 8, 8.
36 ff. Possidius, Vita Augustini c. 27 erzählt, daß Augustin sich als Greis des Worts des sterbenden Ambrosius erinnert habe: Non sic vixi, ut me pudeat inter vos vivere, sed nec mori timeo, quia bonum Dominum habemus, und dies Wort mit dem Nichtbestehen auch menschlicher

S. Ambrosio. Cum Augustinus moriens gedacht her hin und her, occurrit ei verbum Ambrosii. Hoc bene laudat Augustinus und machts in so nutz, hunc spruch hat er erst gelernet in suo fine. Hactenus de fide horum dictum.

Untadeligkeit vor Gott außer durch Gottes Vergebung erläutert habe. Danach korrigiere oben: Possidius scribit de S. Augustino, und ergänze Z. 2 das Ambrosiuswort.

IV. Reihenpredigten.

Während Luther an Sonn- und Festtagen vor allem vormittags meist das Evangelium oder die Geschichte des betreffenden Tages ausgelegt hat in der Predigt, hat er in den Wochenpredigten und auch Sonntagnachmittagspredigten gerne das von ihm aus mönchischer Frömmigkeitspflege in die allgemeine Predigt Eingeführte, die Reihenpredigt über ganze Bücher oder doch Kapitel der Bibel, gepflegt. Das erste Beispiel, das davon in der größeren Öffentlichkeit bekannt wurde, ist die (1.) Epistel S. Petri gepredigt und ausgelegt, 1523 erschienen, W. A. XII 249 (259)—399; der Bearbeiter für den Druck ist Caspar Cruciger (siehe über seine Arbeit das Beispiel II 2) gewesen. Die hier mitteilbaren Beispiele stehen unter zwei Bedingungen. Einmal, nur Nachschriften, nicht Bearbeitungen Dritter kommen in Frage. Sodann, es müssen kürzere Reihen sein, die eine geschlossene Mitteilung erlauben.

1. Predigten über Joh. 17, 1528.

Als Luther im Mai 1528 Bugenhagens Vertretung im Stadtpfarramt für etwas mehr als ein Jahr übernahm, sind ihm auch die Vesperpredigten am Sonnabend zugefallen. Bugenhagen hatte in ihnen das Johannesevangelium ausgelegt und war bis Joh. 15 einschließlich gekommen. Vom 6. Juni 1528 bis 19. Juni 1529 hat Luther dann mit im ganzen 35 Predigten die Auslegung von Joh. 16, 1—20, 18 geführt. Davon ist Joh. 17 in Crucigers Bearbeitung 1530, Joh. 18—20 in Poachs Bearbeitung 1557 im Druck erschienen. Rörers Nachschriften wie diese Druckbearbeitungen sind mitgeteilt W. A. XXVIII 31—500. Aus dieser Reihe heben sich die zwölf Predigten über das hohepriesterliche Gebet Jesu Joh. 17 als etwas in sich Geschlossenes heraus (8. bis 19. Predigt der ganzen Reihe, 8. August bis 31. Oktober 1528, W. A. XXVIII 70—200). Sie sind hier in Rörers Nachschrift unter Zugrundelegung von W. A. mitgeteilt.

1. (Joh. 17, 1.) XXVIII 70

8. August 1528

Audivimus finem sermonis coenae cum discipulis dicentis, das

---

33 (Vorrede Luthers zur Druckausgabe): Diese meine Predigt von dem gebete unsers HERRN Jhesu Christi, Joh. XVII. hab ich nicht allein gern gesehen durch den Druck ausgehen, sondern auch selbs gebeten meinen lieben freund Magister Caspar Creutziger, der zu solchem

die letze und valete sey, wie er hie spricht 'In mundo pressuram' ꝛc. Da bleibts: qui vult Christianus esse, der mus sie ynn die sach schicken, ut sciat se in Christo pacem habere et in mundo ungluck und hertzleid. Sequitur c. 17.

XXVIII 72 | Solchs redet Iesus. Inter alia opera Ihesu Christi sol einer wol wunschen, ut sciat, wie sich Christus selber gestelt hat, quando oravit. Non multum scribunt Euangelistae, qui orarit, ut qui fecerit miracula, scriptum. Ideo contemnitur, sed si non ꝛc. Es sind in ista oratione verba talia: si non secundum cor inspicis et spiritum, putas indigna quae praedicantur, laut als kinder teidig, so gar einfeltig ists. Si vero
XXVIII 73 inspicis eum, qui orat | et qui oratur et warumb er bittet, tum videbimus simplicia verba qualem maiestatem in se habeant. Iam servat hic regulam, quam ipse dedit: 'cum oratis, ne sitis multiloqui'. Hoc ideo dico, ne quis offendatur an dem einfeltigen gepet et ne putet se assequi ubi orat. Summa: finem fecit praedicationi. Auff ein gut predig ghört ein gut gepet, das das wort kraff hab. Sepe praedicamus, das wir uns des gepets beflensts. Qui enim non orant, indicant se securos et praesumptuosos, quasi non indigent deo et eius gratia,
XXVIII 74 alioqui | heuffig orarent, quaererent. Si non, signum, quod habeo, quod habere debeo, Ideo suo exemplo docet nos sic orare ꝛc. Et haec oratio hat an sich so viel guter eygenschaften, quod puto me non tractare, ut dignum. Non possumus satis ergrunden et sehen quid in se habeat. ¶ Tum sciemus: quod 1. die geperd hat er nicht glassen, das er das euserlich gepet nicht ꝛc. Contra Schwermeros. Non solum externe orat, ut audirent discipuli sed etiam utitur die weys und geperd ꝛc. ut kniet. Aliqui stantes orant, alii procumbunt omnino. David quando orabat pro puero. Alii prociderunt ut Christus in horto. Petrus fiel zu fus

---

thun wol geschickt, das er sie wolte fassen und in eine deudliche feine form stellen (weil ich selbs die zeit solchs zu thun nicht gehabt noch so wol dazu geschickt bin) und also lassen auch andern zu teil werden. Denn ich weis, das den rechten frumen Christen, so nach der gerechtigkeit hungert und dürstet, diese brocken und dieser trunck kalts wassers lieblich und nützlich sein wird, welchen wir auch alleine hiemit dienen. Die überdrüssigen satsamen tollen heiligen haben sonst mehr denn gnug on unser hüllf und dienst, den wollen wir auch nichts hiemit gedienet haben, on das sie zu meistern und lestern etwas newes haben. Befelh damit solche predigt allen lieben trewen gliedern Christi und mich auch jnn jhr gebete. Gottes gnade sei mit uns. AMEN. 1 Joh. 16, 33. 2 sie = sich (in Luthers Redesprache ununterscheidbare Worte.) 5 Druckausg. gibt als hievor erfolgte Lektion das ganze Kap. 17. 7 ut: verstehe sed. 13 Matth. 6, 7. 19 Verstehe: Si non <orarem, esset deo> signum quod habeo usw. (ich habs aber nicht). 23 Das Zeichen ¶ hebt Absätze, die in Hs. u. W. A. fehlen, heraus. 26 f. 2. Sam. 12, 16. 27 Matth. 26, 39 27 f. Luk. 5, 8.

Christo auff die knie. Die 3.: Marci XI. 'Cum oratis' ꝛc. Christus
de his 3 modis, scriptura: da leid nicht dran: es stehe ꝛc. Sunt ex-
ternae weis. Hos non verworffen Christus. Item manus zu sammen
schlahen, auff die brust schlahen et elevare caput. Quanquam non malum,
si etiam | manipulos in agro et dormiens oret, allein das man nicht ge- XXVIII 75
dencke, quod externa oratio nihil omnino sit, ut docere quidam ince-
perunt: Externam orationem nihil esse et damnabant cantionem
psalmorum. Paulus: 'Flecto genua coram patre omnium.' Paulus
potuisset dicere: oro von hertzen fur euch. Videndum, ne fiamus
gar zu geistlich, corpus gebrauch seiner geperd auch, quando anima
orat, die gehoren zu gepet, ¶ das ist wol war: quando oratur externe,
ut hactenus nos, quod unus legit Rosaria, ander psalterium, das
ist nichts gepet nec utile das Christus verworffen, das ist ein solch
gepet, quo nihil quaeritur nisi honor et guter auff erden, Matth. 6.
Si septenarii ꝛc. nemo cogitaret ex corde se oraturum, ideo abiicit hanc
orationem, quae fit tantum externe et cor ist 100 meil da von. Sed
alia externa oratio, quod verba canit, dicit ideo, ut cor suum incendatur
et krig ein lust und syn zu bitten, das ist seer gut. Ita fecerunt prophetae.
Et sic servamus consuetudinem in ecclesia, ut legant pueri, das heist
ein gut euserlich gepet das wol geordnet ist. Huius rei habes exemplum
in vetere testamento. Elizeus quando vide|bat se non bene affectum, XXVIII 76
lies er im ein psalten her singen, ex hoc acquirebat illuminationem.
Sic mihi fit, quando ego sine verbis sum, non lego, non gedenck: nemo
ist bey mir da heim, si lego psalmum, acquiro alias cogitationes. Ich
hoff ein itzlicher solls also bey sich erfaren. Exemplum hoc quod ex-
terne orationes sol haben. Non papisticae. Ratio, quam invenietis vo-
biscum: adeo sumus incerti in nostris cogitationibus et wanckelmudig
quando quis incipit speculari de deo an spruch, so ghets yhm gewislich
also: quando vult de Christo cogitare crucifixo, sol er komen auff ein
nackent weib odder auff ein golt perg vel in Hispaniam. Tenta cor
tuum una hora et expecta, quales habiturus in ea hora cogitationes,
Et gelobe dir selbs, quod velis cogitationes istas dicere ore. Si dicas
mundo, so wurde sich zulauffen und mit keten binden, so ein iemmerlich
dinge. Es ghet wie solch ein fullen, non velim mundum accipere ut XXVIII 77
furet meas cogitationes unius horae.

Ich wil dir setzen ij vater unser lang. Si potes pater noster auf-
beten sine ullo accidente: S. Bernhardus hat einen, qui mirabatur,

---

1 Mark. 11, 25: Cum stabitis ad orandum. 5 verstehe: wenn einer beim Garbenbinden auf dem Felde und im Bette liegend betet. 8 Ephes. 3, 14. 14 Matth. 6, 5. 21 ff. 2 Kön. 3, 15. 35 furet: comperiat.

quod tam anxie oraret et non maneret, sattel und zaum. Bene huc servit illa historia. Hoc non loquor, ut sciat quisque, ad quid serviat externa oratio mit buchstaben gefast, quam Christus hat gestelt. Das wissen unser Schwermer nicht. Sic necesse, wenn sie mit yrhem geist gedancken furen, tum bene. Vos nolite contemnere externam ora-
XXVIII 78 tionem. 1. fit auff heuchlerey ut Nonnae | pfaffen, munch, qui orant sic: ich hab ein letzen zu lesen, si effeci so bin ich los, das heist Christus battologiam ein gewesch, unnutz geschwetz, das hertz gedenckt nicht an Got sed quod cogitat: quid facis, oras. Das hat Christus verworffen. Aber dran das ich fur mich nhem und wil orare et nemb das 'vater unser' Et dico: pater dixisti: 'Qui petit' ꝛc., Ergo libenter fidem charitatem, humilitatem haberem, ich oro pro principe meo, da ghet das gebet her 'sanctificetur'; die wort halten dich ym wege und das herz halten sie, ne sic flader. Qui sic externa oratione utitur, bene utitur, ad haec data et non contemnenda. Hoc dictum uber dem, quod Christus erigit oculos in coelum et spricht mundlich. Ne contemnatis hunc gestum, heuchley ist quando fit sine corde, econtra est ernst. Et die geperd helffen dem gebet, sicut verbum 'pater noster, adveniat' reitzt mich und macht mir ein andacht, Sic gestus hilfft das gepet zu bessern. Hoc dico propter Schwermeros, qui rumpeln uber den text hin, non inspiciunt. Ipsi non adeo spirituales ut Christus, et tamen non contemnit ꝛc. ¶ 'Hora.' Ibi vides, quales virtutes haec oratio fur sich hab; es sind drey sonderlich stuck drin. 1. das zum gebet wol dint, das man deo danck und ertzel et agnoscantur beneficia, quae prius data, ut nos, quando oramus:
XXVIII 79 pater, dedisti nobis sacra, tum bene, das ist ein danck, quando danck | postea oro: hilff, ut possim sic servire. 3. das ich er fur far pro omnibus aliis. Sic quando orare vis pro liberis et uxore: pater, hanc uxorem, liberos dedisti mihi donum, mi pater est tuum donum, das ist ein danck. Primum incipit fateri beneficium, quod accepit. Oras pro corpore tuo, pro pecore: her, es ist dein gab, ich pit, las michs wol gebrauchen. Das heist mit dem danck angefangen. Hoc ausdermassen werd ir viel finden, qui. Pater dederat ei potestatem super omnem carnem et commiserat ei zu regieren, ideo orat pro eis et aliis, 'qui per eos.' ¶ Primum autem pro se: 'Hora', quod ghet yhn an, der danck sequetur, i. e. oro te, pater coelestis, erkler mich, sed sic, das dein son dich ꝛc. Ista verba tam simplicia, ut sapientes non dent unum obolum drumb, lauffen druber her quasi trincken het gsagt. Vide, quid sit. Venit passio und sol sterben und ein schmerzlichen tods. 'Hora' i. e. itzt flickt

---

1 zaum <dafür versprochen>. 7 letzen: Lektion. 7 f. Matth. 6, 7. 11 Matth. 7, 8. 13 Matth. 6, 9. 15 Joh. 17, 1. 21 u. 34 Joh. 17, 1a. 25 f. postea = 2. 33 f. Joh. 17, 20. 35 erkler: glorifica.

| im leiden, ego damnor, verfinſtert. Summa summarum mein name XXVIII 80 wird auſgetilget. Christus fecerat magna miracula, herlich gepredigt, war in maxima fama, das ging unter et sua gratia ward ſo finſter, ut nulla fuit obscuritas. Mortuus ut pessimus bub in terris. Non est latro tam ſchendlich geſtorben ut Christus. Mundus compatitur cum omnibus nebulonibus: man freud ſich nicht uber yhn, man ſpot ſein nicht. Ille vero, cogitabant Iudei, si iste mortuus, ſo werden ſie geneſen, halten yhn fur die ergſte gifft. Libenter habuissent 10 pestes, 3 krieg, 4 fames, das heiſt den man erunter geworffen in die finſternis und unverklerung, das nicht erger. Quando adhuc audiunt Christum et Mariam audire, ſo erſchrickt yn, das libentius audiunt Beelzebub. | Ut hodie Papistae XXVIII 81 libentius quam nos. Die ſtund meint er, cum dicit, i. e. est nunc tempus, darffſt nun nicht lenger harren. Orat, quasi iam esset in cruce. Ideo ein ernſtlich gebet, es gehet auff die ſtund, da er im leiden iſt, und wird zu nichtig ſein verklerung und liecht iſt verloſchen: nemo iuvat me, imo fugiunt me, nu vater, thu du da zu. Ibi ghet ein ſtuck vom danck da her. ¶ 'Glorifica', unum das beſt, das er ſich rhumbt und bekennd, quod est dei filius et omnia hab a patre. 'Ewig' bin ich von dir geporen et in | mundo sum filius: der ſon der leid ꝛc. Glorificavit, quod eum XXVIII 82 excitat a mortuis und ſo herlich macht yhn, ut omnes reges. Danck dem vater als ein ſon und fur das ubel, darinnen er ſtickt, bit er umb. Olim ista verba waren mir, ac si stramen. Dis verkleren Chriſtum ex morte ꝛc. erfur ziehen et facere dominum mundi und erausſchreien per mundum totum. Haec clarificatio facta die resurrectionis Christi. ¶ 'Auff das die' das ghet das 3 ſtuck: Ich begere, ut clarificer sed ideo ut tu clarificeris per me. Qui hoc factum? Sic: do er iſt resuscitatus a morte et dominus factus misit spiritum sanctum et sivit praedicari per mundum patrem et seipsum. Qui pater per filium nos redimit a morte, peccatis ꝛc. Hoc est, das man auſruffe per mundum, quid habeamus per deum. Dieſe verklerung ſchreibt yhm Chriſtus zu i. e. mittam et dabo spiritum sanctum, quando resurrexi a mortuis et sinam | praedicari Euangelium, per quod annunciabitur gratia et XXVIII 83 misericordia tua. Sicut der ſon ſthet yn der finſternis, est damnatus, leyt in der ſchmach, das er nichts ſey, sic pater. Tum mundus erat plenus idolis, quisque habebat proprium deum, summa summarum, der heilige gotliche name, der heiſt Gott, der war allen creaturen geben, das yhn der recht got verlorn hatte. Et deus war ſo trefflich in finſternis ſeiner ehr halben ut Christus in cruce. Sicut et hodie praedicantur

10 audiunt . . . audire: Cruciger [künftig gekürzt mit Cr.]: nennen hören. 12 libentius ⟨hunc⟩. 12 ſtund Cr.; W. A. sund. 17 Joh. 17, 1b (δόξασον). 25 Joh. 17, 1c (die = dich).

nostra opera non deus, praedicatur quidem nomen, den sie furen, sed non deus. Sed tum deus praedicatur, quando eius misericordia praedicatur per Christum exhibita. Drumb ghets fein auff einander: Si me clarificaveris, ego exuscitatus te glorificabo. Tum omnia idola sollen finster werden et nihil valebit apud istos homines quam tua misericordia und gute. ¶ Video, quam ex intimo corde proficiscatur oratio Christi, quia scivit: quanquam hab ein eigen weg, das mag ich nicht leiden, ich wil lieber tod sein, auff das ich dich ex tenebris tenebrarum, et agnitam faciam tuam misericordiam i. e. Euangelium S. XXVIII 84 wer nicht gepredigt worden, | non nosceretur eius misericordia, nisi Christus mortuus, qui emeruit spiritum sanctum, et Euangelium praedicaretur, per quod agnoscitur patris misericordia. Prius Virginitas praedicata, das heist nicht den vater verklert sed nos et opera nostra. Ergo sol all preis da hin gezogen sein, quod mera sit misericordia a deo, qui hoc non facit, der verfinstert und verdecket den vater, ne agnoscatur. Sic faciunt omnes iusticiarii et orant: pater, me clarificato et te verfinstern. i. e. wir wollen verkleren unser ding. Sed Christus contrarium: pater, ich wil verfinstert sein, auff das du mich verklerest et ego te iterum.

2. (Joh. 17, 1 c—3.)

15. August 1528.

Audivimus nuper, qui dominus an der letze auch ein gbet hab gethon pro se et discipulis, ut nihil omitteret, quod serviret ad consolationem ipsorum. Cum enim ipsos relinquat post se in mundo et ipsi privati Christo, Ideo opus, ut fortem consolationem habeamus et promissionem eius, ut consistere possimus. Haec sunt eius verba supra et oratio quoque. ¶ Audistis ista 'ut filius te clarificet', i. e. Christus damnatur, obscuratur, blasphematur auffs hochste und steckt in der XXVIII 85 schand. Damnatur ut latro in medio latronum. | Ibi opus habet, ut clarificetur. Et hoc ideo facio, ut te clarificem i. e. Ut dir zur ehr, quia si ego non dederem, blieb sticken tu quoque in eadem ignominia, quia quando Christus non clarificatur, nec deus. Si Christus pro seductore mendaci habetur, Sic et deus. Sicut fit cum Iudeis et omnibus, qui Christum non suscipiunt suo verbo. Totus mundus dixisset: Christus suspensus in cruce ut verheiter boschwirk, tum Satan regnasset falsis doctrinis. Ut hoc non fiat sed tu glorificeris, libenter hanc ignominiam feram, ut tua doctrina praedicetur. Est, quod deus glorificatur in Christo crucifixo et damnato. Sol got verklert werden in uns,

---

27 ista: W. A. sta (Druckfehler?). 27 Joh. 17, 1 c.

oportet fiat, das die ſchand werd von yhm genomen, die man auff yhn legt. Johannes Hus ward geſchent, iſt nu zuehren worden. Et verbum, quod praedicavit leucht yzt et damnat papam. Sic semper facit dominus und das gepet ghet ymer dar ut infra 'qui per verbum illorum'. Semper qui in eum credent, muſſen mit yhm geſchendet werden. Christus et nos oramus, ut Christi ignominia et nostra tollatur et ipsi ignominia afficiantur. Hac oratione efficimus, ut etiam mortui clarificemur ipsis ad tempus clare viventibus. Ista oratio est accepta. Es ſind wol ſtolzer khonig, qui Euangelium voluerunt obscurare. Regno Romano stante Civis plus potuit quam princeps Misnae, nostri sunt mendici, Noch | iſt Rom ynn dreck gefallen, Ipsi foetent et omnia XXVIII 86
eorum. Nomina martyrum optime verleuttert, quia oratio ghet. Sic iam sinito ſchenden und leſtern ut ſie werden zu ſchanden werden qui iam triumphant et nos econtra, qui sumus in ignominia. Et hoc signum: Nos sumus in leiden, ipsi in ſieg Et non scimus habere nos verbum, ipsi mendacium Et experientia ipsi incedunt in claritate nos in dedecore. So ghet das gepet 'pater clarifica' ꝛc.

| 'Gleich wie du.' Ibi videtis, quod dicit suam claritatem non pro XXVIII 87
se et apud se servare velle sed ut hominibus sit utilis. 'Gleich', da hin, 'ut dem vitam aeternam' ꝛc., da ſol die klarheit ſthen: 'du haſt mir macht' ꝛc. Alſo wol hat Chriſtus macht super tyrannum: qui nunc in claritate incedunt, ut nos, qui in ignominia. In manu mea consistit principes, reges et quicquid omnino, ideo ſo wird ghen cum claritate, cum habeam potestatem in omnem carnem et dare possim quemadmodum dedisti qui suscipiunt suum | verbum et herent in eo. Da laſt uns XXVIII 88
trotzen, quod ii, qui in Christum credunt et eius verbum servant, ii sunt, qui ei dati, der nimbt er ſich an und rhumbt ſie der coram patre, das iſt unſer trotz contra claritatem inimicorum et nostram ignominiam. Et si hoch her faren dicentes vos subtus dominum nostrum, Jr ghet mit falſchen lugen an und habt herlickeit da von. Nos econtra in ignominia, tamen habemus veritatem et pertinemus ad patrem. Drumb ſol wir manus levare et gratias agere deo et Christo, quod in hunc numerum pertinemus, quod illi dati et pertinemus ad eum. Ex hoc certi, quod eius verbum habemus, qui ergo non diffidit hoc esse Euangelium, pertinet in hunc numerum, quod datus sit Christo, est Christi eigen, sic tamen quod ei det vitam aeternam ¶ Jſt das donum nebulonis Christi? ut vitam aeternam habeant et det illis Christus iſt bald draus geſchloſſen, quod mundus totus mus zu ſchanden werden

4 Joh. 17, 20. 18 Joh. 17,2. 22 ⟨super⟩ nos. 27 ſie = sich. 29 dominum nostrum: papam. 30 ⟨respondemus:⟩ Jr. 35 ⟨certus⟩ quod. 35 Christo: W. A. Christus.

et econtra. Sic Christo factum, qui erat in ignominia, tamen zu ehren XXVIII 89 worden et econtra mundus zu schanden. Ratio: | vita aeterna, Rex, principes &c. Ubi vita aeterna ist da, mus die klarheit endlich bleiben, ubi non, non manet sed sequitur ignominia. Cum ergo sollen vitam aeternam habere, las schenden und lestern, lang ist nicht ewig, ja male dicitur lang: quis vult hanc miseriam longam dicere, 60 anni nihil ad aeternam vitam. Consolatione plenissima verba, sed non credimus. Habet potestatem super malos et bonos, quibus vult dat vitam aeternam.

Johannes solet mit einfuren divinitatem Christi: sic agit de isto homine, das man greiffen kan, quod non sit purus homo. 'Dedisti, ut dem vitam aeternam.' Ibi fatetur se habere a patre, qui est 1. persona in divinitate. Christus venit a patre, non econtra. Habeo a te, quod dominus sum omnis carnis. Et quod dat vitam aeternam, gehort got zu non creaturae. Creatura potest accipere, ut vivat aeternum, sed ut det alii, impossibile. Angeli vivunt in aeternum sed angelus non dat alteri vitam aeternam. Sic Paulus 'vivet aeternum'. Cum ergo hic dicit 'Ut det', significat clarissime duas personas divinitatis. Eadem macht leben geben, nemo potest nisi deus sic dare potestatem et tamen macht zwo unterschiedliche person. ¶ Et ut hoc clarer mache, XXVIII 90 | so hebt er an 'Haec est'. Ibi expressum, wie et quo gstalt det vitam aeternam. Si quis quaereret: Christus dat vitam aeternam et unde pater dat potestatem, Es ghet also zu, ego so wirts zu ghen et modus: 'Es sthet das ewige leben darinnen, ut tę agnoscant.' Sic nullus Euangelista loquitur ut Iohannes, einfeltiglich loquitur et tamen potentissime concludit Christum esse deum, quia vitam aeternam dare est opus divinitatis aeternae. Sic declarat: Ita dabo vitam aeternam auff die weise, ut agnoscant te verum deum &c. das ist ein rechter schoner text, Ich wolt, ut agnoscamus. Die lieben veter haben hunc locum widder die Arianer gefurt, qui negarunt Christi divinitatem ut Iudei, Et hodie. Ideo Christianus sol sich fleissigen, ut bene intelligat Euangelium Iohannis propter futuras hereses und nemb ein feder und schreib in tabella locos apertissimos de divinitate Christi, ut Schwermeris kund unter die nasen stossen et contra Satanam, qui in morte obiicit: Iudei, Turcae et pauci ex Christianis credunt, quid tu? credis Christum deum et tamen homo est. Iidem dicunt: non est creatura stultior, qui credunt Christum creasse coelum et terram et dicunt XXVIII 91 unum deum et habere filium | et tamen unterschied. Nonne stultus,

10 Joh. 17, 2. 16 Röm. 6, 9. 18 potestas dandi vitam. 20 Joh. 17, 3. 21 ⟨unde⟩ Christus. — unde: W. A. inde. 22 ego ⟨dabo⟩. 23 Joh. 17. 3. 36 ⟨iis⟩ qui. 38 ff. 17, 21, gleich übergehend in Joh. 1, 10 f. und 1, 14.

qui potes dicere, ut una res sit pater et filius. Postea dicit Christus, quod filius et pater sit unus deus et comprehendat totum mundum in manu et non potest comprehendi. Et ubi hoc dicit, fatetur natum, ex muliere natum, quem totus mundus non comprehendat. Ipse mundum mit einer ſpan begreifft Et tamen dicis eum comprehendi. Si venit itaque malus doctor unter ein volck, kan er grauſam greulichen ſchaden thun. ¶ Ideo quisque se halt ſich an gotts wort. Si coelum manu non comprehendo, certo nec ratione mea deum comprehendam. Ideo claudat ratio oculos, cum audit, quid doceat dominus. Er weis am beſten von ſich zu reden, quia novit, wer er iſt. Qui hoc non facit et se non heret in verba, plus errat. Simonides poeta rogatus, quid deus esset, nam er friſt 3 dies, | post hos 3. Tandem: yhe lenger ich XXVIII 92 gedenck, ye weniger de deo i. e. nihil credo de deo. Hoc fit, quando ratione speculatur de deo, der iſt verlorn, quia wird yhr yn dem ſteigen und klettern et fit certus, ut dicat non esse deum. Sic Paulus Ro. 1. ubi diu de deo speculantur. Quem Satan da hin bringt, das er in mit gedancken furet absque verbo, dem kan niemand raten. Sic fit nostris Schwermeris, ut inspiciant baptismum tanquam opus humanum. Ergo quisque claudat cogitationes suas sed dicat: Johannes hat den ſpruch geſagt: Chriſtus gibt allen credentibus vitam aeternam, ergo oportet sit deus. Quod creatura non potest. ¶ Item inquit, quod vita aeterna darinne hange, ut agnoscatur pater ꝛc. Hoc est, quod Christus se similem patri faciat, cum dicit: qui Iesum Christum cognoscit, vivit aeternaliter de hac cognitione. Ergo Christus talis weſen: wen mans kennet, ſo wird man ewig leben, ergo oportet sit deus. Setzt ſich gleich patri, kennen den patrem et Jheſum missum, da iſt er gleich gſetzt patri. Gleich wie pater dat vitam aeternam per suam cognitionem, sic Christus. Si Christus tantum mera creatura, non ascriberet vitam aeternam cognitioni Christi, ergo oportet sit similis deo. | Et ſchleuſt yn einander: Eadem est cognoscere patrem et Christum XXVIII 93 cognoscere, ergo sequitur: wenn ich patrem erkenne, et filium, und muſſen beide in einer erkentnis begriffen. Arriani haben gedrungen auff das, 'das du allein warer'. Sic nostri Schwermeri praedicabant: du abgottiſcher menſch, qui divinam naturam ſpalteſt in 3 ſtucke, 'du warer' horeſt, das er den ſon ausſchleuſt, ut Arriani habebant pro heubtſpruch: deus iſt warer got, Christus non warer. Dictum mirum, quando pseudoapostoli: mit dem wort wurde die gotheit weck reiſt, Dic sic ad hunc locum, das iſt recht gepredigt, quod non sit deus

---

14 yhr: irre. 15 f. speculantur, ⟨evanescunt in cogitationibus suis⟩, Röm. 1, 21. 21 Joh. 17, 3.

natura nisi pater. Et illum sic describit, das er auch der warhafftige got ist. ¶ 'Et Ihesum.' Vita aeterna enim venit per cognitionem Christi. Aeque venit per hoc vita aeterna, quod ipse agnoscitur ut pater, ergo sequitur deum Christum, das lassen sie sthen, das ist das aeterna vita: erkennen Ihesum. da behelstu einen Schwermer auff, quia norunt vitam dare aeternam gehort Got zu. Das lassen nunquam faren und
XXVIII 94 bringen mit dem | 'Verus deus'. Ideo sito instructus. Er wil alzeit dem patri die ehr geben, quod ipse habeat potestatem a patre und dennoch gemengt er sich drein und macht sich yhm gleich. Hoc opus gehort dem ewigen naturlichen rechten got zu. Iste textus Iohannis est positus contra Arianos, Iudeos, ne ipsi dicant: Credimus in deum, qui coelum et terram, non in Christianorum deum, qui novum auffbringen. Sic Turca: Credimus in deum, qui creavit coelum et terram, non qui locutus in Oreb cum Mose sed quomodo Mahumed. Iohannes: Non habebitis deum nisi eum, qui misit Iesum, illum ergo amplectimini. Non est alius. Non vult talis amplius esse, qui cum Mose locutus sed qui misit. Qui ergo alius tibi indicatur &c. ¶ 'Allein', hoc verbulo scheiden sie die personen, quod altera sit deus, altera non, sed quod tantum sit deus, qui misit Christum, is loquitur per Christum, Si credis in eum, qui Christum misit, tum habes deum hunc, qui per Christum loquitur. Quid loquitur? Nempe hoc quod locus habet: 'haec est'. Et praedicat se verum deum cum illo, qui eum
XXVIII 95 misit. Nos dicimus Christum verum deum, das laut, quod | non sit unus deus. Ratio enim dicit: Non facere nos unum deum. Iohannes: non, sed unum facimus, es ist ein naturlich wesen sed unterschiedlich person. Si manes in verbo, bistu genesen, Si sequeris cogitationes, peris, Quia Christus dicit, quod det vitam, ergo negare non potes eum esse deum.

3. (Joh. 17, 3.)

22. August 1528.

Audistis locum 'haec est vita aeterna' &c., qui fundet Iohannes hoc loco articulum de divinitate Christi, audistis. Nunc loquendum de illa cognitione. ¶ Theologi haben den spruch gespart auff gens leben et putarunt eum yn diesem leben uns nichts angehen, Sed oportet hic incipiat was wir durt sollen besitzen. Ideo illa cognitio nihil aliud est, quam quod sciatur, quid tenendum de patre et Christo. De quo
XXVIII 96 Petrus: 'Crescite' i. e. denk und lernt | den man nur wol kennen.

---

2 Joh. 17, 3. 17 Joh. 17, 3. 31 Joh. 17, 3. 33 Augustin, de spiritu et litera XXII 37; Petr. Lombardus sent. IV dist. 49 c. 1. 37 2 Petr. 3, 18.

Haec est nostra sapientia et doctrina, quicquid nobis haec doc-
trina leret, non est eigentlich Christlich lere, Sed haec vera Christi-
ana doctrina, ut sciat Christum Iesum missum a patre. Qui hoc
nescit, non iactet Christum. Si etiam noscat, quidquid coelum
et terra, ut philosophi, quod coelum et terram condiderit, 10 prae-
cepta et faciat, das macht kein Christen. Si etiam tam from, ut omnes
sancti, rein abgescheiden, quid tum? Haec, haec est vita aeterna, quod
te agnoscant, ideo bleibt hie nieden mit dem spruch. Haec cognitio
pertinet hie auff erden. Esa. 53. 'per cognitionem', Christus sal-
vabit a peccatis, per quid? per cognitionem sui, quando ipse agno-
scitur, quid sit. Haec agnitio redimit a peccatis, morte. Haec est
doctrina Christiana. Sic Hiere. 9. 'Non glorietur ꝛc. si glorietur ꝛc.
scire et nosse me'. Paulus: 'Qui gloriatur in domino glorietur'.
Hoc dicere vult | hic textus: Si vis vitam aeternam, non habes aliud XXVIII
medium quam hoc, ut agnoscas patrem et filium, quem misit. Qui 97
aliud proponit, seducit. Ideo male fecerunt, quod hunc locum ade-
merunt und gesetzt in futuram vitam nescientes quid der spruch gibt.
Docuimus opera hactenus et ingressum ad coenobia, per hoc volui-
mus vitam acquirere. Sicut verum est, quod is hab vitam aeternam,
qui Christum agnoscit, sic qui nescit et ignorat, damnatus. ¶ Quae
est haec cognitio? Es sthet auff den wortten: 'quem misisti'. Qui
certe novit Christum in mundum missum, est salvus. Hic incipit et
nunquam desinet. Quid hoc? E coelo missus in terram, ut ex-
pediret opus | ei commissum, ut sequitur. Credendum quod Christus XXVIII
missus in terras, ut peccata in se sumeret et in sua persona vinceret 98
peccatum. Das ist opus, das er hie rhumbt. Quando quis mittitur,
committitur ei aliquid, quod expediat. Senden brengt mit sich ein
gewerg. Ergo thesaurus omnino consistit in verbulo 'Missus'. Oportet
illos locos sciamus, ut consolentur nos in omni tribulatione und
noten et ne unter die banck stossen. Oportet sciam, quod nullum
remedium a peccatis nisi quod vir iste missus a patre. Si hoc credo,
quid habeo? quod pater benignus mihi et nulla ira apud eum. Hoc
folgt draus quia textus dicit: quem misisti, eia vil ist charitas barm-
|hertzigkeit uberschwenglich. ¶ Fides adfert ergo, quod homo habeat XXVIII
remissionem peccatorum. Tempus satis non permittit praedicare. 99
Contra hoc Satan excitavit Iudeos et hodie mundum. Christianus
sol nicht ein wust, wild mensch sein, non vult Christus habere adulteros,
sie soln from sein, sed hoc non facit Christianos. Schwermerus: qui
sic et sic vivit, salvatur. Christianus du | must hoher, supra hanc XXVIII 100

9 Jes. 53, 11. 12f. Jer. 9, 23f. 13 1. Kor. 1, 31. 21 Joh. 17, 3.

vitam est vita aeterna. 'Si facis vives in eis': Si non occidis, non amputatur tibi caput. Si non moechatur, non gladio transfoditur. Sed vita aeterna consistit in nullo opere sed in agnitione. Haec est maxima cognitio, quod homo sciat nihil requiri ad salutem quam istius viri agnitionem. Ideo bin ich dem spruch so holt, das er so dur abschneid omnia opera. Dicit 'ut agnoscant', non est opus, Ieiunium ꝛc. sed steckt yhm hertzen non in ore anab Ideo ligt die selickeit yn erkentnis, die in profundissimo corde. Post agnitionem sequitur opus. Erkennen und wircken sunt differentia: wircken macht from und heilig coram deo et hominibus sed vitam non dat sed vita in hoc consistit, ut agnoscatur verus deus et quem miserit. Ergo fortissimum tonitru contra omnes doctores, qui ducunt nos ad nostra opera. Qui Papa, Carthusianus est, feret vom mund auf. Hic locus contra: Er-
XXVIII 101 |kennen macht selig et dat vitam aeternam. ¶ Sepe dixi vobis et semper dico et mortuo me recordamini, quod omnes diabolici doctores heben oben an et deum praedicant a Christo abgescheiden ut nos in scholis olim. Si vis securus esse contra mortem, peccatum ꝛc., laß dir nicht einreden quod non sit alius deus quam qui est missus. Incipe sapientiam et scientiam tuam a Christo et dic: nescio alium deum quam in illo homine et ubi alius ostenditur, claude oculos. Textus enim dicit 'Quem tu misisti'. Ibi hoc verbo zeugt er dich gern auff den er gesandt hat. Non potes ad eum venire sed mittit ad eum. Si vis venire ad deum, audi. Nuntium tibi misit et cognoscere quid ille dicit et facit qui missus. Si hoc feceris und pilds dir sonst neminem in oculis, tum invenies deum et dum in eo heres, non potes errare. Ideo dicit ad Philippum, qui volebat oben her fladern mit den gedancken: vide auff mich, reiss in auff yhn. Si vis patrem audire et videre, me videre ꝛc. ¶ Non creditis, quam necessarium stuck das sey et quam sit
XXVIII 102 abscon|ditum fur allen hochgelerten. Ut ipsi illud intueantur: Si hielten da fur, quod Christus missus a patre, tum arrigerent aures her et audirent quid faceret et diceret. Si hoc, tum audirent in ore Christi, quod venisset mundum servare ex voluntate patris et sicut loquitur ita facit in cruce et sic hore ich das wort und fasse das werck et sic servor. Qui vero ex oculis lassen verba Christi ꝛc., ibi nulla via amplius, ergo deviant, die kunst hat heilligen leuten gefeilet. Ego scio da von reden, noch feilt mirs. Quid, ubi non paratur? Papa sua diligentia reist er uns da von et iam tol und toricht worden: Christus non omnia locutus, Er hat uns auch befolhen. Ibi dicunt: Non oportet solum audire, quid ille missus dicat plieben

---

1 Luk. 10, 28. 21 Joh. 17, 3 – zeugt: trahit. 26 Joh. 14, 8.

ſihe auch auff uns, oportet etiam obediamus Christianae ecclesiae.
Ibi tempus, ut Christianus | sciat discrimen. Libenter audiam, quid XXVIII 103
dicatis, sed wil mirs ſo wol laſſen gfallen als wen mir die magd das
haus kert. Non dicit textus: haec est vita aeterna, quando fit quod
Papa loquitur. Textus dicit: haec est, non quando auditur, quid
Papa dicat et videat quid faciat sed quando agnoscitur: Iesus Christus
missus est in terram, vide ergo, quid loquatur et faciat: moritur pro
peccatis nostris et is loquitur und zeucht ymer an das Wort quod ei
commissum ut inspicias et facias, ‘hoc facite’ ꝛc. Simpliciter non
vult plus quam ‘patrem et se’, quomodo missus est. Non vult, ut
drauff ſehe, quid Mose, Iohannes baptista thun, non dicit: qui hoc
agnoscit fit salvus, sed hic qui hunc agnoscit, salvus fit. Sic ſetzt er
ſich uber all heiligen, das wird helffen, quando agnoscis Christum
missum non omnium Sanctorum agnitionem. Haec est summa
Christianae doctrinae, qui hoc credit ad vitam aeternam pertinere
agnoscere Iesum Christum a deo patre et quod missio haec in se
comprehendat quid fecit nempe passionem et mortem, per hoc sal-
vatur. Prae hoc mus zuruck ghen quicquid doctum a Papa. Wir
wollen mit dem Pabſt et conciliis nicht zurnen, decernant quidquid
velint, modo non dent suis optimis vitam aeternam. Ego nunquam
adorsus fuissem Papam, si hoc mihi concessisset. ¶ Das iſt der gulden
ſpruch einer, notandus, ut habeamus, | wens not iſt, ut instruatur Chri- XXVIII 104
stianus, qui fiat Christianus, nempe quando agnoscit Christum, quod
a deo missus sit. Alii possint sapientiam humanas sanctitates vocare,
ſol er ein Chriſt werden, oportet hoher komen, nempe ut Christum
agnoscat. Ex hoc agnoscis, quam heiloſe leut, qui statum suum per-
fectissimum vocarunt et Christianorum vilem. Si Christiana vita iſt
ausgeſchloſſen, tum verum das beydes weltlich leben were, Sed ipsi ita
praedicant, quod eorum vita ſol hoher und beſſer ſein quam communis
Christiani. Das iſt leidig Satan, verba dei non. Wo ſol das her
kom. Propter hanc blasphemiam ſol man omnia cenobia destruere.
Christianus iſt weit uber ein Jungfrau, widwe omni Carthusiano,
Christanus sanctior quam qui ieiunat toto anno, sanctior eo, qui
quotidie 3 mortuos exuscitat. Ergo homo utcunque sanctissimus,
si non est Christianus, non est dignus, ut aquam Christiano reiche.
Ergo exuendi isti antiqui calcei, quo putavimus discrimen statuum,
daß iſt war in mundo, non in Christiana vita. Christianus si quo-
tidie incederet in purpura, nunquam ederet pisces, ſo ghet er uber
all heiligen. | Maxima differentia zwiſchen allen ſtenden et Christi- XXVIII 105
anum, als herunter unter ein Chriſten pfaff, pabſt, Munch ꝛc., quia
maxima res illum virum agnoscere et in illo herere. Totus mundus

obsistit, volunt meliorem statum facere. Deinde Satan weret in cuiusque corde, ut natura etiam habeat aliquid, cui nitatur. Ego per vitam meam fui virgo. Hilarion liesse ein bose wort faren, dicebat ad animam suam: anima, quare times exire, iam 73 annos servisti Christo. Si ita mortuus, damnatus. S. Hieronymus machts gros. Ist er dar auff gestanden, so hat er sich gegrundet auff sein verdinst, da wil die natur schlecht hin, qui sic immoritur, perdidit vitam aeternam, quia respicit sua merita, non agnoscit eum, qui missus a patre. Sanc-
XXVIII 106 tus Hieronymus ist | auch so gewesen, ich wil hoffen, quod in letzten zugen ein ander blick komen. Si dixissem ad Hilarionem: quare viginti annis edis panem merum? dixisset: volo servari per hoc. Hoc exemplum Hilarionis hat viel zu sich gezogen et ii perdiderunt Christum et agnitionem gering gerecht. Es sind huiusmodi exempla eitel scheermesser, Et mundus ist pald operibus gefangen. ¶ Ideo indigetis, ut quotidie ista verba discatis et invocetis deum, quo possitis da bey bleyben. Diviter habemus in verbo, ich weis nicht, qui in corde et fide. Ideo bene notate mihi hunc textum. Si Christus a deo missus, so ist kein zornig got mher, oportet sit misericors, qui filium suum pro
XXVIII 107 me misit, und | da dint das wortlin 'allein' ad affectum et spiritum, das er deum nicht furcht, quia nullus alius deus, quam qui misit Iesum: 1. grundet articulum de Iesu Christo, 2. das er unser glauben stercke, das wir yhn uns nutz machen.

4. (Joh. 17, 4—6.)

29. August 1528.

Audivimus nuper 'haec est vita', qui iste locus rectum heubtstuck ist et quod bene notandus als ein grund praedicationis et fidei nostrae, da mit umbgestossen wird und verworffen omnes die stucke quae sunt repertae ad vitam aeternam, ut maneat unica via, quae est agnoscere deum ꝛc. Haec agnitio facit Christianum. Satis sit de loco hoc dictum.

'Ego clarificavi te super terram.' Da steht dreierlei verklert. Supra 'venit hora ut' et econtra, das sind zwo: 1. rogavit, ut se herlich mache, ut ipse econtra patrem herlich mach. Et hic dicit: Ego te clarificavi. Rogat, ut possit eum clarificare, et hic dicit 'Clarificavi'. Quid istae duae clarificationes in se habent? Audistis: Christus dum iret in terris, clarificavit patrem, das er yhn herlich macht, sein
XXVIII 108 lob, preis gros, hoc invenis ubique | in Euangelio Christum praedicare se missum und zeucht opera et verba et quicquid vivit et habet

---

19 allein [Joh. 17, 3]: W. A. allen. 31 Joh. 17, 4. 32 Joh. 17, 1. u. 4.

hin auff et dicit se a patre habere. Haec fuit clarificatio prima. Et haec Christiana vita, ut deo in honorem vivamus, ut ipse per nos clarificetur. Ista clarificatio facta. Iam dicit: verclet mich widder. Quia uber der ehr, quae patrem clarificavit, ghing er zu scheiter, quod praedicavit Euangelium und ging er yhn eim wesen, quod deo placuit, Ward yhm die gantze welt feind, ward verfinstert, untertruckt, gecreutzigt. Ego te clarificavi und uber der gehe ich unter, werde zu schanden et sic volende ich das. Weil nun Christus uber dem zu schanden wird, so bit er mut, ut iterum possit clarificare, das er yhn widder herlich mache, zeuche yhn ex ignominia. Tum sequitur 3. clarificatio: Ich ehre und lob dich, druber sterbe ich. Cum resurrexero, wil ich dich mher preisen denn vorhin. Sicut Christus orat, caput nostrum, sic nos, et sicut XXVIII 109
illi ghet, sic nos. Qui Euangelium sol predigen, dem sols widderfaren, ut damnetur, crucifigatur, so ist er hinter und uber dem, quod patrem clarificat. Tum venit dominus et clarificat, ut mundus mus unrecht gefunden werden et 3. tum Christus dat spiritum sanctum und lest erst recht predigen in mundo i. e. ego Euangelium praedicavi in terris. ¶ 'Opus' i. e. das ich sterben sol et resurgere a mortuis, hoc est opus, in quod credimus et salvamur, das er unser sund auff sich genomen. Hoc opus est, quare Christus venerit, et opus est redemptio nostra. ¶ 'Clarifica me, pater.' Christus begert zu verclert i. e. gepreist werden nach der herlickeit, 'quam habebat antequam'. Clarus textus, quanquam Ariani foramen durch. Ibi Christus spricht dur er aus, quod claritatem habuerit apud patrem, ante quam i. e. fuit in einem her- XXVIII 110
lichen wesen, antequam creatura ulla facta. Quid hoc magnum sein credere, omnes sciunt, quod, antequam mundus factus, nihil fuit nisi deus. Et hic dicit se habuisse claritatem apud patrem. Et orat, ut illa manifesta fiat. Adeo simpliciter novit loqui Euangelista, ut nemo merck quam magnifica lateant i. e. declara me, quod naturalis filius tuus et verus deus. Apud Patrem fuit in herlickeit, antequam angelus creatus. Qua? quod dei filius esset, hoc debebat mundo praedicari, quod Christus talis vir, qui claritatem habebat. Sic spiritus sanctus praedicat etiam et dicit: Ihesus Christus est 'verus homo natus ex virgine et deus verus natus ante omnia saecula.' O ein feiner text, wie wol das Ariani haben yhm ein loch gemacht. Et quando Schwermeri veniunt, so braucht dus wol, denn die spruch werden sie al nhemen dicentes: 'Christus hab clarificationem ante

---

3 Joh. 17, 5. 9 „daß Gott ihn abermal möge verklären." 18 Joh. 17, 4. 21 Joh. 17, 5. 23 „ein Loch durchgebohrt haben" (vgl. Cr.). 26 credere, omnes sciunt: verbessere: credentes omnes sciunt, ⟨sciunt⟩ (Cr. hat credentes gelesen). 33 f. frei nach dem sog. Nicaenum.

mundum. Verum, Sed non ideo sequitur, quod deus est, Ut sit
XXVIII 111 altior creatura mundo quae Christus | est.' Tales cogitationes fecerunt
Ariani: fuit als viel kostlicher und uber all engel. Ariani non nega-
runt Christum non fuisse ante angelos. Sind schon auff der ban,
Nota: 'ut te agnoscant', creatura non dat vitam aeternam. Item
illud fast: 'bey dir selbs mit der clarheit, quam habui apud te' non
apud Creaturam sed in deo et apud deum fuit, antequam mundus
creatus, das ist der clar text, quod pater et filius sunt duae personae:
pater qui habet claritatem, et accipit et tamen dicit: apud te patrem
non apud creaturas et infra sed apud patrem alias nullibi. Oportet
ergo in deitate fuerit ista claritas non in creatura, quia nulla creatura
fuit. Ut rex habet claritatem apud suos, Sed hic in patre, quia extra
XXVIII 112 creaturas et mundum nihil est nisi deus. | ¶ Ergo dicit: ich hab das mein
gethan in mundo und ghe druber unter et occidunt me und unrecht
gethan et tanquam latro. Fac tu quoque sic, ut mundus agnoscat
me filium dei. Si pater non fecisset, mansisset indeclaratus: nisi
dedisset spiritum sanctum et sivisset praedicare, quis unquam credi-
disset, quod talis homo ex muliere natus sol dannoch gleich ewiger got.
Hoc factum, ut oravit, ut Christianus helt pro vero homine: ex Maria
virgine natus et tamen verus deus et hoc per Euangelium quod per
spiritum sanctum praedicatum. Quod opus consummavi i. e. mortuus
und hab die leut zu sich pracht. Ut sequitur

'Manifestavi.' Exponit met, quid voluerit his verbis: Ego te
clarificavi super terram Quid est tandem? Ego 'manifestavi' da
stehts. 'Sic te declaravi, quod nomen tuum manifestavi his, quos',
XXVIII 113 quia hi suscipiunt clari|tatem et manet cum eis, alii persequuntur et
verfinstern et patrem et filium. Patrem zu verclern ist maxima scientia
a Christo de coelo delata. Sic declaratur, quod se miserit deus qui
remittit peccata per Ihesum Christum, redimit a morte, non respicit
personam, opus: sed lest lauterlich gratis suam misericordiam ausschuten
per Christum, qui sic praedicat claritatem patris. Pater est nomen
eius, quod Ihesum Christum miserit. Hoc, inquit, nomen mani-
festavi und das ist der recht name patris. Hoc nomen non agnoscunt,
qui non suscipiunt hanc praedicationem, ut faciunt qui putant patrem
suscipere opera sua quod essent filii Abrahae, ieiunant bis in sabato
et dabant illi tale nomen. Talis pater qui respicit mea opera, qui non
sum adulter ut alii so heist er. Non est ehr und preis de illo praedi-
XXVIII 114 candus. Sed ego Christus | manifestavi. Quem? qui donet vitam

---

5 Joh. 17, 3. 6 Joh. 17, 5. 23 Joh. 17, 6. — met: ipsemet
25 declaravi: lapsus calami für clarificavi (vgl. Z. 16). 28 clarificatur.

aeternam, remissionem peccatorum, redimat a morte, inferno. Das iſt der name, aber ich gehe druber unter, et hodie qui facit, der mus herhalten. ¶ Ego, inquit, toti mundo manifestavi, sed tamen ‘quos dedisti’ i. e. credentes, qui suscipiunt et fur war halten. Estque consolationis plenus locus omnibus, qui tentantur per praedestinationem, wens den kunden merden: ‘Quos dedisti’. Si vis scire, wie du mit got dran biſt, iste textus dicit tibi. Wie wol man kan nicht drauff reden, wers zukunfftig bleibt vel manebit, et tamen verum: qui audiunt mani-
| festationem patris, suscipiunt nomen et credunt, illi sunt qui dati XXVIII 115
Christo de mundo a patre. ‘Nemo venit, inquit alibi, nisi pater traxerit.’ Ista verba coram corde pavido terribilia sed dulcissima, quia Christus ſihet da hin. Apostoli haben Chriſtum gern gehort und
die verklerung a Christo suscipiunt. | Tamen incidit: Ja, wenn ich XXVIII 116
ſchon mit Chriſto dran bin et dulcis, wie bin ich aber mit dem oben dran? Christus: stulte, non posses hoc, ut mea verba libenter audires, si pater tibi non dedisset. Noli quaerere, qui patri placeres. Sihe du drauff, si tibi placeant mea verba, pater hat dich ſchon von der welt genomen et in cor dedit, ut me libenter audias. Non est alia consolatio quam quod credimus Christi verbis et libenter audimus et fatemur vera si etiam caderem, nec oppono contra ea sicut Schwermeri, qui non audiunt nec ferre possunt, illi non dati Christo. Qui vero libenter audiunt manifestationem, illi audiunt et qui audiunt, dati sunt Christo. ¶ Ille textus deſte liber ſollen wir haben, quum tentamur, non credimus, das der teufel ſo ſchalckhafftig iſt suis eingebung ut
semper Christum ſcheide a patre. Nemo | credit, quam difficile sit, XXVIII 117
quod Iesus Christus sit dei filius. Si credo, ſo hab ich gewunnen, tum cogito, wie er redt, thut, ſtirbt fur mich. Dico: hoc deus facit. Ibi omnia ablata: peccatum mors Satan. Sed Satan macht mir ein ſtrich zwiſchen Gott und Chriſtum et tum cogito: Christus quidem mortuus, sed qui adfectus deus erga me? Ibi persona iſt mir zurtrennt: quae in cruce mortua, ibi eytel freuntlichkeit, nata ex virgine, tamen deus quid facit? das iſt ein recht ertzteufels ſtuck Satanae. Wens kompt yn ein ernſt, das einer ſoll gleuben, nihil Sabelli heresis. Sed
tentatio haec est: Philippus: ostende. | Quasi dicat: te videmus, XXVIII 118
audimus, utinam et patrem. Sic facit Satan. Ideo ſol man ſolche ſpruch wol faſſen, da er ſich yn den vater zihet, in unum opus et red flicht er ſich et patrem. Satan vero nihil agit, nisi quod voneinander reiſt: Christum video in cruce, die gotheit ſuch ich oben im hymel.

---

3 f. Joh. 17, 6. 10 f. Joh. 6, 44. 20 caderem (so hat Cr. gelesen): W. A. crederem. Cr. bringt Petri Verleugnung als Beispiel. 20 nec: Cr. scheint nisi gelesen zu haben. 34 Joh. 14, 6.

Cauti sitis. Ergo eitel grosse spruch isti: 'Qui te audiunt' dedisti mihi. Qui Christum audit, audit patrem, qui patrem audit, est Christi discipulus, qui Christi discipulus, est dei patris filius. Vide, ne sinas alium deum tibi formari et claude oculos. Scriptura dicit Ihesum Christum a deo missum et quando illum audis, deum verum audis et vera divina opera. Sic consistis, alias non, denn halts
XXVIII 119 da fur, quod iste textus. ¶ Nostri: 'Caro nihil prodest', | du must mit Gott allein handeln, der geist must dich. Illi reissen dir humanitatem er ab a divinitate et faciunt humanitatem ein unnutz carnem tantum, per quam redemptus: Post hoc mustu hin auff faren. Hoc est secernere deitatem ab humanitate. Quid fiet eis? et deitatem perdent. Quia qui vult quaerere deum extra Christum, der feylet, quia hic dicit 'quos dedisti mihi'. Pater qui dedit te mihi, dedit tibi, ut me audias et patiaris me. Si hoc verum, quod nos Christo dati, so werden wir die menschheit et carnem Christi nutz lassen sein sed werdens lassen reden und thun quod loquitur et facit. Si iubet caro submergi, quia quicquid haec caro dicit et loquitur, dominus, quia dicit 'quos', qui vero me non audiunt, non sunt mihi dati. Ergo quisque gratias agat deo et omnipotenti patri, quod huc venerit, quod eius hominis verba et opera placeant und schliesse drauff: so bin ich gewis einer, quod e mundo ereptus et Christo datus, quia mundus persequitur, wut und tobt, sed ego libenter audio. Ego non habeo a me sed pater dedit mihi, ergo non irascitur mecum pater, cum manifestationem Christi audiam 2c.

5. (Joh. 17, 6b—8.)

[5. September 1528.]

XXVIII 120 | Audistis: 'nomen tuum notum feci' 2c. Maxima consolatio, quod in his verbis habemus intellectum, quia qui suscipiunt verbum, illi sind abgescheiden a mundo et Christo zugeeygend, das wir uns ganz drauff verlassen. Si verbum placet, contenti possumus Christo angehorn, sed das gefalln mus von hertzen geschehen, ut non solum non persequamur sed ne contemnamus, ut etiam libenter loquamur de eo und foddern verbum, si ein wenig schwer, non est not, si non subito Sanctus, mit dem wird mit der zeit auch rad werden. ¶ Cum ergo certi sumus per verbum Christo nos angehoren, so hort weiter: 'Tui erant',

---

1 Joh. 17, 6. 7 Joh. 6, 63. 10 'hin auff' mit Cr. gegen W. A. 'in hauff'. — hinauff fahren, sc. zur Rechten Gottes, um Christus zu finden (Zwingli). 13 Joh. 17, 6 27 Joh. 17, 6a. 28 verbis habemus Randlesart der W. A.; Hauptlesart: vult habere. 35 Joh. 17, 6 b.

das iſt noch weiter geſterckt nostram infirmam fidem, das wir uns furchten fur Gott, quia ista verba non solum dicit, quod oret coram patre, qui prius novit, sed vult cor nostrum securum facere und das ſol guts muts ſein, quod terretur, quia omnis homo wenn er recht an Gott denckt, ſo erſchrickt er, quoniam sentit peccata et non kans laſſen, si audit | deum nominari ꝛc., quia scit deum feind esse peccatis. XXVIII 121
Plena scriptura historiis, quod deus mundum geſtrafft, tum ex tonitru et sonitu folii terretur. Ideo mus Chriſtus ſo mit krafft reden, ob er uns den vater kund freundlich machen. Ideo ghen uns die wort an 'Sie waren dein'. Qui suscipit verbum und leſt yhms offenbarn, is est 'quem dedisti mihi', non pertinet ad mundum sed ad me. 'Et tui' i. e. quoniam hoc certi sciunt se meos esse et non dubitant me esse suum magistrum, tum etiam hoc certum, quod tui sunt. Et non hoc solum sed prius tui fuerunt: nunquam haſt mit yhn gezurnet. Hoc verbo 'Tui erant' nimpt er weck brevissime den ganzen zorn, quae est in coelo et terra i. e. si hengſt dich an Chriſtum, es unter dem hauffen, uber den got nie gezurnet hat: quia non sineret sibi revelari verbum, nisi tui essent ab aeterno. Prius fuerunt tui, iam autem isto tempore praedica|tionis das mihi. ¶ Aeternae praedestinationis ten- XXVIII 122
tatio hic aufertur. Quidam haben ſich druber bekhomert, quod tol und toricht. Sed per eam datur raum, das er ein fur in desperationem. Si vis sapienter faren, inspice hunc textum, heb unten an nicht oben, Sihe an ista verba, tibi in corde sapiant, quae isti homini ex ore prodeunt. Si sunt tewer in corde tuo et nihil dulcius audis quam istius viri verba, ſo hebſtu unten an, ſo furt er dich fein hin ein et dicit: tu mihi datus, si mihi datus, es in celo scriptus, prius fuisti patris, nemo delebit nomen tuum, das heiſt recht gehandel, haec via, ut incipiamus in Christo an dem fleiſch und blut, quod Schwermeri infestant. Et las die ſorg faren was got mit dir dencke, tace, ista praedicatio wird ſich ſo fein finden. Das heis ich unten anfangen. Qui supra incipiunt, qui laſſen Chriſtum predigen, achten auff ſein mund und wort nicht sed cogitant: quid deus gedenckt mit dir, wo ſol ich hin, und ſchlecht die weil verbum ex sensu und wils mit tappen ergreifen wie got mit yhm wil handeln, Illi fit, ut Christum perdat ex corde. Verbum mundlich iſt nicht da sed cogitationes, quas hauserunt ꝛc. et sunt horrendae, de deo, quod damnaturus ꝛc. Cum ergo nihil sit verbi ex ore Christi, iſt der teufel da ein gott und hat ein gewonnen ſpil, non potes melius

1 fidem ⟨wider⟩ das wir. 7 Exod. 19, 16. 8 Lev. 26, 36. 10 Joh. 17, 6 b. 17 sineret: W. A. sinerent, Cr. venirent (?). 21 eam (sc. praedestinationis tentationem W. A. eum; — er: Satan (Glosse der Hs.) 23 f. Zeichensetzung hier geändert.

ei facere quam quod verba de Christo et Christi lest faren, So hast im auffgethan die hinder und forder thur. Ibi nemo potest te iuvare, quia ubi ex corde verbum ablatum, da ist Satan dominus. Si omnes ho-
XXVIII 123 mines adessent et consolarentur, nihil efficerent et non | possunt dem Satan weren, quoniam non est ein weren contra Satanam nisi domino, nescio de ullo deo nisi de Christo, den wil ich horen et quid ex ore eius fluat. Et illa verba volo fassen et alias neminem audiam, quia Christus dicit: dedisti mihi, audiant ꝛc. ¶ ist das nicht eine rechte pracht? Tum dicis: Si non times Christum, nec patrem. Si enim Christus freundlich red et consolatur te, eius verba certissime et pater, quia in Christo non audis iratum deum patrem sed benignum. Si autem iratum audis, non est verus deus, Christus enim dicit: 'Haec est vita aeterna.' Matth. 11. Sic per sua verba furt er dich ad patrem. Sentis quidem alium deum in corde, alium deum nempe damnaturum ꝛc. Sed audis hoc non ex Christo. Quicquid enim loquitur, loquitur pater. Unde ergo veniunt cogitationes, quae faciunt deum iratum? a Satana. Qui? ubi verbum et Christum perdidisti, et patrem amisisti. Satan potest ein larven in dein hertz machen als die maiestet selbs. Sicut potest corporis oculos betriegen, ut putet se quis videre hominem, sic cor, ut schwerst, quod sit verus deus met. Er hats beweisen an Christo selbs: 'Haec omnia mea'. Ibi facit Christo ein solchs bild, quasi ipse esset vera maiestas, furt die wort quae deus und foddert die ehr quam deus. Putavit se inventurum cor das ledig were a Gotts wort. Sed Christus helt yhm verbum dei fur die nasen. Sic fit omni qui cadit a verbo: perditus est, ist ein gemsen steigen. Hoc frustra non praedico. Libenter vellem ut Euangelium Iohannis bene intus, quia ist ein treflich. Sie sind nu mein worden, verbum meum audiunt et placet illis. Si hoc, so sind sie vor hin dein gewest, ergo aufert omnem iram. Si ergo placet Christi verbum, es dei filius.

XXVIII 124 | 'Erant tui et dedisti' i. e. Du hast mirs zugesagt, ut me audirent, ut ipse exponit i. e. sunt discipuli mei, ego sol pastor druber sein, et tui fuerunt, quia servant verbum tuum. Quare non dicit: meum verbum? Sic enim dicimus nos: iste est meus discipulus, quia audit meam doctrinam. Sed Christus non, wie kund er schoner reden. Simplicia verba, sed sic nemo posset setzen. Ego sic dixissem: Tu mihi dedisti, quia audiunt meum verbum. Sed vult dicere: tu dedisti, audiunt verbum tuum, fuerunt tui et manent. Si Christum hor reden und hefft cor vel aures an sein zungen, tum ghet ex ore isto verbum dei. Vis scire,

---

12 f. Joh. 17, 3. 13 Matth. 11, 27 ff. 21 Luk. 4, 6 f. umgeformt nach Matth. 4, 9. 24 Luk. 4, 8. 30 Joh. 17, 6 b.

wie du mit got dran bist. Si in cenobium curris, es incertus. Audi: heng dein Hertz an sein lippen, ex ore wird ghen eytel honig susse wort, audi, quid dicat. Et dices: nullum os audiam nisi illud. Si omnes angeli prophetae venirent, noli audire. Et tum audies ex ore eius: 'Venite ad me', Item: vos halstarrige werd verdampt werden. Hoc audis ex ore eius. Tum dicis: hoc non Christi verbum sed patris, divinae maiestatis, Ergo nescio alium deum quam illum, qui coelum et terram condidit, qui loquitur per hoc os. Nemo cogitat, quomodo supremus articulus. quod Christus deus et quod deus loquatur per eum. Caro et sanguis impedit nos, ut noscamus, wie viel dran gelegen ist. Non venitur ad regem nisi per hoc os. Et deus hat sich yn die person gesteckt vultque per eum loqui, auff das er uns ja halt bey seim wort. ¶ Papa etiam loquitur Christum deum et hominem, Sie machens aber allein, das sie da von reden konnen, Aber das selb anlegen und nutz machen nesciunt. Audio Christum dei filium, qui facio mihi nutz? Sihe auff sein wort et opera, audi, quid tecum loquatur, so hastu nutz draus gemacht, tum invenies, quod loquatur cum peccatoribus | auffs XXVIII 125 freundlichst. Quando hoc habes, quod Christus qui patitur est deus, tum dicis: Gott loquitur mecum, agit, so kanstu dich trosten in omnibus periculis. Quid loquitur? Die yrrige schefflein lockt er: 'Venite' rc. Tum non potes male cogitationes accipere de deo et acquirere oportet kindlich hertz et dices das ist ein vater, der mir solch lieb an piet, quod pro me moritur. Si sic non uteris Christum deum et hominem, meditaris horrenda exempla Sodomorum, maris rubri, Pharaonis, Tum Satan wirfft eytel zornig exempel und plag in cor et fis deo inimicus et hoc ist der Satan selbs, quia non invenit ibi cor verbo munitum. Libenter vobis persuaderem ne externum verbum ita contemneretis ut Schwermeri, putant fidem ein geschwetz ut loqui solent homines de Turca vel de dietrich von berne.

Einfeltig ist geredt sed uberschwenglich trostlich. Tanta gewalt in his verbis, quae coelum et terra capere non rc. Si verbum patris est, ergo non irascitur. Sequentia verba ist als quod praedicavi. Es ghet als da hin, das dir genomen werd der unfal der dich truck per peccatum das ist die last uber omnia. Ista verba nhemen sie hin weck.

'Ipsi sciunt' i. e. quicquid thun, das ist von dir ynn dem das sie tua verba behalten sunt mei discipuli. Si hoc sciunt, sciunt quod mihi dati a te, quia dicit 'quot' i. e. omnes discipuli, qui audiunt und fassen mein wort, illi sunt a te i. e. sciunt quod tu propicius es, ipsi non

---

4 Matth. 11, 28. 5 Matth. 12, 41 f. (Hab. 2, 4). 20 Matth. 11, 28. 32 alles. 35 Joh. 17, 7. 37 Joh. 17, 7 (ὅσα).

XXVIII 126 audirent, nisi a te | venirent i. e. certo norunt te non irasci, quia tu eos tradidisti mihi und ſind von dir her, weil ſie mein wort horen, weil ſie verbum halten, certi sunt, quod a te sunt, das mus folgen: nemen ſie verbum meum an und halten sequitur: Christi verba servo eumque audivi. Verbum si verum, sum a patre, nomen meum scriptum in celum, das iſt eynerley predig. Ich wuſt vor wol, quod tui erant sed quia iam servant mein verbum wiſſen ſie es eben ſo wol. Urſach: ¶ quia 'verbum quod dedisti ꝛc.' Cum 'hoc suscipiunt ꝛc.' i. e. summa summarum: pater non irascitur. Sie habens angenommen. Si ac-
XXVIII 127 | cipis, tum agnoscis vere Christum venisse a patre. Si Christum suscipis, certus es patrem te angenomen und du ſchlecht all gedancken aus, non vis audire angelos sed verbum quod Christus praedicat a patre acceptum et tum agnoscis vere, quod a patre venerit hic Christus Et tum scis hoc, quod omnia verba quae loquitur pater loquatur, quia si a patre, ſo haſtu kein zorn nymer mher nisi contra superbos. Das bind uns, sic doceri debet homo, ut Christum vere agnoscat et recte utatur. Christus diviter loquitur simplicibus verbis, quod haec verba et opera, quae dicit et facit, pater per ipsum faciat et loquatur. Si hoc credis, es Christi eigen et dei filius. Qui hoc credit, credit non alium deum. ¶ Per quid creditur? per 'verbum'. Si 4 annos praedicarem an den worten, ſo mecht ichs nicht beſſer. Christus lenckts da hin, ut omnes homines ſus mache erga deum et eocntra. Vult eos conciliare, ut non timeamus patrem et ipse: Quod ego dico, dicit pater ꝛc.

6. (Joh. 17, 9 u 10.)

12. September 1528.

XXVIII 128 | Audistis 1. partem de oratione, quam dominus in fine fecit pro suis. In qua docuit nos gar troſtlich, das ein itzlicher, qui audit Christum et suscipit, certus sit se esse proprium patris kind. ¶ Sequitur 'Ich bitt fur ſich und bit nicht fur die welt'. Da ſchut er das gepet eraus et dicit Ich bit. Das gepet mus ja ſein non ideo, quod bene meritus
XXVIII 129 per passionem sed quod | dicit omnia sua quae patris und ſind der ſachen gar eins. Ibi haurienda quoque nobis solatio: quando Christus pro aliquo petit, der wird geneſen. Pro quibus orat? qui audiunt, quid dicat und ſehen zu, quid faciat, die mogen ſie troſten und verlaſſen auff das gbet, das ſie drin begriffen ſind. Deinde horrendum aliis 'Non pro mundo'. Videndum, ne inveniamur unter dem hauffen, pro quo Christus non orat, quia sequitur, quod certissime sunt verloren pro

---

8 u. 20 Joh. 17, 8. 16 dient. 26 primam partem: Joh. 17, 1—8. 28 f. Joh. 17, 9. 29 ſich = sie.

quibus non orat, imo euſert ſich. Certe mundus cum hoc audit, deberet erſchrecken, sed contemnit ꝛc. ¶ Quomodo reimbt ſichs, quod dicit non se oraturum pro mundo, cum Mat. c. 5. doceat orandum pro persequutore? Et dicit: beati patiuntur. Quare ergo dicit, quod non velit orare pro | mundo? Responsio: pro mundo oratur et non, iſt beides XXVIII 130
war. Quia dicit infra 'pro omnibus, qui per verbum' ꝛc. qui freilich de mundo. Et in textu 'de mundo fuerunt et de mundo elegi', ergo orandum pro mundo propter eos, qui adhuc in mundo sunt, ut Paulus erat, persequebatur Stephanum et alios, et Stephanus orat pro eo. Sic Christus in cruce pro mundo. Sic verum, quod orandum pro mundo et non orandum. Auff die weis bit man nicht fur die welt, wie man fur die Chriſten bit i. e. pro Christianis fit oratio, et pro convertendis, das ſie mogen herzu komen, erhalten werden in fide et qui infideles sunt, ad Christianam fidem veniant, das heiſt pro Christianis et convertendis gepet. Sic Christus, Stephanus et omnes pii orant. Sed non orandum pro impiis, das ſie got in ein ſchutz nheme und ſchutz sicut Christianos, ut tyrannos et Schwermeros. Sed contrarium oramus. Non orandum: domine, ſterck ſie in suo consilio, das ſie viel pluts konnen vergieſſen et multos seducere. Sed pro Christiano principe: da gratiam, ut bene regnet. Contra impios: impedi eorum conatum, das heiſt nicht pro mundo gepet i. e. non ut deus eos erhalt in yhrem anſchlag, ſonſt participes essemus eorum maliciae. ¶ Sic legitur de Mose: da Core ſich widder yhn rotten und trat her mit ſeinem prieſter kleid und rauchwerck et volebat hoc agere, quod Mose, Non orabat pro Core sed contra eum: 'Ne placeat tibi' ꝛc. | Sic David fecit, quando a filio amotus. Non oravit: XXVIII 131
das Abſalom meim ſon gelingen ꝛc. Sed: infatua consilium Achitofel, das all ſein anſchleg zu ruck ghen. Ergo Christus non solum pro personis discipulorum orat sed etiam pro officio das ſie furhaben. Pro personis orandum, sive sint amici sive inimici, Ut Anastasia Rhomana habebat tyrannum, ad quem multum bonorum portavit. Intrusit in carcerem, ad Crisogonum scripsit martyrem: ſol mein man bekert werden, ora, si non ꝛc. Post tres dies periit in bello. Sic oro pro impiis principibus sed widder yhr furnehmen toto impetu oramus. So wollen wir ſie auch tod beten und ſchlahen und yhren rad zu nicht machen. Si non recte oraverimus, Et viel iſt zuruck gangen ipsorum rad|ſchleg. XXVIII 132
Sed institerimus oratione: aut convertentur aut confundentur. Non orandum fur die anſchleg, quos ipsi furhaben contra pios, deinde non

3 Matth. 5, 41. 4 Matth. 5, 4. 6 Joh. 17, 20. 7 Joh. 17, 11. Act. 8, 1; 9, 1; 7, 59. 10 Luk. 23, 34. 23 Num. 16, 15. 26 Sam. 15, 31. 31 ⟨maritum⟩ tyrannum. 33 ꝛc: ⟨ora, ut moriatur⟩.

orandum solum pro personis piorum sed officium ipsorum, ut ꝛc. Hoc docet 'pater noster' i. e. ut Euangelium gepreist werden in mundo. Volo, ut omnes dei filius vertat, qui nomen dei inhonorant. Sic contra mundum oro, ut eius honor zu boden ghe. Sic quando 'voluntas', oro contra inobedientem omnem mundum, 'Libera': contra inimicos, tamen ut convertantur. Si tamen sol eins verlorn sein, melius, ut Satan quam deus, mendacium quam veritas unterghe. ¶ So sihet Christus mit diesem gepet auff diese zwey hauffen. Einer ist klein, halten Euangelium, ergo indiget auxilio, Alter maximus, illi nituntur contra Euangelium, das heist die welt, fur die bit der teuffel, das ir ding sol glucklich ghen. Sunt in mundo, qui Euangelium nolunt suscipere sed obturant aures. Haec sunt diabolica peccata non humana, qui dominus mundi, qui etiam talia peccata facit. Nam Satan ubi se opponere potest verbo, so dempfft ers. Sic princeps si potest, dempfft ers. Si Satan non potest niderschlag, leufft er von dir. Si amovere a me principes vellem, solo verbo hoc facerem, si in loco essem frey.
XXVIII 133 Pro illis non orandum, das yhr | ding nicht geraten sol. Kund wir yhr person eraus reyssen, tum ꝛc. i. e. non solum pro persona sed officio et wesen, das gerad. Econtra non pro mundo, ut non gerade. Nos possumus trotzen: unser wort und werck sol ghen, yrs aber sols unter ghen, quia exclusi extra orationem, Nos inclusi. Es werd wol ein zeit und haben im synn, quod velint das wort dempffen, las sie her ghen.

'Quos dedisti', pro his oro, quia tui. Ibi iterum locus superior. Quos dedisti mihi, pro his oro, pro his curo und all mein gescheffit ist
XXVIII 134 pro illis. | Qui Christi est, est et patris. Quis pertinet ad Christum? Ille: Ipsi 'servaverunt sermonem tuum', Et dedi eis ꝛc. Qui suscipiunt verbum ab eo, sunt Christi proprii. Illi habent gewis signum propicii dei, alias non susciperes verbum nec servares sed te opponeres, si non esses dei puer et a deo datus filio Christo. Moneo semper, ut caveatis a rottis et maneatis beym wort. Sinat nobis mala, peccata accidere, ut velit, modo sano verbo, nobilissima margarita, so wollen wir uns des schaden wol erholen in aliis malis. Ideo Satan potest omnia facilius zugheben quam verbum. Hoc ablato non est consilium. Videmus, quam potenter er da widder tobt. Optimus hauff recidit in mundo, et illi offendunt vulgus, quod putant eos non posse errare et sua cauda post se trahunt tertiam partem stellarum. Satan sihet im nach rottis,

2 Hinter noster ergänze: ⟨sanctificetur nomen tuum⟩. 4 'fiat voluntas tua'. 5 'libera nos a malo'. 14 princeps: der Kaiser? 21 werd: währt. 23 Joh. 17, 8. — locus superior: „die wort, die er zuvor angezogen hat" (Cr.), vgl. Joh. 17, 6. 26 Joh. 17, 6. 31 Matth. 13, 46. 36 Apoc. 12, 4.

persecutionibus, qui vero manet cum verbo, est Christo datus. ¶ Et | 'alles was' das heiſt er aus geredt, das iſt ein clarer text. Hoc possem XXVIII 135 etiam dicere, quod ego habeo quod dei sit sed widder er umb keren, das iſt wol: non solum 'habeo' sed 'meum'. Das iſt mer, quia potest aliquis habere rem, quae non sua. Supra 'omnia', quod Christus vocavit 'suum' eos, qui sibi dati. Sic dixit: Nunc sunt quod dedisti mihi, sit a te. Altissimum est, quod quis possit manere bey dem man. Si Christus te suscipit, pater te suscipit, si Christus, loquitur tecum pater. Non audis facientem aliquid Christum: vides patrem wie er dir predige sive de baptismo sive coena pater. ¶ Hoc non solum loquitur de discipulis, qui illi dati sed de verbo, ja etiam vom ewigen weſen: quicquid est patris, hoc etiam suum. Patris est aeterna maiestas, vita, potestas, Ergo Christus hoc verbo fatetur se verum deum, quia dicit 'alles' et quod pater habet, est suum, ergo nihil potest excipi. Si 'omnia', ergo aeterna deitas. Ideo locus plenissimus consolatione illis, qui credunt in Christum, si enim Christum, treffen et erlangen deum ipsum. Moneo, ut sinatis faren die ſchonen cogitationes ut illorum, qui quaerunt | Christum oben ym himel unter den angelis: XXVIII 136 qui regat mundum. Istae cogitationes sunt vehementer periculosae. Sunt quidem verae, wen man ſie recht furt. Sed iam in loculum gefaſt. Videndus hic textus 'quicquid tuum', cum quid ſind in Chriſto quae habet und vermag, wo ſol ichs anderwo finden? Dicat ergo Christianus: de nullo deo novi nisi de Christo, ibi invenientur omnia. Paulus ad Corinthios: cum praedicarem inter vos, putabam me stultum, quia nihil praedicavi on Jeſum Chriſtum. Alibi: 'in Christo occulti thesauri'. Si sapere vis, ito ad Christum, ibi omnia, es iſt aber verborgen und ſcheinet nicht. Si inspicis eius personam, vides ut alium | hominem et qui crucifigatur. Satan kan ſich yn ein got XXVIII 137 machen angelum lucis, ut Christo fecit in monte. Wens die maieſtet, groſſe heilig kunſt antrifft, thut ims niemand nach et nemo resistere potest, Er mus hoch faren und gotlich ding furgeben. Ideo hat ſich got alles geeuſert et factus peccaminosus homo insipiens, das kan Satan nicht thun. Ideo non potes effugere melius Satanam, quam ut pendes cor an den Christum. Si arripit te in aliis cogitationibus, ſo hat er dich gewonnen. Si pulli unter der gallina non sunt, certe

---

2 Joh. 17, 10. 3 Cr.: „das kann jederman sagen, das alles Gottes sey was wir haben. Aber das ist viel grösser, das ers umbkeret und spricht: 'Alles was dein ist ist mein' [Joh. 17, 10 b], das kan keine creatur fur Gott sagen". 6 verstehe: vocavit 'suum', ⟨vocat suum⟩ eos usw. 10 Hoc.: Joh. 17, 10 b. 24 1. Kor. 2, 1 f. 25 f. Kol. 2, 3. 29 Luk. 4, 6.

in periculo sunt propter milvum. Nota ergo istum textum bene, denn es leid gros macht dran Credere in Christum. Si vis venire ad patrem, oportet venias prius ad Christum, quia hic: omnia tua mea i. e. nullibi deus quam in Christo. Sic iste locus consolatur, quod Christi eigen ſind et quod inveniamus in eo patrem certissime.

'Et in eis verklert.' Supra vult clarificari et patrem ipse ꝛc.
XXVIII 138 Satis | dictum, quid sit. Qui Christum inspicit rectis oculis, inspicit ut alium et crucifixum. Ibi manet vertunckelt 30 annis ivit in terris, nemo agnovit, mansit inclarificatus. Sed ii, quia ista verba audiunt, quod a te missus et omnia tua mea, durch dieſe wort Chriſtus wird auffgedeckt, ut aliter inspiciant, Nempe quod halt pro creatore coeli et terrae, hoc non in fronte eius scriptum, contrarium de eo habuissent, sed quia verbum eius habemus, videmus eum, ut est sol. Non in-
XXVIII 139 spiciunt, inquit, me ut mundus sed | ut verbum de me loquitur, quod ex ore meo audiunt und habens im fur, quia credunt verbo. ¶ Videat quisque secum, an secum Christus sit clarificatus. Quisque novit de Christo loqui sed an clarificatus? Tum autem in te clarificatus, quando credis his verbis, quae hic dicit: 'Omnia patris mea' et quando ad me venies, es patris. Si non pugnas contra ea verba, testificatur tibi Christus clarificatus. Si unum invenis in Papatu, qui istum textum novit praedicare, wil ich mich laſſen prellen, das ſie dir aber konnen anzeigen, wie man Chriſtum ſol annhemen, non possunt, es iſt in ein kalte ſpeis. Nostri Schwermeri, qui verba a nobis didicerunt, si duas rigas semel de Christo, scribunt postea totum librum, quia Christus non habitat in eis sed yhr eigen cogi-
XXVIII 140 tationes et Satan wonet in eis, Ideo mus er ſpeien tantum | quisque de Christo ne putetur ꝛc. Ubi Christus clarificatus vere in corde, da leſt er ſich horen. 'In eis', in aliis obscuratus. 'In mundo', illum locum habens biſher gemartert, et nostri Rottenses: Non est Christus in mundo, ergo non in sacramento.

7. (Joh. 17, 11 u. 12.)

26. September 1528.

'Ego in eis clarificatus' et 'non sum in mundo'. Audistis quid sit hoc clarificari: quod Christus suis dilectis discipulis est clarificatus i. e. ut supra: suum verbum servaverunt et crediderunt, das es war ſey. Qui credit verbis Christi, habet claritatem in corde, quae dicit ei, das er weis, quid de Christo teneat, wie er yn preiſen ſol. Hanc

2 leid: liegt. 6 Joh. 17, 10c. — supra: Joh. 17, 1. — clarificari W. A. am Rand; clarificare W. A. im Text. 17 clarificatus, sc. in eis. 28 Joh. 17, 11. 33 Joh. 17, 10 c u. 11. 34 Christus <in> suis.

agnitionem in corde vocat hic claritatem, per quam in cordibus nostris
clarificatur. Alii, qui non capiunt verbum Christi, in his non est
clarificatus, non agnoscunt. Papistae haben suum morem et Episcopi
4 vota. ¶ Clare loquitur de illa clarificatione: ‘Non sum in mundo’.
Ibi dicit, quod non in mundo et tamen in terris. Ibi loquitur de eo,
das er iſt geſtorben et de illo mundo geſchieden, ergo non in mundo.
Esaias hoc antea praedixit ‘Abscissus’ i. e. man hat in mit gewalt
von dieſem leben hinausgeſtoſſen ꝛc. ¶ Quaerere posset quis sic: | Si it XXVIII 141
ad patrem, ſo bleibt er ja in der welt, quia credimus Christum domi-
num ubique esse, Ut in ps. Quod dominum prope habent: ‘Prope
est omnibus invocantibus’. Si in carcere est, dominus adest, quare
dicit, quod non sit in mundo et eat ad patrem, quasi non esset nobis-
cum, cum scriptura tamen dicat: ubi pater, ibi omnes creaturae:
‘Quo ibo a spiritu tuo?’ Er helt haus ubique, Er hats auch wol
beweiſt et adhuc. Quando Israelitae ituri per mare rubrum, aderat
et rupit mare. Ubi enim invocatur, ibi est. Ibi respondetur dupli-
citer: 1. auff der Schwermer weis i. e. sedet supra in coelo, hat ein
ſchwalben neſt. Sic ſpannen ſie die wort nach dem geſicht: Sicut ipsi
vident, ſo mus er auch ſein, Et ex hoc loco sumpserunt Christum
non esse in sacramento et baptismo, quia est cum patre, ergo ſitzt er
oben im ſchwalben neſt. Nos sic: In mundo esse est esse in der
pfindlichen ſinlickeit i. e. in hac vita, qua utitur mundus, ut quando
habeo uxorem, | familiam ꝛc. et utor hoc mundo. Haec omnia videntur XXVIII 142
ob oculos. Qui ab illis ſind hin weck, non vident ghen, ſthen. Esaias
ſein ‘Abscissus est de terra viventium’, er iſt vom land gefurt, da man
lebt. Von dieſem leben ſcheiden iſt nicht allerding weck geſcheiden.
Iam non utitur mundi bonis Christus, ¶ habent speculationes meta-
physicas, nempe aus himel und erden weck faren, tum non habeo
gluck si dominus abest. In creatura esse et ubi creatura est et in mundo
esse diversa sunt. In mundo esse heiſt talem vitam furen, das gebrauch
mundi bonis et ii ipsi vident et audiunt hi edunt, utuntur 5 sensibus,
4 elementis, tunica ꝛc. ita ipsi adhuc, ich bin aber da von. Ideo malus
intellectus Chriſtus ſey gar ghen himel gefaren. Sed non in mundano
vel temporali weſen iſt. In mundo esse est esse in mundano, ubi
utimur | donis ꝛc. Schwermeri dicunt: non est in mundo, ergo non XXVIII 143
est in sacramento, baptismo et verbo externo, ergo nec in corde
fidelium. Hoc vult Satan, ut sic eludant textum. Vos manete da
bey: Christus quando iſt sacramentum cum corpore et sanguine suo

---

4 Joh. 17, 11. 7 u. 25 Jes. 53, 8. 10 Ps. 145, 18. 14 Ps. 139, 7.
21 ⟨Secundo:⟩ Nos ⟨respondemus⟩ sic. 27 ⟨Schwermeri⟩ habent.

et spiritus sanctus in baptismo non est in mundo, quia non edit, bibit, nullo opere indiget, quod a mundo fit. Quare si in sacramento est, non ideo est in mundo. Sic in baptismo non induitur veste, non loquitur, videt, nihil eorum facit quae in mundo sunt, alioqui ille textus pugnaret da widder. 'Ich kom zu dir'. Ubi pater est? Ubique. Si venit ad patrem, oportet ubique sit. Pater mecum est in carcere, quando invoco in igne, aqua. Oportet ergo Christus adsit, quia venit ad eum. Illum textum non inspiciunt, quia non servit pro eis. Vos dicite verba, quae inconficta, in auribus vestris tamen Christum oportet nos sciamus, ratio et sapientia hominum ignorant.

'Pater sancte.' Ibi orat: cum ipsi sint in mundo, oro, ut erhalten sie in nomine tuo. Et nominat patrem hic Sanctum. Quare hoc? XXVIII 144 Hoc verbum | prodit ex igneo corde et hoc inspicit patrem in aller unheiligkeit, quasi dicat: o pater, quid video wunder: rotten, irrung und verfurung et postea tyrannum, denn sie werden unter deinem name alles teuffelisch ding anheben. Ideo solus sanctus. Sic in ps. 'Tu in sancto' etc. quasi dicat: omnes volunt sancti esse, habere spiritum sanctum, sie treffen ja, quod sua sanctitate seducunt mundum. Du bist heilig, das ander ist der Satan. Cum ergo solus sanctus sis, erhalt sie in nomine tuo. Omnes heretici iactant hoc nomen, Sed non sunt in nomine dei nec suscipiunt. Iactant quidem nomen et quicquid dicunt, mus got gethan haben. In nomine dei incipit omne malum. Ideo orat: o heiliger vater, ich vermane dich deiner heiligkeit, cum so viel unheillig wesen wird sein, erhalt sie in nomine tuo. Quid hoc? i. e. erhalt sie, ut maneant in tuo nomine i. e. germanice: o lieber XXVIII 145 vater, oro, ut | custodias eos ab omnibus pseudoprophetis et conservare in tuo puro verbo, ne ab eo recidant. Da durch das gepet mogen wir werlich erhalten werden, qui alioqui tam multas rottas vinceremus? Seducit optimos, doctissimos, probissimos in terris, qui eim solten das hertz brechen. Ibi mag man auch wol sagen: o pater sancte, halt in talibus periculis, ut tui maneant in tuo nomine. Si verbum dei purum habeo, maneo an, das ist quod credis filium misisse pro tua XXVIII 146 redemptione. Qui manet in hac doctrina, ille habet deum | et dicitur filius dei. Sicut verbum dei est, ita Gott et sicut deus ita nomen i. e. da gratiam tuam, ut Euangelium maneat purum apud meos, das sie mogen bleiben unter deinem namen.

'Quos dedisti'. Saepe repetit ista verba nobis in consolationem i. e. qui eius verba audiunt. Ipse factus magister super nos, Nos eius

---

5 Joh. 17, 13. 11 Joh. 17, 11 b. 17 Ps. 22, 4. 26 f. conservare ⟨velis⟩. 37 Joh. 17, 11 b.

discipuli facti. Ideo ei dati sumus. Nunc ergo rogat: Cum ergo me
audiunt et mei discipuli facti et susceperunt verbum meum, oro, ut
eos serves, ut non seducantur in errores sed mei discipuli maneant,
ut coeperunt.
'Ut unum.' Da haben wir aber die rotten. Die feinsten spruch hat
man uber gangen. Christus vidit suos, qui verbum suum audiunt
et suscipiunt, veniunt in die gfar, ut ab hoc verbo gerissen werden,
quia ubi Christus discipulum acquirit, Satan wil toricht werden et
opponit se vi et schalckeit. | Hoc vidit Christus: Tanta erit ferlichkeit, XXVIII 147
ut hic illic alius auferetur. 'Eins.' Ariani qui negant Christi deitatem.
Christiani sollen eins sein ut pater et filius. Si sunt similes,
sint ut nos, ergo non eiusdem naturae, quia ego et tu non sumus eiusdem
naturae, quia alius nasus. Ergo ists sensus: gleich gesinnet ut
duo homines possunt eodem modo affecti esse? Christus non dicit:
ut unam willen, verstand haben, quanquam et hoc verum, quod Christiani
unius sensus, intellectus, charitatis, fidei, quanquam externum
sit discrimen in officiis. Sed hoc non satis. Non loquitur de tali
gleichheit sed dicit sie sollen ein ding sein, nicht gleich gesinnet sein vel
gleich mut, hertz haben. ¶ Quid hoc unum? Non videmus, sed oportet
| credamus. Paulus ad Cor. 'Nos omnes unum corpus'. Sicut meum XXVIII 148
corpus unicum est, quod potest cum alio homine habere similem
synn. Uber das ist meum corpus ein eng ding. Maior equalitas est
in tuo corpore quam equalitas cogitationum tuarum et illius. Sicut
tuum corpus est unum. Si pes het abscisas aures, so ists ein eigen
leib, Si in ein ander, est unum corpus. Ex uno corpore non potest
fieri. Sic est in divinitate, Sic nos pater et ego: Non solum haben
unum synn, willen, sed unum sumus. Sicut nos Christiani sumus
unum corpus, sic pater et filius sunt unus deus: 'gleich wie ich und
du sumus una deitas', quasi divinitas esset unum corpus. Sic mei
sollen | sein ein leib, ein kirchen. Das ist solcher fein text, der seer tröstlich XXVIII 149
ist. Ariani sua ratione, mensura et sapientia sua ex philosophia concludunt:
Quando duo sunt similiter affecti, ibi ists eins so viel als
'gleich'. Nos Christiani non solum similiter adfecti sed unum corpus
sumus. ¶ Ex hoc scimus: si credimus in Christum et sumus eius
membra, haben wir diesen vorteil: 1. quicquid mich anghet, das ghet
den gantzen leib an. Non solum sumus gleich sed 'eins', es heist Sancta
communio, non similitudo. Cum Christianus sum, hab ich den trotz,
si me greifft Satan an: non me sed totum corpus cupit et deum met.

---

5 Joh. 17, 11 geg. Ende. 14 Das Fragezeichen gegen Hs. (W. A.). 20 1. Kor. 10, 17; 12, 12 ff.; Röm. 12, 5.

XXVIII 150 Sicut videmus in corpore: Si culcat in | pedem minimum schencken,
omnia membra dolent, das thue ich mit der Zehen, alius glied mihi
similis, quia idem non patitur non sentit. Si unum corpus mecum
esset ut digitulus meus mecum, tum sentiret. Sic in Christianitate
est. Si Satan unum invadit, omnes invadit. Si unum in carcerem
wirfft, clamamus omnes, quiqui sunt. Et Christus audit, qui est
caput, er rumpfft die nasen et pater, quia rc. Hoc est, quod dicit:
Servio eis in doctrina, so sind sie gleich, Tum sollen sie auch unum eigen
leib sein ungespalten. Paulus: 'Si unum honoratur, omnia' rc. ¶ Summa
summarum: non potes unum Christianum angreiffen, du greiffts
totum corpus an. Sed mundus non curat, si Christianum occidit,
putat ita fecisse ut Pilatus quando Christum. Nos autem habemus
hoc solatium: Si me an greifft, Petrum, Paulus, Mariam, Esaiam
et Christum, si hunc, omnes angelos, creaturas, Patrem. Da haben
wir ein schon exempel zu: Paulus Act. 9. da er auch wil ein Zeeichen
brechen. Non dicit Christus: quare iactas in carcerem qui in me
XXVIII 151 credunt, Sed: 'quare me | persequeris', quasi eum personaliter inva-
sisset. Quare? Quare hoc? Quia est unicum corpus: Si conculcatur
unus, Christus conculcatur. Si conculcaris in minimo pediculo,
dicis ei: qui me conculcas, et tamen non totum corpus. Sic solet
loqui. Si acu pungis in minima parte: Ey wie stichstu mich, quare?
quia totum corpus et homo dicit sibi factum et tamen tantum minima
pars pungitur. Nonne haec dulcissima praedicatio: quando uni fit,
fit toti corpori. ¶ Hanc unitatem meint dominus hie. 'Eins' non
eintrechtig sed ut sint unum, non concordes, unanimes, potuisset
sic dicere Euangelista. Sed sint una res, ein ding, das weiter
ghet den in die eintrechtigkeit. In germanico potest dici: Illi 2 sunt
XXVIII 152 eins worden, sed sind eins i. e. ein ding, | kuchen, leib. Sic ego iam
expono, Non ut non sint uneins vel eins syns, non est sententia
textus. Hoc intelligitis, et pulcherrimus textus et significat non
solum concordes. Et inde concluserunt Ariani divinitatem concordem
sed non eiusdem naturae et wesens. Eins das an einander hengt,
nicht unterschieden wesen. Sic pater et filius sunt. Sic nos venimus
ad hanc unitatem per doctrinam, tum sanctificat te pater et habes
das forteil: greifft dich Satan an, er sol sich verburnen, quia tangit
membrum et tum tota Christianitas clamat se capturam. Hoc
invenietis pulcherrime in prophetis, in Esaia, Hieremia, quando
loquuntur in persona Christianitatis, du bist die gefangene, verlassene,

---

2 alius glied: die Zehe eines andern. 9 1. Kor. 12, 26. 17 Act. 9, 4. 37 Jes. 52, 2; 54, 6; 54, 11. Klag. Jerem. 1, 7.

elend. Loquitur de ea, quasi omnes paterentur, cum tamen nisi aliqui. Quando pateris, habes solatium te non solum pati sed alios omnes tecum pati et te cum illa. Illum textum diligenter nota, non frustra perdidi tam multa verba, quia novi, quomodo salierint uber solch kostlich liplich spruche. ¶ 'Da ich auf erden war', i. e. dum me audiebant et poterant videre, hielten sie an meinem wort, hielt ich sich, ut non caderent a verbo, nu ich aber non semper in mundo, haltu sie auff, ut maneant in verbo et tuo nomine.

| 'Servavi', sind blieben, das sie unverfurt, unbetrogen. 'Et nemo XXVIII 153 periit', quia non herebat in me, Iudas fuit talis vir, der die wort nit mit ernst hat angenommen ꝛc. Ideo dixi: qui serio verba Christi amplectitur, der sol Gott dancken. Iudas nunquam fuit, ut serio am wort het gehalten. Ideo eligi passus est in apostolum, putavit se am herr reich wolt werden, ergo non fuit datus Christo i. e. non fuit Christo datus, quia Christus et Mammon vertragen sie nicht mit einander. Iam multi, qui gloriantur se Euangelicos, sed quaerunt inde divites, gunst und gut erlangen. Multos scio, die sind Judas geschlecht. Illa oratio ghet nicht die an, sed uns an, qui omnia | liben- XXVIII 154 tius perdimus quam Euangelium. Pro illis oratum, die wird Gott erhalten. Ergo mugen wir mit Christo amen sprechen, ut per hanc orationem mugen erhalten werden.

8. (Joh. 17, 13—17.)

3. Oktober 1528.

'Nu aber.' Non frustra tam multis ista expono. Verba sunt wichtig, cum credimus et placet verbum eius: trotz habemus, das er ein aug auff uns hab. Huiusmodi textus sciendi in adflictionibus. Ibi iterum Schwermeri. In mundo esse dixi est uti mundo, vel bonis quae deus dedit in mundum, das man sehe, hore, esse, trinck, treume, schlaff. Mundus vita, | quae per vergenglich leben geschicht. XXVIII 155 'Venit ad patrem' i. e. venit in vitam, quam non possumus sehen vel greiffen. ¶ 'Ad te venio, tum mus ich solche rede hinter mir lassen', ut audiant. Ibi iterum locus, ad quid valeat externum verbum. In mundo i. e. corporali sprach, die ein mensch cum alio loquitur. Ne ergo contemnatur verbum externum, ideo inquit: Loquor hoc verbum, ut servent hoc, wie ichs mundlich geredt hab, tum de me gaudebunt und gentzlich et perfecte gaudebunt. Illa verba sunt nobis non in usu, nemo intelligit, quid sit dictum. Verba per se quidem intelli-

---

5 Joh. 17, 12. 6 sich: sie. 9 Joh. 17, 12. 9 f. Joh. 17, 12 b. 18 uns an: W. A. schwankt zwischen dieser Lesung und: uns arm. 24 Joh. 17, 13. 30 Joh. 17, 11. 31 Joh. 17, 13.

guntur et tamen qui ratione feret non intelligit. Pro eis orat, ut in
XXVIII 156 verbo perseverent, non per | tyrannos abgeſchreckt nec per Schwermeros,
sed puri in verbo maneant. Das ſelbige mus ich mundlich reden,
inquit, ut audiant et dicant: hoc Christus meus dixit ꝛc., et deinde
possunt habere gaudium etiam in adflictionibus dicuntque: utcunque
nobiscum res cadat, tamen Christus pro nobis oravit, ut perseveremus,
Et quicquid Christus loquitur est dei verbum ꝛc. Quasi dicat: Es
wird wenig freud ſein in mundo, dicas eitel ungluck und hertzeleid
vel per tyrannos aut Schwermeros vel Satanam ut supra. Ideo
gehort der trotz, ut recordamur an das leiplich mundlich wort, tum
XXVIII 157 gaudium habemus in | Christo. Et hoc est unicum solatium Christi-
anorum. Et ad hoc servit verbum Christi i. e. gaudium, quod de
me habent. ¶ 'Dedi eis verbum', supra bis hoc dixit, Iam iterum. Ego,
inquit, loquor ista verba, ut audiant, ideo, ut haberent meum gaudi-
um, das ſie ewig bey yhn were, et hoc fit per verbum, quod dedi eis.
Hoc verbum, quod locutus sum in terris, das hab ich gezeugt, quod
tuum sit, o pater. Et hoc ipsi in mundo et adflictionibus fatebuntur.
XXVIII 158 Si in illud credunt, nemo potest eos incommodare, quia hat ſein | wort
libe et omnes, qui herent in eo. ¶ Et haben ſeer von noten, quia 'mun-
dus odit'. Hic est titulus omnium Christianorum. Si habes verbum
patris a Christo datum, fure die farb: mundus ſol dich haſſen. Amici
incommodissimi sodales te odibunt. Ideo hab wirs hie auch. Quan-
quam sit inimicitia occulta nobiscum, tamen blickts her fur. Si sentis
tibi placere verbum, senties etiam homines, qui tibi feind ſein. Si
manu non poterunt occidere, wirts doch an einem guten willen nicht
feilen. Non propter adulterium ꝛc., man ſol nicht konnen ſagen tale
quid de te. Sed dicent bona verba, sic omnes faciunt heretici et
vivunt. Christianum esse est maximum peccatum, das ander altzumal
kan leiden, potest diligere superbos adulteros, fures nequam, hauſet
ſie. Sed Christianum nemo potest pati, nisi Christiani, alioqui mun-
XXVIII 159 dus non potest pati. Ideo dicit 'Odit', quasi nihil aliud | haberet agere
mundus suo odio quam Christianos odio persequi. Ego spero, ob
got wil, wir werden ynn der farb gefunden werden, Et veniet tempus,
ut libenter in Albi submersos praedicatores ꝛc. Ey es ſol alſo ſein.
In mundo non est maius peccatum quam fides in verbum dei et non
maior nequam quam Christianus. Non est peccatum, Si betreugt
in foro und gibt halbe war, quod blasphemat deum ꝛc. Hoc non est
peccatum sed suprema virtus. Sic fit in terris, ut suprema sanctitas
sit maximum peccatum et econtra. Christus adferebat vitam aeter-

12 Joh. 17, 13 geg. Ende. 13 Joh. 17, 8 u. 14. 19 Joh. 17, 14.

nam, der must sterben, qui occiderunt eum non erant eis sanctiores. Sic hodie reges et principes, qui effundunt sanguinem innocentem, sunt Christiani principes: Maius et sanctius opus, quod hoc faciunt quam quod alii templa aedificarunt. ¶ 'Sie.' Pendemus in verbo. Quis sunt? vel Petrus et Paulus, das wolt der teuffel. Tamen neminem occiderunt, furati nihil, sed serviverunt hactenus cum leib und seel, attulerunt verbum dei. Sed mundus talis herba: Sie furt sie alle teufel. Ipse mundus deberet ex uno fine terrae ad alterum et si intra 9. ulnas terra ore ꝛc. | Si tales odit, dignus est, ut deus et omnes sibi XXVIII 160 feind sey. Si mundus non potest nos occidere, sols uns dannoch lestern und schinden und sich beweisen, quod ex corde uns feind sind.

'Ego non.' Ich gehor auch yns regisler et ein gut pater noster sein. Satan non potest videre verbum, quia destruit eius verbum liberat animas a morte, peccato et fert ad deum et vitam aeternam. Ideo mundus non potest pati verbum dei sed vult praedicari suum verbum et sapientiam. Christus: das kan nicht sein. Cum ergo mei non sint de mundo, wollen yn dem stuck mit yhr nicht halten. Ideo fert die welt ꝛc. 'Ego', ich bin das heupt, supra c. 14. et 3. 'quod opera eorum mala'. Haec sunt praedicationes consolationis XXVIII 161 | plenissimae nobis, qui libenter verbum audimus et in Christum credimus und in der that befinden, quod nobis uns feind sind propter verbum, das ist die untugent, der sie uns zumessen, alias non possunt nos zeihen, quod auferamus eis eorum bona.

'Non rogo ut de mundo.' Sic vult dominus dicere: Nondum tempus, ut ex mundo auferas, Ich hab noch mher mit yhn aus zu richten. Ipsi acceperunt verbum a me, Ego venio ad te, quia ipsi sollen praedicare et multi in eos propter eorum officium et quod per ora multos adducam, ut credant in me per suum verbum, ut ego adduxi per meum verbum ipsos, Ideo 'oro, ut non de mundo'. Ibi habes, quare Christianus vel praedicator vivere debeat et qua de re orare debeat. Christus orat, ut ipsi diu vivant. Sic ego pro praedicatore oro, ut diu, quia necessaria valde persona, quia Satan inimicissimus nobis, dem kund got nichts liebers thun quam ut auferet XXVIII 162 | omnes praedicatores. Es hat muhe, quando omnes praedicatores

---

4 „Die Welt hasset sie", Joh. 17, 14. 5 das, nämlich den Haß der Welt gegen Petrus und Paulus. 8 ad alterum: W. A. adducere. 8 f. „Die Welt [= die Christenverfolger] müßte <fliehen> von einem Ende der Erde zum andern, und <noch dankbar sein>, wenn das Maul der Erde <sie> 9 Ellen tief <verschlänge>." 12 Joh. 17, 14 geg. Ende. 18 Joh. 14, 18; 3, 19. 24 Joh. 17, 15. 27 eos = eo<rum verbum credere>. 28 ora sc. eorum. 29 Joh. 17, 15. 32 diu sc. vivat.

concordant. multoplus quando discordes. Sic nobis orandum, ut sinat dominus vivere illos, quibus dedit verbum, praecipue praedicatores, quia es ist zuthun, ut adhuc plures adducamus, ne Satan ein reis et septies deterius regat quam antea. Et haec plaga: 'Iustus perit et nemo' 'viri misericordiae' i. e. qui gut praedicant, niemand ghets zu hertzen. Sed quid fit? A facie mali ideo aufertur iustus, quia magna plaga ist verhanden, man richt sich so leicht da hin, ut nulla exhibeatur misericordia cum fratribus. Quid significat? es ist ein groß ungluck verhanden. Io. 1. eiiciunt suos, Et grana ponit in suum boden. Ideo non bonum signum, quando hin lest richten praedicatores. Tunc non solum excecatio sequitur sed plaga per land. Sic fecit Iudaeis Hierusalem abstulit Iacobum, Petrum, Paulum et alios Christianos, Ibi eitel hulsen sprey, ideo stack ers an. Sic fiet nobis Germanis: quando Nos posuimus caput, qui habent verbum, wird dominus visitare, Germania wird yhm blut schwimmen. Cum illa necessitas venerit, so wolt man gern umb 1 prediger geben qui possit iuvare, non invenietur, Imo unus discipulus audiretur, qui iam noster est. ¶ Sed iam nihil iuvat monitio, sed capite hin durch. Sicut iam habent frontes ferreas, et corda habent Sic dicunt suas aures zu stopffen, ut non videant et audiant. Si haec omnia praedicantur, rident nos et dicunt beschissen proverbialiter, wie sie sichs halten erga verbum, sic econtra deus. Sed yhr kopff wird zubrechen, die bleiben. Hoc vult Christus: 'ne pater auferat discipulos a terra' rc. Ideo videat quisque, ut tempore illo utatur, dum coelum apertum est, Ut 2. Cor. 6. 'Auxiliatus sum tibi.' Praeterito tempore illo pulsabis et non aperietur. Hoc continget contemptoribus. Tum libenter unam syllabam audirent sed non fiet. Ut cum divite factum Luc. 16. Mitten in mundo et malo bleiben sie, sed 'serva a malo', o pater. 'Malo' i. e. sumus in medio inferorum, Satanae
XXVIII 163 sind umb uns mit allen listen und krefften, | seine rott auch tyranni, pseudoapostoli. Ibi nihil nisi merum far: Et intus per Satanam et externe per pseudoapostolos et tyrannos, qui omnes hoc agunt, ut a verbo rapiant. Qui iam vult beneficum habere principem, neget tantum verbum, diligetur maxime. Ideo sumus in medio ungluck. Qui ab illis infortuniis non tangitur, est defensus hac oratione Iesu Christi.

'Sicut nec.' Semper erholet widder hoc verbum. Malum et infortunium habemus ubique, 'sicut oves in medio'. Das ist ja ein

---

4 f. Jes. 57, 1. 5 viri misericordiae Jes. 57, 1 („heilige Leute"). 9 Joh. 1, 11. 15 schwimmen: W. A. schwingen. 18 „sondern sie gehn mit dem Kopf durch die Wand." 22 Die ⟨rechten Lehrer aber⟩ bleiben. 22 Joh. 17, 15. 24 2. Kor. 6, 2. 27 Luk. 16, 24. 27. 35 Joh. 17, 16. 36 Matt. 10, 16.

armes ding, quando in medio ovis est luporum et omnes fauces ad unicam ovem. Sic in medio tyrannorum, diabolorum et Schwermerorum sumus. Si possent principes, propellerent principem in hac hora. Quis custodit nos? Multa | consilia fecerunt satis potentes ꝛc. Sed XXVIII 164
pater gedenckt an das lieb gepet, das ist unser mauer, schutz et non mussen thun was sie gern thun wolten. Foedus forte mentitum, Sed corde sic affecti. 'Sicut nec', quasi dicat: mei pueri, bene scio, quod in medio malorum, quia habetis verbum meum et non estis de mundo sicut nec ego. Man wil mich yn der welt nicht leiden, sic nec vos, et tamen oportet maneatis, donec siliquam comburat. In dem teil wir bleiben non est feil, donec compleant peccata sua.

'Sanctifica.' Drengt ymmer dar Christus auff das wort, was er gepet hat, so drengt er auffs wort. Non dicit, ut induant cappam, Sed 'sanctifica in veritate', das sie heilig bleiben. Wor ynn? In veritate. Christus hat ausdermassen scharff gesehen. Vult dicere: erunt in infortuniis maximis in mundo, sed maximum erit, das sie mochten verunheiligt werden, quia Satan treibt ynnerlich, Schwermeri et tyranni externe, ut falsche lere kriege et tamen sub sanctissima specie quod sit veritas maxima, pseudodoctorum est pul|cherrima in terris. Sicut XXVIII 165
meretrices se maxime ornant, ut in Apoc. Es wird ein ringen sein in mundo nach der heillickeit, hic illam alius aliam inveniet et quisque dicet sanctitatem. Tu, pater, sanctifica eos in tua veritate. Sinito alios sanctificari in groß kappen, Ieiunio, uns from kind halt, ut in tua sanctitate i. e. in der rechten heillickeit. Sic Paulus: 'Exuite veterem hominem yn rechtschaffener, reiner heillickeit' i. e. in illa sanctitate et iusticia quae dicitur veritatis, quasi dicat: Multas sanctitates et iustitias video sed sunt falsae. Sic Christus: multae, Sed ist die schone rotte hur in Apoc. i. e. habet optima verba, furt die spruche der schrifft, Sed intra mulier abominationis i. e. merae pseudodoctrinae et tamen in aureo calice. ¶ Quomodo facitur sanctus in vera sanctitate? Ibi glossa: Ich weis von keiner andern | warheit denn von deinem wort. Schwer- XXVIII 166
meri: Et nos habemus verbum dei, Ideo volunt dici suum ding verbum dei. Verbum dei est quod Christus dedit, ut supra. Videndum auff os Christi, quid illud loquatur, das ist die warheit patris. Et qui habet illud, est vere sanctus non hypocritice, ut si credis in verbum Christi, habes hoc, quod non fidas tua iusticia sed Christi, oportet illa sit vera non falsa sed divina sanctificatio, quae datur nobis per verbum.

---

12 Joh. 17, 17. 19 pseudodoctorum ⟨doctrina⟩. 20 Apocal. 17, 4. 23 from: Hs. bloß f (W. A. ergänzt fein). 23 ut ⟨maneamus⟩. 24 f. Ephes. 4, 24. 28 Apocal. 18, 3. 30 facitur nach Hs. gegen W. A. fit.

Sic vere sanctus est per verbum non cappam. Tum sequitur, ut non superbus sit, quia nihil habet, quo fidat, quia omnia ʒu nicht gemacht. Sicut vere credit, ita humiliat se et patientissimus est. Et fit homo sine falso corde, Et recht hertʒ gegen got et omnes homines quia non consistit in suis. Ideo dicit: sanctifica eos, ut in eis maneat i. e. XXVIII 167 germanice: pater, da | illis, ut ʒunehmen in fide per verbum meum yhe lenger und feſter halten. ¶ Hoc debebant Episcopi lange ſollen, nicht wiſſen, quid sit. Nos per gratiam scimus: heilig machen ꝛc. est. Dare vult fidem et illam augere und ſterden, ut indies plus credant et misericordiores fiant ꝛc. Tum ille sic respondens dicit: Cappa Carthusiani non salvati, non in pavimentum dormio, alioqui sues meae et vaccae, nec tunicam, quia alioqui possem ornare Turcam. Ibi verbum dei ratio. Christianus ghet mit rechter heillickeit umb et docere potest alios sua esse hypocrisim quod verbum non habent. Ideo tam curiosus pro nobis dicit ut cum verbo maneamus. Et illa verba opponenda quotidie et semper, quando Papa dicit Franciscanis cappa, funis est veritas. Christus inquit suum verbum esse veritatem. Donec verbum erhalt, ſo kund wir das ander auch erhalten. Qui vero perdit, quaerit alias sanctitates. Sic omnes eorum sanctitates muſſen heilig ſein, Econtra. Es ſind auſsdermaſſen feine wort.

9. (Joh. 17, 18 u. 19.)

[10. Oktober 1528.]

XXVIII 168 | Audivimus, qui dicat magna diligentia, suos vult custodire in verbo suo. Et indicat futuros, qui multas sanctitates werden fur ghen, quae esset ementita ex viribus nostris non ex verbo dei fundata. Chriſtus: heillig hin, her, nihil est nisi ex verbo dei sanctificatur ꝛc. Ideo ſol wir achtung geben auff predig, quae sanctitates iactant et tamen verbum dei non habent. Si vita est ordo non fundatus in scriptura, non est sanctus ordo. Dixi parentes, quando regunt domum, ducunt sanctam vitam, puellus si obedit parentibus ducit Sanctam vitam, quia ibi verbum dei et quicquid in dei verbum gefaſt. Wenns aber in falsa humilitate Col. 2 illi quaerunt beiweg und holtʒweg.

XXVIII 169 | 'Sicut tu me misisti in mundum.' Ibi confirmat dominus apostolos in doctores et praedicatores und uns allʒumal in die Apoſtel, doctos et indoctos. Ibi imponit illis rubrum pileum. Sed dicit: 'Sicut'. Audistis, was dran ligt, quando dicit 'In mundum misisti'. Trefflich res, qui potest credere, quod Christus in mundum missus i. e. qui scit hoc Christum vel aliud dicere non Christum sed deum ꝛc.

---

24 f. lies: furgheben? 32 Col. 2, 23. 33 Joh. 17, 18.

Supra iactavit: qui audiunt verbum ex ore Christi, ex ore dei audiunt. Hodie multi praedicant sed intus in corde non credunt. Sed qui serio credunt verba dei esse quae ex ore Christi prodeunt, die werdens tewer und werd halten. Quantum curremus, | si unum verbum ex ore ꝛc. XXVIII 170 ¶ 'Tu' i. e. verbum tuum, quod loquor, est tuum. Qui hoc credit esse, quid potest contra hominem illum fieri. Sic illi praedicant merum verbum domini i. e. 'qui vos audit, me ꝛc.' Num mus ich her faren Et Petro, Paulo auffs maul sehen et omnes, qui testimonium habent in scriptura, os Pauli, Petri, Iohannis inspiciendum ut dei. Per hoc artificium cogimur, das wir an den worten sollen halten. Sic fides nostra secura est, quia dicimus: Non credo in Paulum, Petrum sed in verba, quae illi loquuntur, adeo certo credo, ac si Christus ipse loqueretur i. e. ego committo eis eandem praedicationem, verbum, prophetiam, quale tu mihi ꝛc. Das ist herlich gekronet und Doctores gemacht. Ubi illi, qui praedicationem Euangelii so herlich halten? es ist so kald, non ghet ein, ad peregrinationes cursum, ad praedicationes apostolorum ꝛc. ¶ 'Misi' i. e. ordinavi eos, ut praedicarent verbum meum. Concludimus hinc contra tyrannos et lumpel wesscher, qui sic dicunt: Vos dicitis non debere impleri nos traditionibus humanis. Num Petrus et Paulus non fuerunt homines? Quare ergo abiicis Papae tradi|tiones et regulas XXVIII 171 patrum? Si non suscipiendae humanae traditiones, nec Apostolorum. Dic: afferat Papa textum, qui eum faciat doctorem ut hic Petrus ꝛc. Christus inquit, quod sui apostoli, quos ordinat, idem praedicaturi sint quod ipse. Si Paulus aliud praedicasset, non esset Christi apostolus, sed homo. Sed addit Paulo 'servus Christi', das macht yhn etwas mher quam hominem. Ibi non solum incedit Paulus sed servus Christi et apostolus cui dominus in os posuit verbum. Doctrina humana, quae per hominem invenitur, humana sapientia, quae in homine steckt. Non est humana virtus sapientia quam dominus in homine operatur. Petrus mortuos suscitavit, ergo alii possunt, non sequitur, Ut cum doctrinam sequi volunt. Dicimus ergo: Si Papae iactant se audiendos ut apostolos, dic: Si docent quod apostoli, audiemus. Non audimus Paulum, si praedicat ut Paulus, Ut ipse dicit Gal. 1. Non vult praedicare quod Paulus sed quod Apostolus et servus Christi. Responde ad hoc: fuerunt quoque homines Paulus et Petrus, Sed | non XXVIII 172 locuti ex hominibus ut Papa, aliud est esse hominem et ex potentia et sapientia dei loqui. Ideo hic textus: die Apostel sind also ein gezogen, ut nihil aliud loquantur quam quod Christus, quia hic 'Sicut me' ꝛc. ¶ In mundo sic fit: Quando rex legationem mittit, Si legatus alteri regi

---

5 Vulg. Joh. 17, 18: sicut tu me misisti. 7 Luk. 10, 16. 17 Vulg. Joh. 17, 18: et ego misi eos in mundum. 33 Gal. 1, 1. 38 Joh. 17, 18.

ein har breit plus quam commissum, quid gratias aget, mentietur cum suo et alio rege. Ipsi caput auferetur, quia rex aliud intelligeret et alter aliud praecepisset. Paterfamilias si iuberet servo, ut afferret avenam et ille ferret aquam. Talis legatus non est legatus sed suscipitur eius persona et verbum ut regis. Ibi loquimur de legatione, officio non persona. Sicut tu me misisti i. e. quicquid mihi commisisti, sicut ego sum tuus bot, sic illi mei legati, da sind sie eingezogen, ut loquantur quod Christus. Si Papa et Episcopi praedicarent, quod Christus in manibus ponat ꝛc. Sed timent accidere illis ut nobis
XXVIII 173 | i. e. ut contemnerentur. Ideo malunt ꝛc. ¶ 'Ego sanctifico.' Das het der herr schier vergessen vel S. Iohannes. Da weret er abermal Schwermeris, qui suam sanctitatem bringen ex suis statibus et ordinibus. Et patet hic, unde veniat nostra sanctitas, quia dixit eos debere sanctos esse sed ex verbo dei et per illud debere alios sanctificare. Sed unde veniunt? 'Ego' da wird das opus sein, de quo praedicare debet verbum dei. 10 praecepta sunt etiam verbum dei et quoque sanctificant et quicquid deus praecepit, est opus stultum et scandalosum. Nos loquimur iam de capitali sanctificatione, quae est 'quod ego me, ut ipsi' ꝛc. Ibi utitur verbo, quod Mose facit in vetere testamento, ubi oblationes vocat sacras, quas populus fecit. Ibi uno verbo abrogat totum vetus Testamentum. Tum erat sacra res, quando civis adferebat
XXVIII 174 ovem, | farinam, korn, tum cum sacratum, non erat communis res sed sancta, ideo quod geopffert. Sic pro filiis Israel sanctificabatur vihe, korn, wein, hic autem sanctifico meipsum. Non opus, ut Christum hic sanctifices, quia ab utero matris sanctus, Luc. 1. 'vocabitur filius'. Sed hic sanctificare est priesterlich ampt furen. Ego volo me ipsum sanctificare, ich wil das bonum vihe, korn sein und der priester da zu, Ego volo sacerdos esse et oblationem simul. ¶ 'Pro ipsis', non pro me, quia non indigebat. In hoc textu multa sthen ex prophetis, ubi loquuntur de sacerdotio Christi. Christus pontifex noster, der trit fur uns et exercet suum sacerdotale officium, gibt sich fur uns in
XXVIII 175 | crucem, non dat deo pecuniam, ovem, sed seipsum. Hoc hic diligenter intuendum wort wird da von klingen, quod me pro ipsis sanctifico. Qui hoc audit et credit, est sanctificatus in veritate. Si non, est ementita sanctitas. Non praedicandum nisi quomodo ipse sanctificarit se pro nobis. Qui se sanctificaverunt per ordinem suum,

---

4 ferret *; W. A. ferre. 9 ponat, ⟨libenter eos audiremus.⟩ 10 u. 17 Joh. 17, 19. 25 Luk. 1, 35. 28 Joh. 17, 19. 32 „Dahin (aufs Kreuz, auf sein Hohepriestertum) schau mit Fleiß, so wird dir das Wort davon widerhallen, welches Christus hier spricht: ich heilige mich für sie." 36 f. ⟨Iis,⟩ qui usw., est contrarius usw.

Est hic contrarius textus, quia dicit: 'Sanctifico ad hoc, ut ipsi'. Qui ergo vult Christum audire, audiat hic, quid dicat. Qui credit Christum pro nobis se sanctificasse, hic est sanctificatus. Vidit futuros, qui pertraherent sanctitatem in opera. Non potest satis praedicari, quia Satan et nostra natura quaerit semper, ut habeat quo nitatur sed quod proponitur a Christo, non curat. Audi ergo vim verbi Christi, | quod sanctificet nos inde, quod ipse sancti- XXVIII 176
ficat pro nobis, 'ut et ipsi'. Si vere sanctificari debent, oportet fiat per hoc, quod sanctificavi ꝛc. Ergo concludere potes: non sanctificabor per 10 praecepta, opera charitatis, quod bene administro regnum, domum sed quod Christus sanctificat. ¶ Si quaeretis: quis sanctissimus status in terris, Monachus: noster sanctus ordo, Vide quod consecratae domus et cappae aspersae Sed ibi non verbum. Sanctus est, qui bene administrat domum, qui obedit parentibus, sed sanctissimus status est, quando credis, quod Iesus Christus se pro te sanctificarit, ergo non sanctior status quam communis Christianus status, i. e. qui credunt. Qui sic credit, honorabit parentes, ut 10 praecepta habent, qui non, potest esse 'mansuetus': non est sine invidia nec manet rein in ehelichem leben. Ibi vides, wie tewer werd wir verbum dei halten sol. Qui verbum dei, non solum ereptus a peccatis, morte sed sanctus et beatus. De hoc olim nihil praedicatum, Tantum dicebatur de mortuis Sanctis, culpa: non legebamus scripturam. Hic Christus, quod omnes sancti, qui verbum suscipiunt de ista sanctificatione, ergo scriptura plus loquitur de viventibus sanctis quam mortuis, quia mortui non audiunt verbum sed vivi. Ergo oportet Sancti sint ubi verbum. Si ergo verbum sanctificat, oportet sanctificet ubi est, | ergo vivunt XXVIII 177
sancti et in carne vivunt. Sanctus auff deudsch. Libenter vidissem Sanctos vel tempore Augustini, ut vidissem vitam. Si vidissemus, cogitassemus: Ille fert cappam ꝛc. heut nostris temporibus dicere debemus eos sanctos esse, qui serio suscipiunt verbum dei et servant, ut qui perpelluntur et persequutionem patiuntur, donec non revocant. ¶ Papistae: Solt ein mensch hoffertig sein, ut dicat se sanctum? nonne fateri debes te peccatorem? Hoc est in causa, quod secundum mundum metiuntur sanctos: oportet sint huiusmodi sancti, qui 'pater noster' orant, in quo fatentur se nomen dei non ꝛc. Eiusmodi hi sancti? Putate tales esse qui peccatum non haberent. Nullus est praeter unum Christum, alii omnes dicent: Nos oramus vobiscum 'pater noster'. Sanctus est non qui per sua opera et sine peccatis

---

18 mansuetus: 'sanftmütig', eine von den Mönchen nach Matth. 11, 28 (mitis et humilis corde) in Anspruch genommene Selbstcharakteristik. 35 vgl. zu dieser Auslegung der ersten Bitte W. A. II 94.

vivere, Sed qui credit Ihesum Christum pro se sanctificatum, quanquam adhuc habeat peccata in se et fateri cogatur, tamen dicit: quanquam adhuc peccatum habeam, tamen mea sanctitas, quam per
XXVIII 178 verbum accipio et fas per fidem, ſol auſ|geleſcht ſein, donec heseris in illa scientia. Ergo sanctus ſol auff erden ſein et in vita. Omnis Christianus ergo est Sanctus. Qui enim credit in verbum veritatis, quod est 'Ego meipsum sanctifico'. Sic per Christum sanctificamur non per nos. Ibi depone veterem intellectum 'Sanctus', Sed hic sanctus est qui non allerdinge frum iſt sed mangelt noch viel, Sed inde, quod Christum pro seipso ꝛc. In ecclesia Romana est: per suam sanctitatem sanctus est non Christi, ut Franciscanus iſt sanctus sine Christi sanctificatione, Christus frustra pro illis se sanctificavit. Tu vero sanctificari debes per verbum Christi, quod dicit ut supra. Sed non possum credere: ora et invoca. Cogitate, ut bene discatis ista verba, Christus non frustra sic treibt et ego. Satan ghet da mit umb, ut ab ista iusticia trahat ad nostra opera.

10. (Joh. 17, 20 u. 21.)

17. Oktober 1528.

Audivimus nuper istum locum 'Ego sanctifico me pro ipsis.' Sanctificare quid sit et quid veritas, audistis. Quod his verbis Christus diligenter posuit Zil und mas verae sanctitatis, cum unterſcheiden et facit sanctitatem in veritate, quasi dicat: surget alia sanctitas sed non vera sed mendax et tamen habebit nomen sanctitatis. Quae falsae sanctitates sint, textus bringts mit ſich ſelbs: Quia rechtſchaffen heilig ſein est, quando ego meipsum sanctifico pro Ipsis i. e. si non ego pro eis, tum ea heiligmachung nihil est sed falsa. Magnus articulus, quem praedicamus, quod quis credat se sanctificari aliena sanctitate, nostra abrogatur. Si sanctificari debeo, oportet per istam fiat, nempe Christi. Sequitur:

'Non solum pro eis rogo' ꝛc. Hunc textum mugen wir aureis literis scribere, der ghet uns an, quia quicquid supra dixit, das mecht
XXVIII 179 alſo lauten, | quasi apostolos solos gemeinet, quanquam hat zuerkennen geben, quando dixit: 'Ego misi eos, ut tu me', tamen gravata conscientia diceret: Oravit pro apostolis et Iudaeis, ad quos missi apostoli. Ubi ego maneo, qui extra hos sum? Mea opera et iusticia nihil sunt et apostoli et Iudaei habens allein. Ibi venit verus textus, in quo beſchleuſt er uns in ſein gebet. Hunc textum absconde in cor tuum,

---

7 Joh. 17, 19. 11 non Christi sc. sanctificatione. 19 Joh. 17, 19. 30 Joh. 17, 20. 33 Joh. 17, 18.

ut sciat was es sich sol versehen gegen den herrn. Vos, inquit, qui non audiunt nec sunt inter Iudaeos, si modo audiunt apostolos et credunt, pro his oro quoque. Ideo pro te et me oratum und mogen auff solchen Text trotzen et opus est, ut huiusmodi locos habeant qui libenter vellent from sein et liberi ab omnibus malis. 'Qui per sermonem', Wo der Apostel wort hin kompt, nullo loco, persona exclusa: Si credunt, pro his est oratum. ¶ Hic locus etiam servit contra Schwermeros, qui externum contemnunt, quamquam indignor, quod istis stultis sol antworten in hoc eximio loco, tamen necessarium est. Iam dicunt in mundo: spiritus facit, verbum inane, hilfft allein den euserlichen menschen zu zihen. Illis oppone textum hunc sed non iuvat. Internum verbum, internus sermo, qui ore non loquitur. Dic sic et scribe magnis literis hoc vocabulum quod hic stat 'cre|dunt'. Quaere, an hoc verbum XXVIII 180 zustehe externo homini, an auris, nasus credat. Cogentur dicere fidem pertinere ad internum hominem. Ubi enim fides non est, ibi non internus homo. Externus est, qui edit, bibit, dormit, stat, regit in mundo, dat eleemosynas, patitur incommoda aquae, ignis, Sed credere non est opus visus, auris, oris, pedis, manus sed des tiefftenst quod homo habet. Hoc notate, dic: Cum Christus dicat hic 'credent' i. e. fient homines interni per verbum, ergo sequitur, quod externum verbum servit non solum ad externum hominem sed etiam internum. Ubi nunc Rottenses, qui dicunt: Externum non servit interne sed tantum externe, ut possit loqui de eo verbo. Sed hic 'per verbum eorum', quod erat verbum externum und mundlich, credent i. e. fient homines interni, ego servit ad internum hominem, quia Christus met dicit. ¶ Sed dicunt: Si externum verbum faceret homines probos, tum omnes probi qui audiunt, Sed rc. Gratias agatis, quod illud dicere potestis. Nos: quanquam non omnes credunt in verbum, tamen plures sunt qui cre|dunt. Non dicimus quod nullus per verbum XXVIII 181 externum crediderit, quandoque non omnes, ergo non utile. Similiter non omnes obediunt consuli, principi, parentibus. Ideo non sunt quod sint. Narrenwerck ist das. Sed dicimus, quod quidam credunt, ut qui audierunt, ergo cum illi per verbum credunt, ergo est utile, dicas ergo quibusdam utile non omnibus. Ideo stultum quod dicunt: Si verbum externum daret fidem, omnes crederent, quotquot audiunt. Nos: quanquam omnes non credunt qui audiunt, tamen non potest credi absque verbo, quanquam multi sint, qui audiunt, non credunt. Ideo arripe hunc locum bene 'Per verbum

---

1 es: W. A. er. 5 Joh. 17, 20. 8 externum ⟨verbum⟩. 13 Joh. 17, 20. 26 ipsemet. 27 Sed ⟨non omnes audientes probi, ergo externum verbum facit nihil⟩. 38 f. Joh. 17, 20.

illorum', Et collige sic: Ergo verbum externum prodest ad spiritualem hominem, Estque conclusio evidentissima ex textu. Possem alios locos ex Cor. adducere sed iam non, ut contra Schwermeros agamus. 'Credituri' macht Christen, 'per illorum verbum' est externa res. Ibi consolatio, quod omnes gentes iactare possint de hoc loco: Verbum dei placet mihi, ergo Christus pro me oravit. Pro nobis, ergo non
XXVIII 182 | est lieplicher spruch in Iohanne quam is. ¶ Pro quo oras? 'Ut unum sint', das sind wort die gelten. Supra audistis satis, quid sit eins sein. Est remissio peccatorum, redemptio a morte, potestas supra diabolum et omnia mala, nullibi tam fortiter descripta ut hoc loco. Audi saltem: Ut sint unum. Qui credit in Christum per apostolorum verbum, hoc fiet ei, ut sint unum corpus. Qui uni membro malefecit, malefecit toti corpori. Sic econtra. Si quis facit mihi iniuriam, non solum mihi sed omnibus apostolis, martyribus, prophetis et Christianis in terris, quia sunt unum. Ut nuper dixi, omnia membra in corpore, auris, oculus, sunt unum corpus. Trit einer auff die Zehe, nasen rumpffe, totum corpus irascitur uber dem, quod pediculus, ja beist einen ein floch, ja impingit in lapidem. Wie kund einer hoher komen, quam quod fit membrum Christianitatis, quae est regina et keyserin uber himel und erden, quae dicit verbum und ist gehalten et in talem communionem venio, quando fio Christianus per fidem. Quid
XXVIII 183 deesse potest huic homini, | qui den trotz hat, wenn er leidet, mussen alle heiligen et Christianitas schreien. Si unus martyr ꝛc. Wie kan ichs besser haben quam quod membrum in hoc corpore. Magistratus si Caesaris est, Capellanus unius principis, Sic quando Christianus wird angegriffen, totus hauff wird angriffen. Si Satan, peccatum wil mich beissen, contra hoc clamat totum corpus. Sed non apparet, in fide hoc sentimus.

'Sicut tu.' Dat simile, ut supra quoque dedit. Illa unitas, quam pater et filius habet, audisti. Qui filium angreifft, et patrem, quia est ein ding, Ut Christianitas und yhr gelieder ein ding ist. Sicut in Christianitate membrum non potest ꝛc. Das ist der hohe artickel S. trinitatis, quem supra latius, i. e. ist ein gotlich majestet und gotlich wesen. Ego in vita mea non legi librum simplicioribus verbis quam istum et tamen sunt inexpressibilia verba. ¶ 'Ut sint in nobis.' Christianitas tale corpus est; quando quis unum tangit, omnes tangit. Quid mher?

---

3 z. B. 1. Kor. 2, 4 f.; 3, 1 f.; 3, 9 usw. 7 pro quo: wofür? (nicht: für wen?). 7 f. Joh. 17, 21. 24 f. Etwa: „Der Kanzler des Kaisers hat des ganzen Reiches Macht zum Schutz, der Hofkaplan eines Fürsten des ganzen Fürstentums Macht, so ...". 29 Joh. 17, 21. 35 Joh. 17, 21.

Esto, sit. Sed audi: 'Ut in nobis.' Nos unum sumus pater et filius, et illi qui sunt unum inter se, ita unum sint, ut sint | unum in nobis XXVIII 184
i. e. qui Christianum angreifft, greifft die gantze Christenheit an, et tum tyrannus dicit: quid mihi de membro Christianitatis et Christianitate. Christus: Si unum membrum, me greiffts an et patrem rc. Wer wil den angreiffen. Christianus hengt in Christianitate, Christianitas in Christo, Christus in patre. Qui ergo uns trifft, non nos sed Christianitatem, Christum et patrem trifft. Das ist nicht hoher zu cc. Si econtra quis honorat Christianum, Christianitatem Christum patrem honorat. Also hat Christus sich und uns yn ein ander gekettet. Sic Paulus hats aus gestrichen 1. Cor. XII. 'Si unum patitur', Et Christus: 'Quod uni ex minimis', Et: 'qui vos audit Et qui vos contemnit'. Sic hengts gar aneinander. Christianus non potest blasphemari, iudicari, man mus got selber. Et econtra honorari. Ideo qui unum Christianum tangit, tangit omnes creaturas. Si benefacis ei, gaudet omnis creatura, deus et angeli. 'Unum' i. e. unum corpus, res, kuch, non tantum de concordia dicit, quia mundus etiam concors. Haec mea pit, ut sint eins i. e. ein ding sind et per hoc sol die frucht folgen, ut mundus | credat, quod tu misisti i. e. verbum meum sit patris. XXVIII 185
¶ 'Sicut' darumb. Nemo credit, wie trefflich iste articulus sit, das einer gleube se Christianum i. e. se non fieri probum per suam iusticiam, sapientiam, vitam, ut omnia nostra nihil sint und sol tretten ex me in alienam. Hoc ratio non potest arripere, mundus non suscipit, Sed aufert unitatem, quam habent in se et dicit 'In me'. Cum ideo sit doctrina et ipsa occulta mundo, ideo treibt ers so seer. Certissime praedicatione et doctrina. Qui iam praedicant et scribunt, certe qui volunt optimi esse, de hac re nihil noverunt. Si intelligunt, fur mich der teufel weck. Discunt nobis nach reden verba: papatum nihil esse, sed grund, quare papatus nihil, ne digitum, velim sterben, discite hoc caput auswendig et intellectum, quia potentia verba et tamen simplicia. Et quando iactabundi prae|dicatores druber komen, putant se hoc an XXVIII 186
schuhen zerrissen und lauffen druber hyn. Christianus, inquit caput hoc, deberet herere in aliena iusticia. Ego nunc praedicavi 10 annis haec sed ich kans noch nicht fassen satis. Ideo last euch diesen text befolen sein: 'qui per sermonem eorum', ut saltem haec praedicatio suscipiatur, denn sie wird schwerlich angenommen werden.

---

11 1. Kor. 12, 26. 12 Matth. 25, 40; Luk. 10, 16. 20 u. 24 Joh. 17, 21. 29 sed ⟨nesciunt⟩. — ne digitum usw.: nicht um Fingersbreite ist ihre Erkenntnis eingedrungen, der Kummer drum macht mich noch sterben. 35 Joh. 17, 21.

11. (Joh. 17, 22 u. 23.)

24. Oktober 1528.

Nuper audistis, da Christus rogaverit ꝛc. Sequitur: 'Et dedi eis gloriam, quam tu'. Videtis, das der Er auff die ij ſtuck ſeer hart dringt, quod qui per apostolorum verbum credimus, etiam unum simus. Ratio: ut mundus credat, agnoscat et certus fiat te me misisse. Haec 2. etiam supra tetigit, denn dar an liegts: si enim haec duo ſtuck nobis entfallen, omnia, nempe si perdiderimus fidem et verbum. Ibi tum nullum consilium, quia Christus abest. Sic si verbum abest, lux extincta, non potest inveniri via. Hoc experti sumus. Haec duo diviter audistis. ¶ 'Ego dedi eis gloriam.' Alia verba sed eadem sententia: dedi eis, ein treflich herlich ding gegeben est plus quam maiestas regia, Sed ein trefflich, herlich gut, non solum an reichtumb sed hoch zu preiſen und ehren. Gloria iſt, da gros gut, weiſheit, ſterck iſt, das loben und rhums werd iſt, Ut Mat. 6. 'In omni gloria'. Hoc ideo dico, ut assuescant linguae i. e. 'eis ein herlich gut ding'. ¶ Quid? 'Quam
XXVIII 187 mihi dedisti', | nempe hanc: 'Ut unum sint', das iſts, haec verba plena vitae et salutis et aeterna brunquel troſts et salutis. Haubſtuck est fides, agnoscit et intelligit, quid sit Christus, non est ein ſchwach faul cogitatio umb den glauben sed ein treflich herlich ding. Impossibile, ut Sophistae sciant, quid fides, nempe hoc, quod 'unum sint ut nos unum', Et sic unum ut ego in eis et tu in me i. e. heret das weſen in Christo: Christus hat uns gefaſt et pater Christum, ſo wenig Christus uns potest deserere nos et segregari a patre, ſo wenig Christianitas, membrum a Christo. Supra: non potest angreiffen membrum in Christianitate Christum greifſtu an et patrem, es iſt als aneinander geſchmidet. Arriani fecerunt unitatem cordis vel voluntatis: wie ij eins willens ſind. Non, sed dicitur vom weſen. Christianitas iſt ein weſen, corper, leib. ¶ Sed veniunt Schwermeri: digitus hat ein eigen weſen et corpus et tamen. Si tamen digitus adheret corpori, tum illa duo sunt integrum weſen, domus si compacta lignis, clavis, iſts ein weſen. Si unum pfeiler tangis, tota domus movetur. Noli ergo dare locum Schwermeris, qui dicunt intelligendum de einig voluntate. Sicut pater et filius ein einigs weſen iſt, sic Christianitas cum Christo. Non vult dicere, quod Christianitas sit divina natura. Variae sunt naturae et tamen quaeque ſind totum weſen. quanquam natura alia deitatis quam Christianitatis, tamen sicut pater et filius unum divi-

---

3f. Joh. 17, 22. 7 Haec duo etiam. 15 Matth. 6, 29. 16 Joh. 17, 22 (Paraphrase). 16 Quid? = Was ist nun mit diesem herrlichen Ding genannt gloria gemeint? 25 Supra <discimus>.

num weſen ſind, sic Christus cum sua Christianitate iſt ein Chriſtlich weſen. Sicut si dicere velim, quando ex multis plenis cantaris aquam in gelten gus: iſt una aqua non quadruplex. Sic dico ein iglichs cum sua natura, quia Ariani istum textum haben ſchendlich zurmartert sicut et hodie Schwermeri. Non dicit, quod nos eandem naturam habemus quam pater. Ipsi unum in divina natura, Nos unum in Christianitate. Cum Christianus sum, qui mihi digitum krumbt, Christo, quia sum das kleinſt zelichen Christi. Iterum si unum Christianum cibo, Christus dicit fieri sibi, | quia iſt ein kuchen und einig weſen draus worden. XXVIII 188
Man wird Chriſto nicht vom vater reiſſen. Non fit ei ignominia honor Christo qui non patri. Sic si uni Christiano facis bene, facis omnibus bene, econtra. ¶ Unde hoc 'unum'? Non ex operibus, non meremur sed datur ista gloria per fidem. In operibus non unum sumus: digitus non videt, oculus non audit, auris non loquitur. Ibi varia weis in die werck kompt. Sed in fide fit unum. Sicut enim digitus habet eandem sanitatem, vitam quam oculus, unam animam in oculis non plus quam in minimo digito. Opera: membra varia, una tamen fides, quae helt zu ſamen unitatem et facit, ut corda habeant eandem clamer et hereant in Christo. Quis autem vult Christianitati facere, qui tangit Christianum, der ruret meinen augen apfel an. Libenter velim, ut omnes Satanae principes mecum irascerentur quam unus Christianus. Quare tam eximiis verbis fidem ita praedicat? Necesse est, quia non apparet. Dicit patrem, filium nobiscum astare, ergo nihil potest contra. Et tamen oppositum apparet. Petrus, Paulus gloriari hoc possunt supra et tamen capite plectuntur. Adversarius honoratur et nos vermes non digni, de quibus cogitet, Ro. 8. 'tota | die'. Gloriari debeo: qui me, Christianitatem tangit, Christum, XXVIII 189
deum et omnes creaturas. Sed non video, immo contrarium. Ideo necesse, quod utatur tam eximiis verbis, das er uns wil binden an ſein Zung und wort, alias offenderemur et apparebit Satan contra nos et illic stare Christum cum omnibus angelis. Ideo necesse ut sic nobis dicat et consoletur: ipse deus erat cum Christo et angeli et tamen crucifigebatur. Ista est necessitas, ut loquatur talia verba nobis, quia oculi vident aliter, cor aliter sentit. Si coniicior in carcerem, puto totum mundum et deum adversari mihi. Si non video, sentio datam mihi gloriam. Tum credo et fides suo tempore experietur. Sic ergo solari debemus nos illo textu. Vult dicere: ſeid unverzagt, si creditis in me, pater est in me et contra. Et vos estis

---

3 gelte: Kübel. 8 cibo ⟨nutrias⟩, vgl. Matth. 25, 35. 40. 20 vgl. Sach. 2, 12. 26f. Röm. 8, 36.

unum, sie sollen zu schaffen kriegen, qui se herent in vos. Non creditis. Placet domino, quod ista verba tam frequenter repetit. ¶ 'Volkomen.' Nonne satis, quod unum in me, sed 'perfecti' ꝛc. Der liebe bischoff Christus wil uns nicht lassen. Habebo Christianitatem, sind gewislich eins, sed mangelt uns, quod multi infirmi in ea. Dicit: oro, ut non solum manserint in illo uno sed zunehmen. 'In Christo', Col. simus consummati. 'Perfectum' dem nichts gebricht, das gantz und gar XXVIII 190 ist. Qui Christum habet, habet rem ipsam consummatam et | perfectam, habet aeternum gerechtigkeit et omnia Sed feilt dran, das wir so fest nicht dran hengen, der wein ist gantz da sed das gefess helt schwach an dem schatz. In me, inquit, sunt unum et ego cum eo sed oro, ut consummati i. e. das sichs wil fassen, das sie es gewis werden et perdant libenter omnia propter hunc thesaurum. Discrimen inter thesaurum et uns ꝛc. 2. Cor. 4. Ideo tentamur quotidie, ut illum thesaurum mocht fest fassen, ne perderemus. Deus det nobis teglich zunehmen in fide et besser scripturam et Christum erkennen, ut cognoscat se liberari per Christum et hoc certius sciat quam se vivere. Iste textus pertinet ad plerophoriam, Petri ultimo, quasi dicat: kinder, magnum praedico de Christo, ut cor humanum non comprehendat. Quando spiritus sanctus dat gratiam, ists angefangen, es mangelt dran, das des sol wol gewis werden. Nos sumus vocati ad fidem, Sed cor adeo imbecille. Satan nos invadit. Si negas, non helts fest genug. Si, tum dicit contemneres mundum, bona ꝛc. Hoc sequitur illam securitatem. Sic orat, ut omnes qui credunt per unum istorum, ut etiam credant sic, ut nihil certius habeant quam fidem suam. Clamandum cum Christo, ut fides nostra sic firmetur, dicendum: certius est Christum pro peccatis nostris mortuum quam solem hunc lucere.

'Et diligas', das ists anders stuck 'Ut mundus' ꝛc. Per tot Christianos, qui praedicant, ut mundus non dubitet illud verbum esse meum. XXVIII 191 Hoc est, | ut ante omnia illorum duorum simus certissimi: fidei et verbi, et Satan haec duo am hochsten impugnat, Nempe ut auferat et verbum. Ibi dicendum: certus sum, quod Iesus Christus 'a patre missus'. Et hoc Christi verbum est patris verbum. Si Christus dicit, trotz ders neget, deus met confirmabit et fatebitur sum Christus, quia a patre missus. Omnis potestas nostra ligt dar an, ut certi simus Christum a patre missum. Schwermeri hoc in calceis zurissen.

---

2 Joh. 17, 23. 3 f. 1. Petr. 2, 25. 6 f. gemeint ist wohl Ephes. 2, 12—16; aus Col. könnte man nennen zur Not 1, 28; 2, 2; 2, 10. 14 2. Kor. 4, 7. 18 2. Petr. 3, 18. 29 Joh. 17, 23 c. 33 f. Joh. 17, 23.

Ego putavi me olim etiam doctum sed oportet in hac scientia discipulus maneam. Si quis omnia verba ex Christi ore et apostolorum potest dicere deum dixisse, das ist Christiana scientia. Extra Christianos nemo novit, dicunt quidem quo ad verba, sed quando ꝛc. Ideo assuescendum: Christi verba esse dei. ¶ 'Dilexisti'. Das wil draus folgen, quia hoc pertinet ad Christi officium, ut nos servet, ut cognoscamus non esse amplius iram in deo sed meram charitatem. Ex hoc videbis, quod remissio peccatorum et mera charitas et talis quoad pater filium dilexit. De hoc satis dictum in praedicationibus. Haec eo serviunt, quod Christus vult suum verbum servare in Christianitate et erigere conscientias, quod habeant per eum remissionem peccatorum, propicium deum, de quo non timendum, eadem dilectione diligit pater qua Christum. Si modo in Christum credis, fides complectitur unausſprechliche heilickeit. Ideo tam multa dantur ei, nempe remissio peccatorum, quod hulffe uber peccatum, mortem. Summa: in Sanctis est omnipotens krafft.

12. (Joh. 17, 24—26.)

31. Oktober 1528.

| Audivimus nuper, qui dixerit dominus, quod dederit nobis XXVIII 192 suam gloriam nempe illam, quod unum sumus ut ipse cum patre, quod per illum unum fiat notum, quod Christus missus, Et nos per illum diligamur sicut ipse dilectus. Vult ergo Christus: velle Euangelium weit ausbrechen in omnem terram et quid per eum habeamus. Sequitur

'Pater.' Haec est conclusio et ultimum ſtuck huius orationis, ſo ferne es uns an ghet. Et hunc textum Schwermeri haben dieſen text iemerlich zu ſchanden. Notate dictum. Qui credimus in Ihesum Christum, hi ſollen des ſicher und gewis ſein, das yhn die herberg beſtelt iſt, ubi ipsi maneant ubi ipse, quia Christianus iſt ein fusſtuch Satanae, omnibus horis vel omnibus horis expectamus leib gut in periculis. So iſt horrenda mors et nescio, ubi in hospitio. Ibi Christus ein trewer heyland biſchoff, meiſter. Dicit: ich wils beſtellen. So ſols zu ghen. 'Ego volo.' Ubi ipse erit, ibi erunt qui cre|dunt in eum, XXVIII 193 ſie ſterben wie ſie wollen. Fidite in me, soliciti ne sitis, ubi mansuri: si in carcere es, combureris, noli curare, ubi accipieris, ich wils beſtellen. Dicit autem: 'quos dedisti'. Dati sunt ei, qui eum audiunt. Verbum quod dedisti mihi, dedi ei. Qui non audiunt credunt et susci-

---

5 Joh. 17, 23 letztes Wort. 16 vgl. 2. Kor. 12, 9. 25 Joh. 17, 24. 33 Joh. 17, 24. 36 Joh. 17, 24.

piunt verbum, non dati. Nos vero ei, si credimus verbo dei. ‘Mecum’, quod pater nos ad Christum geweiſt. Illi omnes ſpruch hunc suscipiunt fur ein bet und pflaumfelter fur yhre ſeel. Ich wil, es ſol unverſagt ſein, ‘Ut ubi ego ꝛc.’ ¶ Wo mag denn er nu ſein, wo iſt er hin gefaren? Da muſſen all engel zu lauffen, an das den namen nicht hat, non possum tibi depingere. Sed ſetzt dirs her in his verbis ‘ubi ego’. Consistit ergo in fide. Si credere potes Christum esse securum in loco, videbis futurum et reliquum. Quisque scribat hunc textum literis maiusculis. Si es in carcere, cogita: si liber fio, bene, si non, audio libenter verba et custodior, antequam negarem eum, unus es ex illis, qui datus per patrem Christo, an sis peccator et misera creatura, nihil refert. Et postea nim den ſpruch, er ghet dich an, non angelum, Satanam. Ibi opus fide, quia verzagte ꝛc. ‘Ich lebe, weis nicht, wie lang ꝛc.’ Ibi Christianus dicit: qui verbum eius non habent, nesciunt, quo hin faren, Sed Christianus non sic dicit: wo ſol nu mein ſein bleiben. Audi Christum hic loqui. ‘Ubi ego sum’, da far ich
XXVIII 194 hin, ubi Christus est. Ubi est? Du ſolſt nicht wiſſen, | non possum tibi nominare. Dem vater yhm ſchos. Illum locum mochten wir wol lernen, quia pauci Sancti, qui credunt sic ut credendum. Agatha et suae intrepidae ad mortem iverunt. Alii Sancti fere omnes gezapelt, quia felt am gleuben, quae certa est, wo her, hin faren ſol. Huc servit hic locus, ut scitis zu gebrauchen, est vivus potens ſpruch, qui dint in maxima necessitate, denn ſol er halten. Meus lectus und kemmerlein iſt zugericht, Im pette in idipsum dormiam. Nota bene, quod tam troſtlich loquitur cum patre: Ich wil, nobis qui in fide infirmi, vult dicere: lieber, noli diffidere und ſetz nur verbum meum non yn ein wand, den es ſol alſo ſein. Iam declarabit, cuiusmodi locus, ubi sit et nos erimus:

‘Ut videant’, das iſts. Huc ſollen ſie hinkomen, ut veniant in das klare anſchauen und ſehen ſollen ſie gloriam, quam dedisti mihi. Supra: dedi eis claritatem et agnitionem. Data ⟨gloria⟩ nobis per verbum et agnitio in fide sed non visione, 1. Cor. 13. loquimur de hoc, quod mor-
XXVIII 195 tuus et resurrexerit et | sederit in gloria dei, das iſt noch gar dunckel und ein groß dicke wolck fur die ſonne gezogen. Ratio non comprehendit et ultra hoc ſtelt er ſich quasi nullam gloriam habeat ſeit ſeins marter, durt wird er andere wort konnen. ‘Sehen’, ut facie ad faciem videamus.

---

1 ‘Mecum’: W. A. ‘Erunt’. — Joh. 17, 24. 3 Cr. hat ‘pflaumfedder’ gelesen. 4 Joh. 17, 24. 5 an: ohne 10 W. A.: custodio (custodior: „liege ⟨gern⟩ im Gefängnis“). 29 Joh. 17, 24. 30 Supra: Joh. 17, 22 u. 17, 3. 31 ⟨gloria⟩ hier ergänzt. 32 visione für den lapsus calami, ‘agnitione’ zu wiederholen, hier eingesetzt nach 1. Kor. 13, 12. 36 1. Kor. 13, 12.

An den ort ist er komen, sui illic venient i. e. videbunt gloriam. Haec erit salus, quando amplius non cognoscemus, credemus sed clare mit den oculis videbimus. Si Christianus hoc verbum crederet, auch halt, quod non multum curaret nach dem weltlichen gut, omnes floreni sorderent et nihil curaret quam ut hoc ventrem pasceret et hanc promissionem wurd er so tewer halten ut tantum essent somnium omnia alia. Sed quia fides infirma, non contemnimus, ut non veniamus ad stifft illorum verborum. Nonne maxima res, ut homo veniat de isto armen stuck, unflatigem sack veniat ad istam gloriam quae hic promittitur? Ideo agnitio promissionis gloriae facit, ut grave sit creditu. Qui credere debet corpora nostra lucidiora sole, stellis fore, quae obnoxia sunt morbis, mille fetoribus 2c. Et tamen hic, qui suscipit verbum eius, videbit eius gloriam. ¶ Hie wer weiter | aus= XXVIII 196 zustreichen. Videre gloriam, was mit sich bringet: omnis beatitudo sol in dem sthen, das man nur sehe, ist so gering geredt, ut quis putet non satis esse. In terris non satis est visus, nisi gustet, edat. Illic sol nur visus. Ideo non dictum, ut ratio comprehendat. Sed ista visio est vita aeterna, da kein sorg hin kompt pestis, quia videt rem aeternam. Ergo ista visio est vivere aeterne in omni gaudio et frolickeit, quae unaussprechlich, da bey las ichs bleiben. Illam gloriam debemus videre, quomodo me dilexerit ante conditum mundum. Non solum videbo Christum natum virgine sed qui dederit ei suam divinitatem ab aeterno, ut Symbolum. Ista praedicatur dilectio iam, sed est obscura, tum videbitur, quod est verus deus cum patre. Haec est conclusio und der letzte trost, quem dat omnibus suis, quanquam ipse crucifigatur, moriatur, nihil periculi: ipse veniet ad gloriam et aliis suis hospitium parabit. ¶ Iam sequitur ein zusatz, das er die augen her umb keret und sihet super mundum: Ach wie wenig kan die welt von diesem pater wissen? Quare Christus vocat patrem iustum? Quare non misericordem, gutiger? In illa hora Christus hat gebrand in suo corde, quasi dicat: wolan, du bist | gerecht. Vides, quorsum Chri- XXVIII 197 stus spectet: mundum, qui odit, persequitur Euangelium, non vult audire et quantoplus praedicatur, tanto plus tol und torich, deberet barhut nudis pedibus et genubus ire, ut possit Euangelium audire, Et gratis ei offertur et pro maximis peccatis nostris datur gratia, ut gratis praedicetur misericordia und noch sol wirs lestern. Ideo dicit: Iustus es pater, qui mundum lest faren, quod tale discrimen facis inter eos, quos dedisti mihi et qui in mundo. Dati suscipiunt, bestelst

---

11 Dan. 12, 3; Matth. 17, 2. 23 dilectio vgl. Joh. 17, 24. 27 Joh. 17, 25. 36 noch: dennoch.

die herberg yhn durch mich, du thust hertzlich recht, et alios omittis, denn sie wollen yhn nicht helffen lassen, Ideo recht. Sic ergo dicis: Nihil omissum, quod pertinet ad conversionem Papistarum. Dicitur, scribitur, canitur, nihil iuvat, man schilt, drauet, vermanet urgenturque fateri scripturam. Quid aliud diceret debeo quam hoc: Wolan, Got, du bist recht. Et qui peste nos percutit, bello, Ipse dat omnia, XXVIII 198 dat verbum et filium et tu vis eum blasphemare, quid aliud | faceret quam das er ein pestilentz uber die ander krieg et deiiciat ad inferos. Ideo mus ein yeder sprechen: mundus te non novit quam audit rc. Christus missus rc. adeo clarum, ut nemo negare posset, noch dicunt, es mussen unser werck. Dico ergo: Si in nomine dei non vis ad coelum, descende in nomine diaboli ad inferos. Ultra hoc patimur, ut nos occidant et optamus omnia bona, Ipsi: tod, tod, wurge rc., so sprech wir denn so: Mundus ist tol, toricht, ideo bene facis, quod eos solvis et das eorum praemium. 'Ego.' Hoc etiam non credunt. Ego recte XXVIII 199 praedico. Ideo mea doctrina et verbum wahrhafftig, weil ich | von dir komp. Ipse autem non vult verbum habere, quia putat diabolicum verbum. ¶ 'Et quos dedisti mihi, noverunt' rc. 'Ego nomen tuum.' Nomen dei quid sit rc. i. e. dedi eis verbum, in quo innotuit eis, wie du heissts und was du seist. Non est satis agnoscere patrem, sic pater habet filium rc. sed quod miserit filium suum in mundum pro nobis mori rc. das hoc sein veterlich hertz sey, anschlag wil und wolgefallen. Qui hoc non agnoscit et credit, non bene credit. Turcae et Iudei credunt eum creasse coelum et terram, Sed quod concluserit ab aeterno filium suum mittere ad redemptionem, das stossen sie sich. Et etiam Papistae, das ist das recht stuck et agnoscere patrem et patris nomen. Hoc praedicavi eis. Christiana praedicatio quae sit, audis: facit patrem kund et talem patrem esse, qui det filium, das er uns zu kindern mach. ¶ 'Et notificabo'. Ego praedicavi, ich wils XXVIII 200 da bey nicht | bleiben lassen, wil ymer anhalten eben das selbige. Non dicit quid altius Sed wil den namen kund gethan haben et adhuc per verbum suum et spiritum, quia in hoc vis latet, ut homo agnoscat deum: eytel gunst, gnad non ira. Cor humanum ist schwer zu glauben. ¶ 'Ut dilectio' supra quoque per fidem iam, quam verbum proponit et postea aeterna per visionem i. e. quod agnoscant et vere credant, quod ego sim tuus filius ab aeterno. So ist unser heubtstuck erkent, quod Christus dei filius nobis datus ex dilectione nobis in redemptionem. Sic sum in eis, ut unum sint inter se rc. Das ist ein schone

---

13 occidant: W. A. occidamus. 15 Joh. 17, 25. 18 Joh. 17, 25. — Joh. 17, 26. 29 Joh. 17, 26 b. 34 Joh. 17, 26 c.

reden, caput et oratio des gleich scriptura non habet, quia talis persona et orator non fuit, quia est oratio salutis et capitis nostri uns zum trost und sterckung nostrae fidei.

2. Die Predigten über 1. Joh. 4, 16 ff., 1532.

Im Jahre 1532 hat Luther an fünf Sonntagnachmittagen im Anschluß an 1 Joh. 4, 16 ff. von der Liebe gepredigt. Wir besitzen diese Predigten in den Nachschriften Rörers sowie in der Druckbearbeitung Crucigers. Beide sind W. A. XXXVI S. 416—477 gedruckt. Die ersteren sind hier nach W. A. mitgeteilt. Das Zeichen ¶ bezeichnet wieder in Hs. (W. A.) fehlende Absätze.

1. (1. Joh. 4, 16.) XXXVI 416

9. Juni 1532 nachm.

Epistola 1. Ioan. 4. 'Deus charitas est' usque ad finem.

Hic praedicat et monet Ioannes mit trefflichen worten Christianos ad charitatem, ut ipsi unter einander ein fein Christlich hertz haben, quia ipse et praesertim etiam Paulus viderunt oculis et manibus experientiaque, wie der Teufel gar schewslich sich spert contra fidem. Ubi verbum hin kompt, macht der Teufel eytel doctores, ut sciant, quod nec Apostoli, et fiunt | so freche spiritus, das sich neminem lassen meistern. XXXVI 417
Tum ghets her: Ego etiam habeo spiritum, aeque scio ut Iohannes pastor: est scriptum. Ideo isto tempore habemus gros anfechtung et verfolgung, non solum a tyrannis, qui igni rc. sed etiam a falsis, qui volebant Christiani heissen et Euangelium ab ipsis audiri, et erant baptizati, et tamen semper rotten anrichten und machten Christen yhrr. Sicut diabolus ab initio mundi so getrieben et usque ad finem, quia non potest ferre verbum, ideo greifft ers an mit schwerd und lugen. In ede prima Adae greifft ers an, ubi Adam bene praedicavit, der Teufel fluchs hin mit mord und lůgen et facit maiorem et meliorem zum lugner und morder. Sic gings in Abrahams und Isaacs hause. XXXVI 418
Et sic | nobis fit, quia Christo ist der Teufel feind. Ideo mussen wir uns auch erwegen, ut 1. feramus Teufel ut einen Morder, deinde unter uns per mendaces et falsos Christianos, qui rotten anrichten et inter nos, qui iactamus doctrinam Euangelii et legimus und thun nichts uber

---

3 Aus der Predigt vom 7. XI. 1528 über Joh. 18, 1—3, W. A. XXVIII 202: Ultimum Christi fuit eius oratio, qua dedit die letze suis discipulis. Ubi hoc confectum, fit sacerdos et opfert. Das ist die passio. 13 1 Joh. 4, 16—21. 20 f. Johannes pastor (vgl. gleich darauf: habemus): Luther versetzt sich in die apostolische Lage, also Johannes als Pastor von Ephesus gemeint (W. A. irrig: Joh. Bugenhagen). 27 ede: aede (= domo) 1 Joh. 3, 12. 31 Joh. 8, 44.

all. Non magnum, quod 1. fit, quod tyranni occidunt, da kan man
sich drein richten. Sed hic periculum, qui nobiscum audiunt und sind
so klug drinn. Ehe man sich umb sihet, est Rottensis vel falsus Christi-
anus et hypocrita dicens se Christianum baptisatum et tam bene
scire ut nos: Sic ists den lieben aposteln auch gangen. Ideo non mirum
non posse os diabolo obturari nec manum impediri: occidit et men-
dacia spargit. Si volumus Christiani esse, tum habemus istum leidigen
Teufel zum gast. Externe facit schaden per gladium et postea per
Rottas interne, per pseudofratres, qui ꝛc. Hie wirds nicht besser in
terris, utcunque praedicatur contra eos, nihil fit. ¶ Sic ists S. Johans
XXXVI 419 gangen: habuit ein volcklein gehabt zu Ephesus et tota Asia. Sic | que-
ritur: 'Ex nobis' ꝛc. Is docet id, alius aliud, et doctiores me, qui 'ex
mundo', non audiunt. Hoc contigit dem hohen, Trefflichen Apostel, dem
lieben Junger Christi, quod tum surrexerunt Christen, qui fuerunt
gelerter quam ipse, et postea coactus videre fratres et tamen nihil dar-
nach gethan, iactantes spiritum, et tamen eytel hass, neid, heimlich
tucke. Quid fecit dazu? Scribit: hut sich da fur, qui vult, sinite eos
iactare, sed qui non iuvat fratrem, non diligit, non. An den fruchten
solt yhr den baum erkennen. Certe maxima res scire Iesum esse
XXXVI 420 Christum, sed ist nicht gut, das sie es | so bald lernen, vivunt noch yhrem
gefallen ut gentes. Ideo monet Apostolus suos, qui vere Christiani, qui
Christum non in lingua habent et non solum inspiciunt in libro,
sed die es mit ernst meinen et in corde halten et ostendunt erga
proximum mit helffen, dienen et aliis officiis charitatis. Si isti das
von reden, so gleub es, das war sey. ¶ Isti dicunt: Ich wolt gern ein
Christen sein, Ich fule, das facere et dicere discreta sint, der nachtruck
non sequitur, ut tam forti fide apprehendam ꝛc. et perfecta charitate.
Isti iactant se adhuc scholasticos. Sic Paulus Phil. 3. ꝛc. 'Sed
XXXVI 421 extendo' ꝛc. 'ad anteriora'. | Sic libenter velim habere Christianam
fidem et vitam ut an yhm selber, sed der alt Adam hindert, ut non
laufft, ut wol billich wer. Sed alii ubi semel audierunt sermonem,
non solum ghen, sed lauffen. Quando vas ser klingt, pro certo ha-
beto, quod non viel weins vel biers, klingen wol vacua vasa et nihil ꝛc.
Ideo dicit: ne putetis vos Christianam fidem habere plene, nisi externe
inspicias proximum, si peccat, ut strafft. Si ist schwach, ferto ꝛc. da
vas mag gut sein, si vero wol klingt, nihil. Sic te potes ornare verbis.

---

6 f. Joh. 8, 44. 12 1 Joh. 2, 19. 12 f. 1 Joh. 4, 5. 17 1 Joh. 3, 13 ff. 18 sed qui non .... diligit, non ⟨habet vitam aeternam⟩, 1 Joh. 3, 15. 18 f. Matth. 7, 16. 22 f. 1 Joh. 3, 18. 24 1 Joh. 4, 7. 11. 25 isti: die echten Christen. 28 f. Philipp. 3, 13. 28 adhuc scholasticos: noch in der Schule. 36 W. A. vas.

Si vero Christus in tuo corde, ostendes. Satan facit hoc, ut veros
Christianos wil nicht lassen rechte Christen ꝛc. ipse agit, ut domum dei
repleat mit vacuis | inanibus, quae speciem eandem, quam alia. ¶ Ideo XXXVI 422
non tantum audiendum verbum, sed serio amplectendum. Si hoc,
tum sequentur hi fructus ut in Textu, et utitur trefflicher worter. Einfeltig
redt er, sed tamen, ut mihi viel zu hoch. Sic nemo homo potest
loqui. Si 'deus est charitas', sequitur, quod, 'qui est in charitate, in
deo' et econtra. Kurtz geredt, sed wol gepredigt. Lasset charitatem nicht
so ein gering ding sein, quia charitas ist Gott selber. Das ist recht gemalt,
quid sit charitas. Hoc verbo brevi plus dicit quam Paulus in
toto capite 1. Cor. 13. Illic streicht er charitatem mit aller gewalt aus.
Sed hic plus, quia deus est, inquit, eytel lieb. Sic so freundlich loquitur
suis Christianis in cor, ut sibi placere sinant charitatem, ut | dicant, XXXVI 423
quam ein kostlich ding sey, quando diligimus proximum et deum.
Si diceret: Got ist gesundheit, ein hubscher knab, metz, haus, gut,
1000 gulden, Regnum, sed quid ista omnia, etiam sonn und mond et
omnes Sancti gegen Gott, qui met dicitur charitas? ¶ 'Et qui in charitate
manet, in deo manet, et deus' ꝛc. Die wort mochten papam bewegen,
ut diceret: fides non iustificat, sed charitas, quia qui diligit, habet
deum, qui deum habet, habet omnia. Ideo sic loquitur, ut expergefaciat
Christianos et incendat ad chari|tatem. Ideo preiset er die lieb so hoch. XXXVI 424
Wenn mans schon nennet einen guten willen, sed est charitas ipsa.
Si deus pingendus, sol ichs malen, quod in abgrund seiner Gottlichen
natur nihil aliud est quam ein feur und brunst, quae dicitur lieb zun
leuten. Econtra lieb est talis res, ut non humana, angelica, sed Gottlich,
ja Gott selber. Ideo agite, ut diligatis. Sic odium non solum humanum
und teufflichst, sed diabolus ipse. Ex odio und neid folget
mord, eytel ubel. Ex charitate omnia bona et deus met, quia charitas
thut eben ea opera et ubt, quae deus. Quid? Dat toti mundo | vitam, XXXVI 425
dat sanitatem, omnes creaturas, himel und erden dienet uns. Ibi
eytel backoffen dilectionis, et tamen rependimus ingratitudinem. Si
non eytel lieb were, schlüge er erab mit blitz, donner ut Sodoma. Econtra
diabolus richt mord, krieg an in toto mundo, Ein solch Wuchern, geitzen,
Ut dives war voller Teufel, sivit armen man sufzen ante fores. Si ein
scintilla charitatis in eo, scisset legem Mosi: 'Si alterius bos cadit', 'Si
egere' ꝛc. sed da leit nicht ein Esel ante fores, non ein tasschen, rock, sed
ipse met nihil habet, | wolt gern die krum ꝛc. Num non est hoc neid, XXXVI 426
geitz und der Teufel selber? Sicut deus facit mera opera charitatis,

---

6 1 Joh. 4, 16. 13 dicant: lies discant? 15 met = ipsemet.
17 f. 1 Joh. 4, 16. 20 W. A.: expergefiat. 34 Luk. 16, 19 ff.
35 2 Mos. 23, 5 f. 35 f. 'Si egere' etc.: 5 Mos. 15, 7.

Sic diabolus odii. Cogitavit: est plenus ulceribus, a deo derelictus, imo diaboli. Sicut facit iam mundus: rapit, bescheusset, betrieget. Apud Christianos sols nicht so sein. ¶ Si inspicis deum etiam leiplich, sind eytel flammen und feur charitatis in deo. Ehe ich das welt thun, quod Christus, ehe ich wolt einen geitzigen lesterer ein kornlein geben, ein mal die Son lassen scheinen, sed dicere: was sol ich dem buben viel korn geben et oculos custodire, cum occidat proximum? sed ipse facit estque eitel brunst und lieb. Quando venimus ad caelestia et spiritualia bona, gibt sein eigen hertz und son, et sic ut crucifigatur ꝛc.
XXXVI 427 heist das | nicht lieb, brunst? Ideo mus Gott eytel lieb sein et econtra. Ideo si diligitis, werd yhr gwis Gott bey euch haben. ¶ Econtra, quod quandoque schmeist drein, cogitur, ut pestem immittat. Si non, hilfft doch die straff, quando audimus submersas urbes, nihil curamus, quid futurum, wen er gar kein straff ꝛc. In sua natura ist er eitel lieb, et quicquid exhibet, thut er auch aus lieb, ut impios terreat den seinen zu trost, ut ein lůfftlein ein wenig empfahen. Ideo muss eytel lieb, brunst heissen, er zurne, wie er wolle, quia der ira ghet uns nicht an, sed impios, ut principes: probus, dicitur de eo: der furst ist eytel gnad und gunst, et quicquid poscitur, ist eytel Ja, et tamen simul habet
XXXVI 428 buchssen et sinit sibi gladium nachtragen, et tamen ipse | non facit, sed quietus in suo cubili. Et tamen cogitur habere carnifices ꝛc. in terrorem impiis, et econtra. Alioqui wůrde das lande verderben. Sic deus an yhm selber est mera charitas, et hoc videtur in suis operibus, sed quod quandoque drein schlehet, facit nobis zu lieb, ut sciamus, quod nemini vult parcere, qui non diligit, ut Cain fecit. Omnes apes habent stachel, dicitur, praeter regem ipsarum, qui non habet stimulum, est ein thierlein sine omni ira. Sed aliae tamen habent, ut Regem verteidigen und den stock verwaren, in quo sunt. Sic deus kan in sua natura und wesen nicht zurnen, sed ist eitel gůt und brunst. Sed hic ignis, wasser, donner, blitz, stein, holtz, kolen, bern, pestilentz, fieber, diabolus in inferis, die sind stachel. Die mus er interdum aus lassen ghen, ut
XXXVI 429 suam maiestatem verteidigen ꝛc. Cum | deus nihil sit quam charitas, id quod videt, nisi sit cecus, qui non fůlt, ist thum, quia omnes creaturas, celum et terram, per has deus te curat, postea dedit filium pro peccatis tuis et iuvit ex all jamer und not. Ich meine ja, es sey ein

---

3 leiplich: nach dem, was er leiblich gibt. 4 welt: wöllt. 5 Christus: hier verbessert für W. A. Christianus (Christus h. l. = Gott). 6 Matth. 5, 45. 6 sed dicere: verstehe: wöllt ich lieber sagen. 8 f. Gegensatz zu 17: verstehe bona <a deo data>. 9 Röm. 8, 32. 12 non <credimus>. 18 „Das sieht man an den Fürsten. Wenn einer rechtschaffen ist, sagt man von ihm." 33 quod <quisque> videt.

brunst und feuer das. Ideo kan Gott nicht anders sein quam charitas et brunst. ¶ Ideo videte, ut diligatis, so wird Gott in euch. Et dicit: 'Manet', quia redt drauff, fimus Christiani et baptizamur et iactamus Euangelium, sed quando vident yhr forteil, richten sie rotten an. Si offendit proximus, leduntur und lassen Lazarum miserum liegen et non curant. Das heist nicht bleiben in charitate, sed tantum nomen. Da bleibt | wider lieb noch gut, non es ein korn, sed ein lauter ledige hulsen, XXXVI 430 ein taube nus, qui sinit se abwenden sein ehr, nutz, laesionem proximi. Is non manet in charitate nec in deo. Gott ist eitel lieb und lieb ist Gott selber. Econtra diabolus. Sicut deus tantum diligit et exhibet eam operibus, Sic Satan ꝛc.

2. (1. Joh. 4, 16.)

16. Juni 1532 nachm.

Audivimus, quomodo Iohannes in Epistola doceat, ut mutuo nos diligamus, und treibt hoc verbum 'lieb' so hoch, ut dicat deum esse charitatem. Denn hoher kund mans nicht machen, denn das man spricht, Gott sey die lieb selber. Causam huius praedicationis audivimus. Vidit Apostolus, wie es unter den Christen gangen ist, ut iam. Je heller man predigt, jhe weniger man thut und liebt, und stellt sich gar nerrisch. Die leut sollen from werden, quando audiunt veritatem, so kert sichs spil umb. Tempore erroris diliximus, dedimus et non fuit modus dationis. Iam veritate veniente ghets den krebs gang. Et ex Euangelio nihil fit quam eitel Rottengeister et so viel meistern, ut non numerus. Externe vivit quisque, ut vult, mher denns ante Euangelium geschehen ist. Ideo voluit Apostolus monere, ut, cum habeant veram doctrinam et veritatem, charitatem exhibeant. Ideo helffe einer dem andern. Cum hoc facitis, tum deus vobiscum et econtra, quia deus est charitas met. Quem non movet ista praedicatio, nihil ꝛc. Alle prediger non possunt plus docere. Non est aurum, argentum, sol, luna, sed deus met ꝛc. Si diligit proximum, is habet deum ipsum. ¶ 'Qui manet', simpliciter et pueriliter dictum et sonat. Sed ista magna simplicitas facit, ut percurratur et non perpendatur, quid dicat, q. d. multi | incipiunt mit grossem ernst et gratias agunt deo, quod XXXVI 431 erepti ex errore und sind hinfort die grossen, heiligen Christen und vol heiligkeit et diligunt deum et proximum. Sed est ein wetterwendisch volck, ut Christus in Euangelio: semen cadit in petricosa, sed veniente sole verscheinet es. Sic fuerunt apud nos discentes Euangelium, sed

---

2 euch ⟨bleiben⟩. 3 1 Joh. 4, 16. 31 1 Joh. 4, 16. 36 Matth. 13, 5 f. 37 verscheinet: schwindet (lies verschweinet: welkt?). 37 f. vgl. 1 Joh. 2, 19.

quod es falsch sey, hinc venit, sie bleiben nicht da bey, Es ligt am bleiben. Quando audiunt Christum salvatorem, das ist liplich zu horen, et diligere proximum ist auch fein. Ey da wollen wir bey bleiben. Sed postea fit, ut persequantur proximum. Item crescis in avaritia, felst auff dein bauch und eigensinnigen kopff, zertrennest die reine lere. Is rusticus agit, ut care vendat. Sic civis. Et tamen interim volunt esse Euangelici. Das ist die letze davon, quod sit falsa fides, quia non XXXVI 432ª | manes in charitate. Nihil da, quam quod legisti ex libris et audisti in concione. Quot sunt, qui propter Euangelium 1 ₰ verliern? Nemo rusticorum, qui umb 1 ₰ wolfeyler gebe quam prius. Sed econtra. Sic Cives mit allen yhren handtierung. Et tamen quotidie audiunt 'serviendum charitate alter alteri', et 'ut tibi vis fieri ꝛc.' Non velim, ut mihi venderetur 1 modius ꝛc. Sic nobilis. Das sind die groben stuck. Postea si sol ein prediger, pfarrer mit unß predigen, wer ein schand. Das heist die einigkeit zutrennet et quaerere suum commodum, Gott geb, Euangelium bleib ꝛc. 'Inter nos fuerunt et ex nobis ꝛc.' Non erant ex nobis, sed inter nos. Sic inter nos ꝛc. qui habent Euangelium et accipiunt sacramentum. Inter nos sunt, sed non ex ꝛc. sed Juncker XXXVI 433 geitz, stoltz, Neidhart ists. Videtur an den | fruchten wol. ¶ Dicit ergo non esse scientiam, lieb und Christlich glauben, sed da bey zu bleiben, quando her trit anfechtung. Das ist erger, quando die wurmstichtigen birn und opfel von yhm selber abefallen, ut avari ꝛc. quos decutit im- XXXVI 434 petus, vehemens ventus. Da ghets erst recht her, ut ei beneficiam, |qui mihi das hertzleid anlegt. Das ander stuck, die von yhn selber abfallen, die wurmstichtigen, das ist noch das geringst. Sed da ghest erst recht her, ut illi bene cupiam, qui mihi imprecatur mortem, non favet 1 bissen brods, das heist manere in charitate. Ego saepe contrarium cogitavi, quod nunquam velim praedicare propter ingratitudinem mundi, sed ist unrecht. Du solt hin durch reissen, sie neiden, geitzen, wie sie wollen, tamen non debemus nachlassen, ich mein predigen, du dein wolthat, sed sol fortfaren, es ghe mir und dir druber, wie es wolle. Hoc est manere in charitate et signum, quod fides vera. Non inceptum propter mundum nec ꝛc. non coepi praedicare, ut mihi homines faveant, ideo non cessabo, si auferent vitam. Sic: Isti benefeci, ipse zalt mich XXXVI 435 mit undanck, propter ipsum non inceptum. Si adhuc | possum eum iuvare, faciam et liberos ꝛc. Ego raten und helffen non propter te, sed Christum, qui mihi sic benefecit, sic tibi. ¶ Das meint S. Johannes q. d. qui vult in mundo esse et vult from sein, mus sich nicht bewegen lassen, quod non danckt. Si hoc vis spectare, tum ists schon

---

12 Gal. 5. 13; Matth. 7, 12. 16 1 Joh. 2, 19.

verlorn tua charitate, et tamen sic totus mundus affectus. Si aliquis facta gratia alteri male audit semel ꝛc. Sic faciunt hurn und buben, non est ein heid, qui si benefecit alteri et offenditur, wird er zornig. Das ist nicht charitatis werck, sed manere in charitate. Ut: dedi tibi rock, dedi pecuniam und du bezalest | mich so? non volo, inquit mundus, XXXVI 436 dare in posterum obulum, si in Albi submergereris. Sed econtra pro meo beneficio acquisivi eitel undanck und schand, sed du solt so bos nicht sein. Ich wil dein malum bene vincere, modo non abutaris. Das heist in charitate manere groblich. Viel mher ists in spiritualibus, darauff Johannes praecipue hin dringt, quia maxima res diligere eos, qui etiam nos persequuntur. Charitas non est scientia humana, sed donum spiritus sancti et divina scientia. Ut tu male mihi, econtra bene, wil dir nicht feind sein, sed dir helffen. Da wonet Gott et est Gottlich leben, non menschlich, non weltlich, sed celestis et angelica. Das kan verschlingen und verdawen alle undanck. ¶ Sed ubi sunt tales? Mundus non sic. Ich schenckt yhm jhens mal 1 stubich bier, dedi 1 fl, ja | ipse XXXVI 437 loquitur pessime de me. Ich lies yhm das hertzleid haben. Ich wil yhm nymmer mher etwas geben. Das ist gentilis virtus. Sed Christiana sic: fuisti ingratus, Gott vergeb dirs. Sed si not adesset sive in corpore sive anima i. e. das sich einer nicht von dem sussen hertzen lasse bringen erga proximum, etiam ingratum ꝛc. Estque maxima consolatio: 'deus charitas'. Si sic vivis, das ist Gottlich leben, das heist Gott selber, wie kunde ers hoher preisen? Si dicit: kanstu deinem nehisten zu gut halten sein schenden, schalkeit ꝛc. Si kanst yhm freundlich bleiben, fecisti ut ein Gott, qui est in te. Non edificasti templum Coloniae, Romae, Petri et Pauli, sed aliquid plus fecisti, quam celum et terra est. Nemo est nostrum: Si aedificaret | hospitale, cor eius inflaretur: Deus hoc XXXVI 438 respiciet; qui factus Monachus et altare fundasset, qui Iacobum visitaverat, erat magnus Sanctus. Sed ist nichts geredt gegen dem, quod Iohannes dicit hic: quid sol, mundus, luna erga deum? Si potes habere cor dulce, es deus, maior omnibus creaturis. Nemo credit, ghen da hin ut boni socii, darff einer dem andern feind werden umb 1 worts ꝛc. et interim iactat se Christianum, du bist ein Teufel. Mein lieber mensch, vater, vicine, was ich dir gethan hab, ex charitate feci, nunquam cupivi, ut mihi gratias ageres et solveres. Si gratias agis, bene. Si non ꝛc. ego quicquid facio bene, propter eum, qui pendebat in cruce, qui me respexit, das heist charitas, wenn wir da hin komen, tum puri in doctrina et vita. Sed sol so sein, wenn ich 1 auff meinem nacken ghen ꝛc.

---

38 W. A. XXIX. 409_{30}: Wen eyner eynen bis gegen Rom getragen hette und setzet yhn eyn mal unsanfft nider, ßo ist vergessen alle guttat.

Si dedissem 1000 fl et redit 1 wort, esset verlorn ꝛc. Thustu mir viel danck und freundschafft, tum diligo, si econtra, so ist die lieb aus. Sic est inter Rusticos, Cives, Nobiles, praedicatores met i. e. ¶ 'Die beide bleiben bey ander, deus in me et econtra.' Simplex sermo. Wenn XXXVI 439 unser herr Gott sein | Register wil er fur nhemen, was ich im fur undanckparkeit erzeige, so wird er nicht lang bey mir bleiben, wenn er rechnen wil. Sed audi, quid Iohannes dicat. Si vis rechen gegen proximum, tum invenies te deo debere 100 000 pfunde et proximus 100 ₰. Econtra. Ich wil umb 1 worts willen omittere ꝛc. Et er sol droben sitzen et dare semper oculos, custodire korn, essen, trincken und son halten, mond, Et ghet er dahin et non semel gratias agit, orat et thut dazu, quod mihi displicet. Des kund unser Herr Gott hundert tausent stuck auffbringen, da ich 1 contra proximum. Sed quando ego undanck finde, da sol die gantz welt brennen. Econtra. Ibi deus non mecum manet, sed in celo. Ideo si diligo et maneo, tum deus in me ꝛc. Si ego diligo et ipse me diligit, kan ich fest halten und las mir cor suave XXXVI 440 nicht nhemen. Nec | ipse vult ꝛc. Et er wil mich hundert tausent mal freundlicher ansehen quam ego proximum, es sol allzumal vergessen sein und so heissen: Si tu manes in charitate, et ego. ¶ Sic wolts Johannes gern herrlich machen und die homines persuadere, ut non erbitterten contra adversarios suos. Sed non ideo dicendum: du hast recht than, non enim esset charitas, Et thet dir nicht whe. Sed si dilexi, tum est signum, quod ist unrecht, das man sol straffen, doch sols so boss nicht sein, Du solt so gifftig und bytter nicht sein, ut cessem. XXXVI 441 | Ich wil dennoch mein freundlich hertz gegen dir halten. Sic deus meus erga me facit. Sic: 'pater noster', 'remitte. Et sicut remittitis ꝛc.' Tum habes ein Gottlich leben. Non est konig, keiser, angelus, sed Gott et divinus homo et tewrer quam omne, quod vides in caelo et terra, quia deus est in te et manet in te, qui est iusticia, sapientia, vita. Wie kanstu ein herlichern orden erdencken ut is? Non qui Carthusianus est, manet in deo, sed deus est charitas, et qui nur fest helt und lest sich nicht erzurnen, er bleibt nicht ynn paradiso, lustgarten, sed in deo manet et econtra. ¶ Das wird er ernach fein anzeigen und verkleren, quid sit Inn Gott bleiben und Gott in uns, quod certo habemus, si dilexerimus proximum etiam ingratum, sed libenter XXXVI 442 | vellemus iuvare, den wird unser herr lieb haben, Et quicquid habeo, sol dein sein, et tecum ero mit gerechtigkeit und selickeit und wil mich auch nicht da von lassen bringen, wenn du schon lessig bist. Hoher kan mans nicht predigen. Nemo potest assequi, quod Iohannes dicit simplicibus verbis. Es betrifft unsers Herr Gots leben und unser leben dazu.

---

3 f. 1 Joh. 4, 16. 8 Math. 18, 23 ff. 33 ernach: 1 Joh. 4, 17 f.

3. (1. Joh. 4, 17.)

30. Juni 1532 nachm.

Audivimus Iohannis Epistolae haec verba: ‘deus est charitas.’ Audivimus, quomodo Sanctus Iohannes potentibus verbis admoneat Christianos ad charitatem, ut inter se mutuo freundlich sein und gutlich thun, keiner den andern betriegen und beliegen, Et erga inimicos, qui nos lestern, verfolgen, ut in hac vita ein freundlich, liplich hertze halten erga bonos et malos, Et lassen uns nicht erzurnen und erbittern. Sic enim Christianus vivit, si vere credit. Si fides sic non facit, tum signum, quod non recte credit, quia haec opera non ausblieben. Iohannes fortiter praedicat contra Pseudochristianos: quando audiunt per fidem se acquirere remissionem peccatorum, fiunt faciles und lass et sub fidei nomine fiunt peiores. Cum audiunt, quod deus non velit dare gratiam propter opera, sed gratis, verum gratia frustra contingit, et fides omnia facit. Sed si non suis fructibus fides erscheinet, tum non est vera, tum hastu fidem fructusque verloren. Iam sequitur:

‘Daran ist die lieb vollig bey uns’ rc. Das heisst ein
rechtschaffene, volkomen lieb, ‘ut habeamus fiduciam in die iudicii,
quia sicut | ipse’ rc. quid sibi iste textus vult? Ipse loquitur semper XXXVI 443
contra pseudochristianos, qui Euangelium habent in ore und zu
einem or, et tantum retinent den schaum et quod sciant iudicare
alios, et nemo tam Euangelicus ut isti hypocritae, quia putant tantum
fidem consistere in verbis, non in charitate, quae suavis und freund-
lich bleibt erga feind und freund, contra hos loquitur. Ista est recht-
schaffen, fein, volle lieb, quae kein mangel hat, | die uns da hin bringt, XXXVI 444
ut fiduciam rc. zeuht uns mit den worten auffs gericht, quando Christia-
ni gemartert werden, tamen ghets auffs jungst gericht. Credite
recte et videte, ut non tantum ore credatis, sed ut talis sit, quae ex-
hibeat se charitate, ut quando semel den kopff herhalten vel das sterben
auffm bett, tum wird sich conscientia nicht kunnen schmucken, quia da
wirds ernst werden. Ibi videbitur, was recht, nicht recht. Ideo illo
tempore wird ista hol glaub nichts gelten, sed wird finden, quod fuerit
ungedultig, neidisch, hessich, Et praesertim wens treffen wird die grossen
heuchler, ut hodie papistas, sed quando das stundlein kompt, horet es
auff. Ibi wird sichs finden, an recte crediderim et charitatem ex-
hibuerim. Ideo non habere charitatem eam, quae tantum in ore schwebt,
quae est ein nichtige lieb, sed | plenam, sol mir ein freydig hertz machen, XXXVI 445
quando mors herghet et iudicium, ut dicere possim: Ich hab dennoch

---

18 1 Joh. 4, 17. 29 ⟨fides⟩ talis.

meinem nechſten dis und das gethan. Econtra. Ego corrosi tantum,
laesi proximum, uxorem male tractavi et ein tewrung uber die ander
geſetzt. Alibi bin ich ein Chriſt geweſt, quam nihil exhibui fidei, quid
tum fiet? fides, charitas et tota vita wird hin fallen et Satan dicet: quid
de fide? tamen nunquam fecisti opus, quo fides ꝛc. ¶ 'Volkommen' lieb
contra ſchalhafftig lieb, quam habent pseudochristiani, qui multa
dicunt, sed iſt nichts da hinter. Non ſol ledige hülſſen ſein i. e. Ein
Chriſtliche lieb, quae non sit falſch. Denn gantz volkomen ſein gegen
Gott non fit. Ideo in morte potes dicere: meam fidem sic beweiſt,
eam confessus coram mundo, qui me confitebitur ꝛc. et nemini sum
XXXVI 446 feind in corde, et pater | noster dicit, Et dedi proximo ut in Euangelio:
'dabitur vobis'. Sic Moses dicebat ad Iudaeos, imo ad deum: 'Scis
non quaesierim ovem' ꝛc. Samuel quoque: 'hic sto coram deo, Si
quis inter vos'. Sic David quoque: 'retribuet secundum puritatem
manuum.' Scio me rexisse populum und konig ſtand sic, quod nemini
unrecht gethan, sed rein hende behalten. Istam gloriam mus ich auch
bringen, vel deus wird mir freundlich nicht zw ſprechen. Ego Euangelium pure praedicavi, Sacramentum, baptismum non falsavi. Den
Trotz mus ich mit mir bringen, sic quisque praedicator. Et alius
pius: Ego a matrimonio non fui adulter. Mein vicinus vel amicus
kan mich nicht einer ſunde zeyhen, ut quisque kunne ein fiduciam,
rhum bey ſich finden ꝛc. Sed si econtra, Ich hab meinem nachbar
all plag angelegt. Ich habe die ſemel ꝛc. zu klein gemacht, bier ge-
XXXVI 447 felſcht. Sed credo in Iesum, est verum, sed difficile, | das ſich einer
ſol ſchwingen auff die bloſſe gnade gots. ¶ Tamen praedicatis, quod
opera hominum non salvent, nec ein rhum zurichten gegen Got. Bene.
Sic enim auditis, ut baum und fruchte et glauben und lieb unter-
ſcheidet bene contra futuros Rottenses, quia ipsi semper ſchelten uns,
quod non praedicamus de bonis operibus. Ipsi nesciunt discernere
hoc. Si dicitur: oportet sola fide salvemur, tum nolunt facere opera.
Si econtra ꝛc. will semper den holtz weg ghen. Utrumque verum,
hart fur dicit: Qui credit, quod filius dei Iesus, deus, manet. Et
XXXVI 448 qui manet in charitate, per fidem | in deo manemus ꝛc. et per charitatem. Es ſthet beides da, quomodo discernenda? Sic sunt discernenda opus et fides, quando kompt zu der heubtfreydigkeit erga deum,
Ibi fides zw ſchwach et charitas. Si mecum vult rechten und mein lieb

---

5 quo fides etc.: womit du Glauben beweist hast. 12 Luk. 6, 38. 12 4 Mos. 16, 15. 13 1 Sam. 12, 3. 14 Ps. 18, 21. 25 tamen praedicatis: als Einwand eines Hörers gegen Luther gemeint. 26 Bene: Luthers Antwort darauf. 32 hart fur: ganz kurz vorher (1 Joh. 4, 15). 32 f. et <hic dicit:> qui manet in (1 Joh. 4, 16).

ansehen. Ibi Paulus:.'Si me verbrent'. Ibi nheme ich den man Christus
Jesus und setz in zwisschen mir und deum. Das ist die allergroste
fiducia, dies allein thut, quia nihil habeo, darauff ich trotz quam Christum, ut supra: 'qui bekennet' ꝛc. 'Manet in' ꝛc. ¶ supra hoc debeo
etiam fiduciam habere non solum coram deo, sed etiam coram ecclesia et toto mundo. Sic Paulus coram Agrippa: hab mich des bevliessen.
Item ad | Corinthios: 'Nostra gloriatio', non coram deo, das wer XXXVI 449
der Teuffel in corde nostro. Das ist nostra conscientia, quae dat testimonium et dicit, quod hic vixerim in terris ynn aller reinickeit und
lauterkeit. Sicut Samuel dicebat: 'Si est ꝛc. est ꝛc.' Si unrecht gepredigt,
ich wils bezalen. Ideo quando morior, wil ich den rhum mit mir
nhemen: Ego praedicavi Euangelium Wittembergae rechte. Sic
Paulus ad Corinthios: Ir seid mein rhum, freude in die Iudicii, da
wil ich euch fur stellen, ut dicatis: vos praedicavistis mihi Euangelium
mit aller trew, Et tamen 'nihil bewust', Ein freidigs hertz hab ich ja
coram Mundo, quia non furatus, sed alle guts gethan, gedienet, Imo
plus gloriabor in tribulatione, quod gefastet, ubel gegangen ꝛc. quo-
| modo? non quod per hoc salver, da gehort ein ander rhum zu. 'Nihil XXXVI 450
quidem mihi conscius, sed non in hoc.' Sed einer ist droben ꝛc. cum
isto wil ich nicht yns recht ghen, sed cum hominibus, et tamen coram
deo, ut in die iudicii. Coram deo nihil mea gloriatio nisi Christus,
sed post istam capitalem gloriam wil ich fur dich tretten cum Corinthiis, Wittembergensibus, quod pure praedicarim. Si ego non haberem istam gloriam, So musten die X gebot nicht recht sein. Ego docui
deum timere, fidei ꝛc. honorare parentes ꝛc. Ich wil mir den rhum
nicht lassen nhemen, quam habui in Achaia. Mit dem glauben rhumen
wir gegen Gott und heben seinen zorn auff und trotzen drauff, quod
baptizatus in Iesum Christum. Neben dem rhumen wir uns nicht
fur Gott ꝛc. sed: Si vidi esurientem, dedi cibum, si tristem ꝛc. si
discordes et quicquid aliorum operum charitatis, et nemo me | accusare XXXVI 451
potest, quod ei gestolen, sed coram deo sum ein ehebrecher et omnia.
Sed ipsi non dicere poterunt, quod eis gestolen, sed alls guts gethan
hab, ut sic gloriari possim: Ego coram mundo obedivi parentibus ꝛc.
Ja, gegen sie. Sed quando tu vis glosirn X praecepta, nolo gloriari,
sed oppono Ihesum Christum. ¶ Ideo etiam iactamus opera bona,
quod etiam fiduciam bringen coram deo in iudicio, quia deus praecipit. Quis non habet pro bonis operibus, quod pure Euangelium
praedicavi? Gott wird mich wol verklagen ꝛc. Sed ich wil mit freuden

---

1 1 Korr. 13, 3. 4 1 Joh. 4, 15. 6 f. Act. 24, 15. 7 2 Kor. 1, 14. 10 1 Sam. 12, 3. 13 2 Kor. 1, 14. 15 1 Kor. 4, 4. 18 f. 1 Kor. 4, 4. 25 2 Kor. 11, 10. 34 tu: sc. deus.

XXXVI 452 her tretten coram hominibus, ut | dicam, Sicut Samuel, Mose et Paulus, quia deus praecepit ista opera. Si exerceo erga te, sunt omnia divina, ideo etiam oportet habeam gloriationem, ad quam dicant angeli, Christianitas et mundus esse rectam. Si sinds gebrechlich coram deo, eamus ad heubt gloriationem, ut os obturemus falsis Christianis et Schwermeris. Nos praedicamus bona opera, sed per ea non salutem ꝛc. Ezechias iactat, quod si regnavit, quod deo placuerit. Sic Esaias. Sic coram deo, sed non erga deum, der rhum fidei est alia. Sed quomodo me erga mundum gehalten, erga doctos, indoctos. Ibi zeuge ich fur dir et tu mihi testimonium reddis, quod docui recte orare ꝛc. Sic prophetae, Apostoli, Sic omnes Christiani gloriari debent. Sic XXXVI 453 Paulus: nempt | uns zum Exempel, neminem betrogen. Haec vera opera fidei, ut recte praedicem Christum, fateamur. Das ist ein rechte vollige lieb, nicht ein falsche, quae tacet, vel.negat, Sic ut non solum verbis diligam, das ist nicht die hülssen de charitate, sed das korn. Item tot mala passus a Cesare, Papa et oravi pro eis. Cum deo wil ich nicht anders rechen quam per Christum. Non solum habeat fidem erga deum, sed charitatem erga homines ꝛc. Istam gloriationem ubique in Paulo: 'Cursum consummavi' ꝛc. Ibi audis praedicari opera ꝛc. cur non tu ꝛc. Nos plura praedicamus de bonis operibus XXXVI 454 | quam ipsi et nos facere possumus. Ipsi brewens ynn einander, per fidem rhum ich mich, quod dei sum, per opera et charitatem rhum ich mich, quod nemo aliquid adversus me habet.

4. (1. Joh. 4, 17 f.)

21. Juli 1532 nachm.

'Denn gleich wie er ist.' Proxime audivimus, wie uns S. Johannes vermanet ad dilectionem mit grossen, trefflichen, gewaltigen worten contra eos, qui sich lassen duncken, quando verbis ꝛc. putant se Christianos und folgt gleichwol nicht danach. ¶ Hoc fuit ultimum, quod nos Christiani habemus 2cem fiduciam vel rhum, den hochsten an unserm herrn Christo und heiland, das unser fiduciam da hinsetzen XXXVI 455 endlich, quando omnia | feylen an operibus et verdinst, qui portavit peccata nostra in corpore. Das ist der heubt rhum und der hochste trotze, drauff wir baptizati et in quo mori ꝛc. 2. Etiam fur Gott, non gegen Gott, sollen auch trotzen und ein hochmut und stoltz haben gegen die schendlich welt. Got dixit hanc veram charitatem et perfectam rechtschaffen, quae non geferbet sey, sed yhr tugent hab erzeiget durch

7 Jes. 38, 3. 12 1 Thess. 2, 10. 19 2 Tim. 4, 7. 26 1 Joh. 4, 17. 30 duplicem. 36 1 Joh. 4, 17.

rechtschaffene opera, die man greifft, ut in die extremo habeamus et dicere possimus: hoc et hoc feci, passus, non me ultus, malum pro malo, sed non solum amicum dilexi, sed etiam inimicum, optimum feci. Den trotz wollen wir bringen fur das jungst gericht contra mundum, qui magna opera Christi blasphemat, ideo non agnoscuntur bona opera nostra, sed blasphemantur et dicuntur diabolica. Ehe mich die welt sol ungeschendet lassen, sol ehe liegen. Qui non vult amittere sua bona opera in mundo, der ghe des handwercks ab. Da wird nicht anders draus, quando vis satisfacere officio, verliere tua bona opera. Sicut bonae pomi amittunt fructus et praebent eos pessimis nebulonibus, et sues comedunt. Sed das ist nicht der hochste trotz, sed da sol mir der Herr Christus sthen. Et tamen ut Paulus habemus bonam conscientiam, semper laboramus et totum mundum auff uns geladen, ut salvi fieretis. Et Lazarus wird dennoch so viel rhumen: du hast gute tag gehabt 2c. das leiden Lazari mus auch fur Gots gericht gerhumbt werden. 'Rechtschaffen in der lieb' i. e. opera bona recte facere, i. e. sum baptizatus in Christi nomine, Et ultra hoc das ausgerichtet, der rhum sol auch sein. Es heist nicht 'Herr, Herr', 'sed voluntatem patris' 2c. Qui non potest iactare, quod bona fecerit und verloren bona opera et passus, der wird ym hochsten rhum nichts haben. Si eam habes, invenies ein X Teufel et aliquot milia hominum, ut amittas tua bona opera. Si laudo potestatem utcunque, tamen sum seditiosus 2c. ¶ Hoc vult Christus, quia 'sicut ipse 2c.' Es must ein schendlich knecht, quando dominus in kot, ipse inn Rosen. Quis | gratias agit, quod sinit solem oriri, quod replet terrarum orbem korn XXXVI 456 und brod? Quot sunt, qui 1 ₰ nachlassen, quando deus reichlich korn gibt, dat vitam, corpus, animam, 5 sensus et omnia: undanck et verfolgung seiner ehr, worts und seiner majestet, Son, quid boni meretur? quod adulter adulterium committit, das mus die schon edle 2c. Ideo facite, ut dicere possimus: wie man dich hielt, sic me. Sic Ieremias: 'gedencke, quod coram te steterim', et pro eis oravi, praedicavi et ipsi me persecuti. Das ist der gering rhum in operibus, et tamen oportet eum nos habere, ne causetur mundus: si dictum | nobis, volu- XXXVI 457 issemus from sein worden. Sed den rhum wollen wir nidder legen. Iam rechent die welt nicht recht. Tum audiet mundus: Ego misi prae-

---

7 sol ehe liegen: verstehe: wird sie lieber wider mich lügen. 8 amittere d. h. vergeblich, ohne Gewinn tun (vgl. den kaufmännischen Begriff Verlustgeschäft). 13 2 Kor. 1, 12 ff. 14 Luk. 16, 19 ff. 16 Ephes. 4, 15; 1 Joh. 4, 17. 18 Matth. 7, 21. 23 1 Joh. 4, 17 b. 25 Matth. 5, 45; Ps. 104, 13. 31 Jerem. 18, 20. 33 dictum <esset>. 35 f. Vgl. Matth. 10, 16; Joh. 17, 18.

dicatores, filium meum, dedi edes ꝛc. Inspice Sanctos, wie du mit yhn bist umbgangen. Et tum Sancti stabunt et dicent: hoc fecimus et ex corde und rechtschaffener lieb. Si ista non adesset, wurden wir uns anders stellen, si quaereremus gloriam, gut, gelt. Non velim 1 stund den unlust tragen, wolt ein schreiber, burger werden. Ideo ists ein rechtschaffene lieb, quae fit hominibus zu gut, et ipsi sollens nicht erkennen, sed schenden. Sic si bonus consul quicquid boni furnimpt
XXXVI 458 ꝛc. Si princeps bonus, debent consiliarii | umbkeren und da fur fluchen, ungehorsam sein. ¶ Sic mundus bezalt die lieb ꝛc. qui non rechtschaffen in charitate, der hort auff et dicit: Voluissem tibi servire per charitatem, sed quia talis et tam ingratus ꝛc. Sed si vera: es ist umb deiner willen nicht angefangen, sed quicquid facio, deo in honorem et tibi zum besten. In extremo die wollen wir rechen. Iam non vis erkennen et displicet, quicquid feci, iam sol dirs gefallen und dazw hellisch feuer haben, Quia 'sicut ipse'. Das ist ein hubscher, feiner trost: sicut tibi fecerunt, sic mihi. Sicut dicit ad Samuel, quando noluerunt eum habere regentem, sey zu friden, cum diceret Samuel: 'nemini bovem'
XXXVI 459 ꝛc. Non tibi, | sed mihi, gib yhn ymer hin ein konig. Sic quid ego curo, quod totus mundus contemnit praedicationem et libros verdampt, Et si cui benefeci, me lestert, quid ego amitto dran et ipse acquirit? Was gewint ein Edelman dran, quod conculcat praedicatores? den rhum verliert er, et pii erhalten. So ghets unserm herr Gott, was wil ich denn drumb zurnen, quod mihi beneficienti rependitur malum, warumb sol ich murren? Sicut ipse mundo ꝛc. Si ad istum honorem venio, ut istum rhum krig, ut deum ꝛc. qui dedit vitam, corpus, solem, sanitatem, quid tibi feci, quod sic me schendest, lesterst? wer wil contra istum rhum leiden? Sic nos viximus secundum baptismum, libenter iuvissem omnes mit wort und wercken und verlorn omnia und hohn und spot druber leiden ꝛc. den caelum wil ich drumb nicht haben, sed hoc: sicut tu frustra serviisti tuis donis, sic
XXXVI 460 ego. Mundus non potest hanc | gloriationem ferre secum, quia mundus statim murmurat: dedi ei tot fl, et ipse ingratus. Ich lies yhn das hertzleid haben. Quid est tunica, 10 fl et quos dedisti umb ehr willen? Sed si pius, dic: deus dedit essen, trincken, leib, leben: inserviam aliis, dedit intellectum: Sic aliis eodem dono serviam. Wil ers nicht erkennen, gut. Christus: 'wer mein brod', quibus damus Euangelium,

1 Joh. 3, 16. — edes etc.: „Haus und Hof, Weib und Kind, Acker, Vieh und alle Güter.“ 3 ista, sc. charitas. 11 Sed si ⟨charitas⟩ vera ⟨est, dicis:⟩ es ist. 15 1 Joh. 4, 17 b. 17 1 Sam. 12, 3. 25 ut deum etc.: verstehe: daß ich Gotte gleich sei. 26 ⟨und mit Gott sagen kann:⟩ quid tibi. 30 tu, sc. deus. — frustra: umsonst. 36 Joh. 13, 18.

sollen uns verfolgen. Gleich wie er ist in mundo, sic nos. Das mus uns ein frolich, lachend hertz machen, ut dicamus: Cur solt ichs besser haben quam dominus meus? Ipse dat solem, dat regna, populos et omnibus omnia, quid habet? das sie yhm fluchen et crucifigunt filium eius. Das ist ein gratias mit schwartzer dinten geschrieben. Christus sudat sanguineum sudorem ꝛc. postea bezalet man yhn leider, wie er nicht verdienet hatt, sed dicunt per opera nos salvos fieri, non per Christum. ¶ Charitas non est | cogitatio hominis, sed exhibere bona XXXVI 461 opera, optima loqui de eis, yhn helffen geistlich, leiblich und mit ernst, et talis solch rechtschaffen lieb sey, das du dich nicht lest abschrecken, si reddatur malum pro bono, sed ꝛc. Hoc signum, quod non benefeceris propter deum, sed ut habeas gloriam ꝛc. Das heist nicht lieben, sed die leut gehasset und yhn feind geworden propter malum. Dein lieb sol sthen supra fidem et Christum tuum, non super hominem, ut dicas: umb des willen, quod ingratus est, wil nicht widder verderben oder schaden thun. Sic consistit mea charitas non super alterius bosheit vel fromkeit, sed super meam fidem. Ego scio, quod etiam non velim praedicare, si facerem propter homines, si machens so gros. Cives, Rustici et | Nobiles machens wol grob fur der welt, sed um deint XXXVI 462 unangefangen ꝛc. sed umb des willen, qui mihi dedit ad tuam salutem. Si vis, bene und wol dir. Si econtra thust mir in hand, videbis, dicemus ut Paulus: 'data corona' ꝛc. unde hoc? prius peccator, iam est iustus. Coram te sum peccator, sed quia ingrato mundo servivi, propter hoc dabit mihi coronam, quanquam per hoc non salvatur, aber der rhum, die Chron, herlichkeit und ehr wird da sein, ut dicatur: das hastu dennoch gethan. Qui vivit et nescit, quid faciat et operetur, ist ꝛc. sed oportet sit certus: hoc et hoc feci, Neminem ubersetzt ꝛc. das mus ja sein, ut certus, das sein leben erga homines sey recht, gegen Gott ists ein anders. Papa: quid mali? feci omnia bona, so ferne Gott belanget, | quid vobis, principes? das beste, als XXXVI 463 ich kunde haben, das keiner das maul darff auff thun et me schelten ut ehebrecher, dieb, quod non praedicassem, consolatus fuissem, das wer nicht fein, Sed quod gegen den homines kan sicher sein ꝛc. ut non possis contra me conqueri, vel si est, ut rogem te: frater, condona hoc mihi, Et postea, Gott seys unbewust, hoc feci. Hoc vult Iohannes. Ir solt euch vleissigen in der liebe, so seid yhr Gott gleich, sehet nicht an, quam malus mundus, sed ut vos boni sitis. Si ingratus mundus, cogitate, es geschicht patri vestro im himel auch. ¶ 'Furcht', das legt

5 Das ist ein schwarzer Undank. 21 thust: scheißest (wie das Kind der es besorgenden Mutter). 22 2 Tim. 4, 8. 23 te, sc. deo. 26 f. Matth. 6, 3. 27 ist ⟨gerecht⟩. 38 1 Joh. 4, 18.

er aus, quid hoc, 'ut habeamus fiduciam in die' i. e. conscientia wird nicht so gebissen. Ego nunquam boni quid feci, sed tantum mea quaesivi, nunquam dedi ulli ovum, nulli pfarrer geholffen ein futer korn einfuren, da bleibt furcht. Econtra machts einen mut, nicht depellit die heubtfurcht gegen Gott, da gehort der ander trotz und rhum her.

5. (1. Joh. 4, 18.)

28. Juli 1532 nachm.

Audivimus nuper in Epistola Sancti Iohannis, ubi dicit, spricht de lieb, das quisque Christianus sic vivat, ut cor eius fiduciam habeat und sich rhumen kunne contra mundum totum et diabolum, als qui vixerit unstrefflich, das yhn die gantz welt nicht kan taddeln, Si taddelt tamen, unrecht thut et ipse mit ehren besthen rc. quanquam deus
XXXVI 464 neminem ascendere | in caelum propter sua merita, sed Christi, tamen non vult tales Christianos, qui faciant, quod lubet, et dicant: 'Si quis credit et baptizatus, salvus est.' Vult, ut fides exerceatur, fructus et doctrina glorientur, non econtra. Et opera sollen den lohn haben, ut acquiramus pro eis undanck, hertzleid dazu, ut moriens dicat: Ego credo in Christum. 2. feci hoc mundo, econtra ipse pro benefacto malum rependit. Sic Paulus: Neminem geteuschet, Nec tot. Sic Moses et Samuel. Sic halten den trotz, non contra deum, sed mundum et diabolum. ¶ 'Quia sicut' rc. Nu si volumus istius domini servi esse, mussen wir uns seiner farb nicht schemen. Sicut illi gedanckt haben homines, sic nobis, ut ob oculos videmus. Si ynn einem löffel possent ertrencken, non acciperent scheffel. 'Timor', pein i. e. thut whe, das ist ein wenig finster, spitzig und scharff. Sic dicit: Timor non est in charitate. Ubi est lib, ibi sol sein unerschrocken, unverzagt hertz, quia timor est nihil aliud quam ein blödes, fluchtigs hertz, quod fugit ad sonitum folii. Sed econtra ein starcks hertz lest zurnen, wer nicht lachen wil, lest blitz, donner. Das ist ein unverzagt, künes hertz, ein unerschrocken, tale debet habere Christianus. ¶ Ibi discerne furcht und furcht. Non dicit hic de timore dei, est kostlich, qui est ein schew, das
XXXVI 465 man Gott ynn ehren hat. Nec hic loquimur de timore, qui | est ynn geistlichen sachen, sed de furcht erga proximum vel qui est contra fiduciam cordis. Supra: 'ut fiduciam habeamus', ein rhum, trotz etiam in extremo fine, die, ut dicere possit: Ich hab dir das beste thun, ut maneat die furcht in gradu charitatis. Diabolus potest falsch machen

---

1 1 Joh. 4, 17. 14 Mark. 16, 16. 17 dicat: ⟨1.⟩. 19 1 Kor. 4, 4; 2 Kor. 1, 12; Phil. 1, 20. 20 4 Mos. 16, 15; 1 Sam. 12, 3. 21 1 Joh. 4, 17 b. 18 a. 24 1 Joh. 4, 18 a. 34 1 Joh. 4, 17.

istum textum Iohannis. Er kan zw wegen bringen ein fromen menschen. Ut Paulus et David clamat, is sol jemerlich zagen. Sic Christus in horto sudavit. De isto timore hic non dicimus. Is vincitur sola fide, quia widderferet istis Christianis, qui fortem fidem et bonam vitam, multa bona faciunt hominibus et patiuntur. Ut Paulus praedicavit die, noctu et omnibus viribus laboravit, scripsit Epistolas, hat zu thun alle hende et laborat manibus, dat umb Gots willen und leidt solche schmach. Noch uber solches leben und trotz 1. Cor. 4. | tamen est XXXVI 466
er erschrocken et habet diabolum, der yhn all plag ꝛc. das ist timor infirmitatis fidei erga deum. De hoc non dicimus, possumus huc trahere, sed wollens hie niden lassen, ut bene accipiatur. ¶ Qui sic vivit et exhibet fidem, ut non possit argui, Is habet fiduciam et non timet diabolum, non potest hic quid efficere, cum Christianus dicit se baptisatum, vivere in obedientia parentum, in obedientia magistratus. Ich nere mich mit meinem schweis der nasen. Das ist ja recht. Das ampt kan er nicht zu schanden machen nec praedicatoris, civis, Rustici, Regis. Sic kan er den trotz in corde erhalten: non abstuli rem, uxorem, sed optime feci, geholffen mit operibus et worten. Hanc fiduciam habere debet, non ut drauff boche und trotz, quod per eam salvari velit. Sonst wo das nicht ist, cum mors venit, incipit cor und schmeltzt im leib weg ut sal in aqua. Et incipit: hab kurtze ellen gehabt, non feci officium, dis et aliud, ibi zagen, et tamen non sol diffidere | et nec sperare, si feci. Dennoch thut das opus et peccatum XXXVI 467
ein grossen schaden fidei, quia non exercitata, solicitata. Si vero eam exercuisses, et radices egisset. ¶ Ideo Epistola semper gerichtet non contra fidem, sed contra pseudochristianos, quia vult Iohannes Christianos rechte Christen, qui non tantum verbo iactant fidem: Ego Christianus, ghe ad Sacramentum. Es ghen wol buben hinzu, Et qui baptizati kunnen wol buben werden, et qui ad Sacramentum. Sed exerce, ut fiducia fortis fiat, ut possit vincere wellen. Sed aiunt: Si habeo tantum scintillam fidei ꝛc. Si diabolus ein kubel vol wasser, Nescis, quid dazu gehort, das man yhn starck mache? nempe, si eam exerces. Si non, tum non vera. Si vera, so wird er bald verdorren.
| Sicut fit segeti in agro, si non habet pluviam, fuit ein recht semen ꝛc. XXXVI 468
Sic Iohannes monet homines mit starcken worten, ut se exerceant in charitate, ut servent X praecepta, ut habeant fiduciam, possint etiam

---

1 istum textum 1 Joh. 4, 17 (fiduciam ... in iudicio). 2 f. 2 Kor. 12, 7; Ps. 6, 2; Luk. 22, 44. 8 Noch: dennoch. — 1 Kor. 4, 4. 9 2 Kor. 12, 7. 11 hie niden lassen: wollen das Wort auf die Furcht in irdischen Nöten beziehen. 13 hic, sc. diabolus. 31 fidei, ⟨sufficit ad salutem⟩. 31 wasser, ⟨scintilla extinguitur⟩.

in charitate, non solum in fide. Latro in cruce nihil boni fecerat et ad Christum nihil boni, sed dritt her sola fide als ein held: Nos mali, is bonus. Arguit omnes et socium, der trat mit einem starcken bekentnis. Wers so mit eim hui kan hin bringen, wol dem. Sed caveas tibi. Das meinet Paulus ad Corinthios: 'Si', 'ut montes' rc. quia si schon trefflich anhebe et machs seer kostlich cum Euangelio und verdorre, tum amitto fidem. ¶ Vidit hoc Iohannes idem et nos hodie: verbum dei vel falsche

XXXVI 469 Christen findet vel gar heilig. | Si praedicantur opera rc. Si fidem, nemo vult operari. In me animadverto, quod viel weniger geschickter ad bonum, quam olim in papatu. Ut Euangelium non est ein solch ernst apud Christianos ut ⟨lex⟩ apud Monachos, die sich schier zw tod gefastet, gebettet. Iam kan man nicht erweren, ut non furentur et das korn geben, wie es recht rc. Olim edificabant templa magnifica. Ideo ex doctrina fidei verlierns safft und krafft fidei. Non frustra sic praedicavit Iohannes, dat Exemplum: sihe drauff, qualem fiduciam habeas in corde, Num sine querela vixeris rc. Item num aliquid passus ab adversariis, quibus bene fecisti. ¶ Et ego cum Papa et suis sic dispu-

XXXVI 470 tabo. Praedicavi | veritatem und mir von hertzen sauer. Das ist die lauter warheyt, trotz, ut arguar. Et tam multa passus a tuis. Et tamen per hoc non salvabor. Nec ob oculos pones mulierem, virginem, quam rc. Paulus: 'inculpatum', ut possit dicere contra mundum: trotz. Mit Gott mus ich anders reden: Domine, tu misisti filium, qui traditus rc. Sed cum Regibus, principibus, doctis et Satana et suis angelis: Ego baptizatus et praedicavi verbum et vixi ut praedicator. Las sehen, quid feci, das unrecht werd? Non fit, ut non iudicer rc. Si vero viverem und hette die ehe gebrochen, Jungfrauen geschwecht, wer cor erschrocken, wie wol timor nicht die uberhand sol haben, sed fides, tamen schwecht sie. Ideo non agat vitam Christianus sic ut rc. Ego vivo, edo, praedico, diabolus vult accusare, Ich hab ja meins ampts gewart, ibi mus er das maul zuhalten. ¶ Sic mulier hat ein freydickeit, quando accusatur adulterii, tamen non commisit adulterium. Das ist die zuversicht, quam

XXXVI 471 | Christianus habere debet. Econtra si est adultera und kumpt irgend ein unnutz maul vel conscientia, so schlecht yhr das blut unter augen. Item si fuit discors cum marito, cor wird blode und zappelt. Sed non ideo dicendum, quod damnetur. Et tamen habet pein. Es martert einen, ut dicat: Ich hab dennoch nicht recht gethan, contempsi magistratum, non honore affeci praeceptorem, maritum. Soltu das

---

1 Luk. 23, 41. 5 1 Kor. 13, 2. 8 opera, ⟨perit fides⟩. 10 Zeichensetzung gegen W. A. 11 ⟨lex⟩ fehlt W. A. 20 „und rück mir du, Papst, nicht vor die jungfräuliche Nonne, die ich zum Weibe genommen". 21 1 Tim. 3, 2 („unsträflich, eines Weibes Mann"). 22 Röm. 4, 25.

stechlein uberwinden, os proximi, diaboli et dei iram, habes duplicem laborem. Ja, lieber, es mocht dir zu schwer. Si vero sancte vixisti, et es matrona, rexisti domum, familiam, non fraudavi vicinam umb huner, quod verkaufft, hab ich umb ein gleichen ₰ geben. Ideo kan mich die welt nicht verzagt machen, wie wol ich nicht drauff fusse, ut Paulus 1. Cor. 'Nihil mihi', 'sed per hoc'. Item 1. Thes. 2. 'ut pater' ꝛc. das ist ein rhum et fiducia etiam ad extremum diem, 'sed per hoc | non iusti- XXXVI 472
ficatus'. Quando hoc habes, so hastu dich entlediget der furcht von der welt. Sed timor, die oben herab fellet, ut ira dei, iudicium, da gehort zu die Tauff, Euangelium. Das ist ein hoher trotz, der stehet nicht ynn uns, sed in Christo. ¶ 'Furcht' i. e. qui habet cor, quod diligit proximum secundum charitatem, der darff nicht da fur erschrecken, quod non fecerit, Et est yhm ein trotz coram deo, quando diabolus accusat ꝛc. Nemo nostrum, qui sancte vivit. Nos nolumus 'pater noster' falsch machen. Nemo nostrum so heylig, quod non quandoque maritus irascatur, dis leben leids nicht, so rein fleisch und blut ist da. Sed inspice officium tuum, ut videas, ut vivas ꝛc. Tamen bona matrona wolt nicht gern yhr ehe brechen. Si male fecit, tamen emendatur. So rein wird mans nicht hie ausrichten. Ob ein frumer maritus erzurnet, tamen non leufft von yhm. Si econtra, maritus hats nicht drumb
| gethan, quod velit drinn bleiben. Ob zu weilen der wagen nicht gleich XXXVI 473
ghet, schad nicht, ghet gleich wol nicht den holtz weg, sed bleibt ynn der rechten ban. Talem hat der mensch nicht zu straffen nec diabolus i. e. qui se exercet in charitate, der hat einen forteil, quod possit fidere erga proximum, mundum et iudicium extremum. Sed quod mundus nihil de te loquatur, nihil, kere dich nichts dran, wird nicht draus, das man dich nicht solt schelten hundisch. Si etiam invenis bonam matronam, tamen habet osores. Der Teufel mus schelten. Sed cogita te esse maritum, maritam, scholasticum, fac, quod potes, servi umb Gotts
willen und bleibe ynn der | ban, tum habes forteil, quod non timor in XXXVI 474
charitate, quia tu es in charitate. Qui contrarium facit, der kan das nicht thun. So man dich druber schilt, leit nichts dran, Ich wil in extremo die dir ein gut register bringen bonorum operum et disputare cum diabolo, duce Georgio et doctore Rotzleffel, ista iam nolunt videre. 1. considerandum mihi, quod baptizatus, postea video meum officium. Si non placet diabolo et membris, tamen scio a deo praecepta ꝛc. ¶ Ideo tam fideliter monet Iohannes illos, qui tantum nomine, nihil dant, leyhen, sed avariciores, si rusticus 1 ovum posset dare pro fl, Si artifex aurum pro ½ miliario fl, thets, Sie ghen all da hin

---

5 ff. 1 Kor. 4, 4; 1 Thess. 2, 11. 11 1 Joh. 4, 18. 34 Rotzleffel: Cochläus.

et vocantur Christiani. Iohannes: sehet euch fur. Si charitas non, nec fides, sed mera hypocrisis. In tempore mortis ꝛc. Ich hab dem zu tewer geben. Totus mundus wird dich mit gantzen recht straffen et diabolus, quia deest charitas. Si adesset, hettestu kein schmertzen.
XXXVI 475 Non posset dicere | diabolus et mundus ꝛc. Sed econtra: wher du, Teufel, welt? Seid uns gnedig, lieber. Si habs versehen, so habs Vater unser druber gebett. Ich hab dennoch recht gepredigt, et quod mea doctrina profecta ex verbo dei, Et hab geholffen, gedint pro viribus, si non potui multis benefacere. Ideo wil ich nicht timorem habere in corde, sed charitatem. ¶ 'Vollkommen' i. e. rechtschaffen, der ist nicht heuchler, Christ ist, der hat ausgetrieben die furcht, blodickeit, die yhm einfelt: das und das hastu nicht gethan. 'Pein' thut whe, versuchs, quando diabolus conscientiam sic terret: hast dem nicht recht than, ut potest auffmutzen, wens die warheit ist, so thuts whe. Diabolus
XXXVI 476 | hat mir offt bang gemacht und manchen schweis abgejagt, ehe ich da hin bin kommen. Dennoch ists recht: Ego vocatus ꝛc. Er kan einen wol uber eilen ut Schwermer. In tempore mortis non aliud dicit: Juncker, wer hat dich beruffen? et mundus et conscientia simul consonat. Ich wolt nicht hundert tausent mundos nemen, ut istum timorem solt leiden in morte. ¶ Ideo vult monere, ut servemus fidens cor, ut diabolus nicht kunne schrecken. Wir haben dennoch zu kempffen gnug cum fide ut
XXXVI 477 Apostoli, qui fuerunt vollig in | charitate, haben gepucht und geschart, das einer meynen, sie seyen tol. Paulus apostolus: Et mir sol gehorsam, quicquid in mundo 2. Cor. X. Bene, quia sunt perfecti in charitate. Sed in ps. 6. est alius timor, quem non charitas eiicit, sed Christus. Qui terretur, der mus marter haben, quia conscientia ist das groste Kreuz auff erden, quanquam man nicht verzagen sol, doch gleichwol thuts whe. Des sollen wir uns uberheben, das wir doch in inferiori gradu fiduciam haben ut Samuel, Moses: trotz, der mich schelte ꝛc.

3. Die Predigten über 1. Kor. 15, 1532/33.

Vom 11. August 1532 bis 27. April 1533 hat Luther an 17 Sonntagnachmittagen 1 Kor. 15 in Predigten ausgelegt. Wir besitzen wieder die Nachschriften Rörers und die ziemlich freie Bearbeitung Crucigers von 1534, beide zusammen gedruckt W. A. XXXVI 478—696. Die Nachschriften werden hier wiedergegeben nach der W. A. Das Zeichen ¶ bezeichnet wieder in Hs. (W. A.) fehlende Absätze.

---

10 1 Joh. 4, 18 b. 12 1 Joh. 4, 18 c. 24 2 Kor. 10, 6.

1. (1. Kor. 15, 1—8.) XXXVI 478

11. August 1532 nachm.

Ista Epistola docet de resurrectione domini Et posset die paschae
legi et possemus singulis dominicis praedicare. Occasio huius Epistolae,
| quod Christiani in Corintho habuerunt Rottas inter se, Graecos, qui XXXVI 479
docebant resurrectionem omnino nihil. Alia, quod facta esset, sci-
licet, quod | per baptismum resurreximus ex peccatis et viveremus, XXXVI 480
ut Sadducaei, ut bestia ꝛc. cum his alibi agit Paulus. Isti sind aber
gute, grobe gesellen, | qui omnino riserunt et resurrectionem. Ut infra XXXVI 481
interrogant: quomodo resurgemus? loquuntur sicut sues: Num iterum
resurgemus a morte? caelum wird zu klein werden, ubi accipiemus
esum? werden wir uns auch unrein machen? Sic schwechten Christia-
norum fidem in hoc articulo und | machten ein Narrnspiel ꝛc. ut hodie XXXVI 482
etiam multi inter rusticos, cives et nobiles, qui ungeschickt da von
reden, cum vino, etiam nuchter.

Sed hoc scriptum uns zu ermanung, ut verbum wol fassen, quia
qui sic ceciderunt, die sind uns zum exempel gesetzt, ut sciamus, ne,
cum sthen, cadamus, ut, cum audio talem factum porcum, cruce
me signem, ne in hanc incredulitatem cadam, quia Satan ficht grosse
leute mit an, ut istum articulum non credant vel ungwis seyen. Cardi-
nales et papa sunt sapientes homines, sed vix duo vel 3 credunt.
Ideo necesse est, das istum Articulum treiben. Corinthiorum ecclesia
est ein praecipua Pauli ecclesia, ubi lon|gissime praedicavit, et tamen XXXVI 483
talis error ersthet inter eos. Quid nos sollen gewarten, qui multo in-
feriores Paulo? et hoc fit ipso vivente. Tolerabilius, quando error
bleibt bey den tolpeln und Adel und bauer. ut quidam dicebat: Ein
bauer stirbt wol an olung. Es werden leute bleiben, qui nihil de Christo,
deo, von praeceptis halten, si etiam ꝛc. Sed hoc teufel, quando ii im-
pugnant articulum, qui praedicatur, quos Paulus instituit, et in errorem
ducent. Gratia, quando praedicatores rein bleyben, tamen semper
sunt in turba, qui suscipiunt und bleiben drinnen, quia rein warheit
ghet an frucht nicht ab. Ideo saepe monui et adhuc, ut oretis pro fide-
libus in suam vineam, qui mit ernst und trewen meinen. Tales kunnen
baptismum, Sacramentum et omnes status erhalten. Si non, wird
uns Gott stellen an | S. Pauls et omnium bonorum praedicatorum XXXVI 484
tolpel, qui ein artikel post alterum hin reissen werden et baptismum,
Sacramentum. Ideo ghets mich nicht an, quando ein grober tolpel

---

8 ut bestia ꝛc.: Cr (= Cruciger): kamen endlich dahin, das man gleubete (wie zu Christi zeiten die Sadduceer), das ein Mensch nicht lenger lebete dieses lebens wie eine kwe odder ander thier. 10 1 Kor. 15, 35. 16 ff. 1 Kor. 10, 11 f. 27 an: ohne.

ridet Sacramentum. Sed quando ii, qui praedicare debent, da ist
XXXVI 485 der Teufel abt, da mus sich populus fursehen ab | pastore suo. Hoc
factum in Corintho uns zum greulichen Exempel. Et timeo propter
ingratitudinem nostram tales nobis venturos. Ideo si deus tantum
daret fideles pastores et tantum der predigtstuel rein, nihil officeret
malitia hominum. Si sollen die bosen bekert, bene. Si non, tamen
XXXVI 486 manent | da bey, qui ꝛc. Sed eruent tenebrae per totum mundum,
ut totus immersus in tenebris. Da wird sich ein geschrey erheben
media nocte, et veniet ein blitz und donner ꝛc. Paulus hat mussen suo
XXXVI 487 tempore leiden istas Rottas, | qui manifeste docuerunt in sua ecclesia,
quod resurrectio nihil: Num sollen unrein machen? sed nichts gleubt,
sed tantum hie gelebt, gefressen und gesoffen. Ideo confirmat eos.

'Ich' q. d. Es wil not sein, das ich euch erinner und vermane q. d.
video alios velle praedicare Euangelium, et obscurare volunt meum
Euangelium, ut Paulus nihil sit. Ideo oportet me facere ut Apostolum
et monere, ut cogitetis Euangelium, quod vobis praedicavi, quia nullum
aliud neque potest ꝛc. Non inspicite alios, quam docti ꝛc. Nec sine
XXXVI 488 fructu praedicavi, | quia 'suscepistis'. Secuta fides in corde et habitum
pro veritate. Ideo moneo, das ir dran gedenckt, Et adhuc 'statis' in eo
q. d. quotquot stant, stant per Euangelium, quod ego praedicavi, alii
obscurant omnino. Nec habetis aliud verbum contra Rottenses,
XXXVI 489 quam quod a me. Hoc audientes | erunt tol und toricht, ut si dicimus:
quando ablati, cogitate an das Euangelium, quod nos ꝛc. Wie hoffertig ist der tropff. Num solus habet spiritum sanctum? et faciunt
hominibus nasum. Ist werlich war. Et alii habent spiritum sanctum.
Et das ist forteil in populo, furwitz und uberdrus, Et der feret mit hew
XXXVI 490 wagen hin ein: nescit aliud praedicare quam Christum, | baptismum,
fidem, Euangelium. Da ghet ein blat an der thur auff das ander:
wollen horen, quid hic doceat. Tum rottensis: Num putatis Paulum
solum habere spiritum? Nos quoque. So ghets an. Das heisst denn
'Ebria sitientem'. Der truncken furt den durstigen. Ideo trahit ad
suum Euangelium. Es wird schwerlich zw ghen, quando mortui sumus,
venient, qui avertent aures a nostra doctrina.

'Quod annunciavi.' Ne last euch yrr machen. In hoc sthet

---

8 f. Matth. 25, 6. 13 1 Kor. 15, 1. 22 f. ebenso wie sie, wenn ich sage 'nach meinem Tode denkt an das Evangelium, das ich euch gepredigt habe', daher fahren und sagen: 'Wie hoffärtig' usw. 26 Cr: Und haben die Rotten on das zwey grosse vorteil jm pobel, Das eine heisset Fürwitz, das ander Uberdrus, Das sind zwey grosse thor, da der Teuffel mit hew wagen ... durch feret, Das sie sagen: O kann doch dieser nichts mehr predigen denn usw. 31 5 Mos. 29, 19. 34 1 Kor. 15, 1.

et salvi. Er heuet umb sich contra omnes alios q. d. meum Euangelium
est hoc verbum, per quod salvi. Alii seducunt vos in abgrund der
hell. Hoc | non possunt pati praedicatores et populus. Es hebt bereit XXXVI 491
an weidlich i. e. solt yhr bleyben und salvari, must yhr das Euangelium
haben. Iam audietis, quid vocet Euangelium.

'Welcher gstalt.' Fleissig hat Paulus achtung auff sein wort.
Scitis, quomodo praedicaverim gegen yhener predigt. Videte, quid
ego, alii dixerunt. | Ehs wer denn, quod non 'servassetis' et non salvari. XXXVI 492
Et facit ut bonus praedicator, hoffet, quod manserint, et tamen timet,
solicitus, quod amiserint. Sic solatur eos, quod non sey mit yhn gar
verlorn. Et tamen terret q. d. Si non werdet achtung drauff haben
et alios audietis, tum frustra praedicavi et | vos credidistis, frustra bapti- XXXVI 493
zati, Christus otiosus, et fideles, et quicquid credidistis, est verlorn,
quia ex vera fide tret in unglauben. Quid ergo praedicasti? 'quod',
non somniavi, finxi, non in visione, somno ankommen. | 'Non est hu- XXXVI 494
manum' Gal. 1. sed revelatum. Non est humana praedicatio, sed
dei verbum. Ideo tantum praedicavi, quod nescivi prius, sed 'accepi'
et contra ivi ut canis rabidus.

| 'Quod Christus.' Hoc est Euangelium Pauli: Ihesus Christus XXXVI 495
mortuus ꝛc. Haec est nostra praedicatio in sermone. 2. habetis testi-
monium | scripturae et habs bestetigt verbis scripturae und mit ge- XXXVI 496
schichten, quod visus a Kepha ꝛc. isti omnes sunt testes huius. 'Ia-
cobo.' Hoc habetis in | Euangelio. 'Apostoli' sunt omnes, qui XXXVI 497
missi sunt. 12 sind etwas mher denn apostel. 1. per scripturam testatus,
quod Christus muste sterben ꝛc. 2. mit | mir selber, quia mihi ꝛc. Et 500, XXXVI 498
Petrum, Iacobum habetis et 12. Isti omnes certi testes, qui suis oculis
viderunt. Qui nunc non credere vult, | der lauff zu, et tale Euangelium XXXVI 499
werden sie nicht auffbringen, ut beweiseten scriptura et leuten. Ideo
mea praedicatio fuit certa. ¶ Erstlich omnes | Rottenses komen getrollt suis XXXVI 500
cogitationibus und dicht, habent pro se scripturam. Sed scheppffen
fur hin gedancken, ut Schwermeri, quod aqua | sit baptismus. Postea XXXVI 501
currunt cum hac cogitatione in scripturam. Man sol allein Gott ver-
trawen, non creatur, ergo nihil baptismus. Ibi scriptura: deo fidendum,
mus dienen suis cogitationibus. Ibi statim vulgus seducitur. Sed
quomodo furen sie es? baptismus est mera aqua. Nos: intus est
pater, filius, spiritus sanctus, dei verbum. Quare ergo dicis: qui fidit

---

1 salvi ⟨eritis⟩. 6 1 Kor. 15, 2. 14 f. 1 Kor. 15, 3. 15 f. Gal. 1, 11 f. 19 1 Kor. 15, 3. 22 f. 1 Kor. 15, 7. 23 1 Kor. 15, 7. 25 Luk. 24, 26 (die Jünger von Emmaus als Beleg, daß Christus dem weiteren Apostelkreis erschienen ist, vgl. Luk. 24, 36). 25 1 Kor. 15, 8. 25 1 Koi. 15, 8.

XXXVI 502 baptismo, | fidit creaturae? Ideo 1. non furen scripturam vel auff yhr erdichtet gedancken. 1. setzen yhr dunckel und wahn. Sic cum Sacramento, verbo vocali Et ehestand: Es ist ein sundlich leben. Nemo potest salvari, nisi sit purus ab omni amore: du hast ein weib und liebest ꝛc. Postea locus: dimitte patrem, matrem, uxorem. Das ist
XXXVI 503 1. tuum somnium ꝛc. quia sit res carnalis | diligere uxorem, liberos, domum. Das ist getreumet ding, sed hat ein nasen coram vulgo. Simplex kan sich nicht wheren. Sed nos dicimus: Man und weib haben sich lieb. Ist gestifft mit Gottes wort, du Esel, da sthet vinculum, quod zusamen bindet, verbum dei. Si tantum inspicio mulierem, virum nach dem schleyer vel hut, Sed est creatura dei uterque homo. 'Non separet.' 'Non est bonum.' Quae ergo habet maritum,. uxorem, habet dei praeceptum supra se: Debes deserere patrem, ut propter eum deum non deseram, non negem Christum. Da heists verlassen. ¶ Paulus rhumbt, quod sua doctrina non sit menschlich dicht, somnium, sed 'nach der schrifft', quae dicit Christum mortuum, resurrexisse.
XXXVI 504 Ideo in hoc articulo non quaere | rationem, non audi Schwermeros, sed auff die schrifft mercken. Ubi in ea non haereo, furt mich ratio et Rottenses davon, quando von der schrifft kom ꝛc. Ich durfft mich schier einen doctor rhumen. Quando non sum inn der rustung scripturae, sol ich wol verlieren Christum, deum et omnia. Was sols thun, quando homo omnino est sine scriptura et non vult eam audire in his arduis articulis? Ego possem contra praedicare, ubi is hin kompt, qui ab avibus comeditur und verbrand, a piscibus ꝛc. wo bleibt sein leib? Sol unser herr Gott so gnauge drauff sehen, ut pulveres ꝛc. Et iacet in terris, stinckt, et nemo potest ferre ꝛc. Si secundum caput loqui ꝛc. Sic dicam. Et quomodo potest Maria sine viro ꝛc.? ¶ Summa: nostri articuli sthen auff der schrifft. Denn nullus Rottensis kan zeugen
XXXVI 505 auffbringen. | Paulus: quicquid praedicant, nunquam viderunt, erfaren. Sicut mangeln testimonio scripturae, sic etiam testimonio der erfarung. Sed contra Paulus dicit de utriusque. Omnes Rottenses docent de eo, quod non viderunt, audierunt, experti sunt. Papista, qui habet rew pro peccatis et vivit secundum regulam, dat eleemosynam. Requirit ein zuversicht gegen Gott, wird selig. Nunquam experti, nullus potest testari, quod yhe habuerit laetam conscientiam. Sed post omnia opera mea servata stund mein hertze also: feci, sed
XXXVI 506 nescio, an ꝛc.? Sic faciunt omnes Rottae ꝛc. neminem kunnen | auffbringen, qui dicat: Ja, ich habs versucht. Ideo non solum sine scriptura,

5 Matth. 19, 29. 11 f. Math. 19, 6; 1 Mos. 2, 18. 16 1 Kor. 15, 4. 25 gnauge: genau. 29 Kol. 2, 18. 37 nescio an <deo placeat>.

sed et erfarung praedicant. Non est scriptura nec exemplum. ¶ Ideo duplex mendacium: der lere halben und that. Das ist das allerverdrieslichst, quod est in ipsis, plaudern und imponunt ut diabolus pompis, ut putent videre. Ideo dicit: manete cum ea doctrina, ubi certa scriptura et experientia hominis. Apostoli praedicant scripturam und zeugen von yhrer eigen erfarung. Ego per gratiam dei possum praedicare de fide, quia habeo pro me scripturam, deinde etiam experientiam. Si quaeris omnes Rottenses, fateri coguntur se non expertos. Hoc vocat Euangelium: Christum mortuum et resurrexisse. Euangelium est praedicatio, da man leret, quod Christus mortuus pro peccatis | nostris et resurrexit a mortuis secundum scripturam. XXXVI 507 Das heist auff deudsch kein opus. Non dicit Euangelium de meo opere, sed Christi, qui mortuus, qui ꝛc. quae non sunt opera mea, sed Christi, quae ipse fecit. Quomodo acquiruntur? per fidem, ut de Corinthiis dicit. Das ist vera doctrina et fides. In Euangelio heubtartickel, et per hos sthet yhr et salvamini.

2. (1. Kor. 15, 8—11.)

8. September 1532 nachm.

Pergemus, ubi nuper dimisimus in X5. capite Cor. ubi praedicat Paulus de resurrectione mortuorum am jungsten gericht, quia is articulus, cum warten und hoffen und dran setzen leib und leben, dignus, ut getrieben, quia videmus ob oculos, das einer dem andern nach folget, et ideo monemus, ut expectetis 'beatam spem' ꝛc. ut veri Christiani sich des trosts, nihil curent. | Besser, besser. XXXVI 508 Sic audistis, quod Paulus hat zuschaffen gewunnen apud Corinthios, ubi magno labore verbum fidei gepflantzet, et secuti die klugling, qui omnia besser machen et plus, quam norunt, quia erant etiam in istis regionibus naseweise, kluge ꝛc. quia quando Apostoli aliquid docuerunt, haben sie es bessern. Istis occurrit sua scriptura et argumentis, quod sic ꝛc. Vobis praedicavi Christum resurrexisse, zeugnis hab ich euch furgelegt, als nempe verbum dei, deinde testimonium der lebendigen menschen, 12 Apostolorum et 500 ꝛc. Quem non movent ista 2 testimonia, scripturae et viventium hominum, qui cum eo conversati et audierunt ꝛc. Ego non possum maius testimonium dare quam verbum dei miraculis confirmatum et Apostolorum XII et aliorum discipulorum et 500. Si non, leg dich auff den kober und mach ein speck und braten aus dir. Hic non est trotz, unser herr Gott fragt nicht darnach.

---

23 Tit. 2, 13. 24 Komma hinter trosts gegen W. A. Verstehe etwa: sich des Trosts ⟨genügen lassen und⟩ nichts fragen nach dem „Besser, besser" ⟨der Rottengeister⟩.

'Postremo et a me.' Das ist ein Apostolica conditio, quae cuilibet Apostolo wol ansthet, ut ab ipso domino sine medio ꝛc. Ut istis, Petro, 12 et aliis, ut viderent, leiplich mit yhm umbgangen, ob er wol resurrexit a mortuis. Ideo thümbt er, quod non ab hominibus,
XXXVI 509 sed a domino, quem | viderit, inquit alibi. Apparuit ei in templo Ierosolymitano et foris ante Damascum, ut sciret se habere ab heubtherr et non Petrum fecisse Apostolum. Quanquam hoc factum post mortem Christi, tamen ꝛc. Ideo dicit: 'Zuletzt' i. e. ein kind, das zu frue geporn wird, nicht zeitig, reiff, qui non baptizatus, das verworffen ist. Mea mater, Synagoga bracht mich unzeitig zur welt, quia verfolgt Christum und legt yhn all plag. Synagoga sol mater sein, ut educaret filios domino utiles, ut alii Apostoli. Sed is unzeitig, quia non ut lex ꝛc. Summa Summarum: er verwirfft sich istis verbis, ut solet. Fui quidem probus, doctior aliis und unstrefflich, sed tamen
XXXVI 510 est ein unreiff | ding, nicht reiff, ut 1. puer unreiff nunquam videt solem ꝛc. Sic wirfft sich Paulus erunter, quod ante conversionem fuerit unreiff frucht, et tamen voluit omnia ꝛc. Sic hodie Iudaei. Statim a Synagoga nascuntur und werden bald begraben ex morte in mortem. Ich war der selbigen frucht eine ut alii, qui educati in Iudaismo, man hat uns nicht recht gezogen, sed fit per Euangelium, werden erzeugt und gewachssen. ¶ Iam facit ein grossen umbschweif, antequam iterum ad causam venit. Percurremus breviter. Fecerunt Paulo ut nobis
XXXVI 511 und füren die rede: Num spiritus sanctus tantus mendicus, | ut tantum Vuitembergae, num non Strasburg, Auspurg, Normbergae? quid aliud norunt quam nos? Post filtzen und rultzen: Ego etiam Christianus, baptizatus, aeque spiritum sanctum ut doctor, pariochus noster. Num non tam bene iudicarem? loquerer ut ipse? und ghet denn her: geist, geist. Es ist verdrieslich, non possumus wheren, nec Christus, Paulus. Salomo ipse met scribit in Ecclesiastico: Gibt got ein gnad, so folgt ein solch geschwirm, quisque vult sapere. Cum ergo quid incipitur, videtur, quod melius tacuisse, tot enim schwermeri. Sic in scholis, quando Thomas incipit super Sententias, sequuti multi.
XXXVI 512 Sic Iuristae. Sic semper die humpler und tropffen, | qui nicht recht gelernet haben, semper volunt meliores. Sic inter artifices. Sic factum dem lieben Apostel. Ipse fundamentum iacuit, quid secutum? commovit unnutze ora, Et die schelten yhn. Nos non ex lapidibus, habemus eundem spiritum, baptismum, Christum, adeo noster ut Pauli, quid melius nobis? Ipse persecutus est Christum und gering

---

1 1 Kor. 15, 8. 5 Gal. 1, 12. 6 foris*; W. A. forte. 8 1 Kor. 15, 8. 21 umbschweif: 1 Kor. 15, 9—11. 27 ipse Cr.; W. A. ipsi. 29 f. Pred. 12, 12. 33 Stümper und Tröpfe. 35 1 Kor. 3, 10.

person, ut fuit nicht ein anselicher man und kein gewaltige stym. Isti
fuerunt Cinglius et D. Eck und geschrieen ꝛc. et sic vernichtigt et, quod
diesen und den gebrechen. ¶ Sic venient post nos, qui non schuch: dicent
vobis unser feyl und gebrechen, nec potest aliter, quia Paulo contigit.
Paulus: scio, inquit, quod mich mit der schuster weis und butzen sich,
sunt boni et docti homines, habent spiritum, | der weis von der sachen XXXVI 513
zu reden: Nihil Paulus, Es ist verdampt ꝛc. sed ei committendum,
cuius Ecclesia, baptismus et articuli fidei sunt. Si ipse non wil
handhaben, non defendam, tantum loquar, ipse defendet. Qui non
vult credere, habeat ketzerey satis, dicit dominus. Nos facimus nostrum
officium, docemus und warnen mit vleis, ut pura maneat doctrina, si
apud te non, Christus wirds erhalten. Sic facimus nos. Ja, lieben
pseudapostoli, seid gelerter, et vos rustici. Imo cogor dicere: Ich bin
ein verdampt Mensch gewest, tu iuvenis ad rem venis. Hoc tu non
dicis. Et 100 mal heiliger quam ego. Et spiritus sanctus suum
donum in te effudit mit bottigen. Ideo dominus nimpt nicht gern
heilig ad praedicandum, sed qui greslich gesundigt, ut Paulum, quan-
quam externe sanctus, Sed sonst ein morder, qui | Christianam ec- XXXVI 514
clesiam persecutus, lestert tag und nacht. Summa: erat Christi feind,
den wolt er fressen. Tales kunnen sich nicht rhumen, Sed zu ruck dencken.
Non scis, qualis fueris, nescis, quod so viel bluts auff dem hals,
abiecisti homines a bonis et maritatos ꝛc. Sic ad me dicit Christus:
sihe hinder dich, so wirstu der hoffart vergessen.

| Ideo Paulus wil os obturare. 'Esto, quod vilis persona, sprach XXXVI 515
gering und unzeitige geburt und der geringst. Fateor. Et tamen sum
Apostolus et talis, so gros nequam fui. So gros erbeit ꝛc. quanquam
non reche, sed dir zu trotz, wenn du schon ein burger, bauer bist, sey
gelert und besser quam ego, tamen ego habeo ministerium, ego ad
hoc ordinatus.' 'Sed habeo spiritum sanctum, audi ergo me.' 'Non.
Si vero scis, thus mit weis, ut Paulus docet, et non quod habeas
macht. Per hoc iudicas, das dich der leidig Teufel treibe.' Cor pium
audit parochum, Doctorem Martinum. Si audit quid cum timore ꝛc.

Es ligt dar an, wer recht und trewlich redet et qui vocati a deo.
Et quanquam sim minimus, Ich bekens, man kan mich so gering nicht

---

2 f. <Paulum> vernichtigt et <gesagt> quod ... gebrechen <haberet>. 3 qui <itzt uns> non schuch <riemen auflösen sollten>. 4 aliter <accidere>. 5 mich mit der schuster weis <besudeln> [Schusterweiß = Pech]. 9 f. Hebr. 4, 2? 1 Petr. 2, 8? 29 Hs. weist mit Strich von Non auf ad hoc ordinatus zurück, will also gelesen haben: 'Non <es ad hoc ministerium ordinatus>. 30 f. 1 Kor. 10, 23 f. 32 Cr.: ob er gleich horet etwas unrechts predigen, feret er mit demut und vermanet den prediger freundlich und bruderlich.

XXXVI 516 verachten. | Es ghe uber mein person, tamen, qui fui persecutor, sum iam Apostolus. Non inspicite secundum personam, quomodo vixi, sed officium. Das officium wil ich unveracht, ungeschendet. Sum ein Apostel und solten sie tol und toricht werden. Donec sum in officio et Apostolatu, so wil ichs sein. Sic wil er in fur rücken 1. quod scriptura, 2. zeugen, 3. seinen beruff und ampt. Qui non vult istis 3 credere, dem bescher Gott gnug Rottengeister. Certe non sum dignus. Ich hab unschuldig blut vergossen, S. Stephanum etiam erwurgt und lies das urteil ꝛc. Ideo propter istam persecutionem non dignus nomine Christiano: minimus Apostolus. Sed mihi datum, ut sim Apostolus, ich sey wie schendlich gewest, 'Gratia', und das wil ich auch sein, quod sum, quod sum conversus pro mea persona et Apostolus,
XXXVI 517 ut fidei articulum in | mundo grunden, wer wil mirs weren ꝛc. Non natura sum, non meritis, sed es ist lauter unmeslich barmherzigkeit, das ich bekert bin und absolvirt vom lestern ꝛc. und begabt gratia, donis Christi et ultra hoc factus Apostolus, Das vermag nichts. Cum ergo gnad, non wil ichs verachten lassen. Si mei meriti, velim. Sed si contrarium ꝛc. Wenn man mich verachten wil, permitto. Sed quod gratia in me et praesertim officium, das wollen wir geehret haben, vel non sunt Christiani. Vides praedicatorem vocatum esse bonum dei, gratiam et donum. Non est thand, ut talis fiat et Christianus, sed dona, geschencke und gabe, quae deus solus dat et operatur sine nostris viribus, sapientia. Das bin ich. Ego Apostolus, vestrum donum, quod dedit, deus verordnet, ut ein sonderlich kleinot ꝛc. Sic parochus et praedicator adversus papam: Er heisse mich morder ꝛc. tamen praedicator et a te et Caesare firmatus doctor, et mihi commissum officium, und wils sein, got geb, es gefal dir vel nihil, et debes
XXXVI 518 gewis sein, ut homines certi. Si quis | wil wancken, tum auditores etiam incerti. Ich mus nicht wancken, quod sim praedicator et vera doceo. 'Ego sum', non habetis ein truncken bold, qui seipsum fecit Apostolum. Sed deus ex mera misericordia misit ꝛc. ¶ 'Et sua gratia.' Das ist noch mher. Ipsi: Es ist geringer man, qui kleine sprach et persecutus Ecclesiam. Nihil curo, sed quod factus Apostolus, ist nicht frustra, Sed deus fecit magnum fructum per meam praedicationem. Modestis verbis sic dicit. Infra sticht ers besser an. Non est ut cum pseudapostolis. Ist eytel vergeblich gnade, sed in me fruchtbar. Ich hab in variis Civitatibus et fundamentum fidei per gentilitatem ꝛc. Surgant omnes pseudapostoli et faciant, quod ego. ¶ 'Quam omnes': sols ja rhumen gelten, et ego. Ipsi rhumen de natura, kunst. Ego den

11 1 Kor. 15, 10. 31 1 Kor. 15, 10 b. 38 1 Kor. 15, 10 c.

rhum verlorn haben gerne. Sed nemo ut Ego. Ego plus praedicavi quam omnes und trotz yhrem hals. Tot civitates conversae, tot miracula, so gros | gepredigt ꝛc. Trotz, ut faciant. ‘Sie alle’: mag XXXVI 519 gedeut sein supra omnes Apostolos, ut olim. Sed sind from, ut per Συνεκδοχήν, non solum Apostolos, sed praecipue die schendlichen Rotten: haben sie viel gethan, Ego plus. So wers zugetroffen ad materiam subiectam, scilicet pseudapostolorum. Ist denn das war, quod plus quam 500? Ego praecipue intelligo contra Rottas. Si ad Apostolos, sua praedicatio et officium ist weiter gangen quam Apostolorum, quia reliqui missi ad Iudaeos et manserunt Ierosolymis. Sed Paulus et Barnabas segregati ut zwen sonderlich prediger. Sic Paulus profectus per totum Regnum Romanum ghen Rhom und Hispanien, ist schier 20 mal mher i. e. sein ampt ist weiter gangen und hat mher sthet beprediget quam Petrus. Ideo dicit se gentium Apostolum, | Et nos gehorn unter sanct Pauls predigt, quia ꝛc. Si vero de XXXVI 520 pseudapostolis, Ist das die meynung: lasse sie bochen, Non solum rhum, quod Apostolus, sed utilis Apostolus, doctor in veritate, Et ein mechtiger Apostolus, qui fruchtbar und viel gethan und mher quam ipsi omnes in cumulo. Haec non in hoffart, Sed ynn aller demut dicit se nihil, Sed propter | homines, ut sciant se non habere nequam XXXVI 521 zum Apostel, sed dei gratia et utilem i. e. qui sollen horen und abschrecken a Rottis, ut sciant: das ist ein Rottengeist, is unser Apostel. Sic behelt man die menschen bey yhrem Apostel. ¶ Sic mus ein vater auch thun: Si etiam ein unchrist ist, tamen iactat se patrem et habet ius zw handeln ut pater cum filio. Sic mater: utcunque erro, tamen tu mea filia, ego mater. Sic paterfamilias: Lieber knecht, wenn du schon noch so stoltz, dominus tamen ego, tu servus. ‘Sed non credis Euangelio.’ Was ghet dich das an? Den trotz mus man nicht lassen, quia dei creatura, las mich sein wunderlich, tamen dominus, pater- | familias. Deus sic ordinavit, ut tu servus ꝛc. Multomagis in officio XXXVI 522 praedicandi, das mich einer schilt und legt mich all plag an, das leid. Sed tu non es parochus, non habes Euangelium recht, non vocatus, da schweig diabolus. Ego officium habeo, baptismum, ut homines dicant, das sie bleiben cum doctrina.

Das ist ein umbschweif, quem Paulus dicit, ut sich hutten fur den Rotten. Nu, Nu es sey gnug gerhumbt, Yhr habt erfaren, quis sim, quidquid fecerim. Sive Ego sive Apostoli, da ghet das opus et fructus

---

8 quod ⟨Paulus⟩ plus ⟨fecerit⟩ quam 500 ⟨fecerunt⟩? 11 Act 13, 2. 14 Röm. 11, 13. 27 f. ‘Sed non credis Euangelio’: Einwand des Knechts gegen den Herrn (Zeichensetzung hier gegen W. A. geändert).

sui officii. Ego praedicator veritatis et nihil praedicavi: quod Christus mortuus et resurrexit. Sic nos, sic alii. Cum dem ſo iſt, quod Sic XXXVI 523 nos et alii prae|dicaverunt et scripserunt, Quomodo dicunt ꝛc. Ach die fromen kinderlein, qui Paulum ſchalten und auffruckten ſein verzweifelt leben, geringe perſon, et ornant, quod spiritum sanctum, et dicunt resurrectionem non esse. Da wird er ſich verkleren, wie es wird zugehen cum resurrectione mortuorum, und etlicher maſſe abmalen, quomodo zu ghe. Non est praedicatio pro Monachis, sed Christianis, qui expectant aliam vitam post hanc.

3. (1. Kor. 15, 12—15.)

22. September 1532 nachm.

Tentabimus porro de articulo resurrectionis. Audistis, quod Paulus indicavit, quod is articulus gegrundet per scripturam et deinde per Apostolos et Christianos beſtand. Iam arguit eos und widderlegt eorum infidelitatem, qui inter Christianos gepflantzt die ſchedliche gyfft, quod resurrectio nihil, ut hodie multi, qui in corde non credunt certo et habent articulum pro gelechter, et praesertim, qui ſcharffſinnig, ſcharff und klug, quia isti secundum rationem metiuntur dei verbum. Si debeo ratione anſehen, norunt sepultum, qui moritur ut kuh, ſau, et tamen scio, quod non resurget kuh et ſaw, et post homo ſchendlich as. Est figmentum et in ventum. Sic Sadducaei et eorum discipuli komen unter die Chriſten, qui etiam ein ſolch gifft gepracht. Et adhuc multi hodie, qui resurrectionem mortuorum non credunt. Ideo in ſaus, geitzen. Si econtra ꝛc. non ſo leichtfertig leben, sed ſich ſchewen contra istos infideles, qui abnegant istum articulum et tamen vocati ad Christum und getaufft. Sic dicit:

XXXVI 524 | 'So aber Chriſtus gepredigt wird.' Inter Christianos in Corintho et inter ipsorum praedicatores, quos Paulus ordinaverat, et scholas eorum turen etlich ſagen, quod is articulus 'nihil'. Si vis credere, inquiebat jhener ruchloſe geiſt, werd ſehen, das nicht draus werd. Et vos, inquit, debetis praedicare et alios furet da von. Iam incipit ir weſen umbzuſtoſſen et articulum zu grunden. Si resurrectio nihil, nec Christus. Si vultis negare resurrectionem mortuorum, etiam negatis, quod Christus ꝛc. quia etiam est mortuus et praecipuus, qui etiam mortuus et resurrexit. Si hoc erlogen, et jhens. ¶ Hoc argumentum ſchwach apud gentiles, quando probatur negatum per negatum, ut: du biſt ein ſchalk. Ipse: das iſt war, das beweis. Incipio iterum: Du biſt ein ſchalk. Petitio principii. Sed sic: quod

1 ⟨nisi⟩ quod. 27 1 Kor. 15, 12—15.

nequam, | per hoc probo: hoc furatus, hos testes produco. Sed quando: XXXVI 525 du bist nequam pater, filius, das heist nicht beweist, sed unnutz gescholten. Sic hic: Mortui non resurgunt, ergo nec Christus. Quid ergo incipit Paulus, quod per hoc vult beweisen, quod ipsi negant, quia utrumque negant, et Christi et mortuorum resurrectionem. Et wens starck wer, a particulari ad universale. Si etiam admittitur, quod unica persona Christi resurrexit, non concluditur: una fraw, her schalk, ideo omnes, 1 pfarrer ein Rottengeist, ergo omnes, quando vult einer ex 1 die ein gantzen somer machen. Ex uno schalk als. Sic apparet, quod Paulus schwechlich probet. Christus &c. | non &c. XXXVI 526 Si etiam Christus filius dei resurrexit, qui est unica persona, tamen non sequitur, quod alii. Ideo confirmat hoc argumentum et partes knupfft an einander und reducit hic Syllogismum recht per impossibile. Qui vult hunc articulum negare, mus mher leugnen, quod creditis, et quod verbum non rectum, quod audistis, et non war, quod nos apostoli et veritatem praedicamus, et quod deus verax et deus deus. Ista omnia sequuntur: Si fides unrecht, et verbum, si verbum unrecht, praedicator non recte gesand. Sic etiam deus falsch, qui misit, et non recht. Contra negantem principia non &c. Nos loquimur cum iis, qui deum fur Gott halten et pro veraci, qui non mentiatur, et quod Apostoli eius sint zeugen, 'qui vos audit &c'. ¶ Das | sind unser heubtstuck und grund. XXXVI 527 Et tota scriptura dicit de Christo filio et apostolis. Et credimus, quod Apostoli praedicarint, sey das recht wort, et qui credit, werd selig. Si vis negare, nihil negocii tecum nobis &c. Si non, lauff hin et nega Christum, verbum, baptismum et resurrectionem. Hoc facile, ubi priora non folgen, quod deus verus, quod Apostoli recht locuti et Ecclesia recte credat, postea nec crede resurrectionem mortuorum, inferos. Si enim non credis deum veracem, nec istum articulum. Si vero es in hoc hauffen, quod deum pro veraci, Gotts wort, Christus, glaub, Christianitas, so wollen wir dich zwingen per impossibile, ut credas. Sic: Impossibile est, quod erlogen sit, quod Ecclesia credit, alioqui verbum nicht recht, praedicatio, verus deus, sonst must er nicht Gott sein. Si non vis credere, noli. Principiis stantibus bringt dich die folge, ut dicas: Resurrectio mortuorum tam certa ut deus, quia per filium suum revelavit, et Apostoli, ideo hoc verbum ist warheit et hoc verbum rectum creditum ab Ecclesia. Ergo fundamentum hoc mus recht, war sein.

---

2 Cr.: Es ist war, du bist ja ein schalck und bleibst ein schalck von vater und mutter." 7 Cr. hat statt „una fraw, her" gelesen: unus Richter. 9 als: alles. 10 Christus <non resurrexit, ergo nos> non <resurgemus>, vgl. 1. Kor. 15, 14. 18 Sic mit Cr. gegen W. A. si. — recht: recht<er Gott>. 19 non <concluditur>. 21 Luk. 10, 16.

XXXVI 528 | Bind sich yn einander, das keins dem andern kan, Gott, verbum, Apostoli, Christus, fides kan nicht liegen. Ideo mus hoc war sein, quod mortui resurgunt, quia haec praedicata per Apostolos, Iesum Christum, et creditum a Christianitate et angenhomen. Ideo hengt als an einander: Gott, sein wort, Christus, Apostolorum praedicatio, fides. Ideo so Gott lebt, nicht liegen kan, so gewis der Apostolorum praedicatio recht et fides, so gewis resurrectio mortuorum. Sic concludit Paulus. Qui vero non fragt nach der schrifft Apostolorum, Ecclesiam, fidem Ecclesiae, der far hin zum Teufel, et glaub, quid velis. Sed qui suscepit scripturam veteris et novi Testamenti, et quod confirmatum secundum miracula, et deus misit filium, emisit Apostolos et sthet versamlet ꝛc., tretten ex istis stuck nicht, et si manemus in eis, felt uns der artikel nicht, qui dicitur Resurrectio mortuorum.

Qui non vult der schrifft bestendig sein ꝛc. Ego non possum eum convertere, quia non bsthet, quicquid dico de Christo, Prophetae, Paulus, Esaias. Ideo dico: Lieber Turck, wiltu mein ler nicht halten XXXVI 529 ꝛc. qui non | vult scripturae credere, dem lohne der leidige Teufel, si mihi credit. Nos non praedicamus nosipsos, sed dei verbum a principio mundi de Christo dei filio. Qui hanc non potest habere, faciat aliam. Nos servabimus eam tamen, in qua incepit Adam ꝛc. Qui vero suscipit, mit dem kan ich reden. Credis, quod Christus resurrexit. Cur non credis te resurrecturum? Christus est 'resurrectio et vita'. Si credis in Christum, cur non in eius verbum? Si vero vis an Christo et Apostolis zweifeln. Adam incepit hunc articulum, cum dictum XXXVI 530 ei: Semen ꝛc. Da fast yhn Adam, hunc articulum, sciebat, | quod ꝛc. ista doctrina ist von Adam gangen usque ad nos et usque ad ultimum ministrum. Et yhe lenger, klerer worden, ab Adam, Abraham, Mose Christum ꝛc. Es ist ein hart red, apud rationem quidem schwach ꝛc. 'Si' i. e. qui negat resurrectionem mortuorum, et Christi. Nam quando hunc articulum negavi, omnia negavi. Si de Christo non XXXVI 531 halt, taceam, quia nihil | scio praedicare quam de Christo, nec commissum aliud. Ideo sind wir gescheiden ut winter et Sommer. Si enim Christum negant, et deum, verbum et opus eius. Ideo ists seer hart geredt, qui non vult certus esse, quod resurrecturus sit de morte, tantum, ac dicat: Christus non resurrexit, et deus non verax, quic-

---

1 sich: sie. 2 lügen. 12 Cr.: und das er sein wort bestetiget und eine Christenheit versamlet . . . hat. — <die> tretten (Beginn des Nachsatzes). 13 felt: cadit. 19 hanc <doctrinam>. 20 Adam s. Zeile 24 f. 22 Joh. 11, 25. 24 f. 1 Mos. 3, 15. 25 quod <Christus mortem superat>. 29 1 Kor. 15, 13. 35 ist ebensoviel als sagt' er.

quid dicit, mentitur. Item credo non esse deum. Ideo videtis, quam hefftig hunc articulum in nos bilde. Si potes certus esse deum esse, nec dubita, quando moreris, quod resurrecturus ex mortuis. Ehe mus Gott liegen vel nicht Gott bleiben, ehe du in terra solt bleiben. Si hoc gewis, quod deus non mentitur, Sic certum: Sub terra iaceo 1000, noch resurgam ex mortuis, et coram deo tam certa, quasi iam facta, quanquam hic iaceas fetens und maden fressen. ¶ Oportet ex oculis removeas, quod 5 sensus vident. Ne inspicias, quod so bleich, unfletig. Unser herr Gott fragt nichts darnach, sed dicit: Tod, ich wil dich fressen, dein tod sein, quod vorasti, wil ich vivificare vel non ero deus. Non curat, quod te aves, lupi, vermes zufressen, zerreissen. Si sub terra hundert ellen, tamen dicit. Ideo mus ich da auch hin dencken, ut dicam: Iam non | video vitam, resurrectionem meam, sed quod sepeliatur. XXXVI 532 Non audit, non edit ꝛc. Sed faciam et audiam, quid loquatur, et secundum hoc credam: Is mortuus, qui hic iacet, resurget und gewis. Esset maximum peccatum, si diffideres, quia tale peccatum, dicit Paulus, ut eben negares Gott, Christum, revocares Euangelium, baptismum, Sacramentum et diceres: Ego non credo deum, Christum. Eben so viel, quando diffidis. ¶ Das sol uns ein freudig hertz et fortem fidem machen, quando sic cogito: Awe, das wer ein greulich ding, quod diffiderem me resurrecturum in die extremo. Audi Paulum: qui negat suum corpus resurrecturum schoner quam solem, is negat Christi resurrectionem, et hac, quod deus verax et deus esset. Behut, sol ich das thun, leugnen, quod esset mendax ꝛc. Ideo inculcabo mihi, quod deus deus verax, misit Christum, qui dicit: si in eum credo, sol ich so schon, ut Son finster. Quando pestis, frantzosen, trifft eiter, schwer, las raben, wolff fressen, schad nicht, der leichnam sonst sol schoner leuchten quam sol et stellae, et so gewis, als Christus resurrexit und Gott Gott ist. Sic impugnat contra infidelitatem, ut confortet Christianos et terreat, quod beghen, quando dicunt hunc articulum esse nichts. Du ghest nicht mit lecherey umb, sed quicquid deus | loquitur, XXXVI 533 est mentitum. Christus non dei filius, non missus: wiltu die sund uber dich laden ꝛc. stos dem fas den boden. Si vero credis Christum ꝛc. zwingt die die consequentz, quia deus se non potest negare, est verax. Ideo verbum eius et Apostolorum praedicatio et fides ecclesiae, quae dran hengt. Ideo expecto sonitum tubae. Iohannes, Petrus ghe er fur, Et in momento auff schenst et omnia membra et lucebimus ꝛc. Das mus war sein vel deus selb nichts. ¶ Sic non possumus fortius

---

6 1000 <annos>. — noch: dennoch. 9 Hos. 13, 14. 26 frantzosen: Syphilis. 34 die die: dich die. 36 1 Kor. 15, 52; 1 Thess. 4, 16. 37 momento (1 Kor. 15, 52): W. A. liest memento.

praedicare quam per illum Syllogismum per impossibile herumb. Certum: in terram cadam ꝛc. freß, brinn, reisse: ego redibo, nisi sit, non deus, non verax. Hoc est 1. argumentum. Si resurrectio mortuorum, non Christus. Sed hoc impossibile et falsum, ergo et hoc, quod resurrectio mortuorum nihil. Si vero Christus, ergo et nos. De hoc plus infra. Es ist yhm ernst gewesen und yhn seer verdrossen, quod ipsi fein articulum. Habemus Euangelium, baptismum, remissionem peccatorum. Discamus, ut rusten und ferlich sein und warten huius diei, ut nihil certius, corpus sol ich nicht so gwis, oculis, 5 nicht so viel vertrauen als dem, quod ex mortuis resurrexit propter Iesum Christum, in quem baptizatus.

4. (1. Kor. 15, 14—20.)

6. Oktober 1532 ⟨nachm.⟩

Nuper audistis in Epistola, quam Paulus legit Corinthiis de articulo resurrectionis mortuorum, quomodo Paulus sich hoch bemuhet, ut Corinthios fest et certos in hoc articulo, contra os leichtfertig und heidnisch da von geredt und nympt den Syllogismum per impossibile, ruck yhn herumb. Si mortui non, ⟨1.⟩ nec Christus ꝛc. et ⟨2.⟩ quod vergeblich predigt, 3. quod frustra credidistis et ⟨4.⟩ quod falsi praedicatores, 5. quod mortui in Christo sind verloren, 6. sumus
XXXVI 534 miserrimi in terris et qui venient. Istis stucken vult | monere, ne ab isto articulo cedant. ¶ 1. audistis. Si Christus non resurrexit, quia ipse est mortuorum unus. Si uno non war, ynn keinem nicht war. ¶ Iam accipitis, haec frustranea praedicatio, was durfften wir der muhe, ut praedicaremus und so viel erbeit auff uns laden, wagen leib und leben, si est frustranea praedicatio? So schwig man gleich, so mher lies predigstuel, Sacramentum, verbum, non erecta praedicatio propter praesentem vitam, vivit, ut haushaltest und land und leut regirst, hoc noverunt gentiles ꝛc. et ratio docuit et necessitas, ad hoc non indiget scriptura, praedicatore, Sacramento, Euangelio, deo. Ideo non indigemus praedicatione, si non alia vita post hanc, et tantum gelebt ut vacca ꝛc. contra norunt, quid serviat ad hanc vitam. Da bey lies man es bleiben et lies predigstuel sthen ꝛc. si esset ein verloren erbeit und musten unnutze speier sein, qui multa doceret, et tamen non serviret nec in hanc vitam nec aliam, quia nulla esset, ut isti ꝛc. das wer ein greulich

---

5 1 Kor. 15, 20. 10 5 ⟨sensibus⟩. 18 f. Die Ziffern ⟨1.⟩ ⟨2.⟩ ⟨4.⟩ gegen W. A. ergänzt (1. = Vers 13; 2. = 14 a; 3. = 14 b; 4. = 15; 5. = 18; 6. = 19). 22 primum audistis. 24 Iam ⟨secundum⟩ accipitis: damit habt ihr auch gleich das zweite, daß dann diese unsre Predigt vergeblich ist.

i. e. absurda res, quod frustranea praedicatio, quae non instituta nisi propter ferum et regendum land und leut, ut sol gesund, reich werden. Hoc ratio docet, gentiles reges habens gesetzt. Et ius a gentibus profectum, non Christiani ideo non indigent ꝛc. Sed si baptizatus, ut incipiam aliam vitam, et ista praedicatio ist nicht gericht ad praesentem vitam, sed quomodo ex isto jamertal in futuram. Si igitur resurrectio mortuorum ⟨nihil⟩, nihil opus Sacramento et Euangelio ꝛc.

| 3. fides esset unnutzer dancken und loser traum, ut si quis in somno: XXXVI 535
Credo in Christum ꝛc. quid? hin weg cum ista fide. Sic tota Christianitas essent leut, qui bezaubert und gespenst, quid iuvaret, quod in deum et Christum gleubten? Die heiden habens besser quam nos. Isti edunt, bibunt, et melius sapit, et ditiores nobis ꝛc. Multi quidem, qui credunt, quod nihil. Quidam dicunt: Wens ein bescheisserey und teuscherey wer, quod resurrectio mortuorum, et non esset, esset maxima. Die poeten haben sich drumb zubissen, qui dixerunt: excogitarunt, das man die baurn mit erschrecken, vulgus indomabile. Sed videbunt. Si tu non vis credere deum, Christum, resurrectionem mortuorum, far hin, unser herr gott wird dennoch leut | finden, qui pro deo habent et XXXVI 536
in Christum credunt et resurrectionem mortuorum. Teipsum wirst teuschen.

'Et nos mendaces' i. e. falsi praedicatores, qui praedicassemus Christum resurrexisse a mortuis, et essent mendaces i. e. mortui non resurgent, et Christus resurrexit, da leugstu als ein boswicht. Praedicatores, quia loquuntur de rebus, quas ementiti, ut betriegen umb geld und gut und machen ein falschen schrecken in populo. Si igitur fides, Christiana praedicatio nihil sit, vide, an du dich an me teuschest. Nos neminem cogimus, ut credat. Quidam rustici sic mortui, qui pro fabula, qui dicebant: Ein bauer stirbt wol an olung ꝛc. In extremo die werden sie erfur tretten mit yhrem gespey et dabunt rationem. ¶ Et 'qui moriuntur in Christo, weren verlorn', frustra credidissent, baptizati et vixissent ut Christiani et non aliud essent quam vacca, quae post mortem nihil et nunquam resurget. | Sollen wir sagen, quod XXXVI 537
Christiana ecclesia nihil neque apud vivos et mortuos. Non sic dicimus. Si vos gentiles vultis dicere, so thuts.

Et zu letzst: Ey, si hoc verum, quod nulla alia vita quam ista, essemus miserrimi. 'Si speramus': So sind keine menschen nicht geplagter, elender quam Christiani i. e. si scirem hoc verum, so lies ich

---

7 ⟨nihil⟩ hier (mit Cr.) gegen W. A. ergänzt. 8 3. vgl. S. 292, Zeile 19. 22. 24. 21 ⟨4.⟩ 'Et nos mendaces'; 1 Kor. 15, 15. 28 fabula ⟨resurrectionem habebant⟩. 28 an: ohne. 29 f. ⟨5.⟩ 'Et qui mortui'; 1 Kor. 15, 18. 35 zu letzst: sexto. 36 1 Kor. 15, 19.

Taufe und gleuben, predigstuhl das hertzleid. Inspice Christianum et impium: sie pfeiffen, singen, spielen, leben im saus et momento sind hin unter, werden nunquam gwar ein rechten schmertz, jamer, nunquam erfarn hertzleid, ut iam Rustici, nobiles, Cives. Gegen den sumus miserrimi. Si Christiani, ghet unser ehr, schilt uns Teufels kinder, bitter feind, arripiùntur bona, uxor, liberi, vita, spisst. Das sind die Christen, alii singen, springen und haben guten mut. Quis iam sol Christen sein, Si isti, qui im saus leben, sollens so gut? Eben dahin, ubi hi hinfaren, et ego. Was marter ich mich et patior so viel tuck? Et Christianus mus ausdermassen viel hertzleid haben, nempe innerlich leiden, schrecken, verzagen fur dem tod, gottes gericht, hel, iram.
XXXVI 538 | Das ist a b c vom elend der Christen, quando gehast, geraubet, gemordt, quia etiam contingit malis. Sed hoc, quod einer sol in corde tragen iram dei und furcht mortis, hellisch feuer, quod socius ewig diaboli in inferis, da feiert diabolus nicht, das einer mocht kempffen, das er blutigen schweis etc. libentius velim totum annum kercker et famem, quam j stund diaboli tentationem etc. Christiani sunt certi, quod post hanc vitam aliam et eterna glut parata impiis. Cum hoc norint, non ruig, donec habeant, quia istae duae viae eis propositae. Scriptura dicit omnes homines peccatores et mortis werd. Da macht eim der Teuffel zuschaffen, das er zu schaffen hab, ut non submergatur a tristitia, sed in der hoffnung, quod deus sey gnedig. Alii cogitant: quando mortuus, vacca est mortua. Is non cogitat, an sit
XXXVI 539 | peccator, qui cogitat: nescio de ira, iudicio dei. Tales nesciunt de hertzleid isto. Ideo Christianus ein elender mensch, qui in hoc kampff sthet, quod semper blode, erschrocken hertz, cogitationes de morte incidunt in cor de hoc iudicio, da bricht ym der kalt schweis. Ideo tregt er quotidie am hals. Ego quidem vivo, cogitat, sed cogitationes veniunt: tu peccasti. Si etiam ein wol geubter man in fide, habet mher etc. Ideo vides, quod hoch betrubt und ghen zerschlagen et nemini possunt dicere. De elend isto nihil omnino novit der lose hauff, qui vivunt in peccatis, leben im Saus.

Ideo essemus tol, toricht, das wir stecken in das hertzeleid, jamer, ut cogitemus semper: iam ad infernum descendes. Si non sol alia sequi et tantum mein vita. Gentiles: qui mortem metuit etc. Cur times mortem, infernum? hoc hastu zu lohn, das du dein eigen leben nicht brauchst. Es schmeckt yhm kein bissen, brocken, all tentz, ornatus,
XXXVI 540 pulchrae virgines. Ideo | ghet er da hin ut mortuus homo. Ideo abiice

1 hertzleid <ein gut iar ... haben> (Cr.). 12 ist <allein>. 19 donec <pacem>. 20 Röm. 3, 23. 22 sed <maneat> (Cr.). 35 metuit, <quod vivit, perdit idipsum.> (Cr.).

cogitationes mortis. Si mortui, so sein wir tod. Die lesschen die hell rein aus, teufel. Ideo dicunt: 'Edamus et bibamus heut, und morgen sind'. Das ist bauer und gemeins mans glaube. Christianis aber kumpts nicht ex corde. Ibi dicit fides: Non es securus 1 horam vitae et habes fur dir eternam mortem, gstreng urteil. Illis praedicandum: tu es miserrimus, quia Christianus, sed wher dich et crede sic: Christus resurrexit a mortuis, der sols thun. Si ego merui infernum, sinito esse, sed mein trost, kampff und sieg est Christus, qui vivit, qui propter me resurrexit a morte, ut in eum credam, des trost ich, mit dem fide mussen die Christen yhr ungluck steuren, alias impossibile, ut cor soletur ullo gaudio. Aut hoc solatium: Christus Iesus dixit se Gott und helffer Elenden leut, die andern lest er auch ghen. Sed qui vident se | peccatores et timent mortem, infernum, die sollen sich annhemen des XXXVI 541 predigstuhls, tauff et domini et dicunt: cum me furcht fur der hell, est certum signum, quod credam esse infernum, qui non, non terretur fur gottes gericht, zorn. Ideo sol mich erumb werffen et pugnare contra hanc diffidentiam. Christus dicit mihi de eterna vita, iustitia, vita, resurrectione mortuorum, tu contrarium. Ut iste articulus feste gefast, quia valde necessarius contra all unser elend. Elendesten und grosten narren videntur Christiani. Alii freuen sich omnium creaturarum. Christiani stecken sich in fahr leibs, leben und ynn die unaussprechliche fahr diaboli, in has, verachtung, in all jamer et coram deo in ferlich, hellisch feur. Es ist kein pest, strick, plag in terris huic zu vergleichen, und sol mich drein rc. et non esset vita post hanc. Potius facerem ut rustici: Wat Euangelium? gelt. Far hin, du erferest hoc Elend. Non credis deum, Teufel. Ideo hastu gut frolich zu sein. Sed non, qui | sumus die elendesten, XXXVI 542 qui in eum, quid fit? lest mich in carcerem werffen, all plag anlegen et diabolum martern. Nu aber ghets nicht so. Sed sic scriptum: Christus resurrexit a mortuis. Da mit mussen wir Christen uns trosten. Mendicum kan mit rock, gulden, alium mit gelt, kranken ertzeney, Christianum nulla alia re quam hoc articulo, quia credit vitam et mortem eternam. Huic dicendum: non me terrere debes, qui in saus rc. Sed tu disce: ¶ 'Ipse resurrexit et primitiae'. Hoc verbo gibt zuversihen, quod plures sequentur ut infra. Ipse etiam in terra iacuit und eben so wol mortuus ut tu und yhm seurer quam mihi et tibi. Sicut ipsi morimur, sic ipse mortuus rechts tods, das nichts an yhm lebendig blieben ist. Et tamen resurrexit, sedet ad dexteram. Sic datis inspicio eum, quod stat 'primitiae': ubi is, etiam 2, 3, 4 und als an-

---

2 f. 1 Kor. 15, 32; Jes. 22, 13. 11 f. Luk. 19, 10; Joh. 3, 16. 30 kan ⟨ich trösten⟩. 33 u. 38 1 Kor. 15, 20.

einander hengen. Ideo omnes, qui mortui, mussen aufferſthen, boni XXXVI 543 et mali, ut dicet. Ideo cogitant Christiani | turbati: Si etiam morior, was denn? ſo ſing ich: 'Christus resurrexit et est primitiae', den hab ich, in eum credo, in eo baptizatus, promisit, quod me velit erfur rucken. Sic Christianus consolatur et hac consolatione mus er zu feld liegen contra mortem. Die leute, qui im Saus, ſollen ſichs annhemen, quod cum diabolo. Ja hett ich gelt zu zelen. Ideo guten mut, usque ad punctum, quando vero erfur komen, werden wir ſo ungleich einander anſehen, qui martet et credidit, wird er fliegen et Christus ſich annhemen. Et alii in terris ſthen in feuer und ſtucken, Iam in ſchauben incedis. Ideo dicit: est primitiae und hinfort non vocat mortem, sed dormit. Uns dicitur mors, sed coram deo sunt dormientes, ut mihi somnolentus. Sic mortui deo. Quando tuba ꝛc. werden die todten leichter her fur ghen, quam ego dormientem suaviter expergefieri facio. Iam sequitur: 'Sicut per unum peccatum et unum vita' ꝛc.

5. (1. Kor. 15, 20—22.)

13. Oktober 1532 nachm.

Audivimus in Epistola, quod Paulus in hoc capite praedicet de resurrectione mortuorum, quod is articulus ſol wacker getrieben werden und erkand apud Christianos, ut qui sunt quotidie in dem jamer und ſticken in periculo, das der Teufel zu ſetz per omnes plagas et omnibus creaturis utitur, ut nos krank mach, erwurge, erſteche und las nec dies noctes ruge und frid. Nam si non plus de Christo haberem, quam quod hic in terris iuvet et ut expectemus ut Iudaei, ut fieret rex, essemus miserrimi, quia propter eum hebt ſich all hertzleid, et diabolus ei feind, patri, verbo. Ideo mus ſich ein Chriſt nicht viel freud ꝛc. sicut nos experimur, qui Christiani volumus esse. Qui non, den kan er wol helffen, ut veniat ad homines et congreget peccatores, sed tandem lohnet ut carnifex servo. Ideo non homines in terris, qui plura pericula. Ideo dicitur: Je fromer, yhe eher geſtorben. 'Sicut ſchlecht ſchaff', et illos greifft diabolus an, qui nutz kunden ſein, boſe rusticos, cives, XXXVI 544 Nobiles, servos ꝛc. donec ꝛc. Ideo hertzleid a | morte, interne a conscientia, diabolo. Ideo oportet aliquid altius soletur, quam gold, ſilber, tantzen, ſpringen. Man pfeiff Christiano, wie man wol: non laetatur. Ideo non debemus in Christum warten, qui in terris bezale fidem et opera nostra. Sed expectare debemus propter verbum eius, ut diabolum in colla conculcet. Sed haec sit consolatio: Si 'Christus resurrexit, primitiae' ꝛc. ¶ Man ſihet wol, quod Paulus luſt hat

15 1 Kor. 15, 21. 27 non ⟨vu.t esse⟩; er, sc. diabolus. 30 Röm. 8, 36. 37 f. 1 Kor. 15, 20.

zu predigen de hoc articulo, et nemo so hoch et fortiter treibt ut is, et experientia docet, ut non gedencken, ut fulet und sihe, sed sonst ist nichts quam heulen, weinen. Ideo oportet aliud habeamus, quod confirmet cor, ut aliud cogitaremus et videremus quam quod ob oculos. Hoc sit vobis Christianis praedicatum. Drauff seid baptizati, vocati et Euangelium ꝛc. Non ut reich werden, quia Iuristae land regieren, fursten zu. Sed hoc discite, ut cor vestrum zu richten auff ein ander leben und wesen. Et ist gewisser quam, quod ob oculos. 'Nu' i. e. laß uns so elend sein, ut sumus, sive sit mors, pestis: 'Christus resurrexit.' Das sol unser trost: is vivus et vivit in eterna vita et vicit mortem und eraus krochen ex loch, ubi sepultus ꝛc. hat dem Teufel den bauch zurissen et sedet in dextera ꝛc. Das ist unser trost, in hoc baptizati. Audimus eius verbum et fatemur. Et Christiani dicimur ab eo ꝛc. Ideo | gilt uns als ungluck, diabolus illum verbrennt, er- XXXVI 545
saufft und all hertzleid, wir mussen herhalten. Non gilt uns, sed Christo, cui libenter vellet regnum destruere. Sic brennet, ut solten fro sein, ut Christum faren. 'Noch nicht, Teufel, propter te hoc nomen et baptismum non desero. Si tu trotzst auff dein morden ꝛc. nos auff Christum, qui vivit ꝛc.' 'Sed occidam.' 'Thus bald. Si me bringst unter die erden, Ich wil dir widder durch die rieben rumpeln, das lieber solt ein grossen walt gefressen haben. Occidisti Christum et blasphemasti: 'Alios salvos' ꝛc.' Er kam erfur, ut diabolus auffgedeckt. Hoc igitur solatium: Es ghe so ubel, ut velit, leiplich, geistlich, fit propter eum, | in quo heremus. XXXVI 546
Si non baptizati et faceremus ut filii seculi, lies er uns geld, gut gnug gewinnen und lachen und tantzen. Sed quia hoc non facimus, ghet unser leib im tod, anima in traurigkeit und all hertzleid, sed sols nicht ewiglich thun, wir wollen yhm in resuscitatione ein stucklein widder beweisen. Ideo debemus hac vita uti ut hospites. Et certissime futurum, ut rursum erfur komme et clarior stella et sole.

Si 'ex mortuis': Non ein schlechter handel, non ex somno, sed morte. Sed er fur gewisscht. Ja, Respondeo, quod resurrexit a mortuis, quid mihi inde? Er hat gut trotzen contra diabolum. Ego dahinden, wie kom ich er aus? Da kompt Paulus: Ipse sic mortuus, ut factus 'primitiae'. Sic non inspiciendus Christus pro resuscitato pro sua persona. Das wer ein schlechter trost, quod articulus resurrectionis mortuorum sol nicht weiter ghen quam Christi personam. Sic

---

6 f. Cr.: und hören das Euangelium, ⟨hören⟩ nicht, wie wir reich werden . . ., welchs sollen die Juristen leren, . . . nicht wie man land und leut regier . . ., welchs gehöret Herren und Fürsten zu. 8 'Nu': 1 Kor. 15, 20. 14 als: alles. 21 f. Matth. 27, 42. 30 u. 34 1 Kor. 15, 20.

disce hunc, antequam natus, hat diabolus nihil an yhm. Quis potuit diabolus ad eum dicere: las dich martern, dixisset ut in horto unum XXXVI 547 verbum ꝛc. Sic non resurrectio mortuorum | inspicienda. Sed das ists, quod sua resurrectio a mortuis gilt mihi et tibi. Haec mors propter te et me et resurrectio, et sic sollen aufferstyhen. Potuisset vivus manere, non resurgere ex mortuis. Sed ideo dedit signum, da bey du solt mercken, ut mortuus resurgam, ideo sino me pati. Si est 'primitiae', tum habet hauffen, qui sequitur. Relativum nomen: wen man 'erstling' nominat, gehorn mher person zu. Non dicitur 'primitiae', ubi alius non sequitur. ¶ Ideo istum articulum legt er an unser aller auff- erstehung, dicit 'inter mortuos.' Alii dicuntur 'dormire', Christum 'a mortuis' dicit resurrexisse, alios tantum 'dormientes', quia sind mher denn die helfft lebendig, quia caput resurrexit, altera pars somnus. Christus est omium Christianorum heubt, der ist er fur, ergo sequuntur manus. Corpus hengt an einander, quando caput erfur, humeri, XXXVI 548 scapulae ꝛc. non wird kopff tantum halten, | sed totum corpus, quanquam adhuc iaceat in terra, ut mulieres dicunt: infantem natum capite, hats nicht not. Si econtra ꝛc. Sic caput est dominus supra mortem, diabolum. Per Euangelium, sacramentum et baptismum ei incorporamur, et si halten eum pro capite, quid tum nostra mors? schlaff. Ideo nostra resurrectio mortuorum ist freilich mher den helfft geschehen, quia caput nostrum da. Mea conscientia, fides credit hoc. Si anima resurrexit, was leit an dem schendlichen wanst, quod fetet? Mein sel wird den rock i. e. corpus induere iterum, ut utatur omnibus membris corporis ut iam, ut audiam. Epicuraei habent pro narrheit, non nos, quia drauff baptizati ꝛc. i. e. qui liegen und sind begraben, hengen am Kreuz, verbrennt, modo sint Christiani, si fides adest, sive sit miles ꝛc. Diaboli artificium ut todmeister: illum mit schwerd, feuer. Las yhn XXXVI 549 sein handwerck | uben. Si istius viri membrum sum, wil wol erfur i. e. ipse Christus incepit resurrectionem, und ist mher denn medietas geschehen. Et qui in terra iacent, sunt dormitores, quia Christus, qui supra ꝛc. wil sie holen et coram eo ists umb 1 nacht zu thun. ¶ Haec nostra consolatio. Las fursten, Reges, Episcopos tol, toricht, Cives, rusticos scharrn et diabolum in conscientia ꝛc. consolatio: primitiae nostrae sthet oben, mea resurrectio incepta, hab noch auszurichten und schlaffen. Postea istius mundi aurum, tantz. Mein golt, silber sind an eim ort, ubi nullus fur. Qui hunc articulum credit, kan sich trosten,

---

1 Quis W. A., Lies Quia si oder Quasi? 2 f. Joh. 18, 5. 11 1 Kor. 15, 20: unter denen, die da schlafen. — dicuntur * (W. A. dicunt); Luther meint (vgl. Cr.): von uns andern sagt er, daß wir schlafen, von Christus aber, daß er von den Toten auferstanden sei.

| ut nicht verzagt, verderben, si mater, soror ꝛc. Es ist diaboli hand- XXXVI 550
werk: es in diaboli regno, er ist ein schlechter, ideo semper macht wurst
und schlachtet. Ideo quando venit rumor: hodie ista mortua, Er schenckt
kein ander wein, pier quam pestem, all plag. Claude oculos et audi
verba, quod diabolus talis hospes. Sed dominus ist ex isto wirtshaus
hin weg, der wil mich holen. Sic debemus orare in Symbolo: 'Ecclesiam
Sanctam', 'resurrectionem carnis', quam expectamus, quod certi,
quando bescharrt werd, ut | debeam resurgere ex hoc loch, quia Christus XXXVI 551
supra, mea resurrectio cepit et helfft. Ideo kunnen wir trotzen, ubi
discimus. Alioqui diabolus tantum schreckt, ut obliviscamur primi-
tiarum, ut obliviscamur baptismi.

'Durch 1 menschen.' So hats got geordnet, was wil man draus
machen? Adam, Christus sunt duo homines und bild. Ro. 5. Adam
sol sein bild Christi, sed Christus viel besser bild. 'Per': Mussen alle
sterben, das ist ein jemerlich handel, quod aliena culpa morior. Adam
peccavit in paradiso, ut moreretur, et omnes eius filii. Esset horren-
dum iudicium, si | moreremur et in morte maneremus. Sed econtra: XXXVI 552
habemus alium hominem, qui dicitur Iesus Christus. ¶ 'Sicut in
Adam' ꝛc. unschuldig bin ich kum in mortem, quia pomum non
vidi, quod Adam edit, non datum praeceptum mihi, quod ex eius
carne sum, ideo mus ich sein entgelten. Wie fremd die schuld ist und
unschuldig da zu kom, sic so fremd und unschuldig est resurrectio.
Per quid enim merui, ut resurgam et luceam ut sol? Num per cappam?
Est donata gratia, ut jhens ein frembder schaden, nisi mus entgelten,
quod membrum Adae. Sic si huius Christi fio membrum, genis ich,
quicquid Christus habet. Cum vivit et quomodo vivit, sic vivam,
quia per baptismum renatus et Christianus factus, quia, qui in eum
credunt, sunt eius | membra, ex mortuis er fur wisschen sine merito, XXXV 553
zuthun, nur da her, quod mortuus et resurrexit. Wie ich Adam ent-
golten, Adam hats verdient, ich kom unschuldig da zu. Sic mors per
Adam, vita per Christum aufgerichtet. Corper von Adam mus sterben,
corper de Christo leben. Iam non curo de quaestione, an iam aliquot
in coelo, quia hunc textum ꝛc. Ego inculco iam istum articulum
tantum pro sua substantia, wesen, ut nos trosten, nempe quod Christus
primitiae et nos sequemur. Sic nos possumus trosten invicem. Si tu,
diabole, morden, in die hel werffen, schaden thun, Econtra Christus mit
geistlicher und leiplicher auferstehung. Quid infestat? dico: zurne, so
lang du wilt, und sey feind, et disce ein freude schepffen de zukunfftigem
leben contra omnem eius hochmut und trotz.

---

9 s. S. 298 Z. 30 f. 12 1 Kor. 15, 21. 14 'Per <unum hominem', Adam>. 18 f. 1 Kor. 15, 22; s. S. 305 Z. 15. 33 textum <expono>.

'Denn gleichwie in Adam.' Ibi tantum loquitur de Christianis, quanquam etiam impii excitabuntur, sed non impiis trost. Sed hic de Christianis, ut se hoc frewen. Non est praedicatio pro rochlosen, quod mortui resurgent. Olim in papatu, cum probus monachus, nihil minus audivi ꝛc. tum eram ethnicus, non scivi, quod resurrectio mor-
XXXVI 554 tuorum mir | zu gut. Tantum putabam me respici a deo propter vitam Sanctam, Sed iam trost, quod helfft hin weg, quia Christus droben et cor meum an yhm, et ideo dico: Teufel, wiltu mich fressen, heb hinden an.

De aliis praedicat alibi, quod dominus sit iudex vivorum. Si enim resurgemus, qui passi, et ii, qui nos persecuti: 'Ite in ignem'. Ideo illis horrendum auditu, sed nobis plagatis ists consolatio, ut cor wenden ex hoc wesen ynn yhens, das komen sol. ¶ Non debetis erschrecken propter mortem feminae. Non novum, quod mulieres mit kinder bleiben, et multis contigit sanctis. Ezech. Das kind wolt gern, das ist ein sprichwort gewest apud Iudaeos. Ich kan dem konig nicht entlauffen et mihi non helffen ꝛc. Gratias agite, quando mulier cum fide und guter ratione scheidet, quid si in Hungaria, da man die mulieres mitten von einander? Rachel blieb auch uber dem kind et sanctissima post Saram, quia totus populus venit Israeliticus, in quo multi sancti ꝛc. quare non vides gegen eim fal 1000 gluck? Esset bonus medicus, cui nemo moreretur, tamen wolt wir unsern herr Gott vom himel stossen. Si talis praedicator, qui homines kund Christen, non opus Christo. Ideo tacete, non solt besser haben quam Rachel. Ideo videte, ut in vera Christiana vita inveniamini, es ghe darnach zu sive in lecto. Was unser herr Gott mit den selbigen kinderlein wil machen, las yhn fur sorgen. Gebet schuld unternander. Nemo tam mala, ut hoc faceret, quanquam etiam pro signo habeam, et fere exemplum frequentius, ante diem extremum, quod matres cum pueris manebunt.

XXXVI 555

6. (1. Kor. 15, 22 u. 23.)

20. Oktober 1532 nachm.

Audivimus in capite 15. de articulo, qui dicitur resurrectio mortuorum, wie das S. Paulus gern da von redt, ut omnes Christianos

---

1 1 Kor. 15, 22. 1 f. Luther meint: das 'alle' 1 Kor. 15, 22 meint in beiden Gliedern nur die Christen. 4 f. nihil minus audivi: hab ich nichts unge ner gehört. 9 Röm. 3, 6; 2 Thess. 2, 12; 2 Tim. 4, 1. 10 Matth. 25, 41. 12 f. Der Wittenberger Fall ist unbekannt. Das Kind scheint ungetauft gestorben zu sein. Aus Enders Nr. 2039 (Brief Luthers an Amsdorf, 2. XI. 1532) ergibt sich, daß Luthers Frau damals selbst ernstlich krank und zugleich schwanger war. 14 Ezech. 9, 6. 18 1 Mos. 35, 16 u. 19. 22 Wär ich ein Prediger, der alle Menschen zu Christen machen könnte, so usw.

consoletur et eos confirmet, ut hunc articulum bene faſſen und gwis drauff bleiben, cum nulla consolatio apud electos Chriſten quam is articulus. Et wenn mans erſt ynn ein zweifel werffen, an verum vel non, et quia Christiana vita iſt gericht in aliam vitam, ubi Chriſtus bereit iſt. Ideo non libenter audit, ut homo in ein errorem ducatur propter hunc articulum, darans gar ligt. Quanquam mundus non libenter audit praedicari de hoc articulo, tamen Christiani libenter audiunt, qui sunt in angſt. Mundus non libenter moritur, ideo non libenter audit praedicationem. Ideo ghet uns die praedicatio an, qui Christiani, qui non possumus hic quaerere gaudium et salutem, mammon. Sed mundus habet gemach, ſamlet gelt, fit dives et ꝛc. Si eternum die plag am hals, ut non libenter moriatur et resurgat a morte, ſchad auch nicht. Es mus ein dieb nicht ewig ſtelen, ut habeat ein ewig lachen draus. Oportet iis horrendum. Sed nobis Christianis debet consolatio esse, ut Paulus libenter davon redt: 'Primitiae', 'quia sicut omnes'.

'Unusquisque in ordine.' Es iſt praedicatio ridicula und leſt ſich anſehen fur ein groſſe, ſtarcke lugen apud sapientiam humanam, quod totum genus humanum ſol ſterben propter alienum peccatum, ut hic dicit ꝛc. das unſer herr Gott das ſpil ſo lecherlich angreifft und ſtelt ſich ſo ebenteuerlich, ja thorlich, quod uno morsu Adam ſol ſo viel auſrichten, ut omnes | homines sint mortis, es ſcheint unrecht, nicht recht, XXXVI 556 quod mors adiit. Videmus ob oculos et 5 sensibus deprehendimus, quod sub terram. Sed quod veniat propter unum hominum und ſunde wegen und gering ſund, quia tantum in apfel gebiſſen. Sed wenn mans mit worten auſſtreichen, kund mans wol gering machen: tamen non geſtolen, geraubt, ehebrechen, ut iam mundus, sed tantum ꝛc. Num mus man ſo viel halten de morsu ꝛc. ut omnes moriantur homines, patriarchae, prophetae, Apostoli, Christus dei filius? Nonne hoc urtel, ut propter ꝛc. Gentiles: homines moriuntur ut vacca. Mors est, ut veniat ex jamer, ex terra und nimpt ein ende. Si aliquid boni her nach, ſo nhemen wirs her auch. Sic se solabantur de resurrectione nihil omnino. Ideo in nullius hominis cor et rationem venit, quod mors propter 1 peccatum Adae venit. Das iſt unrecht von ſolcher hoher, barmherziger majeſtet. Es ſey wie unrecht, tamen verum. Non opus, ut credamus mortem, quia | videmus, sed quia venit ex Adam, nemo, XXXVI 557

---

2 nulla *; W. A. alia. 5 Ideo Nachsatz zu et quia Zeile 4. 6 darans *; W. A. daraus. 15 1 Kor. 15, 20. 22. 16 1 Kor. 15, 23 (Luther scheint Vers 20—23 als ein Ganzes gelesen zu haben; alles Folgende bezieht sich auf Vers 22). 28 f. Nonne ... propter etc.: etwa: sollt man nicht lieber urteilen, sie stürben um der natürlichen Schwachheit willen?

nisi scriptura diceret. Non dicunt gentiles straff der sunden, sed ein naturlich anfal, und ghet naturlich weis zu, ut gras wechst, et sol oritur. Sed nos: Non est naturlich weis, sed venit ex peccato Adae. Hoc non konnen bezeugen, sed verbum dei dicit. Et hoc maximi mendacii gleich, quod omnes homines resurgent. Unus homo sol ursach sein, ut omnes moriantur. Econtra: ut resurgant. Ibi nullius hominis tugent, heiligkeit ꝛc. quia hic Textus ꝛc. Si hoc, non resurget, quod sancte vixit. Dicam de prophetis, Elia, Apostolis, quod ꝛc. Non per
XXXVI 558 se et merita sua Petrus resurget nec econtra Iudas ꝛc. Sed sic: | sicut per Adam ceciderunt in mortem, Sic per 1 hominem, Christum er auffaren und leben werden sive boni sive mali. Es ist lecherlich, si vis ei nachdencken. Est magnus articulus, quem sol homo begreifen, quod efferor et schart mich zu, hic iaceo mortuus, Et isto corde sol hin et cogitare: Resurgam non propter me, sed Christum, und das sol so gewis et certius, quam beschart werde vel alius. Illud audio ꝛc. et cani: 'Media vita', et tamen hoc gewisser ꝛc. Ideo heissts: gleubt. Rustici, cives spottens und lachens et habent pro narrenwerck, quod deus so ebenteuerlich, ut omnes wurge et 1 Christus lebe. Num non aliter kan richten ꝛc. Utrisque thut unrecht, qui moriuntur propter Adam, las ein jeglich sein tod leiden propter suum peccatum. Econtra per merita.
XXXVI 559 Sicut Turcae et Iudei credunt, quod | resurget unusquisque propter sua bona opera. Hoc kanman begreiffen ꝛc. et quod is fuit S. Monachus. Sed ut hic 1 menschen fur alle genennet werden. Adam sol dici pater mortis, ita ut omnes simus mortis propter eius peccatum et quod nati ex muliere. Sed quid econtra facio, quod resurgam ut sole lucidior? nihil. Sic placuit deo. Vult sapientes zu narrn machen. Si faceret, ut intelligeremus und mit zal cs uberlegen, qualis esset deus? Er sols machen, ut non ego nec tu comprehendamus, ut ipsius sapientia altior mea, quanquam mihi stultum, tamen, quia tu dicis, credam. Qui non vult, far hin und setz suam sapientiam supra dei und wils abcirceln ꝛc. Dicemus: nos uber dir sumus narren, uber vaccam ꝛc. klug. Wie dus mit mir machst, nescio nec volo scire, sed credam. Sic utrumque credam, quod mors, quam ob oculos video, contingat propter Adam, Sic econtra resurrectio ꝛc. quod is propter me resurrexit a mortuis. Ut geschech allein gots weisheit, qui te occidit propter Adam et vivificat propter Christum.

Das ist der articulus, quem Paulus libenter praedicat, et nos

---

7 hic Textus ⟨unam causam inculcat: per unum hominem Christum⟩. 23 Sed ut hic: Aber ⟨unbegreiflich ists,⟩ daß hier. 27 Rechenpfennig (versteh: ... und bei Heller und Pfennig ausrechnen könnten, was wär er dann für ein Gott!).

habemus forteil, tod haben gesehen, Resurrectionis ein stuck, quia ista praedicatio non | praedicatur mundo vel impiis, qui contemnunt et non XXXVI 560 libenter audiunt, sed qui des tods gern los et salvantur ut Christiani. Hi habent hanc consolationem, quod secundum externum hominem nicht gern sterben, tamen libenter essent ex morte. Talem verstand habent. Unusquisque zittert furm tod, sed volo das schrecken tragen und haben a Christo. Ich werd erlost. Cùm igitur essem libenter los, gehort ista praedicatio, ut dicit: ego in Adam mortuus, der tod whe, sed in hoc articulo maneo. Et eius cor non aliter, quod schreit von krefften ut Paulus, et non possit exprimi: o wie gern wers ich selig. Hilff vom tod. Das ist ruffen, ut nulla lingua und leiblich mensch, et nihil aliud quam erretten vom tod. Ideo discat iste Christianus, quod iste gemitus exauditur und macht in celo ein lermen, ut veniat dominus et iuvet.

XXXVI 561 | Impii etiam clamant, sed ut desperati. Non habent tales cogitationes: quanquam moriar, tamen deus iuvabit, sed erschrecken et desperant, quia non vident, quomodo ex hac morte komen sollen. Non credunt Christum mortuum et expectant, quod velit eos suscipere. Sed: o S. Martine, medice, iuva. Sed Christianus: Ich sterb wol ungerne. Sed quia Christus vult, libenter, quia wer des todes gern los. 'Sicut in Adam.' Wir halten schon den trotz, si satis inspicere vellemus. Der tod hat schier ausgeherfft. Das best teil de mundo est mortuum, der kopff ꝛc. tantum fus und zehen, wir sind tantum der cauda vom hochsten teil mundi. Die 4 regna mundi, omnes patriarchae, prophetae, caput, Apostoli, Martyres, virgines et maior pars de corpore totius mundi, tantum schwantz, ist komen auff die zehen. Ideo hat tod schier aussgefochten, prophetae, patriarchae, postea die grosten, sapientissimi konig etiam in corporali regno, Et gemant mich, ut wen man den wein gelesen hat, et quando den baum hat abgeschuttelt, quanquam bona et botri, tamen nihil ad totam arborem. Ideo mors hat se auch schier. Hanc consolationem habemus. Et econtra vita schier mher quam media da, | quia vestrum caput ist schon da, quod est optimum XXXVI 562 stuck de menschlichen geschlecht. Ideo resurrectio so gewaltig angefangen, ut non, et komen bis an den strumpff und zehen, quia omnes Christiani leben mher quam die helfft, quia anima est viva propter fidem, donec etiam sticken in hoc corpore. Christus: Abraham vivit, quia deus non. Item omnes prophetae, Sancti et nos. Omnes, qui credunt in Christum, habent in capite die helfft resurrectionis. Ist uber die schulder, beine ꝛc.

---

10 Röm. 7, 24. 13 Röm. 8, 26. 21 1 Kor. 15, 22.
36 Matth. 22, 23. Ergänze: deus non <deus mortuorum, sed vivorum>.

adhuc da hinden, ut der amechtig sack sterbe, quae dicitur fleisch und blut. Ideo habemus den trotz, si credimus, ut der aufferstehung sollen gwis sein und sicher: qui sumus in fine mundi, sind auff den schwantz und letzsten strump komen. ¶ Ideo nemo ker sich dran, quod per Christum omnes resurgent et Adam ꝛc. deo sic placuit. Sicut per Adam omnes sollen erwurgt werden, Sic per Christum vult vivificare, das die sollen kein schaden dran haben, qui per Adam occiduntur, sed sollen ein gewin dran haben, quam si mansissent vivi, quanquam facit veteri Adam whe, der ungern hin an ghet. Sed econtra trotz: Gredo, quod Christus sedet und der gantz best hauff lebt patriarcharum ꝛc. Sicut angefangen et quod habens schon die helfft, sic hin aus furen ꝛc. Das ist der text: 'Sicut in Adam', 'sic in Christo', ut vides, resurrectionem
XXXVI 563 nostram | accipimus vergeblich und sonst, ut sine culpa ad mortem. Ad resurrectionem meam nihil, sed quod audio Euangelium de Christo et baptizor et heng. Quod postea vivo und from, non fit, ut per hoc resurgam, sed in Christo. Adam ghet den berg hin ab und ziehet omnes secum in grund und verderben. Econtra Christus ascendit, das ist
XXXVI 564 unser trotz ꝛc. Si non meritus | resurrectionem, tamen etiam muss entgelten des biss. Sed Christus resurrexit ex mortuis. Das hilfft mich: quanquam non feci, sed tamen ich gewins. Et nihil darff thun quam in te baptizatus et credere.

Ideo ibi trost so gros et maior quam illic trawren und schaden. Si fur stilt 10 aureos et alius dat 100. Satan wurgt dir corpus, der vol frantzosen ꝛc. ein grosser schaden. Christus dat corpus pulchrius sole. Du must rechen die freude und lust, quam habebis, quando egredieris ut sol ex sepulchro. Oportet utrumque inspicias, et schaden, vitam et mortem. Alterum est ditius et gloriosius. Sic Christiani conferant
XXXVI 565 hanc vitam cum altera: | Istam ein spitelhaus, ubi frantzos, alteram ut celum, ubi eitel ꝛc. diabolus hat X fl gestolen, Christus wil ꝛc.

'In ordine.' Paulus non loquitur hic, ob etlich mher de morte aufferstanden quam Christus, de solo Christo loquitur. Sed loquitur de hoc articulo, quod is origo Resurrectionis. Ideo si deus hat Enoch, Elias, Mariam weggenomen, non dicit de privatis resurrectionibus. Sed vult nos consolari, ut nostrum cor sit certum. Da ligt mirs an, quod Christus resurrexit, non Petrus, qui est dominus meus. Si in eo hereo, sol in celum komen, ut per Adam in das jamertal. Ideo dicit: 'Ein iglich' i. e. eins nach dem andern. Christus ist 1., postea ꝛc.

---

12 1 Kor. 15, 22. 13 ad mortem ⟨damnati sumus⟩. 14 nihil ⟨possum⟩, sed ⟨per eo fit⟩. 23 fur: W. A. in Fraktur. 29 wil ⟨100 dare⟩. 30 1 Kor. 15, 23 (hier beginnt die Erklärung dieses Verses). 32 Hebr. 11, 5. 33 2 Kön. 2, 1 ff. 37 1 Kor. 15, 23.

Es ist da mit gestochen die rotte, qui hunt har eintragen, qui dicunt Resurrectionem factam vel non futuram q. d. Christus resurrexit a mortuis, et nos sollen auch aufferstehen, | quando fiet? video quidem XXXVI 566 mori, sed neminem resurgere. Ja, lieber, das man dirs fur oculos stellt, Non. Apostoli non videbant Christum resurgere, cum in cruce. Oportebat expectare. Sic oportet credas, quanquam so schendliche madensecke, ut non posset nos mundus ferre vel ins wasser geworffen vel verbrent vel, ut nos Christiani, zugeschart &c. Sed sic ut hic, ut 1. spiritus vivat cum Christo in spirituali wesen et postea, cum tempus venit, sit in ordine. Sua hora fuit, quando resurrexit Ierosolymis. Nostra hora ist bestimpt, quando redit: tum werden wir in nostro ordine herghen, ut sit discrimen inter eius et nostram resurrectionem. Ipse lang zu vor, | iam 15. centum, qui sich in Christum gehengt haben XXXVI 567 et credunt ex corde, et halb per fidem, et tum gar er fur und das stuck, quod in terra &c. In des manet solus resuscitatus. Disputatio, quod Elizaeus resuscitavit, das gehort nicht her, quia ipsi ederunt. Durt sol werden ein verklert aufferstehung, ubi non opus istis &c. Das heist ynn seiner ordnung. Ideo sciatis, quod non resurrexit, ut sic maneat, sed qui ad eum gehorn und sterben in ea fide und verwesen, die sollen auch komen, ut sciatis resurrectionem vestram.

'Darnach das end.'

7. (1. Kor. 15, 24 u. 25.)

27. Oktober 1532 nachm.

Audivimus nuper hoc c. 15. de articulo resurrectionis mortuorum, quomodo Paulus hart ficht, quod hic articulus gemein und fest bleibe apud Christianos, quia apud impios ist gefallen, halten nihil da von. Es sol zu ghen, inquit: 1. Christus, postea, qui Christo angehoren, ut non cogitemus, quod bald auff einander ghe, ut Christo resurgente mox. Nos expectamus eius adventum, quando veniet, et nos resurgemus cum ipso.

| 'Darnach.' Ubi hoc factum, ubi resurrecturus, est ende. Da hin XXXVI 568 zeigt als scriptura, quod sol auffhoren das weltlich leben, der leidige Teufel cum suo regimine und als weltlich regiment und als geistliche empter. Et sol das geschehen, quod deus vult herr sein, et nos filii, et eius regnum anfahen et nunquam finem habebit, quia jhens leben non sic ordinatur ut dis, ut Christus. Hic man, weib, kinder ziehen, fursten,

---

5 Non': Nein ⟨das wirst du nicht erlangen⟩. 13 centum *; W. A.: 15. &c. tum. Verstehe: Es sind schon 15 Jahrhunderte, die. 16 2 Kön. 13, 21. 21 1 Kor. 15, 24. 31 1 Kor. 15, 24. 33 als: alles (beidemal). 36 Christus ⟨dicit⟩, vgl. Matth. 22, 30.

land, ſtend, magd ſtend, durt der keins. Man und weib manebunt, sed non kinder zeugen, non cum narung zu thun, quia ein ander weſen, quia ubi Elich ſtand iſt, da mus hauſe, pro liberis eſſen, trinken, kleider, ſchuh. Ex domo wechſt ſtad, regio, principatus, Regnum, Imperium, illic non.

'Quando regnum patri' ꝛc. quando resuscitatus a mortuis, ſo ende ſein omnium rerum et ipse regnum wird uberantworten und auff⸗heben omnem potestatem ꝛc. Quid hoc? Scriptura tamen dicit, quod Rex in eternum Christus. Quare ergo Paulus, quod subditus patri
XXXVI 569 ut infra 'et | regnum ubergeben et patri' ſcepter, Chron in sinu? Hoc est dictum de Regno fidei, quia heri audistis, quod Christus regnet per verbum in fide et sicut quis videt solem per nubem, et quando nubes obducta soli, video lumen, non solem, sed non ſo klar. Sic Christus et deus regnat et unum regnum Christi et dei. Hoc tamen discrimen, quod iam regnum occultum et non manifestatum, verborgen, zugedeckt, verhult, et in fidem et verbum gefaſt. Sic Christus iam regit.

Sic libenter velim, ut regnaret ut Cesar: si rusticus nicht wolt from ſein, erwurgt, sed est verborgen reich. Ideo regnum eius ghet in verbo, quicquid er ausricht, per verbum. Nihil video quam Euangelium, sacramentum, baptismum, ut parentes honorem. Nihil wird draus, quam ut hoc audiam et credam. Hoc regnum, quod iam absconditum, iſt eben, quod postea erit. fl in taſſch, est ein rechter gulden, quando er fur ziehe, iſt idem aureus. Ut si dicerem: Ich wil dir uberliefern den fl
XXXVI 570 ex bursa i. e. abiiciam | loculum. Sic Christus regnat in fide, verbo, et nihil scitur, quam quod dicitur et creditur. Sic in mundo agitur per contractum. Accipit Siegel und brieff, ergo ſo gwis habet, ac si in loculo. Nos eius Regnum et primogenitus ipse Rex, qui iam in eum credunt, pro aenigmate et obscuro verbo per baptismum, tamen certi, quod dei filii, vita aeterna donata, mors conculcata, ſund hin weg, diabolus gefangen. Non video, sed contrarium sentio, quod diabolus terreat. Es heiſſt, quod nullo 5 sensuum fulen. Si contrarium audias, conclude sensus et audi, quid dei verbum dicat. Aber durt wirds ſo zu ghen, qui iam credo mortem superatam et diabolum victum, videbo sic, peccatum leſſcht ꝛc. Illic apertum regnum et ista omnia clara, ut iam credimus. Iam thesaurus in loculo absconditus, post den beutel weg werffen, postea non prophetia, ut Paulus. Das meint er, cum dicit: 'Patri tradet' i. e. er wird fidem beſeit thun et suos ſtellen coram patre und ſetzen aperte in regnum, ut deum et Christum

6 1 Kor. 15, 24. 9 2 Sam. 7, 13. 13 Cr. hat st. obducta: abducta gelesen, also das folgende dann ändern müssen. 24 loculum: Hülle, Beutel. 28 1 Kor. 13, 12. 31 heiſſt <credere>. 37 1 Kor. 15, 24.

videant in sua maiestate an verbo, fide, auffs aller clerſt. Das kind, qui baptizatur et moritur, wird ſchein. Idem | in celo regnum coram XXXVI 571 patre. Das heiſt ubergeben regnum fidei et Christianos ſtellen in clar liecht. Idem regnum, sed discretum fide et revelatione. Ideo eigentlich est Christi, quando verbi et fidei reich, et tamen dei, Quia homo factus propter hoc, ut fidem erigeret. Et dei, quia qui Christum audit, et deum. Sed quia Christus verborgen, non videtur, ideo regnum dei. Durt aber eigentlich dei regnum. Tunc non, ut pro nobis patiatur, oret, donet remissionem peccatorum ex morte liberet, sed ut ipse, sic nos rc. Das iſt auffheben regnum fidei und das ewig, klar reich anheben. ¶ Sic seipsum declarat: 'alle herſchaft', weltreich wird er zuſtoren, et Christi cessabit, prediger, pater, mater, dominus, domina, baptismus, Sacramentum rc. da das wird er auffheben. Non opus baptismo, Sacramento, parentibus, dominis, servis, baurens, nobilibus. So wird er auffheben weltlich reich auffbrechen. Si fidem, Euangelium rc. ergo etiam Meiſter hans cum gladio, Cesar rc. tantum deus, qui erit prediger, pfarrer, wird | Sacrament reichen ym geiſtlichen regno nach der XXXVI 572 ſeel, etiam secundum corporale regnum erit Cesar, dominus, pater, quod iam ſo ſtucklich betten a Cesare, principe, Illic als auff eim hauffen. Tum istis omnibus non indigebo, Cesare, consule rc. qui dant frid, ſchutz, ſchneider, ſchumacher. Oportet habeamus mancherley leut, die mir helffen, durt nicht, non calceis, non faul bett, biertrincken, als anders, ipse omnia erit. Sicut ergo ubel geiſtlich regnum, kein troſter, unterrichter, Teuffer und worts regnum, Sic rc. erit meus pastor rc. sic meus dominus, ſchutzherr, qui dabit eſſen, trinken loco parentum, nihil curabo omnes istos, ipse omnia.

'Alle Oberkeit.' Es ghet dennoch ſeuberlich, das geiſtlich regnum helt er ehrlich und koſtlich, quia dicit 'ubergeben'. Das ander wird er gar 'zu nichtig machen', quia regnum weltlich ordinatum uber boſe buben, ſchelk, reuber, ehebrecher. Sed hic manebit, quod deum dilexit, ut dicamus: Ego fui baptizatus, dilexi Euangelium, proximum. Sed hic iſt unſer reich gar aus, quia non dint ghen himel, sed tantum auff erden. Ideo gar 'auffheben' | i. e. in alia vita non indigebimus ulla re, qua iam XXXVI 573 indigemus, sive in spiritualibus sive corporalibus. Das geiſtliche mutabitur in melius, mundanum penitus auffheben.

3 vocabula facit. Distingue, ut velis. Sic ego distinguo: 'Principatus' das hochſt. In iglicher weltlicher oberkeit inveniuntur ista 3.

1 an: ohne. 7 ideo ⟨improprie tantum⟩ regnum dei. 11 1 Kor. 15, 24. 14 Si ⟨er aufhebt⟩. 19 betteln. 27 1 Kor. 15, 24. 30 Etwa: Aber dies ⟨geistlich Reich⟩ wird bleiben, darin man Gott geliebet hat. 32 dient. 36 1 Kor. 15, 24 (Herrschaft, Obrigkeit, Gewalt).

1. der oberherr, ut keiſer in suo keiſerthum, ut princeps in principatu, Comes in comitatu, unde befelh her ghet, iſt princeps. Deinde, qui accipit mandatum und macht haben. Zum 3. qui treiben und auſrichten. In quolibet isti gradus, ordnung gefunden, ut in Civitate, 'Virtutes': butel und Meiſter Hans, 'Potestas': richter, consul, die es treiben. Weiter: ſols Richter treiben, mus ein hoher befelh haben, ex suo capite non audiunt. Sic in domo vir est princeps und her in domo, postea domina, filia, servus, Ut vir: Ich habs der frau befolhen, Et kue, pferd, qui auſrichten ꝛc. ut befelh geſchehe, a patre proficiscitur. So weit die
XXXVI 574 welt, in hoc sunt ista 3 und | ſollen auffgehoben werden in omnibus regnis nullo excepto, den oberſten mit den unterſten und mittelſten. Ista 3 sunt in mundo an dem ortt groſſer quam in alio. Cesar maximus, principes medii, postremi comites.

Das ſol er thun et non die Rottengeiſter, quia dicit, quod Christus 'tradet patri gewalt, regnum', et ipse den furſten auff den kopff greiffen et Cesarem temporis illius auff ewig der hell. Ergo manebit usque ad finem mundi potestas ꝛc. donec ipse venerit, ut wie bleiben ſol praedicatio Euangelii, baptismus, Sacramentum. Ich ſols nicht wheren. Ipse 'tradet patri'. Sic non tod ſchlagen debeo Cesarem. Ipse wils thun absque omni medio et solus dicit: kaiſer, ſey nimer kaiſer, Her, ſey nicht Her. Et nemo se unterwind et interim las mans ghen, potentes ꝛc.

'Donec.' Quare non facit statim a resurrectione und ſchlecht die unter die fus? Ipse habet regnum, das mus fort, quia dicit: 'Sede a dextris, donec ponam.' Das iſt unſer troſt, quod non statim ynn die
XXXVI 575 boſen | geſchlagen ante 1000. Er geſpart, ut et nos dazu komen. Nondum nati nec adhuc, qui gehorn in suum regnum. Ideo, ut dei filios zuſamen. Alibi: Ideo mus er suum regnum perfectum machen und mus alle haben in suo regno, quos habere debet. Et hoc, 'donec ponat', quanquam et iam faciat Petrum et Paulum docere, donec filios congreget, ut Iohannes. Das iſt war. Paulus dicit de inimicis et ideo, quod nostra consolatio, quod adversarii, qui nos trucken et fecerunt, certissime unter pedes. Et quotidie fit, quia per Euangelium, Sacramentum, baptismum Rottas, Teufel nidder ſchlecht et eripit homines ex morte ꝛc. Er legt den Teufel, peccatum hinder ſich et wirfft land und leut unter das Euangelium et eiicit e regnis reges. Aber durt auff eim hauffen an uno biſſen. Itzt nur particulariter, heut partem, cras. Regem fehet hie an ſie zu ſturtzen und durt am end gar, quia haben hertzleid. Deus dedit

---

15 1 Kor. 15, 24. 22 1 Kor. 15, 25. 23 fort<gang haben>. 23 f. Ps. 110, 1. 27 Alibi: Joh. 11, 52. 28 1 Kor. 15, 25. 30 Johannes <dicit>, Joh. 11, 52. 30 'Das iſt war' ist Zwischensatz; das hoc Zeile 28 ist Obj. zu Paulus dicit. 37 hertzleid <angericht(et)>.

eis Oberkeit, ut regieren uber leib und gut und sollen straffen buben, schelk, frieden und schutz halten. Hactenus eis | commisit. Sed greiffen XXXVI 576 unsern herr Gott selber an. Dicitur, Euangelium bring auffrhur und zerstorung regnorum. Cuius culpa? deus commisit Regibus, ut boswichter straffen. Ipsi straffen unsern herr Gott. Caiphas. Lassen ander ding ungestraft und greiffen Christum an. ¶ Sic tod fecit: tot voravi, et illum. Fluchs her suo rethi et putabat se. Non erat wild pro eo. Pater: thus nicht, es nicht fur dich. Ideo hat das bald zu gefarn und yhm das netz zurissen, ut non possit retinere unum hominem. Et sic iam inanes quaeri possent sibi ꝛc. Sic Iudei nostrum regnum. Sic Petrus: 'Impossibile' Act. 2. Vos fahet schleck et boswicht vestro rethi. Si vis deum capere, wird dirs netz zureissen. Der reisst dir ein loch per netze. Iam scissum rethe Iudaeorum, ut non fuchs kan fahen. Sic iam faciunt nostri pseudoprophetae, wollen Christum fahen. Et hoc verbum ꝛc. ¶ Sed man macht dis|cordiam in mundo, deus dedit tibi zu regieren lant XXXVI 577 und gentes, Ebrecher lestu ghen et met es, et fehest deo sein wort, et si cepisti, tamen non potes tenere, zerreist den unser herr Gott dein netz mit hunden, ut Herzog Georg, Ferdinand. Si non fit ewig, hic in terris tantum fit ein stuck. Euangelium dicit: du solt dein netz legen uber die bosen schelk, du ziehes uber Christum, Euangelium. Hierusalem und Romer reich war auch starck et tamen hats hin gerissen, ut nihil remaneret nisi Papa. Constantinopolis penitus ablata. Sic fiet eis. Ipse reisst tod, weltlich oberkeit entzwey. Er thut das ob oculos, stuckweis, fecit Grecis, Iudeis, Romanis ꝛc. Non videtur filum de eius regno. Ideo redt er grober de mundi regno quam geistlich. Interim tamen stuckweis schlecht erunder nostros adversarios, ne desperemus nos habere regem. ¶ Itzt ists an Hungern und Osterreich, et non vincent ante extremum diem. Et lests nicht, reissts umb, Ein stuck nach stuck. Et nostri | rustici, nobiles ringen darnach. Et fiet cicius ꝛc. Non haben sich ver- XXXVI 578 sehen austriaci, quod inimici et iam amici Hispani. Sic nobis ꝛc. Sic quando ein kenigreich nach dem andern unterghet, ne mireris. Est culpa peccati, ingratitudinis et contemptus et quod deum non vis audire. Ideo non wird kein clamor helffen, thu nur dein mutwil, schind und schab: huic congregas, qui schendet die weiber et occidet. Nos clamamus und warnen, sed jhe toller und thorichter. Sic in Austria habent suam portionem. Iam non timet Turcam, sed oportet amicos, qui dicunt: reclude arcam. Hoc exemplum proponit deus fur die thur, ut terreat. Iam non hilfft yhr klag in Hungarn et Austria: o das man

7 illum: Christum. — putabat se <vicisse>. 8 das <wild> [= Christus] bald. 10 regnum <aggressi sunt>. 10 Act. 2, 24. 16 <ipse>met. 29 citius <quam fur in nocte>, 1 Thess. 5, 2 u. 4.

uns weib und kinder, Ach herr Gott, es hilfft itzt nicht. Sic iam ob oculos videmus et ante fores nobis, et quo plus clamamus. Nos excusati ut illi, qui dixerunt Hungaris. Et cum fiet vobis, et. Iam Euangelium et dei praeceptum ist gleich on spot, si econtra, du wirst Gott ein spot. Quanquam in extremo die omnino sturtzen, tamen iam etiam nobis in consolationem per Turcam multas regiones voravit. Iam nesciunt, wie sie fur mutwillen sollen ghen, vel versthen rustici, Ich wils wol so wol zukomen, ut vos. Ego scio, quid amitto, si quid amitto. Econtra novi, quid vos amissuri.

8. (1. Kor. 15, 26 u. 27a.)

3. November 1532 nachm.

Sic audivimus nuper in Epistola, ubi praedicat und treib articulum de resurrectione mortuorum, quod dicit: sol regnum und konigreich bleiben usque ad extremum diem, tum auffheben all empter und oberkeit, beide, in corporali et spirituali et suam Christianitatem
XXXVI 579 bringen fur den vater und | yhm ubergeben, ut pater regat, non Christus i. e. iam occulte regnum wird furen in fide per verbum, sed offenbar uns dar bringen, ut videamus unsern schopffer und hern mit auffgedecktem angesicht. Hoc est verendert ex fide ins klar angesicht, ex verbo in wesen. In des mus er regieren per verbum et in fide und lest die empter zu regieren ghen. Et daneben konig, keyser, fursten et aliorum empter, Et wil, ut mali arguantur, et in spirituali, ut pii eripiantur a peccatis, tum vult furst und herr, pater et mater sein.

'Donec ponat' ꝛc. 'postremus hostis mors'. Ibi declarat hoc, quod audistis, quod deus omnia in omnibus in jhenem leben. Omnis sol alles haben an gott et in deo, quod hie stucklich mus anheben ꝛc. Et setzt ein fein glos, und rechter liplicher textus, quod dicit: 'Novissimus hostis.' Sic ego non potuissem deuten hunc locum, ubi scriptum ex loco ps. 'donec ponam' ꝛc. Hoc verbum so fein weit deut, scilicet de morte. Alioqui verba sonant, quasi tantum loquantur de Iudaeis et
XXXVI 580 gentibus, qui eum gemartert | und gecreuzigt. Sed Paulus pingit mortem ut pictor et vocat Christi hostem, quia ziehet mit yn den spruch: 'donec'. Hoc consolatione plenum, quod Christus sit hostis mortis et quod suum regnum da hin gerichtet, quod ideo Rex, ut sich schlagen, krigen cum morte. Non est is vir, qui lust und freud zu zurnen, wurgen et greulich cum hominibus umb, sed ideo factus Rex, ut sich legen zu feld mit aller macht contra novissimum hostem, qui dicitur. Hic no-

---

18 f. 2 Kor. 3, 18. 24 1 Kor. 15, 25 u. 26. 25 1 Kor. 15, 28. 27 f. 1 Kor. 15, 26. 29 Ps. 110, 1. 36 umb⟨gehn⟩ (Cr.).

tatur maximis verbis: mors est Christi hostis et econtra, et semel beweist, Cum voravit et eternum yhn zerrissen und unter sich gelegt et vicit et zunicht gemacht, sic vult zunicht machen gegen seinem gantzen konigreich, ut zuflogen und zustoben, ut nunquam videatur. Ideo optime inspicit locum, quod Christus ad dexteram patris et in officio hoc, quod morti ꝛc. pro sua persona ists schon ausgericht, cum eis, qui adhuc in sepulchro, nondum, sed ghet an, quia Christianus ist bereits die helfft ex morte, quia vita eius mors, quia quando baptizatus, wird er gestossen in tod, werden da | hin geurteilt, quod mortui et quod sollen XXXVI 581 resurgere ex morte. Hoc ideo, ut Christiani inspiciant suum stand. In hac vita fallen sie rucklich ad mortem. Non sentiunt mortem, sed vivunt ꝛc. Sed Christianus ist bereit gerurt und gestossen per verbum et baptismum in mortem, ut singulo momento expectet mortem propter Christum a morte, et caro non quiescit. Ideo dextero pede schon ex sepulchro. Et habet potentem adiutorem Christum, qui eum schon manu gefast, quia peccatum ei iam remissum, lex ablata et inferi gefressen, et anima resurrexit cum Christo et habet den helffer, qui dat omnia. Es ist noch umb den lincken schenckel zuthun, umb den alten sack, alioqui mher den die helfft, in extremo die gar.

Hoc trotz non habent impii, quanquam iactent gut, fl, freundschaft in terris. Da unum, qui possit liberari, ut non veniat in mortem. Non | werden ein faden, 1 tropfen wasser mit sich nhemen. Si nemo in- XXXVI 582 dueret, liegen sie tod da, nudi. Nemo det exemplum, quod abstulit secum regnum, gemmam. Nihil omnino mit genomen. Nos vero si nihil haberemus quam Christum, exceptis patriarchis ist so rein ex morte kommen, das er nichts drin gelassen, Ne pilus, dicit, omnia numerata, den haben wir schon. Hoc exemplum kunnen wir stellen. Si rideant: tu Christianus es dives, ubi? Ego regnum, aurum ꝛc. bene habe, quicquid habes, trotz accipe 1 heller mit. Sed ego exemplum habeo Christum, der nichts hinder sich gelassen et mihi porrigit manum, et vult quoque er aus. Quid ergo bochet? ut sues, quia satis habent bonorum, nihil curant Christum. Sed nos certi, quod accipiemus omnia nostra. Ideo fein, quod Christianus novit, ut Christum furbild als | maximum hostem mortis und setzt mortem contra Christum ut XXXVI 583

---

3 gegen: vor. 5 inspicit, sc. Paulus. 6 morti ⟨hostis sit⟩. 11 rücklings. 11 f. Cr. bezieht In hac vita . . . vivunt ꝛc. auf die Gottlosen und gibt die Aussage non sentiunt usw. wieder: sie leben jm sause und achten des tods nicht, bis sie plötzlich hinein fallen. 22 indueret: die Leiche einkleidete und begrübe. 25 exceptis patirarchis: geht wohl auf Henoch und Elias, vielleicht auch auf Math. 22, 32. 25 ist ⟨kein andrer⟩ so rein. 26 f. Math. 10, 30. 27 den, sc. den auferstandnen Christus.

hostem. Hoc dienet dazu, ut non erſchrecken a morte, ut dicas in terrore: das iſt Chriſtus nicht, vel Paulus et David mentiuntur, Sed diabolus, quia Christus ideo rex, quod vult mortem auſtreiben ut suum hostem. Ideo quicquid facit mihi mors, facit ut hostis Christi. Et quando me terret und wurgt, wird yhm weher thun quam si ipsum ꝛc. quia propter me impetit. Sed sicut dominus eum auſſtreiben, sic ego in corpore nostro. Haec nostra consolatio, qui Christiani. Non praedicatur risoribus et illis, qui fidunt suis thesauris. Mors nihil auferre potest quam, quod in terris habemus. Corpus behelt er momentum in der herberg, sed non diu.

XXXVI 584 | Denn aber, quando tradiderit patri regnum, tum mors etiam abolebitur, et vocat novissimum hostem. Cur? qui alii? Hi 3 adversarii Christi et nostri: Caro, diabolus et mundus. Hos sentimus et videmus. Paulus: est inimicitia adversus deum. Paulus: destruet ventrem, geitz et, quicquid geitzig, mus hin weg. Et hat ſchon ein feuer angeſteckt, ut mundus pereat, et diabolus adiudicatus ꝛc. qui omnes fechten yhn, machen Rotten und martern suos Christianos, et caro zu boſen luſten. Istas 3 haſt in terris. Carni ſteuret er verbo et sacramentis. Sic diabolo whert er verbo. Sed isti tres sunt groſſer, quos Paulus nominat: lex, peccatum, mors. Diabolus, caro, mundus muſten uns wol zu friden ꝛc. sed ſtymen all zu ſamen. 'Lex', inquit, 'operatur iram'. Et ad Eph. quos deleret i. e. unſer handſchrift, die entſthanden iſt per legem, et Mosen vocat praedicatorem peccati. Et si, inquit, XXXVI 585 lex non | esset, non esset transgressio. Lex indicat, quam malus mundus, diabolus, caro. Postea ubi hoc, tum peccatum et mors. Hi sunt 6 nostri adversarii. Ideo dicit: Ponam fleiſch, blut, Welt, Teufel, gſetz suo marter und plag, die ſind hin unter, et mortem, quando sepulti, horen die 5 auff, mortui non delinquunt contra praecepta nec mundus eos seducit et plagat. Sed mundo, carni et diabolo mortui, lex et peccatum leſts auch mit frid, adhuc in morte iacet. Istos 5 aufert mit dieſem leben, confortat nos contra mundum et per remissionem peccatorum a lege, per gratiam et misericordiam a peccato. 6 ſind yhe geſchlagen. XXXVI 586 Die 5 handeln hie, sed, quando | mortui, iſts aus. Der 6. iſt noch da, der ſol auch her. Ideo intelligamus hunc textum pro confirmatione fidei.

'Donec' ꝛc. das istos 6 hostes von dir wendeſt ad Christum, quia non quaerunt tuum Regnum, sed Christi. Sie greiffen yhn an, sed

---

5 quam si ipsum ꝛc.: als wenn ich ihn schreckte und würgte. 11 f. 1 Kor. 15, 26 (u. 24). 14 Röm. 8, 7. 14 f. 1 Kor. 6, 9. 20 1 Kor. 15, 55 f. 21 f. Röm. 4, 15. 22 f. Ephes. 2, 15; Kol. 2, 14. 23 f. Röm. 4, 15. 25 f. Fleisch, Welt, Teufel; Gesetz, Sünde, Tod 33 Der 6.: der Tod. 35 1 Kor. 15, 25.

er ist yhn widder feind omnibus ordine. Sic enim recensetur quisque
suus feind, ipse econtra. Ipse dem fleis, diabolo, mundo, legi ꝛc. et
donec regit in fide, schlecht er sich hie cum 5, durt videbimus, quomodo
iudicabit und auffreiben mortem, ut cogitemus nunquam peccatum,
ut iam sollen lernen und wissen, quasi 5 nihil sint. Incipimus discere.
Ipse est in opere und treibts yn uns, quod isti 5 sint caesi, quia caro
non subiicit et mundus suis rottis non vincit, sed ego. Sic diabolus
nobiscum pugnat, sed palmam behalten. Sic gesetz ꝛc. Mors gewint
so viel, quod aufert sinistrum pedem ꝛc. Das ist | Christi regnum, XXXVI 587
ad hoc positus est ad dexteram patris, ut discat Christianus suam
gloriam intelligere. Deus non fecit ein butzen, sed dominum et Regem
super coelum et satanam, mundum. Tu dominus legis, peccati und
halb uber den tod, das mag herschafft, dominium sein Inexpressibile.
¶ Ideo vult Paulus, ut nostrum thesaurum gros achten. Magna res in
mundo Regem esse, 10 000 fl habere. Sed 1. Cor. 2. Nobis datus
non solum thesaurus, sed oculi, qui vident eum, et hoc pauci sunt.
Et talia dona sunt, quae maiora quam coelum et terra, quae capere
non possunt coelum et terra. Turca et Romanus Cesar vermochten
nicht, ut darent homini, ut wheret 1 boses gedanken, item ut mundus
non feind wurde vel diabolus schadet. Si facit, mach ich eitel apoteken
draus. Et diabolus, nulla ars aliquid efficit. Sic lex, peccatum nihil
potest. Ideo sollen wir thesaurum nostrum gros, ut credamus nos
maiores tota creatura per Christum, qui maior toto mundo, et te sic
fecit. Omnia dona mundi sunt eitel parteken, es whert und mus hinder
dir lassen. Sed dominum esse super | 5 et dimidium ꝛc. Ideo disce XXXVI 588
dominum, quis sit, et quid ab eo habeas, nempe quod hostium istorum
6, die yhm nu kein leid thun, sed nimpt sich yhrer an propter Carnem
et sanguinem, hat yhn blod und traurig gemacht ꝛc. Er ist mit yhn
zu feld gelegen und geschlagen. Sic iam propter te Zach. 2.: qui vester
inimicus, meus, et odiam eum. Ideo eius regnum est, denn wie er
mir helfft et pugnet contra carnem et sanguinem, mundum et dia-
bolum | meum et reliquos hostes. Nihil censum accipit a nobis, sed XXXVI 589
pro nobis hic in mundo pugnat et postea in extremo die wil er
den letzten feind auch auffheben. ¶ Ursach ist die: 'quia omnia.' Ideo
abolebit mortem, quae eius feind, 'quia omnia'. Patris voluntas est,
ut talis Rex, ut etiam mortem. Cum ergo hostis eius meus. Etecontra
oportet eum subiiciat, et daran wird pater ein wolgefallen haben.

---

2 fleiß: Fleisch. 8 ꝛc.: Die Sünde auch in Cr.s Bearbeitung übergangen. 11 butzen: Popanz. 15 1 Kor. 2, 9. 22 gros ⟨achten⟩. 25 dimidium, sc. sexti (mortis). 26 nempe quod ⟨dominus est⟩. 29 Sach. 2, 12. 34 1 Kor. 15, 27 a. 36 mortem ⟨aboleat⟩.

Christum pingit freundlich, sic equaliter deum patrem. Das hat der vater ym syn, ut per filium ista omnia aboleat. Qui in Christum non credit, non potest istas cogitationes fassen. Tunc sic: hoc faciam, XXXVI 590 ut deus 2c. Ibi dei ira iacet in corde ut ein grosser mulstein. | Sic Papistae. Peccavi: hoc, aliud faciam. Semper ghet mit dem mulstein, quod iram dei sentit, peccatum, mortem, quia non novit Iesum Christum esse, qui hunc lapidem amoliatur, et sit voluntas patris. Ideo nemo kan yhm raten, et quo plus se implicat operibus, yhe erger es wird, quia tantum de hoc scriptum: 'donec'. Ideo omnes, qui extra Christum sunt, machen sich zu Christen. Coram mundo ist fein, ut caro dometur. Da gehoren alle zu, Consul, parentes, scholasticorum rector. Sed caro nondum sub pedes 2c. Da gehoret Christus zu, qui dat Euangelium et spiritum sanctum et gratiam, ut dometur caro, ut dicatur: du solts nicht thun. Hoc facere potest Christianus, ein ander lests. Paulus meisterlich interpretatur scripturam, ut agnoscas Christum Regem, qui pugnat contra suos hostes. Hoc contra nostros adversarios. In sua persona vicit et pro nobis quotidie vincit et praesertim in extremo. Deinde sit consolatio Christum talem 2c. et hoc facere bona et paterna voluntate dei.

XXXVI 591

9. (1. Kor. 15, 27—29.)

10. November 1532 nachm.

Audivimus nuper, wie Paulus sagt, quod an jhenem tag, quando resurrecturi a morte, novissimus hostis sol auch auffgehoben i. e. mors, quia is hostis mors, ist unsers herr Gotts feind auch, der yn gefangen hat 3 dies gehalten et 3. die hat yhn widder lassen mussen, et omnium credentium in Christum est hostis. Et Christus wil propter istos morti feind sein et illam mortem, quam pati debemus, wurgen, quia dicit: mea et tua mors sol sein feind sein, und ghet da mit umb, ut yhn ernidderleg, 'omnia', etiam mors.

'Cum dicit', 'quod, qui subdidit'. Ibi auditis, quomodo hoc verbum, treibt und widderholt. 'Omnia subiecta', et dicit, XXXVI 592 quod is freilich | exceptus, qui dicit: omnia subdidit, et cum omnia subiecta, et tum filius ei subdetur, laut schier als ein gewesch et ebria loquela. Ipse rurt discrimen regni Christi et dei, quanquam unum. Ideo dicitur regnum Christi, quod hic in terris in fide vivimus et non audimus et videmus in corona ut mundanum regem, qui auditur et videtur eius pompa. Ideo Christi regnum dicitur propter fidem,

---

9 hoc, sc. Christo. — 1 Kor. 15, 25. 29 1 Kor. 15, 27a. 30 1 Kor. 15, 27 b. c. 36 <Christum> in corona. 37 eius pompa: an seiner Pracht.

quae occulta et non offenbar, sed tamen, quod Euangelium proponit. Deinde dicitur dei regnum, quia, quod iam in fide consistit, ſol auffhoren, non ut iam, das meinet hie mit, quod filius se et regnum suum subdet patri, et ipse subiectus i. e. hoc regnum, quo regit in fide, das wird er ſtellen ad faciem maiestatis an allen glauben, decken et deo ubergeben, et tamen manebit konig, quia 1 deus pater et filius, nisi quod iam divisum: Christi dicitur in fide, dei ꝛc. Ut non intelligamus ut heretici, loquitur de Christo nach der ecclesia, regnum hat et regirt per dunckel verbum baptismum, Sacramentum, non de deitate Christi, ut heretici. 'Donec' ꝛc. sic supra etiam, oportet regnet ꝛc. i. e. er mus regiren usque ad extremum diem. Hoc praesente tum omnes hostes sub pedes, quia pater potestatem diaboli, mortis abstulit et, quicquid Christo wider iſt, welt, fleiſch, blut, tyrannen, Rotten, das wird isto die auffgehoben et sub pedes. Ubi omnes | urteilt ad XXXVI 593
inferos ꝛc. et filius patri. Pater, hactenus mecum regnasti in fide, iam hoc trado tibi ꝛc. Ibi tum videbimus, quod pater et filius cum spiritu sancto 1 verus deus. Hoc satis.

'Da wird denn ſein' i. e. unusquisque wird an Gott haben ſelbs, quod alioqui extra deum in omnibus i. e. an leib und ſeel satis habebimus et salvi, hic in terris oportet habeamus parentes, amicos, eſſen, trinken, kleider, ſchuch, hauſe, hoff, furſten, Herren, qui tuentur, et alia. Oportet habeamus in spirituali regno praedicatorem, pfarrer, qui baptizet et administret Sacramentum et qui te troſtet und bericht conscientiam und yrrig ſach, des allen durt nicht. Hic solem, lunam, stellas, 4 elementa ꝛc. quae non enumerari, quae not am leib, taceo ſeel ꝛc. Illic aus. Venter darff et corpus. Illic habebimus a deo allein, nullus cibus ſo koſtlich ſein ut illic dei aspectus, sic cibabit, das corpus wird friſch und gſund ſein und wirſt fein kleid, quod als gut, ſilber, gulden ſoll kot ſein erga ꝛc. quia ſo ſchein ut lieb ſon, non indiges sole. Non Sole, luna ꝛc. alls an yhm alle et satis. | Et sic in anima bona con- XXXVI 594
scientia, nemo terrebit et betrüben, yrr machen und unrugen, sed omnia habebis vom anblick, quod cor vol, vol. Hoc rusticus non intelligit vel ꝛc. Sed cogitat: venter mus eſſen und trinken, non potest aliud cogitare, quam quod vivat. Non cogitat, quod deus possit melius corpus erhalten per anblick, eſſen, trincken, wein, kleider non

---

3 ut iam ⟨verborgen sein⟩. 3 mit *; W. A. nit. 5 an: ohne. — 2 Kor. 3, 18. 7 dei ⟨in claritate⟩. 9 1 Kor. 13, 12. 10 1 Kor. 15, 24. 15 patri ⟨subditur⟩. 18 1 Kor. 15, 28. 28 kleid ⟨haben⟩. — als alles. 35 ⟨quam per⟩ kleider usw. 35 f. die [essen, trinken usw.] sind doch nicht lebendig und geben uns doch Leben ⟨wandeln sich in saft und blut in den⟩ Adern.

vivunt et tamen tribuunt ista vitam, adern. Si ista met faciunt, cur deus non facere posset? Si iam deus non erhielt per verbum, panis non. Ut Christus: 'Non in solo' rc. Si non amplius hic quam brod und wein, non diu viveret corpus. Oportet corpus prius vivat et natur habe, brod kans nicht thun. Hoc videtis an eim ungesunden und todten menschen. Si vita consisteret in brod und wein, nunquam moreretur. Illi etiam moriuntur, qui essen, trincken, gelt und gut satis haben. Ideo was wils dort werden, ubi deus manifestus, das brod, wein, kein apo-
XXXVI 595 teke ansehen, sed tantum visus ipsius wird unser | aspectus so rein, hubsch, nulla avis so velox ut corpus: In momento in coelo et terra rc. wol wil ich gleuben, quod omnia pulchriora, himel, erden, arbores, sed tantum inspiciemus Novum. Sed das gesicht corpus erhalten. Non, sed sic: Omnia deus wird erhalten, corpus, animam rc. et dices: Ich wolt 1 augenblick nhemen in celo pro totius mundi opibus, si stund 1000 jar. Ideo wil er auffheben, ut cessent principes, Reges, parentes zu regirn et et parochi. Erunt masculi, feminae et totum genus humanum da sthen ut creatum, sed nullum necessarium, mater non seuget puerum, Sed omnes in perfecta aetate. Das heist: 'deus alls' rc. Iam ito in cor, quid libentius haberes?

Libenter habes gelt und gut, vitam longam, gulden rock und keten, bona und essen, trinken, in ewigkeit omnia hic sufficient. Et libenter herr sein, land und leut regirn und scharff gesicht, ut per murum, et volare super turres. Ja ista omnia habebo. Istud non credit ratio, sed fides et scriptura dicit. Et deus non indiget pro sua persona silber,
XXXVI 596 korn, | magistratu, praedicatore rc. er hat an yhm selber gnug. Cur non posset per se dare ista? Et sic non indigebimus, ut ipse non iam non indiget. Et tamen ist nur sein freude und spil, quod videt. Sic nobis erit, wird al unser freud sein und Gott loben in istis pulchris operibus.

Hoc vult Paulus nobis Christianis praedicare. Vulgo, qui deum non curant, non est praedicatum. Illi indigni, iam haben yhr straff, quia ira dei. Horrenda ira, quando deus dat verstockt hertz, ut libenter verbum audiamus, non hoher plag quam illa, quando cor occluditur rc. wat frag ich? nu der hats gnug, da schlag nicht mher. Si potes, iuva eum. Si non, er ist hoher verflucht quam tu et omnes. Ipsi deum nolunt, ideo oportet diabolum et semper mori, blind sein, kranck sein, pestilenz und ewig bornen im fewer. Ibi nullus, qui ein tropffen wasser. Es

---

2 f. panis non ⟨posset⟩. 3 Matth. 4, 4. 18 f. 1 Kor. 15, 28. 23 vgl. Math. 22, 30. 32 Cr. versteht: ⟨non vult⟩ ut libenter usw. 36 darum ⟨müssen sie⟩ den Teufel ⟨haben⟩. 37 Luk. 16, 24.

wird als mangeln, nicht | ein faden, quicquid habent, auferetis in terris, XXXVI 597
ut videatur non faden. Sic durt mher, quod privati omnibus, quod
deus est et dat. Ideo qui non audit verbum, habet suum iudicium.
Nu iſts communissima plaga uber furſten, nobiles, und ghen hin und
ſechen pfarrer und treiben ex terra et conculcant pedibus rustici.

Sed nos discamus confirmare fidem et expectare aliam vitam,
ubi non mangel an leib und ſeel, sed deus. Paulus loquitur per deum,
et deus per ipsum, ideo non mentitur: Mortem hostem ultimum
auferre et dare omnia. Haec dei verba, die ſollen wir faſſen. Si rustici
contemnunt istas promissiones, Alſo hoch discamus contemnere eorum
bracht, gut Et dicere: habes gelt, gut, korn, land, leut, far hin, fur ſolche
ſew ſolche klew, sed non | habes verbum et plagatus contemptu dei ut- XXXVI 598
supra. Ego nihil habeo, sed expecto et confido promissioni, quod
Christus vult erwurgen hostem, mortem et ex terra ꝛc. et ibi ſol ich
erſt gulden et omnia finden. Ideo drang, ſtich, brich und sis ein groſſer
hanſe ꝛc. Nos habemus estatem, tu hyemem, und ſind geſchieden.

Sic debemus nos consolari contra ꝛc. Noli inspicere ſchon keten,
. . . . . , sed quid is dicat: Si credis in Christum, ich will dir ex morte
helffen, ubi die andern hin, et dabo omnia, ut regas, ubi alii inferos. Sed
rustici kunnen die kunſt viel bas, contemnere deum et verbum quam nos
mundum. Ipsi penitus caro et sanguis, ideo kunnens ſie meiſterlich
deum. Nos non sic ꝛc. quando rusticus habet 1000 taler, weis nicht,
ubi posterior ſthet, weis ꝛc. Et me non inflat, quod deus meus, und
ewig der leydig | Teufel hindert. Oportet tractemus, ut non excidamus XXXVI 599
ex verbo et non sic contemnamus. Christiane, du ſolt an yhm als
finden. Iam cogita, quid libentius haberes. Nihil dulcius optare quam
vitam. Totus mundus timet mortem, quanquam toch. Et tamen du
ſolt yhn haben ſchoner und beſſer und ewig und frolich. Si optare possem,
ut plueret ſl, golt ꝛc. tum optarem aves habere quicquid ꝛc. dicerem:
wachs mir ein ſchoner baum mit gulden opfel, halb ſilber. Ich wolt
me esse supra solem. Fiet, quia deus omnia.

Das iſt iste textus, quod Christus resurrexit. Iam incipit ſchelten.
Sic debet praedicator et docere suos et arguere adversarios. Sic:
'Quid' q. d. yhr heilloſen rottengeiſter und verzweifelten heiden. Si
Christus et nos non resurgimus, quid faciunt und 'laſſen ſich teuffen
super mortuos'? Num non stulti omnes et ego, Si non alia vita

---

1 alles. 5 verstehe: rusticos. 8 f. 1 Kor. 15, 26 u. 27. 18 zwischen keten und sed ein unlesliches Wort, vielleicht: inffel [Bischofsmütze]. 23 posterior: der Hintern (die ganze Wendung malt Übermut, Hochmut). — quod deus meus: daß Gott mein ist. 25 alles. 34 1 Kor. 15, 29. 35 f. 1 Kor. 15, 29.

XXXVI 600 quam ista? Sic | si non alia post hanc, cur praedico et audio, Rustici
et nobiles, quid faciunt in praedicatione, si non credunt? Non in-
veniunt in baptismo, quod in cista et taberna, thun recht. Si enim non
credunt, quod post hanc vitam, nihil indigent deo, baptismo, prae-
dicatore. Ideo sicut credunt, ita ir weſen. Ich glaube an die gl und fl.
Ideo impossibile, ut credant in Christum. Cum non credunt se resur-
gere, Ideo nihil curant parochum. Et ego, si non crederem, ut vacca,
resurrectionem, nihil curarem mortem, non curat baptismum, praedi-
cationem. Sic gentiles bene faciunt, qui non credit hunc articulum,
quod resurrectio mortuorum, den verdenckt man nicht, quod nihil curat
baptismum ꝛc. Est ein ſaw talis. Ipsi glauben ut porci ynn der trog ꝛc.

Ideo dicit Paulus: es wheren groſſe narren, quando ꝛc. quia halten,
quod in morte bleiben, ergo non est deus, ergo non indigent baptismo,
XXXVI 601 | pfarrer, praedicatore, sed Meiſter hans des henckers, das man der ſelbig
ſaw der knutel, den der knecht und hirt hat, ut alios porcos non beiſſen
i. e. weltlich regiment. Sed wird ſeltzam ſein, werden uns mit ungleichen
augen, Ey wie ich die anſehen, qui me geleſtert und geſchendet et qui non
crediderunt. In momento, Dives gieng da hin ut sus, fras ſich ſat,
postea ein tropflein. Hoc ſchelten wil Paul hereticos ſo ſchelten. Christi-
ani essent maximi stulti und kunden ſo wol ſagen ut yhene: Ego non
credo resurrectionem mortuorum. Sie thun aber ſo, sed tamen laſſen
XXXVI 602 ſich teuffen und ſchenden euch, sicut | vos eos ſchenden. Sed ipsi kunnen
etwas laſſen, vos non scitis istam scientiam, laſſen ſich die prediger nerren
et sinunt se baptizari, holen prieſter et ꝛc. si est verum ꝛc. Er hat ein
feſte argument, sed tamen ein ſchwach columna. ¶ Sed apud nos fortissi-
mum argumentum, ubi nos alter alterum reitzen per Sacramentum,
baptismum, fur die dint das argument, quod dicit Paulus: non im-
possibile, das das nerricht ſey, quod tot Christiani faciunt? ꝛc. quando
der tol befel. Si te movet, quod is est porcus, cur isti, qui angeli et
hoher rationem quam tu? Sed istorum multi ꝛc. was leidt daran?
Sihe an Christi doctrinam et vitam, qui loquitur de deo eius operibus,
ideo eius verba recta. Sed si vis audire, quid ipsi, tum corrumpunt.
XXXVI 603 Ideo dicit: die lieben | Chriſten sinunt se baptizari. Si resurrectio mor-
tuorum nihil, faciunt ut stulti, quia baptismus, praedicatio, pfarrer
non sunt ministri ad istam vitam. Romani in flore non habuerunt
praedicatorem, Apostolum, baptismum, deum. Ideo si vis tantum
hanc vitam achten, las pfarrer, prediger ghen. Non invenis ein ſack fl

---

5 Groschen und Gulden. 8 non curat ⟨vacca⟩. 12 1 Kor. 15, 29.
18 Luk. 16, 19 ff. 19 postea ⟨bat er vergebens um⟩ ein tropflein
⟨Wasser⟩. 19 Randlesart der W. A. zu ſo: so⟨l⟩. 21 Sie: die
häretischen Scheinchristen. 23 laſſen: Subj. ist ipsi (die Häretiker).

in Euangelio, sed remissionem peccatorum, victoriam omnium malorum et donum vitae eternae.

Da ſetzt er 1 wort hin zu: 'Uber mortuos', latine fur den todten, laut, quasi Christiani coram mortuis, ut quando mortuus pater, laſſe mich teuffen pro patre. In Actis: 'unusquisque pro se' ꝛc. Sed maneo cum Scholio. Sed supremi gentiles putaverunt, quod muſte homo secundum animam post hanc, et cogitaverunt corpus nunquam ꝛc. Sed anima venit | unter die fromen ſeel. XXXVI 604 Ideo iste articulus fuit apud gentiles occultus, da er nu kam et Christiani credebant, grave war und muſten ſpot. Da lieſſen ſie ſich teuffen apud sepulchra credentium et incredulorum. Et ideo ut signum tale, quod isti, qui sepulti hic, resurgerent. Ut si nos sic, quod isti, qui in hoc cemiterio, certissime Martinus. In Ecclesia Aquilegiensi quando orarent, dixerunt: 'Resurrectionem dis fleiſches.'

Et hoc ideo Apostoli forte et patres, ut istum articulum mit gewalt eintrieben, quia iſt yn ſchwer ein gangen, gentes geſpottet. Ideo mit ein ceremonia externa potuerunt einbilden. So intelligimus istum textum, quod supra i. e. quod mit fingern auff die todten geweiſt, ut non cogitetur alios homines futuros post hanc vitam, quod Petrus, Paulus et alii non ſollen | auffſthen, XXXVI 605 sed alii ſollen creati, Sed der Petrus, Martinus. Ut dico: Is Christus, qui natus, resurrexit. Sic Christiani se geubt, ut istum articulum wol ubten. Nam amisso hoc articulo nihil omnes alii. Nam quod mortuus Christus, passus, omnia facta, ut veniret alia vita. Cum ergo futura vita est suis grund und urſach, cur Christus veniret, Ergo ablato fine omnia ablata. Ideo tamen qui iam effereris et sepeliris, ſol aufferſthen et non aliud. Er ſol wol anders werden, sed idem corpus, caput ꝛc. Das haben ſie gemeinet, quod supra i. e. credo, quod isti mortui resurgent.

10. (1. Kor. 15, 30—32.)

17. November 1532 nachm.

Nuper audivimus, wie S. Paulus darauff dringt, ut certissimi huius articuli de resurrectione mortuorum et vitae aeternae, et ex ungedult fehret er aus. Si non resurrectio mortuorum, So lieſſen wir praedicationem | et omnia anſthen. XXXVI 606 Cur sineremus nos baptizari und auff uns ꝛc. Et totus mundus nobis infensus, Et in groſſer fahr sumus. Man find auch wol inter gentes, qui magna pericula passi ꝛc. sed tamen

---

5 Act. 2, 38. 7 secundum ⟨solam⟩ animam post hanc ⟨vitam vivere⟩. 7 nunquam ⟨resurrecturum⟩. 10 ſpot ⟨leiden⟩. 10 Luthers Übersetzung „über den [Gräbern der] Toten" will also den Sinn „für die Toten" ausschließen.

habt ein ehr, nutz gehabt und gros fur der welt angeſehen. Ut philosophi gentiles habuerunt honorem, quando ſein gelebt. Sic die kriegſleute habuerunt, quod meruerunt. Tantum Christiani haben allein zuwarten ſchmach, ſchand. Ideo stulti, si nihil aliud quaererent quam niti frustra et quaerere odium, extrema dementia, dicunt ipsi. Ideo mus etwas ſein, quod sit aliquod, quando subit periculum. Sed hic quando non habemus vitam aeternam, heiſſt proprie frustra niti et odium quaerere. Nos si principes, rusticos, nobiles ſol ſchelten und all
XXXVI 607 auff | mich laden, sum stultus, si nihil aliud quaero faciendo hoc. Potius taceam. Sed oportet Christiani hoc faciant. Wir laſſen uns darauff teuffen et praedicamus, quod displicet principibus, Regibus, rusticis und dienen, ut omnes nos odio prosequantur. Ideo dicit, wers ein toricht ding, quod mundum et diabolum auff uns laden, ut quisque nobis feind. Lieber, horet viel lieber auff und laſt euch nicht tauffen ꝛc. Sed si dico: principes sunt tyranni, nobiles ꝛc. Si facimus propter hanc vitam, sumus stulti. Ideo cogitare debemus, quod alia vita, et noster baptismus ghet da hin. Si omnes conculcarent me pedibus, quid tum? Hoc quaesivi. Si voluissem mundo servire, het ichs anders angefangen. Sed ut dominus meus glorificetur, hab ich odium auff mich geladen, quia veniemus ad aliam vitam, ad quam nec principes ꝛc. venient.

'Et cur omnibus.' Idem: quid volumus anheben? Nos Apostoli muſſen all ſtund in der fahr ꝛc. hoc non accidit omnibus Christianis, ut
XXXVI 608 | ipsi verum, quando Christiani volunt Christum fateri, wird man yhn feind, ut mihi praedicatori Christiano werden feind omnes. Si vis from Chriſt et credere et fateri, Es ſol dir uxor, frater feind werden. Ista externa fahr ghet uber omnes Christianos, sed ipse loquitur de privato fahr, da der Teufel uber 1 ſthet. Nos Apostoli non solum in fahr, quod tyranni, Sed Teufel semper, semper ſecht uns, ut muſſen ſterben ꝛc.

Ideo dicit: quid quaero, quod me in hoc fahr geb, ubi non 1 horam ſicher, non gelt, ehr, hauſ, hoff diene da mit, sed omnis adversatur a maximo ad minimum. Quare ergo facio, quod me werff zwiſſchen ſpies, hellenparten, buchſſen diaboli? haben alle ſpies auff yhn gericht, et ubi potuerunt, haben ſie yhn ꝛc. Si non potuit aqua, igni, carcere persequi, fecit ignitis suis telis. Ideo dicit: Ich gehe nicht anders quam
XXXVI 609 miles inter hostes, da man | zu ſticht auff allen ſeiten. Quis wolt das wagen, ut praedicaret, et videret 10 buchſſen auff ſich zielen und anzunden? Et tamen hic ſcherffer und greulicher, diabolus bombarden auff die Apoſtel. Ideo non velim totius mundi bonum accipere et 1 horam

---

7 non *; W. A. nos. 21 1 Kor. 15, 30. 28 tyranni ⟨nos persequuntur⟩.

die fahr stund. Et ego non facerem. Si wust, das ehr, gut gelt, nemo vermocht mich, ut 1 sermonem, wolt eher 9 eln in terram. Ich wurd erfaren, wie er mich meinen solt ꝛc. Mogen mit essen, trincken, sed non ideo daremus baptismum, sed propter futuram vitam. Si cum fide mea, praedicatione et confessione nihil sol haben ꝛc.

'Per gloriam nostram.' Ibi fatetur suam tentationem, wie es yhm ghe. De hac legenda nescit totus mundus. Sed quod excitavit mortuos et wunder fecit. Sed istam tentationem nemo invenit nec legit. Er hats ein wenig angestochen und gerurt. Er helts fur gros rhum i. e. so hoch ich acht | die ehr, quam in Christo habeo, so hoch schwer ich, XXXVI 610
quod 'quotidie'. Ruhm in Christo, quod eis Turca, Caesar, sed quod redempti per Christum a morte ꝛc. et in die hoffnung gesetzt und zum stuck hin ein gefurt, gloriamur, quod baptizati, habemus Euangelium, Christum et credimus in eum, et expectamus aliam vitam, de qua papa, Caesar, Rex, mundus nihil novit. Den rhum wil ich zum pfand setzen, da fur ich nicht nhem 1000 tausent welt, quod quotidie morior.

Si moreris 'quotidie', quando sepeliris? tamen non iaces in lecto, comedis, edis, praedicas und treibts artificium, heist das gestorben, Paule? Ich meine, es wer gestorben, quando quis sepelitur. Ideo nemo scit, quid. Der tod hengt yhm all tag am hals, ut plus fulet mortem quam vitam. Et quanquam dicit se mori, tamen simul dicit vivere. Ibi ringt sunde und gerechtigkeit mit einander, ubi hoc, sund und gerechtigkeit, gleuben, schrecken, | hoffen, zweiffeln, glauben, unglaube, XXXVI 611
Gott, Teufel, vita, mors. De hoc kampff loquitur. Ipse speciatim intellexit ut apostolus, qui intellexit.

Ideo quid facio, quod sine intermissione versor in periculis ut 2. Cor. 11. Uber die fahr sum cum diabolo in eim eigen kampff und mus mich tag und nacht mit yhm schlahen umb leben. Was thu euch? Non videtur autem. Si alius het so sollen fechten, non vixisset unam horam, quia ibi ghet fides, verbum et vincit, quia fatetur kampff et mortem, sed tamen rhum in Christo i. e. sum in periculo spiritualiter cum diabolo, quare? Nemo danck mir gibt, sed man verfolgt mich, non habeo honorem. Sed econtra. So wolt ich gleich nuhe sagen: diabole, wil dein bub sein. Sed quia non, non cessat zu schiessen. Sed ideo facio, quia

---

1 Wenn ich wüßte, daß es im Leben allein Ehre und Gut gelte. 6 1 Kor. 15, 31. 7 f. Act. 20, 10. 11 1 Kor. 15, 31. 11 Cr. hat Christo <non>, quod eis Turca Caesar <subiecti> verstanden. 17 1 Kor. 15, 31. 19 f. Ideo nemo ... quid: Cr. „Aber das ists, das ich gesagt habe, das nicht jderman weis noch verstehet, was ... solch sterben heisse." 25 Statt des zweiten intellexit scheint Cr. interfuit gelesen zu haben, was besser paßt. 27 2 Kor. 11, 23 ff. 28 Was thu euch? was gebt ihr mir dafür.

expecto aliam vitam. Ideo iam ſetzt er ein klein ſtucklein de weltlicher fahr, quam passus:

XXXVI 612 | 'Si Ephesi.' Romani hatten die weis, das ſie yhr luſt ſahen, wen ſie ubelthäter wolten abrichten, machten auff dem marck ſchranken, in quas concluserunt sontes, und theten greulich thier hin ad inermes. Da muſten ſie ſich erweren vel zerreiſſen, quando esuriebant, et non ꝛc. ubique commune et praesertim Romae, ubi multos Christianos ursi et leones fraſſen. Et quandoque deus fecit miraculum. Etlich theten, das per fortem fidem gangen ad leones et inserebant os ut agno, ubi hoc nicht wolt helffen, gieng henger hin ein et ꝛc. Sic faciebant Christianis. Ceteros statim zerriſſen. Quandoque deus miraculum, ut dixi, ut nihil facerent, sed ſtelten ſich erga Christianos ut hundlein cum cauda ꝛc. Das verdros heiden. Sic Paulo etiam gangen, hat yhn auch in die ſchranken, Et hat yn erret in carcere, ut erzittert totus carcer. Et Petrus. Sicut gentiles muſten nicht allzeit richten, ut vellent, Sicut et nobiscum. Iam decies vorasset Cesar ꝛc. Sic quid quaesivi, quando
XXXVI 613 ad ursos et leopardos iactus? Das war die meinung: | ſolten mich freſſen. Sed nihil fecerunt mihi. Sic factum Daniel, muſt hin ein ad leones. Ubi drin, thaten ſie yhm <nichts>. Econtra, ubi nacti, qui eum accusarint. Das mus unſer herr Gott thun, ut Christiani non tantum mortem videant, sed partem vitae, et ut alii terreantur vel bekert. Ideo dicit: wild thier ad me venerunt. Sed ſind ut lemmerichen und jung hundlin, da ſtund mea fides in der fahr, quod me laceraturi ꝛc. Si ſols gethan propter mundanam gloriam ꝛc. Si hodie scirem todten auffwecken, diceret mundus: Est obsessus, habet diabolum. Sic Christo factum. Spiritualiter mus ich mich cum diabolo reuffen und ſchlahen, Et mundus,
XXXVI 614 wild thier freſſen, nihil quam | mera facies mortis, quid curo? Si non aliam gloriationem und trotz, essem stultissimus. Sic vult Corinthios Paulus admonere, ut maneant cum articulo, gedenken ſol wir, ſolch fahr ſthen a diabolo et mundo, quid facimus? Ideo mus etwas anders ſein, quod quaerimus, nempe resurrectio a mortuis. Ego etiam nossem adorare Cesarem et dicere: peccavi. Nobilis, ich hab dich geſcholten. Sed non quaero apud te, quid des. Ideo non loquor, quod tibi placet. Was hilff, Si mortuus, ſo ich ſo gekempfft?

'Edamus.' Ey ſo laſt uns mher ſo ſagen ut alii, ſamlen gelt, freſſen, hurn, buben. Ex Esaia accipit, dem giengs auch ſo, da er ſeer

---

3 1 Kor. 15, 32. 4 hinrichten. 10 henger hin ein et <gab dem Christen den Todesstoß>; oder: <reizte den Löwen>. 14 errettet, Act. 16, 25 f. 15 Act. 12, 6 ff. 18 Dan. 6, 17 ff. 19 <nichts> fehlt W. A. 23 Cr.: Und hat dennoch der glaube müssen fechten widder solch greulichen anblick. 25 Matth. 12, 24. 35 1 Kor. 15, 32. 36 Jes. 22, 13.

ſtraff Cives Hierosolymitanos et sapientes, doctos, avaros, qui credebant ſo viel de resurrectione mortuorum ut vaccae, et praedicabat, quod deberent timere deum, quod esset mortis et vitae, gafften ſie an, dicebant: Edamus, quia dicis nos debere mori. Ipsi invertunt verba Pauli zum trotz, quae ipse zu | minas: Wenn nicht anders ſol ſein quam XXXVI 615
mori, ideo ꝛc. Sie ſollen erſchrecken da fur, quod deus iratus, wird krieg und plage, ſo heben ſie an: Dicit, wir ſollen ſterben, ſo laſſt uns vor freſſen, quando ego ſchreck und trotz cum morte, ſo nheme ſich red contra me und trotzen. Ideo dicit Paulus: laſt ſie ſpoten unſer et domini et aliorum Apostolorum: Si debemus mori, laſt uns for ein guten trunck. Den reim ſollen all edelleut furen und paurn: wat fragt papen? machen hel heiß ꝛc. Sic et nos faciamus, ſo kumen wir da von. Wer will nicht credere, quod resurrectio mortuorum post hanc vitam et infernus, der thut recht ſo ꝛc. Wenn der bub tod iſt, ſo iſt der ander kerl auch tod.

Sed contemne iam mortem: infernum non contemnes. Sic ordinavit deus. Es iſt noch kein nobilis, pauer ſo ſtoltz geweſt: adveniente morte iſt | er erſchrocken vel zornig worden. Mors nimpt yhm trotz, mut, XXXVI 616
ut cogitet: Ich mus mein fl, ecker, wiſſen hinder mir gelaſſen ꝛc. Iſt das, quod mors possit terrere eum, qui non credit resurrectionem mortuorum, multo plus in inferis terrebuntur. Iam meinen nobiles, wen ſie nur heniſch, ſpotiſſch de Euangelio reden, tamen quosdam nimpt hinweg. Ich wolt, quod lies den reim anſthen: 'Edamus.' Scitis Exemplum zu Uſchitz. Velim hoc exemplum ꝛc. Es geſchicht dazu, quod deus anzeigt, was unſer herr Gott fur ein gefallen dran hat, quando dicitur: 'Edamus.' Sed quando in inferis, wirſtu anders ꝛc. Ideo iſt das ein erſchrecklich exemplum. Si huic contigit, et vobis omnibus, ut Galileos ꝛc. Si unum rusticum ſo hin nimpt, ſo meint ers alzumal. Die Stad Belck iſt aufbrunnen et Liebenwerda ꝛc. man ſchlecht | yns wind. XXXVI 617
Ja, ſind from leut. Iſt war. Meinſtu aber, das unſer herr Gott eim burger, Edelmann ein zech borgen? Ipsi haben der ſund bald vergeſſen ꝛc. Ja, lieber, ſihe das alt kerbholtz an. Er ſtrafft nicht bald, leſt ein ſtad 50 jar hin ghen, dar nach der Corper gros iſt, da ſtraff. Ein kind hat 1 kleine ſtraff. Ideo dico, das ein ſchendlich boſwicht, quod prophetae geſpottet. Quid facit dominus? Ubi diu geſpottet des propheten, Er lies ſie freſſen und ſauffen, bis ſie die ſunde vergaſſen.

2 praedicabat *; W. A.: praedicabant. 2 1 Kor. 15, 32. 3 esset ⟨deus dominus⟩. — ſie ⟨ihn⟩ an. 8 f. quando . . . trotzen: aus dem Munde des Paulus gesprochen. 8 ſich: sie. 11 was fragt ihr nach den Pfaffen. 24 Oschatz in Sachsen, das 1532 eine Glaubensverfolgung durch Herzog Georg erlebte. 27 f. Luk. 13, 2 f. 29 Belzig.

Postea suo tempore lies dominus Regem Babyloniae komen und lies all ſted an ſtecken. Ibi clamabant: nos miserrimi, patres nostri peccaverunt ꝛc. Ja er vergiſſts nicht. Ideo quicquid faciunt rustici, nobiles, Cives, meinen, ſie haben freiheit, sed post X annos, si venerit bellum ꝛc.
XXXVI 618 tum ubi venerit, gedenken dran, | quod praedixi, quod kan ein zech borgen, darnach die ſtad gros, darnach lang bleibt die ſtraff aus. Iam nos praedicamus, et deus in nobis et monet, tum clamabunt, sed deus tum non audiet. Hoc ideo dico, ut dicam, quam malus mundus ꝛc. wen du geſpot haſt, videbis, wirſtu unſern herr Gott eſſen ꝛc. Er hat ſo viel furſten, konig umb bracht, er wird dich auch wol finden.

11. (1. Kor. 15, 33 u. 34.)

1. Dezember 1532 <nachm>.

Wir haben articulum de resurrectione mortuorum fur uns genommen et nuper audivimus, wie Paulus klag uber die boſen ſchwetzer, qui prophetarum et Apostolorum ſpotten, quando tales articulos ꝛc. et dicebant: 'edamus et bibamus' ꝛc. Horſtu auch wol, quod Paulus dicit: Nos moriemur, Et ipsi gaukeln de resurrectione mortuorum. Si ergo moriendum, edamus et bibamus und guten mut ꝛc. Drauff ſpricht er:

'Laſt euch nicht.' 'Wachet.' 'Denn etlich.' 'Hoc dico ad pudorem.' Wir kunnen nicht da zu, quod rohe hauff dicit: ſollen wir ſterben, ſo ſterben ꝛc. faret hin, sed wird ſich finden am jungſten tag ꝛc.
XXXVI 619 | Ja het ich die weil gelt zu ꝛc. Sed du ſolt rechenſchaft ꝛc. Ja, hat nicht not. Ipse: kert euch nicht dran, quod ſolch leichtfertige, ne sequamini exemplum ipsorum, ne sinatis vos seduci, sed audite, quid praedicetur, et non audite loſe geſchwetz, quia tales sermones verfuren gwis. Ob ſies nicht da fur halten, tamen vos. Et furt er ein ſpruch ex gentili poeta ꝛc. Ex weltlicher zucht genommen. Wer ſol junge leut auffziehen, da hats muhe und erbeit, ut drauff ſehe, das ſie nicht viel ergernis ſehen. Hoc dicunt omnes poetae gentiles, Et ratio docet, ut fein zuchtig auff gezogen, Et fuit etiam gute zucht. Nu wenn ein vater viel gelegt auff ſon, Sic mater, ut zuchtig menſch, das mit geberden und reden. Sol ein bos maul komen et verbo vel exemplo verderben, ut nunquam los. Sic quando pater lang geerbeitet, dedit praeceptores, ut sit eruditus, kompt irgend ein unverſchämter bub et dicit verbum und thut, und wird ſo verderbt, quicquid pater dran verwand, und kans nicht uberwinden, das alls verloren.

---

2 f. Ezech. 18, 2. 4 Es währte noch 14 Jahre, bis er kam! 16 1 Kor. 15, 32. 20 f. 1 Kor. 15, 33 u. 34. 27 f. poeta Cr.; W. A. propheta.

| Hoc experti gentiles et nos. Ein hur mit eim wort. Sic lingua XXXVI 620
auff ein augenblick, kantz verderben, daran pater vel mater gezogen
15 jar. Ideo scripserunt gentiles poetae, ut caveat quisque bos ge-
ſchwetz et apud suos. Et tamen kan mans nicht verhuten, quia absenti-
bus parentibus adest familia. Ideo hut dich fur bos geſchwetz, quia thut
groſſen ſchaden, quia, was wol erzogen, wird dadurch verderbt. Ut
quando fulmen ſchlecht ins korn und wenig in momento. Et Paulus:
thut das ein bos geſchwetz in weltlicher zucht, in heidniſcher weiſheit
und frombkeit, quid non faceret in der hohen ſach, quae dicitur fides?
Wat Euangelium, fides, praedicatio? meinſtu, ein kerl? Jungker
hans: Ja, ſol ich dar an dencken, quod ſol im bette ſterben, non in-
grederer bellum. Sic alii mille audiunt. Hoc rapit. Dicunt Cives:
| oportet cogitem, wie ichs bier braw. Sic 1 verbum ein gantzen hauff 2c. XXXVI 621
Wens erſt gered hoc geſchwetz unter die glerten, die kunnens erſt ſpottiſch
auſſtreichen: Christus resurrexit. Paulus dicit de resurrectione mor-
tuorum. Quid feilt den groſſen Imperatoribus intelligentibus, Aristo-
teli, Graeciae sapientibus? Si isti loquuntur, 'Num credam eim
amechtigen, ſchebichten betler. Quis ei dixit?' die ſchneiten ut novacula.
Muſten viel mhels haben, ut omnibus os. Wir muſſen gunnen, ut ſo
ſpottiſch loquantur de fide nostra. Ibi est geſchwetz. Sed tu wirſt ge-
warnet per Paulum, ut audiens dich nicht dran kerſt, laſt dir mher gelten
verbum dei quam omnium hominum geſchwetz. Nihil leit dran, obs
Aristoteles, principes 2c. Et iam nostris auribus est ein thorheit loqui
de istis. Si de 3 pagis emendis 2c. Sed yhe | reicher sapientia, jhe mher XXXVI 622
das geſchwetz. Ut is pauer dixit, Er wolt hie gute tag haben, wuſt nicht,
wie es durt. Paulus hats auch erfaren und bey der geweſen, qui sic.
Ideo warnet er uns, ut avertamus cor et aures, quia, wenn man zu
heret, thuts ſchaden, quando auditur, quid ein ſolcher weiſer, potens
da von 2c. ut dicat quis: wer weis? Et hoc ubi factum, ſo haſtu ſchon
verloren ut Eva in paradiso. Das geſchwetz aufert ei verbum dei.
Sed tu una aure audi geſchwetz, sed toto corde verbum dei. Ibi verbum
dei. Da bey wil bleiben, ut ergreiffe tyriac contra venenum, quod in
cor gebleuet per talia verba. ¶ Ego ipse expertus, quam whe es thut,
quando magni homines ſo ſicher, verechtlich da von reden. Cogitat
quis: Ibi divites, sapientes. Ibi ein groſſer hauff. Si non war, esset

---

2 kantz [= kann's] (mit Cr.); W. A. tantz. 7 schlägt 7 momento ⟨viel Schaden tut⟩. 10 Sprichwort: Meinst du, daß noch ein Kerl in diesem stecke? [ein unsterblicher in dem sterblichen]. 18 novacula: Rasiermesser: solche Spottworte sind messerscharf. 19 ⟨Wir⟩ müßten. 19 um allen das Maul ⟨zu stopfen⟩. 25 f. Luk. 12, 16 ff. 30 1 Mos. 3, 1 ff. 32 tyriac: θηριακόν, Gegengift.

die grost betriegerei, als auff erden komen wer. Et multos audivi, qui habuerunt maximas tentationes, an alia vita post hanc. Ista veniunt ex pestilenti hoc geschwetz. Mihi non fit damnum, modo me contineat deus. Ideo, mi frater, halt dich an dei promissiones. Christus mortuus, XXXVI 623 resurrexit. Der | ist gewert articulus a mundi principio et habuit multos impugnatores, et ubi? is articulus vivit adhuc et praedicabitur. Quid curo, quid credant Cives, Cesar, Aristoteles crediderit? Sed hoc ab abiectis. Id dictum ab Abele, Abraham, Paulo, den gleube ich. Obs unser leut auch anfechten, nihil, quia Christus: 'Non digni.' Ich kan nicht Nobilem, Civem hoher teusschen, quam dicere: non est dignus. Si esset dignus, audiret. Tu gratias age et letare, quod dignus es, qui credat. Sic Paulus: quia vos ipsos indicatis vita eterna indignos, ibimus ad gentes. Ist recht, ut dicatis: Cras moriemini. Sic etiam dicit porcus 2c. Sed nos habemus alium cibum et vocati ad hohern verstand, et quanquam klein hauff, tamen habet principium ab Ada et durabit usque finem. Ideo setz contra venenum bos geschwetz 2c. nempe verbum dei und gut wort. Ideo libenter adherebo verbo salutari 2c. XXXVI 624 Ut si virgo wurde betrogen durch ein unzuchtig | maul, Sol sagen: mein liebe, mea mater dixit mihi aliter. Sic si filius audit aliquid mali, dicat: non, mi socie. Sic dixit pater et praeceptor. Wie sich filia et filius nach der lere patris, matris, praeceptoris, ut sich huten vor bos geschwetz, ut non seducantur, Sic audi Paulum; audi verbum dei, quod dicit aliter. Christus aliter docuit. Ego baptizatus. Sic hic Paulus:

'Wachet recht.' Sehet zu, das euch die bosen geschwetz nicht hindern, nicht verdrossen, faul machen. Et hoc sepe dixi et dico, quod hoc vitium pessimum, quod dicitur uberdrus: Ich kan gottes wort, O ich habs offt gehort, in libro habeo, quid opus in templum ire? So meint einer, es kunne im nicht feilen. Si feilt, vult ex libro legere. Paulus: Sihe drauff, XXXVI 625 das | dirs nicht feile. Exemplum: agnovi quendam, quando strauchelt, dicebat: In nomine mille diabolorum. Bonus amicus eum warnet, ne sic diceret. O ho, dicebat, meinstu, das ich das nicht wisse? in hac hora wil der wort nicht vergessen. Per pontem ibat und fiel et dicebat ut antea et frangebat collum. Sic hic, quando diabolus facit te stertentem et securum, ut non legas, ores, so sol er dich ubereilen, cum es ungerust et non audis et curas. Et sol dir mit dem unnutzen geschwetz ein stos geben, ut omnia amittas, Christum. Ista tentatio fuit mihi

---

9 Matth. 22, 8. 12 Act. 13, 46. 24 1 Kor. 15, 34. 31 f. in hac. . . . vergessen: in der Stunde eines ernstlichen Sturzes will ich an deine Warnung schon denken, vorher ist's nicht nötig. Luther muß die Warnung ausführlicher, als Nachschrift vorher enthält, erzählt haben: er könne sich zu Tode stürzen und mit diesem Fluche sterben.

communissima. Quando in verbo sum, leſt mich mit friden, quando vero sum ein wenig ſicher und nicht viel dran gedenke, ſchlecht er hinder mir her und gibt mir ein ſtos ꝛc. Sic si non | praedicaremus, et tu non XXXVI 626 audires, wie kalt corda und ſchnarcken, ut obliviscar omnino, cum iam quotidiana usu non dran bleibe. Ideo dicit: wacht recht auff, sitis wacker et sic, ut verbum dei bene tractetis, laſt nicht allein bos geſchwetz gepredigt ſein. Sed audite verbum und ſchnarckt nicht et ne satis securi tractetis, bene praedicate in concione, legite domi, In lecto ghe, sive dormiens, iacens, sedens dencke dran, faſſe meum verbum in tuum cor, quia diabolus non dormit et cum suis boſen gedanken, ferreis pfeilen.

Ideo vigilate et tu und rechtſchaffen, das recht wachet i. e. secundum verbum dei, quia mundus etiam vigilat ad peccatum. Sed hic, ut in vigilantia verbum dei bene treibt. Ista vigilantia vincit et treibt malas geſchwetz | hin weg. In papatu tragheit zu Gottes dienſt, uber- XXXVI 627 drus, quando non libenter surgebamus ad Rorate, non ad verbum dei, Sed proprie uberdrus, ſicherheit erga verbum dei, quod putet quis: ich habs, kans, in libro habeo, et sic verachtet et ſat, er kans zu viel. Das heiſt geſchlumert und den kopff gehengt und mitten zwiſſchen den diabolum et suas cuspides, das er das ſchlos erſteigt.

Ideo dicit: 'Wachet' i.e. diligenter audire und bey dir ſelber leſen, ut dicas Cathechismum et bonos locos de Christo, ut fides nicht empfalle und nicht in cor falle ſchlumern und ſchnarcken. Ipse magister in hoc. Ego expertus. Sic vigilate, das recht heiſt i. e. sitis wacker mit Gottes wort. Ex Esaia sumpsit i. e. ad hoc sitis vigiles, das yhr nicht ſundiget. Est etiam vigilare vigilum, servorum, famularum, non ad iustitiam contra peccatum, sed contra feindſchaft, contra hunger. Das ghet uns nicht an. | Hic de alia vigilantia, quae dint, XXXVI 628 ut peccatum gemieden et iustitia erhalten, ut fides maneat et infidelitas ꝛc. Da gehort dazu libenter audire, legere, loqui de verbo, aliis dicere. Quando hoc fit, et diabolus videt, das man vleiſſig an helt in domo, Templo und ſingt und redt da von, Tum est arx bene munita, quam non potest expugnare. Si econtra ſchlefft iderman in domo, tum inscendit und ſeet allerlei boſe gedancken, unglaub ꝛc. weret euch alles unglauben und falſcher lere et hoc per verbum. ¶ Iam exponit se: 'quia quidam nesciunt'. Oportet sic vos commonefacere, quia vivitis inter gentes, et inter vos falsi bruder et Christiani, qui nihil sciunt de deo. Ideo nolite cogitare, quod nemo sit, qui vos non possit seducere.

---

4 kalt ⟨wären dann⟩. 16 Rorate: Votivmesse zu Ehren Marias, vom 18.—24. XII. 21 1 Kor. 15, 34. 25 Jes. 26, 9. 28 dient. 35 f. 1 Kor. 15, 34 b.

Imo inter vos sunt, qui hoc possunt ꝛc. Ut in collatione vel concione: quis novit, an hoc verum sit? Est doctus et frater noster et tamen dicit non esse resurrectionem mortuorum. Ideo hut dich, etiam isti, qui tui fratres, sollen dich verfuren. ¶ Illic dixerunt, quod resurrectio mortuorum da hin zu deuten, quod per baptismum iam resurreximus eo vivente. Ja, dixerunt, verum, Sed non intelligunt bene, quid [XXXVI 629] mortui et resurgere. Resurrectio | est spiritualiter resurgere, et spiritualiter mortui. Hoc est, quod aliquis resurget a vitiis, qui fuit adulter, scortator, ein bibulus, is resurgat a mortua vita zu eim guten. Ubi non intellexerunt ꝛc. felt posel zu. Certe non sic intelligendum. Sic nostri Schwermeri: baptismus est, Sed aqua non baptizat, sed spiritus sanctus baptizat. Sic caro et sanguis in Sacramento: ja, sed spiritualiter. Sic Paulus habet: quando quis resurgit a vitiis, is resurrexit a morte. Die glos hat ein schein ꝛc. ibi felt pesel ꝛc. ¶ Alii sic dixerunt, quod resurrectio mortuorum non sit intelligenda secundum carnem, sed secundum spiritum. Caro nunquam. Et hunc locum adduxerunt: 'Caro et sanguis.' Da schneiten sie wie die novacula, tantum anima resurgit, caro et sanguis nunquam. Ideo contra ora talia hut euch, quia non credimus, quod Christus resurrexit secundum animam, sed sicut natus, mortuus, sepultus, ita resurrexit. Ideo articulus noster sic sonat: 'Resurrectio carnis.' Et hoc est resurgere spiritualiter, quae fit per fidem ꝛc. Sed in fide loquimur de corporali resurrectione. Meum corpus mortale wird geendert werden, ut Christus resurrexit. Das ist unser artikel, da bey sol wir bleiben. Quid caro et sanguis? Num Christus non est caro et sanguis et Apostoli? Non intellexerunt istum locum. Ibi heisst die sucht und das bose, quod ab Adam her [XXXVI 630] kommen in fleisch und blut, peccatum, bose lust, tod, | sol nicht aufferstehen. Das fleisch und blut, quod ab Adam habemus, sol nicht ghen coelum komen, ubi wird gereiniget. Ideo dicit: quidam, qui Christum volunt docere et deum nesciunt, quia sie achten suum verbum nicht, per quod solum deus agnoscitur. Sed tales lassen verbum fahren et quaerunt deum ratione. Si hoc, tum amissus deus. Sed ibi verbum dei: Credo resurrectionem mortuorum. Si abiicio verbum, tum aliquis dicit: Resurrectio est, quando resurgimus a vitiis. Sic non intelligendus articulus in Symbolo, non est dei intentio, quod caro non sit resurrectura. Ideo sunt blindenleiter, volunt doctores, imo nesciunt, quid deus, quia spoliatur articulus secundum caput suum,

---

13 Ephes. 5, 14.. 14 vgl. S. 343 Z. 15 ff. 17 1 Kor. 15, 50. 21 f. Etwa: das heißt geistlich auferstehn: durch den Glauben die Auferstehung des Fleisches zugesagt bekommen. 36 ⟨blinde⟩ blindenleiter, Matth. 15, 14. — doctores ⟨esse⟩.

und das heist Gottes. Tales habetis plures, et | hic tales sunt. Non XXXVI 631 inspiciendum, quales sint, quam magni. Tu inspice, quid deus dicat, so kanstu der bosen und falscher bruder wheren contra diabolum et omnes seductores.

12. (1. Kor. 15, 34—37.)

8. Dezember 1532 ⟨nachm⟩.

Paulus lest im macht dran, das er mocht istum articulum apud suos erhalten contra eos, qui post suum discessum sein Christen irr gemacht, qui volebant esse praedicatores, lerer und Christen und machten die leute yrr et dicebant: lasst uns essen, trinken, quia nihil amplius da von. ¶ Ideo dicit ꝛc. und ‚zu schand'. Hoc verbo vult excitare eos, quia hactenus audiverunt und gehalten resurrectionem, et iam maior pars felt ab sinentes se Sadducaeos et Epicuraeos verfuren. Ideo dicit: Ey wie wol hab ichs ausgericht mea praedicatione, Ut iam ego dicam: Es ist sund und schand, das man das Euangelion so rein und fein predigen de vita aeterna et praesenti, haec cum omni diligentia praedicavi, Et iam qui audistis et credidistis, stelt euch gar contrario modo. Ita dicit ad eos: Man predig, wie man wolle, wird nicht anders draus. Es ist wol sund und schand, sed wird nicht anders draus. Dicitur unicuique, quid faciendum, omittendum et quid futurum post hanc | vitam, sed man schlechts in ventum. Ideo dicit: XXXVI 632 Es ist sund und schand. Sed man hat ein kunst fur die schand: was schand, schand, ler, ler? Es ist euch 1 schand, quia audistis et iterum reciditis. Et verum, quod tot kostlich predig, et tamen werffens in den treck hin ein.

‚Quomodo.' Dixit liebe Paulus, wie nos resurgimus a mortuis, quomodo fiet? Es sind scharff. Sol wir aufferstehen, dixerunt, so werden wir essen und trinken, ubi accipiemus korn, bett, federn, kleider und schuch? So viel mortui in 10, 1000, 5000, was, quantus numerus? Si isti omnes resurgunt, qui mortui, So wird man nicht kunnen zu komen mit pullis ꝛc. Iam non kunnen zu komen vaccis, bovibus, quomodo tum? Ipsi putabant, | quod hoc corpus sol so schlaffen, essen, XXXVI 633 trincken ꝛc. Das sind klug leute ꝛc. Et postea prudentissimi et optimi dixerunt: Si ego resurgere debeo a morte, tum etiam uxor, liberi, familia. Item tot fuerunt Reges, Caesares, Papae. Si omnes erimus Cesares, principes, wo manebimus? Das sind yhr klug rede gewest. Num dort kinder zeugen, Essen, trinken et quod sequitur esum? Ja

---

11 1 Kor. 15, 34 c. 24 predig ⟨audiverunt⟩. 26 1 Kor. 15, 35. — nos *; W. A. non. 27 scharff⟨e gesellen gewesen⟩ (Cr.).

es ſol gleichwol man und weib aufſſthen, ergo servi, familia, porci. Ideo non erit resurrectio. ¶ Respondet: 'Quomodo?' i. e. num tu eris servus, ego dominus, et ego edam carnem, tu pisces? Ey ſcharff, Paulus der kans uber all, quicquid creatum homo, ſol ein menſch bleiben, vir erit vir, das geſchepff ſol bleiben, kinder zeugen, eſſen, trinken, et quod XXXVI 634 | sequitur, non. Non est ein geſchaffen ding, ut sit maritus, et ordinatum supra creaturam. Sed fleiſch, blut und glidmas manebunt, heubt, bein, sed der itzige bauch cessabit, man wird nicht eſſen und trinken per os, non kinder zeugen, warten, cura domestica. Sed quicquid creatum, manebit. Darauff ghet Paulus. Non vivemus sicut hic. Es wurd ein wuſt leben werden. Sic in Math. ſie werden freien, man wird man ſein, sed man nicht weib nhemen nec econtra, kinder zeugen, hauſhalten wird aufſhoren et curae omnium artificum, bauer non erit bauer, princeps non princeps, praedicator non praedicator et tamen homo. Ipsi: Si homo, non est princeps, quomodo erit resurrectio? Natur, XXXVI 635 leib, glieder, man und weib resurgent. Chriſtus, | Johannes manlich perſon, Maria, Agathe ein weiblich perſon. Dei geſchepff manebit, omnia membra, oculi. Sed opera ꝛc. manus, oculi werden etwas ander zuthun kriegen, non dormient, ſchwitzen, rotzen, mulier etiam ꝛc. Ideo komen ſie suis cogitationibus: Si omnes resurrecturi, Si dominus wolt mir laſſen hoc corpus fetidum, mocht ich eben ſo mher geſtorben ſein. Sed hoc corpus manebit, quod iam am hals, sed der not keine nec eſſen, trinken ꝛc. sed clarius sole.

2. Et tamen erit differentia viri, mulieris, ut hic vixerunt, das Paulus ſey geweſt Apoſtel, Eſaias, quod plus fecerit quam Ionas, Et quod Sara sit etwas ſonderlich, sive Eva, Rachel, Lea etwas prae aliis mulieribus, et tamen erunt mulieres. Ein iglicher pfarrer, prediger ſein unterſcheid, Abraham dicet: lieber ſon, hoc fecisti, quod ego non. Et econtra, et tamen ein ding, ein Gott. Das responsum gibt er den un= XXXVI 636 nutzen weſſchern, qui dixerunt: ſolt | wir aufferſtehen isto corpore, quod habemus, ubi accipiet deus korn, ſchuch ꝛc. heimlich gemach? Et deinde ſol ich nicht mher haben quam alius und ſol ſo viel thun? Abraham dicet: Ich hab, Iſaac, Jacob nichts mher an Gott den du. Propheta Esaia percussit Regem Assyriae, das wird leuchten. Mulier venit mit yhren ehren, quod bene educavit liberos. In fide gleich, in der ehr ungleich. Ein eiſen das wird ein haken, nagel, et tamen est eiſen. Mancherley werck facimus, et tamen einerley teig, got geb, werd

---

2 1 Kor. 15, 35 u. 36 (vielleicht hat Luther auch gleich bis Vers 41 gelesen). 11 Matth. 22, 30. 19 mulier etiam: das Weib hat auch ⟨keinen Blutgang mehr⟩. 34 Jes. 10, 12 ff.

kuchen draus 2c. Sic supra. Est responsio drauff: Si resurgemus isto corpore 2c. Et einer wie der ander 2c. Darauff ponit 4 similitudines 2c.

'Nar', 'wil'. Hactenus una similitudo. Nicht allerley leib 2., Item himelische corper 3. 1. est: du alter nar, man sihet, quod omnino nihil | credis. Du wilt rechen secundum rationem et synn. Das heisst XXXVI 637 ein nar. Iudicare in dei rebus secundum ists verlorn. Das kanstu in domo wol finden, vaccas mulgere. Nar, das du wilt rechen praedicationem de resurrectione mortuorum secundum caput tuum. Vides, quod vir, mulier zu samen komen mussen, haus, hoff, knecht, magd halten. Non sic in celo. Nar, hans wurst. Sed sic loquere: Inspice tuum proprium exemplum in agro. Habes korn auffm boden, sack. Wens Gott ein mal wolt verbieten, ut korn non cresceret, et maneret in sacco, quid fieret? quando vero iniicis in terram, amittit formam et acquirit aliam formam, quam habuit in sacco, wird ein lauter faul ding, wird nichts, et tamen mher, verwesen, ubi amittit substantiam, krigst unter im wurtzel. Si effoderes, werst gar hin weg. Hoc vides, stulte, oculis, quod granum non habet figuram priorem. 1. crescit satum, postea stengel, et tamen fuit ein einiges korn, iam ists gar nicht, sed omnino vermodert. Nonne mirum, quod omnino amittit formam et vim? rein hin | weg, findest radices, quae unter sich ghen XXXVI 638 und halm superne. Hoc vides speculum, quod dat fur die nasen. Si hoc potest cum grano, quid est cum nobis, qui maiores celo et terra? Hoc fides, et facit ob oculos, quod amittit formam et tamen non, amittit formam quidem, sed alia res wird draus. Ein wurtzlein ghet unter sich und scheust er aus flore vel foliolo. Et tamen omnino amissa forma. Hoc vides et tangis et 5 sensibus fulest, und er solt das nicht thun hoc, quod promittit, ut infra, quod corpus nostrum est granum? Video, quod hic iacet bleich, geel, stinckend, las in terram komen, videbis in extremo die ein lentzen transacta hyeme, ubi materiam amiserit et aliam acquiret formam, quanquam manebit Petrus et Paulus, sed alia forma. Si rusticus so klug wer, tum semper posset dicere: gras, baum, korn, gersten, blumen et omnia tod, tamen scio, das da korn ligt und baum sthet da, quando lentz. Quis diceret, quod ex korn sol komen 1 granum, quod iam vivit? Consuetudo facit, ut nihili pendamus. Sed unser Herr Gott sagt, er wolle mit uns auch so umb ghen Et er aus bringen, ut poma et arbores ducat. Resurrectio mortuorum est depicta in omnibus creaturis, korn, arboribus. Er wolt istum

---

2 1 Kor. 15, 36—41; s. S. 337 Z. 6. 4 1 Kor. 15, 36 u. 38. 7 secundum <rationem>. 22 <deus> dat. 28 infra: 1 Kor. 15, 42—44.

articulum libenter inculcare hominibus et indicare, quod istum articulum gebildet in omnibus creaturis, in celo et terra et domibus et aulis principum, Regum.

13. (1. Kor. 36 u. 37.)

22. Dezember 1532 <nachm>.

Sicut incepimus in c. 15 de articulo resurrectionis, so wollen wir fort faren. Sic audivimus nuper, quod Sanctus Apostolus Paulus einfure die unnutzen schwetzer, qui sic dicunt: Si mortui resurgunt, XXXVI 639 wie wirds zu | ghen, cuiusmodi corpora secum afferent? Mit der frag volebant seer klug sein et magnam sapientiam furgeben. Si sol bleiben man und weib, tum esset ut hic in terris. Si maneret ut hic in terris, tum essent viduae ꝛc. Ubi acciperetur cibus, potus? Et sol der leib sein, ut tu praedicas, quod is homo, qui vivit, sol resurgere. Ey es wird nicht war sein. Non possum intelligere, Paule, oportet hominem geistlich auffsthe et corpus maneat in terra. Supra dixit: Christus Iesus resurrexit, Ideo mortui resurgunt, qui omnino non vult credere verbo dei und dem exemplo der angefangenen resurrectio in Christo, tum similitudines nihil. Dicit: deus me et te excitabit in extremo die cum 5 sensibus. Sic sol wirs lassen bleiben. Quomodo et quale corpus, illi relinquendum. Si enim potest ex terra excitare mortuum et vivificare, ergo scit, ut det ei wesen und gestalt, quae pertinet ad resurrectionem und himmlisch wesen. Si possum credere, quod excitat mortuum, qui pulvis factus et a vermibus, ergo credere possem, quod weis, quae sich zimpt in jhens leben. Sed ipse zum uberflus und mherer bestetung huius articuli latius declarat, quale corpus, et unnutz sach, tamen Paulum verdriest ubel, quod sic nugantur. Ideo sic dicit ad hanc quaestionem: 'stulte, quod seminas.'

Ibi Paulus wird 1 mal ein maler und schnitzt 2 similitudines per hoc, quod crescit in terra, quicquid seminatur korn ꝛc. quicquid seminatur, nimpt es zu bild, exempel, meld, per quod hunc articulum inculcet et doceat, qui prius non credit per gwaltigen locos scripturae, quod sit resurrectio mortuorum, haec non movebit similitudo et XXXVI 640 pictura, quam | Paulus einfuret. Sed qui jens credit, quod sit resurrectio mortuorum, et non dubitat am verbo dei et credit Christum resurrexisse, dem ist haec gemeld ut scharnitzel ꝛc. ut deste baß da bey fassen kan et in cor bild. Hoc quisque in cor bilden kan und gleich in tuchlein. Christus est sponsus, et sponsa. Sic accipit similitudinem a

---

15 1 Kor. 15, 12. 22. 27 1 Kor. 15, 36 f. 30 meld: Gemälde. 35 scharnitzel: Tüte. 36 gleich<wie> in.

sponso, sponsa. Das fas ich. Sed qui non credit, quod Christus salvator totius mundi, et qui in eum credat, salvetur, non curat hanc similitudinem. Si vero credit totam Ecclesiam esse corpus et Christum caput et heiland. Si hoc, tum wickel ich leichtlich in ein seiden tuchlein, do ich den verstand deste das einfasse und behalt. Sic similitudines. Al die gleichnis sunt scharnitzel und thuchlein, da mans fein | ein fassen XXXVI 641 kan pro vulgo, der es mag in ein grob gleichnis fassen. Sic Paulus hic. Resurrectio mortuorum ist mit brevibus verbis gered. Christus, et nos. Dicam similitudinem.

Gleich quando vides rusticum incedentem in agro, der ein sack an hals gehangen und greifft in sack, das ist eben unsers herr Gotts spil et rusticus sein furbild. Sed oportet prius credas deum talem agricultorem et nos korn. Tum credis, quod deus sit ein grosser ackerman, sed non ein grober bauer, der trit hin und hat ein sack am hals plenum hominibus, quia omnes sind drin. Seminat homines, da wirfft er 1 in erdreich, schleudert hin puerum, senem, principem. Et est cum eo: die sunt ager, totus mundus ut korn rustico. Et quando pestis et multi moriuntur, ist yhm ut rustico, qui seminat. Quid cogitat rusticus seminans? intellige eum. Hoc korn, quod semino, will ich widder holen. Est quidem visu stultum, qui abiicio et non in boden. Hic sew, vogl, wurm. Sed quando ad estatem, auffghen et ex una manu X, ex 1 scheffel 4, 6. Hae eius cogitationes. Non, quomodo cadat in terram et hic maneat, sed si dicerem: quam stultus, quod in terram iacis? responderet: Non ideo, ut pereat, sed plus, maius und schoner, et tutior de korn crescendo quam de eo, quod iacit, alioqui non &c. sum certus, inquit, quod korn hin werff, habeo quidem, sed XXXVI 642 ihens gewisser. Sic | dominus cogitat, et nos, sed non. Sic ipse greifft in sack, dich, me bey kopff, den ins wasser, galgen &c. Nos sein kornlin, quando me heut, morgen ergreift, so ghe ich hin ut priores et sequentes. Mich sihets an, quod periturus in terra. Ipse non, sed ideo iacit, ut ad estatem widder er aus bringe &c. Et ideo scribitur, ut istas cogitationes dei fassen et cogitemus, quando sepelimur et lacrimamur et in lecto et sumus im worff, ut in terram iaciamur, ut cogitemus hic: Ibi ghet ein granum in terram. Er hat den sack auffgethan et mich ergriffen, ut sic cogitemus, ut Paulus pingit.

| Ipse optime pingit, ut sinnlich gedanken exueret et divinas indueret, XXXVI 643 quae sunt non sepeliri, verwesen, sed seminare, quia pingit seminantem et facit nos omnes grana et non morientes, heist er uns in

8 Christus ⟨resurrexit⟩ et nos ⟨resurgemus⟩. 17 die ⟨menschen⟩ — ager: Saat. — ⟨deo⟩ ut. 26 quod ⟨rusticus⟩. — non ⟨iacerem⟩. 27 nos ⟨in terram iacit⟩, sed non ⟨ut ibi maneamus⟩.

acker geworffen, ut de Cemiterio diceremus: Ibi ein hauffen korner, scilicet dei, quae seminavit und gestreuet, et cogitaremus: Ibi grana, Ibi in extremo die in sole et estate erfur bringen, ut iam grana, quae iniiciuntur in terram, kan keins gedenken, das so schoner halm mit hubschen blettern, knotel und eher, sed rusticus cogitat: Ibi iniicio granum, hat weder stro noch halm. Sic nos cogitamus: is mortuus. Non inspicimus pro dei agricultura et saat, sed pro perditione. Sed coram deo. Ideo oportet oculos weiter auffsperren et sic loqui und gedenken secundum suas cogitationes. Tum sic: meus pater mortuus, uxor, fratres, ibi princeps, ibi korner, die sollen wachsen. Istas cogitationes non habet canis, saw, kue. Sed Christianus sols haben. Is sol cor illuminatum habere et oculos, quae videant, et sentiat, quid deus. Ideo talia non scribunt gentiles. Non ein recht lerer in toto mundo, Tales sermones et gemelt non. Gentes non dicunt, quando
XXXVI 644 homines mortui, quod dicitur: | 'geseet'. Aristoteles: gestuncken, gestorben, Hohen weisen, Epicuraei, 1 vom Adel: Meinstu, ein kerl. Est undeudsch red ipsis.

Sed apud nos Christianos kentlich und gengig sey sprach, quod non heisse gestorben, begraben, sed auff himlich deudsch und recht 'geseet'. Sic deus, Angeli loquuntur, et Christiani sollen die zungen anders schaben et oculos leuchtern, quia est nova sprach in Paulo. Deus sic loquitur, ideo et nos sic.

Das ist gemeld und bild, quam Paulus ob oculos ponit Christianis, hebt an und nimbt totam creaturam zu hilff et submergit nos in eam.
XXXVI 645 Tot | testes resurrectionis, quot grana. Sic in horto, quot baum, quot blue in arboribus, et quicquid wechst ex terra. Ibi ex morte venit vita.

Iam ito in hortum, vide, wies sthet, videbis, wie sthet, wachse: rein tod. Post pascha: hie grunts, bluts. Ibi vita, frucht, freude. Sic deus pinxit resurrectionem mortuorum in tota creatura per mundum durch et durch et obruit nos similitudinibus und gleich, ut istum articulum bene inculcemus. Si deus potuisset ex uno kirs, korn tantum arborem und apfelbaum, tamen filz, knebel ghen furuber, fressen kirssen et bibunt bier. Sic et sau edit nihil cogitans. Si vis sus esse, sis. Sui non scriptum et furgemalt, sed tibi furgebild, tu solt dein freud und spiel haben an den schonen fruchten, es sey linsen vel schoten: Ey wie lieblich wechst, quam greulich, jemerlich in hieme, iam so hertzlich. Quid significat hoc? Ipse cum korn et arboribus loquitur. Etcontra. Sic

---

5 und ähre <aus ihm werden soll>. 15 <hic> dicitur. 16 vgl. zu Seite 325 Zeile 10. 17 undeudsch, heute im gleichen Sinne „spanisch" gebraucht: unverständlich, sinnlos.

mihi continget. Ich werd auch beschorren werden und begraben, sed sthen ut kald winter. Sed ex etc. hubsch er aus | kaschen aestate et erfur XXXVI 646 grunen und bluen. Sic tibi ob oculos pictum, ut non sis sus, qui tantum inspicit, wie es fresse. Sed solt dein sel dran stercken und in das scharnitzlin. Sic libenter vellet Paulus fallen hunc articulum, ut pii an allen creaturen sie trosten, qui estate. Sed oportet prius scripturae credam. Postea similitudo reimt sich cum scriptura. Sic Sol quotidie zu bet et moritur. Sic stern et omnes res, in iis eitel sterben und auffersthehen, Gentiles etiam viderunt, sed non potuerunt malen ut Paulus, qui ein hubscher maler, qui dicit mortem ein saat, quod nos secundum novam sprach, celeste deudsch dicimur saat kornlein, non fresskornlein, sumus unsers | herr Gotts saat, quod vult nos sehen et vult ackerman sein et ad XXXVI 647 estatem er fur bringen. Das ist nova sprach de resurrectione mortuorum so zu reden. Nar dicit: Rusticus cum iacit in terram, Noli intelligere, quomodo, sed las unsern herr Gott. Sed es wird wider korn draus werden, sed dabo similitudinem. Non vivit, nisi moriatur i. e. das saatkorn, wolt nicht rusticus, ut in terra maneret, alioqui auff boden. Sed habet spem et ideo in terram, quod sol verfaulen, nicht gantz bleiben, quia Christus Io. 12. Si econtra, multum fructum, verwandelt et radiculam und ghet eraus und blettlin et amittit suam formam, et tamen idem korn, non kiselstein. ¶ Si hoc vides factum in granulo, sic hie. Sed oportet prius mori, ut primum hoc moriatur. Si im boden vel sack, non crescit, iacet tod nec wurzel vel bletterlin krigt. Sed si in terra, facit, ac viveret, treibt die wurzel und blettlin uber. Sed | non prius, nisi sit mortuum. Sic hic. Non fiet corpus, XXXVI 648 ut iam habemus cum unflat externe et intus. Non qui zu hause sitzt, qui dieb henge. Non das ist tod korn, ex eo nunquam fiet aliquid, gehort nicht ghen himel. Non tecum afferes boves et augen, bona. Sed das sol verwesen. Istud corpus, quod indiget domo, pecunia, essen, trinken et dauen, der mus auffhoren und beschorren. Deus seminat eum. ¶ Ideo magnus stultus es, quod deo vis tale celum anrichten, ubi solten wonen cum isto corpore. Non intelligis, asine. Sed oportet prius muteris et ideo serves istum articulum, fleisch, bein, 5 finger, negel, augen et quicquid ad corpus attinet, manebit. Sed quod pertinet ad hanc vitam, non. In hac vita gehort, ut panem, tunicam, pecuniam, kind, vihe et omnia, ut corpus, 5 finger, oculos erhalten, alioqui statim morieris. Sed illic non sic: manebunt oculi et omnia. Sed ein ander corpus et, quae non eget istis, quae hic. Mulier non egebit

---

1 verscharrt. 2 kaschen, vielleicht = karschen, frisch werden. 14 Du Narr, sagt er: Ein Bauer ⟨ist Gott⟩. 19 Joh. 12, 24. 20 ⟨treibt⟩ radiculam. 27 qui . . . henge: ? ?

viro et econtra. Ancilla veniet cum ancillari corpore, sed non habebit dominam. Sic rusticus non vaccas. Ideo hoc corpus ſol in ein ander weſen geraten. Erit idem corpus, ut iacebit in terra ut granum, et illam naturam amittet, die geboren, et ſol ſie verkeren in terra, postea ſol eraus wachſen aliud corpus, quod habebit eadem membra, sed ſchener et, ut non indigeant esu. Ideo dicit: hoc corpus mus vor verweſt werden ut granum. Si in terra manerem semper, nunquam resurgerem a morte. Sic cum grano: nihil cresceret. Ideo dominus: Hor, hor auff du bauch cum unflat, donec meliores oculos acquiras. 'Et quod seminas.' Es ghet als da hin, das ein ander leib ſol werden.

XXXVI 649

14. (1. Kor. 15, 36—44.)

19. Januar 1533 <nachm>.

Sicut audivimus de articulo resurrectionis mortuorum, ubi Paulus ridet unverſtändigen und ungläubigen, qui interrogant: quomodo possibile, quod mortui resurgunt? Et hielten im fur: putas, quod resurgunt? was wolts fur 1 weſen werden, Si omnes resurgerent, qui mortui, et sic ederent, biberent, feuchten, ſcharten et korn und gelt ſuchten? Iam nimpt er die unnutz theidung fur ſich et dicit has cogitationes carnales et nihil impedire hunc articulum, ut non cogitent ut gentiles et rochloſ leut, qui, si hic hetten zu freſſen und ſauffen, lieſſen unſerm herr Gott den celum. Non sunt beſſer quam, ut congregent pecuniam, freſſen und ſauffen. Sed sic cogitent, quod alia weſen proponitur, quia mit dieſem ſterben hie in terris nihil aliud quam ut rusticus, Si iacit semen etc. Nullus rusticus ſo toricht, ut wolt das korn laſſen in terra et nihil da von haben. Sed das ſein heubtgedanke: Hoc korn wil ich da hin werffen umb der hoffnung willen, quod ad estatem ſo mher tragen etc. Sic dominus non iacit homines in terram, ut ſo bleiben. Ipse agnoscit nos ſein kornlin. Ipse habet alium gedanken, nempe, quod ex terra wil er gehen und wachſen laſſen am jungſten tag novum corpus, et resurget nihil ad haec omnia, quae seminantur. ¶ Ideo dixit: 'Du nar' etc. non wird verfaulen und da bleiben et nunquam er fur komen, du ſchelm thuſts ſelber nicht, quod iacis, ut maneat, sed ut melius habeas. Sic dominus habet die hertzgedanken: In die extremo ſol wir er fur ghen ſchoner sole, q. d. greiff in deinen eigen boſen, sic tecum agitur. Quod seris, nihil fit draus, nisi prius in terra vermoder und verweſe. Et hoc agnoscis an dem korn: si non verweſt, non acquirit radicem, non ſtengel, non spicam

---

9 f. 1 Kor. 15, 37. 14 f. 1 Kor. 15, 35. 24 1 Kor. 15, 36 u. 37. 31 1 Kor. 15, 36 u. 37.

| acquirit. Ideo das verweſen dienet da zu ut. Multoplus alius, deus XXXVI 650
agricultor, qui ex nihil fecit omnia. Is, qui ex nihil fecit omnia, dicit,
quod velit nos reformare, ut agricultor. Si ex nihilo fecit nos, et
ex corpore, quod est aliquid, potest formam reddere aliam. Das iſt
ein grob gleichnis, per quod die ſchendlichen cogitationes ꝛc. ¶ Iam dat
4ley gleichnis, 'quod seminas ꝛc.' sed nudum gramen vel gerſten, rocken,
Mancherlei korn, es iſt ſame zwifeltig, kue, raben, das korn felt dahin,
non est das korn, das da werden ſol. Nec is in agrum, ut istum korn
congreges, sed ſamleſt 1 gantz hauffen bund. Iam est alia forma nunc,
et tamen venit ex hoc korn und iſt das kornlin, quia iſt worden zu
ſolchem halm, eher und korn. Sic est cum resurrectione ista. Du wirſt
ein weitzkorn, du hafer, 'quilibet suum corpus' acquiret, ut hic fuit
in terris unterſcheiden. Sic illic. Illic videbitur natura et farb mihi,
quod pulchrior et herlicher. Ideo nihil est, quod dicas: Num | omnes XXXVI 651
viri? Sed sicut hic unterſcheiden, sic illic, omnia membra, fus, augen,
sed ein ſchoner geſtalt, sed idem corpus, 'deus dat', gibt ſein gſtalt. Sic
omnes similiter serimur et in terram iacimur ut korn als mit einander
geworffen, wird korn und weitzen ꝛc. Quanquam hoc non gilt bey den
porcis und unfletern, tamen apud nos. Haec una similitudo. Sed
Sophistae . . . quod non Paulus, hoc faciunt, cum dicunt: aliud corpus,
ideo aliter, sed nihil curat.

2. similitudo: 'Alia caro' i. e. deus habet varias carnes, quanquam apud nos et Papam pisces non dicuntur caro, sed tamen apud
naturales Meiſtern. Sicut oves, boves, sic pisces ꝛc. dominus hat
varias. Sic illic: | Einerley menſchen erunt, sed mancherley unterſcheid, XXXVI 652
quisque nach ſeiner natur et, ut vixit. ¶ 3. 'Celestia corpora.' Da
ghet er hin a carne et semine ad corpora, feur, waſſer sunt ſtuck creaturae, quae geſchaffen, eiſen, gold, ſilber, kupfer, ertz. Sic etiam celum,
lufft, hel, ſchon himel, planeten. Noch hat eins ein ander herlichkeit
quam aliud, gold beſſer quam ſilber, blei, eiſſen, holtz. Sic omnes ꝛc.
Petrus erit 1 rh. gulden, alius ung., et tamen omnes in uno corpore. Sic corpora varia membra, recense omnia. Ein iglich ſein eigen
art et tamen gehorn all in corpus. Ein igliches wird ſein herlichkeit
haben. Sic illic. Sic Paulus kund ein iglich corpus weiter auſſtreichen
und gleichnis an all zal, ut varius lapis, semen, unum corpus, varia
membra. Sic antwort stultis. Si omnes mortui resurgunt et putant,

---

3 Phil. 3, 21. 6 1) Vers 36 ff.; 2) Vers 39; 3) Vers 40; 4) Vers 41. — gleichnis, <prima est quod iam dictum est:> 'quod seminas' etc. 12 u. 16 1 Kor. 15, 38. 20 . . . unleserliche Stelle. 22 1 Kor. 15, 39. 26 1 Kor. 15, 40. 31 rh. = rheinisch(er), ung. = ungarisch(er) (W. A. löst die Kürzung ung. mit ungläubig auf). 35 an: ohne.

nihil membra erunt zu nutz. Et gentiles et Hieronymus ſticht. Si omnes
ſolten der ohren, augen brauchen, ein wunderlich reich ꝛc. nihil moveat
XXXVI 653 te, inquit | Paulus. ¶ 4. 'Alia gloria solis.' Omnes resurgent, oculi
aliam gloriam quam collum. Sic deinceps ꝛc. et tamen als gleich, der
wird apoſtel ꝛc. und wird als unterſcheiden ſein in klarheit, sed tamen
gleich in Christo. Qui praedicavit, wird durt kein agricola ſein, und al
heilig. Et quanquam stellae non similiter hell, tamen omnes habent
lucem. Sic ridet, qui sic carnaliter et porcine de articulo cogitat. Si
laborandum manibus nicht ſein vel otiosae ꝛc. Item Si weiber in celo
XXXVI 654 et non . . . ein nerriſch ding. Istas cogitationes geſchepfft | de hac vita in
terris. Non edent, bibent, weiber ꝛc. sed ein eterna vita. Das ſind 4,
quibus unterricht, das wir uns ſolche ꝛc.

Nu wirfft ers aus dem weg das groſſe ergernis. 'Seminatur.'
Das iſt auch der argumente 1. Et maximi Sancti, Petrus, Paulus,
prophetae, patres werden und muſſen verweſen, quando auff ſarck
liegen. Si 2 dies leſt ſthen, reucht, si diutius, ſtincken und maden. Ideo
eilt man mit yn. Ideo est magnum scandalum da. Sol ex isto corpore,
qui ſo ſchendlich ſtinckt und verfault, grab, ex terra hominem, et bald
molch, ſchlangen, kroten und die allerſchendlichſten wurmer ex humano
corpore. Dieb am galgen freſſen die maden und raben. In aqua freſſen
kroten, ſchlangen. Heiſt das resurrectio a morte, quomodo quadrat?

Paulus dicit: Ich weis wol. Ideo dicit: 'Es wird geſeet',
manet cum verbo, quod dei semen, ſein haber, weitzen, korn. Non te
moveat, das ſo ſtinckt, faul und verlieret, und wirff ein ſtuck hie her, da
XXXVI 655 her. Alioqui | dicendum ad rusticum: quid video in terra? iſt ein nas
dinglein, krigt ein ſchwentzlin. Das iſt gut ding, inquit rusticus, wens ſich
ſo ſtelt. Sic hic. Si velles dicere: Ex isto gerſten wird kein bier, quia
wechſt in einander et amittit formam. Ja eo maior copia. Es stultus,
ſo ſols ſein. Sic hic, quando quis geſchart, quando ſtirbt und fault, non
dicendum: Ex isto nihil fiet, omnia ſind hin weg, naſen, augen. Du
nar, ſo ſols ſein, es mus verfaulen, begraben werden, das die finger,
oculi, ſchenckel, ut amittat formam, haud, har verzert, ut nihil, ſo ſols
ſein. Ideo dicit: 'seminatur' i. e. das verfaulet, das zu ſchlangen,
ottern, kroten, pulver und erden, ut nihil quam ossa, das iſt verweslich.
Sed resurgent, venient ossa, caro, har, haud, finger, zunge, maul, zeen
et sic, ut non verweslich, non morietur, wird nicht gelten verfaulens,

---

3 1 Kor. 15, 41. 4 u. 5 als = alles. 8 ridet <Paulus eum>. 10 ein Wort unleslich (dem Sinne nach etwa: et non <utendum eis, so wärs>. 13 1 Kor. 15, 42—44. 22 1 Kor. 15, 42. 25 f. iſt ein . . . ſchwentzlin: der keimende und sich bewurzelnde Same. 33 1 Kor. 15, 42.

sed eterna gesundheit, wird wol riechen, wol sehen, ut optari possit. ¶ Item 'seminatur in der unehr', 'in gloria' i. e. unwerd wirds. Non est corpus, das so schmelich gehalten post mortem, ut hominis, die unwerd habet menschlich leichnam, ut omnes nasen zu halten und eylt damit. Sic rex, als aus|gezogen, Si saw stirbt, lost man porsten. Sed is wird so XXXVI 656
unehrlich, schendlich, omnia auferuntur, gold, samat, nihil quam ein thuch, windel, und je eher je besser begraben. Ideo nihil unwerder quam homo mortuus. Kaiser wolt gern sein son herlich halten, er mus, mus in begraben, quia stinck. Sic mater ꝛc. Sic non lest dich irrn, quod habes in medio faciei nasen, ubi nihil guts, et ventri non es feind, zeucht im ein guten rock an. Non sihet an im, quod so schendlich unflat. Hic multoplus facito, Sed cogita: so schendlich hoc corpus begraben wird, so ehrlich resurget. Ibi omnes adiuvant, ut bescharren, nemo manet cum eo. Et quando in pet leit, est audax, qui non assuetus, qui noctu maneret. Sed tum angeli ridebunt, sol et stellae et omnes creaturae. Ibi gloria 100 excedet illam ignominiam, quae in sepulchro. Ideo vult ex oculis removere das fleischliche bild. Ideo dicit: | las dich nicht irren, XXXVI 657
gedenk an istum articulum. Es sol so stincken, unwerd, Sed dennoch so herlich, ut sol et mon dicat se non schon. Angeli mirabuntur pulchritudinem digitorum.

3. 'Schwachheit': mus viel leiden. Ibi fieber, pest, Er kan sich nicht ein laus erweren, maus frisst, katz frisst mausen. Et man ghet cum eo umb, ut man wil, eitel schwachheit, wirfft man die ... er ab, stost die thur auff, Er kund nicht 1 wenig regen, die augen auff thun, als krafftlos. Num ex isto arm ding, das sich nicht 1 maus, laus erweren, et dicis resurrecturum a morte? Non es tol und toricht, qui non contra laus, num contra | deum? Sis tu saw et non crede. Nos XXXVI 658
dicimus: Iam so schwach mortuus, si 1 maden, wurm venit, frisst mir die augen aus, alle krafft hin weg. Sed resurges a morte, isto digito templum hoc tragen, und so starck, wil springen bis an die son und springen uber 4 meil. In die krafft sol komen der schwach, durt sol im nichts unmuglich sein. Ins meer gefaren usque ad fundamentum und er aus holen gemmas et apertis oculis. Sic hin auff in die lufft und stern. Istam fortitudinem expectamus. Interim patimur istam infirmitatem. Da mus man uns tragen. Sed mus so sein. Ideo kert euch nicht dran. Sic rusticus facit, quando iactum korn in terram. Non kan draus machen baum, sed veracht ding. Sed scheust ex terra 7 ellen und springt embor, quod prius non fecit, cum esset kornlin et in terra, sihet contra

2 1 Kor. 15, 43a. 5 als: alles. 5 Cr.: So man doch dem todten raben seine feddern, der saw jre porsten lesset. 21 1 Kor. 15, 43 b. 23 ein Wort unleslich.

wind, regen und wild thier und unzifer, treibt uber ſich in die lufft. Ubi iſt die krafft? In unkrafft, sed iam mira res ꝛc. Viel mher fiet hic, es dringt er durch, ut sepe cogitaverim: quomodo possibile, das durch die erd kan er durch born das milch wurtzlin? Es trifft ein ſteinlein, ſendlein et tamen perrumpit. Unde vis? Deus dedit ei. Sic si hundert⸗ tauſend uber uns groſſe wacken, tamen resurgemus, ut faciamus, quod XXXVI 659 velimus et ubi. 'In | ſchwachheit.' Ibi kan im nicht helffen, sed tum ſein kraft ſo gros, ut nulla creatura possit ei wheren.

'Naturalis.' Ista verba sunt nobis inaudita, sed tamen debent esse gmein, sed non praedicatus articulus. Et priora verba sunt un⸗ gewont. Sic hic 'Naturalis', ut nascitur a matre et femina, qui edit, bibit und braucht ſeiner naturlichen enthaltung, da gehort fleiſch, buter, kas, bet, warm ſtuben, waſſer, rock, kleider. Hoc corpus, qui sic nert und dauet, macht miſt, harn, wechſt, das iſt naturlich i. e. durfftig leib, quod indiget esu, Est ein freſſender, trinkender, dauender leib, qui kinder zeugt und helt haus, mus ruge haben. Hoc est corpus naturale. Tale, inquit, seminatur. Da ker dich nicht dran. Gentiles: Si ſolten aufferſtehen e morte et sic edere und fleiſch und blut zunhemen und miſt und harn eben haben, quis vellet in hoc corpore esse? ut jhener: XXXVI 660 Si uxor mea in celo, non vellem intrare. Paulus: Nar, istud | corpus est hic. Non sic illic, non edes, dormies, verdeuen, non miſt machen, non duces uxorem, non backen, brauen. Das iſts naturlich weſen in terris. Das iſt secundum ſeel vel leiplich leben, vergenglich leben geredt. Corpus quidem vivit in 5 sensibus, mus ſich zeugen, nheren. Non durt, non talis vita, sed corpus spirituale. Non ut heretici et stulti, qui dicebant: Non habebimus illic corpus, quia dicit 'spirituale'. Sed vivet de spiritu, bauch vivet, si etiam non habet ſpeis, non indigebit lecto et necessitatibus huius vitae. Sed deus erit 'omnia in omnibus'. Erit tuus ſpeis und pet, rock, haus und hoff, gelt und gut ſein. Postea wirſt mit himmel und erden und ſonne ſpilen et omnibus creaturis et non wirſt auffs eſſen und trinken nicht gedencken. Erit facies, oculi, nasus, bauch, bein, arm, die werdens ſein, Sed spiritualia i. e. non wird ſo viehiſch zu ghen, ut hic eſſen, trinken, dauen. Das wird durt auffhoren. Ideo velim vocare viehiſch leib, quia vivimus ut vacca und ſaw, die iſſet, XXXVI 661 trinkt, ſchlefft, wird fet und ziehet junge ferckeln. | Korper viehiſch sepelitur, sed spiritualiter resurget i. e. der eitel geiſtlich werck wird pflegen, der des keins bedarff. Ideo laſt euch die falſchen, ſeuiſchen gedanken, quod ein unmuglich ding, quod ghe ſchendlich zu, ſtinck ꝛc. und ſo krafftlos

---

5 Sandkorn. 7 1 Kor. 15, 43 b. 9 1 Kor. 15, 44.
26 1 Kor. 15, 44. 28 1 Kor. 15, 28.

und ein viehiſcher menſch, quid ſolt draus werden? Paulus: die klugheit dorfft mich nicht leren, scio prius. Du ſolt mher wiſſen, quam quod audis et vides. Sed ꝛc. Ich ſehe wol, quod 4: ſchwachheit ꝛc. sed erit das ſchonſte, herlich, krefftig und geiſtlich.

15. (1. Kor. 15, 44—49.)

1. Februar 1533 <nachm>.

Paulus docet articulum de resurrectione mortuorum, ut wir uns gewhenen et bene intelligamus und treiben hunc articulum, ut etiam contemneremus hanc vitam et expectemus futuram vitam, cum hic non sit bleiben, sed fort muſſen in aliam. Dixit: qui ſol aufferſtehen, iſt ein vielicher leichnam, ut ergernis weg nhem, quod gentiles et omnes homines habent. Man fulet omnibus 5 sensibus, quod homo hin felet ut vacca, augen ſterben, | aures taub et totum corpus wie ein klotz, ut XXXVI 66a pferd auff dem ſchindleich. Et Paulus novit hoc ergernis ut nos impii. Ein kerl, wen einer da her kan glert ſein, quod aliquis kan articuli fidei ſpotten, et ego optimus doctor. Sed non inspice, quod unter die erden. Sed deus dicit: Ein viehiſcher leib wird begraben. Naturlich i. e. ein viehiſch, qui videlicet eſſen, trinken, kleider und ſchuch hat et omnes necessitates, Item mus haben et lufft ꝛc. utitur his creaturis corpus ut vihe, quae etiam habet 5 sensus. Sed non manebit hoc corpus. Noli sequi gentes: non werden ein kodſack in himel bringen. Es wird durt <nicht> gelten eſſens, trinken, dauen nec indigebimus lufft. Sed erit corpus spirituale, non quod fleiſch und blut wegkompt, sed quod non leiplicher notdurft bedarf, sed vita ſpringt ex aspectu dei et ex anima, postea in corpus, ut audiam et videam uber hundert tauſend meilen et omnia knochen, caro, bein, sed alia forma, ut iam stellae in celo, non indigent ein warme ſtuben, eſſen, trinken, ſchlaffen, wachen nicht, sic nos. Et tamen sunt corpora celestia, sed non indigent corporali necessitate, qua nos. ¶ Ideo vos Christiani ghet da mit umb, ut des glaubens gewis ſeid, ut credentes in extremo die surgant ſo ſchon und hel ut Christus, ut libenter ſpielen his cogitationibus, quales futuri in alia vita. Si metz quando ſammet rock und gulden hauben ſpilt und ſihet ſich in speculo, Cur nos non plus, qui erimus pulchriores quam sol? Tum non sic geitzten et illam futuram non sic contemneremus, Sed quia non, ideo: het ich nur freſſen, ſauffen. Sed si: Ego baptizatus et agnosco

---

3 Sed ꝛc.: Sed nunc crede. 3 quod 4: wohl verlesen aus stark gekürztem quod seminatur. 17 1. Kor. 15, 44. 22 <nicht> fehlt W. A. 26 et <durch> omnia usw. 26 f. Verstehe: Aber das Leben hat dann eine andre Art, wie das der Sterne im Himmel: die Auferstandenen bedürfen nicht usw.

Christum et per ipsum resurgam in extremo die, wie scheuslich ich sihe und stinck, Paulus sagt, ich sol mich nicht dran keren. Dominus, qui ex nihilo omnia fecit, potest ex isto stinckend ꝛc. leichnam ꝛc. tum non sic
XXXVI 663 submergeremur avaritia ꝛc. Sed sinimus | schnarchen und<er> predigen. Sed non est nostra doctrina, sed fuit in mundo, antequam creati, proponitur nobis. Ideo non mihi zu dienst gleuben darffst ꝛc. sed pro te. Ich sol reden, du horen, sed tamen alle beide gleuben. Ideo non kert euch dran: ut heid, Turca stirbt, wird begraben, sic Christianus, Imo ut ku, pferd, Num deus ghen himel fur ein solch bauch, der so stinckt? Er sol in dem grab erfaulen et postea ignis e celo sol alle sepulchra durch ghen i. e. non blut und fleisch, sed vom geist vivet, quia non indigebit speis und notdurft, quicquid volet in momento, accidet et in aere volabit ut fackel und flammen.

'Si naturalis, et spiritualis, ut scriptum.' Da furt er in ein spruch er ein et facit Antithesin. An non legistis in Mose, In quo scriptum: Unser Herr Gott schuff ein lebendigen odem in sein nasen 'et sic factus homo anima vivens'. Das wort 'seel' ist Ebräisch gered. Das deut S. Paulus mit dem wort 'Naturlich'. Apud nos non deudsch, sed oportet uti Ebraica et graeca sprach: factus vivens anima homo. Ebraice: factus est ein naturlich leben, zweyerlei wort, einerlei
XXXVI 664₁ wesen i. e. leibs | leben i. e. ein mensch vel thier, quod habet 5 sensus, schnaubet, habet odem, quod nheret sich in der lufft, auff erden. Ein lebendiger leib vel leibsleben. 'Omnis anima vivens', sic sepe in Genesi, seel apud nos 2. pars hominis, quae sol ghen celum faren, und scheidens vom menschen. Sed Ebraice, ut dixi. Abraham accepit omnes animas, 72 Jacob i. e. nam so viel lebendige corper vel leib an menschen mit sich. Sic in Apocalypsi: Man sol nicht die i. e. non mher gefangen leut, ut Turca, qui vendit. Ideo in Ebraeo klingt, 5 sensus, gessen, trunken, dauet, fleisch, blut und kot gemacht. Das heist naturale corpus vel ein lebendige sel, ut Moses. Nos: ein corper, qui vivit in suis 5 sensibus und braucht.

Ex isto textu facit Antithesin. Da sagt Mose de corpore, quo significat aliud corpus et aliam vitam. Ergo alia vita non naturalis i. e. spiritualis. Sic opponit carnem et spiritum. In Mose audis eum loqui de corporali vita, ergo meint er, quod verhanden sey ein geistlich
XXXVI 665 leben vel geist. | Sic Christus quoque dicit: 'homo natus ex carne est' caro i. e. ein naturlicher mensch, si so allein venit, non venit in celum.

---

4 und<er> [= während des] *; W. A.: und. 14 1 Kor. 15, 44 b. 15 f. 1 Mos. 2, 7. 24 altera pars. 25 1 Mos. 12, 5. — 1 Mos. 46, 27. 27 Offenbarung 18, 11 u. 14 (niemand wird mehr kaufen . . . Seelen der Menschen." 36 Joh. 3, 6.

Ibi Christus met Christianum, qui credat et baptizatus, sit spiritus, ergo naturlich leben das mus eſſen, trincken und notdurfft brauchen in hac vita, geiſtlich darff des korpers uberal. Adam factus in naturlich leben. Das haben wir de Adam. Parentes dant carnalem vitam, deus per eos dat. ¶ 'Sed novissimus.' Si habetis 1. ut greifft, ideo scitote, quod vos dagegen, quod dicitur geiſtlich. Ideo geiſt iſt nicht vom leib geſcheiden, sed mus auch geiſt werden et iam incepit in baptismo, et deus ſihet mich an pro spiritu, sed tamen penitus corpus vivet a spiritu i. e. deo. 'Ultimus' i. e. Christus, factus die resurrectionis in vitam, ubi non edit. In terris vivens edit, quanquam non potuisset. Sed 5 sensibus usus ut alius homo und aller notturfft ut alius, | sed XXXVI 666 resuscitatus non indiguit 5 sensibus, ſahe anders ꝛc. das iſt unſer predigt. Chriſtus hat ſchon angefangen, et in sua persona ſchon perfecta, wir ſollen hin nach, ut sequitur. ¶ 'Sed.' Paulus ſetzt das wort ymer da bey 'naturlicher leib' und 'geiſtlicher leib', quia multi heretici, quod corpus non resurget, quia sequitur: 'Caro et sanguis', den furen ſie ſtarck. In jhenem leben resurget ſel und geiſt, caro und bein manebit in terra semper. Et incipiebant iam vivente et persuadebant hominibus iam resurrectionem factam. Si ſel hin weg, ſo iſt hin weg. Nein, Paulus: Ego loquor deudtlich. Es ſol ein geiſtlicher leib ſein et id, quod prius naturale und das viehiſch weſen gefurt, idem ſol spirituale werden. Alioqui weren wir feine geſellen et diceremus, si peccavimus: corpus peccavit. Sed non solum baptizaris et gepredigeſt, ſegneſt per Euangelium, sed in corpore, datur tibi caro et sanguis in altari non solum in animam, sed in corpus. Er ſol | nicht dahinden bleiben. Et ſol werden XXXVI 667 ein geiſtlicher leib ut Christi in die resurrectionis. Ibi textus klar. Sinito alios klugeln. 2. Cor. 5. dicit: wir woltens gern ſo haben, quando baptizatus und die ſpeis zu mir genomen et verbum audivimus, das der leib gantz rein und geiſtlich were, ut non indigeremus esu. Sed oportet prius viehiſch leib ſein, non statim spirituales per baptismum, ut videatur, sed ut credatur. Sed si accipio baptismum, Sacramentum, eternam tauff und ſpeiſe empfahe in jhenes leben. Im fleiſch credo me baptizatum, Sed im leichnam mus ich eſſen, frieren. Sed ker mich nicht dran, sed quod deus me baptizavit. Ideo muſſen wir den naturlichen leib hie tragen.

'Primus homo est terrenus.' Nos secundum 1. hominis, adams gepurt omnino irdiſch, quia ex terra i. e. sunt klos, cum faciat

---

1 <ipse>met. — <facit, ut> sit. 5 1 Kor. 15, 45. 9 1 Kor. 15, 45. 10 non² <edere>. 14 1 Kor. 15, 46. 16 1 Kor. 15, 50. — den <spruch>. 23 non solum <secundum animam>. 24 sed <etiam> in 27 2 Kor. 5, 27. 36 1 Kor. 15, 47.

deus hominem, omnia membra fecit ex. Si hoc legistis in scriptura, quod Adam homo sit terrenus, ergo potestis credere, quod ex naturali XXXVI 668 leib possit spiri|tualem facere. Wie reimt sich der erdklos et homo Adam? legs zu hauff. Adam nihil quam iste, ist worden zu hals, kopff, augen, adern. Si deus potuit ex erdenklos et facit hominem, quid iam? Item cum Eva ex rib, quid talis ad schonen frawen et, quae schon et an sund? Prius erat bein, rib in Adam rib. Sic quid facit, quando omnes homines creat von vater und muter? Sic hoc videmus ob oculos, quod ex terra homo, ex bein fraw, Nos omnes ex fleisch und blut, Cur non crederemus, quod ex sepulchro faciat spiritualem hominem? Ideo inspice tantum scripturam, ubi dicere potes: Adam, terra es ꝛc. et ut dicit scriptura: Eva, es bein und wirst bein werden. Si hoc in scriptura videmus, num sollen wir diffidere ꝛc. Si den stinckenden erdklos genomen, ubi nec bein ꝛc. et tamen so ein schon person draus gemacht, quae kund reden, Viel mher kan er das thun, ubi iam intellectus ꝛc. und sol werden nicht terra, sed celestis XXXVI 669 homo ut Christus. ¶ Ibi | Paulus hat auch die kunst beweist, qua misti Schwermeri, quod sey unflat, sputum, habeat rotz. Ego dicam mher: Adam war ein erdenklos, und Eva ein rib, wie weit ist ein rib und schon frau von einander, kinder nascentes, Ein todter samen, wie weit ist tale semen a Petro, Paulo et Maria et omnibus, et tamen dicitur semen Abraham, David. Wie reimt sichs cum Rege David, Salomon et Apostolis, prophetis, Sanctis? weit von einander Sancti, et samen und klos ist erden worden, et Abraham semen ist gleichwol Paulus et Christus worden. Ideo dicam: noch geringer quam homo sit unflat, ut dicis, sed ein erdklos, ein semen, ut et philosophi. Las sie disputare, noli credere, quod ein tropflin habeat vitam celestem, Sed tamen unser herr Gott bringts dennoch er fur. Die sol et homo must lang wirken. Si deus non, sol must lang scheinen, ut fieret ex terra homo, ex costa Eva. Das heist: nos terreni, imo terra. Sed himlisch erit alter, ut Christus. Ut celum non indiget terra, Sic nec nos.

XXXVI 670 | 'Welcherley.' Paulus diviter et multis verbis loquitur de hoc articulo, quia huben bereits an schendlich de isto articulo ꝛc. etiam apud Christianos. Interim donec irdischen, similes ei. Non loquimur de peccato, ut aliqui, sed corporali vita. Sicut Adam vixit, ita nos habemus augen, ohren, manus, odem, blut, haupt, har, essen, trinken,

---

1 ex ⟨terra⟩. 7 an: ohne. 12 1 Mos. 3, 19. 25 f. Verstehe: ⟨die Schrift redet⟩ noch geringer vom Menschen als du⟨, wenn du⟩ sagst, er sei ein Unflat, sondern ⟨sie nennt ihn⟩. 32 1 Kor. 15, 48 u. 49. 34 similes ei *; W. A. si est. (Verstehe mit Cr.: solange wir im irdischen Leben stehen, müssen wir dem irdischen Menschen gleich sein).

dewen, ut ego et tu, Eva erat mulier ut iam alia. Das heist ein irdisch fleisch. Das heist er ein 'bild des irdischen' i. e. das wir da her ghen in dem bild, wesen ut Adam, Eva habuerunt, kinder zeuget, gessen, trunken und gesehen, gehort, das ist irdisch bild, so hat er gangen. Non fuit anders anzusehen, ut ich dich und Eva. Irdisch bild i. e. das naturlich leben i. e. die weise, die Adam gefurt hat in seinem leben, die furen wir auch. Durt wollen wir istam weise und gestalt ablegen, nicht furen. Omnia membra quidem retinebimus. Sed non so | essen, trinken, XXXVI 671 schlafen, sed erit corpus so leicht, hel ut sol, ut non eat, sed flieg, und so leicht ut sol, angeli. Sic Christus, quando resurrexit, Er stund wol in monte oliveti pedibus, sed da er kan, flog er da hin ut stella, ut feuer. Nach der forigen oportebat eum habere einen fundamentum et fulcimentum. Sic ubi resuscitati ex sepulchro, er fur schiessen ut c ein liecht. Non erit der schendliche schelm, mus pflaster tretten, boden haben, gewelb, vel non potest credere, tum will ich uber die wolcken faren. Sic Christus gefaren. Sic nos. Ideo istum textum non intelligas de peccato et iustitia, quanquam etiam verum. Sed Paulus loquitur hic contra eos, qui negant resurrectionem mortuorum, et tantum loquitur de vita, quod Christi bild sey, dicit, quod ein leicht leben werden haben ut Christus. ¶ 'Irdisch' i. e. Adam, sic celestis. Es wird uns | aber nicht leicht werden das tragen. Ideo sollen talibus cogitationi- XXXVI 672 bus nos solere et praesertim, quando dicimus: 'Credo in spiritum sanctum', ut dicamus: helff Gott, das bald geschehe, ut ex sepulchro resurgamus etiam corporaliter, quia dicit: 'Resurrectionem carnis.' Non ut heretici ꝛc. der finger ꝛc. das fleisch, quae iam terrena et bestialis und ghet im so ut bestiae, sed resurget et fiet spirituale i. e. credo resurrectionem leiplichen, ut iam ghe und sihe corpore, sic resurgam. Sed tum non vivemus ut iam hic. | Caro, corpus manebit, sed erit XXXVI 673 ein leichtes, lichts, reines leben, ut nihil impuritatis. Et das sol heissen fleischlich leben, quia credimus Resurrectionem carnis. Iam quidem incipimus, nhemen speise und futterung, quae dat vitam spiritualem, et tamen der sack manet in dem irdischen leben, sed ex membris et 5 sensibus, econtra mus auffhoren. Iam oculis non possum uber 1 meil sehen, sed tum ibi videbo Romam et audiam angelum vom end der welt. Non opus, ut pedibus incedam. Illic ergo corpus mutabitur. Interim uben in der Taufe, fide, donec heisst uns widder zu erdenklos

---

2 1 Kor. 15, 49. 11 f. Act. 1, 9. 12 forigen ⟨gestalt⟩. — oportebat *; W. A. oportet. 20 Luther meint: ergänze in 1 Kor. 15, 49 sowohl zu „des irdischen" wie zu „des himmlischen" das Wort Adam, Mensch. 22 f. = 'der 3. Artikel', s. Z. 24. 25 Non ut heretici ⟨animae tantum resurrectionem credite⟩.

XXXVI 674 und | ghen da hin a fide. Ego baptismum et Sacramentum accepi et absolutus. Ideo weis, quod werd wider erfur komen. Illic die reinsten, augen, zungen und sprach. Hac fide et spe ingredior, ut dicit articulus: 'Credo resurrectionem carnis.' Ideo sic vivamus hic, ut hunc articulum discamus, ut unsern trotz ein wenig hoher setzen quam auff das zeitlich gut, quod incertissimum. Illud alterum est certissimum, quia initiati fide, baptismo. Si kan dich 100 taler frolich, quos non XXXVI 675 gwis, cur non te letificat, den schener artikel: | Credo Resurrectionem Carnis. Illa, scilicet baptismum, verbum et Sacramentum habes certissime, non habet sic certo Joachims taler. ¶ Iam beschleust: 'Caro et sanguis.' Das ist der spott, den sie haben gezogen. Audis, quod caro et sanguis. Ideo impossibile, ut corpus resurgat. Das wol wir sparen auff ein ander mal, was S. Paulus da mit meint.

XXXVI 676

16. (1. Kor. 15, 54 u. 55.)

14. April 1533 nachm.

Heri audivimus, quomodo istam historiam de resurrectione domini nostri 1. wol fassen, ut fundamentum habeamus de historia, et qui der man sey, an dem die geschicht und sieg begangen, et discernere ab aliis omnibus ut coelum a terra, quia persona tam magna quam celum et terra. 2. utenda und ziehen auff uns, quae nobis data, ut opponamus morti, et peccato et quicquid potest nos betruben, propter istam personam, quae deus et homo, ut nihil sit omnium hominum mors, peccatum, modo hoc credamus.

XXXVI 677 | Cum prius de hac re tractavimus, de resurrectione Christi in Epistola Pauli, quae proprie huc pertinet. Hoc, quod hactenus omisi. Es ist ein ding in Epistola et, quod hodie et heri in Euangeliis. Et est praedicatio pro Christianis, qui expectant aliam post hanc et discere debent hanc istam vitam dunckel et jhenes scharff, ut acquirant ein senhen ad futuram vitam, ad quam baptizati. Si nihil haben solt quam hanc praesentem vitam, non indigeres deum. Isti, qui deum non habent, haben das leben am besten, Sat pecuniae. Ideo dicunt: donec vivo, bin ich lebendig. Si morior. Ideo ad hoc indigeo deo, ut det futuram vitam. Haec ad Christianos pertinent. Alios non monet. Sic Paulus inquit:

'Wenn nu das verweslich wird' etc. 'Wes das hertz', dicitur etc.

---

10 1 Kor. 15, 50. 15 der 14. IV. 1533 war der Ostermontag. 16 Heri audivimus: W. A. XXXVII 27 ff. 25 <tractabo> hoc quod usw. 35 1 Kor. 15, 54 ff. Es fehlt also in der Reihe eine Predigt (oder mehrere) über 1 Kor. 15, 50—53. Aus der Zeit zwischen 1. II. und 13. IV. 1533 sind Gemeindepredigten Luthers nicht erhalten; als Ersatz für das

Ideo Paulus kan so reich de isto articulo, quia cor steck ꝛc. istius articuli
so | gwis, ut des andern ungewis. Alii non sic inciderent istae cogi- XXXVI 678
tationes, ideo sonat, quasi verba non significantia, sed apud eum
significantissima et pios. Sic zelet ers her, ac stunds fur oculis suis.

Es mus da hin kommen. Si Christus resurrexit, et eius resur-
rectio nostra, gilt unsern tod, gesetz ꝛc. hab mortem am hals. Jung
mensch nimpt zu bis 25 jar. Postea nimpst ab ꝛc. Non est bestendig leben
ista, sed nimpt ab usque in die gruben. Semper kranck und siege, krigt
blattern, postea schur et mortem. Das mus weg ex corpore nostro
solch eiter, pest, frantzosen et tandem tod et .... mus weg. Ideo est re-
surrectio nostra, ut | nostra, ergo so mus das, das Christi resurrectio XXXVI 679
et victoria, ring uns krefftig sein, ut in ipso essemus, und mus die
krafft suae resurrectionis das sein, ut ista omnia in corpore nostro
ausgezogen, ut induatur homo corpore, quod nihil incommodi, rotz,
mist, wasser, bletterlin, als rein et liecht ut son. Das ist das unver-
weslich, das wir sollen anziehen, quanquam iam verweslich et postea
moribundi et sepeliri ꝛc. ii a piscibus. Si Christi resurrectio aliquid
und sol etwas wirken, hoc scilicet operabitur: auferet omnem unflat,
das wir am leib tragen wesentlich et in sepulchro, sed et nunquam
erimus kranck, alt et nihil maculae in corpore. Das heist 'anziehen un-
verweslich' ꝛc. Hoc, inquit, mus so geschehen. ¶ 'Das sterbliche': Loquitur
de resurrectione ac de veste. Siehet an, quasi homo non sit mortuus,
quicquid habet in collo, pestem ꝛc. Sihet an ut kleid, quando alten
rock ausziehen et novam anziehen, et mors ist ein alter, schendlicher rock,
et aliam kleid an ziehen resurrectione domini, man erlangt per mortem
in Christum, et illa decorabitur ut sole, ut omnis Christianus am
jungsten tag er aus wissch ut pulchra stella et in aerem her faren, quo
vult, und als rein, schon, das nunquam betrubt, kranck werd, Das sol
unser trost sein. Mundus non credit ꝛc. Si crederemus, non sic avari
essemus. Sed auribus audimus. Ubi hoc factum, tum resurrectio et
| victoria effecit, propter quam facta. Ideo mortuus resurrexit et vicit XXXVI 680
in suo corpore omnia, ut tum peccatum et mortem ꝛc. vult te segen
sauber, rein, ut nihil maneat, quod iam in vita bleibt, tantum aus-
genommen natura, omnia membra, corpus virile, muliebre, vita,
blindheit, kranckheit, ignominia, das ist unglimpf et kleck diaboli. Deus
non creavit mortem, non ordinavit Adam et Evam, ut morerentur,
sed diabolus creavit, der macht unser leiden, ut so viel mist tragen et

---

verloren Gegangene vgl. die Predigt vom 10. Mai 1545 über 1. Kor. 15, 51—53, W. A. XLIX 727 ff. S. 346 Z. 35 Matth. 12, 34.
10 ein Wort unleslich; verstehe: ⟨das Aas⟩. 10 Ideo est ⟨Christi⟩.
11 ut nostra ⟨fiat⟩. 17 ii a piscibus unverständlich; vgl. S. 338 Z. 20 f.

in sepulchro so stincken, sind eitel instrumenta, die Gott hat lassen ghen propter peccatum Adae, gehorn nicht in die natur. Illos oculos, quos iam habeo, et omnia membra redimam. Sic tu, sed omnino rein und schon, kein bose lust, lieb et quicquid fecis hic in terris.

Si hoc, so wirds heissen: 'Iam factum est, quod dictum est' i. e. quod perpetuo reden et praedicamus. 'Der tod.' Wo Paulus hoc verbum her genommen hat, nescio. Apparet, quod ex Hosea, de morte ꝛc. 'Mors, ero mors', secundum veterem translationem nicht recht, non morsus, sed ein gifft, wie 1 ein schlangen sticht. 'Ich wil sie erlosen vom tod', ja sic habet propheta, wenn 1 pestem krigt, das heiß febris, ist gifft, quod naturlich hitz mit bringt. Sic Paulus dicit: pestis vel todlich pest und gifft. Ex hoc loco mag ers genommen haben und machts kurtz und verblends, cum dicit: 'Mors in victoriam.'

Ich halt da fur, quod omnes locos scripturae zu samen gefast und den draus gegossen. Ex Gen. 3. Et Ho. 13. semen mulieris in fus
XXXVI 681 stechen, morsus | serpentis ein stich von 1 sohlen. In isto loco sthets auch, quod schlange sticht, scheust im gifft in die versen, ipse in caput. Hoc est Pauli verbum ꝛc. Ideo dictum de viro, qui dicitur deus. Sic omnes locos huc refer und fur in den spruch. Ipse citat secundum suum divitem spiritum, das er omnes locos scripturae auff 1 hauffen nimpt et facit sententiam generalem, quae gilt in tota scriptura. Ubi resurrectio Christi effecit hoc, propter quod facta, tum impleta, quae dicit de victoria mortis, ut ad Adam, Abraham et Hosea et alibi, quod Christus mortem et peccatum victurus. Das wird den nicht mher praedicabitur, sed wird heissen factum, wird fulen, tum videbis tuum corpus auff das aller schenest. Non opus, ut audiam, et alius praedicet, sed wird da sthen, quod ꝛc. In des, ut huc veniamus, ut mortale
XXXVI 682 cesset, mus | uns an den spruch halten, donec factum auch kom, habet forte wort deus, quod dicit, fit, Si non statim ꝛc. ¶ Ideo vivimus a hoc loco, quod a morte redimemur. Ut Hoscheae verba sonant. Sic: 'In semine tuo.' Schlange, wil dir den caput zutreten per puerum, qui a fraw geporn. Nach den locis halten wir uns. Euangelium indicat semen et historiam i. e. resurrectionem a mortuis. Non videmus, sentimus et metimur, sed interim crede, audi et persuasus sis in corde. Sic iam gesund macht in anima, redemptus a peccatis. Sic per resurrectionem in anima gesund machen a morte ꝛc. ¶ 'Ich wil sie erretten,' dicit, 'tod, ich wil dir das hellisch feuer geben,' du hast mir die leut verderbt, getodt, hat 1 pestem, gifft in sich blassen, quam vincere non

---

5 Paraphrase von 1 Kor. 15, 54 b. 6 1 Kor. 15, 55. 7 f. Hos. 13, 14. 9 f. Hos. 13, 14. 13 1 Kor. 15, 55. 14 quod <Paulus>. 15 den <Spruch> draus. 15 1 Mos. 3, 15. 31 f. 1 Mos. 3, 15.

possunt, sed druber sterben, fluchs mortis membris infudit das trunklein, das Adam getrunken. Er zeigts mit mancherley kranckheit. Homines sunt maledicti. Sed qui credunt in me, die sollen hoc a me haben, docere et halten, istam gifft | und tod, quem in collo, iterum decidam. XXXVI 683
Satan dicit et eius . . . . habes tod, kranckheit an leib und seel. Ego vertam. Qui in hoc semen credit, helff aus dem fluch. Du Teufel tod, fluch, wil dir als ungluck an den hals wider anhengen. Ich wil selber dein gifft et pestis sein. Er nennet se 'venenum'. Sed consolatione plenum nobis. Naturae non feind, sed habet bereitet ista, sed ipse feind omnibus istis, praesertim propter vos, qui creditis in filium meum. Ich wil im widder ein pest schicken. Quomodo? per resurrectionem. Est divinum gifft gemacht in eo, sol uns nicht schaden, sed diabolo. Si anfahe baptizatus et credo in Iesum, ut habet Symbolum, et mihi factum, et non dubito, so hat Gott schon die gifft in den unflat gestickt, ist schon gemengt und getruncken. In baptismo bibo die barmhertzige, heilsame gifft, quae meam mortem, venenum weg nimpt et liberat a morte et salvat, ¶ figuratis verbis vocat se tartarum, infernum ꝛc. Nobis trostlich geredt, ut discamus intelligere, wil dir blitz, donner schicken, S. Valten, all plag | haben. Cum quo loquitur? XXXVI 684
Cum peccato, mala conscientia, diabolo, Inferno, non nobis, quia ista omnia iam habemus a diabolo. Sed wil ein gifft machen, die sol dem Teufel und tod den bauch so kurren machen, ut iterum voretur. Ich wil im ein trunklein geben, ut dran sterb. Pestis und gifft non est jelicher tod, sed tamen blest gifft paulatim per totum corpus, donec cor attingat, tum moritur. Sic ego, non plotzlich mit diabolo umbghe, sinam praedicari, ut nascendi credant, audiant, Et meam gifft austeilen, quae vobis medicina et diabolo gifft ꝛc. Ut medicus vocat medicinam pro egroto pestem contra febrim. Euangelium, baptismus distribuuntur et Sacramentum, illic nihil dicitur et datur, Iesus Christus mortuus et resurrexit, die lest er ghen, dat hominibus, si credunt ex corde, habent gifft, quae alterum austreiben, tod empfangen per Euangelium und tauff quem jhenen, et er aus ziehen ex faucibus orci, donec iam praedico et du gleubst, operatur ista praedicatio ut fermentum in massa. ¶ Discit fidere in deum et sperare super vitam eternam et contemnere hanc vitam und leiden pestem, et dicit: quid curo? Ich von hertzen gern sterben. Ibi mors iam victa, quia iam non timetur ꝛc. Hoc operatur Euangelium et baptismus, quod in cor geschossen und getruncken. Sic Christus verum fermentum, der nicht bald seuert, sed a principio ascensionis et a iuventute usque ad mortem durch-

---

5 ein Wort unleslich. 8 Hos. 13, 14. 17 f. Hos. 13, 14. 23 jäher. 27 medicinam Cr.; W. A. met.

ſeuert. Das iſt pestis mortis und feuer des helliſchen feuers. Videbo, ut mortem contemptam faciam. Dabo Tyriacum et tranck, qui est: Iesus Christus resurrexit a mortuis.

XXXVI 685 | 'Verſchlungen', nondum factum, sed ghet ihm ſchwang. Tum wirds ſthen, ut hic scriptum. Victoria est resurrectio Christi. Nondum in nobis, sed tamen ſieg iſt da, quae nostra per baptismum, Euangelium. Ideo operatur semper, ubi induamus ein geſunden rock, tum penitus factum, quod hic dictum.

17. (1. Kor. 15, 55—57.)

27. April 1533 <nachm>.

Weil das oſterfeſt mit ſich bringt de articulo resurrectionis zu predigen. Diu praedicavit de ea Paulus, quam concludit cum loco, ubi dicit: 'Ubi hoc mortale induerit, das nicht mher gelegen wird ſein an ſeel und leib, tum implebitur ſpruch, quem iam praedicavimus: 'Victa mors in victoria. Tod, ubi.' Istum locum predigt man itzt und ſingt, sed nondum videmus et sentimus, sed contrarium, quod mors victa, sed quod obligt und ſiegt und uberwindet uns al und in die Erde ſcharre. Videmus oculis et sensibus, tamen praedicamus contrarium per verbum dei, quod ſpil ſol ſich umb keren. Mors, quae iam tod und begraben, iterum non toden und begraben. Sic invertemus ſpil, ut maneamus in vita et vita in nobis et econtra mortem. Sicut iam dominus et dominatur, wurgt 1 menſchen nach dem 2. hin, begrebt. Sic erit, das wir den tod wider hin richten, aufferbeiten, ut nec rich de ea, ut dici possit: Ich mein, er ſey auffgereumbt, begraben und begraben und eitel iustitia, vita. In isto die ſols morti ſo ghen praesertim iis, qui baptizati et credunt in Christum, qui das ſpil hat angerichtet. Non per nostras vires, sed per victoriam Christi, quae data nobis, per eius uberwinden und ſieg an jhenem tag expediemus, tum non fide, quod Christus verſchlungen mortem, sed videbimus und fulen oculis et manibus. Tod ſol weg komen, ut nicht mher an in gedenken, nicht ein ungemach an leib und ſeel istis, qui credunt. ¶ Interim promissioni credunt, leben drauff und ſterben, laſſen Morti
XXXVI 686 istud dominium, das er uns hin wurget, | heut mich, te cras, et omnes hoc cogimur ferre. Sed solatium, fris, fris, wurge, veniet dies, exorietur sol, ſo wil ich dich widder auffreiben, ut dici possit: nunquam hic fuit, all jamer, hertzleid hin weg. Mit dem ſpruch deut Paulus auff dieſe predig, quando resurgemus, quod victoriam bekrefftigen

---

4 1 Kor. 15, 55. 13 1 Kor. 15, 54. 15 1 Kor. 15, 55.
24 „daß kein Rüchlein von ihm [dem Tod] übrig bleiben wird.“

werden, quam iam in fidem. Tum morti 1 klippen. Tod iſt verſchlungen ewig, beis mich nu trotz. Iam nobis ſingt trotz: ſthe mir widder, las ſehen, an possis effugere. Tum econtra: 'In victoriam' i. e. resurrectionem Christi. Wo kanſtu nu ſtechen? Hel, non potes amplius vincere. In Chriſto iſts angefangen. Mors, tu mei potens in Christo und mit fuſſen uber mich. Iam canit Christus: Iam vora me, quid facies mihi? Er hat in auff gerieben in suo proprio corpore. Das iſt victoria, quam nobis donavit credentibus, ut habeamus eandem in hac hora ut ipsius extremo die, oſtertag. | Sic nobiscum resurgentibus. Iam dicit XXXVI 687 Christus: trotz, rur mich an. Sic nobis. ¶ Das iſt der bſchlus de hoc Textu. Iam addit zufelliger weis et declarat, quid ſtachel und krafft, quia dixit, quod Mors non tum habeat ſpies und ſtachel, und hel i. e. eterna mors non habet ſieg, cum hoc verbum dixit, fert zu et dicit, quid per ſtachel, et quid vocet ſieg. Et dicit. Pingitur mors quasi ſpies, carthaun, q. d. non aliud inveni quam peccatum, hell, gſetz. Das iſt obscurus sermo. Greci et latini non intelligunt. Die ſunde iſt des todes ſpies, Buchſe, armbruſt vel harniſch, waffen, per quam tod krefftig. Item die krafft, ſterck, ſieg, quam habet in armen, hats vom geſetz. Quid? gehort pro his, qui quaerunt pro futura et expectant futuram resurrectionem. Ad alios non pertinet, qui hin ghen klotz und ſtock et bestiae, leben im ſauſe ut leben in peccatis, tanzen, ſpringen, ſingen, haben ein guten mut et, quando moriuntur, fluchs in momento da hin, ghen per Rosarium, nimmer des tods et ſund gewar. Hos ghets nicht an. Illi videant, quomodo ipsi mortem vincant. Qui Christiani ꝛc. fulen den, qualis mors fur ein ſtachel, peccatum fur krafft.

| Vult dicere Paulus: est gladius peccati q. d. ubi non esset pecca- XXXVI 688 tum, mors muſt ſein ſpies wol laſſen ſthen. Sed quod wurgt, facit peccatum, quod nos todet. Ideo ſol man den tod gewinen, ſo mus man vor den tod gewinnen, quia die ſund gewinnt und wurget tod. Qui hoc intelligunt, bey den iſts wol geret. Quando homo gar nicht fult peccatum nec fragt darnach nec nach Gott, iſſt, trinkt et nunquam traurig. Si vero kompt das ſtundlin, Iſt das erſt: Ego peccavi, contempsi deum, non dilexi proximum, furatus, adulteratus, quando das ſtucklein kompt und ſpricht einem recht an und rurt, oportet eum desperare. Et in ista desperatione, quando diu vivit, oportet eum mori. Loquor iam de hoc, quando homo malam conscientiam, non de avaris. Ubi Christi victoria non adfertur et emplastrum auff das verzagt conscientia kompt, moritur. Peccatum si vere sentitur, utcunque parvum et quotidianum, ut ein trunck zu viel thun, ſo zuſchmeltzt meum cor in

2 Iam ⟨mors⟩. 3 1 Kor. 15, 55. 11 1 Kor. 15, 56.

corpore, mus verzweifeln und ſterben. Ideo plures, die ſo hin fallen, ut
nesciatur ꝛc. quia kunnen den ſtich, ſtachel, erſchrecken nicht aus ſtehen,
quod peccatum in cor gibt, kunnen nicht auſſthen. Tantum peccatum
agnitum und gefult, donec non beiſt, erſchreckt und verzagt hominem
macht. Tum venit reuling. Si non adest bonus praedicator, Chriſt
et non erigit, ligt da et brult ut ochs, quia non kan erdulden, reiſſt mein
hertz auff hundert ſtuck. Ideo vult Paulus indicare, quid an Chriſto
habeamus. Peccatum est todes ſtachel i. e. quando conscientia da fur
erſchrickt, da ghet per cor mortis ſtachel i. e. peccatum, quod ſcheidet
hertz und leib von einander. Solch bos, gifftig ding peccatum, ut in
XXXVI 689 momento den menſchen hin nhimbt i. e. tod | kund nicht wurgen, nihil
esset, nisi peccatum prius adesset. Eo veniente mus der menſch ſterben,
non redten, oportet mori corpus et eternum. Unde mors? a peccato,
quod wurgt und ſchlegt tod. Non venisset mors, nisi peccatum. Ideo
iſt eitel feur, pulffer, buchſen, alioqui muſt uns. Unde venit peccatum?
Iam dicit, quale peccatum. Unde tam potens, quod wurgt und todt?
Unde tam potentes manus? ¶ 'Legem', ſol das ſein heilig wort heiſſen,
quod per illud die ſund entſthet et postea occidit? Peccatum wer
mat, krafftlos, nihil faceret nisi lex, wen das auff ghet, peccatum fit
ſtarck, ut in momento ꝛc. ergo wollen unverworren ſein cum lege? Non
ſthet bey dir i. e. lex ſterckt dir peccatum i. e. quando horula kompt,
das die ſund ſol beiſſen, Incipit cor et dicit: Non dilexisti deum ex
XXXVI 690 corde, non audisti | verbum, fuisti adulter, raptor, fur, parentes non.
Ibi ſchlegt in conscientiam. Das ſagt: Gott, qui est allmechtig. Non
tantum dico de crassis peccatis, sed de subtilibus in 1. tabula: Gott
glauben, confiteri, praedicare. Si ista revelantur et agnoscuntur per
legem, Das heiſſt der peccatum krafft gegeben. Wat iſt tod, ſund,
Teuffel? hab friſſt usque ad extremum diem, da tunicam. Sed quando
horula: o non dilexisti deum, avarus fuisti. Ibi non potes reiicere
legem, sed proponit: peccasti et fecisti contra deum, ideo vult te
abiicere. Es perditus filius, deus non vult te. Ibi exuscitat peccatum
et dicit hoc et hoc. Ideo quando lucet lex in corde, videt homo, quod
fecerit, quid non. Da fert zu und ſchlange dich ſticht fluchs tod. Melius
ergo, quod non lex, sed kan nicht ſein. Non potest deus thun laſſen,
quicquid vult. Sinit quandoque aliquem hin ghen 30, 40 jar, ut pecca-
XXXVI 691 tum | non sentiat. Quando audit: si peccas, morieris, quid ad me? Sed
quando horula, venit lex et interrogat: quid fecisti? Ibi du wirſt non
ein klippen ſchlagen, sed zetter und brullen ut bos. ¶ Ideo vocat ad Gal.

---

3 Tantum: So lange. 4 donec ⟨mors⟩. 17 1 Kor. 15, 56.
24 allmechtig, ⟨legem dedit⟩. 31 Ibi ⟨lex⟩. 38 f. 2 Kor. (!) 3, 7.

legem praedicationem, quae praedicat mortem. Si nulla alia praedicatio, quam legis, wolten wir all arm conscientias zu tod predigen et fit sic, quando unter die augen ſchlegt, 1. praedicat legem und weckt das peccatum auff et peccatum ſcheidet leib und ſeel und tod dich. Das iſt 'stimulus' i. e. peccatum tantum occidit, sed venit per legem, quomodo? revelat. Non sic, quod faciat, sed invenit me in eo. In eo nati, theten lieber all ſchalkheit. Lex non affert, sed incendit lucem et in cor. Du meinſt, quod ſitzt in Roſengarten, sed quando lex, ſitzeſtu in medio latronum etc. Sic lex. Du securus, sed veniente lege es plenus peccatis, quando vides ſo viel ſpies auff dich gericht, muſtu ſterben. Ibi kanſtu dich des legis nicht erweren, kanſt die ſund nicht buſſen, peccatum hat dich ergriffen, lex revelavit. ¶ Ibi Christus venit et dicit: bono animo esto. Lex hat recht zu dir, ſol dir die peccata offenbaren, ſund und tod hat auch recht, dir geſchieht nicht unrecht, sed sancta, bona lex, Tod hat recht, friſſt dich mit aller billigkeit da hin. Sic peccatum | et lex. XXXVI 692
Quid ergo? Ibi Christus nimpt peccata nostra in suum collum: Lex, quicquid fecit homo, peccatum, quicquid meruit homo, hoc ego exhausi. Ideo dicit, dicit ad legem, peccatum, mortem: Ibi ego, sunt mei fratres et sorores, haſtu des ſtechen, ſtich auff mich? Si vis wurgen me, Ich wil die buſſ auſſſthen. Ibi ghens all 3 hin, lex eum accusat coram Iudice et spiritualiter 40. ps. 'quia peccavi'. Erat innocens, Et tamen peccavit i. e. peccatum, quod homines fecerunt, propter quod moriuntur, hab ich gethan. Da fert zu peccatum und erwurgt ihn. Da fert er erfur: nesciebas, peccatum, lex, mors, quod tuus dominus, quare tu, serve, occidisti dominum tuum et fecisti peccatorem? Halt widder her, du ſolt mich nicht mher erſchrecken, erwurgen, richten, beſcharren, sed econtra volo te, legem accusare, quod damnasti, cecidisti, sepelisti filium dei, her wider den kopff. Iam in fide vicisti et postea perſonlich und ſichtbarlich. Ideo quando lex vult accusare te, dic: feci leider, et peccator leider, ergo mori debes. Tu mors, peccatum, lex hats recht, sed medium. Si non Christianus, ghet her nicht. Weiſtu auch, quod meum et tuum dominum accusasti, zu eim ſunder gemacht et occidisti? Ideo las mich unverklagt, unerwurgt, ungeſtrafft. Ego non | sum simpliciter menſch, sed baptizatus auff ein man, qui dicitur XXXVI 693
Christus, qui vicit mortem. Illo fido, auff ſeinen ſieg kom ich, et sua est mea. Loquor de istis, qui vere credunt. ¶ Das ghet als in corde zu, quando in lecto iacet, ut tum adsit fides, ut cogitet: cur disputo cum lege? quando magna et multa peccata, wie in has cogitationes de infernis? hin weg, laſſe mich unverworren, peccatum, lex, Moses, nihil

5 1 Kor. 15, 56. 14 Röm. 7. 12. 21 Psalm 41, 5.

mihi cum tribus vobis. Si quem vis accusare, beissen, in hel furen, quaere alium. Sic praedicator dicat consolans, quia heisst: non sum amplius ein menschlich kind, sed Gottlich, nach der humanitatem mocht mich hin nhemen. Sed nosti 'Iesum Christum', qui dedit mihi victoriam. Ego baptizatus in eius victoriam, ghe hin auff und reis in herab. Sic cor Christianum sich gewhene contra legem, peccatum et mortem. Qui potest, faciat. Ich, welt, Teufel und gedanken, das ir mich unverworren, ghe hin auff, peccatum, mortem, hastu etwas an mir, weistu nicht, wo du reden solt und mich verklagen? Vade ad Christum, da nicht
XXXVI 694 | hin. Ja du bist durt schon erwurgt. Vade ad illos, qui vivunt ut bestiae. Die sticken schon in mea potestate. Ja du solt mich nicht haben, fressen richten. Ideo ito ad eos, qui nolunt peccatores esse, qui non curant peccatum, legem, mortem. Illic dic: sic moriemini, quia meruistis, ut etiam krafft peccati et legis stimulum sentiant. Nos Christiani sollen die wort et cogitationes nicht wollen leiden 2c. Sed mea sieg sthet da: Credo in Christum 2c. ille vicit legem, ut amplius non accuset coram deo. Sic mors. Externe potest vexirn corpus. Hic est lex, stachel, heist ein todliche wher, quicquid vocare vis, sed est peccatum. Si non esset, non esset mors. Peccatum etiam mat, si lex non esset, qua alle kraft peccati, donec lex non aperit, dormit peccatum. Quando vero venit, vivit et wird lebendig.

Hactenus dictum de phrasi Pauli, ut eam intelligamus. Loquitur ungewonlicher weis, facta unkendlich sprach, quia non agitata. Si saepe praedicaretur, esset leichter. Das hat er neben den text gesetzt 2c. Hoc iam audimus et credimus, postea fiet. 'Ubi iam victoria?' Tod
XXXVI 695 hat ein sieg | iam, qui dicitur peccatum. Peccatum hat sieg, legem, die dringen durch. Germanice: die peccatum wurget, sed lex aperit i. e. cor humanum erschrickt coram peccato. Si hoc, mus sterben. Sol das nicht geschehen, Mus komen, qui dicitur Iesus Christus. Ideo dicit 2c.

Da habt ir die predigt i. e. mugen gott dancken und frolich sein et semper osterfest halten. Deus nobis dedit Christum et per eum donavit. Heist gegeben, non ererbeitet, per kampff erlanget, ist zu gut ex mera gratia et misericordia data. Ubi nemo potuit helffen, misit unigenitum filium et permisit ista eum sentire et per eum mutuat et dedit nobis. Ideo non fac deum mendacem nec ingratus. Si Christus dedit, quod

---

4 1 Kor. 15, 57. 9 f. „da nicht hin": Zwischenrede der anfechtenden Macht an das Herz. 11 „Die sticken . . . potestate": desgl. solche Zwischenrede der anfechtenden Macht. 16 Apostolicum, 2. Artikel. 22 de phrasi Pauli: 1. Kor. 15, 56. 25 1 Kor. 15, 55 b. 27 Germanice: mit einem deutschen Bilde — „die Sünde würget, aber das Gesetz öffnet ⟨ihr die Tür"⟩. 29 Ideo dicit: ⟨1. Kor. 15, 57.⟩

pater sic dilexit, ut nobis donaverit victoriam, quam erlangt in suo corpore, Ut etiam mortem, peccatum, legem vincamus iam in fide, postea in nostro proprio corpore, das ist danck predig, ut semper canamus, quod dederit filium, qui mortuus, resurrexit, ut fides semper stercker werd, tandem sterben sanfft, sive gladio, igni, bet, das wir da hin faren ac dormientes, non territi, baptizati in hunc: morior, deus dedit mihi victoriam per Iesum Christum. Neminem scio, qui me accusare, terrere, dannare ꝛc. Si adsunt: ‘ghe hin et disputa cum Christo. Ego cum eo bleib, qui est innocens’. Da danck, wer dancken kan. Sic kompt | man de lege, peccato in jamer und hertzleid, praesertim XXXVI 695
die arm, betrubten Christen. Papa et Episcopi spotten und lachens, sed qui desperati, istis est thesaurus, victoria, des sich frewen und loben und danken von nun an in ewigkeit. Ideo dicitur deus vivorum, Iustitiae, quod dat iustitiam contra legem. Omnia contingunt, ut eternum vivam propter Christum. Ideo omnis doctrina, quae docet bonis operibus conscientiam debere pacari, damnatur textu, non per kappen und platten, sed victoria contingit per Iesum Christum, cui gloria et laus in secula. Amen.

---

5 Bett. 6 gleich als wenn wir einschliefen. 8f. ghe . . . innocens: Antwort an die der Anklage sich erdreistende Macht. 13 Matth. 22, 30. 17 platten ⟨vincimus⟩.

V. Predigten bei besonderen Anlässen.

1. Ein Sermon gepredigt zu Leipzig auf dem Schloß am Tage Petri und Pauli (29. Juni) 1519.

(Matth. 16, 13—19).

Einleitung. Am 24. Juni 1519 ist Luther in Leipzig eingetroffen. Herzog Barnim von Pommern, zu Leipzig anwesend, hat veranlaßt, daß Luther vor ihm gepredigt hat; um der Menge der Hörer willen hat die Predigt statt in der Schloßkapelle in dem gleichen Saale stattfinden müssen, in dem auch die Disputation stattgefunden hat. Der von Luther gewählte Text ist zugleich das Evangelium des Tages wie in engem Zusammenhange mit dem Hauptstreitpunkte der Disputation, Luthers propositio tertia decima de potestate papae. Die Disputation Carlstadt's mit Eck hatte schon am 27. Juni begonnen, war jedoch am 29. Juni wegen des Festtags ausgesetzt. Eck hat auf Luthers Predigt geantwortet, indem er am 2., 3. und 25. Juli in der Nicolaikirche Gegenpredigten hielt. Am 4. Juli früh 7 Uhr hat dann die Disputation zwischen Luther und Eck begonnen.

Der Sermon ist von Luther nach der Disputation selbst mit Vorrede in den Druck gegeben. Die Wiedergabe erfolgt nach dem Urdruck (W. A. II 242: A); seine Druckfehler sind (soweit es sich nicht um ganz Selbstverständliches handelt, das stehen bleiben konnte) unter dem Strich verbessert. Das Zeichen ¶ schon im Urdruck. Der Sermon steht W. A. II 241 (244)—249; E. A. 15², 435—444.

II 244 | Jesus.

ES ist an zweyffel fast ydermā bewußt/wy das ich d. Martinus Luther/zur zeyt/den mißprauch Rômischs ablas an gefochten/darzu aus Christlicher trew vnd wolmeynung bewegt/das ich gesehen wie durch solch zuvil vntreglichem furnehmen etlicher Prediger/das arm gemeyn volck vmfuret wart/vñ in seiner eynfeltickeyt/vnter dem schein des ablaß/in ferliche yrrthum/auch tzu schaden seiner notdurftigen narung kummen. Aus welcher meiner guten meynung vnd gemeynem dinst/hab ich vil vnlußt vñ ferlickeyt erlittē/mûhe vñ kost gehabt/danebē schwerliche schmach vnd lesterung meiner christlichen eehr von etlichen weissen vñ heyligen/auff d' cantzel in winckeln/gassen vñ allen ortē/duldē mûßen/vnd das nw fast zwey iar lang/an auffhôren weret.

---

24 „d“ = Doctor. 24 u. 34 an: ohne (so oft im Folgenden).

¶ Doch ynn dem allen mich am meysten betrübt hat/das durch solch Predige vnd lesterungen/ßo vil christen menschen bewegen vnd verursacht sein/zu haß/neyd/nachreden/freuel vrteyl/vnd der gleichen schwere sund/ßo doch/wan d'r verdampte geytz nit were/Ablas an ym selbs/nit wirdig ist noch werdē mag/das vmb seinē willē/ein hertz solt vergifft/ader ein gepot gottis geprochen werdē/seyntemal Ablas widder gott noch mensch gepoten hat/ vñ an ablas die selickeit wol vnd bas bestatt/Aber durch gottis gnaden vñ hilff die warheyt vnd grund des ablas/nw clar an tag kōmen ist/das nit mehr not ist mein widerpart lügē zustraffen/dañ das licht yrer finsterer werck selbst strafft/das man sehen vñ gryffen mag/ wie sy solch geplerr vnd auffruhr mir zu nachteyl der warheyt vñ meinem vordampniß getriben haben/vnd wie wol ich dißer yhrer vntügent heubtmeyster möcht mit recht angreiffen/vnd mich meiner eer an yn erholen/hab ichs doch nachlaßen/angesehē/das gott alßo gepoten/Der mir vil tausent mal mehr nachgelassen/vñ noch wyrd (als ich hoff vnd glawb) nachlaßen/do der recht ablas her fleust/ mir auch daran genuget/das ich erfaren habe/ wye der neydhart mag die warheyt anfechtē/aber er mag nimmer mehr obligē/ ¶ So nw das wetter fast vber ist/erhebt sich ein new spill/vnnd aus der nehsten gehalten disputation zů Leypßgk/man furnympt/zu decken vnd schmucken alle vorige freuel vnd vntugent/bringen andere stucklein auff die pan/ vnnd | geben mir schult/ich woll der Behemen ketzerey vorfechtē/vñ das sie das yhe recht versigelē: wie solch lügen vͦsiglet sollē sein/setzen sie dazu vil andere leichtuertige kindische punct. dißem halt ich keinē pabst/ dem hab ich pater noster körnlein abrißem/dem hab ich güldene ring tragē/dißē ein krätz/vnd der gleichē/die nit wert sein vor redlichē leuten zur zelen /Also: der elend dürftige neidhart/die weyl er nicht grūt hat/ wirts ym vil seurer: lügē zu ertichtē/dañ mir zu leidē/wie dañ vorhin/ ym̄ ablas gescheffst auch geschehē ist ¶ Das ist yhe einē iglichē bidermā leichtlich zu ermessen/das zu vormutē sey/wie sy mich vormals mit vn recht belogen haben/ßo werden sie itzt auch nit die warheyt sagen/ sunderlich ßo sie sich mit solchē kindischē fabelñ merckē lassen/wie geren sie woltē wan sie möchtē/vñ hab ich vormals Christlich gehandelt/vñ bin wider alle yher lesterūg vnschuldig erfunden/ist zu hoffen ich werd auch itzt nit anders dañ christlich handeln/ob ich schon dem neidhart II 245

2 **bewegen**: mhd für beweget. 10 **yrer finsterer werck**: W. A. bessert in den auch bei Luther gewöhnlichen Akkusativ. 13 nämlich Eck. 14 f. Matth. 18, 32 f. 19 f. Vgl. z. B. Brief Ecks an Friedrich den Weisen 22. VII. 1519; Enders Nr. 198, und Ecks Excusatio gegen Melanchthon vom 25. VII. 1519, C. R. I 97 ff. 25 Verbessere: abrißen. 27 = zurzelen (= zu erzählen). 30 f. Unrecht.

ein zeit seins mutwillens weichē vñ mich frölich ergebē mus/die lesterung meins christlichen namens zu tragen. ¶ Es wil mir aber zymen/das ich das mein darzu thu/vñ ein yglich frum christē mensch warne/vñ vormane: seine seele zu behůten vor den lesterzungen/ vñ sich mit freuel vrteyl odder nachrede/ nit gegen got vorschulde/Darumb wil ich mit diser meiner schrifft yder man mein vnschuldt bekůndiget haben/dañ auff mein gewissen zu sagen/weys ich nit anders dañ als das ich zu Leypßgk gehaltē hab sey christlich/also das ich auch darinnē sterbē will mit gottis hilff vnd gnaden/Ich traw vñ wils auch zu seiner zeyt an tag bringen/ vnd wol erhalten/Ja vil bas: dañ ich des ablas gescheft erhalten mag. ¶ Es ist auch keyn frum man der mir zusagen můge/das ich eyniges ketzerischen puncts/er sey behmisch odder welsch/vber wunden sey/Vnd will den selben geren sehen odder hören/er sey geleret odder vngeleret/der das dürffe an das licht vñ auff den plan bringen. Darumb wil ich mich entschuldiget haben/wil yemand mir anders nach sagen/ der wirt mir nit schaden thnn/er wirt aber seinen richter wol finden. Auff das ich mir nit alleyn diene/ ßunderñ auch ein nutz hab der diß liset/will ich den Sermon dargeben den ich zu Leypßgk auffm Schloß than hab/von welchē fast das fewer auffgeplasen ist. Doch alßo das ich lindern will/was mich dunckt zu nahe sein dem vordruß/vnd weyter in den grundtlichen vorstand gehen.

II 246

| Ein Sermō von. S. Peters vñ Pauls fest Doctoris Martini Luther.

¶ Das ewangelium Matthei. 16. lautet alßo.

ES ist iesus kůmen/in dy gegent der stad Cesarea die Philippus erbawet hat/vnd aldo fragt er seine iůnger/was sagen die leut von dem sun des menschen/do haben sie gesagt/Etlich sagen du seyest Johannes der teuffer: etlich du seyest Helias/Etlich: Hieremias: adder sunst einer aus den ꝓpheten/Da sprach iesus zu yn/was sagt dañ yhr von mir? Da antwortet simon Petrus vnd sprach/Du bist Christus ein sun des lebendigen gottis/do antwortet ym Jesus vnd sagt/wol dir o simon Bariona/dañ fleisch vnd blut hat dir das nit offenbaret/ßunderñ mein vatter der ym hymel ist/Vnd ich sag dir auch: Du bist Petrus (das ist ein fels) vnd auff dißen fels will ich bawen meine kirche/vñ die gewalt der hellē sollen nit sie vber můgen/vñ dir will ich geben die schlussel des hymelreichs: was du wirst binden auff erden/das soll gebunden sein ym hymel: vñ was du wirst auflösen auf erden/das soll aufgelost sein ym

13 gern. 16 lies: thun. 24 Matth. 16, 13—19 in eigner Verdeutschung aus dem Griechischen.

hymel. ¶ Das ewangeliũ begreifft alle materien der gantzen disputation: dan es von tzweyerley materien furnemlich redt. Zum ersten: von der gnaden gottis/vñ vnserm freyen willen. Zum anderñ: von der gewalt sanct Peters/ vnd der schlussell. Das erst greyfft an dy großen weissen vñ heyligen: wil sie gar zu nicht machen/ßo sie doch meynen durch yre kunst vnd werck/alle ding auß zu richten. Aber hie leret dʼ herr/das alles vmb sunst sey: was fleisch vñ blut ist ader vormag. Dañ cristũ mag nimant erkẽnen (schweig dañ folgen) auß fleisch vñ blut: sundern der vater ym hymel muß yn offenbaren/wy hie. s. Petro geschehen. Das zeygt auch an: do er fragt/was die leut võ ym sagten: vñ keyn gewis bestẽdig antwortt gebẽ wart/ßunder mancherley: vñ wanckelbare meynũg vñ wahn des volcks erzelet/aus zuweissen: das an gnade gottis/man hin vñ her wanck vñ vnbestendige wahn | von gott hat: biß das der vatter II 247
offenbart/do erkennet der mensch was Christus sey. ¶ Darauß folget/das der frey will des menschen man lob vñ heb yn: wie man will/gar nichts vermag aus ym selbs: vñ nit in seiner wilkůre frey steht/guts zuerkennen adder thun: sundern allein in der gnaden gottis/die yn frey macht. an welche er in sunden vñ irthumb gefangen ligt: vñ nit herauß von ym selbs kũmen mag. Als auch christꝰ sagt Johañ. 8. Wañ euch die warheyt frey macht/so seyd yr recht frey: Wer aber sund thut/der ist ein knecht der sunde/Alßo auch s. Paulus sagt. Ro. 3. Es ist kein mensch auff erden: der do frum sey vñ gottis vorstendig/wol thun: sundern sie dorffen alle gottis gnaden Auch so wyr von vns selb gutes anfahen mochten: warumb heist vns dañ Christꝰ bitten vmb gnad/vnd leret vns ym Vater vnßer sagen/dein will gescheh/als ym hymel vñ auff der erden/ damit bewert wirt: das wir gottis willen nit můgen thun aus vnßerm freyen willen. Weyter folget/das man den den freyen willen nymmer recht nennet odder versteht: er sey dañ mit gottis gnaden getzieret/an welche er meer ein eygener dañ freyer will heyssen soll: dann an gnad thut er nit gottis willen/sundern seinen eygnẽ willen: der nimmer gut ist/Er ist wol frey gewesen in Adam/ Aber nw durch seynen fall verterbet/vñ in sunden gefangen: doch den namen des freyen willẽs behalten/darumb das er frey gewest: vñ durch gnad widder frey werden soll. ¶ Wañ man nu begeret zuwissen wie man frum werdẽ vñ wolthun soll: welchs dañ die gemeyn frag ist. hab ich gesagt/das das erst vñ furnemist sey: das einer wiß/wie er von ym selbs nit mag frum werden odder wolthun: Drumb er musse an yn selbs verzweyfeln/hend vñ fuß gen lassen: sich als einen vntůchtigen menschen vor gottis

19 f. Joh. 8, 32. 36. 34. 21 Röm. 3, 10. 12. 23 f. 22 thun: alte Form für thuend (Luther hat Röm. 3, 12 griechisch im Sinne). 27 den[1] = denn.

augen clagen/vñ aldo seine gotliche gnad anruffen: in welche er festiglich vertrawen soll/ vnd wer einen anderñ anfang leret odder sucht dañ nach dißer weis: der irret vnd vorfuret sich vnd anderñ/wie dañ thunt die do sagen/Ey du hast einen freyen willen: thu so vil in dir ist/got wirt das sein thun: vnd meynen man sol die leut nit verzweifeln heyßen. Ja freylich sol man sie nit verzweyfeln heyßen/Aber das vertzweyfeln můst man recht außreicheñ: An gottis gnaden soll nymant verzweyfeln/ ßundern: wider alle welt vñ alle sund: festiglich auff gottis hilff sich v̊laßen/aber an ym selbs soll man gar verzagen: vñ in keynēweg sich v̊laßē auff seinen freyen willen/das aller wenigst wercklein zu thun.

¶ Drumb spricht wol s. Hierony. vber ditz ewangeliū: das zu merken sey/wie christ' seine iůnger fragt was die menschē von ym sagē vñ
II 248 darnach was sie von ym sagtē: sain sie nit menschē werē/Dañ war | ist es/das der mensch mit gnaden beholffen/mehr ist: dañ ein mensch. Ja die gnad gottis macht yn gotfurmig/vñ vergottet yn das yn auch die schrifft/got vñ gottis sun heist/also mus der mensch vber fleisch vñ blut außgezogen werden./ vñ meher dañ mensch werden soll er frum werden/das geschicht nu anfenglich wañ der mensch das erkennet als ym selbs vnmůglich vnd demůtiglich die gnad gottj darzu sucht: an ym selbs gantz v̊zweifelt/Darnach aller erst folgen die guten werck: wañ die gnad also erlanget ist/dañ hastu ein freyē willen/dañ thu was in dir ist. ¶ Es ist nit můglich das got einen menschē sein gnad versag: der d'r massen aus gatzen hertzen erkennet sein vnuormůgen/vnd an ym selbs lauter verzagt. Das ist die best vñ nehst bereytung zur gnaden. wie dy mutter gottes in yrem lobsang leret vñ sagt/Er hat die hungerigē vñ durstigen erfůllet mit allen gůterñ. ¶ Das solt man predigen vñ die leut vor ledig machē/von yrem eygnen falschē vortrawen/vñ dañ fullē mit guten werckē. So leren sie vns nit vil guter weck thun: vñ gar wenig von dem anfang gute werck zu thun. da doch mehr augelegen ist/dañ an den gutē werckē: dañ wo der anfang nit gut ist/wirt selden ein gut ende folgen. wo aber die gnad gottj erlanget ist/werden werck fast von yn selber folgen. ¶ Dis verzweyffeln vñ gnad suchen soll nit ein stund odder eyne zeyt weren/vnd dañ auffhőren. sundern all vnßer werck/wort/ gedancken/die weyl wir hie leben/ nit anders gericht sein/dañ do hin: das man alzeyt in sein selbs verzweyfeln/vñ in gots gnaden/begirde/ vnd sehnung bleybe/wie der Prophet sagt/ps. 41. Mein seel hat sich gesehnet nach dyr mein got. alß der hirß nach dem brunnenwasser. Mein

---

2 vgl. Gal. 1, 8. 7 außreicheñ: lies außstreichen. 11 f. merken. 13 sain: lies: sam (quasi). 22 lies: gantzen. 25 Luk. 1, 53. 28 nit: ist zu streichen (lapsus calami Luthers). 28 weck: lies: werck. 29 augelegen: lies: angelegen. 36 Ps. 42, 2 f.

seel dürstet nach dem lebendigẽ starcken got. o wañ wirt es das ich küme vñ erscheine vor dem angesicht gottꝭ. ßolchs verlangẽ nach got/vñ frum ßu sein: hebt die gnad an vnd weret biß in todt. darumb ßo mus auch daneben weren: das verzagen an ym selbs/vñ nach bleiben falsch eygen vertrawen.

¶ Das ander teyl võ der gewalt s. Peters.

¶ Es ist deꝫ gemeynẽ man nit not vil zu disputiren võ s. peters odder pebstlicher gewalt/da ligt mer an: das man wisse/wie man der selbẽ seliglich gebrauchẽ soll: Es ist war dy schlüssel seind sant Peter geben/aber nicht ym alß seiner person: ßũdern in person der christenliche kirche: vñ seind eben mir vñ dir geben zu trost vnßerm gewissen. sanct Peter odder ein priester/ist ein diner an dẽ schlüsseln Die kirch ist die fraw vñ brawt/der er sol dienẽ/mit der schlüssel gewalt. alß wir dañ sehen in teglichen prauch: das die sacrament gereicht werdẽ allen die sie võ den pristerñ begeren. | ¶ Nu das man vernehme: wie man der schlüssel II 249
seliglich brauch/hab ich drobẽ gesagt/wañ man frum sein begeret vñ durch vnsers vormügen vorzeigung/vns der gnaden empfehig gemacht/ so ligt nu dran: das mañ wisse ob man gottis gnadẽ erlanget hab. dañ mañ mus wissen: wie mã mit got dran sey/soll anders das gewissen fulich sein vñ besteen/wan so iemand daran zweyfelt: vñ nit fest darfur helt/ er hab einen gnedigen got/der hat yn auch nit. wie er glaubt so hat er/darumb so mag nymant wissen das er in gnaden sey/vñ got ym günstig sey/dã durch den glaubẽ: glaubt er es/so ist er selig/glaubt er es nit/: so ist er verdampt. dan ein solche zuuorsicht vnd gut gewissen/ ist der rechte grund guter glaub: der gottis gnade in vns wirckt. Sihe hie zu/dinen dir die schlüssel: da zu sein die priester eingesetzt. wã du fülest dein hertz/das es wanckt odder zweyfelt/du seyest nit in gnaden vor gottis augẽ/da ist hoche zeyt das du ßum priester gehest/vñ begerest ein absolutiõ vber deine sund: vñ suchst also die gewalt vñ trost der schlüssel: wañ nu der priester schleust ein vrteyl: vñ absoluirt dich/so ist es also vil gesagt: dein sund sein vorgeben/du hast einẽ gnedigen got. das ist ein tröstliche rede/ vnd sein wort gottꝭ. der sich dahin v̊bunden hat: er wills lasen los sein ym hymel/wan der priester los gibt. ¶ So sihe dañ zu das du yhe nit zweyfelst/es sey also vñ soltest du ehr vil mal sterbẽ: ee du soltest zweyfeln an des priesters vrteyl/dañ es ist christus vnd gotts vrteyl: kanstu das also glaubẽ: so mus dein hertz vor freudẽ lachẽ/vñ die gewalt des pristers lieb habẽ vñ got loben vñ danckẽ/das er durch menschẽ/also dein gewissen tröstet. ¶ Kanstu aber nit glauben/ vñ meinst du seyst nit wirdig solchs v̊gebens/also hastu nit gnug than/

16 vorzeigung: spätere Drucke und W. A. verbessern vorzeihung.
19 fulich: Druckfehler für frulich = fröhlich.

ßo bit got vmb dē ſelben glaubē: dañ den muſtu habē/ odder muſt ewiglich verterben. vñ iſt ein gewiß zeichen: das du zu wenig vnterricht biſt ym glaubē/vñ zu vil in den werckē/tauſent mal mer ligt daran: wie du feſtiglich glaubſt/dē vrteyl des priſters: dañ wi du wirdig ſeyſt vñ gnug thuſt. Ja d' ſelb glaub mach dich wirdig vñhilſt dir ein recht gnugthuung machē. Alßo hilfft die gewalt der ſchlüſſel: nicht die priſter als priſter/ßundern alleyn die ſundliche vñ blőde gewiſſen/die da gnad durch dē glaubē empfangē/vñ yr hertz zu fridē vñ guter zuuorſicht gegē got geſetzt wirt/daraus folget dañ das alles lebē vñ leydē leicht wirt/ vñ d' mēſch mit freuden ſeinē gnedigē got dynē kan/der ſunſt vor vnrhu ſeins hertzē nimer keyn rechts werck thut das heyſt dañ dy ſuſſe burde vnſers herren Jeſu Chriſti Amen   Laus deo et honor.

2. Acht Sermon gepredigt zu Wittenberg in der Fasten (9.—16. März) 1522.

(ohne Bibeltext).

Einleitung. Zu diesen acht Sermonen bringt die W. A. X/III S. XLVI—LXXXV eine ausführliche Einleitung, und Bd. XXI S. XIX eine wesentliche Korrektur. Danach ist die zweite, längere Fassung dieser sogenannten Invocavitpredigten nichts als eine willkürliche stilistische Erweiterung und Glättung, die Stephan Roth mit der kürzeren Fassung bei der Aufnahme in seine Winterpostille 1528 vorgenommen hat, und die dann von Aurifaber durch die leicht umredigierende Aufnahme in den ersten Band der Eislebischen Ausgabe 1564 mit Unrecht zur Geltung gebracht ist. Die kürzere Fassung ist uns überliefert außer in Einzeldrucken der Mittwochspredigt aus dem Jahre 1522 in sechs Drucken der „Acht Sermone", von denen einer kein Jahr, die übrigen fünf das Jahr 1523 auf dem Titel tragen. Die genauere Untersuchung der W. A. hat ergeben, daß sie sämtlich auf eine und die gleiche Nachschrift zurückgehen, bloße Rückübertragung dieser (gemischtsprachig gewesenen) Nachschrift ins Deutsche ohne Zusätze sind. Dabei ist bei den Drucken der sämtlichen acht Sermone auch für die Mittwochspredigt noch einmal selbständig auf die Nachschrift zurückgegriffen worden (eben das stellt sicher, daß Zusätze zur Nachschrift nicht gemacht sind). Innerhalb der Drucke sämtlicher 8 Sermone sind zwei Typen zu unterscheiden, A (Joh. Schöffer in Mainz, o. J.) und * B (Erster Druck von Heinrich Steiner in Augsburg 1523 und die daraus geflossenen vier andern Drucke durch Steiner und andere), wobei es nach W. A. unklar bleibt, ob der mehr glättende und rücksichtslos die oberdeutsche Sprachform herstellende Typ * B bloße Korrekturarbeit an A in der Offizin Steiners ist (dies das mir wahrscheinliche) oder auf selbständigem Rückgriff auf die Nachschrift beruht (dazu ist mir die Verwandtschaft bis in Druckfehler von A hinein zu groß). Nach

---

5 mach: W. A. verbessert: macht. — und hilſt. 11 Matth. 11, 30.

dem allen war hier der Druck A zu reproduzieren, der auch W. A. X/III S. 1—64 dem oberen Texte zugrunde liegt, dort aber einer Bearbeitung unterworfen worden ist. Die Wiedergabe hier tut bei Bibelworten Häkchen stillschweigend hinzu, weicht sonst nur in angegebenen wenigen Fällen von klaren Druckfehlern ab und verbessert die übrigen Errata nur unterm Strich möglichst durch Mitteilung alter Konjekturen aus den andern Drucken.

Über die Wittenberger Unruhen, die Luther veranlaßt haben, den Wartburgaufenthalt abzubrechen, nach Wittenberg zurückzukehren (Ankunft dort 6. III.) und ab Sonntag Jnvocavit (9. III) bis Sonntag Reminiscere (16. III.) diese Predigten zu halten, ist eine Reformationsgeschichte zu vergleichen.

|Dominica Jnuocauit. X/III 1
Sermon. Dr M. L.

WJr seindt allsampt zů dem tod gefodert/vnd wirt keyner für den andern sterben. Sonder ein yglicher in eygner person für sich mit dem todt kempffen. Jn die oren künden wir woll schreyen. Aber ein yeglicher můß für sich selber geschickt sein in d' zeyt des todts/ich würd | denn X/III 2 nit bey dir sein/noch du bey mir. Hierjñ so muß ein yederman selber die hauptstück so einen Christen belangē/wol wissen vnd gerüst sein/vnd seindt die /die eüwer lieb vor vil tagen von mir gehört hat.

¶ Zum ersten/wie wir kinder des zorns seind/vnd all vnßer werck syñ vnd gedancken sonderlich nichts sein. Hirjnnen müssen wir einen klaren starcken spruch haben solchs bezeygēde. Als ist der spruch S. Pauli zun Ephesern. 2. den merck wol/vnd wiewol jr vil sein in der Bibel/aber ich wil eüch nit mit vil sprüchen vberschütten/'wir seind all kinder des zorns' vnd nymē dir nicht für sprechendt. Jch hab ein altar gebawet messe gestifft ꝛc.

¶ Zum andern/das vns got sein eingebornē son gesant hat/auff das wir in jn glaůben/vnd der in jn vertrawen wirt sol der sünde frey sein vnd ein kind gottes. Wie Johan. an seinē ersten cap. sagt. 'Er hat jn gewalt gegeben kind' gottes zů werden/allen den/die in seinen namen glaůben.' Alhie solten wir alle in der Bibel wol geschickt sein/vnd mit vilen sprüchen gerüst dem teüffell fürhalten. Jn den zweyen stücken spür ich noch | keynen fehel oder mangel/sonder sie seyn euch reinlich ge- X/III 3 predigt/vnd wer mir leyd wann es anders geschehen were/ja ich sihe es wol vnnd darffs sagen das jr gelerter dañ ich bin/ nit allein. einr.

---

13 Titel in A: Acht Sermon. D. M. Luthers vonn jm geprediget zu Wittenberg in der Fasten. Darjnn kürtzlich begrieffen, vō den messen. bildnüssen, beyderley gestalt des Sacraments, von den speysen vnd heymlichen beycht. ꝛc. 22 Das Zeichen ¶ überall schon im Urdruck. 25 Eph. 2, 3. 31 Joh. 1, 12. 33 alle in: A vielleicht allein. 34 A spüchen.

zwen. drey. vier. ſonder wol zehen oder meher/die ſo erleücht ſein jm erkentnuß.

¶ Zum drittē/müſſen wir auch die liebe habē/vnd durch die liebe einander thůn wie vns got gethan hat/durch den glaüben/on welche liebe der glaub nit iſt. Als ſant Paulus ſagt. 1. Corin. 2. ‘weñ ich gleich als der engel zungen het/ vnd künde auffs aller höchſt vom glaüben reden/vnd hab die liebe nit. ſo bin ich nichts.’ Alhie lieben freündt iſt
X/III 4 es nitt faſt gefelt/|vñ ſpür in keynem die liebe/vnd merck faſt woll/das jr gott nit ſeyt danckpar geweſen vmb ſolchen reichen ſchatz vnd gabe.

Hie laſt vns zůſehē das auß Wittenberg Cauernaũ werd. jch ſihe wol das jr vil wyſt vō lere zureden eüch gepredigt vō dem glaubē vnd liebe/vñ iſt nit wunder/kan doch ſchier ein eſell lection ſingen/ſolt jr dann nit die lere oder wörtlin reden vnd leren. Alſo lieben freündt/ das reich gottes/das wir ſein/ſteet nit in der rede oder wortē/ſonder in der thättigkeit/das iſt in der that/in den wercken vnd vbungē. Got wil nit zuhörer oder nachreder haben/ſonder nachuölger/vnd vber das in dem glaubē durch die liebe. Dañ der glaub on die liebe iſt nit gnugſam/ja iſt nit ein glaub/ſond’ ein ſchein des glaubēs wie ein angeſicht jm ſpiegel geſehen/iſt nicht ein wahrhafftigs angeſicht/ſonder nůr ein ſcheyn des angeſichts.

¶ Zum Vierdten/iſt vns auch not die gedult/denn wer den glaubē hat/got vertrawet vnd die liebe ſeinē nechſten erzeygt in der er ſich teglich/ja der nit on verfolgungen ſein/deñ der teüffel ſchläfft nit/ſond’ gibt jm gnůg zuſchaffen vnd die gedult wirckt vñ bringet die hoffnũg/
X/III 5 | welche ſich frey ergibt vñ in got ſich geſchwindet/vñ alſo durch vil anfechtũg vnd anſtöſſe/nympt der glaub ymer zů vnd wirt von tag zů tag geſterckt. Sollichs hertz mit tugenden begnadet/kan nymmer růen noch ſich erhaltē/ſonder geüſt ſich widerũb auß zů dem nutz vnd wolthůn ſeinē brůder/wie jm vō got geſchehen iſt.

Alhie lieben freündt můß nitt ein jederman thůn was er recht hat/ ſond’ ſehen was ſeinem brůder nützlich vnd fürderlich iſt/wie Paulus ſagt. ‘Omnia mihi licent: ſed nō omĩa expediunt. Alle ding mögen wir wol thůn/aber alle ding ſind nit fürderlich’/weñ wir ſind nit alle
X/III 6 gleich ſtarck | jm glauben dañ etliche vnder eüch haben ein ſtarckern glauben wen ich. Darumb müſſen wir nit auff vns oder vnſer vermůgen ſehen/vnd anſehen/ſond’ vnſers nechſten/dañ got durch Moſen geſprochen hat/‘ich hab dich getragen vñ auffgezogē wie ein můtter jrem kind thut’/was thůt die můtter jrem kinde.

---

5 1 Kor. 13(!), 1. 10 das: ergänze: nit. (Roth/Aurifaber). 14 1 Kor. 4, 20. 16 f. vber . . . in usw: Über. Das ⟨geschieht⟩ in usw. 18 1 Kor. 13, 12. 23 1 Petr. 5, 8. 24 Röm. 5, 4. 32 1 Kor. 6, 12.

Zum erstē gibt sie jm milch/darnach ein brey/darnach eyr vnd weyche speyß/wo sie es zum ersten gewendte/vnnd herte speyß gebe/ würde auß dem kinde nichts gůts. Also sollen wir auch thůn vnserm brůder/gedult mit jm tragen ein zeyt lang/vñ seine schwacheit geduldē vnd helffen tragē/jm auch milchspeyß gebē wie vns geschehen ist/biß er auch starck werde vnd | nit allein gen hymel fare/sonder vnser brůder die X/III 7
jetzt nit vnser freünd sein mit pringen/solten alle můtter jre kind' weck werffen/wo weren wir blieben. Lieber brůder hastu genug gesogen/ schneyd jo nit also bald den dutten ab/sond' laß dein brůder auch saugē wie du gesogen hast/ich hette es nicht so weyt getriebē (als es geschehen ist) wer ich alhie gewest/die sach ist wol gůt/aber das eylen ist zů schnell/ deñ auff jenner seyten sind auch noch brůder vñ schwester die zů vns geborn die můssen auch noch herzů. Merck ein gleichnyß/die Son hat zway ding/als den glantz/vñ die hitze. Es ist kein künigk also starck/ der den glantz der sonnē bygen oder lenckē müge/ sond' bleybt in seinē stellen geörtert. Aber die hitz låßt sich lencken vnd bygē/vnd ist alweg vmb die sonne. Also der glaub můß allzeyt reyn vnbeweglich in vnsern hertzē bleyben/vnd müssen nit dauon weychen/|sonder die liebe beügt X/III 8
vnd lenckt sich vnser nechsten begreyffen vnd volgen mag. Es sein ettliche die künden wol rēnen/etlich wol lauffen/etlich kaum kriechen. Darumb müssen wir nit vnser vermügen/sonder vnsers brůders betrachten/ vff das der schwache im glauben/so er dem starcken volgen wolt/nit vom teüffel zuryssen werde/ Darumb lieben brůder volgend mir/ich habe es jo nye verderbt. Ich bin auch der erste gewest den gott auff diesen plan gesetzt hat. Ich kan jo nit entlauffen/sonder also lang bleibē/ als es got verleycht. Ich bin auch der gewest dem es got zum ersten offembart hat/auch solche seine wort zů predigen. Ich bin auch gewiß/ das jr das lauter wort gottes handt. Darumb last vns das mit forcht vnd demůt handlen/vnd eyner dem andern vnder den füssen liggen/ die hende zů samen reychen/einer dem andern helffen/ich wil das mein thůn/als ich schuldig bin/vnd meyne euch wie ich | meine sele meyne/ X/III 9
dann wir streytten nit wider den Bapst oder Bischoff ꝛc. Sonder widder den teüffel/lassent jr euch bedünckenn er schläfft. Er schläfft nitt/sond' er sicht das ware liecht auffgen/das es jm nit vnder die augē gieng/ wolte er gerne zů der seyten einreyssen/vñ er wirt es thůn/werden wir nicht auffsehen/ich kenn jn wol/ich hoff auch ob got wil/ich bin sein herre/lassen wir jm ein fůß breyt nach/so sehen wir wie wir sein loß werdē/ der halben habē alle die geirret/die darzů geholffen vnd verwilliget

---

S. 364 Z. 37 ff. 5 Mos. 1, 31 1 ff. vgl. 1 Kor. 3, 2; Hebr. 5, 12 f. 13 geborn: gehorn? (alte Korrektur). 19 lenckt sich: ergänze: nach dem daß? 19 ff. vgl. 1 Kor. 8, 7 ff. 27 lies: euch solche? 32 vgl. Ephes. 6, 12.

haben/die Messe abzethůn nicht das es nit gůt wår gewesen/sonder das es nit ordenlich gethan ist. Du sprichst/es ist recht auß der schriefft/ ich beken̄ es auch/aber wo bleybt die ordenūg/dan̄ es ist in eym freuel gescheen/on alle ordnūg mit ergernyß des nechstẽ/wan̄ man solt gar mit ernste zuuor darumb gebetten habẽ/vnd die öbersten darzů genom̄en habẽ/so wůste man̄ dz es auß gott geschehen were/ich wolt es auch wol X/III 10 | angefangẽ haben wen̄ es gůt wer gewest/vnd wen̄ es nit so ein böß ding wåre vmb die Messe/so wolt ich sie wider aufrichten/dan̄ ich weyß es nicht zů widerfechten/ich wil es auch eben gesagt haben dan̄ vor den Papisten vnd grobẽ kopffen kündt ichs wol thůn/dan̄ ich wolt sprechen/ was weystus/ob es in eynem gůten geyste/oder bösen geschehẽ ist/ seytmal das werck an jm selber gut ist. Aber vor dem teüffel weyß ich nitt zusůchen. Dan̄ wen̄ der teüffel den jhenigen/so das spil angefangẽ/am sterben diese sprüche oder der gleichẽ würd vorhalten. 'Om̄is plantatio quā non plātauit pater meus eradicabitur'/oder den. 'Currebant et nō mittebam eos'/wie wolten sie bestan/er stößt sie in die helle. Aber ich wil jm wol in dem eyne spieß vor die nasen halten/ das jm auch die weldt zů eng sol werdẽ/dan̄ ich weyß jo das ich von dem radt zů predigẽ (wiewol ich mich gewert hab) gerůffen bin/also wolt ich eüch auch gerne haben wie mich/hetten jr mich auch künden darjnn fragẽ. X/III 11 Ich bin ja nit so ferne gewest jr hetten mich kündẽ mit schriefftẽ | erreychẽ. Seytmal ich nit das geringst stück hergeschickt wölt jr etwas anfahen vn̄ ich solts verantwurten/das were mir zu schwår/ich werde es nit thůn. Alhie mercket man̄ das jr den geyst nit habt/wiewol jr ein hoch erkentnuß der schriefft habt/mercket die beyden stück 'můssen sein'/vnd 'frey sein'/dan̄ 'můß sein'/ist das/was die notturfft fordert vnd můß vnbeweglich besteen/als do ist der glaub/den laß ich mir nit nemen/ sonder můß den allezeyt in meynem hertzẽ haben vn̄ vor jederman frey bekennen/'frey sein' aber/ist das welchs ich frey habe/vnd mag es gebrauchẽ oder lassen/also doch das mein brůder den nutz vnd nit ich dauon habe vnd macht mir nitt auß dem ein můß/ein frey sein/wie jr gethan habt/auff das jr nit vor die jhenigen/so durch ewer liebe/lose freyheit verleytet habt/rechenschafft můßt geben/den̄ wann du eynen darzů raytzest den freytag fleysch zů essen/vnd er jm sterben angefochten

---

13 Ein nescio asserere der Nachschrift wird als nescio quaerere verlesen sein. Alte Korrektur: nicht zu erhalten. 14 f. Matth. 15, 13 (Luther hat diese und alle Bibelworte deutsch gegeben, die Nachschrift die lateinische Fassung eingesetzt, die Bearbeitung sie erhalten). 15 f. Jer. 23, 21. 22 Anspielung auf seine Gutachten und Schriften in der Frage der Mönchsgelübde und der Messe 1521 (W. A. VIII). 22 Lies: hergeschickt. Wöllt. 25 ff. Die Häkchen mit W. A. gegen A hinzugefügt. 31 lies: aus d 'frei sein' ein 'muß sein'.

würdt/vñ also gedenckt. O wee mir das ich fleysch gessen hab/vnd nit
besteen kan/võ den wirt got | rechenschafft von dir fodern/ich wolt auch X/III 12
wol vil ding anheben/da mir wenig volgen würden/was hülffs aber/
dañ ich weyß die sollichs angefangē habe/wañ es zum treffen würdt gan/
nit besteen kündē/vnd würdē die ersten sein die da würden zurück tretten/
wie würd es sein/weñ ich den haüffen/vff den plan brechte vnd ich/der
ich der erste bin gewesen/die andern angehaltē/vñ wolt fliehen den todt/
nit frölich warten/wie solte der arme haüff verfürt werdē. Hierumb
last vns den andern auch so lang milch speyß geben/wie vns geschehen/
biß sie auch jm glauben starck werdē/dañ jr ist noch vil die vns sonst
zůfallen/vnd wolten gerne diß ding auch mit haben vñ annemē/besonder
sie kondē es nit wol begreyffen/dieselbigē trēyben wir zurück. Darumb
last vns vnser nechsten liebe erzeygen/werden wir des nicht thůn/so
wirt vnßer thůn/nicht beschehē/müssen wir doch auch ein zeyt lang mit
jn gedult haben vñ nit verwerffen/dañ der noch schwach jm glauben ist/
wie vil meer thůn vnd lassen/so es die liebe erfodert | vñ vns nit an X/III 13
vnserm glaubē schaden bringt. Werden wir nit Got ernstlich bittē/
vñ vns in die sach recht schicken/so sehent mich das spil an das alles der
jamer so auff die Papisten vnd vns angefangē wirt vber vns komen.
Hierumb han ich lenger nit künden außbleybē/sonder habe müssen
komen sollichs euch zusagen/nůn ist gnůg võ der Messe/morgen wöllen
wir von den bylden sagen.

¶ Ein ander Sermon. D. M. Luthers Am Montag nach Innocauit.

LIeben freünd. jr habt gestern gehört die haüptstück eins Christen-
lichen menschen/wie das ganze leben vnd wesen. Sie glaubē vnd lieben/
der glaube ist gegen got gerecht/die liebe gegē den menschē vnd nächsten
an der liebe mit wolthůn/Wie wir entpfangen haben von got on vnnsern
| verdienst vnd werck/also seindt zwey dingk. Das eyne das nötlichest/ X/III 14
das also geschehen můß/vñ nicht anders. Das ander das da frey ist
vnd vnnötig/das mag mañ halten oder nit/one gefer des glaubens
vnnd der hell. In den zweyen dingen můß die liebe handlen mit dem
nächsten wie vns von got geschehen/vnd můß also die rechte strasse geen
weder zů der lyncken noch zů der rechten seytten fallen. In den dingen/
die da müssen vnd von nötten seyn. Also da ist in Christum glauben/
handelt die liebe dannocht also/das sie nit zwinget/oder zů strenge fert.
Also die Meß ist ein böß ding/vnd gott ist jr feynd in dem also sie ge-

---

14 beschehē: lies bestehen (Roth/Aurifaber). 15 dañ: lies: den (*B). 19 vnd vns: lies: von uns? (Roth/Aurifaber). 26 lies: wesen sei glauben. 35 lies: seyn (als da ist in Christum glauben) handelt.

schehe/als were sie ein opffer vnd verdienstlich werck/der halb müssen sie abgethan werden. Hie ist keyn frag oder zweyffel. Als wenig du fragen solt/ob gott an zubetten sey. Hierjnn seynd wir der sachen gantz eins/das die sonderliche messe müssen abgethan sein. Wie ich auch da von geschrieben hab/vnd wolt das in der gantzen weldt weren abgethan/ vnd alle die gemeyne Euangelische Messe gehalten/dennocht sol die liebe hirjnn nit gestrenge faren/vnd mit gewalt abreyssen. Aber predigen
X/III 15 soll mans schreibē vnd verkündigen/das | die Messe in der weyße gehaltē/sonderlich ist/doch sol mañ niemants mit dem haer darūb ziehen/ oder reyssen/dañ gotte sol mans herjnn geben/vñ sein wort alleyne würcken lassen/nit vnser zůthůn vñ werck/warumb dañ jch hab nit in meiner gewalt oder handt jr hertzen der menschen als der håffner den leymen mit jm zuschaffen nach meynem gefallen. Ich kan nit weytter komē dañ zů den orn/jns hertz kan ich nit komē/die weyl ich dañ den glaubē ins hertz nit giessen kañ/so kañ noch sol ich niemants darzů zwingen noch dringen/weñ got thut das alleyne/vnd macht dz er vor jm hertzē lebt. Darumb sol mañ das wort frey lassen vnd nit vnser werck darzu thůn/wir haben wol jus verbi/aber nicht executionem. Das wort soll wir predigen/aber die volge soll got alleyn in seim gefallen sein So ich nů darein falle/vñ wolt es mit gewalt ablegen/so seind jr vil die das müssen ein geen/vnd wissen nit wie sie darjnnen sein/ob es recht oder vnrecht sey/sprechende. Ich weyß nicht ob es recht oder vnrecht ist/weyß nicht wie ich daran sey. Ich habe der gemeyne vñ gewalt volgen müssen. So wirt dañ auß dem gezwang oder gebot
X/III 16 alleyn ein spiegel | fechten/ein eüsserlich wesen/ein affenspil/vñ wirt also ein menschliche satzunge scheynende heylige od' gleyßner/dañ da ist keyn gůt hertze/da gebe ich dañ nichts vberall darauff mañ můß der leüte hertz zum ersten fahen/das geschicht aber weñ ich gottes wort alleyne treybe/predige das Euangelium/vnd sage lieben herrn oder pfaffen tret ab von der Messe/es ist nit recht/jr sündiget daran/das wil ich euch gesagt haben. Aber wolt jn keyn satzungē machen auch auff keyn gemeyne ordnūg dringen/wer da volgen wolte der volgete/wer nicht wölt belibe aussen/mit dem viel das wort vnden in das hertze vnd würcket/also wirt der nůn gefangen/vnd schuldig gibt/geet hien vnd felt vō der Messe/morgen kōmpt ein ander. Also würckt got mit seinem wort meer weñ wan du vnd ich allen gewalt auff einen hauffen schmel-

---

8 in der weyße sc. des Papsts. 9 sonderlich: lies: sündlich (Roth/Aurifaber). 10 herjnn: lies: heim. 11 lies: warumb? Dann. 12 corda eorum sc. hominum. 13 jm: lies jn (eis) 16 f. lies: und macht, daß das wort im herzen lebt. 26 Roth/Aurifaber: satzung, daraus denn scheinende Heiligen . . . und Gleisner komen. 33 viel: caderet.

tzen. Alſo wenn du das hertze haſt/ſo haſtu jn nůn gewonnē/alſo můß dañ dz ding zu letſt vō jm ſelbs zufallē vñ auff hören/vnd wēn darnach alle gemůt vnd ſyñ zuſamen ſtympte vnd | vereynigt wurdt/ſo thů man X/III 17 dañ abe wo aller gemůt vnd hertz nicht dabey iſt/das laß got walten/ da bit ich dich vmb/du machſt nichts gůts/nit das ich die Meßs wöll wider auffrichten/ſonder laß ſie liggen in gottes namē/der glaůb wil nit gefangen noch gebundē ſeyn/noch durch ordnung an ein werck geörtet ſein/da richt dich nach/dañ jr werden ſollichs nit hinauß füren das weyß ich/werden jrs aber hinauß füren mit ſolichen gemeynē gebotten/ſo will ich alles was ich geſchrieben vnd gepredigt hab widerrůffen/jch will auch nicht bey eüch ſtan/vnd wil eüch darumb geſagt han/was kan dirs ſchaden/haſtu doch deinen glaůben reyn vnd ſtarck zů gotte/das dir das ding nit ſchadē kan. Darumb erfordert es die liebe das du mitleyden haſt mit dem ſchwachē Alſo haben alle Apoſteln gethan/Paulus do er eins mals gegen Athenis kam. Act. xvij. In ein mechtige ſtat/da fande er jm tempel gepaůte alte altar/da gieng er von eynem zů dem andern vnd beſach ſie alle/aber er | rürt keinen mit keym fůß an/ſonder X/III 18 trat mitten auff den platz vnd ſagte das es eytel abgöttereiſch ding weren/bat ſie/ſie ſolten davō ſeyn/reyß auch der keynen mit gewalt ab/da das wort jre hertzen faſſet/da fyelē ſie ſelber ab/darnach zufyel dz ding vō jm ſelber/alſo weñ ich hette geſehen/das ſie hetten Meſſe gehaltē/ſo hette ich wöllen predigē/vñ ſie vermanē/hetten ſie ſich daran gekört/ſo hett ich ſie gewonnē/wo aber nicht/ſo hett ich ſie dannocht nit mit den haren vnd gewalt davō geryſſen/ſond' das wort laſſen handlen vnd für ſie gebetten/dañ das wort hat hymel vnd erd geſchaffen/vnd alle ding/das můß es thůn/vnd nit wir arme ſünder. Sūma ſummarū predigen wil ichs/ſagē wil ichs/ſchreybē wil ichs. Aber zwingē dringen mit d' gewalt wil ich nyemants/dañ der glaube wil willig vngenötigt/angezogen werden. Nempt ein exempel von mir. Ich bin dem ablas vñ allen papiſten entgegē geweſen/aber mit keyner gewalt/jch hab allein gottes wort getriebē/geprediget vnd geſchriebē/ ſonſt hab ich nichts gethan/das hat weñ ich geſchlafen han weñ ich wittenbergiſch bier mit meynē Philipo vnd Amßdorff getruncken hab/alſo | vil gethan/das das Bapſtum alſo ſchwach worden iſt/das jm noch nye X/III 19 keyn Fürſt/noch Keyſer ſo vil abgebrochen hat/ich hab nichts gethan/ das wort hatt es alles gehandelt vnd außgericht/wann ich hett wöllen mit vngemach faren/ich wolt Teützſch lanndt in ein groß plůt vergieſſen gebracht haben/ja ich wolt woll zů Wurmbß ein ſpil angericht haben/ dz der keyſer nit ſicher wer geweſen. Aber was were es/ein narren ſpill

2 u. 20 zufallē: interire. 15 Act 17, 16 ff. 25 Ps. 33, 6.

wer es gewesen. Ich hab nichts gemacht/ich hab dz wort lassen handeln/ was meynt jr wz/was der teüffel gedenckt/wañ mann das ding wil mit rumor außrichtē/er sitzt hinder der hellē vñ gedenckt. O wie sollē nůn die narrē so ein feyns spil machē/aber dañ so geschicht jm leyd/ wañ wir alleyn das wort treybē/vñ das alleyn wercken lassen/das ist almechtig das nympt gefangen die hertzen/vnd wēn die gefangen seyn. So můß das werck hinnach von jm selbs zufallen. Ein grob exempel. Es waren vor zeytten auch secten vnder den jůden vnd Heyden vmb des gesetz Mosy willen der beschneydūg halben/jhenne woltens haltē/die nit/da kam Paulus predigt man möchts halten oder nit/weñ daran
X/III 20 were kein macht gelegen/vnd solten auch keyn müssen | darauß machē/ sonder frey lassen/man halts oder nitt wäre ongefär/Biß zů der zeyt Iero. der kam vnd wolt ein müssen darauß machen/vnd ein ordnūge vnd satzunge darauß machē. Man solts abthůn/da kam Sant Augustinus vñ was der sant paulus meynūg Man möcht das halten oder nit/ sant Ieronymus was wol hūdert meyll von sant Paulus meynūge/ da lieffen die zwen doctores gar hart mit den köpffen zusamē/do nůn sant augustinus starb do bracht es sant Ieronymus dahien/das mañ es müste abthon. Darnach kamēt die Bäpste die woltē auch etwas dar zů thůn/vnd machtē auch gesetze da wůchsen auß des eynigē gesetzes abthounge taüsentterley gesetz das sie vns gantz mit gesetz vberschüttet handt. Also wirt es hie auch zugan/das eyn gesetz macht bald zwey/ zway machen drey ꝛc. Das ist jetzunder gnůg von den dingen die da nöttig seyn/last vnns zůsehen das wir nit die schwachen Conscientien verfüren.

X/III 21

| Ein ander Sermon. D. M. Luthers Am dinstag nach Inuocauit.

WIr haben gehört die stück die da müssen seyn/vnd nöttig seyn/ die da geschehen müssen/das vnd kein anders/die winckel messen/oder sonderlichen messen/müssen abgethan sein/dañ alle werck vnd ding müssen seyn/welche von gott gebotten seyn/oder verbottē/vnd die hohe maiestat also verordent hat. Aber man soll keynē mit den haren dauon oder darzů thůn/dann ich kan keynen gen hymel treyben/oder mit knůtlen darzů schlagen/diß ist grob genug gesagt. Ich meyne jr habt es verstanden. Nůn volgē die ding/die vnnöttig sein/sond' frey gelassen von gotte die mañ halten mag oder nit/als Eelich zů werden

5 lies: wyrcken. 7 zufallen: interire. 8 jůden vnd Heyden = Judenchristen und Heidenchristen. 10 1 Kor. 7, 18 f.; Gal. 5, 1. 12 ff. Luther und der Streit des Hieronymus und Augustin um Gal. 2: vgl. K. Holl, Ges. Aufsätze III 134 ff. 24 1 Kor. 8, 12.

oder nitt. Münnich vnd Nonnen auß den klöstern geen/die ding seindt frey vnd müssen vō nyemant verbotten seyn/werden sie aber verbotten so ist es vnrecht/wañ es ist wider gottes ord|nung/jn den dingen die X/III 22
da frey seindt/als eelich werden oder nicht/sol man sich also halten/ kanstus halten on dein beschwerunge/so halt es/aber es můß keyn gemeyn gebot gemacht werden/sonder sol ein yeder frey sein. Also ist ein Pfaff Münch oder Nonne die sich nicht enthalten kan/der neme ein weyb/vnnd sy ein man/ auff das deynem gewyssen geradten werde/vnd sich vff das du gerüst vñ geharnyscht bist/das du kanst vor got vnd der welt besteen/weñ du angefochten würdest/sonderlich am sterben von dem theüffel. Es ist nicht genůg/das du sprechē woltest/der vnd der hat es gethan/jch hab dem gemeynen haüffen gefolget. Als vnns hatt der Probst Doctor Carlestatt/Gabriel oder Michael gepredigt/Neyn. Ein yetlicher můß vor sich steen/vnd gerůst sein/mit dem theüffel zů streytten/du můst | dich gründen/auff eynen X/III 23
starcken klaren sprůch der schriefft da du besteen magst/weñ du den nit hast/so ist es nit müglich das du bestan kanst/der teüffel reyst dich hin weck wie ein dürre blat. Darumb welche pfaffen weyber genom̄en habē/oder Nonne eynen man/zů errettung jrer gewissen/müssen sie auff eym klaren spruch ston/als ist der S. Pauls/wiewol jr sonst mer seindt.

¶ 'Es werden zů den letzsten zeyten kom̄en die vom glauben werdē tretten/vnd werdē anhangē den jrrigē geysten vñ jns teüffels leere (jch meyne sant Pauls habs grob gnůg außgestochen) vñ sie werdē verbieten die ee vñ die speyß/welche got geschaffen hat'/den spruch wirt dir der teüffel nit vmbstossen oder fressen/ja er wirt von dem spruch vmbgestossen vnd gefressen werdē Derhalben welcher Münch oder Nōne sich zů schwach befindet die keüscheyt zuhalten/der sehe auff seyn gewissen/ ist sein hertz vñ gewissen also gesterckt/ das er besteen kan mit gůtem gewissen/der neme ein weyp/vnd sy ein man/vnd wolte got alle Münch vnd Nonnen hörten diese predig vñ hetten den verstandt vnd lieffen alle auß den klöstern vñ hörten alle klöster auff die in der gantzen welt seind/das wolte ich/aber nů sie den verstandt nit habē dañ es predigt jn niemants/|vñ hören das sie an andern endē hinauß geen die nů wol X/III 24
gerůst sein/wöllen sie denen volgen vñ haben jre gewissen noch nitt gesterckt/wissen es auch nit/das es frey sey/das böse/noch ist es besser heraussen böse/dañ darjnnen. Darūb sprich ich/was got hat frey gemacht/das soll frey bleybē/verbeüt dirs aber yemants (als der Bapst gethan hat der Antichrist) dem saltu nit volgē/wer es on schaden thůn

---

13 Gabr. Zwilling. 14 Michael: vgl. Gal. 1, 8. 21 1 Tim. 4, 1 ff.
35 das böse / noch: Nachschrift etwa: hoc malum ⟨est.⟩ tamen. *B: das ist böse. Noch. 38 wer es on: verstehe: aliter iudico, si quis sine.

kan vñ zů liebe dem nechsten ein kappe tragen/oder platten/die weyl dirs an deinem glaűben nit schadet/die kappe erwűrget dich nicht wan du sie schon trågest. Also lieben freűnde es ist klar genůg gesagt/ich meyne jr soltens verstan/vnnd keyn gebott auß der freyheit machen/ Sprechende. der pfaff hat ein weyb genom̃en/darumb műssen sie alle weyber nem̃en/noch nitt/der Műnch oder Nőne ist auß dem kloster gangẽ/darumb műssen sie alle herauß gan/noch nit/der hat die bylder gebrochen vnd verbrant/darumb mussen wir sie alle verbrennẽ/noch nit lieber brůder/oder der priester hatt keyn weyb/darumb můß keyn
X/III 25 priester eelich werden/noch nit/dañ die keűscheyt nit | haltẽ kűnden/ nemen weyber/welche aber keűscheyt halten/den ist es gůt das sie sich műgen enthaltẽ/dann die leben jm geyste/vnd nicht jm fleysche. Es soll sie auch nit anfechten jr gethan gelűbte. Als die Műnche/geloben gehorsam keűscheyt vnd armůt/wiewol sie darneben reych genůg sind. Dañ wir kűnnen nichts geloben widder gottes gebot. Gott hat es frey gemacht/Eelich werdẽ oder nit. Vnd du narr vndersteest dich auß dieser freyheit ein gelűbdte wider gottes ordenung zů machẽ. Darũb můst du lassen ein freyheit bleybẽ/vnd nit ein zwang lassen darauß machẽ/dañ dein gelűbnyß ist wider gottes freyheit. Nempt ein gleychnyß/weñ ich gelopte /jch wőlt meinen vater jns maűl schlagen/oder yemandts das sein nemẽ. Meynstu das got wűrde ein wolgefallen darjnnen habẽ. Nůn als wenig ich die gelűbte solte halten. Meynem vattern jns maűl zů schlagen/also wenig solte ich haltẽ keűscheyt/durch gelűbte erzwyngen. Dañ gott hat es beyder seytten anders verordnet. Got hat verordnet ich sol frey sein/fisch oder fleysch zů essen/vnd soll
X/III 26 da keyn gebot sein/derhalben alle | Karthaűser/alle Műnche vnd Nonnen tretten võ gottes ordenűge vnd freyheit/vnd meynen weñ sy fleysch essen sie werden verunreynet.

¶ Von Byldtnussen.

¶ Nůn das wir zů den byldern kom̃en vmb die bilder ist es auch so gethan/das sie vnnőttig sonder frey sein/wir műgen sie haben oder nicht haben/wie wol es besser were wir hetten sie gar nicht. Ich bin jn auch nit holt/vmb der bilder wil hat sich ein grosser streyt erhabẽ zwűschen dem Rőmischen Keyser vnd dem Bapst/der Keyser meynet er hett gewalt es solten keyne bilder sein/der Bapst aber/sie műsten seyn/ vnd haben beyde gefelt. Darumb auch vil blůt vergossen ist wordẽ/ aber der Bapst ist oben gelegẽ/vnd der Keyser muste verliesen/warumb

---

1 platten/<der tu es/>. 12 dann: mit *B corrigiert für Druckfehler A: dain (oder: da in). 12 Röm. 8, 4. 37 verlieren.

das/sie wolten auß der freyheit ein müssen machen. Das kan got nit leyden/woltestu es anders machē/dañ die hoche maiestat beschlossen hatt/ noch nit/du wirst es lassen/jr leset jm gesetz Exod'. xx. 'Du solt dir keyn bild machen oder gleichnyß weder der dinge die jm hym̄el seind/ weder auf erdt noch jm | wasser'/darauff steet jr/das ist ewer grundt/ X/III 27 last vns nůn sehen/weñ vnser widersächer werdē sprechen. Das erst gebot dringt dahyn. Wir sollen alleyne einen got anbetten/vñ keyn bilde/wie es auch hernach volget. 'Du solt sie nit anbetten'/vnd sprechen/ das das anbetten ist verbotten/vnd nicht das machen/vnd also machen sie vns den grundt wanckende vnd vngewyß. Ja sprichstu/es steet jm text. Du solt keyn bilder machen. Sie sprechē/es steet auch da/Du solt nit anbetten/wer wil nůn in solichen wancken so kün sein/ vnnd wil die bilde zůreyssen/ich nit. Laßt vnns nůn weytter geen. Sprechē sie/hat nit Noe/Abraham/Jacob altar gepawet/wer will das leücknen wir müssen zugeben weytter/hatt nicht Moses eyne ěrne schlange auff- gericht. Num. xxij. als wir in seinē. iiij. bůch lesen. was magstu denne sprechen. Moses hatt es verbotten. Wir sollen kayn bild machē/vnd er machet selber eins. Ich meyne ein schläge sey jo auch ein | byldnuß/was X/III 28 wöllen wir darzů sagē/weytter lesen wir nitt auch/das zwen vögel warn aufs propiciatoriũ gemacht/wie da eben da got wolte angebettet sein. Alhie müssen wir bekennen/das mañ bilder habē vnd machē mag/aber anbettē sol wir sie nit/vnd weñ man sie anbettet/so solt man sie zerreyssen vnd abthůn/wie dañ der künig Ezechias. 4. Reg. 18. thåt. Do er die schläge von Mosi auffgericht/zerbrach. Nůn wer wil da so kün sein/vnd sprechen/so er da zur antwurt gefodert würde. Sie habē die bilder angebettet. Sie werdē sprechē/bistu der man der vns schüldigē darff. Wir haben sie angebettet meynet jr das sie es bekennē würden/ wie wol es doch war ist. Aber wir künden sie nit dahin bringē/das sie es bekennen müssen. Sehet wie habē sie nůr gethan/da ich die werck on den glaůben verworffen hab. Sie sprechen/meynstu nit das wir nitt den glaůbē haben/oder die werck on den glaůbē thůn/da kan ich sy dañ nit weytter zwingē/sond' můß meine pfeyffen wider in die taschē stecken/ dañ weñ sy ein hår breyt erlangē so machen sie wol hundert meylē darauß. Derhalbē solt mañ es geprediget habē/wie bilder nichts werē/ | mañ thete gotte keynē dienst daran/ wañ man die auffrichte/so würdē X/III 29 sy wol võ jm selber zergeen/als ich gethan habe/also thåte Paul zů Athen/da gieng er in jre kirchen vñ besah all jr abgöttereyn/schlůg aber

3 Exod 20, 4. 8 Exod 20, 5. 13 Gen. 8, 20; Gen. 12, 7; 13, 4; 13, 18; Gen. 33, 20. 15 Lies: zugeben/weytter. 16 Num. 21 (!), 9. 19 f. Exod. 37, 7. 23 2 Kön. 18, 4. 24 wer, sc. von den Bilderstürmern damals. 25 Sie, sc. die Menschen unter dem Papsttum. 36 Act. 17, 16. 23.

keyn ins maul/sonder tradt mitten vff den platz vnd sprach. 'Jr menner vō Athen jr seyt alle abgöttereysch' ꝛc. Wider die abgötter prediget er/ aber er reyß kainē mit gewalt weg/So wiltu zufaren vnd ein růmor anrichten/die altar zerbrechē/die bilder wegk reyssen. Meynst du die bilder durch die weyß auß zutilgē. Neyn du wirst sie wol stercker auff-richten durch diese weyse/ob du schon die bilder hie vmbstößt. Mainst du/ du hast zů Nürmberg vñ in aller welt auch vmb gestossen/noch nit. S. Paulus. als wir in Act. lesen. Saß in ein schiff/da waren die zwillingen angemalt/oder geschnytzt. Er ließ sich darjnne füren/vnd fragte nit darnach. Er reyß sie auch nicht ab. Ey můst Lucas so eben die zwillinge beschreybenn ane zweyffel/er hatt wöllen dar durch anzeygen/das die eüsserlichen dinge dem glaüben keynen schaden zůfügē mügen. Alleyne X/III 30 das hertze můß nicht daran | hangen/vñ sich nit darauff wagen. Sollichs müssen wir predigen vnd sagen/vnd das wort/Wie gesagt/alleyne würcken lassen. Das můß die hertzen der menschen zůuor gefangen annemen vnd erleüchten/wir werden nicht die seyn die es thůn werden. Darumb berůmen sich die Aposteln jres diensts ministeri/vnd nit der volge. Executionis dauon ist jetzunder gnůg.

¶ Ein Sermon durch. M. L. Mitwoch nach Jnuocauit gepredigt.

LJeben freünde wir habē nůn gehört die stück die da müssen seyn. Als die Messe wie ein opffer gehaltē. Darnach von den stücken die vn-nöttig/sonder frey sein. Als von dem Elichen lebē. Müncherey vnd bylde abthůn. Die vier stück haben wir gehandelt/vnnd gesagt/das die liebe hierjnn der haüptman ist. Sonderlich von den byldern/das die X/III 31 abgestelt | sollen sein. Wie sie angebetten sollen werden/sonst nicht. wie woll ich wolt sie weren in der gantzen weldt abgethann/von wegē jres myßbrauchs/welchen mañ jo nichts laügnen kan. Dann wer ein byld in die kirche stelt/der meynet er habe gotte eynen gůten dienst vnd gůt werck erzeygt/welchs dann rechte abgötterey ist die gröste vornemst vñ höchste sach warumb die bilder wern abzuthůn/vnd die habt jr nit getriebē/sond' die geringste/dañ ich vermeyn es sey kein mensch oder jr gar wenig/der nit den verstandt hab/dz crucifix das da steet ist mein got nicht/dañ mein got ist jm hymel/sonder nur ein zeychen. Aber des andern mißbrauchs ist die welt vol/dann wer wolte ein höltzen od'

1 Act. 17, 22. 8 Act. 28, 11. 17 Röm. 11, 13. 19 ff. Die Sonderausgabe der Mittwochpredigt (s. die Einleitung) ist nach W. A. unter den Sigeln a und * a mit zum Vergleich herangezogen. 26 Wie: wañ *a. 28 nichts: nicht * a 30 ist, dz ist die größt. vñ fürnemst * a.

silbern bilde in der kirchẽ setzen weñ er nit gedechte got eynen dienst daran
zethůn/meynet jr Hertzog Friderich/der Bischoff võ Halle vñ die andern/
würdẽ so vil silbern bilde | in die kirchen gezeügt habẽ/weñ sie hielten X/III 32
es solt vor gott nichts sein/ja sie würden es lassen/noch ist die vrsach nit
gnůg alle bilder abzuthůn zůreyssen vnd verbrennen/warumb dañ
wir müssens zůlassen. Es seind noch menschen die diese meynũg noch
nitt habẽ/sonder kündẽ die bilde wol braũchen/wiewol jr wenig seind/
dannocht künden wir das nit verdãmen/vñ sollens auch nit verdam̃en/
das noch ein mensch jrgent kan wol brauchen/sonder jr solten das ge-
prediget haben wie die bilder nichts weren/gott fragt nichts darnach.
Man thet auch got kein dienst noch wolgefallẽ darjnne/weñ wir jm ein
bilde lassen machen/vnd theten besser/wañ sie einem armen menschẽ
einen gulden geben/dañ gotte ein gulden bilde/dañ diß hette got ver-
botten/jhens nit/wañ sie solichs hetten gehört/das die bilde nit gülten/
hetten sie võ jn selber abgestanden/vnd die | bilde wären on alle rumor X/III 33
vñ auffrůr zufallẽ/wie es deñ yetzũd in schwãg was kom̃en. Der halbẽ
müssen wir vns wol fürsehẽ/dañ der teüffel sucht vns auff das aller
listigiste/vnd spitzegiste/durch seine aposteln/nůn wie wol es war ist/
dañ man kans nit laũgnen/das die bylder böse seindt/võ wegen jres
mißbraũchs/noch habẽ wir sie nit zuuerwerffen vnnd tadeln das man
mißbraucht. So würden wir ein feyn thandt zurichtẽ. Gott hat gebottẽ
Deu. 4. ‘Wir sollẽ vnser aũgen nit auffhebẽ gegen d' sonnẽ ꝛc. Auff
das wir sie nit anbetten/dañ sie sindt geschaffen zů dinstperkeyt allen
völckern’/nůn seindt vil menschen/die sonnẽ vnnd stern anbetten. Darumb
wöllen wir zůfarn/vnd wöllen die sonne vñ gestirne vom hym̃el werffen/
wir werdẽs lassen/Weytter/‘d' wein vñ weyber bringẽ manchẽ zů jamer/
vñ machen jn zů eym narren’/darũb wollen wir alle weyber tödten/
vnd allen weyn verschüttẽ/Weytter. Solt vñ silber stifft vil böses/
darumb wollen wirs tatlen/ja weñ wir vnser ergsten feindt ver|treybẽ X/III 34
wolten/der vns am aller schedlichsten ist/so müsten wir vns selber tödten/
dañ wir haben keynen schedlicher feindt weder vnser hertz. Als der
prophet Jere.am.xvij. sagt. ‘das menschẽ hertz ist krum̃’/oder wie ichs
meynẽ soll ‘das ym̃er zur seytten hinauß weycht’ vnd so weytter/was
würden wir außrichten/derhalbẽ můß mañ ein gůten kolen haben/
weñ man den teüffel vermeint schwartz zů machen/dañ er ist auch gerne
schön/er ist auch auff die kirchmeß geladen/aber also kan ich jn fahen/
weñ ich spreche/stellestu die bilder nit in die kirchen das du vermeinst got
einen dienst dauon zuerzeygen. So můß er ja sprechẽ/so schleüß also

---

3 gezeügt: traxissent. 13 verbotten: lies: gbotẽ a, geboten Roth/Aurifaber. 16 interissent. 22 Deut. 4, 19. 26 f. Sirach 19, 2; 31, 30. 32 Jer. 17,9. 33 meynẽ: deudschen Roth/Aurifaber; haissen a.

balde/das er ein abgötterey hatt darauß gemacht/wenn er hat das bilde mißbraucht vñ hat sich in dem geübt/das got nit gebotten hatt/ gottes gebott hat er aber nachgelassen/weñ er solt dem nechsten hülfflich X/III 35 sein | noch ist er vō mir vngefangē/vñ entlaufft mir also sprechende/ja ich helff den armen auch/kan ich nicht dem nechsten gebē vnd gleich wol darneben bild stiefften wie wol es anderst ist/dañ wer wolt nit lieber dem nechstē ein gülden geben/dañ ein gülden bilde gotte/ja er würde es freylich lassen anstan/bilde in die kirchen stellen/weñ ers gelopte/als war ist. Das er gotte keynen dienst daran thete/darūb müß ichs zügeben/ die bilder seindt weder sonst noch so/sie seindt weder güt noch böße/man mag sie han oder nit haben/das habt jr gemacht/von mir hett es der teüffel nit erlangen sollen/dañ ich kan es ja nicht laügnen. Es ist müglich/ das ein mensch mag sein/das die bilde mag recht gebrauchen/Als weñ man mich fragte/so müste ich bekennen das mich kein ding ergern künd/ vñ weñ gleich ein mensch auff erden wäre/das die bilde recht braüchte/so X/III 36 | schleüßt der teüffel balde widder mich/ja warumb verdamstu dañ dʒ man noch wol kan braüchen/den trütz hatt er dañ erlangt/vnd ich müß es zugeben/dahien solt ers noch lange nicht bracht haben/wäre ich hie gewesen/in dem hochmüt hat ers vns abgeiagt/wiewol es dem wort gottes keyn nachteyl bringt. Darumb hatt jr wöllen den teüffel schwartz machen vnd habt der kolen vergessen/sonnder habt kreyden genom̃en/ derhalben müß man die schriefft wol wissen/darneben zür rechten zeytten gebrauchen/so man mit dem teüffel fechten will.

¶ Von Speyßen.

NVn wöllen wir weytter farn vnd von dem fleysch essen sagen/vnd wie man sich hirjnne haltē soll. Es ist ja war das wir frey seindt/über alle speyß/fleysch/fisch/eyr oder butter/das kan ja nyemandts laügnen/ die freyheit hat vns got gegeben/das ist war/jedoch müssen wir wissen vnser freyheit zubrauchen/vñ vns anders hirjnne halten gegen den X/III 37 schwachen/|vnd vil anders gegen den halß starcken. Nü merck du wie du dieser freyheit brauchen solt. Zum ersten/weñ du es nit empern kanst/ on dein schaden/oder bist kranck/so magstu wol essen was dich gelust. Erger sich darab wer do wölle. vnd weñ sich gleich die gantze weldt daran ergerte/dannocht sündigest nit daran/dañ got kan dirs wol für güt halten/ansehē sein freiheit mit welcher er dich begnadet hat vñ dein notturfft fodert/in dem du es on dein gefär nit mangeln kanst. Zum andern weñ man dich darauff dringē wölt/wie dañ der Bapst gethā

8 gelopte: crederet. 14 ding: bilde a. 15 unus tantum homo. 19 A gewesrn. 30 Halsstarrigen Roth/Aurifaber.

hat mit seinen nerrischē todtē gesetzē/du solt nit vff den freytag fleysch essen/sond' fische/fisch in der fastē vñ nit eyr oder bůtter vñ so weytter. Da saltu dich mit keyner weyse võ der freyheit (in welche dich got gesetzt hat) lassen dringen. sond' jm zů trůtz das widerspil erzeygē/vñ sprechē/ja ebē das du mir verbeůtest fleysch zuessen/vñ vnd'steest dich/auß meyner freyheit ein gebot zumachē/ebē wil ich dir dz zů trůtz essen | Also saltu X/III 38 jm in allē andern dingē thõ die da frey sein. Nym̃ ein exēpel/weñ mich d'Bapst od' sonst yemandts wolte zwingē/ich můste die kappe tragē/das vñ kein anders/so wolt ich jn die kappe zů trůtz ablegē/nů es aber in meynē freyen willē ist/so wil ich sie tragē weñ es mich gelůst/weñ nicht/so wil ich sie ablegen. Zum drittē/seindt etliche die noch jm glaůben schwach sind/die wol zů weysen werē/ vñ glaůbtē auch gerne wie wir. Alleyne jr vnwissenheit hindert sie/vnd weñ das jn geprediget wůrde/wie vns geschehen/wern sie mit vns eyns, gegen sollichen gůthertzigen menschē/můssen wir vns vil anders halten/dañ gegen den halß starcken. Mit den söllē wir gedult tragen vns vnser freyheit enthalten. Die weill es vns keynen schaden oder gefår weder an leyb noch seel bringt/Ja mer fůrderlich darnebē wir vnßern brůdern vnd schwestern ein grossen frum̃en thon/weñ wir aber vnser freyheit on not so frech vnserm nåchsten zum ergernyß braůchen wöllen/|so treybē wir den zurůck/darnach X/III 39 mit der zeyt zů vnserm glaůben kåm. Also thåt sant Paulus/do sich die jůden ergertten vnd waren einfeltige leůte/Da gedacht er/was mags schadē dieweyl sie sich ergern vmb jres vnuerstandts wegen. Darumb ließ er seinen Thimotheū beschneyden Aber da sie wolten darauff dringē zů anthiochia das ers thůn solte vñ můste beschneydē. Da stund Paulus wider die alle zů trůtz ließ er jn nit beschneydē vnd erhielt es auch/des gleichen. Da S. Peter durch sein freyheit ein bösen verstandt vnd wann/In die hertzen der einfeltigen treyb/durch die weyse/dañ wann er zů den heydē kam/so aß er mit jn schweynēfleysch vñ wůrste/vnd da die jůden kamen/da enthielt er sich der speyse/vnd aß nit wie vor. Da gedachten die/die auß den heyden/zum glaůben komen warn. O we wir můssen auch nitt schweynēfleysch essen/wie die jůden/sonder můssen vns nach dem gesetz haltē/da das Paulus gewar wardt/|das sie es zum X/III 40 nachtheyl der Euangelischen freyheit rechnen wolten. Da sprach er zů sant Peter offentlich vñ laß jm als ein alte lection/sagend. ‘Dweil du ein jůd bist vñ lebst jůdisch/warumb zwingstu die heydē jůdisch zů leben.’ Demnach sollen wir auch leben/vnd vnßer freyheit gebraůchē/zů rechter vnd bequemer zeyt/damit der Christenlichen freyheit nit abgebrochē/

---

20 Lies: der nach [= noch]. 21 ff. Act. 16, 3. 25 ff. Gal. 2, 3. 26 A: er hielt. 27 Gal. 2, 11 ff. 27 Wahn. 35 alte: Apostolische * a. 35 Gal. 2, 14. 36 lebst jůdisch: lies: lebst haindisch a.

vnd vnßern brůdern vnd schwestern die noch schwach seindt/vnd solicher freyheit vnwissent/keyn ergernyß gegeben werd.

¶ Ein Sermon vom Sacrament.
D. M. L. Donnerstag nach Inuocauit.

WIr haben gehört von den dingen/so nöttigk seyn/als die Messe/ als ein opffer gehaltē/vñ vnnöttig/als võ den München die auß den klöstern lauffen/vnd der pfaffen ee/vnd von den bildern/wie mañ sich
X/III 41 in | den halten soll/dz man keyn gezwang noch ordination darauß machen sol/auch soll man keynē mit den haren daruon zwingen oder dringen/ sond' alleine das wort gottes handlen lassen. Nůn wöllen wir sehen/ von dem hochwirdigē Sacrament wie man sich in dem halten soll/jr habt gehört/wie ich wider das nerrische gesetze des Bapst gepredigt hab/vñ jm ein widerstandt gethan/in dem dz er hat gebottē Keyn weyb soll das altar tůch wäschen darauff der leychnam Christi gehandelt wirt/vnd weñ es ein reyne Nonne were/es were deñ vor võ eynem reynen priester gewaschen Auch weñ yemants den leychnam Cristi hett angerürt/da fürn die priester zů vñ beschnytten jm die finger vñ der gleichen vil meer. Aber weñ ein Meydlein bey einem nackenden pfaffen geschlaffen hette/da sicht er durch die finger vñ läßt es geschehen. Tregt sy vñ gebyrt ein kindt/er gibt es auch zů. Aber das altartůch vnd Sacramēt anzurůren gestät er nit. Aber weñ sie ein priester oben vñ vnden angreyfft mag es geschehē/wider solliche nerrische gesetz habē wir geprediget/vñ die offenbart/dardurch kündig gemacht/das hirjnne in
X/III 42 des törichten Bapsts gesetz vnd gebot | kein sünd were vnd sündiget ein lay nicht daran/weñ er den kelch oder den leychnam Christi mit den hendē anrůrt/in dem solt jr ja gotte dancken/das jr in solche grosse erkentnyß komen seyt/das vilen grossen leüten gemangelt hat/Nů farent jr zů /vñ gleich so nerrisch als der Bapsts/in dem das jr meynet es můß seyn/das man das sacrament mit den hendē angreiffe/vñ wölt darjnnē gůte Christen seyen/in dem das jr das sacrament anrůrt mit den hendē/vñ hand hirjnne also gehandelt mit dem sacrament/ welchs vnser höchster schatz ist/das nit wunder were der donner vñ plitz hette eüch in die erden geschlagē. Das ander hett got alles noch mügen leyden. Aber das mag er in keynen weg leyden/in dem das jr ein gezwang darauß habt gemacht. Vñ werdē jr nit dauon abstellen/so darff mich kein Keyser noch niemandts võ eüch jagen/jch wil wol vngetrieben

---

12 ff. Verweis auf die Schrift Von Mißbrauch der Messe 1521; W. A. VIII 477 (482) ff., vor allem wohl 508. 540. 13 f. Decr. Grat. c. 25 dist. 23. 17 Lies: fürn. 31 hand = habt. 35 abstellen: abstehen Roth/Aurifaber.

vō eüch gan/vñ darff sprechē Es hat mir kein feindt/wie wol sie mir vil
leyds habē gethan Also getroffen/als jr mich getroffen habt/|wolt jr X/III 43
gůte Christen darjnne gesehen sein/das jr das sacrament mit den henden
angreyfft/vñ ein rům dauon/vor der welt habē/so seind Herodes vñ
Pylatus die öbersten besten Christen/ich meyne sie habē den leychnam
Christi wol antastet/weñ sie haben yn lassen anß creütz schlagen vnd
tödten/Neyn lieben freünde/Das reych gottes stehet nit in eüsserlichen
dingen das mann greyffen oder empfinden kan/sond' jm glaübē. Ja
du magst sprechē/Wir leben /vnd sollen auch leben nach der geschrifft.
So hat es got also eingesetzt das wirs mit den hendē zů vns nemē sollen.
Dañ er hat gesagt/Nempt hin vnd esset/das ist mein leychnam/Ant-
wort. wie wol ichs vngezweyfelt vñ gewyßlich halte/ das die jünger
des herrn mit den hendē haben angryffen vnd gib es zů/Das du on
sünd magst thůn/noch kan ichs doch nit erzwingen noch erhaltē vrsach/
weñ der teüffel (als er vns genach sůcht) sprechē wirt/wo hast das in der
schriefft gelesen/das nemen heyst mit den henden angreyffen. Wie wil
ichs beweren vnd erhalten /ja wie wil ichs jm begegnen/wañ er mir
das widerspil fürhelt Auß der schriefft/vñ erzeüget/Das nemen nicht
alleyne mit den hendē | empfahen heyst/sonder durch ander weyse zů X III 44
vns bringē/vñ spricht hörestu gesell. Steet nit oben das wort 'nemē'/
als drey Euangelisten beschriebē haben/da der herre gallen vñ essig
genom̄en hat. Dů můst ja bekennen/das ers nit mit den henden ange-
tast od' begryffen hab/dañ er was mit den hendē an dz creütz genägelt.
Der spruch dringt starck wider mich/weyter bringt er mir den spruch
herfür. Et accepit oēs timor. Es hatt sie die forchte alle genom̄en/
da můß man jo bekennē/das die forcht keyn hande hat/ so bin ich be-
schlossen vñ můß es nů zulassen/ob ich schon nit wil/das nemen heyst
nit alleyne mit den henden empfahen/sonder auch durch andere weyß
wie es geschehen mag zů mir bringē Darumb lieben freünde müssen
wir auff eynē gewissen grundt stan das wir vor des teüffels anlaüff
besteen mügen. Wiewol jr keyn sünd gethan habt/das jr das sacrament
habt angriffen/das bekeñ ich/aber das sag ich. Ir habt auch keyn gůt
werck gethan/in dem/die weil sich dañ die gantze welt daran ergert/
vñ hat es jm braüch/dz sie das hochwirdig sacrament/vō des priesters
henden empfahen. Warumb wilt du dañ den schwachglaübigen hierjnne
auch nit dienen/vñ dich deyner freyheit enthalten/|die weil es dir keynen X III 45
frum̄en/so du es thůst/ vnd keynē schaden so du es läst/bringt. Darumb
soll man keyn neüwckeyt auffrichten/das Euāgelium sey dañ durch vnd

7 f. Luk. 17, 20; Röm. 14, 17. 11 Matth. 26, 26. 15 genau. 21 Matth. 27, 34; u. Parall. 25 Luk. 7, 16. 30 f. Eph. 6, 11.

durch geprediget vnd erkant. Wie eüch geschehen ist /der wegen. Lieben freünde last vns seüberlich vnnd weyßlich in den sachen handeln/So sie gott anlangen/dann got kan keyn schympff leyden. Die heyligen mügen noch schymff dulden/aber mit gotte ist es vil ein anders. Derhalben so tretten dauõ abe/das bit ich eüch.

¶ Von beyderley gestalt des Sacraments.

NVn wöllen wir von den zweyen gestalten sagen/wiewol ichs darfür halte. Es solte sein von nötten/das mann das Sacrament vnder beyder gestalt nemen/nach der auffsetzūge des herrn/jedoch sol man keynē gezwang darauß machen/noch in eyne gemeyne ordnūg stellē/ sond'das wort treyben/vbē vnd predigē/dannocht darnach/die folge vñ treybūge dem worte heym gebē oder stellen/vñ jederman hierjnnen frey lassen wo dz nit geschicht/so wirt mir ein eüsserlich werck darauß X/III 46 vñ gleißnerey/dz | wolt der teüfel auch habē aber weñ man das wort frey lest vnd bünde es an ein werck/so rürt es heüte deñ vñ felt jm jns hertze/morgē dem andern vñ so fürhien so geet es feyn still zů vnd seüberlich. Vnd es wirdt nyemandts gewar/wie es dañ angefangen wäre/vnd hörtte es gantz gerne/Do es mir geschrieben wardt/das ettliche alhie angefangen hetten das Sacrament in beyderley gestalt zunemen in dem braüch hättet jrs söllen lassen bleyben/jn keyn ordnunge gezwungē habē/nün fart jr aber purdi purdi/hinzů/vnd wolt mit dem köpffen hindurch vnd wolt jederman hinzů dringen. Do werd jr felen liebē freünde/ dañ wañ jr jo gůte Christen für allen andern gesehen wolt sein. Das jr das Sacrament mit den henden angreyfft/vnd darzů beydergestalt nemet. So seydt jr mir schlecht Christen/mit der weyße künde auch wol ein Saw ein Christen sein/sie hette jo so eynē grossen ryessel/das sie das sacrament eüsserlich nemē künde/derhalbē thut wol vñ seüberlich in den hochen sachē. Lieben freünde alhier ist keyn schimpffen/wolt jr mir volgē/steet da võ abe. Wölt jr mir aber nit volgen/so darff mich nyemant von eüch X/III 47 | treyben/ich wil wol vngetrieben von eüch ziehen/vnd wer mir leyd das ich je ein predig alhie gethan hette. Die andere stücke weren noch zů dulden. Aber alhie Ist keyn dulden/dañ jr hapt es zů grob gemacht/ das mann spricht/ja zů Wittenberg seindt gůte Christen/ dañ sie nemen das sacrament in die hende/vnd greyffen den kelch ann/geen darnach hien zum gebranten weyne/vnd saüffen sich vol. Also treybt es deñ die schwache gůthertzigen menschen zurücke/die noch wol zů vns kemen/ wen sie so lange vñ vil gehört hetten/als wir. Ist aber niemant so vnwytzig das er dz Sacrament jo wil mit den hendē angreyffen/d'

---

3 Gal. 6, 7. 15 **ein werck:** lies: kein werck *B. 37 **niemant:** lies: nu iemand. 38 **vnwytzig:** fürwitzig? (alte Korrektur).

laß es jm heym in sein hauß bringen vnd greyff es/das es genůg hette/ aber vor yedermēnigklich/da enthalte er sich/weil es jm keynen schaden thůtt. Damit auch das ergernyß so vnsern brůdern schwestern vñ nachpaůern vmb vns entwöchst vermitten werd/die jetzunder vff vns zornig seind vñ wöllen vns gar todt schlagē das mag ich sprechē. Das mir von allen meynē feynden die bißher wider mich gewesen seindt. Nit so wee gescheen ist/ als vō eüch/es ist heüte genůg /morgen wöll wir weytter sagen.

| ¶ Sermon. M. luthers gepredigt. X/III 48
Freytag nach Innocauit.

IR habt nů gehört von dem haüptstück biß auff das sacrament empfahen in welchē wir noch sein die wöllē wir noch weytter sehen/ wie man sich in jnen halten sol/auch welche zů dieses sacraments empfahunge geschickt sein vñ darzů gehören/hie wil von nöten sein/das jr ewer hertz vnd gewissen wol verstendiget vnd ein grosse vnderscheyd machent zwischen der eüßerlichen empfahunge vnd jnnerlichen/vnd geystlichē empfahūge. Die leipliche vñ eüsserliche empfahunge ist die/ weñ ein mensch den leichnam Christi vnd sein plůt mit seim munde empfacht/ vñ solliche empfahunge/ kan wol on glaübē vnd liebe geschehen vō allen menschen/die macht aber keyn Christen mensch nit/ja wañ sie ein Christen machte/so were die mauß auch ein Christen/dañ sie kan das brot auch essen/kan auch wol auß dem kelch trincken. Ey das ist ein schlecht ding. Aber die jnnerliche geystliche rechtliche empfahunge/ ist vil ein ander ding/wañ sie steet in der vbunge/ gebraüch vnd früchten.
| Zum ersten wol wir sagen die geschicht in dem glaüben/vñ ist jnnerlich/ X/III 49
vnd wirt Christum haben keyn eüsserlich zeychē/ darmit wir von eynem andern/gesundert werdē/dañ das sacrament vnd die taüffe/oder on den glauben ist die eüsserliche empfahunge nichts/der glaüb můß da sein/vnd die empfahunge geschickt machēn/vnd angenem vor got/ sonst ist es ein laütter spiegel fechten/vnd ein eüsserlich wesen in welchen die Christenheit nit steet/sonder alleyn jm glaüben/daran keyn eüsserlich werck wil gebunden sein. Der glaüb ist aber dahien gericht/vñ steet darjnne welchen wir alle haben müssen/so wir wirdig wöllen zů dem sacrament gan/das wir festigklich glaubē/das Christus gottes Son für vns steet vnd alle vnser sünde/auff seynen halß genomen hatt/vnd ist die ewige genůgkthounge für vnnser sünde/vnd versönet vns vor got dem vatter/wer den glaübē hat/der gehört eben zů diesem sacrament/

---

4 entwöchst vermitten: lies: erwächst vermieden. 23 rechtliche: rechte *B. 25 die <empfahung>. 26 wirt Christum: lies: wir Christen (Roth/Aurifaber). 27 oder on: lies: aber on. 36 Hebr. 9, 12.

X/III 50 dem kan weder teüffel/hell/noch sünde schaden/|warumb? dann gott ist sein schütz vnd rückhalter/vnd wenn ich sollichen glaūben habe/ dafür ichs gewyß halte/gott streyttet für mich/trütz dem teüffel/todt/ helle/vnd sünde/das sie mir schaden/das ist der hoche vberschwencklich schatz der vnns in Christo gegeben ist/ welche keyn mensch mit worten ergreyffen noch erreychē kan/auch kans hertze ergreyffen alleyn der glaūb/vñ den glaūbē habē ja nit alle leüte/darūb soll man kein ordnūg vß diesem sacramēt machē wie der allerheiligst vater d' bapst mit seynē nerrischē gesetzē than hat/do er gebeüt Es sollē all Christliche menschē vff die heilige österliche zeit zū sacramēt gan. wer nit gat/den sol man nit vff den kirchof begrabē/ist dz nit ein nerrisch gebot/durch den bapst vffgericht warūb? weñ wir sind nit alle gleich/habē auch nit alle gleich einē glaūbē/dañ einer hat einē starckē glaubē deñ der and'/derhalbē ists vnmüglich dz es in ein gemeine ordnūg gedrungē kan werdē/deñ darūb
X/III 51 werdē die gröstē sünde begangē | vff den Ostertag allein vmb des vn-christlichē gebots willē/dz mañ die leüt zum sacramēt zwingē vñ tringē wil/weñ auch alle raubery/wüchery/vnkeüscheit vñ alle sünd vff ein haūffen gerechēt würde/so vbertreff die sünde all andere/vñ eben da weñ sie am aller heiligistē sein wöllē/warūb. der bapst kan keim jns hertz sehē/ob sie den glaubē haben od' nit/dz du aber glaubst got tret für dich vñ setze all sein gūt vñ blūt für dich/als sprech er/trit könlich vñ frisch hind' mich/laß sehē was dir schadē kan/laß her tretē teūfel tod sünd vñ hell vñ all creatur/weñ ich für dich tret/dā ich wil dein schütz-halter vñ vorgeer sein/traw mir vnd v̈laß dich keglich vff mich/wer dz glaubt dē kan wed' teūfel hell sünde noch tod schadē/dañ got streyt für jn/wie wilt jm nū thon. der in ein solchē glaubē stat d' gehört hieher/vñ nimpt das sacramēt als zū einer sicherūg od' sigel oder verzeihūg/dz er
X/III 52 der götliche | versprechūg vñ zūsagūg gewiß sey/ja solchē glauben habē wir nit all/wolt got es het jn der .x. theil/secht solche reychev berschwenck-lich schetze/mit welchē wir vō got vberschüt auß seiner gnad sein/kündē nit jederman gemeyn sein/deñ allein denē/die widerstandt habē/es sey leiplich od' geistlich/leiplich durch v̈folgung der menschē/geistlich durch verzagung der gewissen/eüsserlich od' innerlich von dē teüffel/weñ er dir dein hertz schwach blöd vñ verzagt macht/das du nit weyst wie du mit got dran seyst/vñ helt dir dein sünd für vñ in solchen erschrockē zitterden hertzē/wil got alleine wonē als d' prophet Esa .am. 6. sagt/ dañ wer begert einen schirm schutz oder rückhalter d' vor jm steet/weñ er bey sich kein widerstandt empfindt/dz im sein sünd leyd sind/vñ

---

1 f. Röm. 8, 33 f. 6 f. alleyn der glaūb: lies: allein durch glauben. 7 2 Thess. 3, 2. 13 stärkeren. 30 Eph. 2, 7. 31 u. 38 = widerwärtigkeit 36 Jes. 66, 2. 37 wer <verzagt ist, der>.

beist sich teglich mit jn/d' ist noch nit d' zů dieser speyß gehört/diese speiß wil ein hűgerigē vñ verlāgendē menschē haben/dañ in ein hűgerige seel get sy gern/die stets mit den sűndē streit vñ wer jr gern loß/welch mēsch sich also nit befindt d' enthalt sich ein weyl vō diesem | sacramēt/ X/III 53
dañ diese speiß wil nit in ein sat vñ vol hertze. komt sy aber dahin/so ist sie mit schaden da/dārūb weñ wir solche gedrēckniß des gewissens vñ blödickeit vnsers v̊zagten hertzēs/vns vor den vorbildē vñ in vns empfindē/so werdē wir mit aller demůt vñ eererbietūg hinzů tretē/ vñ werdē nit so frech laűffen/purdi purdi on all forcht vñ demůt/so findē wir vns allzeit nit geschickt/jch hab heűt gnad vñ bin geschickt dazů morgē aber nit/es kan komē dz ich in eim halbē jar nit ein v̊langē vñ ein schickligkeit darzů hab/darūb sind die zū besten geschickt die d' todt vñ teűffel stete ansicht vñ wirt jn auch da am bequemstē gegebē dz sie gedenckē vñ ein festē glaubē habē dz jn nichts schadē kan/dañ sie habē den bey jn/dem niemāts abbrechē kan/es falle da her d' todt teűffel die sűnde/so künnē sie jn nit schadē. | Also thet Cristus do er dz hochwirdig X/III 54
sacramēt wolt auff setzē/do erschreckte er seine jünger fast seer vñ er schottert in jre hertzen gar wol zuuor/in dē das er sprach/Er wolt vō jn gan/dz jn fast peinlich was/vñ sprach 'Einer vnd' eűch wirt mich verrattē'/meynet jr nit/dz jnē das sey zů hertzē gangen/sie habē freylich die wort mit aller forcht angenomē/ vñ sindt da gesessen/als wern sie all gottes verretter gewesen. vnd do er sie all wol bidmet/zittern vñ betrűbt gehett ꝛc. Da setzt er aller erst dz hochwirdige sacramēt vff/ zů einem trost/vnd tröste sie wider/das diß brot ist ein trost der betrűbten/ ein artzney der krancken/ein leben der sterbendē/ein speyß aller hunge- rigen/vnd ein reycher schatz aller armen vñ dűrfftigen/das sey genůg auff diß mall vō dem braűch dieses Sacraments/wie jrs braűchē solt/ hiemit seyt Gott beuolhen.

| ¶ Ein Sermon am Sonnabendt oder Sampstag vor Reminiscere. D. M. L. X/III 55

JR habt gestern gehört vō dem brauch dieses heyligē hochwirdigē sacraments/welche darzů geschickt sein/als die/in welchen des todes forcht ist/haben blöde verzagte gewissen/vnd förchten sich vor der helle/ die tretten billich zů dieser speyße zů stercken jren schwachen glauben vmb tröstung jrs gewissens/diß ist der rechte braűch vñ vbunge diß Sacraments/wer sich nicht also befind der laß es ansteeen biß das jn got auch durch seine wort rűrt vnd zeűget. Nů wöllen wir von der frucht dieses sacraments/welche die liebe ist reden das wir vns also lassen finden

17 f. erschütterte ihnen. 18 ff. Matth. 26, 21 ff. 37 zeűget: trahit.

gegē vnserm nächsten/wie es von got geschehen ist/nůn habē wir von got eyttel liebe vnd wolthat empfangen/dann Christus hat für vns gesatzt X/III 56 vnd geben/gerechtideyt/vnd alles was er | hatt/alle seyne gůter vber vns außgeschüttet/welche nyemants ermessen kan/keyn engel kan sie begreyffen noch ergründē/dañ got ist ein glůender backofen foller liebe/der da reichet vō der erden biß an den hymel. Die liebe sag ich/ist ein frucht dieses sacramēts/die spür ich noch nit vnder eüch alhie zů Wittenberg/wiewol eüch vil gepredigt ist/in welcher jr eüch doch fürderlich vben solt/das sind die haüptstück die alleyn eim Christen menschen zůsteen/hierjñ wil niemandt/vnnd wölt eüch sunst vben in vnnöttigen sachen/daran nit gelegen ist/wölt jr eüch nit in der liebe erzeygē so last die andern auch anstan/dañ S. Pau. 1. Corin. 11. spricht. 'weñ ich mit engelischen vñ menschen zungen redet/vnnd habe die liebe nicht/so bin ich als ein glocke oder schellen'/das sind so erschrockenlichen wort Pau. 'vnd weñ ich hett alle kunst vñ weyßheit/das ich wüste alle heymlichkeit gots/vñ würd auch den glaüben habē/dz ich kündt die berge X/III 57 | versetzē/on die liebe/so ists nichts /weñ ich auch alle meine gůter gebe in diese speise d'armē /vñ ließ mein cörper verbrennē/vñ hab die liebe nit/so ist es mir kein nütz'/so weyt seyt jr noch nicht komen/wiewol jr grosse gabe gottes habt/vnd der vil habt/das erkenen der schrifft höchlich / das ist ja war/jr habt das war Euangeliū/vnd das laüter wort gots/aber es hatt noch niemant sein gůter den armē gebē / es ist noch keyner verbrant worden/noch söllen die ding on die liebe nichts sein/jr wölt vō got all sein gůt jm sacrament nemen/vnd wöllent sie nit in die liebe wider außgiessen/keyner wil dem andern die hende reychen/keyner nympt sich des andern erstlich an/sonder ein yeder hat vff sich selber achtunge was jm fürderlich ist/vñ sůcht dz seine/laßt gan was da gat wem da geholffen ist dem sey geholffen/niemant sicht vff die armen/wie jn von eüch geholffen werde/das ist zů erbarmē/das ist eüch vast lang gepredigt/es sindt auch alle meine bücher dahin gericht vnd vol den glaüben vnd liebe zutreybē/vnd werdent jr nit einander lieb habē/so wirt got ein grosse plage vber eüch lassen gan/da richten eüch nach/dañ got wil nicht vergebens sein wort offenbart haben vnd gepredigt/jr versůcht got all X/III 58 zuhart mein | freünde/dañ wer das wort vnsern vorfarn vor ettlichen zeytten gepredigt hette /sie hettē sich villeicht wol anders hierjnne gehalten/oder würde noch vilen armen kindern in den klöstern gepredigt/sie würdē es vil frölicher annemē/dañ jr thůt/vñ schickt eüch gar nichts darzů/vnd wölt mit ander gaückelwerck vmbgan/welchs nicht von nöten ist. Seyt got benolhen.

1 es: verbessere: uns. 12 1 Kor. 13, 1. 15 1 Kor. 13, 2.
26 Lies: ernstlich (Roth/Aurifaber).

¶ Ein kurtzer begriff des Sermons. D. M. L. geprediget am Sōtag Reminiscere vō der heymlichē beicht.

NVn haben wir die stück alle gehört/die sich biß hieher begeben haben/biß auff die beychte/die wöllen wir nūn hādlen. Zum erstē/ es ist ein beichte gegründt in der schriefft vñ ist die/weñ yemandts offentlich od' mit erkündunge des menschen sündiget/so wardt er vor dem hauffen angeclagt/stūnd er das abe/so bāten sie got für jn/wolt | X/III 59 er aber den hauffen nit hören/so wār er vō der versamlung verworffen/vñ abgesondert/das niemants mit jn zuschaffen habē/vñ diese beycht ist vō gott gebottē. Mat. am. 18. 'So dein brūd' wider dich thūt dardurch du vñ die and'n geergert werdē/so straff jn zwūschē dir vñ jm alleine'/ dieser peichtē habē wir jetzunder keyn zeychen mer/da leyt das Euangeliū an diesen orten darnyeder. Wer dz künd wider auffrichtē der thet ein gūt werck Alhie solt jr eūch gemūt habē vñ diese beicht wid' auffgericht habē/vñ die ander lassen ansteen/dañ durch diese stück were jo niemant geergert vñ hette fein still zugegangē vñ solt also geen/wañ jr sehent einen wūcherer/eebrecher/raūber/sauffer/so solt jr zū jm geen anheym/vñ jn vermanē/damit er vō solichem laster abstūnde/keret er sich nit daran/ so saltu zwene zū dir nemē/vñ jn noch ein mal brūderlich ermanē/ damit | X/III 60 er vō solchem laster abstünde/so er aber das verachten würde. so söltestu es vor dem gantzē hauffen dem Pfarrer ansagen/vnd deine gezeūgen bey dir habē vnd diesen in bey wesen des volcks vor dem pfarrer anklagē/sprechēde lieber herr pfarrer diß vñ das hat der mēsch gethan vñ hat vnser brūderliche ermanūge nit annemē wöllē/damit er von diesem laster were abgestandē/derhalbē beschūldige ich diesen mit meynē gezeūgē welche diß habē gehört/als dañ/wo er nit wolt abstan vñ die beschūldigūg willig annemē/solte der pfarrer von wegen des hauffens/ vor der gantzē samlung absūndern/vñ in den Ban thūn biß das er sich erkent vñ wider angenom̄en würde/diß wer Christlich/dz getrew ich aber alleyne nit außzurichten. Zum and'n/ist eyne beicht vns vō nöten/ wañ wir in einen winckel alleine geen vñ got selber beichtē/vñ schüttē da auß allen vnsern gebrechē/die ist auch gebottē/doher kompt auch das gemeyne wort in der schriefft. Facite judiciu et iusticiam. Judiciū facere est nos ipsos accusare et damnare/justiciā autē facere est fidere miscd'ie dei. Als geschriebē steet. 'Selig die da vben dz gerichte vñ gerechtickeit alle zeyt'/dz gericht ist nichts anders/dañ das sich ein mēsch selber erkēne/

---

5 yemandts: nyemandts A u. W. A. (auch in * B übergangener simpler Druckfehler). 10 Matth. 18, 15. 13 verbessere: an diesem Orte, d. h. was den Locus de poenitentia betrifft. 17 lies: in geheim (alte Correctur). 27 lies: solte <ihn>. 28 f. sich erkent: confiteretur. 30 außzurichten: aufzurichten (Roth/Aurifaber). 33 Gen. 18, 19. 35 Ps. 106, 3.

X/III 61 richte vñ verdam̄e/|vñ das ist die ware demütickeit vñ sein selbs ernyderūg/ die gerechtickeit ist nichts anders/dañ wan ein mēsch sich selber also erkennet gnade vnd hülff vō got bittet/durch welche dañ er von got erhabē wirt/das meynet Dauid do er sprach. 'Ich habe gesündiget/ich wil bekennē gott wider mich meine vngerechtickeit/vnd du hast erlassen mir meine vntugent meiner sünde/für dieselbigē werdē bitten alle deine heyligē'. Zum drittē ist auch ein beichte/vñ nympt eynē auff eynē ort/ vñ sagt eym was jm anligt. Auff dz er vō jm höre ein tröstlich wort/ vñ die ist von dē Bapsts gebottē/diß nötten vnd zwingen hab ich verworffen/da ich vō der beicht geschrieben hab/vñ wil eben nit beichtē Allein darūb dz es der Bapst gebotten hat vñ haben wil/dañ ich will er sol mir die beich farē lassen/vñ keynen gezwangk noch gebot/welches er nit macht hat/darauß machē/aber dannocht wil ich mir die heymliche beicht niemants lassen nemē/vñ wolt sie nit vmb der gantzē welt schatz gebē/dañ ich weyß was trost vñ stercke sie mir gegebē hat. Es weiß X/III 62 niemants was sie vermag/deñ wer mit dē teüffel | gefochtē hat/ja ich were langst vō teüffel erwürgt/weñ mich nit die beichte erhaltē hett/dañ es sind vil zweyfeliche sachen die der mēsch nit erreychē kan/noch sich darjñ erkünden/so nympt er seinē brůder auff ein ort vñ helt jm für sein anligende not was schadet jm/dz er sich vor seinē nechsten ein wenig demütiget/ vñ sich zů schandē macht/vñ warte vō jm ein trostunge/nympt die an vñ glaūbte jr als wañ er sie vō gott hörte/wie wir dañ habē. Mat. 18. 'weñ zwene zusamē komen/warjnnē sie eins werdē soll jn gescheen.' Wir müssen auch vil absolution habē. damit wir vnser blöde gewissen vñ v̄zagts hertze gegē dem teüffel vnd got mügē sterckē/darumb sol niemant die beicht verbietē/auch niemants daruō halten oder zyehen/deñ wer sich mit den sündē beyst vnd jr gerne loß were vnd darüber gerne het ein gewissen spruch/der gee hin vnnd klage sie eym in sonderheit/ vnd was er jm darüber sprechen wirdt/das neme er an als weñ es gott X/III 63 selber gesprochen hett/ durch den müdt/|wer aber eynen starcken festen glaūbē hett/sein sünd sein jm vergebē/der mag diese beicht lassen ansteen vñ allein got beichtē/ja wie vil habē solichē starcken glaūbē? derhalben wird ich mir diese heimliche beichte/wie ich gesagt habe nit lassen nemē. Aber ich wil niemants daruō gezwungen habē/sonder eim jeden frey heym gestelt habē/deñ vnßer got den wir habē/ist nit so karg der vns nůr einē trost od' stercke vnsers gewissens het gelassen/oder ein absolution sonder wir habē vil absolution jm Euāgelio vñ seind reichlich vnd mit vielē absolution vberschůt/als die jm euāgelio/'so jr werdēt vergebē

4 Ps. 32, 5 f. (ziemlich wie in Bußpsalmen 1517 W. A. I 169. 170). 10 W. A. VIII 138 ff. 16 gefochtē: oft und vil gefochten * B. 22 Matth .18, 19. 26 daruō: lies: darzů 38 Matth. 6, 14.

ewern ſchüldigern/ſo wirt eüch mein vater auch vergebē.' Die and' tröſtung habē wir jm vatter vnſer/'vergib vns vnſer ſchült ꝛc.' Die dritt iſt die tauff/wan ich alſo gedēck ſich mein herre/ich bin jo getaufft in deinem namē damit ich deiner gnade vnnd barmhertzigkeit gewyß ſey ſo für was die mag ſein. Darnach haben | wir die heymlich beichte do gee ich hin vñ X/III 64
empfah ein gewyß abſolution/als ſprech got ſelber dz ich gewyß ſey mein ſünd ſeyen mir vergeben/zů letzſt neme ich zů mir das hochwirdige ſacramēt/ſo ich eſſe ſein cörper vnd trincke ſein blůt zů eynē zeychen das ich meiner ſünde loß ſey/vñ gott hat mich vō allen meinē gebrechen gefreyet/damit er mich gewyß mächte/gibt er mir ſeinē cörper zů eſſen/ ſein blůt zu trinckē das ich jo nit verzweyfflen mag noch kan/ich habe einē gnedigē got/alſo ſehent jr das die beichte nit zu uerachtē ſey/ſond' ein tröſtlich ding ſey. Dweil wir dañ vil abſolution benöttiget ſind vñ tröſtunge/ſo wir wider den teüffel tod helle vñ ſünde ſtreytten müſſen/ ſo müſſen wir vns kein waffen nemē laſſen/ſond' harnaſch vñ rüſtunge gantz laſſen/ſo vns vō got wider vnſer feinde gegeben/vnuerrückt bleybē/dañ jr wiſt noch nitt was es mühe koſtet mit dem teüffel zů ſtreyttē/ vñ vberwindē/ich weyß es aber wol/weñ ich wol ein ſtück ſaltzes od' zwey mit jm geſſen hab/ich kenne jn wol/er kent mich auch wol/ wañ jr jnn hetten erkent/jr würden mir die beichte nicht alſo zurück-ſchlagen. Seyt got beuolhem. Amen.

3. Sermon und Eingang in das erste Buch Mosi (15. März) 1523.

(1. Mose 1, 1—8).

Einleitung. Von Frühjahr 1523 bis Herbst 1524 hat Luther das erste Buch Mose fortlaufend in Predigten ausgelegt. Von der ersten Predigt dieser Reihe ist schon 1524 ein Einzeldruck erschienen. W. A. XII 438—452 bringt unter diesem Einzeldruck aus Cod. 34 fol. 6 b—9 b der Ratsschulbibliothek Zwickau eine Nachschrift Stephan Roth's. Diese Nachschrift (genauer: Reinschrift der Nachschrift) wird hier wiedergegeben.

Tota scriptura eo vergit, ut Christum nobis proponat, ut Christum XII 438
cognoscamus. Proposui enarrare primum librum genesis, videlicet in quo omnes creaturae nobis proponuntur etc.

Verba sacrae scripturae dupliciter tractantur, primum ab his qui non vere credunt, qui sibi ipsis opinionem quandam fatiunt quoad literam. Secundo | ab iis quorum deus corda tangit. Primi qui ratione XII 439
humana concipiunt verbum, istis nihil prodest, multa narrare possunt

2 Matth. 6, 12. 3 ſich: siehe. 4 f. für was: für war? (alte Korrektur). 20 f. zurückſchlagen: verwerfen (Nachschrift wohl reicere).

et totam bibliam se scire putant et tamen ne minimum iota quidem scripturae sciunt. Hinc Iudei prohibebant, ne iste liber a pueris legeretur, nisi annum 30 nacti essent. Id credo magnos doctores instituisse, non hypocritas. Non enim ratio intelligere potest verba primi capitis.

Primus articulus hic est praecipuus credere scilicet patrem creatorem coeli et terrae, at pauci huc perveniunt, requirit enim hominem qui plane mortuus sit omnibus creaturis. Ideo hoc caput XII 440 est omnium gravissimum | in tota scriptura. Videbimus et confidemus nos assecuturos affectum hujus capitis. Varii varie scripserunt. Sententia quam pro se habent haec est 'hic inaeternum vivit qui omnia simul creavit' etc. . tales sententias produxit et Augustinus et alii, In einem hule hab ehr alle ding geschaffen, wie sie auch alle in einem augenblick werden vorgehen ꝛc: —

Sepe monui, ut simplicissime tractaretis scripturas, laß hymmel hymmel sein und bleiben, erd erd bleiben, nisi articulus fidei obstet et urgeat te. Sic cum dicit 'In sex diebus creavit' etc., maneant sex dies, non inquiramus, quomodo sex dies unus factus sit. Si non accipimus, debemus gloriam dare deo et spiritui sancto adscribamus, qui occultius potuisset scripturam tradere: —

XII 441 | Objiciunt 'Tamen opera dei perfecta sunt, ergo non licet, ut deo imperfectionem addamus' Respondeo, quod ob oculos videmus in creatione hominis, sumus enim et nos creaturae dei, et tamen non perfecte edimur in lucem etc.

Opera dei non sunt perfecta, donec ad perfectionem perveniant. Der spruch dienet nichtt 'Vivit inaeternum qui creavit omnia simul'. Sic intelligitur, i. e. omnia simul quae creata sunt ipse creavit: —

Sex diebus sic creavit ut hodie hominem qui novem mensibus fertur in utero materno, unum post alterum creavit, donec omnia perfecerit. Sic sentiamus, quia non video articulum fidei in scripturis qui repugnet, Dem heilligen geist sollen wir die ehr thun ꝛc.

Secundo. Die wort sall ein iezlicher mit dem geist fassen, quod absque deo nihil possit, ut omnia ei resignet, ut in manus dei omnia XII 442 tradat, hoc | discemus ex eo capite etc. Sequitur enim, quod ego pars

10ff. Gliederung von Z. 10—S. 389 Z. 23: a) Sicherung des Wortsinns gegen allegorische Verdeutung, Z. 10—31; b) affectus, Z. 32—S. 389 Z. 20; c) Zusammenfassung der Totalauslegung, S. 389 Z. 21—23. — Zu (a) vgl. Petrus Lombardus, sent. II. dist. 12 ganz u. dist. 15 c. 6., wo sämtliche berührten Schriftstellen und Väteransichten vorkommen; die Verkürzung 'Varii ... scripserunt' erläutere etwa: de sex diebus contra sensum literalem. 11 u. 26 Jes. Sirach 18,1. 14 vergehen.

mundi sim, qui ex nihilo creatus sum, sicut ergo deus vult, sic mecum agatur, ita omnino sentiendum est etc. qui in fide sunt his haec maxime grata sunt omnia scilicet esse in manu dei etiam minimos cogitatus. Unde sequitur, quod nemo possit me juvare vel mihi nocere praeter deum ipsum.

Si essem inter inimicos et viderem mortem ob oculos, sic cogitandum esset: Deus creavit coelum et terram et omnia quae in mundo sunt, sunt | creaturae dei, absque cujus voluntate nihil possunt omnia. XII 443 Sic fit, quod non desperemus. Et is qui nos affligit, creatura dei est nec quicquam potest, nisi deus velit. Neminem habet supra se nisi deum. Si diabolus dominus fieret omnium et omnia ei darentur, tamen est dei creatura. Qui haec non intelligit, nihil intelligit, sed comminiscetur de materia prima et aliis nugis etc. Si quis fidem habet, dehr fehrt uber alle creaturenn, si fides non adest, ßo felt ehr unnder alle creaturen, tunc non est una creatura quae posset consolari, tunc et hoc sequitur: Gott ist widder dich und die natur ist auch widder dich. Terrebit eos folium sonans etc. Levi: 26. cum sonitus ille folii sit plane res nihili, sic timebit fulmina, fulgura etc. et quicquid terrere potest. Sed qui fidem habent, hi in paradiso sedent, in coelo sunt corde et fructum verbi accipiunt.

| Duo audistis jam. Zcum ersten, das man die schrifft in irem ein- XII 444 feldigen syn bleiben laßße. Zcum andern, das man die wort ehre und fasse mit dem hertzen cum affectu etc.

In principio creavit deus coelum et terram etc.

Es ist hoch angehaben. Si non possumus omnia intelligere, nihil refert etc. Sic cogitandum est ac si haec verba heri scripta essent. Apud deum non est magnum tempus a creatione ad haec usque tempora etc. In principio, im anfang, das zcu dehr zceit nicht geweßen ist noch stunde noch zceit noch tag noch nacht. Ante mundi creationem deus erat, et non erat | nec dies nec nox, ewigkeit und zceitlickeit non XII 445 conveniunt. Nullum est discrimen apud deum mortis Adae et mortis ejus qui heri mortuus est. Sicut hoc altare et haec janua certe longe distant et tamen oculus in uno momento bringet sie zcußammen, sic et cum deo esse imaginari licet etc. Das ist schwer nec omnibus dixisse volo, cogitent qui possunt etc.

Zceit, stund und creatur haben angehaben, deus in tempore creavit, non in momento. Primum fecit quod minimum erat. Sic hic Moses 'nihil erat in terra' etc. Platonis et Aristotelis opinio de ideis dimittenda est. Es ist narrenbergk, impietas est etc.

---

9 nos *; W. A. non. 17 Lev. 26, 36. 24 Gen. 1, 1. 38 Gen. 1, 2. 39 narrenwerck.

XII 446 | Terra fuit informis ut foetus in utero, ist ein kind und nit ein kind, sic fumus est aliquid et est nihil. Sic cum nebulis, ubi confusio est. Sic terra fuit informis et non fuit. Hic non arbores erant, non erat arata terra, non erant nascentia, exemplo sit tibi terra, ubi praeter harenam nihil esset videre etc.

Ein tiffe finsternuß fuit hic. Es hat gebrochenn an licht, stern, graß, baumen 2c. Quod non credam terram fuisse qualis nunc est, urget articulus sequens: 'Terra erat inanis et vacua' etc. Aqua et non aqua. Ich wolde es gerne nennen ein finstere feuchtigkeit, wie ein dicke wolcke: — ein finsterer weichel hymmel.

In hebraeo ventus spiritum significat, promiscue utitur his vocabulis scriptura, ich wolde das es ein windt ader lufft blibe: —

XII 447 | Dixitque deus 'fiat lux' etc.

Movetur hic maxima quaestio, an quod dictum est ad hanc primam diem sit referendum etc. Sic intellego: es hat der anfang an der nacht angehaben, vom abent biß widder zcum abendt computant hebraei diem etc. Vertendum est non, ut nos in usu habemus et sic scripturis assuescendum, alioqui facile erramus in scripturis. Hic habetis tres personas. Deus creavit. Hic audis unam personam. Da sprach ehr 'fiat lux' etc. Hoc verbum non potuit esse creatura, sed majus aliquid. Hic secunda persona prodit. Si loquitur, non est solus. Ehr hats angesehen, das es gut were. Hic est 3[cia] persona, das ewige wolgefallenn. Et est spiritus sanctus.

XII 448 | Et haec est prima dies: —

Talem terram creasse dicitur quae inanis erat et vacua, unzcugericht, war darin widder krafft noch safft, sed aqua circumdabat eam etc. war ungeschickt und rohe. Quando dicit 'Dixit deus "fiat lux" et facta est lux' etc. trinitatem tetigit maxime et expresse duas personas. Deus dixit. Augustinus hat sich sehr gebrochen. Textus clarus est, quod apud deum verbum est, ex illo verbo lumen factum est, praeter verbum nihil addidit.

Hie her hatt Joannes sein Evangelium genohmmen 'In principio erat verbum' etc.

---

8 Gen. 1, 2. 13 Gen. 1, 3 ff. 14 Petr. Lomb. sent. II dist. 13 c. 4 und dort zitierte Väter. 19 ff. Petr. Lomb. sent. II dist. 13 c. 6 u. 7. 25 ff. Z. 25—S. 391 Z. 17 sind wohl Dublette zu Z. 1—24, Aufnahme der Nachschrift eines andern in die eigene Nachschrift; zu dieser zweiten Nachschrift scheinen auch S. 391 Z. 18—34 zu gehören, da S. 390 Z. 24 den ersten Tag schließt. 32 „Evangelium des Johannes" damals oft = Joh. 1, 1—14 (Schluß des Ordo miss[illegible]

Carnalis homo muß hie ſeine ſchue außzcihen, ehr hats nit kindern geſchriben, sed iis qui exercitati sunt in scripturis. Verbum non fit per aliud, | sed alia per verbum fiunt, hoc est creaturae. Moses vult XII 449 indicare, quod non possit eloqui quomodo creaturae creentur vel unde et ex quo fiant, allein die wort kan man nennen, wie ehr ſie außredt. Gott hatt bey ſich ein wort, und das ſelbig wort ſchuff das licht. Ab aeterno inclusit in verbo suo et definivit in corde illius verbi prodeundam lucem. Sequitur ergo quod hoc verbum ex quo omnia sunt, non sit nisi deus verus. Ideo credimus in nostra fide patrem et filium esse unum deum, tametsi non deprehendamus. Hanc tamen gratiam nobis deus dedit, ut in scripturis esset comprehensum. Ex hoc facile poteritis intellegere euangelium Ioannis. Non potuit homo illa loqui quantumvis ingeniosus et doctus.

Es iſt eigentlich und klar geredt, Gott ſprach: tertia persona. Et vidit quod esset bona. Spiritus sanctus iſt das gottlich wolgefallen, ut conservet | creaturas sicut creatae sunt. Spiritus sanctus wirt gnant in XII 450 scripturis das band, die erhaldung ꝛc.

Hic oritur quaestio, cur non in principio libri dixit 'Deus dixit fiat coelum et terra'? quae causa sit si non possumus intellegere adder nit treffen, debemus gloriam dare spiritui sancto qui doctior nobis est. Non video aliam causam quam illam, quia in principio praemisit, ut sciretur incoepisse omnia, omisit itaque 'fiat coelum et terra'. Non enim quadrasset etc. atque est haec prima ratio. 2ª quod indicet tres personas, poteritis conjicere quod illud videre fuit cum verbo. Schopffen, ſehen und ſprechen haben nocheinnander mußen gehen, und ſein doch mittennander geweßen. Ich kan nit zcu gleich | ſprechen vatter, ſohn, heiliger geiſt. Sic Moses non potuit, fuerunt XII 451 tres personae in uno die cum crearentur et coelum et terra. Alßo gehet es in einnander. Pater facit quod filius, filius quod pater, et spiritus sanctus quod pater et filius. Si non omnia intelligitis, parum refert etc.

Verbum semper praeponendum est creaturis, ideo hunc ordinem servat, tametsi in principio non potuit servare. Atque ita in primo die fecit ein rauche und rohe erde, und ein rauchen rohen hymmel. Iam sequitur secundus dies.

| Et dixit deus 'fiat firmamentum'. XII 452

Es werde ein feſte ꝛc. Das rohe finſter gewiſſer das ehr erleuchtet hette, das macht ehr nu feſt ꝛc. quasi dicat ehr hat den hymmel auß

---

35 Iam sequitur etc. knüpft an S. 390 Z. 24 an. 36 Gen. 1, 6. 37 Gewässer.

waſſer gemachtt, den hymmel den wir ſehen, heiſt ehr ein feſte, es fleußte nit sicut reliqua aqua.

Coelum gehet feſt und ſtill, antequam creatum esset coelum, tanto impetu ingrediebatur ut aqua nostra. Qualis aqua sit supra coelum, nescimus. Wir ſollen dem heiligen geiſt raum geben. Sic autem dicimus: qui creavit omnia et coelum ex aqua, potest supra coelum aquam habere. Coelum iſt licht worden und feſt, non sicut erat prima die. Hoc die iſt dem hymmel der rechtte nahm gegeben, supra non erat perfecta terra nec perfectum coelum, jam merito: quia perfectum est: coelum dicitur, wir wollen dem heiligen geiſt kein zcil ſtellen, manebimus interim bey dem einfeldigen vorſtandt und ſynne: —

Oritur rursum quaestio, cur hic solum tacet 'Et erat valde bonum', nympt dehn ſegnen hynwegk, cum in aliis diebus omnibus additur? Ich wiſte euch gewiß antwort zcu ßagen. Quod dicant de binario numero, nihil est. Die zwillige zcall bedeut alle fruchtbarkeit, item die libe in scripturis etc. Ich wils laſſen ſtehen, wers finden kan, der finde es.

4. Drei Predigten Januar/Februar 1525.

Einleitung. Vom 26. bis 28. Januar 1525 ist Johann v. Sachsen mit seinem Sohne Johann Friedrich auf dem Wege nach Eilenburg durch Wittenberg gekommen. Luther hat vor ihnen in der Schloßkirche über Psalm 5 gepredigt (er predigte bei solchen Gelegenheiten gern aus dem Psalter). Über den Eindruck dieser für das Verhältnis Luthers zu Johann bedeutsamen Predigten vgl. Kolde, Friedrich der Weise und die Reformation, Erlangen 1881, S. 58 f. Nachschriften beider Predigten durch Rörer sind erhalten und W. A. XVII/I S. 32—38 gedruckt. Beiden Predigten füge ich an Luthers nächstfolgende vom 5. Februar 1525 über Matth. 11, 25 ff., nicht weil sie mit dem fürstlichen Besuch etwas zu tun hätte, sondern weil sie eine seiner gedankenreichsten, seinen Christusglauben zusammenfassenden Predigten überhaupt ist. Von den beiden Nachschriften dieser Predigt wähle ich die Rörers (W. A. XVII/I 38—46 oberer Text). Die Psalmpredigten vgl. mit Oper. i. ps. 5, W. A. V 125 ff.

a) Erste Predigt vor den sächsischen Fürsten in der Wittenberger Schloßkirche, 26. Januar 1525. (Psalm 5, 1—9.)

XVII/I 32 Vos sepe audistis, quod nocens plaga sit falsus praedicator et non salubrior vero. Falsus enim occidit innumerabiles animas semel. 1. suscipit eis vitam et tandem bona, ut vidimus sub papatu. Econtra heilſamer, qui verbum dei furet, iſt das koſtlicheſt kleinod in

4 Gen. 1, 7. 12 Gen. 1, 8. 38 „nichts heilsamer als ein rechter Pr."

terris, quia per verbum liberantur homines et conscientia fit libera et e Captivitate traditionum liberatur, sicut et hodie videtis, das alſo ghet. Contra illos falsos praedicatores non potest agi nisi his duobus modis: 1. ut praedicetur ore, 2. ut oretur corde. Externo gladio et vi muſs mans nicht dempfen, non est lucta carnalis, sed spiritualis, quae it contra diabolicum regnum et eius angelos. Hic non sinit se hasta transfigi, qui est in corde, oportet alius sit gladius, qui separet eum ex corde, et hoc fit verbo dei. Ut ergo illud sit efficax, necesse est, ut deus oretur. Quanquam habeamus verbum, tamen non possumus facere, ut fiat efficax. Orandus, ut idem faciat efficax, qui dedit. Sicut nos docet pater noster: 'Adveniat', quod omnia huc tendunt, quo hic psalmus, ut verbum dei efficax fiat, nempe ut gots volck fort ghe et contra pseudodoctores, qui falsam doctrinam anrichten. Ideo hic psalmus non est solum oratio contra impios, sed et dat exemplum, wie man ſie ſtellen ſol in oratione.

Incipiendum in eo sensu orare, ut certus sim me exaudiendum et quod oratio mea sibi placeat. Qui hoc corde non accedit, non accedat, ut mat. 6. 'non ut ethnici', ut ante omnia non dubitem placere ei orationem et | certo exauditurum. Hic audet dicere adver- XVII/1 33 sarius: num scis te iustum? non, quia nos digni sumus, sed auff deine groſſe gut, quae non mihi deerit, quanquam non sim dignus. Christus: 'quando oraturi estis, credite ꝛc.' Si non fit, ut nos volumus, tamen certe fiet, ne sis solicitus, quod non audietur, sed quomodo dare velit, ſtehe zu im.

2. aliquid ſol furtragen werden, quod urgeat aliquid. Quod psalmos oras et dicis: '7 tempora oravi', si quesivisset sacrificulum, quid respondisset? Scire debes, quare petas et quid te urgeat. Quando mutuo x fl, scio causam. Ergo propheta nymbt fur ſie das groſſeſte ſtuck, da alles dran ligt, verbum scilicet, ut traditiones humanae et doctores subeant et verbum emergat. Sap. 'Cum orare vis, praepara cor, ne videaris deum tentare', quod est sine praeparatione orare. Non, ut nostri dixerunt praeparationem, Sed quando in ea fide sum, quod dico: domine, hoc placeat tibi propter tuam bonitatem, alias non orarem. Propone ei, quod te impetit, et ora: 'domine, iuva'. Deus solo verbo redimit animas et efficax est in cordibus, ut a malis doctoribus timeo certe futurum, quod adimatur nobis verbum, segnes sumus. Deus dat verbum und erhelt, cum vult, ut soliciti simus et hoc accipiamus et petamus, Nobis utitur ad verbum, ergo soliciti debemus esse. Angelos non emittet e celis, sed nobis utitur.

---

2 W. A. liberat. 11 Matth. 6, 10. 15 Hs. kein Absatz. 18 Matth. 6, 7. 22 Mark. 11, 24. 28 ſie: = sich. 30 Sirach 18, 23. 38 W. A. utimur.

'Verba mea.' Vide, wie sie der man reitzt zum gebet. 3 vicibus dicit: 'audi'. Non solum: 'audi attentus und hab acht, vernyms besser, dan ichs reden than.' Acsi dicerem ad hominem: non possum ita proponere, ut necesse esset, ideo vide, quid opus sit. Deus omnia intelligit, sed per hoc excitamur, nam je hitziger wir betten, je eher exaudimur, per nos facere vult, ideo ut devote oremus, vult.

'Rex et deus', ita vocat. Non habeo alium regem, ducem et deum praeter te, quanquam plures sint. Pro deo et rege non habetur nisi, ut ab eo accipiatur. Alii dii accipiunt, ut experti sumus, quia sub papatu dedimus deo, edificavimus templa, haben praebenden gestifft. Nos monachi dededimus ei, quasi ipse indigeret nostra opera. Non est talis deus ille, sed a quo omnia accipimus, nihil a nobis. 'Rex', qui regit me in omnibus, quae habeo. Sic alii non sunt, qui reguntur ab comparantibus, et nemo trifft den gott, nisi sentiat se XVII/I 34 omnia ab ipso accipere, corporalia et spiritualia, et eciam | granulum. Hoc unico verbo sihet der prophet in alle falsche lere, q. d. wie ein schendlich wesen ist das, quod deitas funditur in varios modos, quod vix aliquis habet deum praeter me. Iudei varia altaria struebant et dicebant: hic est deus, qui servit ei, hic statim deum fecerunt talem, qui hoc ab eis acciperet. Est ergo opinio humana et error. Hic trifft gott, qui scit se nihil posse dare deo, sed: deus meus, da tu mihi, ne granulum habeo, si hoc ex corde proficiscitur:

'Mane audies.' Geistlich mocht heissen ut Ro. 13. Prophetae utuntur varie, du wolst mich bald, nicht spat, nit langsam. Ego simpliciter sequor grammaticam: 'frue', et huc deut er hin, wo sich das pet hin lenckt, nempe auffs wort gottes. Erat mos, ut hodie, quod verbum dei mane tractabatur, ut plura legis exempla in vetere testamento, q. d. Ich bitte umb ein sach, da not an ligt et quae mane fit. Vide, quid fiat. In omnibus angulis pervertitur tuum verbum. Hoc tempore der grost schaden fit in mundo et maius peccatum est quam omnia peccata, quae fiunt post meridiem.

'Mane videbo.' Ibi ero, ubi est tuum templum et praedicatur. Ich wil mich zurusten non solum externis rebus, sed et corde, plura mala videbo. Vides prophetam esse vigilantem, non securum. Videbo, an tu loquaris an diabolus. Cum ergo hoc ago, ut tu loquaris, oro, ut sinas me te audire. Si tali ernst accederemus ad contionem, tunc

---

1 Ps. 5, 2 f. — sie = sich. 3 Acsi *; W. A. Sed si. 7 Ps. 5, 3. 18 die von den Propheten bekämpften vorexilischen Kultstätten. 22/23 Die neue Zeile 23 Nachsatz zum si-Satz Zeile 22. 23 Ps. 5, 4. 23 Verstehe: mane könnte geistlich verstanden werden wie Röm. 13, 12. 32 Ps. 5, 4 b.

certe fieremus participes. Hie gilt es das leben und seel, ideo vide, ut oculis cordis seist wacker et audias verbum dei. Et cum hoc deus videt, citius aderit et tutus eris ab illis perversis doctoribus, die unachtsamen non credant se audire deum, sed sermonem. Non habet talis discrimen, an deus loquatur ꝛc. Ita debes orare: Sinas illum loqui verbum tuum mihi in utilitatem. Vides, quam fein hic psalmus instruit scholasticum, qui audiat verbum dei, nempe quod audiat, qui utitur lingua hominis. Et tantum est, si homo loquitur, ac ipse, si etiam per azinum vel lapidem loqueretur, esset eius verbum. Vide, quam securus et certus sit de sua causa, et concludit sententiam contra alios, das ir ding nicht gelt. Certus est ergo, quod oratio deo placeat eius et quod exaudiatur et quod displiceant alii, videlicet illi praedicatores falsi. Si contra papistas mihi orandum, non dubitare debeo, sed securus et tutus esse et dicere: hic vitam agit impiam ꝛc. Sequitur: 'Sepulchrum eorum patens' ꝛc. Vide, quam increpet adversarios, heisst das gelobt? Si hoc fieret sacerdotibus, quid dicerent? Et tamen propheta facit mit grossem turst. Sic dicere | possum: tu, domine, scis XVII/I 35
papam cum omnibus suis esse diaboli impium populum. Sed tamen hoc est efficatius. Hoc me audacem facit, quod scientia, qualis deus sit, quod impietas non placeat, sed contrarium. Hic indicat varios deos. 'Non volens', sunt dii, quibus placeat, ut diabolus, cui platta, cappa, virginitas placet, et si homo sic cogitat de vero deo, verissime sunt diaboli. Interim deus verus amissus est. Tu vere unicus deus non probas talem impietatem, propheta ideo tam certus est, quia videt paucissimos esse, qui verum deum agnoscant. Quot sunt hodie veri Christiani. Item in omni honore versantur Papistae, ideo homines non statim credunt eorum statum impietatem esse. Concludit: non possunt omnem mundum errare. Sed ille dicit: 'Non tu vis impietatem', Si etiam centum mundi contra sentirent. Quanquam deus stellt, quasi deo placeat impietas impiorum, contra piorum pietas displiceret. Regnat Herodes, Pilatus, Caiaphas, Christus crucifigitur. Sed suo tempore mutabitur res. Hodie qui syncere praedicant, vix pacem habent, econtra. Hic animo forti opus, qui sciat omnia esse impietatem. Impietas est, quod in fide non est, praesertim das hoch her gehet ut bona opera, missae, tempora 7. Si omnes clericorum preces zu hauff schmeltzets, nihil est, quia coacti fecerunt, non ex fide

---

7 qui: sc. eum qui. 8 Num. 22, 28. 14 Ps. 5, 10 (sequitur: „weiter unten heißt's"). 19 hoc[1], nämlich Ps. 5, 5 'non deus volens iniquitatem tu'; efficacius, nämlich wirksamer als das zur Erläuterung vorweggenommene Scheltwort Ps. 5, 10. 21 Ps. 5, 5. 27/28 Verstehe: concludunt: impossibile esse, omnem mundum errare.

nec necessitate, non est fides et tranquilla conscientia, sed opinio humana et externus splendor.

2. dicit: 'boss.' Ibi sententiam tulit neminem bonum, qui est sine deo. Ergo nihil, quod faciunt, bonum, sed impium. Ergo deus hat khein lust an in, quanquam putent se dei filios. Apparet sic esse, sed fides dicit non, et deus beweist es.

3. Die tollen non consistent. Ideo tol dicuntur, das sie frech sind und gantz mit dem kopff in durch, lassen inen nit sagen. 'Dixi iniquis: nolite inique agere et nolite exaltare cornu.' Sicut vidistis, quando papam aggressus sum, noluit audire. Sed putat se sthen et sua vera esse.

4. 'Ubeltheter', non possent erger increpari, ut vides. Efficax ergo oratio. Non dicit crassos ubeltheter, ut homicidas ꝛc. sed qui mit guten wercken umb ghen. 1. impii et mali sunt et per opera, 3. ostendunt se, quales sint intus. 4. suis honestis seducunt. 'Mendaces perdes.' Impii et mali in irem wesen, ubeltheter in operibus, gleisner
XVII/I 36 und heuchler, ut | sequitur, quid sinit in eis integrum? quia dicit deum perdere eos. 'Deus abominabitur', sicut sunt impii in natura, toll, lugenhafftig im predigen, sic contra proximum non habent charitatem, sed loco charitatis sunt sanguinarii und falsch und untrew. Et verum est, non est magis venenatus populus quam illi, als pald man in ir ding an rurt, et quod dicitur nihil esse, quam hodie iniiciunt in carcerem Christianos, sunt ergo falsi doctores, verissime occisores et nihil aliud facere possunt quam comburere et occidere, dare debent, rapiunt, quod hospitales debent, expellunt e patria, und falsch, quanquam se stellen ut sancti et honesti, tamen intus sunt fallaces, potest se papa amice stellen, sed in corde non est. Cenobii congregatio, quae dedit 100 fl. in pauperes. Certe me movere debet horum impietas zu einem ernstlichen gebet. Coram deo sunt impii et homines, gladio non potest fieri, ergo oratio sola.

2. pars orationis. 'Introibo' ꝛc. non sicut illi, qui putant se placere deo, quod ei sinit rapere titulos eorum, non cogitant bonitatem solam dei gelten, sed suam virtutem werffen sie auff, et hoc non est niti bonitate dei, sed sua virtute. 'Magna bonitate', dicit non simpliciter: 'bonitate', sed 'magna'. Haec est spes mea, quod bonitas tua est magna, alias damnatus essem. Nemo aliquid faciat nisi super dei bonitate, quod sua oratio deo placeat ꝛc. per suam bonitatem, non auff mein wirdigkeyt, quicquid non est dei bonitas, da ghe nit

---

3 Ps. 5, 5b. 5 Apparet sic esse: das Böse der großmächtigen adversarii hat den Schein, gut zu sein. 7 Ps. 5, 6 a. 7 Ps. 75, 5. 12 Ps. 5, 6b. 15 Ps. 5, 7a. 18 Ps. 5, 7b. 31 Ps. 5, 8a. 34 Ps. 5, 8a.

hin, tunc fit, ut nihil placeat illi, ut supra dixit de impiis. 'Adorabo'. Vides hic loqui de opere, ut dixi, quod mane fit, quo impii trahendo 'te' ad sua opera putant se non indigere tua bonitate. 'Domine, deduc', iam concludit orationem. Haec vera est. Non hactenus descripsit malos et bonos praedicatores, doctores. Iam oratio sequitur: 'In iustitia tua.' Mea iustitia est, quando probus sum, sed non sine me esse iustum neque iniustum, sed tua est iustitia, per quam me iustificas i. e. gratia et misericordia, per quam tu me suscipis, quod fido te, fac, ut in hac via maneam, doctrina, cognitio vera est, sed domine, fac, ut maneam in ea, diabolus non quiescit, sic falsi doctores, fac, domine, ut perseverem in tua iustitia, dirige vias tuas, non meas, den richt. Pulcher versiculus. Es gehet immer wider auff sie: 'Sepulchrum' rc.

b) Zweite Predigt vor den sächsischen Fürsten in der Wittenberger Schloßkirche, 28. Januar 1525.
(Psalm 5, 10—13)

| Audivimus veritatem huius psalmi, sthet drinne: 'Introibo', XVII/I 37
quod vita nostra, quod consistit in fide, quottidie experitur impeti. 'Sepulchrum', q. d. funes, quos mihi ponunt, und den unfal der falschen ler schmucken sie, quasi sanctissima sit, sed nihil certi est, q. d. totus mundus sich zu tod fastet, et tamen cor incertum est, quam cum deo sthe. Omnes clerici huc non venerunt, ut certo scirent sua esse certa, nihil ergo certi in ore, quod docent nostri, facit cor securum. Nostra praedicatio huc tendit, ut corda hominum sciant, wie sie mit got dran sein. Hodierni praedicatores sic facere docent. Viae sunt a nobis excogitatae, interim cor non est securum, dum autem, quando habet fundamentum, quod nunquam movetur, quod est dei bonitas et deus ipse, cadat ergo a suis operibus et praesumptione et fal auff die gutikeyt gotes, quae perpetua est ut ipse. Hinc ubique in ps. et novo testamento: 'Petra mea deus'. Ubi hanc habes, tuta omnia.

'In ore eorum' rc. iam letus, iam tristis, verus Christianus semper letus, quia habet Christum, ut in fine. Quando diu praedicant, nihil habens da von den jamer, elend, hertzenleid. Nulla letitia adest, his operibus spetiosis machen sie die hertzen feyg. Unglück sepe occurrit. Nihil aliud faciunt quam quod devorent homines. Apertum, quod non potest saturari sicut infernus, natura est avarus populus, id quod

---

1 Ps. 5, 8b. 3f. Ps. 5, 9. 6 Ps. 5, 9. 10 ea *. W. A. eo. 13 Ps. 5, 10. 17 Ps. 5, 8. 19 Ps. 5, 10. 26 dum: verstehe tum. 30 2 Sam. 22, 2; Ps. 18, 3; Ps. 31, 3; Ps. 42, 10; Ps. 62, 8; Math. 7, 24; 1. Kor. 10, 4. 30 Hs. k. Abs. 31 Ps. 5, 10. 36 Jes. 5, 14.

et vulgus animadvertit. Ita accipientes hanc doctrinam perdidimus omnia. Sie füren alle titulos dei et Christi et per hos seducunt nos. Si ergo tu, domine, non vigilas, actum est. Christus: 'prodigia facient', 'ut electi' ꝛc.

Iam bitet er umb das urteyl. Hactenus oravit, ut habeat certam conscientiam in deo, non se. Iam fac, ut mea causa fiat nota, quae iusta est, et econtra. Sicut et Paulus: 'Insipientia eorum.' Schuldige ſie non solum in corde, sed et externe, ut videat totus mundus eorum errorem i. e. mach ſie zu ſunden und ſchanden, ut das ſie fallen a sua doctrina, es iſt gered von der euſerlichen 'ſchuldigen'. 1. ps. impii non manebunt, sicut hic. Prius fuimus nos palea, iam ipsi. Iam verbum habemus, ergo sumus Christiani. Sinit den boſheyt regnare, ut et in veteri testamento, Biſs auff die hoch. Sie erbittern dich, sed hoc non arbitrantur. Verba ergo sunt fidei haec. 'Las ſie auff.' Hoc 2. ps.: sontes corripe, insontes honora, die gelten allein, qui fidunt sola misericordia dei. Dei 'nomen' gloria, fama, gut geſchrey. Verus, misericors deus est, cui fido. Hoc dei XVII/I 38 | diligunt nomen, qui suum odit, ut qui se iactat Mosi discipulum aut Francisci, qui edificat altare. Verbum dei est 'signum, cui contradicetur', ſo hats den titel und farb, ut dicatur heresis, et imitatur sicut umbra corpus. Si non, non est verbum verum, hoc contingit ei, quando verbum sequitur, habent tamen solatium: 'tu iusto' ꝛc. q. d. iusti damnantur ut heretici, sed tu suo tempore iustos ostendes. Si ergo ipse me laudat, nihil curo totius mundi terrorem, et sic adfectus sum, quando habeo verbum. Ro. 8. 'Si deus pro nobis.' 'Scutum', hoc est in corde, nempe favor dei. Si sentio deum favere mihi, a quo timebo? melius est calibe et adamante et hic favor, inquit, circumdedit me, undequaque est, sive eger sive fortis, egenus sis, semper habes favorem. Quod 'scutum' dicit, indicat pios habere buff a diabolo et hominibus, sed scutum habent favorem dei, qui per fidem in corde est. Non dicit de pulvino. Vides omnia scripta esse ut Paulus 15.

c) Predigt in der Stadtkirche zu Wittenberg 5. Februar 1525 (Sonnt. nach Mariae Reinigung, Matth. 11, 25—30.)

XVII/I 38 Hoc Euangelium iſt ein rechtſchaffen. Nam quod praedicatur Christus fecisse miracula, non est ſo troſtlich et securum, ut fidas illi,

3 Matth. 24, 24. 4 Hs. k. Abs. 5 er, der Psalmist (5, 11: iudica illos, deus). 7 2 Tim. 3, 9. 11 Ps. 1, 4. 15 Ps. 5, 12. 15 „Dies die beiden Stücke des Ps.-Gebets." 16 Ps. 5, 12. 18 ⟨non⟩ ut qui: anders als der, welcher. 19f. Luk. 2, 34. 22 Ps. 5, 13 (lies: iusto⟨s⟩). 25 Röm. 8, 31; Ps. 5, 13. 31 Röm. 15, 4.

ut videas plus ligen in verbis Christi quam factis. Ut, cum audis Christum, vides sanasse, scis Christum esse misericordem et exemplum vides charitatis. Sed non solatur te ut haec Christi verba, quibus proponit mihi misericordiam et gratiam. His ego letor. Ideo verba Christi plus valent. Ergo hoc Euangelium prae ceteris proponit Euangelium, quid sit, nempe cognitio dei et filii missi, unde veniat, quia agnitio est vita eterna Ioh. 17. Oportet quod significent verba 'prudens', 'unmundig' et quod dicit: 'Confiteor' ꝛc.

| Hoc nemo intelligit, nisi scit, qui 'sapiens', 'prudens' et 'unmundig'. XVII/I 39 Moneo prius, ne nos, qui audimus Euangelium, quando aliquid mali dicitur, non putamus de nobis dici, ut Iudei fecerunt, nempe dicimus dici de his, qui nolunt Euangelium accipere. Sed respice totum caput. Dum videbis, de quibus dicat dominus. Si non vis audire, excecaberis. Si autem es unus e parvulis, bene. Totum caput sonat, quod Iudeos increpavit: 'non saltastis' ꝛc. 'cecinimus'. Increpat eos, quibus Euangelium praedicatum et ad quos facta miracula. Item adiicit urbes, in quibus ipse Christus praedicabat, et postea adiicit: 'Confiteor'. ¶ 1. qui 'sapientes'. Nota: non est, qui vere sunt sapientes et prudentes. Magna gratia est, quando deus vel Christus vocat sapientes, sapientia ex agnitione dei, prudentia: omnia exequi bona conscientia, quae cuique commissa sunt. Hoc stat in vera significatione. Sed hic dicuntur, qui se putant sapientes, prae qua sapientia vera sapientia non potest intrare cor eorum. Et hi sunt omnes homines secundum naturam, qui putant stultitiam dei verbum, quia caro ꝛc. dei res non intelligunt, impossibile est. Cum hoc audiunt, insani fiunt, quasi ipsi nihil intelligant. Dicunt: putas nos non scire, quid bonum, quid malum? Sed hoc bonum, quod fert quoddam comodum, quando unrecht est coram deo et hominibus, non curas, quae huic contraria sunt, iudicas mala. Natura non aliter facit: quaerit sua, haec vult omnia administrari sua cura, prudentia, domum ꝛc. regiones, Civitates. Donum dei est, quando prudentiam habent homines et sciunt expedire. Loquitur Christus verissime de his, qui sua prudentia erigunt contra verbum dei se, ut Chorazim, Capernaum, Hierusalem. Per hanc sapientiam fiunt tam sapientes, ut non solum externas et carnales res gubernare velint, sed et salutem quaerere. Sic Iudaei, quibus praeceptum erat, ut unum haberent templum,

---

6 Roth: Euangelium non est nisi cognitio dei et filii missi, et unde haec cognitio sit. 7 Joh. 17, 3. 7 Oportet ⟨intelligere⟩. 8 Matth. 11, 25. 15 Matth. 11, 17. 16 Matth. 11, 20. 17 Matth. 11, 21—24. 18 Matth. 11, 25. 18 Das Zeichen ¶ zur Bezeichnung von in Hs. fehlenden Absätzen hier eingefügt. 25 Matth. 16, 17; 1 Kor. 2, 13.

XVII/I 40 plura edificarunt | et semper invenerunt plura. Tempore apostolorum nihil fuit Cappa ꝛc. ex sapientia humana venerunt. Plebs habet suum morem veniendi ad deum et quod hoc anno tenuerunt, aliud amplexa est et sic nunquam pervenitur ad dei verbum. Hinc sequitur, ut timeamus, et non stemus in nobis, sed in deo. ¶ Quando ergo hoc facimus, sinit nos deus et simus excecati et hoc est finis iudicii, et postea nihil scimus de deo. Prius novimus deum, postea non. Huc pertinet ps. 'dicit insipiens', ita 'corde loquitur'. Quia naturalis i. e. qui spiritu sancto non est edoctus, quia stultitiam putat, quia ad hoc gehort ein geist. Sic omnes natura sumus. Quando sic excecati sumus, dum erigimus novum cultum dei. Lege Ro. 1. gentes putabant se deum verum colere velle in imaginibus. Sic nobis facimus idolum, qui umbghe mit cappen, fisch fressen, dum sequitur weyter, ut faciamus, quae non conveniunt, feminae contemnunt viros und thun ander schand. Hoc scripsit Paulus de gentibus, qui habuerunt elich weyber, wie sol es denn zu ghen in papatu, qui prohibuit uxorem? Tum fit, ut nihil faciant boni, ut habet congeries. Si iudex pervertit ius, si artifex, huiusmodi fructus veniunt, quando nos sapere velimus in re salutis et non suscipere Euangelium, ut illi in Capernaum ꝛc. de illis dicit Christus: 'Confiteor'. Nunquam illi agnoverunt, praedicatur et vident miracula, sed non venit in corda eorum. ¶ 'Parvulis': non qui vere sunt unmundig, tol, alber, simpel. Sicut et sapientes non vere, coram mundo. Sed Christus non vult eos intelligere qui tol secundum
XVII/I 41 mundum. Potest doctior esse offt, qui parvulus dicitur a | Christo, et rusticus, qui dicatur esse sapiens. In 8. ps. dicuntur infantes, sed oportet sint tales, qui praedicare possint deum. Sic hic et tales sunt, qui nihil de se sentiunt, sciunt omnia sua damnata, quicquid faciunt, non esse solatium nisi per gratiam et misericordiam, quod sua stultitia est, sapientia dei, omnia illi discunt a deo et discipuli sunt, alii non item. 2. Pe. 2. de his. Christus: 'Seculi huius prudentiores in sua', nach iret art, Sed filii lucis plus valent coram deo quam alii. De his loquitur infantulis, ibi alber sind klug et sapientes stulti i. e. 'Du hasts den klugling verdeckt' i. e. non intelligunt. 'Et revelasti' i. e. stulti norunt, illi vere non sciunt, quia abscondisti, ii sciunt, quia revelasti. ¶ 'Die ding': sciendum, quid sit, alias textus maneret obscurus, et hoc intelligendum ex praecedenti textu. Christus praedi-

---

1 die von den Propheten bekämpften vorexilischen Kultstätten. 8 Ps. 14, 1. 11 dum: verstehe tum. 11 ff. Röm. 1, 18—25. 13 ff. Röm. 1, 26—32. 13 dum = tum. 17 congeries: Röm. 1, 29—31. 20 Matth. 11, 25. 21 Matth. 11, 25. 25 Ps. 8, 3. 30 2 Petr. 2, 1 ff. 30 Luk. 16, 8. 35 Matth. 11, 27: alle Dinge.

cavit Euangelium et increpavit. Cur ergo dicit de Euangelio, quod illis est occultum ꝛc. Euangelium est nuntium bonum et per hoc agnosco deum et remissionem peccatorum habeo. Ut Ioh. 17. 'Hoc est'. Sic hic dicit: 'Nemo novit patrem.' Hic dicit de cognitione patris et filii: qui hoc agnoscit, habet vitam eternam i. e. non agnoscit nec patrem nec filium et per hanc agnitionem habent vitam eternam, quod liberi sunt ab omnibus peccatis. Si hoc verum, ut verum, dicat ergo, quid sit liberum arbitrium? Nec est verbum in bibliis, quod dicat de hoc. Quando excecamur et in | peccata cadimus, potes dicere de libero XVII/I 42
arbitrio: non est liberum arbitrium, es ist wol ein beschisner. Quae humanae vires? Hic vides patrem revelare, ubi hic non revelat, merae sunt tenebrae, si dat, habes, si non, nihil effities tuis viribus i. e. tua voluntas est, es ghet also zu, ibi nymbt Christus omne humanum meritum, ut non dicas: merui vel satisfeci pro peccatis vel tantum faciam vel praeparabo ad gratiam et salutem, nihil. Sed venit ex voluntate patris. Si in multis peccatis sum, da leyt got nicht an. 'Ne timete, pusille grex.' Hoc non possunt sapientes secundum naturam videre, ut in Euangelio increpantur Mat. 20. Omnis gratia, illuminatio huc venit, quod 'deo placuit ita', ita eciam excecatio impiorum. ¶ Stultitia ergo est: Cappam gestabo, nihil vires, opera, merita vel non verum est, quod hic Christus loquitur: 'Omnia tradita.' Hic videmus hoc, quod diximus et super hoc securitatem, quae est in regno Christi, quod habemus per Christum agnitionem et lucem, quia dicit: 'Omnia mihi', si ergo omnia habet in manu ut pater, nemo potest perdi in regno eius. Sicut nemo ex patris manu, sic nec Christi. Et omnis homo gaudere debet, quod accepit Euangelium et credit, sciat, quod a deo acceptus. Si infirmus: hic est deus, potens est, modo ne locum det diabolo, qui interdum vexat homines ad scortationem ꝛc. et is indiget oratione, ut liberetur a laqueo diaboli, gratia est, quod videt tentari se a diabolo. ¶ Videmus ergo et Christum et deum et hominem in hoc Euangelio. Homo, quia laudat patrem deum, ⟨et deus⟩, quia omnia in manu ut deus |, et Sicut pater revelavit et XVII/I 43
occultavit, Sic Christus. Nam dicit contra liberi arbitrii vires, quod nemo novit filium nisi pater et econtra, et cui vult revelare. Quomodo nos cognoscimus? Tantum legam, audiam. Lectio, quam facimus, est ministerium ad hoc, per quod deus venit ad te, sed deum debes habere

---

3 Joh. 17, 3. 4 Matth. 11, 27. 5 ff. Roth: Abscondisti igitur, qui non intelligunt patrem neque filium, revelasti illis, quod intelligunt patrem etc. 17 Luk. 12, 32. 18 Matth. 20, 15 f. 19 Matth. 11, 26. 21 Matth. 11, 27. 25 f. Joh. 10, 29. 31 quia *; W. A. qui. 32 ⟨et deus⟩ nach Roth ergänzt. — ut deus: verstehe: ut pater.

ductorem: 'dirige me in tua' via, iustitia ps. 'Cui revelaverit filius'. Supra: 'revelasti'. Sicut ergo pater revelat, sic et filius. Sic et spiritus sanctus in Iohanne: 'ipse docebit'. Consequitur patrem, filium, spiritum sanctum esse unum magistrum, ubi hi non docent, merae sunt tenebrae. Si ipsi docent, oportet humana sapientia cesset. Quia mundus in sapientia deum non potest. ¶ Hactenus audivimus, quid deus et Christus agat cum sapientibus, quod excecat, et parvulis, nempe illuminat. Sed quia hoc non prodest mihi et timeo me sapientem esse, donec Christum audio dicentem: 'Venite' ꝛc. Hoc consolationis plenum. Est verum Euangelium. Christus omnes invitat, non vult sapientes, sed 'muhselig', quos gravat peccatum, lex, conscientia, qui sentit se non implere legem, deum non prae omnibus diligere, gravatus est, debet facere et non potest, quid faciet? Veniat ad Christum. 'Erquicken.' Ioh. v. 'qui sitit, veniat et bibat'. Hoc de spiritu sancto dixit i. e. dare vult spiritum sanctum, sinit praedicare, ut hic dicitur: 'Venite', quando audio Euangelium, huic credo, statim adest spiritus sanctus, qui ubi adest, et remissio peccatorum, et sentio hoc in corde et scio per Christum Iesum, et hoc est spiritus XVII/I 44 sanctus | et is exuret ad finem, quod reliquum peccatum. Puto esse erquickung, quando proximus fuit desperationi et liberatur. Ultra hoc fit dominus celi et terrae, postea nobiscum erit ut in ps. 90. 'Cum ipso ero in tribulatione', victum dabo, ut dicitur de Ioseph, quod sapientia dei secum in carcerem descendit i. e. deus erat eum eo, got liss sie nit in ein gefengnis spannen, es ist ein schwere last, quando gravamur lege, peccatis. ¶ 'Tollite'. Quam amanter allicit. Euangelium vult, ut dicamus omnia nostra nihil esse, resignemus omnia, et quod sequatur crux, id quod terret nos, dicit ergo 'Iugum'. Augustinus et alii exposuerunt i. e. docete a me, quod mitis, non creare celum et terram, sed demutig, pulchra doctrina, sed hic respiciendum, quid supra, quid infra sequatur. Christus loquitur de cognitione patris et sui, ut alliciat liplich ad Euangelium, dicit: 'venite ad me.' Quid debemus facere? vult docere: quid discam, o Christe, cum damnas omnia? apparet secundum naturam, sed 'sum mitis', non streng ut Moses, qui non poterat, lapidabatur, non erat gratia nec impletio legis. Ego mitis, non praedico hoc faciendum, sed remissionem peccatorum, ich bit, streck mir die hand. Alterum loquitur contra pharisaeos, qui voluerunt suam doctrinam fur ghen i. e. qui postea peccant, quando semel

---

1 Ps. 5, 9. 1 Matth. 11, 27. 3 Joh. 14, 26. 6 1 Kor. 1, 21. 9 Matth. 11, 28. 14 Matth. 11, 28; Joh. 7, 37. 21 Ps. 91, 15. 22 Ps. 105, 17 ff. 25 Matth. 11, 29. 27 Matth. 11, 29. 28 docete: verstehe: discite. 27 Augustinus, Sermo 24 c. 4.

accepti sunt, non contemno, sed iterum accipio. Ut pharisaei et hodie Episcopi, ut si hodie quis cuperet uxorem accipere, Episcopus non admittit, ee sichs nach lissen, all geboten dei musten unter ghen. Ergo superbi sunt corde. Deus sinit legem suam fallen, | ut miseros ad XVII/I 45 se alliciat, ich weis, wie ich mit dem sunder sol umbghen, 'et ipse tentatus est' Heb. et primum indicat, quod secundum mundum est necessitas et tentatio, sed cor et conscientia liberum erat. In Iohanne: 'in mundo pressuram', externe apparet, quasi simus abiecti. In corde pax est Ro. 5. quid enim potest nocere, si eciam moriendum ꝛc. das ist liplich gelockt. ¶ 'Iugum.' Si iugum ferre debeo, non est requies. Certum iugum legis fuit Petrus Act. 15. Si aliud exonerandum et aliud iugum subeundum, apparet tentatio tam atrox, ut cuperent se non fuisse factos Christianos. Christus solatur, quidam putant Christi iugum acrius Mosi, Mat. 5. 'si irasceris fratri' ꝛc. ita intelligunt scripturam. Christus non dat illic legem, sed interpretatur legem, ut intelligenda in Mose nec fatias sanctitatem pharisaeorum, quod exigat cor, quod non habemus. 'Ex corde veniunt' Mat. 15. Item dicunt: Iugum dei esset dulce, si papa et Episcopi non onerassent clericos. Verum quidem est, quod ita nos onerarunt ꝛc. Iugum Christi 'suave' est, quod non solum ceremonias et Iudeorum aufert, sed peccatum, inferos et totam legem, contra quam peccavimus: deum non dilexi, hoc peccatum oportet Christus auff sich nemb, ut satisfatiat pro peccato pro quo ego non possum, ergo dulce est, apparet grave, quia sine tentatione non est Paulus, quotquot, sed dulce, quod Christus et deus mit draget. Puer putat se portare, quando matrem habet adiutricem. Christus imponit nobis crucem suam, tentationem, et infirmi sumus, sed adiuvat, apparet, quasi succumbere sol, sed, quia Christus adiuvat, dulce.

5. Predigt am 3. November 1526.

(Philipp. 1, 3—11).

Einleitung. Am 3. November 1526 hat eine von Luther erzwungene Aussprache zwischen Johann v. Sachsen und Luther stattgefunden, in der Luther den Stein hinsichtlich der Visitationsfrage ins Rollen gebracht hat, vgl. Enders, Nr. 1127 (an Spalatin 1. I. 1527). Am gleichen Tage hat Luther vor Kurfürst und Kurprinz über die Epistel des vorhergehenden Sonntags, 22. p. Trin., eine Predigt gehalten, von der uns eine bruchstückhafte Nachschrift Rörers erhalten ist, die hier nach W. A. XX 534f. wiedergegeben wird.

---

3 sichs: sie's. 5f. Hebr. 2, 18. 8 Joh. 16, 33. 9 Röm. 5, 1. 9 Roth: Modo conscientia libera sit, nihil nos movere potest. 10 Matth. 11, 30. 11 Act 15, 10. 12 tam *; W. A. tum. 14 Matth. 5, 22. 17 Matth. 15, 19. 19 Matth. 11, 30. 28 Roth: Mit einem guten kompan ist gut singen.

XX 534 1. Phil. Dixit inter reliqua, nulli homini fidendum, Quia 'omnis homo mendax'. Item 'universa vanitas omnis homo vivens'. Et alibi in ps. Si vanitatem ponderes cum homine, vanitas praeponderabit. Hoc non intelligendum de natura hominis, secundum quam est aliquid, sed quod vice salutis nihil tibi prodesse possit, cum ipse sibi non prodesse possit, etiam corporis. Sic Christianus respicit hominem secundum fidem. Si decipitur ab eo, cogitat: facit 'ut homo solet'. Hinc ps. 'Nolite confidere in principibus, in quo nulla est hilff', non dicit 'homini non oboediendum, serviendum', sed 'non confidendum'. Secundum charitatem Christianus omnibus credit, de omnibus bona sperat, stultissima res charitas et ceca, ut dicitur. Et ut solet dici: ranam interdum prae purpura diligit.

XX 535 | Sic Paulus optime sentit de omnibus Philippensibus et Christianis, hoc est, qui Euangelium audiunt, suscipiunt et non illi adversantur manifeste. unde hoc facit? num per fidem? non, sed charitatem, quia dicit 'omnes vos habeo in corde'. Ceterum an vere sint tales, pro quibus ipse habet, deus novit. Ideo non dicit: 'de omnibus vobis sic sentio, quia in se iustum est vel ita est', sed: 'quia estis mihi omnes in corde, iustum.' In Spiritualibus secundum fidem Christianus nulli fidit i.e. in nullius hominis sapientia, eruditione, sanctitate nititur. Secundum charitatem omnibus credit i. e. charitas facit, ut ipse de aliis omnibus optime sentiat. Et si sepissime fallatur, tamen cogitat meliora de deceptoribus. Et novit, quando homo aliquid boni facit vel fidem servat rc., quod homo ex se non facit, sed deus in ipso. Num etiam sperandum melius de hereticis et qui 'canes' sunt deficientes ab Euangelio, illud insectantur? Non, quia ipsi seipsos iudicarunt Paulo dicente rc. Ibi fides iudicat et fidei res agitur, alium bene docere, alium perverse rc.

Porro Paulus dicit non solum 'participes facti estis, ut sentire me decet, Euangelii', sed 'omnium quae Euangelio obveniunt, nempe vinculorum, defensionis, confortationis Euangelii'. Nam veri Christiani ipsa non abhorrent vincula, imo mortem pati pro Euangelio. Item si unus Christianorum defendit vel confirmat Euangelium, ut Paulus faciebat, letantur reliqui omnes, ac per ipsos id factum fuisset. Et ipsi desyderarent ita confirmari et defendi sua ipsorum ignominia, si Christianum nomen vere habent.

---

1 Phil. 1, 3—11. Röm. 3, 4. 2 Ps. 39, 6. 6 etiam corporis: verstehe ⟨nec⟩ etiam ⟨vice⟩ corporis. 8 Ps. 146, 3. 13 ff. Phil 1, 7. 18 quia[1] *; W. A. non quia. 19 corde, iustum ⟨mihi sic sentire⟩ *; W. A. cordibus. 25 Phil. 3, 2. 27 rc.: Luther hat wohl Phil. 3, 18 f. oder Phil. 3, 2 f. zitiert. 30 Phil. 1, 7. 32 ipsa: W. A. ipsi.

6. Leichenpredigt für Kurfürst Johann von Sachsen 18. August 1532.

(1 Thess. 4, 13 u. 14)

Einleitung. Am 15. August 1532 ist Kurfürst Johann v. Sachsen gestorben. Am 18. August (Arch. Ref. Gesch. XXV 77) ist die Beisetzung in Wittenberg erfolgt. Die Leichenpredigt dabei hat Luther gehalten. Sie ist W. A. XXXVI 237—254 in zwiefacher Fassung, nach Rörers Nachschrift wie nach der Druckausgabe, die noch 1532 erschienen, wiedergegeben. Hier ist Rörers Nachschrift nach der Fassung der W. A. mitgeteilt. Text: 1. Thess. 4, 13 u. 14.

Die in den gedruckten Ausgaben von 1532 mit enthaltene zweite Predigt vom 22. August 1532 über den gleichen Text ist hier, als nicht zur eigentlichen Beisetzungsfeier gehörig, weggelassen.

Mei amici, wie wol ich ungeſchickt bin zu predigen, praesertim mane, XXXVI 237 weil ſich aber der fall zugetragen, mus ich ein ubrigs, und weil abgangen iſt die gewonheit und weiſe mit ſeelmeſſen und begengnis, ut corpora ꝛc. das dennoch nicht nachbleibe der cultus, ut ipse laudetur et nos gebeſſert. Weil unſer herr Gott abermal einen zw ſich genomen, unſer heubt, muſſen wir de hac causa handeln, die die zeit gibt. Sic Paulus ad Thes. c. 5. 'Furen.'

Tantum, ne me et vos uberlade. Maximum cultum scitis, ut dei verbum furen, et unſer beſtes. Et in omnibus hohen, betrubten ſachen nihil melius praedicari potest. Nu Paulus scribit ad Thessalonicenses, ne se | conturbent, ut alii fuerunt, gentes. Et hodie sunt, qui dafur XXXVI 238 halten, es ſol ein menlich tugent ſein, si non lachrymentur und gar nicht betrůben, quando homo moritur. Sic Schwermeri volebant ex nobis facere lapides und klötze et efficere, ut penitus exueremus naturam, ſich nichts annhemen, nec patrem, matrem, principes. Sic hic gentilem imitaverunt virtutem. Sed est ficta virtus, quam deus non creavit nec ei placet. Si quis tale cor durum, ut non weich wird, si ein gut freund, der ſtelt ſich, quod nunquam lieb und ernſt vel wil ein heuchler ſein, qui vult laudari, quod ſich feſt kan halten. Die ſelbe Rottiſch und erdicht heidniſche tugent verdamnen wir, quia in scripturis non solum exempla, sed verbum dei, quod billich und Gotlich, ſich betruben mit eim guten freunde, cum mit Tod abgangen, ut Paulus ipse indicat. Ne conturbemini ꝛc. sed consolemini. Si ſol troſt ſein, oportet ibi weinen und klagen. Et ad quos Paulus scripsit, fuerunt homines, qui | deo placuerunt et habuerunt spiritum sanctum. Noch leſſt er yms XXXVI 239

---

20 1 Thess. 4, 13 u. 14 (letztes Wort von 14: führen). 21 Tantum: „nur so weit". (Beim Tode Friedrichs des Weisen hat Luther 1 Thess. 4, 13—18 zum Text gehabt, s. W. A. XVII/I 196 ff.). 28 W. A.: gentiles. 31 freund: sc. moritur.

gefallen, ut turbentur, modo sit modus. Cum ergo nos turbemur, weil uns das heubt ligt ꝛc. Ideo non est fest man, qui non velit sentire. Sed cui whe thut, si ei abfelt ein guter freunde, sed tamen ut spiritus dominetur. Deus creavit hominem cum sensibus 5, dedit cor carneum, libenter habet amicos, zurnet contra inimicos und traurig, wens sein liebe freunde. Sic Paulus conqueritur se getrauret, quando infirmi discipuli. Sic Christum jamert, quod Lazarus amicus Ioh. 11. Ista exempla sind uns besser quam unnutz gewessch, quae nos zu stock und holtz machen. Hoc sit zur praefation und einghang huius textus.

Iam audiemus textum, quomodo nos in eo consoletur. Et sic dicit der liebe Paulus: 'Nolo vos' ꝛc. Da wirfft er ein guten zucker
XXXVI 240 hin ein | et mengt die betrubnis mit frolichkeit. Es thut whe bonis cordibus, quando guter amicus abghet, sed facite discrimen inter vos et gentes, cum illis moriuntur amici, Ibi nulla est spes. Vos scitis, quod non moriatur, sed dormiat, 'quia si credimus' et kurtz umb nicht da lassen bleiben, ubi putamus eos hin faren, sed ubi ꝛc.

Non dicit: Si credimus Christum schlaffen, sed machts herter mit Christi tod quam nostra: 'Si credimus mortuum.' Si dormimus, dat morti Christi ein solche treffliche macht et sic vult inculcare, ut nostram erga Christum pro dormitione habeat, ut ex oculis auferat, quantum fieri potest, Zum aller wenigsten secundum spiritum. Ibi omnes gentes dicunt: est mors, Reisst uns hin ein in mortem Christi
XXXVI 241 q. d. Ista vera mors, in cuius comparatione aliae | mortes nihil. Ipse mortuus, alii entschlaffen, Si sollen uns betrůben, tum pro Christi morte betruben. Ista hat ein tod geheissen, non solum, quod so ignominiosa, sed tam potens, ut alias mortes getaufft, quod dicantur schlaff. Si etiam inspicis passionem Christi, non videbis alium mortuum et mori ut ipse.

Ideo si anfechtung habetis, inspicite hanc. Ideo tecket zu morte Christi omnium aliorum hominum mortem et facite tam magnam, ut der andern anzusehen sey ein somnus. Sund enim esset, si morieris. Est tantum pars hominis mortua ꝛc. Sed ibi filius dei, dominus omnium creaturarum, is moritur. Et tua et mea mors illam bitterkeit non habebit, unmeslich gescheiden der person et mortis halben. Ideo vult
XXXVI 242 nos reissen in mortem | Christi, ut illam inspiciamus, quam maior fuerit ꝛc. ut quando cor te bekummert propter tuum amicum vel te, ut dicat

---

6 freunde: sc. moriuntur. 6 Phil. 2, 27; Joh. 11, 33. 11 1 Thess. 4, 13. 15 1 Thess. 4, 14. 16 <Christus wird sie> nicht da. — sed ubi <ipse est>. 31 Zu Sund ... morieris glossiert der Nachschreiber Rörer: ista non poteram capere. Verstehe vielleicht: Sünde wäre es enim, si mori crederes.

cor tuum: Si te so hoch bekummerst propter te et amicum, cur non propter mortem, quae ignominiosissima, horrendior ꝛc. ut Apostoli. Igitur istam mortem inspice, quae gewaltig herrlicher worden und gefressen alle tôde, fuit schwerer, bitter, grewlicher, ideo aliae somni. Ideo sequitur: 'Si credimus' ꝛc. 'et resurrexisse.' So hats kein not umb die, qui obdormierunt, daran ligts, ut fassen hunc articulum, praesertim in tempore hoc, da uns unser lieber herr und lantzfurst hin fellt, | und nu hin fort ein ander Regiment wird, Gott weis, wie es ge- XXXVI 243 raten wird, quia regnum non est in unius manu, sed ꝛc. Ideo mogen wir wol erschrecken, quod aufert caput, plures sunt, qui non curant und fro sein et quibus sey leichtlich gethan, ut ein regiment fassen, endern und bessern ꝛc.

Cum hoc sit, haec est beste consolatio, ut non istam mortem, corpus inspicias, quia hast etwas hohers an zusehen, Christus tod und aufferstehung. Si manes hoc in speculo et mortuo et resurgente viro, qui Christus, tum videbis eos, die hin faren, qui non Christus, sed in eo baptizati. Christus gedenckt sie mit zu furen. Er hats in Christi mortem gewickelt et resurrectionem gefast. Er gedenckt sie nicht hie zu lassen, quanquam coram ratione et 5 sensibus mus so ghen, ut habeamus occasionem credendi.

| Ideo videndum in Christi mortem, per quam gewurgt mors. Der XXXVI 244 geist macht ein honig suppen und zucker drein, ut fides sich erschwing in verba Apostoli, ut discat mortem inspicere non yhm grab und sarck, sed in Christo. Si in isto fine beschleust, non est yhm grab vel sarck, quamquam sit ein unfletig ass, et non unfletigers. De his aufer oculos, nasum, Et gedencke: Es wird ynn unehr, resurget in gloria, wird be- graben und geseet ut verweselich et ꝛc. ubique fert caro nostra cum oculis, non vult von dem, quod vident, in hoc, quod deus loquitur, quia 'ducet'. Qui hoc credere posset, haberet consolationem in sua morte et aliorum.

Cum ipse sic die todten lobt, Sic et nos, quod in hac morte et resurrectione gefast. Scitis enim, quam mortem passus Augustae. Nolo eius | virtutes loben, sed sinam eum peccatorem ut nos, qui wollen XXXVI 245 unserm herr Gott uberliefern gute, starcke manche. Last uns sein tugent ꝛc. Sed coram deo hanc virtutem: Ein seer freundlicher man, cor sine omni dolo, neid und hasse, und mild mehr denn zu viel, die tugent las ich fallen. Si hat was gefeilet im regiment: Ein furst ist ein furst. Non

---

2 ut Apostoli: Luk. 24, 17–24 (Rörer glossiert: nec hoc intelligebam.) 5 1 Thess. 4, 14a. 26 Es wird sc. gesät; 1 Kor. 15, 42 ff. 29 1 Thess. 4, 14. 32 Druckausgabe: was für ein Tod er [Johann] zu Augspurg auff dem Reichstag gelidden hat. 34 manche <Sünde>.

solus est princeps. Tamen princeps non trifft, cogitamus: Si essemus in regimine ꝛc. solten den karn uber und uber werffen. Taceo: ins kot. Nos eum in hoc laudabimus, in quo Paulus suos Christianos lobet. 'Qui in Christo.' Non inspiciamus nostrum lieben principem nach zeitlichen sterben, sed nach Christo und seinem sterben. Nach Christus sterben ist er gestorben, ubi den rechten tod gelitten, non solum pro se,
XXXVI 246 sed omnibus nobis und ausgessen all sein gifft | cum hoc kampff. Das ist der recht greulich tod. Ibi suam mortem et resurrectionem confessus und drauff blieben und dran gesetzt land und leute, et confessio am tag. Ideo volumus eum rhumen als einen Christen. Si fuit etwas mangel, quod sey verseumlich in regiment, ista geringe stücke in tam magna persona nicht achten, sed quod Christum confessus et mansit in ea feste, die ghet uber hin, die verschlingt die menge der sunde ut ein gros feuer ein gros mher.

Ideo sollen wir uns des trosten: Christus mortuus et ipse in Christo entschlaffen. Et ein herbern tod Augustae passus quam iam. Sicut et nos leiden teglich a diabolo und ist das recht sterben a Sectariis. Das
XXXVI 247 leiplich | ist ein kinder und viech sterben. Jhener ist der menlich tod, das man zum 1. corde stirbt und ergibt sich Gott so, Ehe wir Christum wolten negare ꝛc. et omnibus momentis inn fahr, das heist der menlich tod, de qua Paulus: Ego bey euern ehern quotidie. Das ist, quod oculis non video ꝛc. Sic moritur etiam vacca, et externa mors, sterben des armen leibs und sacks. In hoc sterben so hin gefaren, das man spuren kunne, quod ein klein sterben. Ipse nihil puff gelitten a diabolo, ut plures marter de peccato, gottes gerycht, ira dei, das der sudor ausbricht und erstarren wol druber. Sed ibi tantum mansit ein leichnam
XXXVI 248 auff dem bette, quod vocatum et baptizatum et | confessum ꝛc. Das ist das klein sterben, quanquam nos das groste duncket non expertos. Das ist nicht der recht tod, quando einer kempffen sol in corde.

Ideo quando quis non darff fülen die pfeil diaboli. Sic deus istum sustulit. Vidi, quod tantum ein klein sterben. Deus cogitavit ipse: prius mortuus, ideo wil ich yhn fassen, ut non moriatur, nisi corporaliter. Sic etiam pueri et vacca. Was so sanfft stirbt in 5 sensibus, habet spem, hat yhn gewickelt in Christi passionem. Ich wil dich allein lassen den Teuffel leiblich würgen. Si Christus meus mortuus, das ist

---

4 1 Thess. 4, 14. 6 gestorben: Rörer glossiert: Augustae s. S. 407 Z. 32, auf das fehlende Augustae geht das anschließende ubi. 12 ea sc. confessione. 21 1 Kor. 15, 31. 23 f. Druckausg.: Dem sterben nach ist unser lieber Fürst jtz auch dahin gefaren, das man hat müssen greiffen, es sey nür ein kinder sterben gewest. 30 diaboli, ⟨der stirbet recht und wol⟩ (Druck). 35 vom Teufel gewürgt werden.

vera mors et ipse prius mortuus spiritualiter. Iam non aliter morietur quam in 5 sensibus.

Ideo wollen wir unsern lieben fursten rechen, qui in Christo dormiunt, praesertim cum non defecerit a confessione, sed druber blieben. Nos | volumus eum non zu einem leiplichen Sanctum machen, Si quid XXXVI 249 mali cum monasteriis, Sed wollen einen solchen schmuck druber ziehen, ut diabolus non videat, sed angeli preisen. Quid de privatis eius affectibus? Et nos sic moriemur. Wir wollen mit den peccatoribus ghen himel, modo istum ornatum servemus, ut nos hůllen in mortem filii dei et in resurrectionem, quae dicitur filius dei, und bleiben in ea et non da von lassen, tum ibi nostra iustitia, ut eius iustitia mare, nostrum peccatum ein funcklein, ut nostra mors geringer quam trawm et nostra ignominia, quod sic schendlich begraben, est beteckt mit einer schoner unsterblichkeit, ut sol non possit ansehen, und die lieben Engel kunnens nicht gnugsam ansehen. Haec resurrectio est ornatus, ut mors nihil gilt. | Ideo non inspiciamus istis oculis ut die kue das thor et auribus ꝛc. XXXVI 250 sed secundum ista verba, qui dormiunt in Christo, die rechnet nicht fur tod. Si aspiciuntur fur verscharrete leute, et ut quinque sensus fůren, apparet coram, Ey da thuts whe, sed cogita, quid Paulus: ipsi dormiunt in Christo, et deus adducet, wei er yhn gefurt hat den heiland, todten fresser, Teufel wůrger. Modo bene inculcetis verba. Es ist gewisser, quod Hertzog Hans von sachsen veniet hůbscher sole, quam hic iacet, quod videmus, gwis ist gnug, quia deus non potest mentiri, facite modo apud vos certum. Tum potestis vos consolari. Qui hoc nescit, non potest se consolari nec frölich sein, Es entfelt einem trawrigkeit, Si eius solatium ꝛc. Ipse mortuus in statu hoc, quod confessus Euangelium. 'Qui me confitetur.'

Lex: quis novit, an deus me pro from wil halten? Hoc agit diabolus in omnium cordibus, ut nos ad personalem iustitiam, wie from ich bin vel | böse, vult depingere me. Per hanc imaginem vult XXXVI 251 mihi virum verstoren, ex oculis amovere. Ideo bene factum principi nostro, quod non in hanc disputationem venerit, Si diabolus: quomodo vixisti? quomodo fecisti? und ein Register auffgebracht, ut yhn seer erschreckt. Sic non interrogavit, wie from, bose bin, et obiicit scripturam et legem: hoc fac, sed non fecisti. Ibi bin inn der angst. Si etiam boni quid feci, facit meam sanctitatem zu nicht. Ibi erigor articulo remissionis peccatorum: In Iesum Christum pro peccatis mortuum et resuscitatum. Sed hoc intrat in cor: hoc feci, sic praedicavi, dedi eleemosynas,

3 ⟨unter die⟩ rechnen. 22 Dan. 12, 3; Jes. 60, 19 f. 27 Luk. 12, 8. 31 virum: Rörer glossiert: Christum. 37 f. 1 Kor. 15, 3 f.

ut dicere possum de domino meo, quod ein trew, from hertz an alle
gifft. Das wolt ich yhm nicht ein bilden, si in lecto iaceret. Ibi unicum
argumentum et brevissimum diaboli opus, quod debet from. Sed
non curo meam probitatem nec maliciam. Sed hic textus sic: 'Adducet'.
XXXVI 252 | Si hoc ex corde credis, far mein gerechtigkeit et habeat ein gute
nacht. Sed eius mors, resurrectio, iustitia manent. Ideo si peccavi ꝛc.
so hab ichs gethan, fris du den dreck davon et sey dein. Si credis: Non
tecum disputabo, hab dir hie in lecto keinen platz gelegt, sed fac hoc
tempore, quando ein frecher bub et qui sunt indurati. Sed apud me,
qui inn engsten et morte, non findstu blatz. Sed in hanc horam gehort:
'Consolemini istis verbis', et tum certi, quod deus vos, quomodo?
Ex morte er aussgerissen et fecit dominum supra omnia ꝛc. Sic cum
omnibus, qui manent in filio: resurgent et vivent. Ideo non sollen
heissen mortui, sed tantum obdormientes, und so tieff, ut non traum,
XXXVI 253 das ein rechter schlaff. Omnia propter | Christum, quod est ein schlaffer,
non quod fuit misericors princeps, sed quod se gehengt an mortem
Christi.

Ideo diaboli ars, ut semper velit disputare, wie from wir sind,
weis yhn hin ad bose, qui non ...... qui Christum non curant, non
eius passionem et mortem, ghen im sauß, sed isti sues, cum quibus
non multum disputandum, sed cum istis, qui verzagt und erschrocken.
Istos habet per vermessenheit et securitatem, istos per erschrecken.
Tu huc venis, non hic tempus. Ego disputo cum Iesu Christo, et iam
tempus, ut cogitem, quod pro me mortuus et resurrexit, et quod deus
me 'ducet', und habe zum warzeichen baptismum, Euangelii verbum,
et vocatus et confessus, die siegel und brieff kunnen nicht feylen. Si
etiam sunde ein fallen et ira dei homini moribundo, tamen sollen nicht
XXXVI 254 gelten, ut mors et resurrectio laudetur supra | meum peccatum et
omnium hominum, Et dicere: Si plus peccassem quam 10 mundi,
tamen Christi sum. Sic getrotzt non super nos, nostram iustitiam,
Sed si credimus, quod seid freydig, et ne dubitetis: hos adducet, cum
in Christo obdormiunt und sind schlaffer, rugen. Sicut Christus resur-
rexit, et ipse.

Iste est textus, quem volui ante meridiem reden, das wir uns be-
kumern sollen secundum externum hominem. Nescimus, cur deus
abstulerit dominum. Nos mali, kein furcht, schew. Wen unser herr
Gott so ein heubt hin weg nympt, gedencke, das gelt deinem kopff. Ideo
demutig dich ut ipse, ut possis manere inter eos, qui cum Christo

4 1 Thess. 4, 14. 11 1 Thess. 4, 18. 19 non ... zwei für W. A. unauflösliche Abkürzungen: zusch ged. Vielleicht: 'nicht zu schlafen gedenken' (sondern den Tod als Ende nehmen). 25 ducet: 1 Thess. 4, 14.

leiden, sterben und martert, Et spero multos esse, qui sic moriuntur ut dominus noster zu Augsburgk, tum werden wir auch einen sanfften tod erlangen corporis. Hic erit finis omnium, qui halten an dem morte et resurrectione Christi, ut cum eo resurgant et adducantur cum eo.

7. Die letzte Predigt zu Wittenberg, 17. Januar 1546.

(2. Sonntag nach Epiphanias, Röm. 12, 3.)

Einleitung. Am 17. Januar 1546 hat Luther von seiner Wittenberger Gemeinde Abschied genommen mit der hier mitgeteilten Predigt. Es ist die letzte Predigt, von der wir eine Nachschrift, wieder durch Rörer, besitzen; die 1549 erfolgte Druckausgabe der Predigt durch Stephan Tucher folgt dieser Nachschrift mit erstaunlicher Treue. Beide Fassungen gedruckt W. A. LI 123—134; hier ist wie immer die Nachschrift gegeben. — Nach dieser Predigt hat Luther noch fünf Predigten gehalten, am 26. I. 1546 in Halle, am 30. I., 2. 7. 15. II. in Eisleben, die letzte also drei Tage vor seinem Tode. Keine dieser fünf späteren Predigten aber liegt uns in verläßlicher Nachschrift vor.

'Denn ich sage euch.' Paulus ut morem habet, a principio LI 123
docuit die großen heubstuck Christianae doctrinae, nempe de lege, peccato, fide, wie man sol gerecht werden für Got und ewiglich leben, ut nostis et saepe audistis et adhuc quotidie audistis, quod duo sunt docenda et praedicanda: primum, ut recte praedicetur fides, 2. das man die frucht et bona opera recte lere. De fide gehort dazu, ut ostendatur, quid sit peccatum, quid lex, quid mors, quid efficiat, Item quomodo iterum ad vitam perveniamus et in ea | maneamus. Sic LI 124
Paulus in omnibus Epistolis primum docet de fide et ponit bonam arborem, ut, qui ein guten Garten will zeugen, der mus gute bewme, postea sequitur fructus. Sic Paulus vorn her setzt Erde Bewme, quomodo sollen gute Beume werden i. e. credentes et salvi. Hoc agit usque ad 12. caput. Hic incipit docere fructus fidei usque ad finem, ne simus falsi Christiani, qui nomen tantum habent, sed vere non fideles. Ea est praedicatio de bonis operibus, quae Deus praecepit praecipue in 2. tabula. Etiam in prima. Cum redempti per sanguinem, mortem filii Dei, cogitandum, ut pie vivamus ut hi, qui nicht gehoren in dis vergenglich leben, sed in coelestem vitam. Non post fidem fiamus Welt, ut paulo ante inquit: 'Renovamini sensu mentis'. 'Unter euch' scilicet, qui sunt Christiani. Recenset bona opera,

---

19 Röm. 12, 3 (Epistel des Tags geht bis Vers 8, Luther hat sich auf den einen Vers beschränkt). 29 f. Erde Bewme, quomodo: versteh: agrestes arbores, ⟨et docet⟩ quomodo. Erdebäume = Wildlinge = homines peccatores. 37 Röm. 12, 2. 38 Röm. 12, 3.

quae facienda, usque ad finem Epistolae. Erstlich nimpt er fůr sich die guten fruchte, quos Christiani unter inen selbs thun, als were sonst kein Regiment nisi kirchen regiment mit der Tauff. Post cap. 13. de magistratu, 14. ut fortes infirmos suscipiant in fide. Nunc docet opera eorum, qui Christiani sunt. Nunc opulenti sumus per Dominum Christum, a Diabolo et mundo translati in regnum Dei i. e. in Ecclesiam, habemus verbum, Sacramenta, sumus baptisati, sumus filii et haeredes Dei, fratres et cohaeredes Christi, qui in aeternum
LI 125 vivere debent. Das wir nu zusehen und schicken | uns recht in die herrliche beruffung und gaben. ¶ Post baptismum remanet multum de veteri Adam. Saepe dictum peccatum in baptismo prorsus remissum, sed nondum sind gantz rein. Ut in parabola de Samaritano, qui portavit vulneratum a Latronibus in hospitium. Nam in so nicht an, das er in flugs heil machet, sed verband im seine wunden infundens ꝛc. Is, qui inciderat in latrones, hat ij schaden empfangen. Alles, was er hat, haben sie im genomen, Spoliarunt, vulnerarunt, das er halb tod war, hette můssen sterben, nisi Samaritanus venisset. Adam ist unter die Morder gefallen et in nos omnes propagavit peccatum, nisi venisset Christus Samaritanus, qui verband und tregt uns in Ecclesiam, heilet an uns. Sic sumus sub Medico, peccatum quidem gar remissum, sed nondum expurgatum nec rein. Si spiritus non regieret hominem, wůrde er wider faul. Sed mus die wunden teglich reinigen. Sic vita haec in hac terra ist ein Spital, peccatum quidem remissum, sed nondum heil. Da mus man predigen, et quisque sol wol auff sich achtung haben, ne sua ratio seducat eum. ¶ Vide, quid faciant fanatici Spiritus: receperunt verbum et fidem. Tamen quia die klugheit zur Tauffe kompt, quae nondum ist ausgefeget et vult sapere in spiritualibus rebus, wil sua sapientia die Schrifft und den Glauben meistern
LI 126 et facit Ketzerey. | Si essemus omnino puri, non opus ministerio verbi. Si prorsus mundi essemus, non opus esset, ut admoneremur, ut Angeli in coelo non opus habent praeceptore, Sed sponte faceremus omnia. Sed weil wir noch stecken im schendlichen madensack, quem serpentes sollen suo tempore fressen, hests wol erger verdienet, ut in der helle verbrand ewiglich. Item ubi hurerey, scelera crassa, seufferey, Ehebruch. Das kan man mercken. Sed quando des Teuffels Braut, Ratio, die schone Metze, herein feret und wil klug sein, et quicquid dicit, meinet sie, es sey der heilige Geist, Wer wil da helffen? Non Jurist, Medicus, kein konig, keiser, quia ist die hochste hur, die der Teuffel hat. Alia crassa peccata videntur, sed Rationem nemo potest iudicare, feret her, richtet schwer-

10 ¶ bezeichnet in Hs. nicht markierte Absätze. 12 Luk. 10, 33 ff.

merey an mit der Tauffe, Abendmal, Meinen, alles, das in einfelt, et quod Diabolus in cor gibt, ſol der Geiſt ſein. Ideo dicit Paulus: So war ich auch ein Apoſtel bin et mihi quoque dedit Deus Spiritum, ita adhortor ¶ Obiectio: Tamen sum Christianus? Bene. Sihe dich für für dir ſelbs. Nondum peccatum pure sanatum, expurgatum, ut dico ad iuvenem, puellam: Das du nicht fůleſt patris, matris kranckeit, hoc est impossibile. Si sequeris luſt, fies hurer, scortator. Ibi Euangelium monet: thue es nicht, folge nicht concupiscentiae. Peccatum quidem est remissum et purgatum, | modo ut maneas in gratia. Sic LI 127
das ubrig ungluck in carne condonatum, sed nondum rein ausgefeget, sed reliquae sordes sunt purgandae, ut is, qui incidit in latrones. Ut loquor de libidine, crasso malo, quod omnes homines sentiunt. Si credens non sequitur Dei admonitionem, wider zuſtehen dem Teuffel, qui tentat, ei non est peccatum remissum. Ut loquor de peccato libidinis, quod omnes verſtehen, Sic de ratione, die Got blendet und ſchendet in spiritualibus et meinen leib, das hat viel ein greulicher hurubel und brunſt quam scortum. Idolatra leufft eim Abgot dort nach, ut loquuntur prophetae, sub omni arbore ligno frondoso, wie ein hurentreiber scorto nachleufft. Scriptura idolatriam vocat hurerey, ipsius rationis sanctitatem, sapientiam. ¶ Wie haben ſich die propheten mit der Abgotterey zerſcholten, der ſchonen hur, Die iſt ein wild, das ſich nicht leichtlich fahen leſſt. Condonata ei stultitia, quam iudicat esse summam iustitiam, sapientiam, tecta et obligata, tamen non potest non sapere in rebus Dei. Da můſſen wir ir wehren ut prophetae, qui dixerunt: Non in montibus, vallibus, sub arboribus servite Deo, Sed Hierosolymis, ubi locus a Deo destinatus ad cultum, ubi verbum eius. Ratio contra: Sum quidem vocata, circumcisa, iussa, ut eam Hierosolymam. Sed hie iſt ein ſchöne wieſe, berg, si hic instituero cultum, das wird Got und | allen Engeln in coelo gefallen. Num Deus talis LI 128
Deus, qui tantum in Hierosolymam leſſt anbinden? Hanc sapientiam rationis heiſſen die propheten hurerey. Sic Paulus. quando praedicamus fidem, quod nihil nisi Deus adorandus pater Domini nostri Iesu Christi, ut dicimus: Credo in Deum patrem et in Iesum Christum. Illi: manent bey dem Tempel zu Jeruſalem. Item 'hic est filius meus dilectus, Hunc audite'. 'Invenietis eum in praesepi.' Der ſols allein thun. ¶ Quid nos? Num solum Christus adorandus? Ey ſol man die

3f. Röm. 12, 1 vgl. 1 Kor. 7, 40. 18 Jer. 2, 20. 31 Röm. 1, 21 ff. 31 Ergänze: ⟨Sic nos⟩, quando ⟨contra sanctos Papae⟩ praedicamus. (Der Beziehungspunkt ist, daß Propheten, Paulus, Luther alle drei die Vernunft gegen sich haben). 34 Illi, sc. prophetae. — manent: lies manete. 34 Matth. 3, 17. 35 Luk. 2, 12. 35 Der: Christus.

heilige Mutter Christi nicht auch ehren? Haec est mulier, quae contrivit caput serpentis. Audi nos. Nam filius te honorat, tibi nihil negat. Bernhardus hat im zuviel gethan uber das Euangelium: 'Missus est Angelus'. Deus mandavit parentes colendos. Invocabo Mariam, ea pro me orabit filium, et filius patrem, qui audit filium, ut pictura de Deo irato et Christo iudice, cui monstrat mater ubera, Christus ostendit patri irato vulnera. Maria Christo ubera. Das treibt die hubsche Braut sapientia rationis: Maria est mater Christi. Certe Christus eam audiet. Christus iudex, possem Georgium, Christophorum invocare. Non, Nos baptisati in nomine patris, filii et Spiritus sancti. Ut Iudaei mandante Deo circumcisi. Sed ut ipsi instituerunt LI 129 electitios cultus per totam regionem quasi Hierusalem | angustior, Ita nos. Ideo ut iuvenis libidini, natu grandior avaritiae mus wehren, Sic ratio naturaliter est meretrix. Aber sie sol mir nicht schaden, si repugnem. ¶ Sed sie ist zu schon und gleisset. Da sollen prediger sein et homines weisen auff den Kinderglauben: Credo in Iesum Christum, qui conceptus ꝛc. 'qui tollit peccata mundi'. Nos: in Georgium, Christophorum credo. Minime. Quia de solo Christo dictum: 'Hunc audite'. Item 'Ecce Agnus Dei' ꝛc. Non de Maria, Angelis, Gabriele. Ideo sol ich bey dem Kinderglauben bleiben. Da kan ich der vernunfft wehren. Cum dicunt Anabaptistae: Baptismus est aqua, quomodo potest aqua? bibitur a porco, vacca, Der Gaist mus es thun. Hörstus, du schebichte, aussetzige hur, sacra ratio? Scriptum: 'Hunc audite'. Quid is dixit? 'Ite', 'baptisate omnes gentes'. 'Qui crediderit.' Non est aqua, sed baptismus datus in nomine sanctae Trinitatis. Ideo vide, ut cohibeas rationem. Ratio non sequatur suas pulchras cogitationes, wirff ir ein dreck ins angesicht, ut deformis fiat. Ibi non cogitas, dicis de mysterio Trinitatis, de sanguine Iesu Christi. Item in Sacramento dicunt Sacramentarii: Was sol Brod, Wein ꝛc. Quomodo potest Deus omnipotens suum corpus in panem ꝛc. Ich wolt, das du must mit dem hindermaul ꝛc. Sind so klug, das sie niemand LI 130 zu Narren kan machen, wenn sie | einer in eim Mörser hette und mit 7 stempffel zuschlüge, Non discederet stultitia ab eis. Ratio sol und ist in baptismo erseufft, und sol ir nicht schaden sapientia stulta, modo audiat filium dilectum, qui dicit: 'Nemet hin, Esset, Das ist mein Leib, der für euch gegeben wird'. Hic panis, qui tibi porrigitur, hunc dico esse

---

1 Gen. 3, 15. 3 hom. II. super 'Missus est' [Luk. 1, 26] Opera 1566 fol. 17 ff. 12 W. A. augustior; Tucher: angustior. 17 Joh. 1, 29. 18 f. Matth. 17, 5. 19 Joh. 1, 29. 21 f. „Wie kann Wasser solche große Dinge tun?" 23 Matth. 17, 5. 24 Matth. 28, 19; Mark. 16, 16. 31 hindermaul: ergänze ⟨Dreck fressen⟩. 35 Form des kl. Katechismus.

corpus meum. Hoc audito. Ibi trette ich rationem et sapientiam eius mit fuſſen et dico: du verfluchte hur, tace, wilt mich verfüren, das ich mit dem Teuffel ſol hurerey treiben. ¶ Sic verbo filii expurgatur ratio et libera fit. Sic nos agimus cum Rotten ut prophetae mit den Klüglingen, scortatoribus idolatris, die es beſſer wollen machen, denn es Got macht, et dicendum ad eos: Ego habeo sponsum, quem volo audire. Tua sapientia est extrema stultitia. Excindam tibi sapientiam et conculcabo eam pedibus. Ista pugna durat usque ad extremum diem. Hoc vult Paulus, das wir ſöllen non tantum die niedern lüſte, sed etiam die hohen dempffen. Si hurerey invadit te, ſchlahe ſie tod. Multomagis hoc fac in spirituali scortatione. Nihil adeo placet, als wenn einer ſein eigen luſt an ſeiner weisheit hat, φιλαυτία. Nihil cum cupiditate avarorum, das einem ſein eigen dünckel hertzlich gefelt. Et bringen denn dieſelben ſchonen gedancken in die Schrifft. Das iſt der Teuffel gantz und gar. Hoc peccatum est condonatum, restat tamen adhuc in me nondum expurgatum. Ibi certe statim amittitur vera doctrina. Et tamen illi libenter praedicant et libenter audiuntur. Tum | iſt Chriſtus LI 131 hinweg. Ipsi in monte procidunt coram Diabolo Math: 4. ¶ 'Per gratiam adhortor', inquit Paulus, 'quam Deus dedit, ne quis plus de se sapiat'. Q. d. Ir habt noch ein dünckel bey euch ut alia crassa peccata. Ideo ſehet euch für für ewern eigen gedancken und klugheit. Diabolus accendet lucem rationis und wird euch bringen vom Glauben. Sicut accidit Anabaptistis, Sacramentariis. Restant plures haeresium autores. Ich hab mehr denn 30 Rottengeiſter für mich gehabt, qui me docuerunt. Sed refutavi eos hoc dicto: 'Hunc audite'. Et per hoc dictum Dei gratia hactenus me erhalten. Sonſt hette ich müſſen dreiſſigerley Glauben annemen. Haeretici semper ſuchen zanck, Rencke. Da ſollen wir weichen, nachlaſſen, zugeben. Respondeo illis: Wir wollens nicht thun, Gott helff. Ibi tum cogimur ab illis audire: Ey, ir ſeid ſtoltze tropffen. Patiar potius omnia convitia ab eo: Non discedam ne latum quidem digitum ab ore eius, qui dixit: 'Hunc audite'. Video, wenn uns Got nicht wird geben fideles ministros, wird Diabolus per sectarios unſer Kirchen zureiſſen nec cessabit, donec effecerit. Das hat er kurtz im ſyn. Si non potest per papam et Caesarem, per eos, qui nunc nobiscum in doctrina concordes sunt, faciet. ¶ Ideo ex corde orandum, ut det Deus puros Doctores. Iam securi sumus, non videntes, quod Deus seculi | insidietur nobis horribiliter per papam, LI 132 Caesarem, doctos nostros, Qui dicunt: Was ſchadets, das man das

12 2 Tim. 3, 2. — „Nichts im Vergleich mit". 18 Matth. 4, 8 f. (Sie tun das, was Christus verweigert hat). 18 ff. Röm. 12, 3. 25 Matth. 17, 5. 31 Matth. 17, 5.

nachlesst? Wir sollen nicht ein har breit nachlassen. Wollen sie es mit uns halten, bene. Si non, omittant. Ego ex ipsis non accepi doctrinam, Sed ex divina gratia a Deo. Ich bin wol gewitziget rc. Ideo orate serio Deum, das er euch verbum lasse, quia es wird wůnderlich zugehen. Ey, dicunt Iuristae et sapientes mundi, ir seid stoltz, sequetur seditio rc. Unser herr Got helffe, das wir uns getrost wehren contra hanc periculosam tentationem. ¶ Magst wol von dir halten, quod sis ornatus donis prae aliis, et Deo gratias agere, Sed nicht zu weit, Tantum so weit, das sichs reime mit dem glauben, das es dem Glauben ehnlich sey. Wenn dir ein dunckel einfelt, wil ich in nicht verwerffen so gar, Sed etwas gelten lassen. Sed halt davon, inquit Paulus, mit massen, las dich in nicht verfuren. Quomodo scire possim, wie ferne er gelten sol? 'Secundum Analogiam fidei', inquit Paulus. Deinen důnckel soltu im zaum halten, ut mala concupiscentia in carne frenanda, ita důnckel ist die erbsůnde. Sic lust habe ad aliam puellam, das ein mas habe. Quid hoc? Sic dilige puellam vel puella adolescentem, das du ir (vel sein) nicht anders begerest quam ad coniugium, quia sextum
LI 133 | praeceptum prohibet illicitum amorem. Est quidem naturaliter mala concupiscentia. Wenn du sie aber so messigest: Ich wil sie lieb haben non ad scortationem rc. Da hat die lust seine mas, nempe quod non sit contra Dei praeceptum. Sextum praeceptum sey die mas, darnach die lust gehen sol. ¶ Sic hic in der hellischen, hurischen lust, hastu lust, das fein herrlich ist zugangen im Bapstum, hastu ein freude, lust an deinem důnckel, henge der lust ein knůtel an hals, mach dir ein mas, welches sie nicht uberfare. Sed bleib sub fide, quae ist Oberherr super omnia dona, quae habemus, non tantum uber den důnckel. Es sol alles unter dem Glauben sein, viel mehr der schöne důnckel sol nicht klůger sein denn der Glaube. Vide, an cum ea conveniat. Si non, dic, quando audis Schwermerum, Sacramentarium: In Sacramento Altaris ist Brod und Wein. Item num Deus propter verbum tuum de coelo descenderet in dein maul und bauch? Ey, es gefelt mir wol, quod dicis. Ey hat der Teuffel so ein gelerte braut. Sed quid dicis ad hoc verbum: 'Hic est filius. Hunc audite?' Et 'hoc est corpus meum?' Troll dich mit deinem důnckel, ratione tua auff das heimliche gemach. Höre auff, maledicta meretrix, vis magistra esse fidei, quae dicit in coena Domini esse verum corpus et verum sanguinem, Baptismum non meram
LI 134 aquam, sed aquam patris, | filii et Spiritus sancti. Huic fidei subdita sit ratio. Item qui dicunt de nobis, wir sind superbi, wir solten weichen. Num secundum rem corporalem? Non. Sed fidem, quia scriptum

11 Röm. 12, 3. 13 Röm. 12, 3. 33 Matth. 17, 5; 26, 26.

est, ut placeat tibi důnckel iuxta fidem, quam fidem non facies servam nec ipsum Christum deturbabis de coelo. ¶ Sic hat uns Paulus gewarnet, ut widerstehen der bösen lust, non tantum der nidrigen, geringen, Den hohen lůsten sol ich das wort vom Glauben an hals hengen. Ratio, sapis, vis me ducere in montem amoenum, ut illic adorem contra mandatum Dei? Non. Adorabo Ierusolymis. Nihil ad me, quod alibi populus adorat. Sed quia Deus prohibuit adorationem sub frondosa arbore. Scio, quod Deus per matrem filii posset iuvare. Sed non vult iuvare nisi per suum filium, in quem collocanda tota fidutia et spes. Posset dicere: Si dicis 'pater noster' huic sancto, salvus eris. Sed Got wil nicht, das du es thun solt. Imo prohibuit. Das ist das bose ungluck, das S. Paulus rűret hoc loco, das wir uns fűrsehen non tantum fűr den groben lűsten, sed etiam hohen lűsten, quae zureissen unitatem fidei und richten hurerey, Abgotterey an.

10 Posset ⟨deus⟩ (so Tucher).

Verzeichnis der aufgenommenen Predigten Luthers.

I. Nach der Entstehungszeit.

Laufende Nr.	Tag (und Stunde)	Text	hier Seite
38	30. III. 1529 nachm.	Luk. 24, 36—49	151
39	16. V. 1529 vorm.	Act. 2, 1—41	156
40	16. V. 1529 nachm.	Joh. 14, 23	160
41	17. V. 1529 vorm.	Joh. 14, 23—27	164
42	17. V. 1529 nachm.	Joh. 14, 28—31	168
43	18. V. 1529 vorm.	Act. 2, 12 ff.	173
44	25. XII. 1529 vorm.	Luk. 2, 1—12	178
45	25. XII. 1529 nachm.	Luk. 2, 10 f,	183
46	26. XII. 1529 vorm.	Luk. 2, 12—14	187
47	26. XII. 1529 nachm.	Von den Engeln	193
48	27. XII. 1529	Die Hirten	196
49	1. I. 1530	Luk. 2, 21	201
50	23. I. 1530	Matth. 8, 1—13	204
51	20. V. 1532	Joh. 3, 16—21	15
52	9. VI. 1532	1. Joh. 4, 16	259
53	16. VI. 1532	1. Joh. 4, 16	263
54	30. VI. 1532	1. Joh. 4, 17	267
55	21. VII. 1532	1. Joh. 4, 17 f.	270
56	28. VII. 1532	1. Joh. 4, 18	274
57	11. VIII. 1532	1. Kor. 15, 1—8	279
58	18. VIII. 1532	1. Thess. 4, 13 f.	405
59	8. IX. 1532	1. Kor. 15, 8—11	283
60	22. IX. 1532	1. Kor. 15, 12—15	288
61	6. X. 1532	1. Kor. 15, 14—20	292
62	13. X. 1532	1. Kor. 15, 20—22	296
63	20. X. 1532	1. Kor. 15, 22 f.	300
64	27. X. 1532	1. Kor. 15, 24 f.	305
65	3. XI. 1532	1. Kor. 15, 26 u. 27a	310
66	10. XI. 1532	1. Kor. 15, 27—29	314
67	17. XI. 1532	1. Kor. 15, 30—32	319
68	1. XII. 1532	1. Kor. 15, 33 f.	324
69	8. XII. 1532	1. Kor. 15, 34—37	329
70	22. XII. 1532	1. Kor. 15, 36 f.	332
71	19. I. 1533	1. Kor. 15, 36—44	336
72	1. II. 1533	1. Kor. 15, 44—49	341
73	14. IV. 1533	1. Kor. 15, 54 f.	346
74	27. IV. 1533	1. Kor. 15, 55—57	350
75	20. VII. 1533	Matth. 5, 20—26	70

Laufende Nr.	Tag (und Stunde)	Text	hier Seite
76	5. X. 1533	Luk. 14, 1—11	85
77	12. VII. 1534	Math. 5, 20—26	74
78	15. X. 1536	1. Kor. 1, 4—9	56
79	17. I. 1546	Röm. 12, 3	411

II. Nach den Textworten.

FSC
www.fsc.org
MIX
Papier | Fördert gute Waldnutzung
FSC® C083411

Kolibri 360 GmbH
Ferdinand-Jühlke-Straße 7
99095 Erfurt, Deutschland
produktsicherheit@kolibri360.de